Références sciences

Distributions : théorie et illustrations

Cours avec 155 exercices corrigés

Bekkai Messirdi
Abdellah Gherbi
Sofiane Messirdi

ellipses

Collection Références sciences

dirigée par Paul de Laboulaye
paul.delaboulaye@editions-ellipses.fr

Retrouvez tous les livres de la collection et des extraits sur www.editions-ellipses.fr

ISBN 9782340-073241

8/10 rue la Quintinie 75015 Paris

www.editions-ellipses.fr

Introduction

La théorie des distributions a été introduite en 1930 par J. Hadamard, S. L. Sobolev, J. Leray, mais c'est L. Schwartz qui lui a donné sa forme actuelle vers 1950. L'introduction des distributions est due à des problèmes tout à fait concrets et non à la simple tendance d'étendre le plus possible les notions de l'analyse. En physique d'ailleurs, on a commencé à utiliser les distributions depuis assez longtemps, en tout cas avant qu'on ait construit la théorie mathématique des distributions. C'est au moyen des distributions que l'on a pu rendre rigoureux des calculs purement formels, comme ceux de O. Heaviside ou de P. Dirac, et notamment donner un sens à la phrase : la fonction impulsion H' la dérivée de la fonction de Heaviside H sur $\mathbb{R}$ (fonction définie sur $\mathbb{R}$, égale à 1 sur $[0,+\infty[$ et à 0 sur $]-\infty,0[$). Si l'on cherche la dérivée de la fonction H, on voit qu'elle n'en possède pas à l'origine. Cela n'empêche pas Heaviside de définir la dérivée H' de H qu'il appela «impulsion unité», en tout point de $\mathbb{R}$. La fonction H' a été reconsidérée par Dirac en 1926 pour les besoins de la physique quantique et fut appelée la fonction delta de Dirac, communément notée δ. Cet objet delta, n'est pas à proprement parler une fonction car manipulé en tant que telle, il donne des résultats absurdes. Les physiciens savaient pertinemment qu'un objet tel que delta existe, mais le cadre théorique dans lequel il fût utilisé n'était pas satisfaisant et son utilisation impliqua des abus de plusieurs natures. Cet exemple montre qu'il est plus général et plus naturel de considérer des formes linéaires (semi-linéaires si l'on travaille sur le corps des nombres complexes $\mathbb{C}$) que des fonctions. L'espace vectoriel des fonctions peut être de nature très différente suivant les besoins : l'espace des fonctions continues nulles à l'extérieur d'un compact, celui des fonctions C^∞, etc.

En analyse on est souvent amené à considérer le terme fonction, dans certains cas on ne considère que des fonctions continues, dans d'autres cas on suppose qu'il s'agit de fonctions dérivables une ou plusieurs fois. Mais il y a des situations où la notion classique de fonction se trouve insuffisante, comme le montre l'exemple suscité $\frac{dH}{dx} = \delta$. Une fonction n'ayant pas de dérivée en certains points ou même partout ne peut pas être dérivée, si par sa dérivée on sous-entend une fonction habituelle. Une difficulté de ce genre peut être surmontée non au moyen d'une restriction de la notion de fonction, mais au moyen d'une extension considérable de cette notion, en introduisant les fonctions dites généralisées ou distributions.

Pendant des années les physiciens travailleront sans modélisation mathématique correcte et en 1945, Laurent Schwartz, grand mathématicien français qui étudie à l'époque certains espaces vectoriels topologiques, introduit le concept rigoureux des distributions. Le cadre théorique est construit peu à peu entre 1944 et 1950, cela a permis à son auteur de recevoir la médaille Fields (équivalent du prix Nobel pour les mathématiques) en 1950, les abus d'écriture disparaissent et l'objet delta est nommé distribution de Dirac. Les définitions correspondantes sont formulées à partir de la notion d'espace dual. La médaille Fields fut attribuée à Laurent Schwartz à Harvard en pleine guerre de Corée : la médaille Fields de la guerre froide, a-t-on pu dire (en faisant référence aux difficultés d'obtention du visa pour Hadamard et pour son neveu Schwartz).

Laurent Schwartz est un mathématicien admiré, il fut aussi un homme de combat défendant toutes les causes humanitaires du vingtième siècle, il était membre et président du comité Audin pendant la guerre d'Algérie (depuis l'automne 1957), et celui des mathématiciens pour les droits de l'homme dans les pays de l'Est. Un engagement qui lui valut des sanctions professionnelles, il fut révoqué un an de l'École polytechnique et devint la cible, avec sa famille, de l'OAS.

L'idée de base de la théorie des distributions est de définir les distributions par leur action sur un espace de fonctions indéfiniment dérivables à support compact appelées «fonctions-test». On peut noter que cette idée apparaît déjà dans la définition de mesures et en particulier dans la notion des mesures de Radon. En ce qui concerne les espaces de fonctions dérivables, il est raisonnable d'introduire leur structure d'espace localement convexe puisqu'un espace fonctionnel n'a d'intérêt qu'une fois muni d'une topologie, qui en fait un espace vectoriel topologique. Ainsi, avant d'aborder les distributions nous donnons quelques espaces fonctionnels sur lesquels on définit des structures topologiques qui nous permettront de mieux comprendre les notions de limite, de continuité, etc., pour les distributions. La notion de dualité et d'espaces vectoriels topologiques, particulièrement celle des espaces localement convexes complets, permettent alors de décrire les espaces distributionnels de façon rigoureuse et systématique. On introduit la notion de distribution en tant que forme linéaire sur l'espace des fonctions test vérifiant en outre une propriété de continuité.

Les distributions fournissent une généralisation du calcul différentiel puisque, comme on le verra plus loin, toute distribution admet des dérivées partielles de tous ordres, cette généralisation est d'une importance extrême puisqu'elle a permis de démontrer enfin des théorèmes très généraux sur l'existence des solutions des équations aux dérivées partielles, à condition d'admettre des solutions qui soient des distributions et non plus des fonctions. Mais ceci n'est pas le seul mérite des distributions, elles permettent aussi des calculs très divers, par exemple la multiplication d'une distribution par une fonction (malheureusement on ne sait pas définir le produit de deux distributions quelconques) dérivation, produit tensoriel, produit de convolution, transformation de Fourier et de Laplace, ce qui les rend très utiles dans beaucoup d'applications mathématiques ou physiques.

Le livre est basé, souvent de très près, sur les cours de théorie des distributions assurés par le professeur Bekkai MESSIRDI pendant plus de trois décennies à l'Université d'Oran 1 (Algérie), et sur les ouvrages cités dans la bibliographie. Cet ouvrage a pour objectif principal de présenter un outil de travail pour les étudiants de licence, Master, doctorants et enseignants orientés vers l'étude qualitative des distributions et des équations aux dérivées partielles.

Dans le premier chapitre on fournit des généralités sur les espaces vectoriels topologiques (EVT) et les espaces localement convexes (ELC). On distingue en pratique diverses catégories d'espaces vectoriels topologiques, un rôle important dans cette classification est tenu par les bases de voisinages et par les topologies définies par une famille de semi-normes. Les espaces fonctionnels que nous rencontrerons auront en fait une structure d'EVT ou d'ELC. On dégage quelques notions topologiques de base dans les EVT telles que la convergence, la séparabilité, la bornitude, la complétude, et la continuité des applications linéaires entre EVT.

Le procédé le plus courant de régularisation pour des fonctions localement intégrables sur $\mathbb{R}^n$ utilise la notion de produit de convolution par une suite régularisante. C'est une opération classique, non locale, dans le cas des fonctions, que nous introduisons au second chapitre et que nous généraliserons ultérieurement au cas des distributions. Nous indiquons comment cette opération agit sur les supports des fonctions dont on calcule le produit de convolution et nous présentons quelques résultats de base sur ce produit (commutativité, support, continuité et dérivabilité).

Le chapitre 3, rassemble certains espaces fonctionnels fondamentaux sur lesquels opèrent les distributions. Ce chapitre contient un tour d'horizon des espaces fonctionnels les plus utilisés pour illustrer les distributions et de quelq-ues-unes de leurs propriétés algébriques et topologiques. Nous étudions plus particulièrement les fonctions de classe C^∞ sur un ouvert de $\mathbb{R}^n$ et à support compact (fonctions test), ainsi que leurs premières applications en analyse, notamment à la localisation et la régularisation des fonctions (partition de l'unité).

Le quatrième chapitre contient les définitions et les notions les plus élémentaires pour se familiariser avec la théorie de distributions et le calcul distributionnel. Les distributions sont des formes linéaires continues sur l'espace des fonctions test. Les premières opérations sur les distributions : multiplication par une fonction C^∞ et dérivation sont largement détaillées, une distribution admet des dérivées de tout ordre ; une fonction continue par exemple est indéfiniment dérivable au sens des distributions. En effet, l'un des intérêts principaux de la théorie des distributions est de permettre la construction d'un calcul différentiel qui prolonge le calcul différentiel ordinaire et pour lequel toute distribution est indéfiniment dérivable.

L'étude du support d'une distribution repose sur le théorème de partition de l'unité et permet d'expliquer le caractère local des distributions, c'est-à-dire la possibilité de recoller des distributions. Les distributions à support compact sont ensuite étudiées, ces distributions s'identifient naturellement à des formes linéaires continues sur l'espace de Fréchet des fonctions de classe C^∞.

Dans le cinquième chapitre, on définit le produit de convolution de deux distributions sous des hypothèses appropriées. A cet effet, on définit d'abord le produit tensoriel de deux distributions. On s'intéresse aussi aux propriétés naturelles du produit de convolutions, l'associativité nécessite des hypothèses supplémentaires portant sur le support des distributions à convoluer. Deux distributions dont l'une est à support compact étant convoluables, on peut effectuer des régularisations par convolution, ce qui permet de vérifier que l'espace des fonctions C^∞ à support compact est dense dans l'espace des distributions.

On introduit au sixième chapitre la notion de transformation de Fourier des distributions. Cette transformation est un outil particulièrement important en mathématiques, que ce soit du point de vue fondamental, ou de celui des applications. La transformation de Fourier définie sur L^1, espace des fonctions sommables, n'est pas à valeurs dans L^1, et on ne peut pas parler en général de la transformation de Fourier inverse : les fonctions de L^1 n'étant pas assez 'régulières'. Ce sont des motivations pour introduire l'espace $\mathcal{S}(\mathbb{R}^n)$ de Schwartz des fonctions à décroissance rapide ayant des propriétés adéquates pour la transformation de Fourier, et qui de plus peut être muni d'une topologie métrique le rendant complet. On commence par mettre en place l'espace $\mathcal{S}(\mathbb{R}^n)$, puis on définit l'espace $\mathcal{S}'(\mathbb{R}^n)$ des distributions tempérées comme formes linéaires continues sur cet espace. La classe de Schwartz est invariante par transformation de Fourier, ce qui est l'un des avantages de cet espace, puis on étend cette transformation à l'espace $\mathcal{S}'(\mathbb{R}^n)$ des distributions tempérées, en appliquant la même stratégie de dualité.

Ensuite, on étudie les propriétés fondamentales de cette transformation : la transformation de Fourier est un isomorphisme de $\mathcal{S}(\mathbb{R}^n)$ et $\mathcal{S}'(\mathbb{R}^n)$, après transformation de Fourier, toute dérivée partielle d'ordre quelconque correspond à la multiplication par un monôme, dérivation de la transformation de Fourier, formule de Plancherel et égalité de Parseval. L'une des vertus de la transformation de Fourier est de transformer le produit de convolution en produit ponctuel.

Enfin, un intérêt particulier est accordé à la transformation de Fourier des distributions définies par des fonctions localement intégrables et des distributions à support compact. La transformation de Fourier d'une distribution à support compact est une fonction analytique. En utilisant conjointement la formule d'inversion de Fourier, et le théorème de Paley-Wiener, on obtient que toute distribution à support compact sur $\mathbb{R}^n$ est une somme finie de dérivées itérées au sens des distributions d'une fonction continue bornée sur $\mathbb{R}^n$.

La transformation de Laplace des fonctions et des distributions est introduite au chapitre sept. La transformation de Laplace est un outil très simple d'emploi, elle transpose les équations différentielles en équations algébriques, et les équations aux dérivées partielles en des équations différentielles. Elle est similaire à une transformation de Fourier mais peut être vue comme sa généralisation restreinte aux fonctions définies sur $\mathbb{R}_+$. On commence par analyser la transformation de Laplace d'une fonction définie sur $\mathbb{R}_+$ (fonction causale) et on étudie le problème d'inversion de cette transformation.

Outre la propriété de linéarité qui découle de la définition intégrale de la transformation de Laplace, les propriétés de translation, conjugaison et dilatation sont obtenues par de simples changements de variables. Ainsi, prendre la transformation de Laplace d'une dérivée revient essentiellement à multiplier par z. On ne sera pas surpris du résultat réciproque : une division par z correspond à une intégration de la fonction. La transformation de Laplace du produit de convolution est le produit de leurs transformations. On montre que les transformations de Laplace sont bornées et holomorphes dans un demi-plan complexe. On vérifie en outre que la transformation de Laplace tend vers 0 à l'infini, on donne aussi son comportement asymptotique à l'infini. Enfin, la formule de Bromwich-Wagner donne des conditions suffisantes sur une fonction pour que celle-ci soit une transformation de Laplace.

Il est possible, en passant des fonctions aux distributions, de définir une transformation de Laplace. La transformation de Fourier n'a été définie que pour des distributions tempérées, cela écarte la fonction $e^t H(t)$ par exemple. La transformation de Laplace permet de prendre en compte des fonctions de ce type. On notera que dans le cas des distributions régulières on retrouve la définition de la transformation de Laplace au sens des fonctions. On remarquera la similarité avec les théorèmes correspondants au sens des fonctions, mais sans la complexité des contributions à l'origine qui se trouve prises en compte automatiquement avec les distributions.

Ce chapitre s'achève par quelques applications sur la transformation de Laplace : résolution des équations différentielles linéaires et aux dérivées partielles ainsi que des équations de convolution et des équations intégrales.

L'une des principales applications de la théorie des distributions est de donner un cadre fonctionnel puissant et rigoureux pour étudier les équations aux dérivées partielles.

Ce cours introduit au huitième et dernier chapitre, les espaces de Sobolev sur un ouvert de $\mathbb{R}^n$. Nous commençons par définir les espaces de Sobolev d'indice entier avant de les généraliser à des indices quelconques réels. Dans le cas de $\mathbb{R}^n$, il est possible de définir les espaces de Sobolev en utilisant la transformation de Fourier. Cette alternative s'avèrera utile dans plusieurs situations et en particulier dans certaines démonstrations. On présente ensuite

quelques une des principales propriétés des espaces de Sobolev : dérivation et multiplicateurs des éléments de H^s densité de l'espace des fonctions test et celui de Schwartz dans H^s.
Le fait d'être dans un espace de Sobolev correspond à une certaine régularité pour la distribution, ainsi les espaces de Sobolev forment une échelle de régularité classique des fonctions de classe C^k, $k \in \mathbb{N}$, lorsque l'indice est suffisamment grand, c'est le théorème d'injection de Sobolev. A condition de se placer sur un ouvert borné et assez régulier ces injections sont effectivement des applications compactes.
On établit la dualité des espaces H^s et H^{-s}, $s > 0$, et on construit l'opérateur trace qui donne la restriction ou plus précisément la trace d'une fonction d'un espace de Sobolev sur le bord de l'ouvert. On montre aussi les inégalités de Poincaré et de Poincaré-Wirtinger qui s'avèrent fort utiles, en particulier dans la formulation variationnelle et la résolution de certaines équations aux dérivées partielles.
Ce travail s'inscrit dans le cadre des programmes officiels des modules de théorie des distributions et équations aux dérivées partielles. Il se démarque par un souci pédagogique réel de faire comprendre les concepts aux étudiants, aussi bien par la clarté des explications que par la pertinence des applications. Une autre particularité est la richesse des exercices proposés avec solutions détaillées à la fin de chaque chapitre. La présentation est exceptionnellement claire, les preuves, les illustrations et les exercices sont donnés avec grand soin.
L'objet de ce livre est de vous présenter (enseignants et étudiants) un cours détaillé accompagné d'illustrations sous forme d'exercices complètement corrigés sur la théorie des distributions. Ce travail est rédigé pour le plus grand profit de la formation mathématique de nos étudiants, il s'appuie sur l'expérience du métier et l'usage des bonnes méthodes pédagogiques et méthodologiques.

Bekkai MESSIRDI
Professeur à l'Ecole Supérieure En Génie Electrique et Energétique d'Oran (ESGEEO).
Ancien Professeur à l'Université d'Oran 1 et Attaché Temporaire d'Eseignement et de Recherche à l'Université de Paris Nord-Paris 13.
Ex-Directeur du Laboratoire de Mathématiques Fondamentales et Appliquées d'Oran (LMFAO).
bmessirdi@yahoo.fr

Abdellah GHERBI
Enseignant chercheur à l'Ecole Supérieure En Génie Electrique et Energétique d'Oran (ESGEEO).
Membre du Laboratoire de Mathématiques Fondamentales et Appliquées d'Oran (LMFAO).
gherbi.abl@gmail.com
Sofiane MESSIRDI
Enseignant chercheur au département de mathématiques, Université d'Oran 1.
Membre du Laboratoire de Mathématiques Fondamentales et Appliquées d'Oran (LMFAO).
messirdi.sofiane@hotmail.fr

Table des matières

1. Espaces vectoriels topologiques localement convexes

Les espaces vectoriels topologiques sont un outil de base de l'analyse fonctionnelle. Ce sont des espaces munis d'une structure topologique associée à une structure d'espace vectoriel, avec des relations de compatibilité entre les deux structures. Les exemples les plus simples d'espaces vectoriels topologiques sont les espaces vectoriels normés, parmi lesquels figurent les espaces de Banach, en particulier les espaces de Hilbert.

1.1 Rappels de topologie

On rappelle qu'une topologie τ sur un ensemble X est une famille de parties de X appelées ouverts, qui est stable par union quelconque et intersection finie, et qui contient X et l'ensemble vide $\emptyset$. Le couple (X, τ) est appelé espace topologique.
Soient (X, τ) un espace topologique et $x \in X$. Un voisinage de x pour la topologie τ est une partie $V \subset X$, pour laquelle il existe un ouvert U contenant x et inclus dans V. L'ensemble de tous les voisinages de x sera noté $\mathcal{V}(x)$.
$\mathcal{V}(x)$ vérifie les quatre propriétés fondamentales suivantes :

(i) Tout voisinage de x contient x :

$$V \in \mathcal{V}(x) \Longrightarrow x \in V.$$

En effet, si $V \in \mathcal{V}(x)$, $\exists U \in \tau$, tel que $x \in U \subset V$, alors $x \in V$.

(ii) Toute partie de X contenant un voisinage de x est aussi un voisinage de x :

$$(W \text{ partie de } X,\ V \in \mathcal{V}(x),\ V \subset W) \Longrightarrow W \in \mathcal{V}(x).$$

En effet, puisque $V \in \mathcal{V}(x)$, alors $\exists U \in \tau$, tel que $x \in U \subset V \subset W$, donc W est bien un voisinage de x.

(iii) Toute intersection finie de voisinages de x est aussi un voisinage de x :

$$(V_1 \in \mathcal{V}(x) \text{ et } V_2 \in \mathcal{V}(x)) \Longrightarrow V_1 \cap V_2 \in \mathcal{V}(x).$$

Par définition, il existe deux ouverts $U_1 \in \tau$ et $U_2 \in \tau$ tels que $x \in U_1 \subset V_1$ et $x \in U_2 \subset V_2$. Donc $x \in U_1 \cap U_2 \subset V_1 \cap V_2$, comme $U_1 \cap U_2 \in \tau$, on en déduit que $V_1 \cap V_2 \in \mathcal{V}(x)$.

(iv) Si $V \in \mathcal{V}(x)$ alors il existe $W \in \mathcal{V}(x)$ tel que $W \subset V$ et pour tout $y \in W$, $V \in \mathcal{V}(y)$:

$$\forall V \in \mathcal{V}(x), \exists W \in \mathcal{V}(x),\ W \subset V :\ (\forall y \in W \Longrightarrow V \in \mathcal{V}(y)).$$

En effet, si $V \in \mathcal{V}(x)$, il existe $U \in \tau$ tel que $x \in U \subset V$. Posons $W = U$, alors $W \in \tau$, $W \subset V$ et $\forall y \in W$, on a $y \in W \subset V$ donc par définition V est bien un voisinage de y.

> **!** Dans un espace topologique un ensemble ouvert est voisinage de chacun de ses points.

Réciproquement, on a la proposition suivante :

Proposition 1.1 Etant donné un ensemble non vide X, on se donne pour chaque $x \in X$ une famille $\mathcal{V}(x)$ de parties de X de telle sorte que :

(1) Si $V \in \mathcal{V}(x)$ alors $x \in V$;

(2) Si $V \in \mathcal{V}(x)$ et W une partie de X telle que $V \subset W$ alors $W \in \mathcal{V}(x)$;

(3) $\mathcal{V}(x)$ est stable par intersection finie : si $V_1 \in \mathcal{V}(x)$ et $V_2 \in \mathcal{V}(x)$, alors $V_1 \cap V_2 \in \mathcal{V}(x)$;

(4) Si $V \in \mathcal{V}(x)$, il existe $W \in \mathcal{V}(x)$ tel que $W \subset V$ et $V \in \mathcal{V}(y)$ pour tout $y \in W$.

Alors il existe une topologie et une seule τ sur X pour laquelle pour tout $x \in X$, $\mathcal{V}(x)$ est la famille des voisinages de x pour τ.

Démonstration. On pose :

$$\tau = \{A \in \mathcal{P}(X) : \forall x \in A,\ A \in \mathcal{V}(x)\} \cup \{\emptyset\}$$

où $\mathcal{P}(X)$ désigne la famille de toutes les parties de X.

(a) Il est clair que $\emptyset \in \tau$. D'autre part, soient $x \in X$ et $A \in \mathcal{V}(x)$, comme $A \subseteq X$, il en découle de (2) que $X \in \mathcal{V}(x)$. Ceci étant vrai quelque soit $x \in X$, donc $X \in \tau$.

τ contient l'ensemble vide et X.

(b) Soient $A_1, A_2 \in \tau$ et $x \in A = A_1 \cap A_2$. D'où, $x \in A_1$, $x \in A_2$, $A_1 \in \mathcal{V}(x)$ et $A_2 \in \mathcal{V}(x)$. D'après l'axiome (3), $A_1 \cap A_2 \in \mathcal{V}(x)$ et alors $A \in \mathcal{V}(x)$, quelque soit $x \in A$, par suite $A \in \tau$.

τ est stable par intersection finie.

(c) Soit $x \in \bigcup_{i \in I} A_i$ où $A_i \in \tau$, $\forall i \in I$ (I est un ensemble d'indice quelconque). Il existe alors $j \in I$ tel que $x \in A_j$, donc $A_j \in \mathcal{V}(x)$, comme $A_j \subseteq \bigcup_{i \in I} A_i$, on a aussi $\bigcup_{i \in I} A_i \in \mathcal{V}(x)$ en vertu de (2). Alors $\bigcup_{i \in I} A_i \in \tau$.

τ est stable par union quelconque.

Par conséquent, τ est bien une topologie sur X. Notons pour tout $x \in X$ par $\mathcal{L}(x)$ la famille des voisinages de x pour la topologie τ ainsi construite. On doit montrer que $\mathcal{L}(x) = \mathcal{V}(x)$, $\forall x \in X$.
$\mathcal{L}(x) \subseteq \mathcal{V}(x)$. Si $A \in \mathcal{L}(x)$, il existe $U \in \tau$ tel que $x \in U \subset A$, donc par construction $U \in \mathcal{V}(x)$ et d'après l'axiome (2), $A \in \mathcal{V}(x)$.
$\mathcal{V}(x) \subseteq \mathcal{L}(x)$. Si $A \in \mathcal{V}(x)$, soit $U = \{y \in X : A \in \mathcal{V}(y)\}$.
On a $x \in U$ d'après (1) et $U \subseteq A$ d'après le même axiome.
Montrons que $U \in \tau$. Soit $y \in U$, donc $A \in \mathcal{V}(y)$ et d'après l'axiome (4) il existe $B \in \mathcal{V}(y)$, $B \subset A$, tel que si $z \in B$ on a $A \in \mathcal{V}(z)$. Alors :

$$\forall z,\ z \in B \Longrightarrow z \in U$$

c'est à dire $B \subset U$. De $B \in \mathcal{V}(y)$ et $B \subset U$, on a $U \in \mathcal{V}(y)$, et donc $U \in \tau$. Ainsi, $x \in U \subset A$ et $U \in \tau$, alors $A \in \mathcal{L}(x)$.
Il reste à établier que la topologie τ est unique.
Soit T une autre topologie sur X ayant pour $\mathcal{V}(x)$ la famille des voisinages de x, pour tout $x \in X$. Montrons que $T = \tau$.
T $\subset \tau$. Soit $U \in T$, alors $\forall x \in U$, $U \in \mathcal{V}(x)$, donc $U \in \tau$.

$\tau \subset \mathbf{T}$. Soit $U \in \tau$, donc $\forall x \in U$, $U \in \mathcal{V}(x)$. U est aussi un voisinage de x pour T, il existe alors $W_x \in T$ tel que $W_x \subset U$. En fait, on a $U = \bigcup_{x \in U} W_x \in T$. □

Définition 1.1 Soient (X, τ) un espace topologique et $x \in X$. Un ensemble $\mathcal{B}(x)$ de parties de X est un système fondamental de voisinages de x si $\mathcal{B}(x) \subseteq \mathcal{V}(x)$ et pour tout $V \in \mathcal{V}(x)$, il existe $W \in \mathcal{B}(x)$ tel que $W \subset V$.

Exemple 1.1 Dans un espace métrique (X, d), l'ensemble $\mathcal{B}(x)$ des boules ouvertes centrées en x, forme un système fondamental de voisinages de x.

Définition 1.2 Soit (X, τ) un espace topologique. Une famille $\mathcal{B}$ d'ensembles ouverts de X est appelée une base de la topologie τ de X si tout ouvert de X est réunion d'éléments de $\mathcal{B}$.

Exemple 1.2 $\mathcal{B} = \{]a, b[: a, b \in \mathbb{R}\}$ est une base pour la topologie usuelle de $\mathbb{R}$.
Les disques ouverts forment une base de la topologie de l'ensemble des nombres complexes $\mathbb{C}$.
L'ensemble des boules ouvertes d'un espace métrique est une base de la topologie induite par la métrique de cet espace.

Proposition 1.2 Soient X un ensemble et $\mathcal{B}$ une famille de parties de X ($\mathcal{B} \subset \mathcal{P}(X)$).
$\mathcal{B}$ est une base de topologie sur X si et seulement si :

(1) $X = \bigcup_{B \in \mathcal{B}} B$,

(2) pour tout $U, V \in \mathcal{B}$, $U \cap V$ est réunion d'éléments de $\mathcal{B}$.

Démonstration. Si τ désigne l'ensemble des réunion quelconques d'éléments de $\mathcal{B}$, alors (X, τ) est un espace topologique de base $\mathcal{B}$.
En effet,

(i) $X \in \tau$ d'après la condition (1). Si $I = \emptyset$, $\bigcup_{i \in I} B_i = \emptyset \in \tau$.

(ii) Soient A_1 et A_2 dans τ, avec $A_1 = \bigcup_{i\in I_1} A_{i,1}$ et $A_2 = \bigcup_{j\in I_2} A_{j,2}$ où $A_{i,1} \in \mathcal{B}$, $\forall i \in I_1$ et $A_{j,2} \in \mathcal{B}$, $\forall j \in I_2$. Alors,

$$\begin{aligned} A_1 \cap A_2 &= \left(\bigcup_{i\in I_1} A_{i,1}\right) \bigcap \left(\bigcup_{j\in I_2} A_{j,2}\right) = \bigcup_{i\in I_1}\bigcup_{j\in I_2} (A_{i,1} \cap A_{j,2}) \\ &= \bigcup_{(i,j)\in I_1\times I_2} (A_{i,1} \cap A_{j,2}). \end{aligned}$$

En notant $\lambda = (i,j) \in L = I_1 \times I_2$, on a $A_1 \cap A_2 = \bigcup_{\lambda\in L} A_\lambda$ où $A_\lambda = A_{i,1} \cap A_{j,2}$ est réunion d'éléments de $\mathcal{B}$, d'après la condition (2), soit $A_\lambda = \bigcup_{k\in K} A_{\lambda,k}$, $A_{\lambda,k} \in \mathcal{B}$, $\forall \lambda \in L$, $\forall k \in K$. Ainsi,

$$A_1 \cap A_2 = \bigcup_{\lambda\in L}\bigcup_{k\in K} A_{\lambda,k} = \bigcup_{(\lambda,k)\in L\times K} A_{\lambda,k} \in \tau.$$

(iii) Soit $\{A_i : i \in I\}$ une famille quelconque de τ. Alors, $\forall i \in I$, $A_i = \bigcup_{j\in J} A_{i,j}$ avec $A_{i,j} \in \mathcal{B}$, $\forall i \in I$, $\forall j \in J$.

$$\bigcup_{i\in I} A_i = \bigcup_{i\in I}\bigcup_{j\in J} A_{i,j} = \bigcup_{(i,j)\in I\times J} A_{i,j} \in \tau.$$

D'où, τ est bien une topologie sur X et $\mathcal{B}$ est une base de τ, puisque tout ouvert est par construction réunion d'éléments de $\mathcal{B}$.

Inversement, si $\mathcal{B}$ est une base de topologie τ sur X, alors :

(1) $\tau \ni X = \bigcup_{i\in I,\, B_i\in\mathcal{B}} B_i \subset \bigcup_{B\in\mathcal{B}} B \subset X$, donc $X = \bigcup_{B\in\mathcal{B}} B$.

(2) $\forall U, V \in \mathcal{B}$, on a $U, V \in \tau$, donc $U \cap V \in \tau$, et alors

$$U \cap V = \bigcup_{j\in J} B_j,\ B_j \in \mathcal{B},\ \forall j \in J.$$

□

! Si (X, τ) est un espace topologique de base $\mathcal{B}$, alors τ coïncide avec l'ensemble des réunions quelconques d'éléments de $\mathcal{B}$.

Exemple 1.3 L'ensemble des intervalles ouverts forme une base de la topologie usuelle sur $\mathbb{R}$. On peut même se limiter aux intervalles dont les extrémités sont rationnelles, faisant de $\mathbb{R}$ un espace topologique à base dénombrable. En revanche, l'ensemble des intervalles semi-infinis de type $]-\infty, a[$ ou $]a, +\infty[$ où a est un nombre réel, n'est pas une base d'une topologie sur $\mathbb{R}$. Par exemple, $]-\infty, 1[$ et $]0, +\infty[$ appartiennent bien à cet ensemble, mais leur intersection $]0, 1[$ ne peut pas être exprimée comme union d'élements de cet ensemble.

Définition 1.3 On appelle filtre sur un ensemble non vide X, toute partie $\mathcal{F}$ de $\mathcal{P}(X)$ vérifiant les axiomes :

(1) Si $A \in \mathcal{F}$ et $A \subset B$, alors $B \in \mathcal{F}$;

(2) Si $A, B \in \mathcal{F}$, alors $A \cap B \in \mathcal{F}$;

(3) $\emptyset \notin \mathcal{F}$.

Exemple 1.4

1 Soient X un ensemble non vide et $(x_n)_{n\in\mathbb{N}}$ une suite de points de X. On pose pour tout $n \in \mathbb{N}$,

$$X_n = \{x_k : k \geq n\} = \{x_n, x_{n+1}, \ldots\}$$

et

$$\mathcal{F} = \{A \in \mathcal{P}(X) : \exists n \in \mathbb{N},\ X_n \subseteq A\}.$$

$\mathcal{F}$ est bien un filtre sur X. $\mathcal{F}$ est appelé le filtre élémentaire associé à la suite $(x_n)_{n\in\mathbb{N}}$.

2 Si (X, τ) est un espace topologique, alors pour tout $x \in X$, $\mathcal{V}(x)$ est un filtre sur X, c'est le filtre des voisinages de x pour la topologie τ sur X.

Définition 1.4 Soit X un ensemble non vide, une partie $\mathcal{B}$ de $\mathcal{P}(X)$ est une base de filtre si :

(1) pour tout $A, B \in \mathcal{B}$, il existe $C \in \mathcal{B}$ tel que $C \subset A \cap B$,

(2) $\emptyset \notin \mathcal{B}$.

Si X est un ensemble non vide et $\mathcal{B}$ est une base de filtre sur X, alors :

$$\mathcal{F} = \{A \in \mathcal{P}(X) : \exists B \in \mathcal{B},\ B \subseteq A\}$$

est un filtre sur X appelé le filtre engendré par la base de filtre $\mathcal{B}$.

La continuité d'une fonction est une propriété topologique. En première approche, une fonction f est continue si, à des variations infinitésimales de la variable x, correspondent des variations infinitésimales de l'image $f(x)$. Ceci est naturellement exprimé en termes de voisinages lorsque la fonction f est définie entre deux espaces topolgiques.

Définition 1.5 Soient (X,τ) et (Y,T) deux espaces topologiques, et f une fonction definie de X dans Y. On dit que f est continue au point $x_0 \in X$, si :

$$\forall W \in \mathcal{V}_T(f(x_0)),\ \exists V \in \mathcal{V}_\tau(x_0) \text{ tel que } \forall x \in V \Longrightarrow f(x) \in W$$

ou bien :

$$\forall W \in \mathcal{V}_T(f(x_0)),\ \exists V \in \mathcal{V}_\tau(x_0) \text{ tel que } f(V) \subset W$$

ou encore :

$$\forall W \in \mathcal{V}_T(f(x_0)),\ f^{-1}(W) \in \mathcal{V}_\tau(x_0).$$

où la notation $\mathcal{V}_T$ ou $\mathcal{V}_\tau$ indique le filtre des voisinages par rapport à la topologie correspondante T ou bien τ.
On dit que f est continue sur X si f est continue en tout point de X.

Cas particulier, Si f est une fonction numérique d'un espace topologique (X,τ) dans $\mathbb{C}$, alors f est continue en $x_0 \in X$, si :

$$\forall \varepsilon > 0,\ \exists V \in \mathcal{V}_\tau(x_0) \text{ tel que } \forall x \in V \Longrightarrow |f(x) - f(x_0)| < \varepsilon.$$

Proposition 1.3 Pour qu'une fonction f d'un espace topologique (X,τ) dans un espace topologique (Y,T) soit continue il faut et il suffit que l'image réciproque par f de tout ouvert de Y soit un ouvert dans X.

Démonstration. Soient f une fonction continue de (X,τ) dans (Y,T) et $W \in T$, montrons que $f^{-1}(W) \in \tau$.

Soit $x \in V = f^{-1}(W)$, donc $y = f(x) \in W$. Alors, W est un voisinage ouvert de y, il existe par conséquent un voisinage U_x de x dans X tel que $f(U_x) \subset W$, donc $U_x \subset V$. Autrement dit, pour tout $x \in V$, il existe U_x un voisinage de x dans X contenu dans V, ce qui signifie que V est un ensemble ouvert dans X.

Réciproquement, supposons que $f^{-1}(W) \in \tau$ quelque soit $W \in T$. Considérons un point quelconque x de X et un voisinage quelconque U_y de $y = f(x)$ pour T. Puisque $y \in U_y$, alors $x \in f^{-1}\left(U_y\right)$ et $f^{-1}\left(U_y\right)$ est un voisinage de x pour τ, dont l'image est contenue dans U_y. □

Du fait que l'image réciproque du complémentaire est égale au complémentaire de l'image réciproque, on en déduit la proposition suivante :

Proposition 1.4 Pour qu'une fonction f d'un espace topologique (X, τ) dans un espace topologique (Y, T) soit continue il faut et il suffit que l'image réciproque par f de tout ensemble fermé de Y soit un ensemble fermé dans X.

Exemple 1.5

1. Soit X muni de deux topologies τ_1 et τ_2. Alors, l'identié i définie de (X, τ_1) dans (X, τ_2) par $i(x) = x$ est continue si et seulement si $\tau_2 \subset \tau_1$, c'est à dire τ_1 est plus fine que τ_2.

2. Soit $\sim$ une relation d'équivalence sur un espace topologique (X, τ), alors la surjection canonique est continue de (X, τ) dans l'espace topologique quotient $(X/\sim, \widetilde{\tau})$ muni de la topologie quotient $\widetilde{\tau}$.

3. Soit $X = X_1 \times X_2$ muni de la topologie produit de deux espaces topologiques (X_1, τ_1) et (X_2, τ_2), alors les projections $p_j(x_1, x_2) = x_j$, $j = 1, 2$ sont continues.

Définition 1.6 Deux espaces topologiques (X, τ) et (Y, T) sont dit homéomorphes s'il existe une application f bijective et bicontinue de X dans Y (f bijective et continue de X dans Y et l'application réciproque f^{-1} est continue de Y dans X). f est appelée un homéomorphisme.

Si f est un homéomorphisme entre deux espaces topologiques (X,τ) et (Y,T), alors :
- f est une application ouverte : elle transforme tout ouvert de X en un ouvert de Y,
- f est une application fermée : elle transforme tout fermé de X en un fermé de Y,
- f transforme tout voisinage dans X en un voisinage dans Y.

Deux espaces homéomorphes possèdent alors les mêmes propriétés topologiques.

1.2 Espaces Vectoriels Topologiques : EVT

La donnée d'une norme n'est que l'une des méthodes possibles d'introduction d'une topologie dans un espace vectoriel. Le développement de certaines branches de l'analyse fonctionnelle, telle que la théorie des distributions, a montré que dans beaucoup de situations il est utile d'envisager des espaces vectoriels munis d'une topologie définie non à l'aide d'une norme ou une distance mais d'une autre façon.

Dans tout ce qui suit, E désignera un espace vectoriel sur $\mathbb{R}$, les définitions et résultats qui suivent s'étendent facilement au cas complexe.

Définition 1.7 Soit E un espace vectoriel sur le coprs $\mathbb{k} = \mathbb{R}$ ou $\mathbb{C}$, et τ une topologie sur E. Le couple (E,τ) est un espace vectoriel topologique (EVT en abrégé) si les deux applications suivantes sont continues :

$$\begin{array}{ccc} E\times E & \longrightarrow & E \\ (x,y) & \mapsto & x+y \end{array}$$

et

$$\begin{array}{ccc} \mathbb{k}\times E & \longrightarrow & E \\ (\alpha,y) & \mapsto & \alpha x \end{array}$$

où $E\times E$ et $\mathbb{k}\times E$ sont munis de la topologie produit, $\mathbb{k}$ étant muni de la topologie usuelle. On dit que la structure topologique est compatible avec la structure algébrique dans un EVT.

Exemple 1.6 Un espace vectoriel normé est un EVT pour la topologie définie par sa norme.

Proposition 1.5 Si (E,τ) est un espace vectoriel topologique, alors pour tout α dans $\mathbb{k}$ et pour tout x_0 dans E, l'application :

$$\begin{aligned} t_{\alpha,x_0} \ : \ & E \longrightarrow E \\ & x \mapsto t_{\alpha,x_0}(x) = \alpha x + x_0 \end{aligned}$$

est continue. En outre si $\alpha \neq 0$, alors cette application est un homéomorphisme de E dans E.

Démonstration.
En fait, l'application t_{α,x_0} se déompose en deux applications définies de E dans E, une homothétie h_α de rapport α et une translation t_{x_0} de vecteur x_0 :

$$t_{\alpha,x_0} = t_{x_0} \circ h_\alpha$$

où

$$\begin{array}{rcl} h_\alpha : E & \longrightarrow & E \\ x & \longmapsto & h_\alpha(x) = \alpha x \end{array} \quad \text{et} \quad \begin{array}{rcl} t_{x_0} : E & \longrightarrow & E \\ x & \longmapsto & t_{x_0}(x) = x + x_0. \end{array}$$

Les applications h_α et t_{x_0} sont continues car elles se décomposent à leurs tours en deux applications continues pour chacune :

$$h_\alpha = h_{1,\alpha} \circ h_{2,\alpha}$$

où

$$\begin{array}{rcl} h_{1,\alpha} : \mathbb{k} \times E & \longrightarrow & E \\ x & \longmapsto & h_{1,\alpha}(\alpha, x) = \alpha x \end{array} \quad \text{et} \quad \begin{array}{rcl} h_{2,\alpha} : E & \longrightarrow & \mathbb{k} \times E \\ x & \longmapsto & h_{2,\alpha}(x) = (\alpha, x) \end{array}$$

et

$$t_{x_0} = t_{1,x_0} \circ t_{2,x_0}$$

où

$$\begin{array}{rcl} t_{1,x_0} : E \times E & \longrightarrow & E \\ (x, x_0) & \longmapsto & t_{1,x_0}(x, x_0) = x + x_0 \end{array} \quad \text{et} \quad \begin{array}{rcl} t_{2,x_0} : E & \longrightarrow & E \times E \\ x & \longmapsto & t_{2,x_0} = (x, x_0). \end{array}$$

Donc l'application t_{α,x_0} est continue de E dans E.

Si maintenant $\alpha \neq 0$, l'application t_{α,x_0} est bijective, son inverse s'obtient à partir de l'équation $y = \alpha x + x_0$,

$$x = t^{-1}_{\alpha,x_0}(y) = \frac{1}{\alpha}y - \frac{x_0}{\alpha} = t_{\frac{1}{\alpha},-\frac{x_0}{\alpha}}(y)$$

qui est à son tour continue. Alors t_{α,x_0} est un homéomorphisme de E dans E. □

Notation. Soient (E,τ) un EVT et 0 l'origine de E. $\mathcal{V}(0)$ est l'ensemble des voisinages de 0 dans E. $\forall x \in E$, $\mathcal{V}(x)$ est l'ensemble des voisinages de x dans E. Soient $x \in E$ et V une partie de E, alors :

$$x + V = \{x + y : y \in V\}.$$

Si V et W sont deux parties de E, alors :

$$V + W = \{x + y : x \in V \text{ et } y \in W\}.$$

Si V est une partie de E et $\lambda \in \mathbb{k}\setminus\{0\}$, alors :

$$\lambda V = \{\lambda x : x \in V\}.$$

$\forall x \in E$, on note : $x + \mathcal{V}(0) = \{x + V : V \in \mathcal{V}(0)\}$.

Corollaire 1.1

(i) Si U et V sont deux ensembles ouverts dans un EVT (E,τ), alors $U + V$ est ouvert dans E.

(ii) Si A est ouvert (respectivement fermé) dans E, alors pour tout $\lambda \in \mathbb{k}\setminus\{0\}$, λA est ouvert (respectivement fermé) dans E.

Démonstration.

(i) On a :

$$U + V = \bigcup_{x\in U}(x + V) = \bigcup_{x\in U} t_{1,x}(V) \in \tau$$

puisque $t_{1,x}$ est un homéomorphisme, il transforme l'ouvert V en l'ouvert $x + V$ dans E.

(ii) D'autre part,

$$\lambda A = t_{\lambda,0}(A)$$

comme $\lambda \neq 0$, $t_{\lambda,0}$ est un homéomorphisme, il transforme un ouvert en un ouvert et un fermé en un fermé de E.

□

Une conséquence immédiate de la définition est que, pour les EVT, on peut se restreindre aux voisinages de l'origine.

Proposition 1.6 Soit (E,τ) un EVT, alors pour tout x dans E, on a :

$$\mathcal{V}(x) = x + \mathcal{V}(0).$$

Démonstration. Pour $x \in E$, x fixé, l'application $t_{1,x}(y) = y + x$ est un homéormorphisme de E dans E. En particulier, $t_{1,x}(0) = x$ et pour tout V dans $\mathcal{V}(0)$, $t_{1,x}(V) \in \mathcal{V}(x)$ (un homéomorphisme f transforme un voisinage de a en un voisinage de $f(a)$). Donc :

$$t_{1,x}(V) = x + V \in \mathcal{V}(x) \text{ et } x + \mathcal{V}(0) \subset \mathcal{V}(x).$$

Inversement, pour tout W dans $\mathcal{V}(x)$, $t_{1,x}^{-1}(W) \in \mathcal{V}(0)$ car $t_{1,x}^{-1} = t_{1,-x}$ est aussi un homéomorphisme. Alors :

$$t_{1,x}^{-1}(W) = W - x \in \mathcal{V}(0) \text{ et } W = x + (W - x) \in x + \mathcal{V}(0)$$

ce qui montre que $\mathcal{V}(x) \subset x + \mathcal{V}(0)$. □

Définition 1.8 Soit E un espace vectoriel sur $\mathbb{k} = \mathbb{R}$ ou $\mathbb{C}$. Une partie A de E est dite :

(i) équilibrée si $\forall \lambda \in \mathbb{k}$, $|\lambda| \leq 1$, alors $\lambda A \subset A$,

(ii) convexe si $\lambda A + \mu A \subset A$, pour tout λ et μ positifs, avec $\lambda + \mu = 1$. Ou bien, pour tout $x, y \in A$, $tx + (1-t)y \in A$, $\forall t \in [0,1]$, ce qui signifie aussi que le ségment $[x,y]$ qui joint deux points quelconques x et y de A, est entièrement contenu dans A,

(iii) absorbante si pour tout $x \in E$, il existe $\alpha > 0$ tel que quel que soit $\lambda \in \mathbb{k}\backslash\{0\}$, $|\lambda| \leq \alpha$, on a $\lambda x \in A$ (ce qui est aussi équivalent à écrire $x \in \mu A$ pour tout $\mu \in \mathbb{k}$ tel que $|\mu| \geq \frac{1}{\alpha}$).

Exemple 1.7 Les intervalles symétriques de type $]-a,a[$, $a>0$, sont des parties convexes, équilibrées et absorbantes dans $\mathbb{R}$. En général, dans un espace vectoriel normé les boules ouvertes ou fermées **centrées en 0**, sont des parties convexes, équilibrées et absorbantes.

Quelques propriétés immédiates

(i) Toute partie équilibrée contient l'origine 0 **et est symétrique par rapport à** 0.
En effet, si A est équilibrée et $\lambda=0$, on a $0A=\{0\}\subset A$, de plus pour tout $x\in A$, $-x\in A$, puisque $-A=A$.

(ii) Toute partie absorbante contient nécessairement le point 0. En effet, si A est absorbante alors pour $x=0$, il existe $\alpha_0>0$ tel que quel que soit $\lambda\in\mathbb{k}\setminus\{0\}$, $|\lambda|\leq\alpha_0$, on a $\lambda 0=0\in A$.

(iii) Si A **est un ensemble équilibré, alors pour tout** $\lambda\in\mathbb{k}$, $\lambda A=|\lambda|A$. De plus, on a :

$$|\lambda|\leq|\mu|\Longrightarrow\lambda A\subset\mu A.$$

En effet, si $\lambda=0$, l'égalité est triviale.
Montrons d'abord que $\lambda A=A$ si $|\lambda|=1$. Comme A est équilibré et $|\lambda|=1$, on a $\lambda A\subset A$ et $\frac{1}{\lambda}A\subset A$, donc $A\subset\lambda A$ et alors $A=\lambda A$.
Ainsi, pour tout $\lambda\in\mathbb{k}\setminus\{0\}$, $\frac{\lambda}{|\lambda|}A=A$ et $\lambda A=|\lambda|A$.
D'autre part, si $\frac{|\lambda|}{|\mu|}=\left|\frac{\lambda}{\mu}\right|\leq 1$, on a $\lambda A=|\lambda|A\subset|\mu|A=\mu A$.

(iv) Si A **est un ensemble convexe, alors pour tout** λ **et** μ **positifs ou nuls, on a :**

$$(\lambda+\mu)A=\lambda A+\mu A.$$

En effet, si $\lambda=\mu=0$, l'égalité est vérifiée. Sinon, on a toujours

$$(\lambda+\mu)A\subset\lambda A+\mu A.$$

Réciproquement, soit $z\in\lambda A+\mu A$, alors $z=\lambda x+\mu y$ où $x,y\in A$. Ainsi,

$$z=\frac{\lambda}{\lambda+\mu}x+\frac{\mu}{\lambda+\mu}y=t(\lambda+\mu)x+(1-t)(\lambda+\mu)y=(\lambda+\mu)[tx+(1-t)y]$$

avec $t=\frac{\lambda}{\lambda+\mu}$ et $(1-t)=\frac{\mu}{\lambda+\mu}$, $t\in[0,1]$. Comme A est convexe, alors

$$tx+(1-t)y\in A \text{ et } z\in(\lambda+\mu)A.$$

, D'où,

$$\lambda A + \mu A \subset (\lambda + \mu) A.$$

(v) Si A est une partie convexe, alors λA est aussi convexe.

(vi) L'intersection finie d'absorbants est absorbante.

Montrons que l'intersection de deux parties absorbantes A et B est absorbante. En effet, $\forall x \in E$, $\exists \alpha > 0$ (respectivement, $\beta > 0$), tel que $\mu x \in A$ (respectivement, $\mu x \in B$) dès que $|\mu| \leq \alpha$ (respectivement, $|\mu| \leq \beta$). Ainsi, pour $\gamma = \min(\alpha, \beta)$, on trouve $\mu x \in A \cap B$ dès que $|\mu| \leq \gamma$.

(vii) L'intersection d'équilibrés est équilibrée.

Si $(A_j)_{j\in J}$ est une famille de parties équilibrées dans un même espace vectoriel E, alors pour tout $\lambda \in \mathbb{k}$, $|\lambda| \leq 1$, on a :

$$\lambda A_j \subset A_j, \ \forall j \in J,$$
$$\lambda \bigcap_{j\in J} A_j = \bigcap_{j\in J} \lambda A_j \subset \bigcap_{j\in J} A_j.$$

(viii) L'intersection de convexes est convexe.

En effet, si A_j est convexe, $\forall j \in J$, on a pour tout λ et μ positifs, avec $\lambda + \mu = 1$

$$\begin{aligned} \lambda A_j + \mu A_j &\subset A_j, \ \forall j \in J, \\ \lambda \bigcap_{j\in J} A_j + \mu \bigcap_{j\in J} A_j &\subset \bigcap_{j\in J} (\lambda A_j + \mu A_j) \subset \bigcap_{j\in J} A_j. \end{aligned}$$

Une caractérisation intéressante des EVT est donnée par :

Proposition 1.7 Dans un espace vectoriel topologique, il existe un système fondamental $\mathcal{B}$ de voisinages de 0, vérifiant les trois propriétés suivantes :

(1) les éléments de $\mathcal{B}$ sont des parties équilibrées et absorbantes,

(2) $\forall V \in \mathcal{B}$ et $\forall \lambda \in \mathbb{k} \setminus \{0\}$, $\lambda V \in \mathcal{B}$ ($\mathcal{B}$ est invariant par homothéties de rapport non nuls),

(3) $\forall V \in \mathcal{B}, \exists W \in \mathcal{B}$, tel que $W + W \subset V$.

La preuve de ce résultat repose essentiellement sur le lemme suivant :

Lemme 1.1 Dans un espace vectoriel topologique (E,τ), tous les voisinages de 0 sont absorbants.

Démonstration. Soient $V \in \mathcal{V}(0)$ et $x_0 \in E$. L'application $\varphi(\lambda) = \lambda x_0$ est continue de $\mathbb{k}$ dans E car elle se décompose en deux applications continues,

$$\varphi = \varphi_{2,x_0} \circ \varphi_{1,x_0}$$

où

$$\begin{array}{rcl} \varphi_{1,x_0} : \mathbb{k} & \longrightarrow & \mathbb{k} \times E \\ \lambda & \longmapsto & (\lambda, x_0) \end{array} \quad \text{et} \quad \begin{array}{rcl} \varphi_{2,x_0} : \mathbb{k} \times E & \longrightarrow & E \\ (\lambda, x_0) & \longmapsto & \lambda x_0. \end{array}$$

En particulier, φ est continue en 0 et $\varphi(0) = 0$. Alors par définition de la continuité de φ en 0, on peut écrire :

$$V \in \mathcal{V}(0),\ \exists \eta > 0, \text{ tel que } \forall \lambda \in \mathbb{k},\ |\lambda| < \eta \Longrightarrow \varphi(\lambda) = \lambda x_0 \in V,$$

ce qui signifie que V est absorbant. □

Démonstration. "de la proposition 1.7".
Posons $\mathcal{B}$ l'ensemble des voisinages de 0 dans (E,τ) qui sont équilibrés. Alors les éléments de $\mathcal{B}$ sont équilibrés et absorbants.
D'autre part, $\mathcal{B}$ est invariant par homothéties de rapport non nuls. En effet, soient $V \in \mathcal{B}$ et $\lambda \in \mathbb{k}$, $\lambda \neq 0$, λV est aussi un voisinage de 0 car l'application $t_{\lambda,0}(x) = \lambda x$ est un homéomorphisme de E dans E, elle transforme un voisinage de 0 dans E en un voisinage de 0 dans E. Ainsi, λV est aussi absorbant.
λV est équilibré, car si $y \in \lambda V$, $y = \lambda x$ avec $x \in V$, alors pour tout $\alpha \in \mathbb{k}$, $|\alpha| \leq 1$, on a :

$$\alpha y = \alpha \lambda x = \lambda(\alpha x) \in \lambda V$$

car V est équilibré. Donc $\alpha(\lambda V) \subset \lambda V$.
Avant de montrer la propriété (3), vérifions que $\mathcal{B}$ est un système fondamental de voisinages de 0, donc pour tout $V \in \mathcal{V}(0)$, il faut trouver W dans $\mathcal{B}$, tel que $W \subset V$.
On sait que l'application $p(\alpha, x) = \alpha x$ est continue de $\mathbb{k} \times E$ dans E, en particulier elle est continue en $(0,0)$, donc :

$$\begin{aligned} \forall V &\in \mathcal{V}(0),\ \exists W_0 \in \mathcal{V}(0),\ \exists \eta > 0, \text{ tel que } \forall x \in E,\ \forall \alpha \in \mathbb{k}, \\ |\alpha| &\leq \eta \text{ et } x \in W_0, \text{ on ait } \alpha x \in V \text{ ou bien } \alpha W_0 \subset V. \end{aligned}$$

Posons $W = \bigcup_{\substack{\alpha\in\mathbb{k} \\ |\alpha|\le\eta}} \alpha W_0$. Alors on a par construction, $W \in \mathcal{V}(0)$ et $W \subset V$. Il suffit maintenant de vérifier que W est équilibré. En effet, $\forall \lambda \in \mathbb{k}$, $|\lambda| \le 1$, on a :

$$\lambda W = \lambda \left(\bigcup_{\substack{\alpha\in\mathbb{k} \\ |\alpha|\le\eta}} \alpha W_0 \right) = \bigcup_{\substack{\alpha\in\mathbb{k} \\ |\alpha|\le\eta}} \lambda\alpha W_0 \subset \bigcup_{\substack{\alpha\in\mathbb{k} \\ |\alpha|\le\eta}} \alpha W_0 = W.$$

Montrons finalement (3), c'est à dire pour tout V dans $\mathcal{B}$, il existe W dans $\mathcal{B}$, tel que $W + W \subset V$.
L'application $s(x,y) = x+y$ est continue de $E \times E$ dans E, en particulier s est continue en $(0,0)$, donc :

$$\forall V \in \mathcal{B},\ \exists W_0 \in \mathcal{V}(0),\ \text{tel que } s(W_0 \times W_0) = W_0 + W_0 \subset V.$$

Puisque $\mathcal{B}$ est un système fondamental de voisinages de 0, il existe aussi $W \in \mathcal{B}$ inclu dans W_0, ainsi :

$$W + W \subset W_0 + W_0 \subset V.$$

□

Réciproquement, on a le résultat fondamental suivant :

Théorème 1.1 Soient E un espace vectoriel sur $\mathbb{k} = \mathbb{R}$ ou $\mathbb{C}$, et $\mathcal{B}$ une base de filtre sur E vérifiant les trois propriétés suivantes :

(i) les éléments de $\mathcal{B}$ sont équilibrés et absorbants,

(ii) $\mathcal{B}$ est invariant par homothéties de rapport non nuls,

(iii) $\forall V \in \mathcal{B}, \exists W \in \mathcal{B}$, tel que $W + W \subset V$.

Alors, il existe une et une seule topologie d'EVT sur E pour laquelle $\mathcal{B}$ est un système fondamental de voisinages de 0.

Démonstration. Puisque pour tout $x \in E$, $\mathcal{V}(x) = x + \mathcal{V}(0)$ pour n'importe quelle topologie d'EVT, il suffit alors de définir les filtres $\mathcal{V}(0)$ et $\mathcal{V}(x)$ par :

$$\begin{cases} \mathcal{V}(0) = \{A \in \mathcal{P}(E) : \exists V \in \mathcal{B} \text{ et } V \subset A\}, \\ \mathcal{V}(x) = x + \mathcal{V}(0),\ \forall x \in E. \end{cases}$$

On applique ici la proposition 1.1, pour cela on doit montrer que la famille $\mathcal{V}(x)$ vérifie les quatre conditions de cette proposition, pour tout x dans E.

(1) Si $V \in \mathcal{V}(x)$, alors $V = x + W$ où $W \in \mathcal{V}(0)$, par construction il existe aussi $W_0 \in \mathcal{B}$ tel que $W_0 \subset W$. Or, $0 \in W_0$ donc $x = x + 0 \in x + W_0 \subset x + W = V$ et $x \in V$.

(2) Si $V \in \mathcal{V}(x)$ et $W \in \mathcal{P}(E)$ tel que $V \subset W$, montrons que $W \in \mathcal{V}(x)$.
$V = x + V'$ avec $V' \in \mathcal{V}(0)$, donc $x + V' \subset W$ ou bien $V' \subset W - x$. Par conséquent, $(W - x) \in \mathcal{V}(0)$ et $W = x + (W - x) \in \mathcal{V}(x)$.

(3) Soit $V_1, V_2 \in \mathcal{V}(x)$, alors $V_j = x + W_j$ où $W_j \in \mathcal{V}(0)$, $j \in \{1, 2\}$.

$$V_1 \cap V_2 = (x + W_1) \cap (x + W_2) = x + W_1 \cap W_2.$$

Or, il existe $B_j \in \mathcal{B}$, tel que $B_j \subset W_j$, $j \in \{1, 2\}$, ainsi $B_1 \cap B_2 \subset W_1 \cap W_2$. Mais puisque $\mathcal{B}$ est une base de filtre sur E, il existe aussi $C \in \mathcal{B}$, tel que

$$C \subset B_1 \cap B_2 \subset W_1 \cap W_2,$$

alors $W_1 \cap W_2 \in \mathcal{V}(0)$, et $V_1 \cap V_2 = x + W_1 \cap W_2 \in \mathcal{V}(x)$.

(4) Montrons finalement que pour tout $V \in \mathcal{V}(x)$, il existe $W \in \mathcal{V}(x)$, tel que $W \subset V$ et $\forall y \in W$, $V \in \mathcal{V}(y)$.
En effet, $V = x + V'$ avec $V' \in \mathcal{V}(0)$, de plus il existe $B \in \mathcal{B}$, tel que $B \subset V'$. En vertu de l'axiome (iii), il existe $A \in \mathcal{B}$, tel que $A + A \subset B \subset V'$. Posons $W = x + A$, donc $W \in \mathcal{V}(x)$ et $W \subset V$. Montrons alors que pour tout $y \in W$, $V \in \mathcal{V}(y)$. Si $y \in W$, alors $y = x + z$ avec $z \in A$, et on a :

$$y + A = x + z + A \subset x + A + A \subset x + B \subset V,$$

comme $y + A \in \mathcal{V}(y)$, il en découle que $V \in \mathcal{V}(y)$.
Ainsi, il existe une et une seule topologie τ sur E, pour laquelle, $\forall x \in E$, $\mathcal{V}(x)$ est la famille des voisinages de x. Il reste à montrer que τ est compatible avec la structure vectorielle de E, ce qui se traduit par la continuité des applications $p(\alpha, y) = \alpha x$ et $s(x, y) = x + y$.
s est continue de $E \times E$ dans E.
Soit $V \in \mathcal{V}(x + y)$, alors $V = x + y + W$ avec $W \in \mathcal{V}(0)$. Il existe ainsi $B \in \mathcal{B}$, tel que $B + B \subset W$, posons $V_1 = x + B$ et $V_2 = y + B$, alors $V_1 \in \mathcal{V}_\tau(x)$, $V_2 \in \mathcal{V}_\tau(y)$ et $V_1 \times V_2 \in\in \mathcal{V}_{\tau\times\tau}(x, y)$ où $\tau \times \tau$ désigne la topologie produit de τ par elle même.

$$s(V_1 \times V_2) = V_1 + V_2 = x + B + y + B = x + y + B + B \subset x + y + W = V.$$

p est continue de $\mathbb{k} \times E$ dans E.

Étudions la continuité de l'application p en un point arbitraire (α_0, x_0) de $\mathbb{k} \times E$, c'est à dire pour tout $V \in \mathcal{V}(\alpha_0 x_0)$, il faut trouver $\eta > 0$ et $W \in \mathcal{V}(x_0)$ tels que $]\alpha_0 - \eta, \alpha_0 + \eta[\times W \subset V$, ou bien $\forall \alpha \in \mathbb{k}$, tel que $|\alpha - \alpha_0| < \eta$ et $\forall x \in W$, alors $\alpha x \in V$, donc $(\alpha x - \alpha_0 x_0)$ est dans un voisinage assez petit de 0.

$$\alpha x - \alpha_0 x_0 = \alpha(x - x_0) + (\alpha - \alpha_0)x_0 = (\alpha - \alpha_0)(x - x_0) + \alpha_0(x - x_0) + (\alpha - \alpha_0)x_0.$$

Soit $V \in \mathcal{V}(\alpha_0 x_0)$, alors $V = \alpha_0 x_0 + V'$ où $V' \in \mathcal{V}(0)$, ainsi il existe $B' \in \mathcal{B}$, tel que $B' + B' + B' \subset V'$. Si $(x - x_0) \in B'$, on a $(\alpha - \alpha_0)(x - x_0) \in B'$ dès que $|\alpha - \alpha_0| \leq 1$ puisque B' est une partie équilibrée de E. De même, $(\alpha - \alpha_0)x_0 \in B'$, pour $|\alpha - \alpha_0| < \beta$ car B' absorbe le point x_0. De plus, $\alpha_0(x - x_0) \in B'$ seulement si $(x - x_0) \in \frac{1}{\alpha_0}B' \in \mathcal{B}$ (le cas $\alpha_0 = 0$ est automatique puisque $0 \in B'$), on sait alors qu'il existe $B \in \mathcal{B}$, tel que $B \subset \left(B' \cap \frac{1}{\alpha_0}B'\right)$, pour cela on pose $W = x_0 + B \in \mathcal{V}(x_0)$ et $\eta = \inf(1, \delta)$, où $(\alpha - \alpha_0)x_0 \in B$ pour $|\alpha - \alpha_0| < \delta$.
$\mathcal{B}$ est par construction un système fondamental de voisinages de 0 pour la topologie τ.

□

Rappelons qu'un espace topologique est séparé si, quels que soient les points distincts x et y de cet espace, il existe un voisinage de x et un voisinage de y dont l'intersection est vide. On en déduit deux critères de séparation d'un espaces vectoriel topologique :

Proposition 1.8 Soit (E, τ) un EVT, alors E est séparé si et seulement si l'intersection de tous les voisinages de 0 dans E est réduite à $\{0\}$.

Démonstration. Si (E, τ) est séparé, alors pour tout $x \in E$, $x \neq 0$, il existe un voisinage de V_0 de 0 qui ne contient pas x, donc $x \notin \bigcap_{V \in \mathcal{V}(0)} V$, autrement dit

$$\bigcap_{V \in \mathcal{V}(0)} V = \{0\}.$$

Réciproquement, si l'EVT (E, τ) est tel que $\bigcap_{V \in \mathcal{V}(0)} V = \{0\}$, alors $\forall x, y \in E$, si $x \neq y$, ou bien $x - y \neq 0$, il existe $V \in \mathcal{V}(0)$ tel que $(x - y) \notin V$. D'autre part, on sait qu'il existe $W \in \mathcal{V}(0)$, W équilibré, tel que $W + W \subset V$. Par conséquent, $x + W \in \mathcal{V}(x)$, $y + W \in \mathcal{V}(y)$ et $(x + W) \cap (y + W) = \emptyset$, car si $t \in (x + W) \cap (y + W)$ alors $(x - t) \in W$ et $(t - y) \in W$ et donc $x - y = (x - t) + (t - y) \in W + W \subset V$, ce qui est faux. □

Corollaire 1.2 Soit (E,τ) un EVT, alors E est séparé si et seulement si $\{0\}$ est fermé dans E.

Démonstration. On sait que dans tout espace topologique séparé, un ensemble fini de point est fermé. Il suffit alors de montrer que si $\{0\}$ est fermé dans l'EVT (E,τ) alors la topologie τ de E est séparée, ce qui reveint aussi à vérifier que si (E,τ) n'est pas séparé $\{0\}$ ne peut pas être fermé dans E.
En effet, soit $x \in \bigcap_{V\in\mathcal{V}(0)} V$ avec $x \neq 0$. Soit W un voisinage quelconque de x, on sait que $W = x + W_0$ où W_0 est un voisinage de 0 équilibré, ainsi $(-x) \in W_0$ et $0 \in W$. Par conséquent, $x \in \overline{\{0\}}$ et alors $\{0\}$ n'est pas fermé. □

Proposition 1.9 Soient (E,τ) et (F,T) deux EVT et f une application linéaire de E dans F. Alors f est continue de E dans F si et seulement si elle est continue en 0_E.

Démonstration. Si f est continue sur E, alors f est continue en 0_E.
Si f est continue en 0_E, soient $x \in E$ et $W \in \mathcal{V}_F(f(x))$, donc $W = f(x) + W_0$ où $W_0 \in \mathcal{V}_F(0_F)$, il existe alors $V_0 \in \mathcal{V}_E(0_E)$ tel que $f(V_0) \subset W_0$.
En particulier, si $V = x + V_0 \in \mathcal{V}_E(x)$, alors $f(V) = f(x) + f(V_0) \subset f(x) + W_0 = W$.
D'où la continuité de f en tout point x de E et alors sur E. □

1.3 Topologie définie par une famille de semi-normes

A l'aide d'une famille de semi-normes on peut définir une notion de convergence et également une topologie. De plus lorsque cette famille est dénombrable on peut lui associer une distance. En analyse fonctionnelle, cette situation est relativement courante. Si l'espace vectoriel est un espace de fonctions d'un espace mesuré à valeurs dans les réels ou complexes, la semi-norme correspond par exemple à l'intégrale de la valeur absolue ou du module de la fonction. Une fonction nulle sur l'espace sauf sur un ensemble négligeable est non nulle mais de semi-norme nulle.
Rappelons qu'une semi-norme p sur un $\mathbb{k}$-espace vectoriel E est une application $p : E \longrightarrow \mathbb{R}^+$, telle que $p(x+y) \leq p(x) + p(y)$ et $p(\lambda x) = |\lambda| p(x)$, pour tout $x, y \in E$ et $\lambda \in \mathbb{k} = \mathbb{R}$ ou $\mathbb{C}$. En particulier, $p(0) = 0$ mais il manque la propriété $p(x) = 0 \Longrightarrow x = 0$ pour que p soit une norme sur E.

En outre, si p est une semi-norme sur E, elle vérifie :

$$|p(x)-p(y)| \leq p(x \pm y),\ \forall x,y \in E.$$

En effet,

$$p(x) = p(x-y+y) \leq p(x-y) + p(y) \text{ et } p(x)-p(y) \leq p(x-y),$$

$$p(y) = p(y-x+x) \leq p(y-x) + p(x) \text{ et } p(y)-p(x) \leq p(x-y).$$

D'où le résultat.
Il arrive fréquemment que l'on dispose d'une famille "séparante" $\{p_i : i \in I\}$ de semi-normes, c'est a dire telle que :

$$(p_i(x) = 0,\ \forall i \in I) \Longrightarrow x = 0.$$

La famille $\{p_i : i \in I\}$ permet alors de définir une topologie séparée sur E en considérant d'abord les intersections finies d'ensembles $\{x \in E : p_i(x) < \varepsilon\}$, $\varepsilon > 0$, puis leurs unions quelconques.
Plus précisément, si E est un espace vectoriel sur $\mathbb{k}$ et $\{p_i : i \in I\}$ une famille de semi-normes sur E, pour tout $\varepsilon > 0$, et pour toute sous-famille finie $\{p_{i_1}, p_{i_2}, \ldots, p_{i_n}\}$ de la famille $\{p_i : i \in I\}$, on posc :

$$V(\varepsilon, p_{i_1}, \ldots, p_{i_n}) = \left\{x \in E : p_{i_1(x)} \leq \varepsilon,\ p_{i_2}(x) \leq \varepsilon, \ldots, p_{i_n}(x) \leq \varepsilon\right\}.$$

Théorème 1.2 Quand ε varie dans $\mathbb{R}_+^* =]0,+\infty[$ et $\{p_{i_1}, \ldots, p_{i_n}\}$ varie dans l'ensemble des sous-familles finies de la famille des semi-normes $\{p_i : i \in I\}$, les $V(\varepsilon, p_{i_1}, \ldots, p_{i_n})$ forment un système fondamental de voisinages de 0 pour une topologie d'EVT sur E. Cette topologie est appelée la topologie définie sur E par la famille des semi-normes $\{p_i : i \in I\}$.

Démonstration.
En vertu du théorème 1.1, pour vérifier que les $V(\varepsilon, p_{i_1}, \ldots, p_{i_n})$ forment un système fondamental de voisinages de 0 pour une topologie d'EVT sur E, il suffit de montrer que la famille :

$$\mathcal{B} = \left\{ \begin{array}{l} V(\varepsilon, p_{i_1}, \ldots, p_{i_n}) : \varepsilon \text{ varie dans } \mathbb{R}_+^* \text{ et } \{p_{i_1}, \ldots, p_{i_n}\} \text{ varie dans l'ensemble} \\ \text{des sous-familles finies de la famille de semi-normes } \{p_i : i \in I\} \text{ sur } E \end{array} \right\}$$

est une base de filtre sur E vérifiant :

(i) les éléments de $\mathcal{B}$ sont équilibrés et absorbants,

(ii) $\mathcal{B}$ est invariant par homothéties de rapport non nuls,

(iii) $\forall V \in \mathcal{B}, \exists W \in \mathcal{B}$, tel que $W + W \subset V$.

En effet, $0 \in V(\varepsilon, p_{i_1}, \ldots, p_{i_n})$, $\forall \varepsilon > 0$ et pour toute sous-famille finie de la famille $\{p_i : i \in I\}$. Donc $\emptyset \notin \mathcal{B}$. De plus,

$$V(\varepsilon, p_{i_1}, \ldots, p_{i_n}) \cap V(\eta, p_{j_1}, \ldots, p_{j_m}) = V(\inf(\varepsilon, \eta), p_{i_1}, \ldots, p_{i_n}, p_{j_1}, \ldots, p_{j_m}) \in \mathcal{B}.$$

$\mathcal{B}$ est alors une base de filtre sur E.

(i) $\forall \lambda \in \mathbb{k}, |\lambda| \leq 1$,

$$\lambda V(\varepsilon, p_{i_1}, \ldots, p_{i_n}) = V(|\lambda| \varepsilon, p_{i_1}, \ldots, p_{i_n}) \subset V(\varepsilon, p_{i_1}, \ldots, p_{i_n})$$

ainsi les $V(\varepsilon, p_{i_1}, \ldots, p_{i_n})$ sont des parties équilibrées dans E.
Soient $x_0 \in E$ et $V(\varepsilon, p_{i_1}, \ldots, p_{i_n}) \in \mathcal{B}$, posons $\eta = \sup(p_{i_1}(x_0), \ldots, p_{i_n}(x_0))$ et $\alpha = \frac{\varepsilon}{\eta}$ si $\eta > 0$. Alors, pour tout $\lambda \in \mathbb{k}$, tel que $|\lambda| \leq \alpha$, on a

$$|\lambda|\eta \leq \varepsilon \text{ et } p_{i_1}(\lambda x_0) \leq \varepsilon, \ldots, p_{i_n}(\lambda x_0) \leq \varepsilon,$$

c'est à dire $\lambda x_0 \in V(\varepsilon, p_{i_1}, \ldots, p_{i_n})$.
Si $\eta = 0$, alors $p_{i_1}(x_0) = \ldots = p_{i_n}(x_0) = 0$ et $\lambda x_0 \in V(\varepsilon, p_{i_1}, \ldots, p_{i_n})$, pour tout $\lambda \in \mathbb{k}$. Donc $V(\varepsilon, p_{i_1}, \ldots, p_{i_n})$ absorbe x_0.

(ii) $\forall \lambda \in \mathbb{k}$, $\lambda \neq 0$, $\forall V(\varepsilon, p_{i_1}, \ldots, p_{i_n}) \in \mathcal{B}$, on a

$$\lambda V(\varepsilon, p_{i_1}, \ldots, p_{i_n}) = V(|\lambda| \varepsilon, p_{i_1}, \ldots, p_{i_n}) \in \mathcal{B}.$$

(iii) $V(\varepsilon, p_{i_1}, \ldots, p_{i_n}) \in \mathcal{B}$, il existe $V(\frac{\varepsilon}{2}, p_{i_1}, \ldots, p_{i_n}) \in \mathcal{B}$, tel que

$$V(\frac{\varepsilon}{2}, p_{i_1}, \ldots, p_{i_n}) + V(\frac{\varepsilon}{2}, p_{i_1}, \ldots, p_{i_n}) \subset V(\varepsilon, p_{i_1}, \ldots, p_{i_n}).$$

□

Exemple 1.8

1 On munit l'espace $C^0([0,1], \mathbb{R})$ des fonctions continues sur l'intervalle $[0,1]$, à valeurs réelles, de la topologie définie par la famille séparante de semi-normes :

$$p_x(f) = |f(x)|, \ x \in [0,1].$$

On obtient ainsi la topologie associée à la notion de convergence simple dans $C^0([0,1],\mathbb{R})$.

2 Sur $C^0(\mathbb{R})$, espace des fonctions continues de $\mathbb{R}$ dans $\mathbb{R}$, on peut définir la topologie de la convergence uniforme sur tout compact de $\mathbb{R}$. C'est la topologie définie par les semi-normes $p_K(f) = \sup_{x\in K}|f(x)|$ où K parcourt tous les compacts de $\mathbb{R}$.

On caractérise maintenant les topologies d'EVT définies par les familles de semi-normes.

Théorème 1.3 Soient E un espace vectoriel sur $\mathbb{k}$ et $\{p_i : i \in I\}$ une famille de semi-normes sur E. Notons par τ la topologie définie sur E par la famille des semi-normes $\{p_i : i \in I\}$. Alors :

(1) τ est séparée si et seulement si $(p_i(x) = 0,\ \forall i \in I) \Longrightarrow x = 0$.

(2) Une suite $(x_n)_n$ d'éléments de E converge vers x pour τ si et seulement si $\lim_{n\to+\infty} p_i(x_n - x) = 0,\ \forall i \in I$.

(3) Une forme linéaire f de E dans $\mathbb{k}$ est continue sur E si et seulement si il existe une constante $M > 0$, et $\{p_{i_1},\dots,p_{i_n}\}$ une sous-famille de $\{p_i : i \in I\}$, telles que :

$$|f(x)| \leq M\left(p_{i_1}(x) + \dots + p_{i_n}(x)\right),\ \forall x \in E.$$

(4) Si de plus τ est séparée et la famille $\{p_i : i \in I\}$ est dénombrable, alors la topologie τ est métrisable, c'est à dire que τ peut être définie par une distance.

Démonstration.

(1) Il suffit de montrer l'équivalence suivante :

$$\bigcap_{\substack{\varepsilon>0,\\ \{p_{i_1},\dots,p_{i_n}\}}} V(\varepsilon, p_{i_1},\dots,p_{i_n}) = \{0\} \Leftrightarrow \{(p_i(x) = 0,\ \forall i \in I) \Longrightarrow x = 0\}.$$

où $\{p_{i_1},\dots,p_{i_n}\}$ est une sous-famille finie de $\{p_i : i \in I\}$.

Supposons $(p_i(x) = 0,\ \forall i \in I) \Longrightarrow x = 0$. Soit $x \in \bigcap_{\substack{\varepsilon>0\\ \{p_{i_1},\dots,p_{i_n}\}}} V(\varepsilon, p_{i_1},\dots,p_{i_n})$, en particulier $x \in V(\varepsilon, p_i)$, $\forall i \in I$ et $\forall \varepsilon > 0$. Donc $p_i(x) \leq \varepsilon$, $\forall i \in I$, $\forall \varepsilon > 0$, d'où

$p_i(x) = 0$, $\forall i \in I$ et alors $x = 0$.

Réciproquement, on suppose que l'intersection de tous les voisinages de 0, $V(\varepsilon, p_{i_1}, ..., p_{i_n})$, est réduite à $\{0\}$. Soit $x \in E$, tel que $p_i(x) = 0$, pour tout $i \in I$, alors $x \in V(\varepsilon, p_{i_1}, ..., p_{i_n})$ pour tout $\varepsilon > 0$ et pour toute sous-famille finie de $\{p_i : i \in I\}$, d'où $x = 0$.

(2) Si $(x_n)_{n\in\mathbb{N}}$ converge vers x pour τ, alors :

$$\forall W \in \mathcal{V}(x),\ \exists N \in \mathbb{N},\ \forall n \in \mathbb{N},\ n \geq N,\ x_n \in W,$$

ou bien,

$$\forall V \in \mathcal{V}(0),\ \exists N \in \mathbb{N},\ \forall n \in \mathbb{N},\ n \geq N,\ (x_n - x) \in V.$$

En particulier, si $V = V(\varepsilon, p_i)$, on a aussi :

$$\forall \varepsilon > 0,\ \forall i \in I,\ \exists N \in \mathbb{N},\ \forall n \in \mathbb{N},\ n \geq N,\ (x_n - x) \in V(\varepsilon, p_i).$$

Donc

$$\forall \varepsilon > 0,\ \forall i \in I,\ \exists N \in \mathbb{N},\ \forall n \in \mathbb{N},\ n \geq N,\ p_i(x_n - x) \leq \varepsilon$$

ou encore $\forall i \in I,\ \lim\limits_{n\to+\infty} p_i(x_n - x) = 0$.

Réciproquement, si $\lim\limits_{n\to+\infty} p_i(x_n - x) = 0$, $\forall i \in I$. Alors, $\forall \varepsilon > 0$, $\forall i \in I$, $\exists N_i \in \mathbb{N}$, $\forall n \in \mathbb{N}$, $n \geq N_i$, $p_i(x_n - x) \leq \varepsilon$. Soient $\varepsilon > 0$ et $\{p_{i_1}, ..., p_{i_k}\}$ une sous-famille finie de $\{p_i : i \in I\}$.

Pour $i = i_1 \in I$, $\exists N_1 \in \mathbb{N}$, $\forall n \in \mathbb{N}$, $n \geq N_1$, $p_{i_1}(x_n - x) \leq \varepsilon$,
pour $i = i_2 \in I$, $\exists N_2 \in \mathbb{N}$, $\forall n \in \mathbb{N}$, $n \geq N_2$, $p_{i_2}(x_n - x) \leq \varepsilon$,
....
pour $i = i_k \in I$, $\exists N_k \in \mathbb{N}$, $\forall n \in \mathbb{N}$, $n \geq N_k$, $p_{i_k}(x_n - x) \leq \varepsilon$.

Soit $N = \max(N_1, ..., N_k)$, alors pour tout $n \in \mathbb{N}$, $n \geq N$, on a simultanément

$$p_{i_1}(x_n - x) \leq \varepsilon, ..., p_{i_k}(x_n - x) \leq \varepsilon, \text{ et } (x_n - x) \in V(\varepsilon, p_{i_1}, ..., p_{i_k}).$$

Comme les $\{V(\varepsilon, p_{i_1}, ..., p_{i_k})\}$ forment un système fondamental de voisinages de 0 pour τ, on en déduit que la suite $(x_n)_n$ converge vers x dans E pour la topologie τ.

(3) Si f est continue sur E, elle est en particulier continue en 0_E, $f(0_E) = 0_{\mathbb{K}}$, donc :

$$\forall \eta > 0,\ \exists V(\varepsilon, p_{i_1}, ..., p_{i_n}), \text{ tel que } \forall x \in V(\varepsilon, p_{i_1}, ..., p_{i_n}),\ |f(x)| \leq \eta$$

ou bien, $\forall \eta > 0$, $\exists \varepsilon > 0$, $\exists (p_{i_1}, ..., p_{i_n})$ une sous-famille finie de semi-normes de $\{p_i : i \in I\}$, tels que $\forall y \in E$, vérifiant $p_{i_1}(y) \leq \varepsilon, ..., p_{i_n}(y) \leq \varepsilon$, on ait $|f(y)| \leq \eta$.

Soit $x \in E$.
Si $p_{i_1}(x) + ... + p_{i_n}(x) > 0$, posons $y = \frac{\varepsilon x}{p_{i_1}(x)+...+p_{i_n}(x)}$, alors $y \in V(\varepsilon, p_{i_1}, ..., p_{i_n})$ et $|f(y)| = \left|f(\frac{\varepsilon x}{p_{i_1}(x)+...+p_{i_n}(x)})\right| = \frac{\varepsilon}{p_{i_1}(x)+...+p_{i_n}(x)}|f(x)| \leq \eta$, d'où

$$|f(x)| \leq M\left(p_{i_1}(x) + ... + p_{i_n}(x)\right) \text{ avec } M = \frac{\eta}{\varepsilon}.$$

Si $p_{i_1}(x) + ... + p_{i_n}(x) = 0$, alors $p_{i_1}(x) = ... = p_{i_n}(x) = 0$ et $x \in V(\varepsilon, p_{i_1}, ..., p_{i_n})$. D'où, $|f(x)| \leq \eta$, $\forall \eta > 0$, soit $f(x) = 0$ et l'inégalité de continuité étant là aussi vérifée.

Réciproquement, il suffit de montrer la continuité de f en 0_E.
Par hypothèse, il existe $M > 0$ et $\{p_{i_1}, ..., p_{i_n}\}$ une sous-famille de semi-normes de $\{p_i : i \in I\}$, telles que $|f(x)| \leq M\left(p_{i_1}(x) + ... + p_{i_n}(x)\right)$, $\forall x \in E$. Pour tout $\eta > 0$, soit $V\left(\frac{\eta}{nM}, p_{i_1}, ..., p_{i_n}\right)$ un voisinage de 0 dans E. Alors, $\forall x \in V\left(\frac{\eta}{nM}, p_{i_1}, ..., p_{i_n}\right)$, on a $p_{i_1}(x) + ... + p_{i_n}(x) \leq \frac{\eta}{M}$ et donc $|f(x)| \leq \eta$, ce qui prouve la continuité de f en 0_E.

(4) Soit $I = \mathbb{N}^*$, on considère l'application d de $E \times E$ à valeurs dans $\mathbb{R}_+$:

$$d(x,y) = \sum_{i=1}^{+\infty} \frac{1}{2^i} \frac{p_i(x-y)}{1 + p_i(x-y)}, \quad x, y \in E.$$

d est bien définie puisque la série est convergente quelque soit x et y dans E, puisque $\frac{1}{2^i}\frac{p_i(x-y)}{1+p_i(x-y)} \leq \frac{1}{2^i}$, et $\frac{1}{2^i}$ est le terme général d'une série géométrique, de raison $\frac{1}{2}$, convergente. De plus, $\forall x, y \in E$:

$$\begin{aligned} d(x,y) &\geq 0, \\ d(x,y) &= d(y,x) \text{ car } p_i(x-y) = p_i(y-x), \ \forall i \in I. \end{aligned}$$

D'autre part, $\forall x, y, z \in E$:

$$\begin{aligned} \frac{p_i(x-y)}{1+p_i(x-y)} &\leq \frac{p_i(x-z)+p_i(z-y)}{1+p_i(x-z)+p_i(z-y)} \leq \frac{p_i(x-z)}{1+p_i(x-z)+p_i(z-y)} + \frac{p_i(z-y)}{1+p_i(x-z)+p_i(z-y)} \\ &\leq \frac{p_i(x-z)}{1+p_i(x-z)} + \frac{p_i(z-y)}{1+p_i(z-y)} \end{aligned}$$

et alors, $d(x,y) \leq d(x,z) + d(z,y)$ où on a utilisé la croissance de la fonction $\frac{t}{1+t}$ sur $[0, +\infty[$.

Par conséquent, d est bien une distance sur E, d est aussi invariante par translation : $d(x+a, y+a) = d(x,y)$, $\forall x, y, a \in E$.

Notons τ_d la topologie définie sur E par la métrique d, et montrons que τ_d coincide avec la topologie τ.

(i) $\tau_d \subset \tau$. Soit $U \in \tau_d$, alors pour tout $x \subset U$, $\exists \varepsilon > 0$, tel que $B_d(x,\varepsilon) \subset U$, où $B_d(x,\varepsilon) = \{y \in E : d(y,x) < \varepsilon\}$ est la boule ouverte, de l'espace métrique (E,d), centrée en x et de rayon ε. Or, pour tout $y \in B_d(x,\varepsilon)$, on a

$$d(x,y) = \sum_{i=1}^{+\infty} \frac{1}{2^i} \frac{p_i(x-y)}{1+p_i(x-y)} < \varepsilon,$$

et alors $p_i(x-y) < \varepsilon$, $\forall i \in I$ ou bien $(x-y) \in V(\varepsilon, p_i)$, $\forall i \in I$ (voir le cours de topologie générale ou alors la notion de jauge d'un ensemble convexe). Ainsi,

$$\forall x \in U,\ \exists \varepsilon > 0, \text{ tel que } \forall y \in B_d(x,\varepsilon),\ y \in x + V(\varepsilon, p_i),\ \forall i \in I.$$

En fait, $x \in x + V(\varepsilon, p_i) \subset U$, $\forall x \in U$, $\forall i \in I$.

En effet, $\forall y \in x + V(\varepsilon, p_i)$, on a $p_i(x-y) < \varepsilon$, $\forall i \in I$, donc $d(x,y) < \varepsilon \sum_{i=1}^{+\infty} \frac{1}{2^i} = \varepsilon$ et alors $y \in B_d(x,\varepsilon)$, d'où $y \in U$. Ceci prouve que $U \in \tau$.

(ii) $\tau \subset \tau_d$. Soit $U \in \tau$, alors pour tout $x \in U$, il existe $V = V(\varepsilon, p_{i_1}, ..., p_{i_n})$, ($\varepsilon > 0$ et $(p_{i_1}, ..., p_{i_n})$ une sous-famille finie de semi-normes de $\{p_i : i \in \mathbb{N}^*\}$), tel que $x \in x + V \subset U$, montrons que $B_d(x,\varepsilon) \subset U$.
Soit $y \in B_d(x,\varepsilon)$, donc $p_i(x-y) < \varepsilon$, $\forall i \in I$, et en particulier $p_{i_1}(x-y) < \varepsilon, ..., p_{i_n}(x-y) < \varepsilon$. Ainsi, $y \in x + V$ et alors $y \in U$. Ceci montre que $U \in \tau_d$.
Finalement, on a $\tau = \tau_d$.

□

1.4 Espaces localement convexes : ELC

Définition 1.9 On dit qu'un EVT est un espace localement convexe ou bien un ELC, si tout point de cet espace possède un système fondamental de voisinages convexes, ce qui revient aussi à dire que 0 admet un système fondamental de voisinages convexes.

Exemple 1.9

1. La topologie définie sur un $\mathbb{k}$-espace vectoriel E par une famille $\{p_i : i \in I\}$, est une topologie localement convexe, ou bien E est un ELC. Réciproquement, toute topologie localement convexe sur E est associée à une suite de semi-normes.

En effet, on a montré dans le théorème 1.2 que les $V(\varepsilon, p_{i_1}, ..., p_{i_n})$, $\varepsilon > 0$, et $\{p_{i_1}, ..., p_{i_k}\}$ une sous-famille finie de $\{p_i : i \in I\}$, forment un système fondamental de voisinages de 0 pour une topologie d'EVT sur E. On remarque aussi que tous les sous-ensembles $V(\varepsilon, p_{i_1}, ..., p_{i_n})$ sont convexes dans E, car pour tout $x, y \in V(\varepsilon, p_{i_1}, ..., p_{i_n})$, et $t \in [0,1]$, $tx + (1-t)y \in V(\varepsilon, p_{i_1}, ..., p_{i_n})$ car :

$$p_{i_k}(tx + (1-t)y) \leq t p_{i_k}(x) + (1-t) p_{i_k}(y) \leq t\varepsilon + (1-t)\varepsilon = \varepsilon,\ k \in \{1, ..., n\}.$$

2 Il s'agit de définir une structure d'ELC sur l'espace $C^k(J)$, $k \in \mathbb{N}$, des fonctions de classe C^k dans un intervalle ouvert J de $\mathbb{R}$. Cet exemple sera généralisé plus loin, l'intervalle étant alors remplacé par Ω ouvert $\mathbb{R}^n$.

Considérons les $p_{m,K}$, dépendant des entiers $m \leq k$ et des compacts K de $\mathbb{R}$ inclus dans l'intervalle J, qui sont définies sur $C^k(J)$ par :

$$p_{m,K}(f) = \sup_{x \in K,\ 0 \leq \alpha \leq m} \left| \frac{d^\alpha f}{dx^\alpha}(x) \right|,\ f \in C^k(J).$$

Pour chaque couple (m, K), il s'agit d'une semi-norme. On a ainsi une famille de semi-normes séparante sur $C^k(J)$, car pour toute fonction f dans $C^k(J)$, avec $f \neq 0$, il existe m et K tels que $p_{m,K}(f) > 0$. Le théorème 1.2 montre alors que l'ensemble $\mathcal{B}$ de toutes les boules fermées $V(\varepsilon, p_{i_1, K_{i_1}}, ..., p_{i_l, K_{i_l}})$ associées aux semi-normes précédentes est un système fondamental de voisinages de 0 convexes pour une topologie d'ELC séparée sur $C^k(J)$.

3 Soient Ω un ouvert de $\mathbb{R}^n$ et $1 \leq p < +\infty$. Notons $L^p_{loc}(\Omega)$ l'espace des fonctions mesurables p-localement intégrables sur Ω, c'est à dire pour tout compact K de Ω, l'intégrale $\int_K |f(x)|^p\, dx$ converge. On définie une semi-norme par :

$$p_K(f) = \left(\int_K |f(x)|^p\, dx \right)^{1/p}.$$

La famille de semi-normes $(p_K)_{K \text{ compact de } \Omega}$ détermine une topologie faisant de $L^p_{loc}(\Omega)$ un ELC.

4 On appelle espace de Fréchet tout ELC métrisable et complet. On montre que $C^k(J)$, $k \in \mathbb{N}$, est un espace de Fréchet. On note $(K_n)_{n\in\mathbb{N}^*}$ une suite croissante de compacts inclus dans J tels que $J = \bigcup_{n=1}^{+\infty} K_n$. On introduit les semi-normes :

$$p_{m,n}(f) = \sup_{x\in K_n,\ 0\le\alpha\le m} \left|\frac{d^\alpha f}{dx^\alpha}(x)\right|,\ f \in C^k(J),\ m \le k \text{ et } n \in \mathbb{N}^*.$$

Un système fondamental dénombrable de voisinages de 0 convexes et équilibrés, est défini par :

$$\left\{f \in C^k(J) : p_{m,n}(f) < \frac{1}{n}\right\}.$$

La topologie d'ELC induite sur $C^k(J)$ par ce système est métrisable dont la métrique associée est $d(f,g) = \displaystyle\sum_{n=1}^{+\infty}\sum_{m=0}^{k} \frac{1}{2^n}\frac{p_{m,n}(f-g)}{1+p_{m,n}(f-g)}$.

Il reste à montrer que $(C^k(J), d)$ est un espace métrique complet. Soit en effet $(f_i)_{i\in\mathbb{N}}$ une suite de Cauchy dans $C^k(J)$ pour la topologie induite par d. La suite $(f_i)_{i\in\mathbb{N}}$ induit alors une suite de Cauchy dans chaque espace $C^k(K_n)$, $n \in \mathbb{N}^*$, (par restriction). Or ces espaces sont complets, $(f_i)_{i\in\mathbb{N}}$ ainsi que toute ses dérivées $(f_i^{(\alpha)})_{i\in\mathbb{N}}$, $0 \le \alpha \le m$, convergent alors uniformément respectivement vers g_n et $g_n^{(\alpha)}$, $0 \le \alpha \le m$. Par unicité de la limite, les fonctions g_n et $g_n^{(\alpha)}$ se recollent de sorte que $g_{n+1} = g_n$ sur K_n, $n \in \mathbb{N}^*$, et permettent de définir une fonction $g \in C^k(J)$ qui est donnée par g_n sur chaque K_n, $n \in \mathbb{N}^*$.

Il reste à vérifier que la suite $(f_i)_{i\in\mathbb{N}}$ converge bien (au sens de la distance d) vers la fonction g. Or par construction $p_{m,n}(f_i - g) \longrightarrow 0$ pour tout m, n, donc $d(f_i, g) \longrightarrow 0$ par convergence dominée.

1.5 Exercices avec solutions

Exercice 1.1 *Montrer que tout $\mathbb{k}$-espace vectoriel normé est un $\mathbb{k}$-espace vectoriel topologique séparé (Hausdorff).*

Solution. Soit $(E, \|.\|_E)$ un $\mathbb{k}$-espace vectoriel normé. Montrons que l'application :

$$\begin{aligned} s \ : \ & E \times E \longrightarrow E \\ & (x,y) \mapsto s(x,y) = x + y \end{aligned}$$

est continue sur $E \times E$. Notons $\|.\|_{E\times E}$ la norme sur $E \times E$ définie pour tout $(x,y) \in E \times E$ par $\|(x,y)\|_{E\times E} = \max\left(\|x\|_E, \|y\|_E\right)$, laquelle est associée à la topologie produit sur $E \times E$.
Pour tout $(x,y), (x',y') \in E \times E$, on a :

$$\begin{aligned} \|s(x,y) - s(x',y')\|_E &= \|x + y - (x' + y')\|_E = \|x - x' + y - y'\|_E \\ &\leq \|x - x'\|_E + \|y - y'\|_E \leq 2\|(x,y) - (x',y')\|_{E\times E}. \end{aligned}$$

Ainsi, l'application s est 2-lipschitzienne sur $E \times E$, donc en particulier continue sur $E \times E$.
Montrons maintenant que :

$$\begin{aligned} p \ : \ & \mathbb{k} \times E \longrightarrow E \\ & (\lambda, x) \mapsto p(\lambda, x) = \lambda x \end{aligned}$$

est continue sur $\mathbb{k} \times E$. Notons $\|.\|_{\mathbb{k}\times E}$ la norme sur $\mathbb{k} \times E$ définie pour tout $(\lambda, x) \in \mathbb{k}\times E$ par $\|(\lambda, x)\|_{\mathbb{k}\times E} = \max(|\lambda|, \|x\|_E)$ laquelle est associée à la topologie produit sur $\mathbb{k} \times E$.
Fixons $(\mu, y) \in \mathbb{k} \times E$. Soit $\varepsilon > 0$ un réel. Choisissons un réel $\eta > 0$, tel que $\eta^2 + \eta\left(|\mu| + \|y\|_E\right) < \varepsilon$. Pour tout $(\lambda, x) \in \mathbb{k} \times E$ vérifiant

$$\|(\lambda, x) - (\mu, y)\|_{\mathbb{k}\times E} = \max\left(|\lambda - \mu|, \|x - y\|_E\right) < \eta,$$

on a :

$$\begin{aligned} \|p(\lambda, x) - p(\mu, y)\|_E &= \|\lambda x - \mu y\|_E = \|\lambda(x - y) - (\mu - \lambda)y\|_E \\ &\leq \|\lambda(x - y)\|_E + \|(\mu - \lambda)y\|_E \\ &= |\lambda|\,\|x - y\|_E + |\lambda - \mu|\,\|y\|_E \\ &\leq \left(|\mu| + \eta\right)\eta + \eta\,\|y\|_E < \varepsilon. \end{aligned}$$

Donc, p est continue sur $\mathbb{k} \times E$. Ainsi, $(E, \|.\|_E)$ est un $\mathbb{k}$-espace vectoriel topologique. Il est évidemment séparé (Hausdorff) puisque tout espace métrique est séparé (Hausdorff).

Exercice 1.2 *Montrer que les propriétés suivantes sont vraies pour tout espace vectoriel topologique (E, τ).*

(i) *Si $A \subset E$, alors l'adhérence de A, $\overline{A} = \bigcap_{V} (A + V)$, où l'intersection est prise pour tous les voisinages de zéro V dans E.*

(ii) *Si $A, B \subset E$, alors $\overline{A} + \overline{B} \subset \overline{A + B}$.*

(iii) *Si Y est un sous-espace vectoriel de E, alors Y est aussi un EVT.*

(iv) *Si A est convexe, alors $\overline{A}$ est convexe.*

(v) *Si A est équilibré, alors $\overline{A}$ l'est aussi ; si en plus $0 \in \mathring{A}$ alors $\mathring{A}$ est équilibré.*

Solution.

(i) Notons $B = \bigcap_{V \in \mathcal{B}} (A + V)$, où $\mathcal{B}$ est un système fondamental de voisinages de 0_E dans E. Puisque $t_{-1,x}(y) = -y + x$ est un homéomorphisme de E dans E, alors $\{t_{-1,x}(V) = x - V : V \in \mathcal{B}\}$ est un système fondamental de voisinages de x, pour tout $x \in E$. Alors, $x \in B$ implique que tout voisinage de x rencontre A, c'est à dire $x \in \overline{A}$, et alors $B \subset \overline{A}$.

Inversement, si $x \in \overline{A}$, vérifions que $x \in A + V$ pour tout voisinage de zéro V dans E. En effet, pour tout voisinage V de zéro dans E, on a $(x + V) \cap A \neq \emptyset$. Or, tout voisinage de V contient un voisinage de zéro V_0 équilibré, donc

$$t \in (x + V_0) \cap A,$$

alors $(x - t) \in V_0$ et $t \in A$ et $x = (x - t) + t \in A + V_0 \subset A + V$. Ainsi, $x \in B$ et $\overline{A} \subset B$.

(ii) Soit $x \in \overline{A} + \overline{B}$, alors $x = a + b$ avec $a \in \overline{A}$ et $b \in \overline{B}$. Donc $a \in A + V$ et $b \in B + V$, $\forall V \in \mathcal{V}(0)$. Or, on sait qu'il existe $W \in \mathcal{V}(0)$, W équilibré tel que $W + W \subset V$, $a \in A + W$ et $b \in B + W$, alors, $a + b \in A + B + W + W \subset A + B + V$, pour tout $V \in \mathcal{V}(0)$. Par conséquent, $a + b \in \overline{A + B}$.

(iii) La restriction à Y de l'application $t_{\alpha,x_0}(x) = \alpha x + x_0$ est aussi continue, ceci induit une structure d'EVT sur Y.

(iv) Soit l'application $f(x, y, t) = tx + (1 - t)y$ définie de $E \times E \times \mathbb{R}$ dans E. f est continue. Nous observons qu'une partie A de E est convexe si, et seulement si, $f(A\times A\times[0,1])\subset A$. Pour chaque partie convexe A de E, on a :

$$f(\overline{A\times A\times[0,1]})=f(\overline{A}\times\overline{A}\times[0,1])\subset\overline{f(A\times A\times[0,1])}\subset\overline{A},$$

ce qui montre la convexité de $\overline{A}$.

(v) Supposons que A est équilibré et $|\lambda|\leq 1$, alors par continuité de l'application $p(\alpha,x)=\alpha x$ de $\mathbb{k}\times E$ dans E, $\lambda A\subset A$ implique $\lambda\overline{A}\subset\overline{A}$, ce qui montre que $\overline{A}$ est équilibré. Aussi si $\lambda\neq 0$, $(\overset{\circ}{\lambda A})=\lambda\overset{\circ}{A}\subset\overset{\circ}{A}$, si $0<|\lambda|\leq 1$. Si $0\in\overset{\circ}{A}$, il est clair que $\lambda\overset{\circ}{A}\subset\overset{\circ}{A}$, $\forall\lambda\in\mathbb{k}$, $|\lambda|\leq 1$.

Exercice 1.3

(i) *Soit A un ensemble convexe dans un EVT E, ayant au moins un point intérieur x_0. Si $x\in\overline{A}$, montrer que tout point du segment ouvert d'extrémités x_0 et x est point intérieur de A.*

(ii) *En déduire que si A est convexe, alors $\overset{\circ}{A}$ est convexe.*

Solution.

(i) Soit $\lambda\in\,]0,1[$, on doit montrer que $\lambda x_0+(1-\lambda)x\in\overset{\circ}{A}$. Par translation, on peut supposer que $\lambda x_0+(1-\lambda)x=0$ ou bien $x=\alpha x_0$ avec $\alpha=-\frac{\lambda}{1-\lambda}<0$. Puisque l'application $z\mapsto\alpha z$ est un homéomorphisme de E dans E, $x_0\in\overset{\circ}{A}$ et $x\in\overline{A}$, il existe $z\in\overset{\circ}{A}$ tel que $\alpha z\in A$. Soit $\mu=\frac{\alpha}{\alpha-1}$, alors

$$0<\mu<1 \text{ et } \mu z+(1-\mu)\alpha z=0.$$

D'où, $U=\left\{\mu w+(1-\mu)\alpha z : w\in\overset{\circ}{A}\right\}$ est un voisinage de 0 dans E puisque l'application $g(w)=\mu w+(1-\mu)\alpha z$ est un homéomorphisme tel que $g(z)=0$. Or, $w\in\overset{\circ}{A}$ et $\alpha z\in A$ implique $U\subset A$, car A est convexe, par conséquent, $0\in\overset{\circ}{A}$.

(ii) La convexité de $\overset{\circ}{A}$ provient directement de (i).

Exercice 1.4 *Soient (E,τ) un $\mathbb{k}$-espace vectoriel topologique, $\mathbb{k}=\mathbb{R}$ ou $\mathbb{C}$, et $\mathcal{B}$ un système fondamental de τ-voisinages de 0_E dans E. Montrer que la topologie τ est séparée (Hausdorff) si et seulement si $\bigcap_{V\in\mathcal{B}}V=\{0_E\}$.*

Solution. Supposons que (E,τ) soit séparé. Evidemment, on a $0_E \in \bigcap_{V\in\mathcal{B}} V$.
Fixons $x \in \bigcap_{V\in\mathcal{B}} V$. On observe tout de suite que $\bigcap_{V\in\mathcal{B}} V = \bigcap_{V\in\mathcal{B}} (\{0_E\}+V)$. Or, on sait que $\bigcap_{V\in\mathcal{B}} V = \overline{\{0_E\}}$.
Puisque E est séparé, alors $\{0_E\}$ est fermé. En conséquence,

$$\bigcap_{V\in\mathcal{B}} V = \overline{\{0_E\}} = \{0_E\}.$$

Inversement, supposons que $\bigcap_{V\in\mathcal{B}} V = \{0_E\}$. Si $E = \{0_E\}$, le résultat est trivial.
Supposons donc que $E \neq \{0_E\}$ et fixons $a,b \in E$ avec $a \neq b$ ou bien $(a-b) \neq 0_E$. Il existe alors par hypothèse $V_0 \in \mathcal{B}$ tel que $(a-b) \notin V_0$. Notons W_0 un voisinage équilibré de 0 tel que $W_0 + W_0 \subset V_0$. Puisque $(a-b) \notin V_0$, alors $(a-b) \notin W_0$ et on vérifie immédiatement que $(a+W_0) \cap (b+W_0) = \emptyset$. Posons $V_a = a + W_0$ et $V_b = b + W_0$, ainsi $V_a \cap V_b = \emptyset$ et E est séparé.

Exercice 1.5 *Soient E un $\mathbb{k}$-espace vectoriel et A une partie équilibrée de E. Montrer que pour tout $\alpha,\beta \in \mathbb{k}$ avec $|\alpha| \leq |\beta|$ on a $\alpha A \subset \beta A$.*

Solution. Fixons $\alpha,\beta \in \mathbb{k}$ avec $|\alpha| \leq |\beta|$.
Si $\beta = 0$, alors $\alpha = 0$, puis $\alpha A = 0A = \{0_E\} = \beta A$.
Si $\beta \neq 0$, posons $\lambda = \frac{\alpha}{\beta}$ et constatons que $\lambda \in]0,1[$. Soit $x \in A$, on a $\lambda x \in A$ puisque A est équilibrée. Donc $\alpha x \in \beta A$. On a donc montré que $\alpha A \subset \beta A$.

Exercice 1.6 *Soit (E,τ) un $\mathbb{k}$-espace vectoriel topologique, $\mathbb{k} = \mathbb{R}$ ou $\mathbb{C}$.*

(1) *Soit $x \in E$, montrer que tout voisinage de x dans E contient un voisnage fermé de x dans E. En déduire que l'ensemble des voisnages de 0_E fermés dans E est un système fondamental de voisnages de 0_E dans E.*

(2) *On dit qu'une partie A de E absorbe une partie B de E, s'il existe $\alpha > 0$, tel que $\forall \lambda \in \mathbb{k}$, $0 < |\lambda| \leq \alpha$, on ait $\lambda B \subset A$. $A \subset E$ est dite bornée dans E si A est absorbée par tout voisinage de 0_E.*

(i) *Montrer que l'adhérence d'une partie bornée de E est bornée dans E.*

(ii) *Si A et B sont bornées vérifier alors que $A \cup B$, $A+B$ et μA, $\mu \in \mathbb{k}$, sont aussi bornées.*

(iii) *Soit f une application linéaire définie de (E,τ) dans (F,T) où (F,T)*

est un second EVT. Montrer que si f est continue et A est borné dans E alors $f(A)$ est borné dans F.

(3) *Vérifier que si la topologie τ de E est définie par une famille de semi-normes $\{p_i : i \in I\}$, alors A est une partie bornée dans E si et seulement si $\forall i \in I, \exists c_i > 0$, tels que $(x \in A \Longrightarrow p_i(x) \le c_i)$.*

Solution.

(1) Soit V un voinsiange de 0_E, alors il existe W un voisinage de 0_E tel que $W + W \subset V$ (on peut aussi choisir W équilibré). En fait $\overline{W} \subset V$, car si $y \in \overline{W}$, alors tout voisinage de y rencontre W ou bien $(y - W) \cap W \neq \emptyset$.
Donc $x + V$ est un voisinage arbitraire de x contient le voisinage $x + \overline{W}$ de x, de plus $x + \overline{W} = t_{1,x}\left(\overline{W}\right)$ est fermé dans E, il est l'image du fermé $\overline{W}$ par l'homéomorphisme

$$t_{1,x}(z) = z + x.$$

Donc tout voisinage de 0_E contient un voisinage de 0_E fermé dans E, par conséquent l'ensemble des voisinages de 0_E fermés dans E et l'ensemble des voisinages de 0_E fermés équilibrés dans E forme chacun un système fondamental de voisinages de 0_E dans E.

(2) **(i)** On sait d'après la question (1) que $\forall V \in \mathcal{V}(0_E), \exists W \in \mathcal{V}(0_E)$, W fermé dans E tel que $W \subset V$. Puisque W absorbe A alors :

$$\exists \alpha_W > 0 : \forall \lambda \in \mathbb{k},\ 0 < |\lambda| \le \alpha_W,\ \lambda A \subset W.$$

Puisque l'application $t_{\lambda,0}(z) = \lambda z$ est continue sur E, alors :

$$\forall \lambda \in \mathbb{k},\ 0 < |\lambda| \le \alpha_W,\ \lambda \overline{A} \subset \overline{\lambda A} \subset \overline{W} = W \subset V.$$

Donc $\overline{A}$ est absorbée par tout voisinage de 0_E dans E, elle y est bornée dans E.

(ii) Si A et B sont bornées dans E, alors :

$$\forall V \in \mathcal{V}(0_E),\ \begin{cases} \exists \alpha_V > 0 : \forall \lambda \in \mathbb{k},\ 0 < |\lambda| \le \alpha_V,\ \lambda A \subset V \\ \exists \beta_V > 0 : \forall \lambda \in \mathbb{k},\ 0 < |\lambda| \le \beta_V,\ \lambda B \subset V \end{cases}$$

ainsi pour tout $\forall \lambda \in \mathbb{k},\ 0 < |\lambda| \le \min(\alpha_V, \beta_V)$, on a :

$$\lambda A \subset V \text{ et } \lambda B \subset V \text{ ou bien } \lambda(A \cup B) \subset V \text{ et } \lambda(A + B) \subset V,$$

ce qui confirme que $A \cup B$ et $A + B$ sont absorbées par V et sont donc bornées dans E.

D'autre part, si $\mu = 0$, alors $\mu A = \{0_E\} \in V$, $\forall V \in \mathcal{V}(0_E)$.
Si $\mu \neq 0_E$, on a :

$$\forall \lambda \in \mathbb{k}, 0 < |\lambda| \leq \frac{\alpha_V}{|\mu|},\ \lambda(\mu A) = (\lambda\mu)A \subset V,$$

donc μA est bornée dans E.

(iii) Si f est continue de E dans F, alors :

$$\forall W \in \mathcal{V}(0_F),\ f^{-1}(W) \in \mathcal{V}(0_E)$$

puisque A est bornée dans E, on a aussi :

$$\exists \alpha = \alpha_{f^{-1}(W)} > 0 : \forall \lambda \in \mathbb{k},\ 0 < |\lambda| \leq \alpha,\ \lambda A \subset f^{-1}(W),$$

et en utilisant la linéarité de f, on trouve :

$$\exists \alpha = \alpha_{f^{-1}(W)} > 0 : \forall \lambda \in \mathbb{k},\ 0 < |\lambda| \leq \alpha,\ f(\lambda A) = \lambda f(A) \subset f(f^{-1}(W)) \subset W,$$

donc $f(A)$ est bornée dans F.

(3) Si A est une partie bornée dans E, $\forall i \in I$, $\forall \varepsilon > 0$, $V(\varepsilon, p_i) \in \mathcal{V}(0_E)$ absorbe A :

$$\forall i \in I, \forall \varepsilon > 0,\ \exists \alpha_{i,\varepsilon} > 0 : \forall \lambda \in \mathbb{k},\ 0 < |\lambda| \leq \alpha_{i,\varepsilon},\ \lambda A \subset V(\varepsilon, p_i),$$

ainsi pour tout $x \in A$, on a :

$$p_i(\lambda x) = |\lambda| p_i(x) \leq \varepsilon \text{ ou bien } p_i(x) \leq \frac{\varepsilon}{|\lambda|} \text{ si } 0 < |\lambda| \leq \alpha_{i,\varepsilon}.$$

Réciproquement, si $\forall i \in I$, $\exists c_i > 0$, tel que $\sup_{x \in A} p_i(x) \leq c_i$. Soit $V \in \mathcal{V}(0_E)$, il existe donc $\varepsilon > 0$ et $\{p_{i_1}, \ldots, p_{i_k}\}$ une sous-famille finie de $\{p_i : i \in I\}$, tels que

$$V(\varepsilon, p_{i_1}, \ldots, p_{i_n}) \subset V.$$

En utilisant notre hypothèse, $\exists c_{i_k} > 0$, tel que $\sup_{x \in A} p_{i_k}(x) \leq c_{i_k}$, $k \in \{1, \ldots, n\}$.
Posons $c = \max\{c_{i_k} : k \in \{1, \ldots, n\}\}$.
Si $c = 0$, $p_{i_k}(x) = 0$, $\forall x \in A$, $\forall k \in \{1, \ldots, n\}$, donc $\lambda A \subset V(\varepsilon, p_{i_1}, \ldots, p_{i_n}) \subset V$, $\forall \lambda \in \mathbb{k}$.
Si $c > 0$, prenons $\alpha_V = \frac{\varepsilon}{c}$, alors pour tout $x \in A$, $\forall \lambda \in \mathbb{k}$, $0 < |\lambda| \leq \alpha_V$, on a :

$$p_{i_k}(\lambda x) = |\lambda| p_{i_k}(x) \leq c|\lambda| \leq c\alpha_V = \varepsilon,$$

donc $\lambda A \subset V(\varepsilon, p_{i_1}, \ldots, p_{i_n}) \subset V$ et alors V aborde A ou bien A est borné dans E.

Exercice 1.7 *Soient E et F deux espaces vectoriels sur* $\mathbb{k} = \mathbb{R}$ *ou* $\mathbb{C}$.

(1) *Montrer que si f est une application linéaire de E dans F, alors l'image par f de toute partie convexe de E est une partie convexe de F.*

(2) *Montrer que l'intersection d'une famille quelconque de parties convexes de E est aussi une partie convexe de E.*

(3) *Soit A un convexe de E. Montrer que pour toute famille finie* $x_1, \ldots, x_n$ *de points de A et tout système* $\lambda_1, \ldots, \lambda_n$ *de réels positifs ou nuls avec* $\sum_{i=1}^{n} \lambda_i = 1$, *alors le point* $\sum_{i=1}^{n} \lambda_i x_i$ *appartient à A.*

(4) *On appelle enveloppe convexe d'une partie A de E, l'intersection de toutes les parties convexes de E contenant A, elle est notée par* $\Gamma(A)$.

Montrer que $\Gamma(A) = \left\{ x = \sum_{i=1}^{n(x)} s_i x_i \text{ avec } x_i \in A,\ s_i \geq 0,\ \forall i, \text{ et } \sum_{i=1}^{n(x)} s_i = 1 \right\}$.

$\sum_{i=1}^{n(x)} s_i x_i$ *est appelée une combinaison convexe d'éléments de A où* $x_i \in A$, $s_i \geq 0, \forall i$, *et* $\sum_{i=1}^{n(x)} s_i = 1$.

(5) *En déduire que A est convexe si et seulement si* $A = \Gamma(A)$.

(6) *Si* $A = \{a_1, \ldots, a_p\}$ *est un ensemble fini de points, calculer* $\Gamma(A)$.

(7) *Si* $A_1, \ldots, A_p$ *sont des convexes de E, montrer que :*

$$\Gamma(A_1 \cup A_2 \cup \ldots \cup A_p) = \left\{ \sum_{i=1}^{p} s_i x_i : x_i \in A_i,\ s_i \geq 0,\ \sum_{i=1}^{p} s_i = 1 \right\}.$$

Solution.

(1) Si $f : E \longrightarrow F$ est linéaire et $\lambda A + \mu A \subset A$ pour tout λ et μ positifs, avec $\lambda + \mu = 1$, on a :

$$\lambda f(A) + \mu f(A) = f(\lambda A + \mu A) \subset f(A),$$

ce qui montre la convexité de $f(A)$.

(2) En effet, si A_j est convexe, $\forall j \in J$, on a pour tout λ et μ positifs, avec

$\lambda + \mu = 1$:

$$\begin{aligned} \lambda A_j + \mu A_j &\subset A_j, \forall j \in J, \\ \lambda \bigcap_{j\in J} A_j + \mu \bigcap_{j\in J} A_j &\subset \bigcap_{j\in J} (\lambda A_j + \mu A_j) \subset \bigcap_{j\in J} A_j. \end{aligned}$$

Donc l'enveloppe convexe $\Gamma(A)$ de A est le plus petit sous-ensemble convexe de E qui contient A.

(3) On procède par récurrence sur n. C'est évident si $n = 1$. Supposons que c'est vrai jusqu'à l'ordre $(n-1)$ et considérons le point $\sum_{i=1}^{n} \lambda_i x_i$ où les x_i sont dans A. Si $\lambda_1 = 1$, les autres coefficients sont nuls et il n'y a rien à montrer. Si $\lambda_1 < 1$, $\sum_{i=2}^{n} \lambda_i = 1 - \lambda_1 > 0$. Posons $\mu_i = \frac{\lambda_i}{1-\lambda_1}$, on a $\sum_{i=2}^{n} \mu_i = 1$ et d'après l'hypothèse de récurrence $y = \sum_{i=2}^{n} \mu_i x_i \in A$. Donc $x = \lambda_1 x_1 + (1 - \lambda_1) y \in A$.

(4) Notons :

$$B = \left\{ x = \sum_{i=1}^{n(x)} s_i x_i \in E \text{ avec } x_i \in A,\ s_i \geq 0,\ \forall i, \text{ et } \sum_{i=1}^{n(x)} s_i = 1 \right\},$$

vérifions que B est une partie convexe de E et qu'elle contient A. En effet, pour tout $x \in A$, on peut écrire $x = 1.x \in B$, donc $A \subset B$. D'autre part, soient $x, y \in B$ et $\lambda \in [0,1]$, il existe alors $x_1, ..., x_n \in A$, $y_1, ..., y_m \in A$, $s_1, ..., s_n > 0$ et $t_1, ..., t_m > 0$ tels que $\sum_{i=1}^{n} s_i = \sum_{i=1}^{m} t_i = 1$ et $x = \sum_{i=1}^{n} s_i x_i$, $y = \sum_{i=1}^{m} t_i y_i$. Ainsi,

$$\lambda x + (1-\lambda) y = \lambda s_1 x_1 + ... + \lambda s_n x_n + (1-\lambda) t_1 y_1 + ... + (1-\lambda) t_m y_m$$

est à nouveau combinaison de points de A avec des scalaires tels que

$$\sum_{i=1}^{n} \lambda s_i + \sum_{i=1}^{m} (1-\lambda) t_i = \lambda \sum_{i=1}^{n} s_i + (1-\lambda) \sum_{i=1}^{m} t_i = \lambda + 1 - \lambda = 1.$$

D'où, $\lambda x + (1-\lambda) y \in B$, B est alors convexe, et $\Gamma(A) \subset B$ puisque $\Gamma(A)$ est la plus petite partie convexe de E contenant A.

Réciproquement, l'ensemble $\Gamma(A) = \bigcap_{\substack{K \subseteq E \text{ convexe} \\ A \subset K}} K$ est convexe et contient donc toute combinaison convexe de ses éléments. Comme $A \subset \Gamma(A)$, l'ensemble $\Gamma(A)$ contient à fortiori toute combinaison convexe d'éléments de A. Autrement dit, $B \subset \Gamma(A)$.

(5) Si $A = \Gamma(A)$, alors A est convexe. D'autre part, on sait que $A \subset \Gamma(A)$ et que $\Gamma(A)$ est la plus petite partie convexe de E contenant A, alors :

$$A \text{ convexe} \Longrightarrow \Gamma(A) \subset A \Longrightarrow A = \Gamma(A).$$

(6) Par définition de l'enveloppe convexe, on a :

$$\Gamma(A) = \Gamma(\{a_1, \dots, a_p\}) = \left\{ \sum_{i=1}^{p} s_i a_i : s_i \geq 0,\ \sum_{i=1}^{p} s_i = 1 \right\}.$$

(7) L'inclusion :

$$\left\{ \sum_{i=1}^{p} s_i x_i : x_i \in A_i,\ s_i \geq 0,\ \sum_{i=1}^{p} s_i = 1 \right\} \subset \Gamma(A_1 \cup A_2 \cup \dots \cup A_p).$$

est évidente. Montrons l'autre inclusion dans le cas où $p = 2$ pour simplifier les notations.
Si $x \in \Gamma(A_1 \cup A_2)$, x s'écrit

$$x = \sum_{i=1}^{n} s_i x_i \text{ avec } s_i \geq 0,\ x_i \in A_1 \cup A_2,\ i \in \{1, \dots, n\} \text{ et } \sum_{i=1}^{n} s_i = 1.$$

Soient $I_1 = \{i \in \{1, \dots, n\} : x \in A_1\}$ et $I_2 = \{i \in \{1, \dots, n\} : x \in A_2\}$ et $s = \sum_{i \in I_1} s_i$. Alors, $0 \leq s \leq 1$ et $1 - s = \sum_{i \in I_2} s_i$. Si $s = 0$ ou 1, x est alors dans $\Gamma(A_1)$ ou dans $\Gamma(A_2)$ et par suite dans $\Gamma(A_1 \cup A_2)$. Sinon, on écrit :

$$x = s \sum_{i \in I_1} \frac{s_i}{s} x_i + (1 - s) \sum_{i \in I_2} \frac{s_i}{(1 - s)} x_i = s y_1 + (1 - s) y_2,\ y_1 \in A_1 \text{ et } y_2 \in A_2.$$

On en déduit bien que $x \in \Gamma(A_1 \cup A_2)$, d'où l'inclusion

$$\Gamma(A_1 \cup A_2) \subset \left\{ \sum_{i=1}^{2} s_i x_i : x_i \in A_i,\ s_i \geq 0,\ \sum_{i=1}^{2} s_i = 1 \right\}.$$

Exercice 1.8 *Soient E un ensemble quelconque, $(E_i, \tau_i)_{i\in I}$ une famille d'espaces topologiques et $f_i : E \longrightarrow E_i$ est une application pour tout $i \in I$. Appelons $\mathcal{B}$ la famille des intersections finies des parties V de E telles que il existe $i_0 \in I$ et W un ouvert de E_{i_0}, où $V = f_{i_0}^{-1}(W)$:*

$$\mathcal{B} = \left\{ f_{i_1}^{-1}(W_{i_1}) \cap \ldots \cap f_{i_n}^{-1}(W_{i_n}) : n \in \mathbb{N},\ i_k \in I,\ W_{i_k} \in \tau_{i_k},\ k \leq n \right\}.$$

(1) *Vérifier que $\mathcal{B}$ est une base de topologie τ sur E et que τ est la moins fine des topologies sur E rendant continues les applications f_i, $i \in I$.*

(2) *Vérifier que si E est un espace vectoriel sur $\mathbb{k} = \mathbb{R}$ ou $\mathbb{C}$, les $(E_i)_{i\in I}$ sont des EVT et les applications $(f_i)_{i\in I}$ sont linéaires, alors τ est une topologie d'EVT sur E.*

Solution.

(1) $\mathcal{B}$ est une famille de parties de X ($\mathcal{B} \subset \mathcal{P}(X)$), on sait d'après la proposition 1.2 pour que $\mathcal{B}$ soit une base de topologie sur E il faut et il suffit que $E = \bigcup_{B\in\mathcal{B}} B$ et pour tout $U, V \in \mathcal{B}$, $U \cap V$ est réunion d'éléments de $\mathcal{B}$.

En effet, $\bigcup_{B\in\mathcal{B}} B = E$ puisque $E = f_i^{-1}(E_i) \in \mathcal{B}$, $\forall i \in I$, de plus il est clair que $\mathcal{B}$ est stable par intersection finie. Donc il exite une topologie τ sur E, dont les ouverts sont les réunions quelconques d'éléments de $\mathcal{B}$. En particulier, $\forall i \in I$, $\forall W_i \in \tau_i$, $f_i^{-1}(W_i) \in \mathcal{B} \subset \tau$, ainsi toutes les applications f_i sont continues de (E, τ) dans (E_i, τ_i).

Enfin, si T est une autre topologie sur E qui rend continues toutes les applications f_i, $i \in I$, soit $U \in \tau$, alors $U = \bigcup f_{i_1}^{-1}(W_{i_1}) \cap \ldots \cap f_{i_n}^{-1}(W_{i_n}) \in T$ car $f_{i_k}^{-1}(W_{i_k}) \in T$, $\forall k \in \mathbb{N}$. D'où, $\tau \subset T$ et alors τ est la moins fine des topologies sur E rendant continues les applications f_i, $i \in I$.

(2) Si maintenant les $(E_i)_{i\in I}$ sont des EVT et les applications $(f_i)_{i\in I}$ sont linéaires, posons :

$$\mathcal{B}' = \left\{ \bigcap_{i\in J} f_i^{-1}(W_i) : W_i \text{ voisinage de } 0_{E_i} \text{ équilibré dans } E_i,\ J \text{ fini},\ J \subset I \right\}.$$

$\mathcal{B}'$ est bien une base de filtre sur E car $\emptyset \notin \mathcal{B}'$ et $\mathcal{B}'$ est stable par intersection finie. De plus, $\mathcal{B}'$vérifie les trois propriétés suivantes :

(i) les éléments de $\mathcal{B}'$ sont équilibrés,

$$\forall \lambda \in \mathbb{k}, |\lambda| \leq 1, \lambda \bigcap_{i\in J} f_i^{-1}(W_i) = \bigcap_{i\in J} \lambda f_i^{-1}(W_i) = \bigcap_{i\in J} f_i^{-1}(\lambda W_i) \subset \bigcap_{i\in J} f_i^{-1}(W_i).$$

Les éléments de $\mathcal{B}'$ sont absorbants : $\forall x \in E$, il faut trouver $\alpha > 0$ tel que quel que soit $\lambda \in \mathbb{k}\setminus\{0\}$, $|\lambda| \leq \alpha$, on ait $\lambda x \in f_{i_1}^{-1}(W_{i_1}) \cap ... \cap f_{i_n}^{-1}(W_{i_n}) : n \in \mathbb{N}$, $i_k \in I$, $W_{i_k} \in \mathcal{V}(0_{E_{i_k}})$, $k \leq n$, ou bien $\lambda f_{i_k}(x) \in \bigcap_{k=1}^{n} W_{i_k}$. Puisque chaque voisinage de zéro est absorbant, il existe pour i_k, $\alpha_{i_k} > 0$, tel que $\forall \lambda \in \mathbb{k}\setminus\{0\}$, $|\lambda| \leq \alpha_{i_k}$, on a $\lambda f_{i_k}(x) \in W_{i_k}$, $1 \leq k \leq n$. Finalement,

$$\begin{aligned} \forall \lambda \in \mathbb{k}\setminus\{0\}, |\lambda| \leq \alpha = \min_{1\leq k\leq n} \alpha_{i_k} \quad &\Longrightarrow \quad \lambda f_{i_k}(x) \in \bigcap_{k=1}^{n} W_{i_k} \\ &\Longrightarrow \quad \lambda x \in \bigcap_{k=1}^{n} f_{i_k}^{-1}(W_{i_k}). \end{aligned}$$

(ii) $\mathcal{B}'$ est invariant par homothéties de rapport non nuls,

$$\forall \lambda \in \mathbb{k}\setminus\{0\}, \lambda \bigcap_{i\in J} f_i^{-1}(W_i) = \bigcap_{i\in J} f_i^{-1}(\lambda W_i) \in \mathcal{B}'$$

car λW_i est un voisinage de 0_{E_i} équilibré puisque W_i est un voisinage de 0_{E_i} équilibré dans E_i.

(iii) $\forall V \in \mathcal{B}', \exists W \in \mathcal{B}'$, tel que $W+W \subset V$. En effet, si $V \in \mathcal{B}'$, $V = \bigcap_{i\in J} f_i^{-1}(W_i')$, où W_i' est un voisinage de 0_{E_i} équilibré dans E_i. Comme dans un EVT quelconque les voisinages de 0 équilibrés forment un système fondamental de voisinages, alors il existe W_i un voisinage de 0_{E_i} équilibré dans E_i tel que

$$W_i + W_i \subset W_i', \text{ et } f_i^{-1}(W_i + W_i) = f_i^{-1}(W_i) + f_i^{-1}(W_i) \subset f_i^{-1}(W_i').$$

Posons $W = \bigcap_{i\in J} f_i^{-1}(W_i)$, alors $W \in \mathcal{B}$ et $W + W \subset \bigcap_{i\in J} f_i^{-1}(W_i') = V$.

Par conséquent, d'après le théorème 1.1, il existe une et une seule topologie d'EVT sur E pour laquelle $\mathcal{B}'$ est un système fondamental de voisinages de 0_E.

Exercice 1.9

(1) *Montrer que l'enveloppe convexe d'une partie équilibrée est équilibrée.*

(2) *Soit E un ELC, vérifier qu'il existe une base $\mathcal{B}$ de voisinages de 0 formée d'ensembles convexes équilibrés absorbants et invariants par homothéties de rapports non nuls.*

(3) *Réciproquement, soit E un $\mathbb{R}$-espace vectoriel. Démontrer que toute base de filtre sur E formée d'ensembles équilibrés, convexes, absorbants et invariants par homothéties de rapports non nuls, est une base de voisinages de 0 pour une topologie d'ELC sur E.*

Solution.

(1) Soit A une partie équilibrée, alors $\lambda A \subset A$, $\forall \lambda \in \mathbb{k}$, $|\lambda| \leq 1$. Rappelons qu'un élément quelconque de l'enveloppe convexe $\Gamma(A)$ de A, s'écrit

$$x = \sum_{i=1}^{n(x)} s_i x_i \text{ avec } x_i \in A,\ s_i \geq 0,\ \forall i, \text{ et } \sum_{i=1}^{n(x)} s_i = 1.$$

Alors $\lambda x = \sum_{i=1}^{n(x)} s_i \lambda x_i$. Mais pour tout i, $\lambda x_i \in A$ puisque A est équilibré. Il en résulte immédiatement que $\lambda x \in \Gamma(A)$, $\forall \lambda \in \mathbb{k}$, $|\lambda| \leq 1$. D'où, $\Gamma(A)$ est aussi équilibrée.

(2) Si (E, τ) est un espace localement convexe, posons :

$$\mathcal{B} = \left\{ \mu\Gamma(V) : V \in \mathcal{V}_\tau(0),\ V \text{ équilibré et } \mu \in \mathbb{R} \right\}$$

où $\Gamma(V)$ est l'enveloppe convexe de V.

Comme $V \subset \Gamma(V)$, alors $\mu\Gamma(V)$, $\mu \in \mathbb{R}$, est un voisnage de 0 convexe et équilibré si $V \in \mathcal{V}_\tau(0)$ est équilibré, puisque μV est aussi un voisnage de 0 équilibré.

$\mathcal{B}$ est bien une base de filtre sur E car $\emptyset \notin \mathcal{B}$ et si $V_1, V_2 \in \mathcal{V}_\tau(0)$ sont équilibrés alors $V_1 \cap V_2$ est un voisinage de 0 équilibré et :

$$\Gamma(V_1) \subset \Gamma(V_1 \cap V_2) \text{ et } \Gamma(V_2) \subset \Gamma(V_1 \cap V_2).$$

Les éléments de $\mathcal{B}$ sont convexes, équilibrés, absorbants et invariants par homothéties de rapports non nuls.

(3) Si E un $\mathbb{R}$-espace vectoriel et $\mathcal{B}$ est une base de filtre sur E formée d'ensembles $A \subset E$, équilibrés, convexes, absorbants et invariants par homothéties de rapports non nuls. Si $V \in \mathcal{B}$, alors par construction $\frac{1}{2}V \in \mathcal{B}$ et $\frac{1}{2}V + \frac{1}{2}V \subset V$ puisque V est convexe, donc :

$$\forall V \in \mathcal{B},\ \exists W = \frac{1}{2}V \in \mathcal{B} : W + W \subset V.$$

En vertu du théorème 1.1, il existe une et une seule topologie d'EVT sur E pour laquelle $\mathcal{B}$ est un système fondamental de voisinages de 0_E.

Exercice 1.10 *Soient E un espace vectoriel sur $\mathbb{k} = \mathbb{R}$ ou $\mathbb{C}$, et $(E_i)_{i \in I}$ une famille de sous-espaces vectoriels de E telle que $E = \bigcup_{i \in I} E_i$. On suppose que chacun des E_i est muni d'une topologie τ_i d'ELC de tel sorte que*

$$\tau_i|_{E_i \cap E_j} = \tau_j|_{E_i \cap E_j},\ \forall i, j \in I.$$

Soit $\mathcal{B}$ l'ensemble des parties V convexes, équilibrées et absorbantes de E, telles que $V \cap E_i$ est un voisinage de 0 dans (E_i, τ_i), $\forall i \in I$.

(1) *Montrer que $\mathcal{B}$ est un système fondamental de voisinages de 0 pour une topologie τ d'ELC sur E.*

(2) *Si pour tout $i \in I$, $f_i : E_i \longrightarrow E$, est l'inclusion $f_i(x) = x$ de E_i dans E. Montrer que τ est la plus fine des topologies d'ELC sur E rendant continues les applications $(f_i)_{i \in I}$.τ est appelée la topologie limite inductive des topologies τ_i.*

(3) *Vérifier que $\tau_{|E_i} = \tau_i$, $\forall i \in I$.*

(4) *Soient $(x_n)_{n \in \mathbb{N}}$ une suite de E et $x \in E$. Montrer que $(x_n)_{n \in \mathbb{N}}$ converge vers x dans (E, τ) si et seulement si il existe $i \in I$, tel que $x \in E_i$, $x_n \in E_i$, $\forall n \in \mathbb{N}$, et $(x_n)_{n \in \mathbb{N}}$ converge vers x dans (E_i, τ_i).*

(5) *Montrer que si F est un ELC, alors $f : E \longrightarrow F$ est une application linéaire continue pour τ si et seulement si $f \circ f_i$ est continue de (E_i, τ_i) dans F, $\forall i \in I$.*

(6) *Soit U un ouvert de $\mathbb{R}^n$, $n \in \mathbb{N}^*$. On note $C^\infty(U)$ l'espace des fonctions indéfiniment dérivables de U dans $\mathbb{C}$. Si L est un compact de U, on pose $\mathcal{D}_L(U)$ ou $\mathcal{D}(U, L)$ l'espace des fonctions de $C^\infty(U)$ dont le support est inclu dans L (le support d'une fonction f est l'adherence de $\{x \in U : f(x) \neq 0\}$). Montrer qu'il existe une topologie τ d'ELC sur $C^\infty(U)$ telle que $(C^\infty(U), \tau)$ soit un espace de Fréchet et où $\mathcal{D}_L(U)$ est un sous-espace fermé de $C^\infty(U)$, pour tout compact L de U.*

Solution.

(1)

$$\mathcal{B} = \left\{ V \subset E : V \text{ convexe, équilibré et absorbant et } V \cap E_i \in \mathcal{V}_{\tau_i}(0),\ \forall i \in I \right\}$$

où $\mathcal{V}_{\tau_i}(0)$ est le filtre des voisinages de 0 dans (E_i, τ_i), $\forall i \in I$.

$\mathcal{B}$ est bien une base de filtre sur E puisque $\emptyset \notin \mathcal{B}$ et $\mathcal{B}$ est stable par intersection finie. En effet, si $V_1, V_2 \in \mathcal{B}$, alors $V_1 \cap V_2$ est convexe, équilibré et absorbant, de plus :

$$V_1 \cap V_2 \cap E_i = (V_1 \cap E_i) \cap (V_2 \cap E_i) \in \mathcal{V}_{\tau_i}(0),\ \forall i \in I.$$

Les éléments de $\mathcal{B}$ sont convexes, équilibrés, absorbants, invariants par homothéties de rapports non nuls et :

$$\forall V \in \mathcal{B},\ \exists W = \frac{1}{2}V \in \mathcal{B} : W + W = \frac{1}{2}V + \frac{1}{2}V \subset V$$

en vertu de la convexité de V.

Par conséquent, il existe une et une seule topologie τ d'EVT sur E pour laquelle $\mathcal{B}$ est un système fondamental de voisinages de 0_E.

D'autre part,

(2) $\forall i \in I$, $f_i : (E_i, \tau_i) \longrightarrow (E, \tau)$ est linéaire et continue par construction, car pour tout W voisnage de 0 dans (E, τ), il existe $V \in \mathcal{B}$ tel que $V \subset W$ et alors :

$$f_i^{-1}(V) \subset f_i^{-1}(W),\ f_i^{-1}(V) = V \cap E_i \in \mathcal{V}_{\tau_i}(0),\ \forall i \in I,$$

ce qui montre que $f_i^{-1}(W) \in \mathcal{V}_{\tau_i}(0)$, $\forall i \in I$.

Soit τ' une autre topologie d'ELC sur E rendant continues toutes les application f_i de (E_i, τ_i) dans (E, τ'). Montrons que tout voisinage de 0 pour τ' est aussi un voisinage de 0 pour τ. En effet, soit $V \in \mathcal{V}_{\tau'}(0)$, alors il existe $V' \in \mathcal{V}_{\tau'}(0)$, V' convexe et équilibré tel que $V' \subset V$. Or, par continuité des applications f_i de (E_i, τ_i) dans (E, τ'), on a :

$$f_i^{-1}(V') = V' \cap E_i \in \mathcal{V}_{\tau_i}(0),\ \forall i \in I,$$

donc $V' \in \mathcal{B}$ et alors $V' \in \mathcal{V}_\tau(0)$ et $V \in \mathcal{V}_\tau(0)$.

Par conséquent, si $U \in \tau'$, on a $\forall x \in U$, $U \in \mathcal{V}_{\tau'}(x)$, comme $U = x + U'$ où $U' \in \mathcal{V}_{\tau'}(0)$, alors $U' \in \mathcal{V}_\tau(0)$, $U \in \mathcal{V}_\tau(x)$, donc $U \in \tau$ et $\tau' \subset \tau$.

(3) Si $U \in \tau$, alors par continuité de l'injection canonique $f_i : E_i \longrightarrow E$,

$$f_i^{-1}(U) = U \cap E_i \in \tau_i \text{ de sorte que } \tau_{|E_i} \subset \tau_i,\ \forall i \in I.$$

Soit maintenant U_i un voisinage de 0 dans (E_i, τ_i), $i \in I$, il s'agit de montrer qu'il existe U voisinage de 0 dans (E, τ) tel que $U_i = U \cap E_i$. Sans perte de généralité, on peut supposer en outre que U_i est convexe équilibré et $U_i \in \tau_i$. En utilisant le fait que $\tau_i = \tau_{i+1|E_i}$ et il existe une suite croissante de convexes (qu'on peut aussi supposer équilibrés) $(U_{i+l})_{l\in\mathbb{N}^*}$, telle que chaque U_{i+l} est ouvert dans E_{i+l} et $U_i = U_{i+l} \cap E_i$. On pose alors $U = \bigcup_{l=1}^{+\infty} U_{i+l}$, comme la suite U_{i+l} est croissante, U est convexe, $U_i = U \cap E_i$, $\forall i \in I$, enfin U est par construction un voisinage de 0 dans E.

(4) Supposons que $(x_n)_{n\in\mathbb{N}}$ converge vers x dans (E, τ) et commencons par montrer qu'il existe $i \in I$, tel que $x_n \in E_i$ pour tout $n \in \mathbb{N}$ (ce qui impliquera en particulier que $x \in E_i$ car E_i est fermé). Si un tel i n'existe pas alors il existerait des sous-suites $(n_l)_l$ et $(k_l)_l$ telles que pour tout $l \in \mathbb{N}$, $x_{n_l} \in E_{k_{l+1}} \backslash E_{k_l}$. Comme E_{k_l} est fermé, on déduit du théorème de séparation des fermés que nous connaissons dans les espaces de Banach et qui reste valable dans les EVT, qu'il existe une forme linéaire continue T_l sur E telle que $T_l = 0$ sur E_{k_l} et $T_l(x_{n_l}) \neq 0$. Pour tout $x \in E$, posons alors :

$$p(x) = \sum_{l=0}^{+\infty} l \frac{|T_l(x)|}{|T_l(x_{n_l})|}.$$

En remarquant que la somme précédente est en fait finie sur chaque E_i, on en déduit que p est une semi-norme continue sur chaque E_i et donc sur E. En particulier, on devrait avoir que $(p(x_{n_l}))_{l\in\mathbb{N}}$ est bornée ce qui est contradictoire par le fait que par construction $p(x_{n_l}) \geq l$, $\forall l \in \mathbb{N}$.

On a donc montré qu'il existe $i \in I$ tel que $x_n \in E_i$ pour tout $n \in \mathbb{N}$. Ceci implique en particulier que $(x_n)_{n\in\mathbb{N}}$ converge vers x dans $\tau_{|E_i} = \tau_i$ et donc dans (E_i, τ_i).

(5) Toutes les applications f_i sont continues de (E_i, τ_i) dans (E, τ). Remarquons que $f \circ f_i$ est linéaire pour tout $i \in I$.

Il est clair que si f est continue alors, $\forall i \in I$, $f \circ f_i$ est aussi continue, comme composée de deux fonctions continues.

Réciproquement, supposons que $f \circ f_i$ est continue de (E_i, τ_i) dans F, $\forall i \in I$, montrons alors la continuité de f de (E, τ) dans F.

Soit $V \in \mathcal{V}_F(0_F)$, on sait qu'il existe V' un voisinage de 0_F dans F, convexe et équilibré tel que $V' \subset V$,

$$(f \circ f_i)^{-1}(V') = f_i^{-1} f^{-1}(V')) = f^{-1}(V') \cap E_i \in \mathcal{V}_{\tau_i}(0), \forall i \in I.$$

Or, $f^{-1}(V')$ est convexe, équilibré et absorbant, donc $f^{-1}(V') \in \mathcal{B}$ et alors $f^{-1}(V') \in \mathcal{V}_\tau(0)$. Puisque $f^{-1}(V') \subset f^{-1}(V)$, on a $f^{-1}(V) \in \mathcal{V}_\tau(0)$.

(6) Soit $f \in C^\infty(U)$, pour tout multi-indice $(\alpha_1, ..., \alpha_n) \in \mathbb{N}^n$, on note

$$D^\alpha f = D_1^{\alpha_1} D_2^{\alpha_2} ... D_n^{\alpha_n} f$$

où $D_i = \frac{\partial}{\partial x_i}$ et $D_i^{\alpha_i} = \frac{\partial^{\alpha_i}}{\partial x_i^{\alpha_i}}$, $i \in \{1, ..., n\}$. Donc $D^\alpha f$ est la dérivée partielle d'ordre $|\alpha| = \alpha_1 + \alpha_2 ... + \alpha_n$:

$$D^\alpha f = \frac{\partial^{|\alpha|} f}{\partial x_1^{\alpha_1} ... \partial x_n^{\alpha n}},$$

c'est une fonction continue de U dans $\mathbb{C}$. Si $\alpha = 0$, $D^0 f = f$.

Pour tout entier $m \in \mathbb{N}$ et pour tout compact K de U, posons :

$$p_{m,K}(f) = \sup_{|\alpha| \leq m,\ x \in K} |D^\alpha f(x)|,\ f \in C^\infty(U).$$

Alors $\{p_{m,K} : m \in \mathbb{N},\ K \text{ compact de } U\}$ est une famille de semi-normes sur $C^\infty(U)$ car $\forall f, g \in C^\infty(U)$, $\forall \lambda \in \mathbb{k}$, on a :

$$\begin{aligned}
p_{m,K}(0) &= 0, \\
p_{m,K}(\lambda f) &= \sup_{|\alpha| \leq m,\ x \in K} |D^\alpha(\lambda f(x))| = |\lambda| \sup_{|\alpha| \leq m,\ x \in K} |D^\alpha f(x)| = |\lambda| p_{m,K}(f), \\
P_{m,K}(f+g) &= \sup_{|\alpha| \leq m,\ x \in K} |D^\alpha(f(x) + g(x))| = \sup_{|\alpha| \leq m,\ x \in K} |D^\alpha f(x) + Dg(x)| \\
&\leq \sup_{|\alpha| \leq m,\ x \in K} |D^\alpha f(x)| + \sup_{|\alpha| \leq m,\ x \in K} |Dg(x)| = p_{m,K}(f) + p_{m,K}(g).
\end{aligned}$$

On muni $C^\infty(U)$ de la topologie définie par la famille des semi-normes

$$\{p_{m,K} : m \in \mathbb{N},\ K \text{ compact de } U\}.$$

$C^\infty(U)$ est alors un ELC.

D'autre part, il existe une suite croissante de parties compactes $(K_j)_{j \in \mathbb{N}}$ de U telle que :

$$K_j \subset \overset{\circ}{K}_{j+1} \text{ et } U = \bigcup_{j \in \mathbb{N}^*} K_j = \bigcup_{j \in \mathbb{N}^*} \overset{\circ}{K}_j,$$

$$\forall K \text{ compact de } U,\ \exists j \in \mathbb{N}^* \text{ tel que } K \subset K_j.$$

En effet, il suffit de poser par exemple,

$$K_j = \{x \in \mathbb{R}^n : \|x\| \leq j\} \cap \left\{x \in U : d(x, \mathbb{R}^n \backslash U) \geq \frac{1}{j}\right\},\ j \in \mathbb{N}^*.$$

Remarquons que si on change les compacts K_j par d'autres compacts K'_m de U où $(K'_m)_{m\in\mathbb{N}^*}$ est une autre famille de compacts, croissante et dont l'union est U, on note $(p'_m)_{m\in\mathbb{N}^*}$ les semi-normes associées, alors pour tout $j \in \mathbb{N}^*$, on peut trouver $m \in \mathbb{N}^*$, tel que $K_j \subset K'_m$ et inversement. Donc les familles $(p_j)_{j\in\mathbb{N}^*}$ et $(p'_m)_{m\in\mathbb{N}^*}$ sont équivalentes et les topologies correspondantes coincident.
Définissons maintenant pour chaque $j \in \mathbb{N}^*$, les semi-normes suivantes :

$$p_j(f) = \sum_{|\alpha|\leq j} \sup_{x\in K_j} |D^\alpha f(x)|,\ f \in C^\infty(U).$$

Les $(p_j)_{j\in\mathbb{N}^*}$ sont évidemment des semi-normes sur $C^\infty(U)$. On va induire une topologie sur $C^\infty(U)$, en définissant une base de voisinages par :

$$V(\varepsilon, p_{j_1}, \dots, p_{j_k}) = \left\{f \in C^\infty(U) : p_{j_1}(f) \leq \varepsilon, \dots, p_{j_k}(f) \leq \varepsilon\right\},$$

pour tout $\varepsilon > 0$ et $\{p_{j_1}, \dots, p_{j_k}\}$ une sous famille finie de la famille $\{p_j : j \in \mathbb{N}^*\}$ de semi-normes.
Un voisinage de $f \in C^\infty(U)$ sera donc un sous-ensemble de $C^\infty(U)$ qui contient un voisinage $f + V(\varepsilon, p_{j_1}, \dots, p_{j_k})$ pour un certain $\varepsilon > 0$ et une sous famille finie de semi-normes $\{p_{j_1}, \dots, p_{j_k}\}$ de la famille $\{p_j : j \in \mathbb{N}^*\}$. Donc si on définit un ouvert comme étant un sous-ensemble de $C^\infty(U)$ qui est voisinage de chacun de ses points, on obtient bien une topologie d'ELC métrisable τ sur E. Plus précisément, si on prend pour $f, g \in C^\infty(U)$:

$$d(f,g) = \sum_{j=1}^{+\infty} \frac{1}{2^j} \frac{p_j(f-g)}{1 + p_j(f-g)}.$$

Alors d est une métrique sur $C^\infty(U)$ qui définit la même topologie que τ, de plus $(C^\infty(U), d)$ est un espace métrique complet. En effet, soient $(f_l)_{l\in\mathbb{N}}$ une suite de Cauchy dans $C^\infty(U)$, et $N \in \mathbb{N}^*$ fixé, alors

$$(f_l - f_k) \in V_N = V(\frac{1}{N}, p_N) = \left\{f \in C^\infty(U) : p_N(f) \leq \frac{1}{N}\right\}$$

pour $l, k \to +\infty$. Donc :

$$\sum_{|\alpha|\leq N} \sup_{x\in K_N} |D^\alpha f_l(x) - D^\alpha f_k(x))| \leq \frac{1}{N}.$$

La suite $(D^\alpha f_l)_{l\in\mathbb{N}}$ est alors de Cauchy pour la convergence uniforme, et tend uniformément vers une limite g_α sur K_N pour tout $\alpha \in \mathbb{N}^n$ tel que $|\alpha| \leq N$. Comme N est arbitraire et que U est recouvert par les compacts K_N, on a bien $g_\alpha \in C^\infty(U)$ et si g est la limite de la suite $(f_l)_{l\in\mathbb{N}}$, on a $g_\alpha = D^\alpha g$. Donc $C^\infty(U)$ est un espace de Fréchet.

$\mathcal{D}_L(U)$ est un sous-espace vectoriel de $C^\infty(U)$, muni de la topologie induite, il a à son tour une structure d'ELC. $\mathcal{D}_L(U)$ est aussi un espace de Fréchet, il est à fortiori fermé dans $C^\infty(U)$.

2. Convolution des fonctions continues

2.1 Définitions et propriétés

Effectuer le produit de convolution de deux fonctions signifie réaliser une moyenne de ces deux fonctions. A ce titre, il intervient notamment en électronique dans l'écriture des filtres passe-bande. Le produit de convolution est un outil d'une grande importance en physique. On le rencontre, par exemple, à chaque fois que l'on étudie la transmission d'un signal par un appareil, une impulsion électrique en fonction du temps, une image représentée par une fonction d'une ou deux variables, les diffractions, ...

Il est notamment très utilisé en mathématiques pour approximer et régulariser des fonctions.

Dans ce qui suit $E = \mathbb{R}^n$, $n \geq 1$.

Définition 2.1 (Support d'une fonction). Pour une fonction f de la variable réelle localement intégrable, le complémentaire du plus grand ouvert dans lequel f est nulle (presque partout), est appelé le support de f et noté $Suppf$. Si $Suppf$ est borné, on dit que f est à support borné.

Pour une fonction continue sur un ouvert U de $\mathbb{R}^n$ à valeurs dans $\mathbb{C}$,

$Suppf$ est l'adhérence de l'ensemble des points pour lesquels $f(x) \neq 0$:

$$Suppf = \overline{\{x \in U : f(x) \neq 0\}},$$

ou alors le complémentaire du plan grand ouvert de U où f s'annule (on dit aussi le plan grand ouvert d'annulation de f).

Ainsi le support de f est toujours une partie fermée de U, c'est le plus petit fermé où f ne s'annule pas. D'autre part, soit un point x_0 dans le domaine de définition U de la fonction f, alors :

$$\begin{aligned} f(x_0) \neq 0 &\implies x_0 \in Suppf, \\ x_0 \notin Suppf &\implies f(x_0) = 0, \\ x_0 \notin Suppf &\implies \exists V \in \mathcal{V}(x_0) :\ f(x) = 0,\ \forall x \in V. \end{aligned}$$

Attention, la réciproque de ces implications est en général fausse, si $x_0 \in Suppf$ (respectivement $f(x_0) = 0$) cela n'implique pas que $f(x_0) \neq 0$ (respectivement $x_0 \notin Suppf$). Par contre, si $x_0 \in Suppf$ alors tout voisinage de x_0 rencontre l'ensemble $\{x \in U : f(x) \neq 0\}$, ou bien pour tout tout voisinage V de x_0, il existe $y \in V$ tel que $f(y) \neq 0$.

On peut facilement vérifier les propriétés suivantes :

(i) $Suppf = \emptyset \iff f \equiv 0$ dans U;

(ii) $Supp(fg) \subset Supp(f) \cap Supp(g)$;

(iii) $Supp\left(\frac{\partial f}{\partial x_i}\right) \subset Supp(f)$, $i \in \{1, ..., n\}$, si f est différentiable sur U.

Une fonction est dite à support compact si son support est une partie compacte.

Définition 2.2 Soient f et g deux fonctions continues de $\mathbb{R}^n$ dans $\mathbb{C}$. On suppose que le support $Suppg$ de la fonction g, est compact dans $\mathbb{R}^n$. On appelle produit de convolution de f par g la fonction $f * g$, définie de $\mathbb{R}^n$ dans $\mathbb{C}$ par :

$$(f * g)(x) = \int_{\mathbb{R}^n} f(t) g(x - t) dt$$

(intégrale de Lebesgue dépendant du paramètre x).

Cette définition est cohérente puisque l'intégrale $\int_{\mathbb{R}^n} f(t)g(x-t)dt$ est absolument convergente. En effet,

$$\begin{aligned} f(t)g(x-t) \neq 0 &\Longrightarrow f(t) \neq 0 \text{ et } g(x-t) \neq 0 \\ &\Longrightarrow t \in Suppf \text{ et } (x-t) \in Suppg \\ &\Longrightarrow t \in Suppf \cap (x - Suppg). \end{aligned}$$

Comme l'application $t \mapsto f(t)g(x-t)$ est continue et que $Suppf \cap (x - Suppg)$ est compact dans $\mathbb{R}^n$, alors :

$$\begin{aligned} (f * g)(x) &= \int_{Suppf \cap (x-Suppg)} f(t)g(x-t)dt, \\ |(f * g)(x)| &\leq \sup_{t \in Suppf \cap (x-Suppg)} |f(t)g(x-t)| \mu(Suppf \cap (x - Suppg)) < +\infty, \end{aligned}$$

où μ désigne la mesure de Lebesgue sur $\mathbb{R}^n$.

Proposition 2.1 Si f et g sont deux fonctions continues de $\mathbb{R}^n$ dans $\mathbb{C}$ tel que $Suppg$ est compact dans $\mathbb{R}^n$, alors :

(1) $f * g = g * f$,

(2) $Supp(f * g) \subset Suppf + Suppg$.

Démonstration. $f * g$ est bien défini sur $\mathbb{R}^n$. En effet, l'intégrale :

$$(f * g)(x) = \int_{Suppf \cap (x-K)} f(t)g(x-t)dt$$

a un sens pour tout $x \in \mathbb{R}^n$, où $K = Suppg$, et $(x - K)$ est un compact de $\mathbb{R}^n$.

(1) Posons $y = x - t$, donc $t = x - y$,

$$\frac{Dt}{Dy} = \det \begin{pmatrix} -1 & 0 & . & . & . & 0 \\ 0 & -1 & 0 & . & . & 0 \\ . & . & . & . & . & . \\ . & . & . & . & . & . \\ . & . & . & . & . & . \\ 0 & . & . & . & . & -1 \end{pmatrix} = (-1)^n$$

alors le Jacobien de cette transformation vaut 1 et on a :

$$(f*g)(x) = \int_{\mathbb{R}^n} f(t)g(x-t)dt = \int_{\mathbb{R}^n} f(x-y)g(y)dy = (g*f)(x).$$

(2) Supposons qu'il existe un $t_0 \in \mathbb{R}^n$ tel que $f(t_0)g(x-t_0) \neq 0$, alors $f(t_0) \neq 0$ et $g(x-t_0) \neq 0$, ou bien $t_0 \in Suppf$ et $x - t_0 \in Suppg$, donc $t_0 \in Suppf$ et $x \in Suppg + t_0$. D'où, $x \in Suppf + Suppg$.
Ainsi,

$$(\exists t_0 \in \mathbb{R}^n : f(t_0)g(x-t_0) \neq 0) \Longrightarrow (x \in Suppf + Suppg)$$

En prenant la négation de cette implication, on a aussi :

$$x \notin (Suppf + Suppg) \Rightarrow \forall t \in \mathbb{R}^n,\ f(t)g(x-t) = 0$$

ou bien :

$$x \notin (Suppf + Suppg) \Rightarrow (f*g)(x) = 0$$

ou encore :

$$(f*g)(x) \neq 0 \Rightarrow x \in Suppf + Suppg.$$

Ce que signifie que :

$$\{x \in \mathbb{R}^n : (f*g)(x) \neq 0\} \subset Suppf + Suppg.$$

Comme $Suppf$ est fermé et $Suppg$ est compact dans $\mathbb{R}^n$ qui est de dimension finie, alors leur somme est aussi un fermé de $\mathbb{R}^n$. Par passage à l'adhérence, on a :

$$Supp(f*g) = \overline{\{x \in \mathbb{R}^n : (f*g)(x) \neq 0\}} \subset \overline{Suppf + Suppg} = Suppf + Suppg.$$

□

2.2 Continuité et dérivabilité du produit de convolution

Proposition 2.2 Soient f et g deux fonctions continues de $\mathbb{R}^n$ dans $\mathbb{C}$ tel que $Suppg$ est compact dans $\mathbb{R}^n$. Alors $f*g$ est une fonction continue de $\mathbb{R}^n$ dans $\mathbb{C}$.

Démonstration. On a vu que sous l'hypothèse de compacité du support de g, $f * g$ est bien définie sur $\mathbb{R}^n$. Etudions la continuité de $f * g$ en un point arbitraire x_0 de $\mathbb{R}^n$. Il faut montrer :

$$\forall \varepsilon > 0, \exists \eta < 0,\ \forall x \in \mathbb{R}^n,\ \|x - x_0\| < \eta \Rightarrow |(f * g)(x) - (f * g)(x_0)| < \varepsilon,$$

ou bien pour $\varepsilon > 0$, il faut chercher $\exists \eta < 0$ tel que $\forall x \in \mathbb{R}^n$, si $\|x - x_0\| < \eta$, on ait :

$$|(f * g)(x) - (f * g)(x_0)| \leq \int_{\mathbb{R}^n} |f(t)||g(x-t) - g(x_0 - t)|dt < \varepsilon.$$

Puisque g est continue sur $\mathbb{R}^n$, $\forall \varepsilon > 0, \exists \alpha > 0,\ \forall x \in \mathbb{R}^n, \forall t \in \mathbb{R}^n$,

$$\|(x-t) - (x_0 - t)\| = \|x - x_0\| < \alpha \Rightarrow |g(x-t) - g(x_0 - t)| < \varepsilon.$$

Notons $K = Suppg$ compact de $\mathbb{R}^n$, donc $g(x_0 - t) = 0$ dès que $(x_0 - t) \notin K$ ou bien $t \notin x_0 - K$.
Si $\|x - x_0\| < \alpha \leq 1$, posons :

$$K_0 = \{y \in \mathbb{R}^n : d(y, x_0 - K) \leq 1\}$$

où d est la distance Euclidienne de $\mathbb{R}^n$ et $d(y, A) = \inf_{z \in A} \|y - z\|$. K_0 est un compact de $\mathbb{R}^n$, de plus, $x_0 - K \subset K_0$.
Montrons que pour tout $x \in \mathbb{R}^n$ vérifiant $\|x - x_0\| < \alpha$, on a $x - K \subset K_0$. En effet, soit $y \in x - K$ alors $y = x - z$ avec $z \in K$, et :

$$\begin{aligned} d(y, x_0 - K) &= d(x - z, x_0 - K) \leq d(x - z, x_0 - z) + \underbrace{d(x_0 - z, x_0 - K)}_{=0,\ \text{puisque } x_0 - z \in x_0 - K} \\ &= d(x - z, x_0 - z) = \|(x - z) - (x_0 - z)\| = \|x - x_0\| < \alpha \leq 1 \end{aligned}$$

d'où $y \in K_0$. Par conséquent, si $t \notin K_0$ alors $g(x_0 - t) = g(x - t) = 0$, ainsi :

$$\begin{aligned} |(f * g)(x) - (f * g)(x_0)| &\leq \int_{\mathbb{R}^n} |f(t)||g(x-t) - g(x_0 - t)|dt \\ &= \int_{K_0} |f(t)||g(x-t) - g(x_0 - t)|dt + \int_{\mathbb{R}^n \setminus K_0} 0 dt \\ &= \int_{K_0} |f(t)||g(x-t) - g(x_0 - t)|dt \leq \varepsilon \sup_{t \in K_0} |f(t)| \mu(K_0). \end{aligned}$$

D'où la continuité de la fonction $f * g$ sur $\mathbb{R}^n$. □

Proposition 2.3 Soient f et g deux fonctions continues de $\mathbb{R}^n$ dans $\mathbb{C}$, avec $Suppg$ compact dans $\mathbb{R}^n$. Si g admet une dérivée partielle continue par rapport à x_i, $x = (x_1, ..., x_i, ..., x_n) \in \mathbb{R}^n$, alors $f * g$ admet une dérivée partielle continue par rapport à x_i, de plus :

$$\frac{\partial}{\partial x_i}(f * g) = f * \frac{\partial g}{\partial x_i}.$$

Démonstration. On étudie la limite du taux d'accroissement :

$$\lim_{h \to 0} \frac{(f * g)(x + he_i) - (f * g)(x)}{h}.$$

où $x = (x_1, ..., x_i, ..., x_n) \in \mathbb{R}^n$, $h \in \mathbb{R}$, et $e_i = (0, ..., 0, \underbrace{1}_{i^{\text{ème}} \text{ position}}, 0, ..., 0)$ tel que $x + he_i$ faisant apparaitre uniquement la variation par rapport à la variable x_i.
Posons :

$$\Delta_h = \frac{(f * g)(x + he_i) - (f * g)(x)}{h} = \frac{1}{h} \int_{\mathbb{R}^n} f(t)[g(x + he_i - t) - g(x - t)]dt.$$

Si $(x - t) \notin K$, ou bien $t \notin (x - K)$ où $K = Suppg$, alors $g(x - t) = 0$, $x \in \mathbb{R}^n$.
Notons :

$$K_0 = \{y \in \mathbb{R}^n : d(y, x - K) \leq 1\},$$

K_0 est compact dans $\mathbb{R}^n$ contenant $(x - K)$.
Montrons que pour tout $h \in \mathbb{R}$, $|h| < 1$, alors $x + he_i - K \subset K_0$.
En effet, soit $z \in x + he_i - K$, alors $z = x + he_i - z'$ avec $z' \in K$ et :

$$\begin{aligned} d(z, x - K) &= d(x + he_i - z', x - K) \leq d(x + he_i - z', x - z') + \underbrace{d(x - z', x - K)}_{=0} \\ &= d(x + he_i - z', x - z') = \left\| x + he_i - z' - (x - z') \right\| = \|he_i\| = |h| < 1. \end{aligned}$$

D'autre part, $g(x + he_i - t) = 0$ dès que $t \notin K_0$, $x \in \mathbb{R}^n$. En effet,

$$\begin{aligned} g(x + he_i - t) \neq 0 &\implies (x + he_i - t) \in K \implies t \in x + he_i - K \subset K_0 \\ &\implies t \in K_0, \end{aligned}$$

donc en prenant la négation de cette implication, on a le résultat.
Par conséquent,

$$\Delta_h = \frac{1}{h} \int_{K_0} f(t)[g(x + he_i - t) - g(x - t)]dt$$

et à l'aide la formule des accroissements finis, on a aussi :

$$\Delta_h = \int_{K_0} f(t)\frac{\partial g}{\partial x_i}(x - t + \theta h e_i)\,dt,\ 0 < \theta < 1.$$

Comme $\frac{\partial g}{\partial x_i}$ est continue et donc uniformément continue sur K_0, alors il existe $\eta > 0$, tel que pour $|h| < \eta$, on ait $\left|\frac{\partial g}{\partial x_i}(x - t + \theta h e_i) - \frac{\partial g}{\partial x_i}(x - t)\right| < \varepsilon$, uniformément par rapport à t. D'où finalement,

$$\lim_{h\to 0} \Delta_h = \int_{K_0} f(t)\frac{\partial g}{\partial x_i}(x - t)\,dt = \int_{\mathbb{R}^n} f(t)\frac{\partial g}{\partial x_i}(x - t)\,dt = \left(f * \frac{\partial g}{\partial x_i}\right)(x).$$

Puisque f et $\frac{\partial g}{\partial x_i}$ sont continues sur $\mathbb{R}^n$ et $Supp\frac{\partial g}{\partial x_i} \subset Suppg$, $f * \frac{\partial g}{\partial x_i}$ est aussi continue sur $\mathbb{R}^n$, □

Soient f et g deux fonctions continues de $\mathbb{R}^n$ dans C, avec $suppg$ compact.

(1) Si f est de classe C^1 par rapport à x_i, alors $f * g$ est de classe C^1 par rapport à x_i et $\frac{\partial}{\partial x_i}(f * g) = \frac{\partial f}{\partial x_i} * g$.

(2) Si maintenant f et g sont de classe C^1 par rapport à x_i, alors :

$$\frac{\partial}{\partial x_i}(f * g) = \frac{\partial f}{\partial x_i} * g = f * \frac{\partial g}{\partial x_i}.$$

2.3 Formule de Leibniz

Soient $\alpha = (\alpha_1, \alpha_2, ..., \alpha_n) \in \mathbb{N}^n$ un multi-indice, $\alpha_i \in \mathbb{N}$, $i \in \{1, ..., n\}$, U un ouvert de $\mathbb{R}^n$, $x \in U$, $x = (x_1, x_2, ..., x_n)$, et $f : U \to \mathbb{C}$ une fonction de classe C^∞. On pose :

$$D_i = \frac{\partial}{\partial x_i},\ D_i^{\alpha_i} = \frac{\partial^{\alpha_i}}{\partial x_i^{\alpha_i}} \text{ et } D^\alpha = D_1^{\alpha_1} D_2^{\alpha_2} ... D_n^{\alpha_n}.$$

$$D^\alpha f(x) = \frac{\partial^{\alpha_1}}{\partial x_1^{\alpha_1}}\frac{\partial^{\alpha_2}}{\partial x_2^{\alpha_2}} ... \frac{\partial^{\alpha_n}}{\partial x_n^{\alpha_n}} f(x) \text{ avec } \frac{\partial^0 f}{\partial x_i^0} = f.$$

Par exemple, pour $\alpha = (1,2) \in \mathbb{N}^2$, on a :

$$D^{\alpha} f(x) = \frac{\partial}{\partial x_1} \frac{\partial^2}{\partial x_2^2} f(x_1, x_2) = \frac{\partial^3}{\partial x_1 \partial x_2^2} f(x_1, x_2).$$

D'après les propriétés de linéarité des dérivées, on a pour tout $g \in C^{\infty}(U)$, $\lambda \in \mathbb{k}$ et $\alpha = (\alpha_1, \alpha_2, ..., \alpha_n) \in \mathbb{N}^n$:

$$\begin{aligned} D^{\alpha}(f \pm g) &= D^{\alpha}(f) \pm D^{\alpha}(g), \\ D^{\alpha}(\lambda f) &= \lambda D^{\alpha}(f). \end{aligned}$$

$|\alpha| = \alpha_1 + ... + \alpha_n$ est appelée la hauteur ou bien la longueur de α,

$$\alpha! = \alpha_1! \alpha_2! ... \alpha_n!,$$

$$x^{\alpha} = x_1^{\alpha_1} x_2^{\alpha_2} ... x_n^{\alpha_n}.$$

Soit $\beta = (\beta_1, \beta_2, ..., \beta_n) \in \mathbb{N}^n$. On dit que $\beta \leq \alpha$ si $\beta_i \leq \alpha_i$ $\forall i \in \{1, ..., n\}$, où "$\leq$" est une relation d'ordre partielle sur $\mathbb{N}^n$ car par exemple $\alpha = (1,2)$ et $\beta = (2,1)$ ne sont pas comparables dans $\mathbb{N}^2$.
Si $\beta \leq \alpha$, on pose :

$$C_{\alpha}^{\beta} = C_{\alpha_1}^{\beta_1} C_{\alpha_2}^{\beta_2} ... C_{\alpha_n}^{\beta_n},$$

où

$$C_{\alpha_i}^{\beta_i} = \frac{\alpha_i!}{\beta_i!(\alpha_i - \beta_i)!}, \quad 0! = 1,$$

$$C_{\alpha_i+1}^{\beta_i+1} = C_{\alpha_i}^{\beta_i+1} + C_{\alpha_i}^{\beta_i}, \quad i \in \{1, ..., n\}.$$

Proposition 2.4 Soient f et g deux fonctions de classe C^{∞} sur un ouvert U de $\mathbb{R}^n$, alors pour tout $\alpha \in \mathbb{N}^n$:

$$D^{\alpha}(fg) = \sum_{\beta \in \mathbb{N}^n, \beta \leq \alpha} C_{\alpha}^{\beta} \left(D^{\beta} f\right) \left(D^{\alpha-\beta} g\right),$$

appelée formule de Leibniz.

Démonstration. La démonstration de cette formule se fait par récurrence sur la dimension n.
Si $n = 1$, c'est la formule de Leibniz classique :

$$\begin{aligned}(f.g)^{(p)} &= \sum_{k=0}^{p} C_p^k f^{(k)} g^{(p-k)},\ p \in \mathbb{N},\\ f^{(0)} &= f,\ f^{(k)} = \frac{d^k f}{dx^k}.\end{aligned}$$

On suppose que la formule est vraie en dimension n et on montre sa vérité en dimension $n+1$. Soit U un ouvert de $\mathbb{R}^{n+1}$, $x \in U$, $\alpha \in \mathbb{N}^{n+1}$ avec $x = (x_1, ..., x_n, x_{n+1}) = (\overline{x}, x_{n+1})$ et $\alpha = (\alpha_1, ..., \alpha_n, \alpha_{n+1}) = (\overline{\alpha}, \alpha_{n+1})$.

$$\begin{aligned}D^\alpha(fg) &= D^{(\overline{\alpha},\alpha_{n+1})}(fg) = D_{\overline{x}}^{\overline{\alpha}} D_{x_{n+1}}^{\alpha_{n+1}}(fg)\\ &= D_{\overline{x}}^{\overline{\alpha}}\left[\sum_{k=0}^{\alpha_{n+1}} C_{\alpha_{n+1}}^k \left(\frac{\partial^k f}{\partial x_{n+1}^k}\right)\left(\frac{\partial^{\alpha_{n+1}-k} g}{\partial x_{n+1}^{\alpha_{n+1}-k}}\right)\right]\\ &= \sum_{k=0}^{\alpha_{n+1}} C_{\alpha_{n+1}}^k D_{\overline{x}}^{\overline{\alpha}}\left[\frac{\partial^k f}{\partial x_{n+1}^k}\frac{\partial^{\alpha_{n+1}-k} g}{\partial x_{n+1}^{\alpha_{n+1}-k}}\right]\\ &= \sum_{k=0}^{\alpha_{n+1}} C_{\alpha_{n+1}}^k \sum_{\substack{\beta\in\mathbb{N}^n\\ \beta\le\overline{\alpha}}} C_{\overline{\alpha}}^\beta D_{\overline{x}}^\beta \left(\frac{\partial^k f}{\partial x_{n+1}^k}\right) D_{\overline{x}}^{\overline{\alpha}-\beta}\left(\frac{\partial^{\alpha_{n+1}-k} g}{\partial x_{n+1}^{\alpha_{n+1}-k}}\right)\\ &= \sum_{\substack{\beta\in\mathbb{N}^n\\ \beta\le\overline{\alpha}}} \sum_{k=0}^{\alpha_{n+1}} C_{\overline{\alpha}}^\beta C_{\alpha_{n+1}}^k (D_{\overline{x}}^\beta D_{x_{n+1}}^k f)(D_{\overline{x}}^{\overline{\alpha}-\beta} D_{x_{n+1}}^{\alpha_{n+1}-k} g).\end{aligned}$$

On pose $\gamma = (\beta, k) \in \mathbb{N}^{n+1}$, alors $(\overline{\alpha} - \beta, \alpha_{n+1} - k) = (\overline{\alpha}, \alpha_{n+1}) - (\beta, k) = \alpha - \gamma$ et $\{\beta \in \mathbb{N}^n : \beta \le \overline{\alpha}\} \bigcap \{k \in \mathbb{N} : k \le \alpha_{n+1}\} = \{\gamma \in \mathbb{N}^{n+1} : \gamma \le \alpha\}$. D'où :

$$D^\alpha(Dfg) = \sum_{\substack{\gamma\in\mathbb{N}^{n+1}\\ \gamma\le\alpha}} C_\alpha^\gamma (D^\gamma f)\left(D^{(\alpha-\gamma)} g\right).$$

□

Exemple 2.1

1 Cas d'une seule variable : $n = 1$ et $\alpha = 4$.

$$\begin{aligned}(fg)^{(4)} &= \sum_{k=0}^{4} C_4^k f^{(k)} g^{(4-k)}\\ &= C_4^0 f^{(0)} g^{(4)} + C_4^1 f^{(1)} g^{(3)} + C_4^2 f^{(2)} g^{(2)} + C_4^3 f^{(3)} g^{(1)} + C_4^4 f^{(4)} g^{(0)}.\end{aligned}$$

2 Cas de deux variables, $n = 2$ et $\alpha = (1,2) \in \mathbb{N}^2$.

$$D^{\alpha}(fg) = D^{(1,2)}(fg) = \frac{\partial}{\partial x}\left(\frac{\partial^2}{\partial y^2}(fg)\right).$$

Si $\beta = (\beta_1, \beta_2) \in \mathbb{N}^2$ et $(\beta_1, \beta_2) \leq (1,2)$, alors $\beta_1 \leq 1$ et $\beta_2 \leq 2$. Donc les β possibles sont $(0,0)$, $(0,1)$, $(0,2)$, $(1,0)$, $(1,1)$ et $(1,2)$. D'où :

$$\begin{aligned}
D^{(1,2)}(fg) &= \sum_{\substack{\beta=(\beta_1,\beta_2)\in\mathbb{N}^2\\ \beta\leq(1,2)}} C_{(1,2)}^{(\beta_1,\beta_2)} D^{(\beta_1,\beta_2)} f D^{(1-\beta_1,2-\beta_2)} g \\
&= C_1^0 C_2^0 D^{(0,0)} f D^{(1,2)} g + C_1^0 C_2^1 D^{(0,1)} f D^{(1,1)} g \\
&\quad + C_1^0 C_2^2 D^{(0,2)} f D^{(1,0)} g + C_1^1 C_2^0 D^{(1,0)} f D^{(0,2)} g \\
&\quad + C_1^1 C_2^1 D^{(1,1)} f D^{(0,1)} g + C_1^1 C_2^2 D^{(1,2)} f D^{(0,0)} g \\
&= C_1^0 C_2^0 f \frac{\partial}{\partial x}\left(\frac{\partial^2 g}{\partial y^2}\right) + C_1^0 C_2^1 \left(\frac{\partial f}{\partial y}\right)\left(\frac{\partial^2 g}{\partial x \partial y}\right) + C_1^0 C_2^2 \left(\frac{\partial^2 f}{\partial y^2}\right)\left(\frac{\partial g}{\partial x}\right) \\
&\quad + C_1^1 C_2^0 \left(\frac{\partial f}{\partial x}\right)\left(\frac{\partial^2 g}{\partial y^2}\right) + C_1^1 C_2^1 \left(\frac{\partial^2 f}{\partial x \partial y}\right)\left(\frac{\partial g}{\partial y}\right) + C_1^1 C_2^2 g \frac{\partial}{\partial x}\left(\frac{\partial^2 f}{\partial y^2}\right) \\
&= f\frac{\partial^3 g}{\partial x \partial y^2} + 2\frac{\partial f}{\partial y}\frac{\partial^2 g}{\partial x \partial y} + \frac{\partial^2 f}{\partial y^2}\frac{\partial g}{\partial x} + \frac{\partial f}{\partial x}\frac{\partial^2 g}{\partial y^2} + 2\frac{\partial g}{\partial y}\frac{\partial^2 f}{\partial x \partial y} + g\frac{\partial^3 f}{\partial x \partial y^2}.
\end{aligned}$$

Corollaire 2.1 Si f et g sont deux fonctions de classe C^{∞} sur $\mathbb{R}^n$ avec $Suppg$ compact dans $\mathbb{R}^n$, alors :

$$\forall \alpha \in \mathbb{N}^n,\ D^{\alpha}(f * g) = (D^{\alpha} f) * g = f * (D^{\alpha} g).$$

2.4 Exercices avec solutions

Exercice 2.1 *Soient f et g deux fonctions définies et continues de $\mathbb{R}$ dans $\mathbb{R}$, telles que $Suppf \subset [a,b]$ et $Suppg \subset [c,d]$; $a,b,c,d \in \mathbb{R}$. Montrer que le produit de convolution $f * g$ de f et g est bien défini et localiser le support de $f * g$. Déterminer la fonction $f * g$.*

Solution. $f * g$ est bien définie sur $\mathbb{R}$ car :

$$(f * g)(x) = \int_{\mathbb{R}} f(x-t)g(t)dt = \int_{c}^{d} f(x-t)g(t)dt$$

étant l'intégrale de la fonction continue $t \longmapsto f(t)g(x-t)$ quelque soit le paramètre $x \in \mathbb{R}$. On a :

$$Supp(f*g) \subset \overline{Suppf + Suppg} \subset \overline{[a,b]+[c,d]} = \overline{[a+c,b+d]} = [a+c,b+d].$$

$t \in [c,d]$ et $(x-t) \in [a,b]$, ainsi $t \in [c,d] \cap [x-b,x-a]$ et alors :

$$(f*g)(x) = \int_c^d f(t)g(x-t)dt = \int_{[c,d]\cap[x-b,x-a]} f(t)g(x-t)dt.$$

Pour calculer $f*g$ il va falloir étudier l'intersection $[c,d] \cap [x-b,x-a]$, en discutant suivant les valeurs de x. On trouve six cas possibles :

1 Pour $x-a<c$, donc $x<a+c$:

$$--------[x-b,x-a]---[c,d]--------\longrightarrow \mathbb{R}$$

2 ou $d<x-b$, donc $x>b+d$:

$$-----------[c,d]---[x-b,x-a]-----\longrightarrow \mathbb{R}$$

on a, $[c,d] \cap [x-b,x-a] = \emptyset$ et $f*g(x) = 0$.

3 $x-b<c<x-a<d$, donc $a+c<x<\min(a+d,b+c)$:

$$---\{x-b\}---\{c\}---\{x-a\}---\{d\}---\longrightarrow \mathbb{R}$$

on a, $[c,d] \cap [x-b,x-a] = [c,x-a]$ et

$$(f*g)(x) = \int_c^{x-a} f(t)g(x-t)dt.$$

4 $c<x-b<x-a<d$, donc $b+c<x<a+d$:

$$---\{c\}---\{x-b\}---\{x-a\}---\{d\}---\longrightarrow \mathbb{R}$$

on a, $[c,d] \cap [x-b,x-a] = [x-b,x-a]$ et

$$(f*g)(x) = \int_{x-b}^{x-a} f(t)g(x-t)dt.$$

5 $c < x-b < d < x-a$, donc $\max(a+d, b+c) < x < b+d$:

$$---\{c\}---\{x-b\}---\{d\}---\{x-a\}--- \longrightarrow \mathbb{R}$$

on a, $[c,d] \cap [x-b, x-a] = [x-b, d]$ et

$$(f*g)(x) = \int_{x-b}^{d} f(t)g(x-t)dt.$$

6 $x-b < c < d < x-a$, donc $a+d < x < b+c$:

$$---\{x-b\}---\{c\}---\{d\}---\{x-a\}--- \longrightarrow \mathbb{R}$$

on a, $[c,d] \cap [x-b, x-a] = [c,d]$ et

$$(f*g)(x) = \int_{c}^{d} f(t)g(x-t)dt.$$

Lorsque l'intersection est vide, l'intégrale donne 0. Or, dans tous les autres cas, x vérifie $a+b \leq x \leq b+d$, ce qui confirme bien que $Supp(f*g) \subset [a+c, b+d]$.

Exercice 2.2 *Soient α et β deux nombres réels. Calculer le produit de convolution $f*g$ où $f(x) = e^{\alpha x}1_{[0,+\infty[}(x)$ et $g(x) = e^{\beta x}1_{[0,+\infty[}(x)$.*

Solution. f et g ne sont pas à support compact, on calcul alors directement le produit $f*g$:

$$\begin{aligned}(f*g)(x) &= \int_{\mathbb{R}} f(t)g(x-t)dt = \int_{\mathbb{R}} e^{\alpha t}1_{[0,+\infty[}(t)e^{\beta(x-t)}1_{[0,+\infty[}(x-t)dt \\ &= \int_{0}^{+\infty} e^{\alpha t}e^{\beta(x-t)}1_{[0,+\infty[}(x-t)dt = e^{\beta x}\int_{0}^{+\infty} e^{(\alpha-\beta)t}1_{[0,+\infty[}(x-t)dt.\end{aligned}$$

Or, $x-t \geq 0$, $x \geq t$. Il en résulte que, si $x \leq 0$, on a $(f*g)(x) = 0$. D'autre part, si $x \geq 0$, on a :

$$(f*g)(x) = e^{\beta x}\int_{0}^{x} e^{(\alpha-\beta)t}dt = e^{\beta x}\left[\frac{e^{(\alpha-\beta)t}}{\alpha-\beta}\right]_0^x = \frac{e^{\alpha x}-e^{\beta x}}{\alpha-\beta} \text{ si } \alpha \neq \beta,$$

$$(f*g)(x) = e^{\beta x}\int_0^x dt = xe^{\alpha x} \text{ si } \alpha=\beta.$$

Par conséquent,

$$(f*g)(x)=\begin{cases} \frac{e^{\alpha x}-e^{\beta x}}{\alpha-\beta} & \text{si } \alpha\neq\beta,\ x\geq 0 \\ xe^{\alpha x} & \text{si } \alpha=\beta,\ x\geq 0 \\ 0 & \text{si } x\leq 0 \end{cases}.$$

Exercice 2.3 *Dans* $\mathbb{R}$, *on considère la fonction* $G_\sigma(x)=\frac{1}{\sigma\sqrt{2\pi}}e^{-\frac{x^2}{2\sigma^2}}$, $\sigma>0$. G_σ *représente la densité normale ou gaussienne ou encore de Gauss-Laplace, le nombre* σ *est l'écart type. Montrer la relation* $G_{\sigma_1}*G_{\sigma_2}=G_{\sqrt{\sigma_1^2+\sigma_2^2}}$.

Solution. Soit $x\in\mathbb{R}$, on a :

$$\begin{aligned} G_{\sigma_1}*G_{\sigma_2}(x) &= \int_{-\infty}^{+\infty} G_{\sigma_1}(t)G_{\sigma_2}(x-t)dt = \frac{1}{2\pi\sigma_1\sigma_2}\int_{-\infty}^{+\infty} e^{-\frac{t^2}{2\sigma_1^2}}e^{-\frac{(x-t)^2}{2\sigma_2^2}}dt \\ &= \frac{1}{2\pi\sigma_1\sigma_2}\int_{-\infty}^{+\infty} e^{-\frac{1}{2}\left(\frac{t^2}{\sigma_1^2}+\frac{(x-t)^2}{\sigma_2^2}\right)}dt. \end{aligned}$$

Or,

$$\frac{t^2}{\sigma_1^2}+\frac{(x-t)^2}{\sigma_2^2}=\frac{x^2}{\sigma_1^2+\sigma_2^2}+\frac{\sigma_1^2+\sigma_2^2}{\sigma_1^2\sigma_2^2}\left(t-\frac{\sigma_1^2}{\sigma_1^2+\sigma_2^2}x\right)^2,$$

et alors :

$$G_{\sigma_1}*G_{\sigma_2}(x)=\frac{1}{2\pi\sigma_1\sigma_2}e^{-\frac{x^2}{2(\sigma_1^2+\sigma_2^2)}}\int_{-\infty}^{+\infty} e^{-\frac{\sigma_1^2+\sigma_2^2}{2\sigma_1^2\sigma_2^2}\left(t-\frac{\sigma_1^2}{\sigma_1^2+\sigma_2^2}x\right)^2}dt.$$

Posons $u=\frac{\sqrt{\sigma_1^2+\sigma_2^2}}{\sigma_1\sigma_2}\left(t-\frac{\sigma_1^2}{\sigma_1^2+\sigma_2^2}x\right)$, on a $du=\frac{\sqrt{\sigma_1^2+\sigma_2^2}}{\sigma_1\sigma_2}dt$ et :

$$G_{\sigma_1}*G_{\sigma_2}(x) = \frac{1}{2\pi\sigma_1\sigma_2}\frac{\sigma_1\sigma_2}{\sqrt{\sigma_1^2+\sigma_2^2}}e^{-\frac{x^2}{2(\sigma_1^2+\sigma_2^2)}}\int_{-\infty}^{+\infty} e^{-\frac{u^2}{2}}du$$

$$= \frac{1}{\sqrt{2\pi}\sqrt{\sigma_1^2+\sigma_2^2}} e^{-\frac{x^2}{2\left(\sigma_1^2+\sigma_2^2\right)}} = G_{\sqrt{\sigma_1^2+\sigma_2^2}}(x),$$

puisque $\int_{-\infty}^{+\infty} e^{-\frac{u^2}{2}} du = \sqrt{2\pi}$.

Exercice 2.4

(1) *Soient f et g deux fonctions continues et causales (nulles pour $t < 0$) (ou bornés à gauche, c'est à dire $Suppf \subset [a,+\infty[$ et $Suppg \subset [b,+\infty[$, $a,b \in \mathbb{R}$.) Vérifier que la fonction $f * g$ existe, elle est causale et on a :*

$$f * g(x) = \int_0^x f(t)g(x-t)dt = \int_0^x g(t)f(x-t)dt.$$

(2) *Soient f et g deux fonctions localement intégrables sur $\mathbb{R}$. Montrer que :*

$$(H(x-a)f(x)) * (H(x-b)g(x)) = H(x-a-b)\int_a^{x-b} f(t)g(x-t)dt,$$

où $H(x)$ est la fonction de Heaviside, indicatrice de $[0,+\infty[$ et $a,b \in \mathbb{R}$. Calculer le produit de convolution $H(x) * \left(x^2 H(x)\right)$.

Solution.

(1) Soit $x \in \mathbb{R}$, x fixé. La fonction $t \mapsto f(t)g(x-t)$ est continue, de support inclu dans $Suppf \cap Supp(t \mapsto g(x-t)) \subset Suppf \cap (x - Suppg) \subset [0,x]$ si $x \geq 0$. Si $x < 0$, $g(x-t) = 0$ et $f(t)g(x-t) = 0$ pour tout $t \geq 0$. Ainsi, $\int_0^x f(t)g(x-t)dt$ existe pour tout $x \in \mathbb{R}$.

$$\begin{aligned} f * g(x) = \int_{-\infty}^{+\infty} f(t)g(x-t)dt &= \int_{-\infty}^{0} 0.g(x-t)dt + \int_0^x f(t)g(x-t)dt \\ &+ \int_x^{+\infty} f(t).0dt = \int_0^x f(t)g(x-t)dt, \end{aligned}$$

Si $x < 0$, il est clair que $f * g(x) = 0$.
Le même raisonnement permet de montrer que le produit de convolution de deux fonctions bornées à gauche ou à droite est bien définie.

(2) Notons que $Supp(H(x-a))$ et $Supp(H(x-b))$ sont inclus respectivement dans $[a,+\infty[$ et $[b,+\infty[$. En outre, on sait que :

$$\begin{aligned} Supp(H(x-a)f(x)) &\subset Supp(H(x-a)) \cap Supp(f(x)) \subset [a,+\infty[\cap Supp(f(x)), \\ Supp(H(x-b)g(x)) &\subset Supp(H(x-b)) \cap Supp(g(x)) \subset [b,+\infty[\cap Supp(g(x)). \end{aligned}$$

Donc $Supp(H(x-a)f(x))$ et $Supp(H(x-b)g(x))$ sont bornés d'un même côté et par conséquent le produit $(H(x-a)f(x)) * (H(x-b)g(x))$ existe. On a :

$$\begin{aligned} (H(x-a)f(x)) * (H(x-b)g(x)) &= \int_{-\infty}^{+\infty} H(t-a)f(t)H(x-t-b)g(x-t)dt \\ &= \begin{cases} 0 & \text{si } t < a \text{ ou } t > x-b \text{ (donc } x < a+b) \\ \displaystyle\int_a^{x-b} f(t)g(x-t)dt & \text{si } x \geq a+b \end{cases} \\ &= H(x-a-b) \int_a^{x-b} f(t)g(x-t)dt. \end{aligned}$$

Application : ici $a = b = 0$, $f(x) = 1$ et $g(x) = x^2$. Les fonctions f et g sont continues, on a d'après ce qui précède :

$$H(x) * \left(x^2 H(x)\right) = H(x) \int_0^x (x-t)^2 dt = H(x)\frac{x^3}{3}.$$

Exercice 2.5

(1) *Si $f, g \in L^1(\mathbb{R}^n)$, montrer que*

$$f * g \in L^1(\mathbb{R}^n) \text{ et } \|f * g\|_{L^1(\mathbb{R}^n)} \leq \|f\|_{L^1(\mathbb{R}^n)} \|g\|_{L^1(\mathbb{R}^n)}.$$

(2) *Rappeler l'inégalité de Hölder. Montrer que si $f \in L^p(\mathbb{R}^n)$ et $g \in L^q(\mathbb{R}^n)$ où $1 < p, q < +\infty$ sont conjugués $\dfrac{1}{p} + \dfrac{1}{q} = 1$, alors*

$$f * g \in L^\infty(\mathbb{R}^n) \text{ et } \|fg\|_{L^\infty(\mathbb{R}^n)} \leq \|f\|_{L^p(\mathbb{R}^n)} \|g\|_{L^q(\mathbb{R}^n)}.$$

Solution.

(1) Commençons par observer que l'intégrale sur $\mathbb{R}^n \times \mathbb{R}^n$ du produit de deux fonctions positives $|f(t)|$ et $|g(x-t)|$ est finie :

$$\begin{aligned}
\int_{\mathbb{R}^n}\int_{\mathbb{R}^n} |f(t)||g(x-t)|\,dt\,dx &= \int_{\mathbb{R}^n} |f(t)| \left(\int_{\mathbb{R}^n} |g(x-t)|\,dx \right) dt \\
&\overset{y=x-t}{=} \int_{\mathbb{R}^n} |f(t)|\,dt \int_{\mathbb{R}^n} |g(y)|\,dy \\
&= \|f\|_{L^1(\mathbb{R}^n)} \|g\|_{L^1(\mathbb{R}^n)} < +\infty.
\end{aligned}$$

Aussi l'intégrale qui définit la convolution entre f et g existe pour tout $x \in \mathbb{R}^n$. De plus :

$$\begin{aligned}
|(f*g)(x)| &= \left| \int_{\mathbb{R}^n} f(t)g(x-t)\,dt \right| \le \int_{\mathbb{R}^n} |f(t)||g(x-t)|\,dt. \\
\|f*g\|_{L^1(\mathbb{R}^n)} &= \int_{\mathbb{R}^n} |(f*g)(x)| = \int_{\mathbb{R}^n} \left(\int_{\mathbb{R}^n} |f(t)||g(x-t)|\,dt \right) dx \\
&= \|f\|_{L^1(\mathbb{R}^n)} \|g\|_{L^1(\mathbb{R}^n)}.
\end{aligned}$$

(2) Pour toute paire d'exposants conjugués p, q avec $1 < p, q < +\infty$ et toute paire de fonctions mesurables $f \in L^p(\mathbb{R}^n)$ et $g \in L^q(\mathbb{R}^n)$,
le produit $f(x)g(x) \in L^1(\mathbb{R}^n)$ et :

$$\|fg\|_{L^1(\mathbb{R}^n)} \le \|f\|_{L^p(\mathbb{R}^n)} \|g\|_{L^q(\mathbb{R}^n)}.$$

On a aussi :

$$(|f| * |g|)(x) = \int_{\mathbb{R}^n} |f(t)||g(x-t)|\,dt \le \left(\int_{\mathbb{R}^n} |f(t)|^p\,dt \right)^{1/p} \left(\int_{\mathbb{R}^n} |g(x-t)|^q\,dt \right)^{1/q},$$

donc pour tout $x \in \mathbb{R}^n$, $f * g(x)$ est bien définie par une intégrale qui est absolument convergente :

$$|(f*g)(x)| \le (|f| * |g|)(x) \le \|f\|_{L^p(\mathbb{R}^n)} \|g\|_{L^q(\mathbb{R}^n)},$$

ce qui donne immédiatement l'inégalité demandée :

$$\sup_{x \in \mathbb{R}^n} ess|f(x)g(x)| = \|fg\|_{L^\infty(\mathbb{R}^n)} \le \|f\|_{L^p(\mathbb{R}^n)} \|g\|_{L^q(\mathbb{R}^n)}.$$

Exercice 2.6 *Soient f et g deux fonctions intégrables sur $(\mathbb{R}^n, B(\mathbb{R}^n), \lambda_n)$ où $B(\mathbb{R}^n)$ est la tribu des boréliens de $\mathbb{R}^n$ et λ_n est la mesure produit des mesures de Lebesgue sur $\mathbb{R}$. On définit l'application :*

$$\begin{aligned} h \quad : \quad & \mathbb{R}^n \times \mathbb{R}^n \longrightarrow \overline{\mathbb{R}} = \mathbb{R} \cup \{\pm\infty\} \\ & (x,y) \mapsto h(x,y) = f(x-y)g(y). \end{aligned}$$

(1) *Montrer que h est intégrable sur $\mathbb{R}^n \times \mathbb{R}^n$.*

(2) *En déduire que, pour presque tout $x \in \mathbb{R}^n$, l'intégrale $\int_{\mathbb{R}^n} h(x,y)d\lambda_n(y)$ est bien définie.*

(3) *On note $f * g$ l'application définie sur $\mathbb{R}^n$ par*

$$(f*g)(x) = \begin{cases} \int_{\mathbb{R}^n} f(x-y)g(y)d\lambda_n(y) & \text{si cette intégrale est définie} \\ 0 & \text{sinon.} \end{cases}$$

Montrer que $f * g$ est intégrable sur $\mathbb{R}^n$ et que :

$$\int_{\mathbb{R}^n} |(f*g)(x)|\,d\lambda_n(x) \leq \int_{\mathbb{R}^n} |f(x)|\,d\lambda_n(x) \int_{\mathbb{R}^n} |g(x)|\,d\lambda_n(x).$$

(4) *On définit $g * f$ en échangeant les rôles de f et g dans la définition de h. A l'aide d'un changement de variable, montrer que $f * g = g * f$ presque partout sur $\mathbb{R}^n$.*

Solution.

(1) La question est de savoir si $\int_{\mathbb{R}^n \times \mathbb{R}^n} |h(x,y)|\,d\lambda_n(x)d\lambda_n(y) < +\infty$. Le théorème de Tonelli permet d'écrire :

$$\int_{\mathbb{R}^n \times \mathbb{R}^n} |h(x,y)|\,d\lambda_n(x)d\lambda_n(y) \quad = \quad \int_{\mathbb{R}^n} |g(y)| \left(\int_{\mathbb{R}^n} |f(x-y)|\,d\lambda_n(x) \right) d\lambda_n(y)$$

$$\overset{x-y\to x}{=} \int_{\mathbb{R}^n} |g(y)| \left(\int_{\mathbb{R}^n} |f(x)| d\lambda_n(x) \right) d\lambda_n(y)$$
$$= \int_{\mathbb{R}^n} |f(x)| d\lambda_n(x) \int_{\mathbb{R}^n} |g(y)| d\lambda_n(y) < +\infty.$$

(2) Le théorème de Fubini (applicable à la fonction h qui est bien intégrable), affirme que pour presque tout $x \in \mathbb{R}^n$, l'application $y \mapsto h(x,y)$ est intégrable sur $\mathbb{R}^n$.

(3) Le théorème de Fubini affirme aussi que $x \mapsto \int_{\mathbb{R}^n} h(x,y) d\lambda_n(y)$ est intégrable sur $\mathbb{R}^n$. De plus :

$$\int_{\mathbb{R}^n} |(f*g)(x)| d\lambda_n(x) \le \int_{\mathbb{R}^n} |f(x)| d\lambda_n(x) \int_{\mathbb{R}^n} |g(x)| d\lambda_n(x)$$

par la première question.

(4) On note par A l'ensemble négligeable en dehors duquel $(f*g)(x)$ est définie par $\int_{\mathbb{R}^n} f(x-y)g(y)d\lambda_n(y)$, et par B l'ensemble négligeable en dehors duquel $(g*f)(x)$ est définie par $\int_{\mathbb{R}^n} g(x-y)f(y)d\lambda_n(y)$. Il suffit de montrer que, en dehors de $A \cup B$ qui est encore négligeable, ces deux intégrales coïncident. Soit donc $x \notin A \cup B$. Soit ϕ l'application :

$$\begin{aligned} \phi \ : \ & \mathbb{R}^n \longrightarrow \mathbb{R}^n \\ & y \mapsto \phi(y) = x - y \end{aligned}$$

c'est un difféomorphisme de $\mathbb{R}^n$ sur $\mathbb{R}^n$ dont la matrice Jacobienne en tout point y de $\mathbb{R}^n$ est $(-I_n)$ où I_n est la matrice identité de dimension n. De plus, $(\phi \circ \phi)(y) = y$, pour tout $y \in \mathbb{R}^n$. On a alors :

$$\begin{aligned} \int_{\mathbb{R}^n} g(x-y)f(y)d\lambda_n(y) &= \int_{\mathbb{R}^n} g(\phi(y))f(\phi(\phi(y)))|\det(-I_n)| d\lambda_n(y) \\ &= \int_{\mathbb{R}^n} [(g.(f\circ\phi))\circ\phi](y)|\det(-I_n)| d\lambda_n(y). \end{aligned}$$

La formule de changement de variable donne alors :

$$\int_{\mathbb{R}^n} g(x-y)f(y)d\lambda_n(y) = \int_{\mathbb{R}^n} [(g.(f\circ\phi))](y)d\lambda_n(y) = \int_{\mathbb{R}^n} g(y)f(x-y)d\lambda_n(y).$$

Exercice 2.7

(1) *Soient $f \in L^1_{loc}(\mathbb{R})$ (espace des fonctions absolument intégrables sur tout compact de $\mathbb{R}$) et g de classe C^1 sur $\mathbb{R}$ à support compact. Montrer que la fonction $f * g$ est dérivable et de dérivée $(f*g)' = f*g'$.*

(2) *Soient f une fonction continue sur $\mathbb{R}$ et φ continue, positive, à support compact et dont l'intégrale sur $\mathbb{R}$ vaut 1. On pose $\varphi_n(x) = n\varphi(nx)$, $\forall n \in \mathbb{N}^*$. Montrer que $\lim\limits_{n\to+\infty} (\varphi_n * f)(x) = f(x)$, $\forall x \in \mathbb{R}$.*

Solution.

(1) Remarquons d'abord que le produit de convolution $f*g$ de f par g est bien définie puisque :

$$\left|\int_{\mathbb{R}} f(x-t)g(t)dt\right| = \left|\int_K f(x-t)g(t)dt\right| \leq \sup_{t\in K}|g(t)| \int_K |f(x-t|)dt$$
$$\overset{y=x-t}{=} \sup_{t\in K}|g(t)| \int_{x-K} f(y)dy < +\infty,$$

où $K = Suppg$ et $x-K$ sont des compacts de $\mathbb{R}$, quelque soit $x \in \mathbb{R}$.
Formons le taux d'accroissement :

$$\frac{(f*g)(x+h)-(f*g)(x)}{h} = \frac{1}{h}\int_{\mathbb{R}} f(t)(g(x+h-t)-g(x-t))dt.$$

Pour tout $x \in \mathbb{R}$ et tout $h \neq 0$, la fonction $t \mapsto \frac{f(t)(g(x+h-t)-g(x-t))}{h}$ est mesurable. De plus,

$$\lim_{h\to 0} \frac{f(t)(g(x+h-t)-g(x-t))}{h} = f(t)g'(x-t).$$

Il reste à vérifier l'hypothèse de domination pour pouvoir utiliser le théorème de convergence dominée et permuter l'intégrale et la limite. Comme h tend vers 0, on peut supposer que $|h| \leq 1$.On note :

$$K_0 = \{y \in \mathbb{R} : d(y, x-K) \leq 1\}$$

où $K = Suppg$ et $d(y,x-K) = \inf\limits_{z\in x-K} |y-z| = \inf\limits_{t\in K} |y-(x-t)| = \inf\limits_{t\in K} |y-x+t|$. K_0 est un compact de $\mathbb{R}$, de plus, $x-K \subset K_0$.
Montrons que pour tout $h \in \mathbb{R}$ vérifiant $|h| \leq 1$, on a $x+h-K \subset K_0$. En effet, soit $y \in x+h-K$ alors $y = x+h-z$ avec $z \in K$, et :

$$\begin{aligned} d(y,x-K) &= d(x+h-z,x-K) \leq d(x+h-z,x-z) + \underbrace{d(x-z,x-K)}_{=0,\text{ puisque } x-z\subset x-K} \\ &= |(x+h-z)-(x-z)| = |h| \leq 1. \end{aligned}$$

Alors $Supp\{t \mapsto g(x-t)\} \subset x-K \subset K_0$ et $Supp\{t \mapsto g(x+h-t)\} \subset K_0$, $\forall h \in \mathbb{R}$ tel que $|h| \leq 1$.
Vérifions alors que, pour tout $h \in]-1,1[\setminus\{0\}$, on a :

$$\left|\frac{f(t)(g(x+h-t)-g(x-t))}{h}\right| \leq |f(t)| \sup_{x\in\mathbb{R}} |g'(x)|\, 1_{K_0}(x-t)$$

où 1_{K_0} est la fonction indicatrice de K_0.
En effet, si $(x-t) \notin K_0$, alors $(x-t) \notin Suppg$ et $(x-t+h) \notin Suppg$, donc :

$$\frac{f(t)(g(x+h-t)-g(x-t))}{h} = 0 = |f(t)| \sup_{x\in\mathbb{R}} |g'(x)|\, 1_{K_0}(x-t),$$

si maintenant $(x-t) \in K_0$, alors $1_{K_0}(x-t) = 1$, et et grâce à la formule des accroissements finis, il existe $\theta \in]0,1[$ tel que :

$$\left|\frac{f(t)(g(x+h-t)-g(x-t))}{h}\right| = |f(t)g'(x-t+\theta h)| \leq |f(t)| \sup_{x\in\mathbb{R}} |g'(x)|.$$

Comme f est continue, la fonction $t \mapsto |f(t)| \sup\limits_{x\in\mathbb{R}} |g'(x)|\, 1_{K_0}(x-t)$ est intégrable et indépendante de h. Ainsi, le théorème de convergence dominé de Lebesgue assure que :

$$\begin{aligned} \lim_{h\to 0} \frac{(f*g)(x+h)-(f*g)(x)}{h} &= \lim_{h\to 0} \int_{\mathbb{R}} \frac{f(t)(g(x+h-t)-g(x-t))}{h} dt \\ &= \int_{\mathbb{R}} \lim_{h\to 0} \frac{f(t)(g(x+h-t)-g(x-t))}{h} dt \\ &= \int_{\mathbb{R}} f(t)g'(x-t)dt = (f*g')(x). \end{aligned}$$

Autrement dit, $f*g$ est dérivable en x et de dérivée $(f*g')(x)$.

(2) Remarquons d'abord que :

$$\int_{\mathbb{R}} \varphi_n(x)dx = \int_{\mathbb{R}} n\varphi(nx)dx \overset{y=nx}{=} \int_{\mathbb{R}} \varphi(y)dy = 1, \ \forall n \in \mathbb{N}^*.$$

On a alors :

$$\begin{aligned}(\varphi_n * f)(x) - f(x) &= \int_{\mathbb{R}} \varphi_n(t)f(x-t)dt - \int_{\mathbb{R}} \varphi_n(t)f(x)dt \\ &= \int_{\mathbb{R}} \varphi_n(t)(f(x-t)-f(x))dt.\end{aligned}$$

Soit $\varepsilon > 0$, la continuité de f en x permet de choisir $\alpha > 0$ tel que :

$$|f(x-t)-f(x)| < \varepsilon \text{ pour } |t| \leq \alpha.$$

Ainsi, puisque φ_n est positive, on a :

$$\begin{aligned}|(\varphi_n * f)(x) - f(x)| = \left|\int_{\mathbb{R}} \varphi_n(t)(f(x-t)-f(x))dt\right| &\leq \int_{\mathbb{R}} |\varphi_n(t)||f(x-t)-f(x)|dt \\ &\leq \int_{|t|\leq\alpha} |\varphi_n(t)||f(x-t)-f(x)|dt + \int_{|t|>\alpha} |\varphi_n(t)||f(x-t)-f(x)|dt.\end{aligned}$$

Étudions chacun des termes de la somme. Pour le premier terme, on a :

$$\int_{|t|\leq\alpha} |\varphi_n(t)||f(x-t)-f(x)|dt < \varepsilon \int_{|t|<\alpha} |\varphi_n(t)|dt \leq \varepsilon \int_{\mathbb{R}} \varphi_n(t)dt = \varepsilon.$$

Pour le second terme, on considère $a > 0$, tel que $Supp\varphi \subset [-a,a]$. Pour $n \geq \frac{a}{\alpha}$ et $|t| \geq \alpha$ on a $|nt| \geq a$ et donc $nt \notin Supp\varphi$ ou bien $\varphi(nt) = 0$. On en déduit que $\varphi_n(t) = n\varphi(nt) = 0$ pour tout $|t| \geq \alpha$. Ainsi, pour $n \geq \frac{a}{\alpha}$ le second terme est nul. Finalement,

$$\forall n \geq \frac{a}{\alpha}, \ |(\varphi_n * f)(x) - f(x)| < \varepsilon.$$

ce qui permet de conclure.

Exercice 2.8 *Soit $\psi \in L^1(\mathbb{R})$ telle que $\psi \geq 0$ et que $\int_{\mathbb{R}} \psi(y)dy = 1$. Pour $\varepsilon > 0$, on pose $\psi_\varepsilon(y) = \frac{1}{\varepsilon}\psi\left(\frac{y}{\varepsilon}\right)$.*

(1) *Montrer que pour toute fonction $f \in C(\mathbb{R}) \cap L^\infty(\mathbb{R})$, on a en tout point fixé $x \in \mathbb{R}$, $\lim_{x\to 0} f * \psi_\varepsilon(x) = f(x)$.*

(2) *Si f est de plus uniformément continue sur $\mathbb{R}$, montrer que la convergence est uniforme sur $\mathbb{R}$.*

Solution.

(1) Via le changement de variable $y = \frac{x}{\varepsilon}$, on a encore $\int_{\mathbb{R}} \psi_\varepsilon(y)dy = 1$. Etant donné une fonction quelconque $f \in C(\mathbb{R}) \cap L^\infty(\mathbb{R})$, on calcule la différence à étudier en tout point fixé x de $\mathbb{R}$.

$$\begin{aligned} f * \psi_\varepsilon(x) - f(x) &= \int_{\mathbb{R}} f(x-y)\psi_\varepsilon(y)dy - f(x).1 \\ &= \int_{\mathbb{R}} f(x-y)\psi_\varepsilon(y)dy - f(x)\int_{\mathbb{R}} \psi_\varepsilon(y)dy \\ &= \int_{\mathbb{R}} (f(x-y) - f(x))\psi_\varepsilon(y)dy. \end{aligned}$$

Maintenant puisque f est continue sur $\mathbb{R}$ et en particulier en x,

$$\forall \delta > 0,\ \exists \eta = \eta(\delta, x) > 0,\ \left(\left|(x-y) - x\right| < \eta \Longrightarrow \left|f(x-y) - f(x)\right| < \delta\right).$$

En découpant alors l'intégrale sur $\mathbb{R}$ en une somme d'intégrales sur $|y| < \eta$ et $|y| \geq \eta$, on en déduit la majoration suivante :

$$\left|f * \psi_\varepsilon(x) - f(x)\right| < \delta \int_{|y|<\eta} \psi_\varepsilon(y)dy + 2\|f\|_{L^\infty(\mathbb{R})} \int_{|y|\geq\eta} \psi_\varepsilon(y)dy.$$

On a $\int_{|y|<\eta} \psi_\varepsilon(y)dy \leq \int_{\mathbb{R}} \psi_\varepsilon(y)dy = 1$, et en posant $x = \dfrac{y}{\varepsilon}$ dans l'intégrale

$\int_{|y|<\eta} \psi_\varepsilon(y)dy$, on trouve : $\left|f * \psi_\varepsilon(x) - f(x)\right| < \delta + 2\|f\|_{L^\infty(\mathbb{R})} \int_{|x|\geq\frac{\eta}{\varepsilon}} \psi(x)dx$, or l'intégrale $\int_{|x|\geq\frac{\eta}{\varepsilon}} \psi(x)dx$ tend vers zéro lorsque $\varepsilon \to 0$ puisque $\psi \in L^1(\mathbb{R})$ par hypothèse, et puisque $\frac{\eta}{\varepsilon} \to +\infty$.

(2) Si f est de plus uniformément continue sur $\mathbb{R}$, il est clair que le η ci-dessus ne dépend pas de x, donc la convergence est uniforme sur $\mathbb{R}$.

Exercice 2.9 *On introduit l'espace :*

$$L^1_{loc}(\mathbb{R}_+) = \left\{ \begin{array}{l} f : \mathbb{R} \longrightarrow \mathbb{C} \text{ mesurable telle que } \int_I |f(x)|dx < +\infty, \\ \text{pour tout intervalle borné } I \subset \mathbb{R}, \text{ et telle que } f_{|]-\infty,0[} \equiv 0 \end{array} \right\}.$$

(1) *Pour $f, g \in L^1_{loc}(\mathbb{R}_+)$, montrer que $f * g = 0$ lorsque $x < 0$ et, pour $x \geq 0$, que $f * g(x) = \int_0^x f(y)g(x-y)dy$.*

(2) *Montrer que $f * g \in L^1_{loc}(\mathbb{R}_+)$.*

(3) *Soit maintenant $f \in L^1_{loc}(\mathbb{R}_+)$, satisfaisant $f * f = 0$. Pour tout réel $A > 0$ et tout entier $n \geq 1$, montrer que :*

$$\left(\int_{-A}^{A} e^{nx} f(A-x)dx\right)^2 = \underbrace{\iint_{\substack{u\geq -A, v\geq -A \\ u+v\leq 0}} e^{n(u+v)} f(A-u)f(A-v)dudv}_{=J_1} + \underbrace{\iint_{\substack{u\leq A, v\leq A \\ u+v\geq 0}} e^{n(u+v)} f(A-u)f(A-v)dudv.}_{=J_2}$$

(4) *Toujours avec $f * f = 0$, en posant $u = A - y$ et $v = A - x + y$, montrer que :*

$$J_2 = \int_0^{2A} e^{n(2A-x)}(f * f)(x)dx = 0.$$

(5) *Montrer qu'il existe une constante indépendante de n telle que :*

$$\left|\int_0^A e^{nx} f(A-x)dx\right| \leq C(f,A), \text{ pour tout } n \in \mathbb{N}^*,$$

où $C(f,A)$ est une constante strictement positive dépendant de f et A.

(6) *On admet maintenant qu'une fonction $g \in L^1([0,B])$ avec $B>0$, qui satisfait $\left|\int_0^B e^{nt} g(t)dt\right| \leq$ constante, pour tout $n \in \mathbb{N}^*$ est nécessairement nulle $g=0$ presque partout. Déduire de ce qui précède que $f=0$.*

(7) *Soient maintenant $f,g \in C_+(\mathbb{R}) = \{h \in C(\mathbb{R}) : h \equiv 0 \text{ sur }]-\infty, 0[\}$ telles que $f*g=0$. En posant $f_1(x) = xf(x)$ et $g_1(x) = xg(x)$, montrer que*

$$f*g_1 + f_1*g = 0.$$

(i) *Calculer $(f*g_1)*(f*g_1)$. Montrer que $f*g_1=0$.*

(ii) *Montrer que pour tout $x \geq 0$ et pour tout $n \in \mathbb{N}^*$,*

$$\int_0^x f(x-y)y^n g(y)dy = 0.$$

(iii) *Utiliser un théorème de densité pour montrer que*

$$\int_0^x (f(x-y)g(y))^2\, dy = 0.$$

(8) *Montrer que l'algèbre de convolution $(C_+(\mathbb{R}),*)$ n'a pas de diviseur de zéro.*

(9) *Montrer que si $f,g \in L^1_{loc}(\mathbb{R}_+)$ satisfont $f*g=0$, alors $f=0$ ou $g=0$.*

Solution.

(1) Si $f,g \in L^1_{loc}(\mathbb{R}_+)$, alors la convolée $f*g$ de f et g est à priori définie par

$f * g(x) = \int_{\mathbb{R}} f(y)g(x-y)dy$ pourvu que cette intégrale converge en presque tout point $x \in \mathbb{R}$. Comme $f(y) = 0$ pour $y < 0$ et comme $g(x-y) = 0$ pour $x-y < 0$, on a $f * g(x) = \int_{y \geq 0, y < x} f(y)g(x-y)dy$. Ainsi, lorsque $x < 0$, la deuxième inégalité $x > y$ avec la première $y \geq 0$ donne l'ensemble vide :

$$f * g(x) = \int_{-\infty}^{+\infty} f(y)g(x-y)dy = 0 + \int_{\emptyset} f(y)g(x-y)dy = 0.$$

Quand $x \geq 0$, on a $f * g(x) = \int_0^x f(y)g(x-y)dy$, la convergence étant garantie par l'hypothèse que $f, g \in L^1_{loc}(\mathbb{R}_+)$, cette formule étant d'ailleurs invariante par le changement de variable, $y \to x-y$ qui donne

$$f * g(x) = \int_0^x f(y)g(x-y)dy = g * f(x).$$

(2) Il s'agit, pour tout intervalle borné $J \subset \mathbb{R}$, de montrer que $\int_J |f * g(x)| dx$ est finie. Comme il existe $M > 0$, tel que $J \subset [-M, M]$ (M arbitrairement grand), il suffit de vérifier que $\int_{-M}^{M} |f * g(x)| dx < +\infty$.

En effet,

$$\begin{aligned}
\int_{-M}^{M} |f * g(x)| dx &= \int_0^M |f * g(x)| dx = \int_0^M \left| \int_0^x f(y)g(x-y)dy \right| dx \\
&\leq \int_0^M \int_0^M |f(y)| \, |g(x-y)| \, dx dy = \int_0^M |f(y)| \left(\int_0^M |g(x-y)| \, dx \right) dy \\
&\leq \int_0^M |f(y)| \int_{-M}^{M} |g(z)| dz = \|f\|_{L^1([0,M])} \|g\|_{L^1([-M,M])} < +\infty,
\end{aligned}$$

cette dernière estimation provient du fait que

$$\int_J |f(x)|dx < +\infty \text{ et } \int_J |g(x)|dx < +\infty,$$

pour tout sous-ensemble mesurable borné $J \subset \mathbb{R}$.

(3) L'astuce consiste à écrire un carré d'intégrale comme produit d'intégrales dans deux variables distinctes, de manière à faire apparaître une intégrale double sur un domaine bidimensionnel.

$$\begin{aligned}\left(\int_{-A}^{A} e^{nx} f(A-x)dx\right)^2 &= \int_{-A}^{A} e^{nu} f(A-u)du \int_{-A}^{A} e^{nv} f(A-v)dv \\ &= \iint_{\substack{-A\le u\le A\\ -A\le v\le A}} e^{n(u+v)} f(A-u)f(A-v)dudv,\end{aligned}$$

ici le carré $C = [-A,A]\times[-A,A]$ que l'on décompose en deux triangles fermés presque disjoints, $C = T_1 \cup T_2$,

$$\begin{aligned} T_1 &= \left\{(u,v)\in\mathbb{R}^2 : -A \le u,\ -A \le v \text{ et } u+v \le 0\right\}, \\ T_2 &= \left\{(u,v)\in\mathbb{R}^2 : u \le A,\ v \le A \text{ et } u+v \ge 0\right\}. \end{aligned}$$

Alors,

$$\begin{aligned}\iint_C e^{n(u+v)} f(A-u)f(A-v)dudv &= \iint_{T_1} e^{n(u+v)} f(A-u)f(A-v)dudv \\ &\quad + \iint_{T_2} e^{n(u+v)} f(A-u)f(A-v)dudv \\ &= J_1 + J_2.\end{aligned}$$

(4) Soit donc $f \in L^1_{loc}(\mathbb{R}_+)$, satisfaisant $f * f = 0$. Dans cette deuxième intégrale J_2 sur le triangle T_2, on effectue le changement affine de variables $u = A - y$ et $v = A - x + y$, ou bien $x = 2A - (u+v)$ et $y = A - u$, lequel établit un difféomorphisme de $T_2 = \left\{(u,v)\in\mathbb{R}^2 : u \le A,\ v \le A \text{ et } u+v \ge 0\right\}$ d'où $u + v \le 2A$ sur le rectangle

$$\begin{aligned} R &= \{A-y \le A,\ A-x+y \le A,\ 0 \le 2A-x,\ 2A-x \le 2A\} \\ &= \left\{(x,y)\in\mathbb{R}^2 : 0 \le x \le 2A,\ 0 \le y \le x\right\}, \end{aligned}$$

et comme la valeur absolue du déterminant jacobien vaut 1 :

$$\det\begin{pmatrix} \frac{\partial u}{\partial x} & \frac{\partial u}{\partial y} \\ \frac{\partial v}{\partial x} & \frac{\partial v}{\partial y} \end{pmatrix} = \det\begin{pmatrix} 0 & -1 \\ -1 & 1 \end{pmatrix},$$

la formule de changement de variables donne :

$$\begin{aligned} J_2 &= \iint_{T_2} e^{n(u+v)} f(A-u)f(A-v)dudv = \iint_R e^{n(2A-x)} f(y)f(x-y)dxdy \\ &= \int_0^{2A} e^{n(2A-x)} \left(\int_0^x f(y)f(x-y)dy \right) dx = \int_0^{2A} e^{n(2A-x)} (f*f)(x)dx = 0. \end{aligned}$$

Ainsi, $J_2 = 0$.

(5) Dans J_1 le facteur exponentiel $e^{n(u+v)}$ est uniformément contrôlé, puisque $u+v \leq 0$, et on peut donc majorer de manière élémentaire par une constante indépendante de n :

$$\begin{aligned} |J_1| &\leq \iint_{\substack{u\geq -A, v\geq -A \\ u+v\leq 0}} |f(A-u)||f(A-v)|dudv \leq \int_{-A}^{A} |f(A-u)|du \int_{-A}^{A} |f(A-v)|dv \\ &= \|f\|_{L^1([0,2A])} \|f\|_{L^1([0,2A])} < +\infty, \end{aligned}$$

ce qui donne, en revenant à la question (3) et en prenant une racine carrée :

$$\left| \int_{-A}^{A} e^{nx} f(A-x)dx \right| \leq \|f\|_{L^1([0,2A])}^{1/2} \|f\|_{L^1([0,2A])}^{1/2}, \text{ pour tout } n \in \mathbb{N}^*.$$

Pour terminer, la décomposition $\int_{-A}^{A} = \int_{-A}^{0} + \int_{0}^{A}$, en tenant à nouveau compte du fait que $e^{nx} \leq 1$ lorsque $x \leq 0$, donne :

$$\left| \int_{-A}^{0} e^{nx} f(A-x)dx \right| \leq \|f\|_{L^1([A,2A])},$$

de plus, pour tout $n \in \mathbb{N}^*$:

$$\begin{aligned}\left|\int_0^A e^{nx} f(A-x)dx\right| &\leq \left|\int_{-A}^A e^{nx} f(A-x)dx\right| + \left|\int_{-A}^0 e^{nx} f(A-x)dx\right| \\ &\leq \|f\|^{1/2}_{L^1([0,2A])}\|f\|^{1/2}_{L^1([0,2A])} + \|f\|_{L^1([A,2A])} = C(f,A).\end{aligned}$$

(6) Puisqu'on admet que $\left|\int_0^B e^{nt} g(t)dt\right| \leq constante$, pour tout $n \in \mathbb{N}^*$, donne $g = 0$, ici avec $g(x) = f(A-x)$ et $B = A$, il vient que $f = 0$.
En conclusion, dans $L^1_{loc}(\mathbb{R}_+)$ l'équation $f * f = 0$ admet uniquement la solution $f = 0$.

(7) On travaille maintenant pour simplifier dans l'espace $C_+(\mathbb{R})$ des fonctions continues sur $\mathbb{R}$, nulles sur $]-\infty, 0[$ au lieu de $L^1_{loc}(\mathbb{R}_+)$, et on étudie l'équation $f * g = 0$, c'est à dire pour $f, g \in C_+(\mathbb{R})$, $\int_0^x f(y)g(x-y)dy = 0$, $x \in \mathbb{R}$.

Soient donc $f_1(x) = xf(x)$ et $g_1(x) = xg(x)$. Un calcul simple donne, pour $x > 0$ (sachant que pour $x < 0$, on a déjà vu que $f_1 * g(x) = f * g_1(x)$ pour des raisons de support.

$$\begin{aligned}f_1 * g(x) + f * g_1(x) &= \int_0^x yf(y)g(x-y)dy + \int_0^x f(y)(x-y)g(x-y)dy \\ &= 0 + \int_0^x f(y)xg(x-y)dy = x.(f*g)(x) = 0.\end{aligned}$$

(i) Comme on vient d'obtenir $f * g_1 = -f_1 * g$, on peut remplacer, utiliser le fait que le produit de convolution est associatif et commutatif, pour calculer :

$$(f * g_1) * (f * g_1) = -f * g_1 * f_1 * g = -(f * g) * (f_1 * g) = -0 * (f_1 * g) = 0.$$

Et enfin, appliquer le résultat obtenu à la fin de la question (6) à la fonction continue $f * g_1$ appartenant à $C_+(\mathbb{R})$ pour avoir $f * g_1 = 0$.

(ii) Pour $n = 1$, comme $g_1(y) = yg(y)$ on vient d'obtenir

$$f * g_1(y) = 0 = \int_0^x f(x-y)yg(y)dy,$$

pour tout $x \geq 0$, sachant que pour $x < 0$ cela est automatique, donc on a :

$$f * g = 0 \Longrightarrow f * g_1 = 0.$$

D'où par récurrence sur n, on trouve $f * g_n = 0$ avec $g_n(y) = y^n g(y)$, $n \in \mathbb{N}^*$.

(iii) D'après le théorème de Weierstrass, sur tout intervalle, les polynômes sont denses dans les fonctions continues pour la norme uniforme, donc on peut écrire :

$$f(x-y)g(y) = \lim_{N \to +\infty} \sum_{k=0}^{N} a_k y^k,$$

la limite est uniforme sur $[0, x]$ avec des constantes réelles appropriées a_k. Ensuite par linéarité, la question (ii) qui précède donne :

$$0 = \int_0^x f(x-y)\left(a_0 + a_1 y + \dots + a_N y^N\right) g(y) dy,$$

enfin en prenant la limite lorsque N tend vers $+\infty$, on trouve le résultat demandé $\int_0^x (f(x-y)g(y))^2 \, dy = 0$.

(8) Si $f * g(x) = 0$, comme f et g sont continues à valeurs dans $\mathbb{R}$, ceci implique, pour tout $x \geq 0$ et tout $0 \leq y \leq x$, que $f(x-y) = 0$ ou $g(y) = 0$.
S'il existe $y \geq 0$ tel que $g(y) \neq 0$, alors $f(x-y) = 0$ pour tout $x \geq y$, c'est à dire $f(z) = 0$ pour tout $z \geq 0$, d'où $f \equiv 0$ sur $\mathbb{R}$ tout entier.
S'il existe $y \geq 0$ tel que $f(y) \neq 0$, le changement de variable $y \mapsto x - y$ dans l'intégrale ci-dessus donne :

$$\int_0^x (f(y)g(x-y))^2 \, dy = 0,$$

ce qui implique similairement pour tout $x \geq 0$ et tout $0 \leq y \leq x$, que $f(y) = 0$ ou $g(x-y) = 0$, et le même raisonnement donne $g(z) \geq 0$ pour tout $z \geq 0$.
En conclusion, $f * g = 0$ pour $f, g \in C_+(\mathbb{R})$ n'est possible que dans les deux cas triviaux où $f \equiv 0$ ou où $g \equiv 0$ sur $\mathbb{R}$.

(9) Lorsque f et g ne sont que localement absolument intégrables sur $\mathbb{R}$ au sens de Lebesgue, la même démonstration fonctionne, à condition de se souvenir que le théorème de Weierstrass est vrai aussi sur tout intervalle pour la norme L^1.

Exercice 2.10 *Pour $k \in \mathbb{N} \cup \{+\infty\}$, on désigne par C^k l'espace vectoriel des fonctions k fois continûment dérivables de $\mathbb{R}$ dans $\mathbb{C}$.*

(1) *Soit $f \in C^\infty$, on note $D_f = vect\left\{f^{(k)} : k \in \mathbb{N}\right\}$ le sous-espace vectoriel de C^∞ engendré par les dérivées successives de la fonction f. Pour quelles fonctions f, D_f est-il de dimension finie ?*

(2) *Soit E un sous-espace vectoriel de dimension finie n de C^∞. Notons, pour $x \in \mathbb{R}$, δ_x la forme linéaire sur E définie par $\delta_x(f) = f(x)$. Montrer qu'il existe une base de E^* (dual algébrique de E) de la forme $(\delta_{x_1}, ..., \delta_{x_n})$. Montrer que si $\{f_1, ..., f_n\}$ est une base de E alors $\det\left(f_i\left(x_j\right)\right)_{i,j \in \{1,...,n\}} \neq 0$.*

(3) *Pour $f \in C^0$ et $\tau \in \mathbb{R}$, on définit la translatée f_τ par $f_\tau(x) = f(x - \tau)$. Soit $\mathcal{I}_f$ le sous-espace vectoriel de C^0 engendré par les f_τ pour $\tau \in \mathbb{R}$:*

$$\mathcal{I}_f = vect\{f_\tau : \tau \in \mathbb{R}\}.$$

Soit f une fonction telle que $\dim\left(\mathcal{I}_f\right) = n$. Montrer qu'il existe $(\tau_1, ..., \tau_n)$ dans $\mathbb{R}^n$ et une famille $\{a_1, ..., a_n\}$ de fonctions telles que :

$$\forall \tau \in \mathbb{R},\ f_\tau = \sum_{i=1}^{n} a_i(\tau) f_{\tau_i}. \tag{2.1}$$

(4) *Soit $k \in \mathbb{N} \cup \{+\infty\}$. On suppose que $f \in C^k$ et que $\dim\left(\mathcal{I}_f\right) < +\infty$. Montrer que les a_i de la question (3) sont des fonctions de classe C^k.*

(5) *On suppose que $f \in C^0$ et que $\dim\left(\mathcal{I}_f\right) < +\infty$. En utilisant un argument de convolution, montrer que les fonctions a_i de la question (3) sont C^∞.*

(6) *En déduire que si $\dim\left(\mathcal{I}_f\right) < +\infty$, f est C^∞. Quelles sont les fonctions f telles que $\dim\left(\mathcal{I}_f\right) < +\infty$?*

Solution.

(1) Montrons que l'espace D_f est de dimension finie si, et seulement si, il existe n nombres complexes $\{c_1, ..., c_n\}$ tels que :

$$f^{(n)} + c_1 f^{(n-1)} + c_2 f^{(n-2)} + ... + c_n f = 0. \tag{2.2}$$

En effet, si $\dim\left(D_f\right) = p < +\infty$, alors la famille $(f, f^{(1)}, ..., f^{(p)})$ de D_f est liée, donc il existe des nombres complexes λ_i tels que :

$$\lambda_p f^{(p)} + \lambda_{p-1} f^{(p-1)} + ... + \lambda_0 f = 0.$$

Soit n le plus grand i tel que $\lambda_i \neq 0$. On obtient (2.2) en posant $c_i = \frac{\lambda_{n-i}}{\lambda_n}$.
Réciproquement, supposons que f vérifie l'égalité (2.2). Montrons que D_f est engendré par la famille $B = \left\{f, ..., f^{(n-1)}\right\}$.
Raisonnons par récurrence sur $k \in \mathbb{N}$, pour montrer que $f^{(k)}$ s'écrit comme combinaison linéaire des éléments de B.
Cette propriété est vraie pour $k = 0, ..., n-1$. On suppose que cette propriété est vraie jusqu'à un rang $k > n-1$. Alors l'expression (2.2) entraîne :

$$f^{(k+1)} = \left(f^{(n)}\right)^{(k+1-n)} = -c_1 f^{(k)} - ... - c_n f^{(k+1-n)}.$$

Ce qui permet de conclure grâce à l'hypothèse de récurrence.
Le théorème classique sur les équations différentielles linéaires ordinaires affirme que les fonctions f solutions de (2.2) sont exactement les fonctions qui s'écrivent sous la forme $f(x) = \sum_{i=1}^{n} P_i(x) e^{\lambda_i x}$ avec $P_i \in \mathbb{C}[X]$ et $\lambda_i \in \mathbb{C}$. Ainsi ces fonctions sont exactement les fonctions f telles que $\dim\left(D_f\right) < +\infty$.

(2) D'après le théorème de la base incomplète, il suffit de montrer que la famille $(\delta_x)_{x \in \mathbb{R}}$ est une famille génératrice du dual algébrique E^* de E. Utilisons pour cela un argument de dualité. Observons que l'orthogonal (dual) de la famille $(\delta_x)_{x \in \mathbb{R}}$ est réduit à $\{0\}$. En effet, soit f telle que pour tout $x \in \mathbb{R}$, $\delta_x(f) = 0$, alors $\delta_x(f) = f(x) = 0$ pour tout $x \in \mathbb{R}$, donc $f \equiv 0$ sur $\mathbb{R}$. Comme E est de dimension finie n, alors la dimension de l'espace vectoriel engendré par $(\delta_x)_{x \in \mathbb{R}}$ est égale à n moins la dimension de son orthogonal. Ainsi il est de dimension n, et donc la famille est génératrice.
Soient $\mathcal{B} = \{g_1, ..., g_n\}$ la base de E duale de $\left\{\delta_{x_1}, ..., \delta_{x_n}\right\}$ et $\mathcal{B}' = \{f_1, ..., f_n\}$ une base quelconque de E. On note M la matrice de passage de la base $\mathcal{B}$ à la base $\mathcal{B}'$ qui est inversible. Comme $\mathcal{B}$ est la base duale de $\left\{\delta_{x_1}, ..., \delta_{x_n}\right\}$, elle vérifie $g_j(x_i) = \delta_{ij}$ où δ_{ij} est le symbole de Kronecker. On a ainsi :

$$f_i\left(x_j\right) = \sum_{k=1}^{n} a_{ik} g_k(x_i) = a_{ij},$$

de sorte que $\det\left(f_i\left(x_j\right)\right)_{i,j \in \{1,...,n\}} = \det(M) \neq 0$.

(3) Comme $\mathcal{I}_f$ est un espace vectoriel de dimension finie engendré par les f_τ, le théorème de la base incomplète montre qu'il existe une base de cet espace de la forme $\{f_{\tau_1},\ldots,f_{\tau_n}\}$. Donc pour tout τ, il existe une unique famille $(a_i(\tau))_{i\in\{1,\ldots,n\}}$ telle que $f_\tau = \sum_{i=1}^{n} a_i(\tau) f_{\tau_i}$, $\forall \tau \in \mathbb{R}$.

(4) Il s'agit de montrer que les fonctions $a_i(\tau)$ ainsi définies ont la même régularité que f. Comme l'espace vectoriel $\mathcal{I}_f$ est de dimension finie, on peut appliquer les résultats de la question (2), ce qui permet de définir une famille $(x_1,\ldots,x_n)$ telle que la matrice $A = \left(f_{\tau_i}(x_j)\right)_{i,j\in\{1,\ldots,n\}}$ soit inversible. En évaluant f_τ aux points x_j, on a alors :

$$\forall \tau \in \mathbb{R},\ f_\tau(x_j) = \sum_{i=1}^{n} a_i(\tau) f_{\tau_i}(x_j).$$

Cette égalité signifie que $\{a_1(\tau),\ldots,a_n(\tau)\}$ vérifie le système linéaire :

$$\begin{bmatrix} f_{\tau_1}(x_1) & . & . & . & f_{\tau_1}(x_n) \\ . & . & . & . & . \\ . & . & . & . & . \\ . & . & . & . & . \\ f_{\tau_n}(x_1) & . & . & . & f_{\tau_n}(x_n) \end{bmatrix} \begin{bmatrix} a_1(\tau) \\ . \\ . \\ . \\ a_n(\tau) \end{bmatrix} = \begin{bmatrix} f(x_1-\tau) \\ . \\ . \\ . \\ f(x_n-\tau) \end{bmatrix}.$$

D'après la question (2), on a $\det(M) \neq 0$. L'inversibilité de M permet de poser $N = M^{-1} = \left(b_{ij}\right)_{i,j\in\{1,\ldots,n\}}$.
En inversant le système linéaire précédent, on trouve

$$a_i(\tau) = \sum_{j=1}^{n} b_{ij} f\left(x_j - \tau\right),$$

ce qui montre que les a_i s'écrivent comme combinaisons linéaires des fonctions $\tau \mapsto f(x_i-\tau)$. Comme f est C^k, pour tout i les fonctions $\tau \mapsto f(x_i-\tau)$ sont C^k, ce qui montre que les a_i sont des fonctions C^k.

(5) Soit θ_k une suite régularisante de fonctions C^∞ à support compact positive dont l'intégrale sur $\mathbb{R}$ vaut 1. L'application f est continue donc localement intégrable. Ainsi, $\theta_k * f$ est bien définie et de classe C^∞. Par ailleurs, la convolution commute avec les translations, autrement dit $(\theta_k * f)_\tau = \theta_k * f_\tau$.

En effet,

$$\begin{aligned}(\theta_k * f)_\tau(x) &= (\theta_k * f)(x-\tau) = \int_{\mathbb{R}} \theta_k(y) f(x-\tau-y)\,dy \\ &= \int_{\mathbb{R}} \theta_k(y) f_\tau(x-y)\,dy = (\theta_k * f_\tau)(x).\end{aligned}$$

Grâce à la linéarité de la convolution, on peut alors calculer $(\theta_k * f)_\tau$:

$$(\theta_k * f)_\tau = \theta_k * f_\tau = \theta_k * \left(\sum_{i=1}^{n} a_i(\tau) f_{\tau_i}\right) = \sum_{i=1}^{n} a_i(\tau)\left(\theta_k * f_{\tau_i}\right) = \sum_{i=1}^{n} a_i(\tau)(\theta_k * f)_{\tau_i}.$$

L'espace vectoriel $\mathcal{I}_{\theta_k * f}$ est donc de dimension finie engendré par les $(\theta_k * f)_{\tau_i}$. La deuxième question de l'exercice 2.7 montre que la matrice carrée

$$A_k = \left(\theta_k * f_{\tau_i}\left(x_j\right)\right)_{i,j\in\{1,\dots,n\}}$$

tend vers la matrice inversible $A = \left(f_{\tau_i}\left(x_j\right)\right)_{i,j\in\{1,\dots,n\}}$ lorsque k tend vers $+\infty$. La continuité du déterminant assure l'existence d'un k_0 tel que $\det(A_k)$ est non nul, pour $k \geq k_0$. La linéarité des δ_{x_j} assure alors que les $\left(\theta_{k_0} * f_{\tau_i}\right)$ forment une famille libre et donc une base de $\mathcal{I}_{\theta_{k_0} * f}$. Par ailleurs, les coordonnées de $\left(\theta_{k_0} * f\right)_\tau$ dans cette base sont les $a_i(\tau)$. En appliquant la question (4) à la fonction $\theta_{k_0} * f$, on obtient que les fonctions $a_i(\tau)$ sont de classe C^∞.

(6) Soit f tel que $\dim\left(\mathcal{I}_f\right) < +\infty$, montrons que f est de classe C^∞. En évaluant $f_{-\tau}$ en 0 et en utilisant la relation (2.1), on obtient :

$$\forall \tau \in \mathbb{R},\ f(\tau) = f_{-\tau}(0) = \sum_{i=1}^{n} a_i(-\tau) f_{\tau_i}(0) = \sum_{i=1}^{n} f(-\tau_i) a_i(-\tau).$$

Comme les fonctions a_i sont C^∞, on en déduit que f l'est aussi. Observons que la dérivation commute avec la translation, c'est à dire que :

$$\forall \tau \in \mathbb{R},\ \left(f^{(k)}\right)_\tau = (f_\tau)^{(k)}.$$

Terminons en montrant l'équivalence :

$$\dim\left(\mathcal{I}_f\right) < +\infty \iff \dim\left(D_f\right) < +\infty \iff f(x) = \sum_{i=1}^{n} P_i(x) e^{\lambda_i x}.$$

La deuxième équivalence a été montrée dans la première question. Montrons que si f vérifie $\dim\left(\mathcal{I}_f\right) < +\infty$ alors $\dim\left(D_f\right) < +\infty$. En dérivant k fois la relation (2.1), on a :

$$\forall \tau \in \mathbb{R},\ \left(f^{(k)}\right)_{-\tau} = (f_{-\tau})^{(k)} = \sum_{i=1}^{n} a_i(-\tau)\left(f_{\tau_i}\right)^{(k)} = \sum_{i=1}^{n} a_i(-\tau)\left(f^{(k)}\right)_{\tau_i}.$$

En évaluant $\left(f^{(k)}\right)_{-\tau}$, on a donc :

$$\forall \tau \in \mathbb{R},\ f^{(k)}(\tau) = \left(f^{(k)}\right)_{-\tau}(0) = \sum_{i=1}^{n} a_i(-\tau) f^{(k)}(-\tau_i).$$

Ceci montre que toutes les dérivées de f sont dans l'espace engendré par les fonctions $\tau \longmapsto a_i(-\tau)$, ce qui montre que $\dim\left(D_f\right) < +\infty$.
Réciproquement, on suppose que $\dim\left(D_f\right) < +\infty$, et on exprime f par

$$f(x) = \sum_{i=1}^{n} P_i(x) e^{\lambda_i x}.$$

On constate que si $g, h \in C^0$, et $\mu \in \mathbb{C}$, on a $\mathcal{I}_{g+h} \subset \mathcal{I}_g + \mathcal{I}_h$ et $\mathcal{I}_{\mu g} = \mathcal{I}_g$, de sorte que si $\mathcal{I}_g$ et $\mathcal{I}_h$ sont de dimension finie, alors $\mathcal{I}_{g+h}$ et $\mathcal{I}_{\mu g}$ le sont aussi. On définit, pour $n \in \mathbb{N}$ et $\lambda \in \mathbb{C}$, la fonction $f_{\lambda,n} : x \longmapsto x^n e^{\lambda x}$. La relation $f(x) = \sum_{i=1}^{n} P_i(x) e^{\lambda_i x}$ implique qu'il suffit de montrer que $\mathcal{I}_{f_{\lambda,n}}$ est de dimension finie pour conclure. On observe alors que $\mathcal{I}_{f_{\lambda,n}}$ est engendré par les $f_{\lambda_i,k}$ pour $i, k = 0, \ldots, n$. Finalement, on a l'équivalence escomptée.

3. Espaces fonctionnels fondamentaux

On étudie en détail dans ce chapitre un certain nombre d'espaces fonctionnels fondamentaux (espaces constitués de fonctions), leurs topologies, sous-espaces remarquables, quelques-unes de leurs propriétés ainsi que leurs applications linéaires. De tels espaces sont indispensables pour l'étude des distributions et des équations aux dérivées partielles qui gouvernent tellement de situations en Mathématiques, Sciences de l'Ingénieur, Sciences Physique, Mécanique, Chimie, etc., et jusqu'en Econométrie. Le calcul de solutions explicites des équations aux dérivées partielles étant souvent hors de portée, on cherche à décrire la structure de ces solutions par leur appartenance à des espaces adaptés au problème posé. L'étude de la stabilité amène naturellement à considérer des espaces munis de topologies définies par des normes, des semi-normes ou des distances.

3.1 Mesure de Radon sur un ouvert de $\mathbb{R}^n$

3.1.1 Espace $k(U)$

Soit U un ouvert de $\mathbb{R}^n$, on désigne par $k(U)$ l'ensemble des fonctions numériques continues sur U à support compact :

$$k(U) = \{f : U \longrightarrow \mathbb{C} \text{ continue sur } U \text{ et } Suppf \text{ est compact dans } U\}.$$

Exemple 3.1

1

$$f(x) = \begin{cases} \cos x & \text{si } x \in \left[-\frac{\pi}{2}, \frac{\pi}{2}\right] \\ 0 & \text{si } x \in \mathbb{R} \setminus \left[-\frac{\pi}{2}, \frac{\pi}{2}\right] \end{cases}$$

$Suppf = [-\frac{\pi}{2}, \frac{\pi}{2}]$ est compact dans $\mathbb{R}$ et f étant continue sur tout $\mathbb{R}$, d'où $f \in k(\mathbb{R})$.

2

$$\varphi_1(x) = \begin{cases} 1 & \text{si } x \in [-1,1] \\ 0 & \text{sinon} \end{cases}$$

$Supp\varphi_1 = [-1,1]$ est compact mais f n'est pas continue sur $\mathbb{R}$, donc $\varphi_1 \notin k(\mathbb{R})$.

3

$$\varphi_2(x) = \begin{cases} 1-x & \text{si } x \in [0,1] \\ 1+x & \text{si } x \in [-1,0] \\ 0 & \text{sinon} \end{cases}$$

φ_2 est continue sur $\mathbb{R}$, à support compact égal à $[-1,1]$, donc $\varphi_2 \in k(\mathbb{R})$.

Pour tout compact K de $\mathbb{R}^n$ inclus dans U, on pose :

$$k(U,K) = \{f \in k(U) : Suppf \subseteq K\}.$$

Clairement $k(U,K)$ est un sous-espace vectoriel de $k(U)$. D'autre part,

$$k(U) = \bigcup_{K \text{ compact}, K \subset U} k(U,K).$$

En effet, pour tout compact K inclus dans U, $k(U,K) \subset k(U)$. Par conséquent,

$$\bigcup_{K \text{ compact}, K \subset U} k(U,K) \subset k(U).$$

Réciproquement, soit $f \in k(U)$ alors $Suppf = K_0$ est compact dans U donc $f \in k(U,K_0) \subset \bigcup_{K \text{ compact}, K \subset U} k(U,K)$.

On munit chaque sous-espace $k(U,K)$ de la norme naturelle :

$$\|f\|_\infty = \sup_{x \in U} |f(x)| = \sup_{x \in K} |f(x)|, \ f \in k(U,K).$$

$k(U,K)$ devient un espace vectoriel normé complet donc un espace de Banach.
En effet, soit $(f_j)_{j\in\mathbb{N}}$ une suite de Cauchy dans $k(U,K)$, donc :

$$\forall\varepsilon>0,\ \exists N(\varepsilon)\in\mathbb{N},\ \forall p,q\in\mathbb{N},\ p\geq N(\varepsilon) \text{ et } q\geq N(\varepsilon)\Longrightarrow \|f_p-f_q\|_\infty<\varepsilon$$

ou bien,

$$\forall\varepsilon>0,\ \exists N(\varepsilon)\in\mathbb{N},\ \forall p,q\in\mathbb{N},\ p\geq N(\varepsilon) \text{ et } q\geq N(\varepsilon)\Longrightarrow \sup_{x\in U}|f_p(x)-f_q(x)|<\varepsilon,$$

donc la suite numérique $(f_j(x))_{j\in\mathbb{N}}$ est de Cauchy dans $\mathbb{C}$ pour tout $x\in U$, elle converge alors vers une limite $f(x)$, f est bien sure supportée dans le compact K. En fait cette convergence est uniforme sur K :

$$\forall\varepsilon>0,\ \exists N(\varepsilon)\in\mathbb{N},\ \forall j\in\mathbb{N},\ j\geq N(\varepsilon)\Longrightarrow \sup_{x\in U}|f_j(x)-f(x)|=\sup_{x\in K}|f_j(x)-f(x)|<\varepsilon.$$

Par conséquent, $(f_j)_{j\in\mathbb{N}}$ converge uniformément vers f et f est continue sur U.
Soit $\mathcal{B}$ l'ensemble des parties V convexes équilibrées et absorbantes de l'espace vectoriel $k(U)$ telles que $V\cap k(U,K)$ est un voisinage de 0 dans l'espace de Banach $(k(U,K),\|.\|_\infty)$, pour tout compact K de U. Alors on sait d'après l'exercice 1.10, que $\mathcal{B}$ est un système fondamental de voisinages de 0 pour une topologie d'ELC τ sur $k(U)$, τ est la topologie la plus fine parmi les topologies d'ELC sur $k(U)$ rendant continues les injections naturelles des espaces $k(U,K)$ dans $k(U)$, quelque soit le compact K de U.
Précisément, soit $(K_i)_{i\in\mathbb{N}^*}$ une suite croissante de compacts de l'ouvert U de $\mathbb{R}^n$ telle que $U=\bigcup_{i=1}^{+\infty}K_i$. On a $k(U)=\bigcup_{i=1}^{+\infty}k(U,K_i)$ où chaque $(k(U,K_i),\|.\|_\infty)$ est un espace de Banach et l'injections $k(U,K_i)\hookrightarrow k(U,K_{i+1})$ est continue, $\forall i\in\mathbb{N}^*$.
L'espace $k(U,K_i)$ est un sous-espace fermé de $k(U,K_{i+1})$. On définit sur $k(U)$ la topologie limite inductive des espaces $k(U,K_i)$. Comme conséquence, une suite $(f_j)_{j\in\mathbb{N}}$ converge vers 0 dans $k(U)$ si, et seulement si, on a :

- Il existe un compact K de U tel que $Supp f_j\subset K$ pour chaque $j\in\mathbb{N}$,
- la suite $(f_j)_{j\in\mathbb{N}}$ converge uniformément vers 0 dans $k(U,K)$.

On note : $k_+(U)=\{f\in k(U) : f(x)\geq 0\ \forall x\in U\}$.

Définition 3.1 Soit U un ouvert de $\mathbb{R}^n$. Une mesure de Radon sur U est une forme linéaire μ sur l'espace vectoriel $k(U)$, telle que pour tout compact K de U, la restriction de μ à $k(U,K)$ soit continue.
En d'autres termes,

$$\begin{aligned} \mu : k(U) &\longrightarrow \mathbb{C} \\ f &\longmapsto \mu(f) \end{aligned}$$

est une mesure de Radon sur U si et seulement si les deux propriétés ci-dessous sont verifiées :
• μ est linéaire sur $k(U)$:

$$\forall f, g \in k(U),\ \forall \alpha, \beta \in \mathbb{k}, \mu(\alpha f + \beta g) = \alpha \mu(f) + \beta \mu(g)$$

• μ est continue :

$$\forall K,\ K \text{ compact de } U,\ \exists M_K > 0 : \left|\mu(f)\right| \leq M_K \sup_{x \in U} |f(x)|,\ \forall f \in k(U,K).$$

En particulier, l'ensemble des mesures de Radon sur U est un espace vectoriel sur $\mathbb{k}$, il est inclus dans le dual algébrique de $k(U)$.

Définition 3.2 Une mesure de Radon μ sur U est dite bornée s'il existe une constante $M > 0$, telle que $|\mu(f)| \leq M \sup_{x \in U} |f(x)|$, $\forall f \in k(U)$.
μ est positive si $\mu(f) \geq 0$, $\forall f \in k_+(U)$.
μ est réelle si $\mu(f) \in \mathbb{R}$, $\forall f \in k_+(U)$.

Exemple 3.2 Soient U un ouvert de $\mathbb{R}^n$ et $a \in U$. Pour tout $f \in k(U)$, on pose $\mu_a(f) = f(a)$. Alors μ_a est une mesure de Radon sur U, bornée par $M = 1$, réelle et positive. μ_a est aussi appelée mesure de Dirac sur U concentrée au point a.

3.1.2 Espace $\mathcal{D}(U)$

Définition 3.3 Soit U un ouvert de $\mathbb{R}^n$. On note par $\mathcal{D}(U)$ ou $C_0^\infty(U)$, l'ensemble des fonctions de classe C^∞ de U dans $\mathbb{C}$ à supports compacts dans U.
$\mathcal{D}(U) = \{\varphi : U \to \mathbb{C} : \varphi \in \mathcal{E}(U)$ et il existe K compact de U tel que $\varphi(x) = 0$, $\forall x \in U \backslash K\}$ où $\mathcal{E}(U) = C^\infty(U)$ est l'espace des fonctions de classe C^∞ sur U.

$\mathcal{D}(U)$ est un $\mathbb{C}$-espace vectoriel et tout élément de cet espace s'appelle une fonction-test.

Exemple 3.3

1 Un exemple standard est donné dans $\mathcal{D}(\mathbb{R})$ par la fonction suivante :

$$\psi : \mathbb{R} \longrightarrow \mathbb{R}$$
$$x \longmapsto \psi(x) = \begin{cases} \exp(\frac{1}{x^2-1}) & \text{si} \quad |x| < 1 \\ 0 & \text{si} \quad |x| \geq 1 \end{cases}$$

$Supp\psi = \overline{\{x \in \mathbb{R} : \psi(x) \neq 0\}} = \overline{]-1,1[} = [-1,1]$ qui est compact dans $\mathbb{R}$.
ψ est de classe C^∞ sur $\mathbb{R}$.
En fait, $\psi(x) = (\varphi \circ h)(x)$ où :

$$\begin{aligned} h(x) &= x^2 \in \mathbb{R}_+, \\ \varphi(X) &= \begin{cases} \exp(\frac{1}{X-1}) & \text{si} \quad 0 \leq X < 1 \\ 0 & \text{si} \quad X \geq 1 \end{cases} . \end{aligned}$$

Puisque $h \in \mathcal{E}(\mathbb{R})$, il suffit de montrer que φ est de classe C^∞ sur $\mathbb{R}_+$.
Si $0 \leq X < 1$,

$$\varphi'(X) = -\frac{1}{(X-1)^2} \exp(\frac{1}{X-1}).$$

Si $X > 1$, $\varphi'(X) = 0$.
Si $X = 1$,

$$\varphi'_d(1) = \lim_{X \to 1^+} \frac{\varphi(X) - \varphi(1)}{X-1} = \lim_{X \to 1^+} \frac{0-0}{X-1} = 0,$$
$$\varphi'_g(1) = \lim_{X \to 1^-} \frac{\varphi(X) - \varphi(1)}{X-1} = \lim_{X \to 1^-} \frac{\exp(\frac{1}{X-1})}{X-1} \overset{Y=\frac{1}{X-1}}{=} \lim_{Y \to -\infty} Ye^Y = 0,$$

donc φ est dérivable au point $X = 1$ et sa dérivée $\varphi'(1) = 0$.
Alors,

$$\varphi'(X) = \begin{cases} 0 & \text{si} \quad X \geq 1 \\ -\frac{1}{(X-1)^2}\exp(\frac{1}{X-1}) & \text{si} \quad 0 \leq X < 1 \end{cases},$$

de plus φ' est continue sur $[0,1[\cup]1,+\infty[$ et au point $X = 1$ car $\lim\limits_{X\to 1^+} \varphi'(X) = 0 = \lim\limits_{X\to 1^-} \varphi'(X) = \lim\limits_{X\to 1^-} \left(-\frac{1}{(X-1)^2}\exp(\frac{1}{X-1})\right)$, donc φ' est continue sur $\mathbb{R}_+$. Ainsi, φ est de classe C^1 sur $\mathbb{R}_+$, il en est alors de même pour ψ sur $\mathbb{R}$.

$$\varphi''(X) = \begin{cases} 0 & \text{si} \quad X \geq 1 \\ \left[2(X-1)^{-3} + (X-1)^{-4}\right]\exp((X-1)^{-1}) & \text{si} \quad 0 \leq X < 1 \end{cases},$$

φ'' est aussi continue sur $\mathbb{R}_+$, donc ψ est de classe C^2 sur $\mathbb{R}$.
Raisonnons par récurrence sur l'ordre de dérivation, en supposant qu'à l'ordre n, φ est de classe C^n sur $\mathbb{R}_+$ et on a :

$$\varphi^{(n)}(X) = \begin{cases} 0 & \text{si} \quad X \geq 1 \\ \displaystyle\sum_{i=1}^{m_n} a_i(X-1)^{-i}\exp((X-1)^{-1}) & \text{si} \quad 0 \leq X < 1 \end{cases},$$

où $m_n \in \mathbb{N}^*$ et $a_i \in \mathbb{R}$.
Calculons la dérivée d'ordre $(n+1)$ de φ :
si $0 > X < 1$:

$$\begin{aligned} \varphi^{(n+1)}(X) &= \sum_{i=1}^{m_n}(-ia_i)(X-1)^{-i-1}\exp((X-1)^{-1}) \\ &\quad + \sum_{i=1}^{m_n}(-a_i)(X-1)^{-i-2}\exp((X-1)^{-1} \\ &= \sum_{i=1}^{m'_n} b_i(X-1)^{-i}\exp((X-1)^{-1}), \text{ avec } m'_n \in \mathbb{N}^* \text{ et } b_i \in \mathbb{R}. \end{aligned}$$

Si $X > 1$,

$$\varphi^{(n+1)}(X) = 0.$$

Si $X = 1$,

$$\varphi_d^{(n+1)}(1) \quad = \quad 0,$$

$$\begin{aligned}
\varphi_g^{(n+1)}(1) &= \lim_{X\to 1^-} \frac{\varphi^{(n)}(X)-\varphi^{(n)}(1)}{X-1} \\
&= \lim_{X\to 1^-} \sum_{i=1}^{m_n} a_i (X-1)^{-i-1} \exp((X-1)^{-1}) \\
&\overset{Y=\frac{1}{X-1}}{=} \lim_{Y\to -\infty} \sum_{i=1}^{m_n} a_i Y^{i+1} e^Y = 0, \\
\varphi^{(n+1)}(1) &= 0.
\end{aligned}$$

D'où,

$$\varphi^{(n+1)}(X) = \begin{cases} 0 & \text{si} \quad X \geq 1 \\ \displaystyle\sum_{i=1}^{m'_n} b_i (X-1)^{-i} \exp((X-1)^{-1}) & \text{si} \quad 0 \leq X < 1, \end{cases}$$

Il est clair que $\varphi^{(n+1)}$ est continue sur $\mathbb{R}_+$. Ainsi, $\varphi \in C^n(\mathbb{R}_+)$ pour tout $n \in \mathbb{N}$ ou alors $\varphi \in C^\infty(\mathbb{R}_+)$.

2 Un tel exemple peut-être facilement généralisé en dimension n, en définissant la fonction suivante :

$$\begin{aligned}
\psi : \mathbb{R}^n &\longrightarrow \mathbb{R} \\
x &\longmapsto \psi(x) = \begin{cases} \exp\left(\frac{1}{\|x\|^2-1}\right) & \text{si} \quad \|x\| < 1 \\ 0 & \text{si} \quad \|x\| \geq 1, \end{cases}
\end{aligned}$$

où $x = (x_1, ..., x_n) \in \mathbb{R}^n$ et $\|x\| = \sqrt{\sum\limits_{i=1}^{n} x_i^2}$.

En particulier, $Supp\psi \subseteq \overline{B(0,1)} = \{x \in \mathbb{R}^n : \|x\| \leq 1\}$ la boule unité fermée de $\mathbb{R}^n$, est compact dans $\mathbb{R}^n$.

ψ est de classe C^∞ sur $\mathbb{R}^n$, car elle se décompose en deux fonctions de classe C^∞, $\psi = \varphi \circ N$ où :

$$\mathbb{R}^n \ni x \xrightarrow{N} X = \|x\|^2 \in \mathbb{R}_+ \xrightarrow{\varphi} \varphi(X) = \begin{cases} \exp(\frac{1}{X-1}) & \text{si} \quad 0 \leq X < 1 \\ 0 & \text{si} \quad X \geq 1 \end{cases}.$$

D'où, $\psi \in \mathcal{D}(\mathbb{R}^n)$.

3 Soient maintenant un ouvert U de $\mathbb{R}^n$ et a un point de U. Il existe alors $\alpha > 0$, tel que $\overline{B(0,1)} \subset U$. Soit la fonction Ψ définie de U dans $\mathbb{R}$, par :

$$\Psi(x) = \begin{cases} \exp\left(\frac{1}{\|x-a\|^2-1}\right) & \text{si} \quad \|x-a\| < \alpha \\ 0 & \text{si} \quad \|x-a\| \geq \alpha, \end{cases}$$

alors $\Psi \in \mathcal{D}(U)$.

En effet, $Supp\Psi \subseteq \overline{B(0,\alpha)}$, la boule fermée de $\mathbb{R}^n$ de centre 0 et de rayon α, qui est compacte dans U.

Ψ est de classe C^∞ sur U, car elle se décompose en deux fonctions de classe C^∞ de la manière suivante :

$$\psi = \varphi_\alpha \circ N_\alpha,$$

$$N_\alpha : U \ni x \longrightarrow N_\alpha(x) = \frac{\|x-a\|^2}{\alpha^2} = Y \in \mathbb{R}_+,$$

$$\varphi_\alpha(Y) = \begin{cases} \exp\left(\frac{1}{\alpha^2(Y-1)}\right) & \text{si} \quad 0 \leq Y < 1 \\ 0 & \text{si} \quad Y \geq 1. \end{cases}$$

3.2 Suites régularisantes

Une suite régularisante est une suite de fonctions régulières utilisées afin de donner une approximation assez régulière de fonctions généralisées, le plus souvent par convolution afin de lisser les discontinuités. Les suites régularisantes sont principalement utilisées dans les problèmes de densité des espaces fonctionnels et en théorie des distributions, afin de passer d'un problème sur des fonctions généralisées à une restriction aux fonctions régulières, plus simples à manipuler.

Définition 3.4 Une suite régularisante dans $\mathbb{R}^n$ (ou approximation de l'identité) est une suite $(\rho_j)_{j\in\mathbb{N}}$ de fonctions de $\mathcal{D}(\mathbb{R}^n)$ vérifiant les propriétés suivantes :

(1) $\rho_j(x) \geq 0, \ \forall x \in \mathbb{R}^n, \ \forall j \in \mathbb{N}$,

(2) $Supp\rho_j \subset \overline{B(0,\alpha_j)} = \{x \in \mathbb{R}^n : \|x\| \leq \alpha_j\}$, où $(\alpha_j)_{j\in\mathbb{N}}$ est une suite de nombres positifs tendant vers 0,

(3) $\int\limits_{\mathbb{R}^n} \rho_j(x)dx = 1, \forall j \in \mathbb{N}.$

Proposition 3.1 Pour tout $n \in \mathbb{N}^*$, il existe des suites régularisantes dans $\mathbb{R}^n$.

Démonstration. Soit

$$\begin{aligned} \chi_j : \mathbb{R}^n &\longrightarrow \mathbb{R}_+ \\ x \longmapsto \chi_j(x) &= \begin{cases} \exp\left(\frac{1}{\|x\|^2-\alpha_j^2}\right) & \text{si} \quad \|x\| < \alpha_j \\ 0 & \text{si} \quad \|x\| \geq \alpha_j \end{cases} \end{aligned}$$

où $(\alpha_j)_j$ est une suite arbitraire de nombres réels positifs tendant vers 0. Par exemple, $\alpha_j = \frac{1}{j+1}$ $\forall j \in \mathbb{N}$.
On a vu précédemment que $\chi_j \in \mathcal{D}(\mathbb{R}^n)$ et $Supp\chi_j \subset \overline{B(0,\alpha_j)}$. De plus,

$$\int\limits_{\mathbb{R}^n} \chi_j(x)dx = \int\limits_{\overline{B(0,\alpha_j)}} \exp\left(\frac{1}{\|x\|^2 - \alpha_j^2}\right) dx > 0, \ \forall j \in \mathbb{N},$$

puisque χ_j est continue et positive.
Posons pour tout $j \in \mathbb{N}$: $\rho_j(x) = \dfrac{\chi_j(x)}{\int\limits_{\mathbb{R}^n} \chi_j(x)dx}$, ainsi, $\rho_j \in \mathcal{D}(\mathbb{R}^n)$,

$$Supp\rho_j = Supp\chi_j \subset \overline{B(o,\alpha_j)}$$

et

$$\int\limits_{\mathbb{R}^n} \rho_j(x)dx = \int_{\mathbb{R}^n} \frac{\chi_j(x)}{\int\limits_{\mathbb{R}^n} \chi_j(x)dx} dx = 1.$$

$(\rho_j)_{j\in\mathbb{N}}$ est bien une suite régularisante dans $\mathbb{R}^n$. □

La façon la plus simple de construire une suite régularisante est de partir d'une fonction régularisante, c'est à dire une fonction ρ de classe C^∞ sur $\mathbb{R}^n$, à support compact inclu dans la boule unité fermée $\overline{B(0,1)}$ de $\mathbb{R}^n$, positive et d'intégrale 1 et de poser $\rho_j(x) = j^n \rho(jx)$, $j \in \mathbb{N}^*$. Un exemple typique de fonction vérifiant ces conditions étant :

$$\rho(x) = \begin{cases} C\exp\left(\frac{1}{\|x\|^2-1}\right) & \text{si} \quad \|x\| < 1 \\ 0 & \text{si} \quad \|x\| \geq 1 \end{cases},$$

où $C > 0$ est une constante choisie de sorte que $\int_{\mathbb{R}^n} \rho(x)dx = 1$.

Voici une première application de la notion de suites régularisantes.

Proposition 3.2

(1) $\mathcal{D}(\mathbb{R}^n)$ est dense dans l'espace $k(\mathbb{R}^n)$.

(2) Soit $p \in [1, +\infty[$, alors l'espace $\mathcal{D}(\mathbb{R}^n)$ est dense dans $L^p(\mathbb{R}^n)$.

Démonstration.

(1) Soit $\varphi \in k(\mathbb{R}^n)$ et soit $(\rho_j)_{j\in\mathbb{N}}$ une suite régularisante dans $\mathbb{R}^n$, alors :
$\varphi * \rho_j \in \mathcal{D}(\mathbb{R}^n)$, $\forall j \in \mathbb{N}$, car :

$$\exists R > 0,\ Supp(\varphi) \subset B(0,R) \text{ et } Supp(\rho_j) \subset \overline{B(0,\alpha_j)},$$

où $(\alpha_j)_{j\in\mathbb{N}}$ est une suite décroissante vers 0.

$$Supp(\varphi * \rho_j) \subset Supp(\varphi) + Supp(\rho_j) \subset \overline{B(0,R)} + \overline{B(0,\alpha_j)} \subset \overline{B(0,R+\alpha_j)},$$

d'autre part, $\varphi * \rho_j \in C^\infty(\mathbb{R}^n)$.

On montre que la suite $(\varphi * \rho_j)_{j\in\mathbb{N}}$ converge vers φ pour la topologie limite inductive de $k(\mathbb{R}^n)$. En utilisant la commutativité du produit de convolution et le fait que $\int_{\mathbb{R}^n} \rho_j(y) = 1$, $\forall j \in \mathbb{N}$, on a :

$$\varphi * \rho_j(x) - \varphi(x) = \int_{\mathbb{R}^n} \rho_j(y)\left[\varphi(x-y) - \varphi(x)\right] dy.$$

Par conséquent, comme $\rho_j \geq 0$ est à support dans $B(0,\alpha_j)$,

$$\left|\varphi * \rho_j(x) - \varphi(x)\right| = \left|\int_{\mathbb{R}^n} \rho_j(y)[\varphi(x-y) - \varphi(x)]dy\right| \leq \int_{\mathbb{R}^n} \rho_j(y)\left|\varphi(x-y) - \varphi(x)\right|dy$$

$$\leq \sup_{\|y\|\leq\alpha_j} \left|\varphi(x-y) - \varphi(x)\right| \int_{\mathbb{R}^n} \rho_j(y)dy = \sup_{\|y\|\leq\alpha_j} \left|\varphi(x-y) - \varphi(x)\right|.$$

Comme α_j tend vers 0 lorsque $j \longrightarrow +\infty$, alors $\exists j_0 \in \mathbb{N}$, tel que $\forall j \in \mathbb{N}$, $j \geq j_0$, $\alpha_j < 1$. Ainsi, $\varphi * \rho_j \in k(\mathbb{R}^n, \overline{B(0,R+\alpha_{j_0})})$, $\forall j \geq j_0$ et $\varphi \in k(\mathbb{R}^n, \overline{B(0,R+\alpha_{j_0})})$, de plus $(\varphi * \rho_j)_{j\in\mathbb{N}}$ converge vers φ pour la topologie de $k(\mathbb{R}^n, \overline{B(0,R+\alpha_{j_0})})$ car φ est continue à support compact, et donc uniformément continue sur $\mathbb{R}^n$ par suite,

$$\sup_{x\in\mathbb{R}^n,\ \|y\|\leq\alpha_j} \left|\varphi(x-y) - \varphi(x)\right| \longrightarrow 0 \text{ lorsque } j \rightarrow +\infty,$$

et

$$\sup_{x\in\mathbb{R}^n} \left|\varphi * \rho_j(x) - \varphi(x)\right| \longrightarrow 0 \text{ lorsque } j \rightarrow +\infty.$$

(2) On démontre de la même manière la densité de $\mathcal{D}(\mathbb{R}^n)$ dans $L^p(\mathbb{R}^n)$, pour tout $p \in [1,+\infty[$.

□

Définition 3.5 Soient U un ouvert de $\mathbb{R}^n$ et K un compact inclus dans U. On note $\mathcal{D}(U,K)$ l'ensemble des fonctions de $\mathcal{D}(U)$ à support inclu dans K,

$$\mathcal{D}(U,K) = \{\varphi \in \mathcal{D}(U) : Supp\varphi \subseteq K\}.$$

$\mathcal{D}(U,K)$ est un sous-espace vectoriel de $\mathcal{D}(U)$ et on a :

$$\mathcal{D}(U) = \bigcup_{K \text{ compact},\ K\subset U} \mathcal{D}(U,K).$$

Proposition 3.3 Soient U un ouvert de $\mathbb{R}^n$ et K un compact inclus dans U, alors il existe K_0 un compact de $\mathbb{R}^n$, $K \subset K_0 \subset U$, tel que toute fonction $f \in k(U,K)$ soit limite uniforme sur U d'une suite $(f_j)_{j\in\mathbb{N}}$ de fonctions de $\mathcal{D}(U,K_0)$.

Démonstration. Soient $f \in k(U,K)$, et

$$\widetilde{f}(x) = \begin{cases} f(x) & \text{si} \quad x \in U \\ 0 & \text{si} \quad x \in \mathbb{R}^n \backslash U, \end{cases}$$

le prolongement par 0 de f à $\mathbb{R}^n$,

$$Supp\widetilde{f} \subseteq Suppf \subseteq K.$$

$\widetilde{f}$ est continue sur $\mathbb{R}^n$, car rappelons d'une manière générale que si A et B sont deux ouverts d'un espace topologique X et $f_{|A}$, $f_{|B}$ sont continues, alors $f_{|A\cup B}$ est aussi continue. De même, si A et B sont deux compacts disjoints de X, $f_{|A}$ et $f_{|B}$ sont continues, alors $f_{|A\cup B}$ est aussi continue. Par conséquent, $\widetilde{f} \in k(\mathbb{R}^n, K)$. Puisque $d(\mathbb{R}^n\backslash U, K) > \alpha > 0$ (d est la distance de $\mathbb{R}^n$, du compact K au fermé $\mathbb{R}^n\backslash U$ disjoint de K), alors :

$$\forall x \in \mathbb{R}^n\backslash U,\ d(x,K) \geq d(\mathbb{R}^n\backslash U, K) > \alpha > 0.$$

Soit $(\rho_j)_{j\in\mathbb{N}}$ une suite régularisante dans $\mathbb{R}^n$, donc $Supp(\rho_j) \subset \overline{B(0,\alpha_j)}$ avec $\lim\limits_{j\to+\infty} \alpha_j = 0$, il existe alors $j_0 \in \mathbb{N}$, tel que $\forall j \in \mathbb{N}$, $j \geq j_0$, $0 \leq \alpha_j \leq \frac{\alpha}{2}$. Ainsi,

$$\forall j \in \mathbb{N},\ j \geq j_0,\ Supp\rho_j \subset \overline{B(0,\frac{\alpha}{2})}.$$

Notons :

$$K_0 = \left\{x \in U : d(x,K) \leq \frac{\alpha}{2}\right\},$$

K_0 est un compact de $\mathbb{R}^n$ contenant K et inclu dans U. Posons pour tout $j \in \mathbb{N}$, $j \geq j_0$, $f_j = \left(\widetilde{f} * \rho_j\right)_{|U}$.
f_j est de classe C^∞ sur U, de plus :

$$\begin{aligned} Suppf_j &\subset Supp\left(\widetilde{f} * \rho_j\right) \subset Supp\left(\widetilde{f}\right) + Supp\left(\rho_j\right) \\ &\subset K + \overline{B(0,\frac{\alpha}{2})} = \left\{x+y : x \in K \text{ et } \left\|y\right\| \leq \frac{\alpha}{2}\right\} \subset K_0 \end{aligned}$$

car $d(x+y,K) \leq d(x+y,x) + d(x,K) = d(x+y,x) = \left\|y\right\| \leq \frac{\alpha}{2}$. Donc $f_j \in \mathcal{D}(U,K_0)$, $\forall j \in \mathbb{N}$, $j \geq j_0$.
Vérifions enfin que la suite $(f_j)_{j\in\mathbb{N}}$ converge uniformément vers f sur U. Il suffit alors de montrer la convergence uniforme de $(f_j)_{j\in\mathbb{N}}$ vers f sur K_0 car à

l'extérieur de K_0, les fonctions f_j et f sont nulles pour tout $j \in \mathbb{N}$, $j \geq j_0$. On a :

$$f_j(x) = \left(\widetilde{f} * \rho_j\right)(x) = \int_{\mathbb{R}^n} \rho_j(y)\widetilde{f}(x-y)dy \text{ et } f(x) = \int_{\mathbb{R}^n} \rho_j(y)f(x)dy,$$

et

$$\left|f(x) - f_j(x)\right| = \left|\int_{\mathbb{R}^n} \rho_j(y)\left[\widetilde{f}(x-y) - f(x)\right]dy\right| \leq \int_{\mathbb{R}^n} \rho_j(y)\left|\widetilde{f}(x-y) - f(x)\right|dy.$$

D'où, $\forall j \in \mathbb{N}$, $j \geq j_0$:

$$\left|f(x) - f_j(x)\right| \leq \int_{\overline{B(0,\alpha_j)}} \rho_j(y)\left|\widetilde{f}(x-y) - f(x)\right|dy,$$

avec $x \in K_0$, $(-y) \in \overline{B(0,\alpha_j)}$, et $(x-y) \in K_0 + \overline{B(0,\alpha_j)} \subset K_0 + \overline{B(0,\frac{\alpha}{2})} \subset U$. Enfin, $\forall \varepsilon > 0$, $\exists N(\varepsilon) \in \mathbb{N}$, tel que :

$$\begin{aligned}\left|f(x) - f_j(x)\right| &\leq \sup_{\substack{x \in K_0 \\ y \in \overline{B(0,\alpha_j)}}} \left|f(x-y) - f(x)\right| \int_{\mathbb{R}^n} \rho_j(y)dy \\ &= \sup_{\substack{x \in K_0 \\ y \in \overline{B(0,\alpha_j)}}} \left|f(x-y) - f(x)\right| \leq \varepsilon,\end{aligned}$$

pour $j \geq N(\varepsilon) \geq j_0$, à cause de la continuité uniforme de f sur le compact $K_0 + \overline{B(0,\frac{\alpha}{2})}$. Alors, $\forall j \in \mathbb{N}$, $j \geq N(\varepsilon) \geq j_0$:

$$\sup_{x \in U}\left|f(x) - f_j(x)\right| = \sup_{x \in K_0}\left|f(x) - f_j(x)\right| \leq \varepsilon.$$

□

3.3 Topologie des espaces $\mathcal{D}(U,K)$ et $\mathcal{D}(U)$

Soient U un ouvert de $\mathbb{R}^n$ et K un compact inclus dans U. On munit le sous-espace $\mathcal{D}(U,K)$ de $\mathcal{D}(U)$ de la topologie définie par la famille de semi-normes suivante :

$$\forall \alpha \in \mathbb{N}^n,\ \forall \varphi \in \mathcal{D}(U,K),\ \|\varphi\|_\alpha = \sup_{x \in U}|D^\alpha \varphi(x)|.$$

On note τ_K la topologie définie sur le sous-espace $\mathcal{D}(U,K)$ par la famille de semi-normes $\{\|.\|_\alpha : \alpha \in \mathbb{N}^n\}$.

(1) $\mathcal{D}(U,K)$ muni de la topologie τ_K est un espace vectoriel topologique localement convexe séparé car :

$$\|\varphi\|_\alpha = 0,\ \forall \alpha \in \mathbb{N}^n \Longrightarrow \varphi = 0.$$

(2) Soient $(\varphi_j)_{j\in\mathbb{N}}$ une suite de fonctions de $\mathcal{D}(U,K)$ et $\varphi \in \mathcal{D}(U,K)$. Alors, $(\varphi_j)_{j\in\mathbb{N}}$ converge vers φ dans $\mathcal{D}(U,K)$ pour τ_K si et seulement si pour tout $\alpha \in \mathbb{N}^n$, la suite $(D^\alpha \varphi_j)_{j\in\mathbb{N}}$ converge uniformément vers $(D^\alpha \varphi)$ sur U.
En effet,

$$\begin{aligned}\lim_{j\to+\infty} \varphi_j = \varphi \text{ dans } (\mathcal{D}(U,K),\tau_K) \quad &\Longleftrightarrow \quad \lim_{j\to+\infty} \left\|\varphi_j - \varphi\right\|_\alpha = 0,\ \forall \alpha \in \mathbb{N}^n \\ &\Longleftrightarrow \quad \lim_{j\to+\infty} \sup_{x\in U} |D^\alpha \varphi_j - D^\alpha \varphi| = 0,\ \forall \alpha \in \mathbb{N}^n.\end{aligned}$$

(3) Soit $\mu : (\mathcal{D}(U,K),\tau_K) \longrightarrow \mathbb{C}$ une forme linéaire. Alors, μ est continue sur $\mathcal{D}(U,K)$ si et seulement si il existe une constante $M_K > 0$ et un entier naturel $k_K \in \mathbb{N}$ tels que :

$$|\mu(\varphi)| \le M_K \sum_{\substack{\alpha\in\mathbb{N}^n \\ |\alpha|\le k_K}} \sup_{x\in U} |D^\alpha \varphi(x)|,\ \forall \varphi \in \mathcal{D}(U,K).$$

En effet, la continuité de μ sur l'ELC $(\mathcal{D}(U,K),\tau_K)$ donne l'existence d'une constante $M_K > 0$ et d'une sous famille finie de semi-normes $\|.\|_{\alpha_{i_1}},\dots,\|.\|_{\alpha_{i_p}}$ où $\alpha_{i_1},\dots,\alpha_{i_p} \in \mathbb{N}^n$, telles que :

$$|\mu(\varphi)| \le M_K \left[\|\varphi\|_{\alpha_{i_1}} + \dots + \|\varphi\|_{\alpha_{i_p}}\right],\ \forall \varphi \in \mathcal{D}(U,K),$$

posons $k_K = \max\left\{\left|\alpha_{i_1}\right|,\dots,\left|\alpha_{i_p}\right|\right\} \in \mathbb{N}$, donc $\left\{\alpha_{i_1},\dots,\alpha_{i_p}\right\} \subset \{\alpha \in \mathbb{N}^n : |\alpha| \le k_K\}$,

$$|\mu(\varphi)| \le M_K \left[\|\varphi\|_{\alpha_{i_1}} + \dots + \|\varphi\|_{\alpha_{i_p}}\right] \le M_K \sum_{\substack{\alpha\in\mathbb{N}^n \\ |\alpha|\le k_K}} \|\varphi\|_\alpha,\ \forall \varphi \in \mathcal{D}(U,K).$$

$\mathcal{D}(U) = \bigcup\limits_{\substack{K \text{ compact} \\ K\subset U}} \mathcal{D}(U,K)$ est muni de la topologie limite inductive des topologies d'ELC des sous-espaces $\mathcal{D}(U,K)$.

Brièvement, pour plus de précisions voir la série des exercices à la fin de ce chapitre, si $\mathcal{B} = \{V \subset \mathcal{D}(U) : V$ équilibré, convexe et absorbant et $V \cap \mathcal{D}(U,K)$

est un voisinage de 0 dans $\mathcal{D}(U,K)$ pour la topolgie τ_K, pour tout compact K, $K \subset U\}$ on sait qu'il existe une et une seule topologie τ d'ELC sur $\mathcal{D}(U)$ admettant $\mathcal{B}$ pour système fondamental de voisinage de 0. τ est séparée et pour tout compact K inclu dans U, $\tau_{|\mathcal{D}(U,K)} = \tau_K$. τ est la plus fine des topologies d'ELC sur $\mathcal{D}(U)$ rendant continues les injections naturelles des sous-espaces $(\mathcal{D}(U,K),\tau_K)$ dans $(\mathcal{D}(U),\tau)$, pour tout compact K inclu dans U.

Une suite $(\varphi_j)_{j\in\mathbb{N}}$ de $\mathcal{D}(U)$ converge vers $\varphi \in \mathcal{D}(U)$ si et seulement si il existe K_0 un compact inclu dans U tel que $\varphi_j, \varphi \in \mathcal{D}(U,K_0)$, $\forall j \in \mathbb{N}$ et $(\varphi_j)_{j\in\mathbb{N}}$ converge vers φ dans $\mathcal{D}(U,K_0)$.

Une forme linéaire $T : (\mathcal{D}(U),\tau) \longrightarrow \mathbb{C}$ est continue si et seulement si la restriction $T_{|\mathcal{D}(U,K)}$ de T à chaque sous-espace $(\mathcal{D}(U,K),\tau_K)$ est continue. Ou bien pour tout compact K inclu dans U, il existe une constante positive $M_K > 0$ et un entier naturel $k_K \in \mathbb{N}$ tels que :

$$|T(\varphi)| \leq M_K \sum_{\substack{\alpha\in\mathbb{N}^n \\ |\alpha|\leq k_K}} \sup_{x\in U}|D^\alpha \varphi(x)|, \ \forall \varphi \in \mathcal{D}(U,K).$$

Exemple 3.4

La suite $\varphi_j(x) = \frac{1}{j}\varphi(x)$, $j \in \mathbb{N}^*$, où $\varphi(x) = \begin{cases} \exp(\frac{1}{\|x\|^2-1}) & \text{si} \quad \|x\| < 1 \\ 0 & \text{si} \quad \|x\| \geq 1 \end{cases}$ est la fonction test donnée dans les exemples précédents, appartient à $\mathcal{D}(\mathbb{R}^n)$ et converge vers zéro dans $\mathcal{D}(\mathbb{R}^n)$. Alors que la suite de terme général $\psi_j(x) = j\varphi(\frac{x}{j})$, $j \in \mathbb{N}^*$, ne converge pas dans $\mathcal{D}(\mathbb{R}^n)$ lorsque j tend vers $+\infty$, parce qu'il ne peut exister un compact K de $\mathbb{R}^n$ en dehors duquel toutes les fonctions ψ_j s'annulent.

3.4 Partition de l'unité dans $\mathcal{D}(U)$

Dans de nombreuses situations, il est très important de pouvoir étudier certaines propriétés de régularité d'une fonction (ou même, comme on le verra plus loin, d'une distribution) après l'avoir localisée dans une partie de l'espace. Encore faut-il que le processus de localisation ne modifie pas la régularité de la fonction en question. Pour ce faire, il faut donc disposer de fonctions à support compact dans un ouvert U de $\mathbb{R}^n$ et valant identiquement 1 sur un compact de U.

Voici deux résultats dans ce sens.

Lemme 3.1 (Fonctions plateaux et lemme de partition de l'unité) Soient K un compact de $\mathbb{R}^n$, U et V deux ouverts de $\mathbb{R}^n$ tels que $K \subset V \subset U$. Il existe alors une fonction Φ de classe C^∞ sur U, vérifiant :

$$\begin{cases} \Phi = 1 & \text{sur} \quad K \\ \Phi = 0 & \text{sur} \quad U \backslash V \\ 0 \leq \Phi \leq 1 & \text{sur} \quad U. \end{cases}$$

Φ est appelée une fonction troncature ou bien une fonction plateau.

Démonstration. Puisque le fermé $U\backslash V$ est disjoint du compact K dans U, alors il existe $\alpha > 0$, tel que $d(U\backslash V, K) > \alpha > 0$ où d est la distance de $\mathbb{R}^n$. Posons :

$$K_1 = \left\{ x \in U : d(x,K) \leq \frac{\alpha}{2} \right\}.$$

K_1 est évidemment un compact de $\mathbb{R}^n$ inclu dans V et contenant K, car si on suppose qu'il existe $a \in K_1$ et $a \in U\backslash V$, alors :

$$0 < \alpha < d(U\backslash V, K) \leq d(a,K) + d(a, U\backslash V) = d(a,K) \leq \frac{\alpha}{2}$$

ce qui est impossible.
Soit $\varphi_\alpha \in \mathcal{D}_+(\mathbb{R}^n)$, où $\mathcal{D}_+(\mathbb{R}^n)$ est l'ensemble des fonctions positives de $\mathcal{D}(\mathbb{R}^n)$, tel que $Supp\varphi_\alpha \subset \overline{B(0, \frac{\alpha}{2})}$ et $\int_{\mathbb{R}^n} \varphi_\alpha(x)dx = 1$. On peut choisir par exemple φ_α comme étant un élément ρ_{j_0} d'une suite régularisante $(\rho_j)_{j\in\mathbb{N}}$ à supports dans $B(0,\alpha_j)$ avec $\lim\limits_{j\to+\infty} \alpha_j = 0$, tel que $\alpha_{j_0} \leq \frac{\alpha}{2}$. Posons :

$$\Phi = \left(1_{K_1} * \varphi_\alpha\right)_{|U} \text{ avec } 1_{K_1} = \begin{cases} 1 & \text{si} \quad x \in K_1 \\ 0 & \text{si} \quad x \in \mathbb{R}^n \backslash K_1. \end{cases}$$

1_{K_1} n'est pas continue sur $\mathbb{R}^n$, pour le produit de convolution il suffit qu'elle soit continue et bornée sur son support, ce qui est le cas de la fonction indicatrice 1_{K_1} du compact K_1 de $\mathbb{R}^n$.
Alors, Φ est de classe C^∞ sur U, étant la restriction à U du produit de convolution d'une fonction à support compact continue sur son support par une fonction de classe C^∞.
$\forall x \in U$, on a :

$$0 \leq \Phi(x) = \int_{\mathbb{R}^n} 1_{K_1}(t)\varphi_\alpha(x-t)dt = \int_{K_1} \varphi_\alpha(x-t)dt \leq \int_{\mathbb{R}^n} \varphi_\alpha(y)dy = 1.$$

$\forall x \in K$, on a :

$$\begin{aligned}\Phi(x) &= \int_{\mathbb{R}^n} 1_{K_1}(t)\varphi_\alpha(x-t)dt = \int_{K_1} \varphi_\alpha(x-t)dt \\ &= \int_{K_1} \varphi_\alpha(x-t)dt + \underbrace{\int_{\mathbb{R}^n\setminus K_1} \varphi_\alpha(x-t)dt}_{=0} = \int_{\mathbb{R}^n} \varphi_\alpha(y)dy = 1.\end{aligned}$$

En effet, si $t \in \mathbb{R}^n\setminus K_1$ et $x \in K$, alors $\|x-t\| > \frac{\alpha}{2}$, car sinon on aura $\|x-t\| \leq \frac{\alpha}{2}$ et donc :

$$\frac{\alpha}{2} < d(t,K) \leq d(t,x) + d(x,K) = \|x-t\| \leq \frac{\alpha}{2}$$

est absurde, par conséquent :

$$(x-t) \notin \overline{B(0,\frac{\alpha}{2})} \text{ ou bien } (x-t) \notin Supp\varphi_\alpha \text{ et } \varphi_\alpha(x-t) = 0.$$

$\forall x \in U\setminus V$, on a :

$$\Phi(x) = \int_{K_1} \varphi_\alpha(x-t)dt = \int_{K_1} 0dt = 0.$$

En effet, si $t \in K_1$ et $x \in U\setminus V$, alors $\|x-t\| > \frac{\alpha}{2}$, car sinon on aura $\|x-t\| \leq \frac{\alpha}{2}$ et donc :

$$\alpha < d(K, U\setminus V) \leq d(x,K) + d(x, U\setminus V) = d(x,K) \leq \|x-t\| + d(t,K) \leq \frac{\alpha}{2} + \frac{\alpha}{2} = \alpha$$

est absurde, par conséquent :

$$(x-t) \notin \overline{B(0,\frac{\alpha}{2})} \text{ ou bien } (x-t) \notin Supp\varphi_\alpha texte t\varphi_\alpha(x-t) = 0.$$

□

Lemme 3.2 Soient K un compact de $\mathbb{R}^n$ inclus dans un ouvert U de $\mathbb{R}^n$ et $U_1, U_2, ..., U_p$ des ouverts de U recouvrant K. Il existe alors p fonctions $\beta_1, ..., \beta_p$, vérifiant :

$$\beta_j \in \mathcal{D}_+(U),\ j \in \{1,...,p\};\ Supp\beta_j \subset U_j,\ j \in \{1,...,p\};\ \sum_{j=1}^{p} \beta_j(x) > 0,\ \forall x \in K.$$

Démonstration. Pour tout $a \in K$, $K \subset \bigcup_{j=1}^{p} U_j$, il existe $j_0 \in \{1,...,p\}$, tel que $a \in U_{j_0}$. De plus, il existe une fonction $\psi_a \in \mathcal{D}_+(U)$ telle que $Supp\psi_a \subset U_{j_0}$ et $\psi_a(a) > 0$. Prendre par exemple :

$$\psi_a(x) = \begin{cases} \exp\left(\frac{1}{\|x-a\|^2-\alpha^2}\right) & \text{si} \quad \|x-a\| < \alpha \\ 0 & \text{si} \quad \|x-a\| \geq \alpha, \end{cases}$$

où $\alpha > 0$ est tel que $\overline{B(a,\alpha)} \subset U_{j_0} \subset U$.
Considérons ensuite :

$$V_a = \{x \in U : \psi_a(x) > 0\} = \psi_a^{-1}(]0,+\infty[),$$

V_a est un ouvert de U contenant a, puisque ψ_a est de classe C^∞.
Lorsque a varie dans K, les ouvert V_a recouvrent le compact K, $K \subset \bigcup_{a \in K} V_a$, on peut alors en extraire un sous-recouvrement fini de K :

$$K \subset V_{a_1} \cup V_{a_2} \cup ... \cup V_{a_q} \text{ où } a_1,...,a_q \in K.$$

Le raisonnement précédent permet de trouver pour chaque $j \in \{1,...,q\}$, une fonction $\psi_{a_j} \in \mathcal{D}_+(U)$ telle que :

$$\sum_{j=1}^{q} \psi_{a_j}(x) > 0, \ \forall x \in K$$

et

$$\forall j \in \{1,...,q\}, \exists i \in \{1,...,p\}, \text{ tel que } Supp(\psi_{a_j}) \subset U_i.$$

Notons :

β_1 la somme des fonctions ψ_{a_j} telles que $Supp(\psi_{a_j}) \subset U_1$,
β_2 la somme des fonctions ψ_{a_j} telles que $Supp(\psi_{a_j}) \subset U_2$,
....,
β_p la somme des fonctions ψ_{a_j} telles que $Supp(\psi_{a_j}) \subset U_p$.

Par conséquent,

$$\beta_i \in \mathcal{D}_+(U),\ Supp\beta_i \subset U_i,\ \forall i \in \{1,...,p\} \text{ et } \sum_{i=1}^{p} \beta_i(x) \geq \sum_{j=1}^{p} \psi_{a_j}(x) > 0,\ \forall x \in K.$$

□

Ces deux lemmes permettent de montrer le théorème suivant, de partition de l'unité dans l'espace $\mathcal{D}(U)$ où U est un ouvert de $\mathbb{R}^n$.

> **Théorème 3.1 (Théorème de partition de l'unité)** Soient U un ouvert de $\mathbb{R}^n$ et K un compact inclus dans U. Soit $(U_j)_{1\leq j\leq p}$ une suite finie de p ouverts inclus dans U, recouvrant K ($K \subset \bigcup_{j=1}^{p} U_j$). Alors, Il existe p fonctions $(\phi_j)_{1\leq j\leq p}$ vérifiant les propriétés suivantes :
>
> $$\forall j \in \{1,...,p\} : \phi_j \in \mathcal{D}_+(U),\ Supp\phi_j \subset U_j \text{ et } \sum_{j=1}^{p} \phi_j(x) = 1,\ \forall x \in K.$$
>
> La famille des fonctions $(\phi_j)_{1\leq j\leq p}$ est appelée partition de l'unité dans $\mathcal{D}(U)$ subordonnée au recouvrement ouvert $(U_j)_{1\leq j\leq p}$.

Démonstration. Notons $U_0 = \{x \in U : \sum_{i=1}^{p} \beta_i(x) > 0\}$, où les β_j sont les fonctions obtenues au lemme 3.2. U_0 est un ouvert inclus dans U et contenant K,

$$K \subset U_0 \subset U.$$

D'après le lemme 3.1, il existe une fonction plateau ϕ de classe C^∞ sur U vérifiant :

$$\begin{cases} \phi = 1 & \text{sur } K, \\ \phi = 0 & \text{sur } U \backslash U_0, \\ 0 \leq \phi \leq 1 & \text{sur } U. \end{cases}$$

Soit $\tau = 1 - \phi$, alors :

$$\begin{cases} \tau = 0 & \text{sur } K, \\ \tau = 1 & \text{sur } U \backslash U_0, \\ 0 \leq \tau \leq 1 & \text{sur } U. \end{cases}$$

Posons :

$$\phi_j = \frac{\beta_j}{\tau + \sum_{i=1}^{p} \beta_i},\ j \in \{1,...,p\}.$$

Les fonctions ϕ_j sont bien définits puisque $\tau + \sum_{i=1}^{p} \beta_i > 0$, $\forall x \in U$, de plus $\phi_j \in C^\infty(U)$ et $Supp\phi_j \subset Supp\beta_j \subset U_j$. Ainsi, $\phi_j \in \mathcal{D}_+(U)$, $\forall j \in \{1,...,p\}$.
Finalement, on a pour tout $x \in K$,

$$\sum_{j=1}^{p} \phi_j(x) = \sum_{j=1}^{p} \frac{\beta_j(x)}{\sum_{i=1}^{p} \beta_i(x) + \tau(x)} = \frac{\sum_{j=1}^{p} \beta_j(x)}{\underbrace{\sum_{i=1}^{p} \beta_i(x)}_{>0 \text{ sur } K} + \underbrace{\tau(x)}_{=0 \text{ sur } K}} = 1.$$

$\forall x \in U$,

$$0 \leq \phi_j(x) \leq \sum_{j=1}^{p} \phi_j(x) = \sum_{j=1}^{p} \frac{\beta_j(x)}{\sum_{i=1}^{p} \beta_i(x) + \tau(x)} \leq 1 \text{ car } \tau \geq 0 \text{ sur } U.$$

□

3.5 Le dual de l'espace $k(U)$

Définition 3.6 Une forme linéaire positive sur $k(U)$ est une forme linéaire μ de $k(U)$ dans $\mathbb{C}$, telle que $\mu(f) \geq 0$, $\forall f \in k_+(U)$.

En particulier, toute mesure de Radon positive sur U est une forme linéaire positive sur $k(U)$. Réciproquement, on a le résultat suivant :

Théorème 3.2 Toute forme linéaire positive sur $k(U)$ est une mesure de Radon positive sur U.

Démonstration. Soit μ une forme linéaire positive sur $k(U)$. Remarquons d'abord qu'une forme linéaire positive μ sur $k(U)$ est croissante sur $k(U)$, c'est à dire si $\varphi, \psi \in k_+(U)$ et $\varphi \leq \psi$, on a $\mu(\varphi) \leq \mu(\psi)$.
Soit μ une forme linéaire positive sur $k(U)$, on montre que pour tout K compact inclus dans U, la restriction $\mu_{|k(U,K)} : k(U,K) \longrightarrow C$ est continue.
En effet, on sait qu'il existe $\alpha > 0$ tel que $d(K, \mathbb{R}^n \backslash U) \geq \alpha > 0$, on pose :

$$V = \{x \in U : d(x,K) < \frac{\alpha}{2}\}.$$

V est un ouvert relativement compact inclu dans U et contenant K,

$$K \subset V \subset U.$$

Le lemme 3.1 de partition de l'unité, montre qu'il existe $\phi \in \mathcal{D}_+(U)$, à valeurs réelles, telle que :

$$\begin{cases} \phi = 1 & \text{sur} \quad K, \\ \phi = 0 & \text{sur} \quad U \backslash V, \\ 0 \le \phi \le 1 & \text{sur} \quad U. \end{cases}$$

Pour $\varphi \in k(U,K)$ à valeurs réelles et $x \in U$, on a

$$|\varphi(x)| \le \sup_{x \in U} |\varphi(x)| = \|\varphi\|_\infty.$$

On a alors :

$$-\|\varphi\|_\infty \phi(x) \le \varphi(x) \le \|\varphi\|_\infty \phi(x), \ \forall x \in U,$$

et donc en utilisant la positivité et ainsi la croissance de μ,

$$\begin{aligned} \mu(-\|\varphi\|_\infty \phi) &\le \mu(\varphi) \le \mu(\|\varphi\|_\infty \phi), \\ -\|\varphi\|_\infty \mu(\phi) &\le \mu(\varphi) \le \|\varphi\|_\infty \mu(\phi). \end{aligned}$$

Pour chaque compact K inclus dans U, nous avons donc trouvé une constante $M = \mu(\phi)$ telle que :

$$|\mu(\varphi)| \le \|\varphi\|_\infty \mu(\phi), \ \forall \varphi \in k(U,K).$$

Cette inégalité s'étend immédiatement aux fonctons à valeurs complexes. En effet, si $\varphi = \varphi_1 + i\varphi_2$ où $\varphi_1, \varphi_2 \in k(U,K)$ sont à valuers réelles, on obtient :

$$\begin{aligned} \mu(\varphi) &= \mu_1(\varphi) + i\mu_2(\varphi), \\ |\mu(\varphi)| &\le |\mu(\varphi_1)| + |\mu(\varphi_2)| \\ &\le (\|\varphi_1\|_\infty + \|\varphi_2\|_\infty)\, \mu(\phi) \\ &\le 2\|\varphi\|_\infty \mu(\phi). \end{aligned}$$

Par conséquent, μ est continue sur $k(U,K)$ avec $M_k = 2\mu(\phi) \ge 0$. □

3.6 Exercices avec solutions

Exercice 3.1 *Soit f une fonction de classe C^∞ sur $\mathbb{R}$. Montrer que les propriétés suivantes sont équivalentes :*

(i) $f(0) = f^{(1)}(0) = \dots = f^{(n-1)}(0) = 0.$

(ii) *Il existe une fonction g de classe C^∞ sur $\mathbb{R}$ telle que $f(x) = x^n g(x)$, pour tout $x \in \mathbb{R}$.*

Solution. Le sens (ii) implique (i) est facile. La réciproque découle de la formule de Taylor avec reste intégral, car alors pour tout $x \in \mathbb{R}$:

$$\begin{aligned} f(x) &= f(0) + \frac{x}{1!}f^{(1)}(0) + \frac{x^2}{2!}\dots + \frac{x^{n-1}}{(n-1)!}f^{(n-1)}(0) + \int_0^x \frac{(x-t)^{n-1}}{(n-1)!}f^{(n)}(t)dt \\ &= \int_0^x \frac{(x-t)^{n-1}}{(n-1)!}f^{(n)}(t)dt = x^n \int_0^1 \frac{(1-u)^{n-1}}{(n-1)!}f^{(n)}(xu)du \text{ en posant } t = xu. \end{aligned}$$

La fonction $g(x) = \int_0^1 \frac{(1-u)^{n-1}}{(n-1)!}f^{(n)}(xu)du$ est de classe C^∞ sur $\mathbb{R}$ en vertu du théorème de dérivation des intégrales à paramètre sur les segments. Bien entendu, ce résultat s'étend à tout autre point que 0.

Exercice 3.2 *Soit $f : \mathbb{R}^n \longrightarrow \mathbb{R}$ de classe C^∞. Soit $k \in \mathbb{N}^*$. Montrer que :*

$$f(x) = \sum_{\alpha \in \mathbb{N}^n,\, |\alpha| \le k} \frac{D^\alpha f(0)}{\alpha!}x^\alpha + \|x\|^k \epsilon(x)$$

où $\epsilon(x)$ tend vers 0 quand $\|x\|$ tend vers 0. On pourra fixer $x \in \mathbb{R}^n$ et considérer la fonction d'une variable $g(t) = f(tx)$.

Solution. On fixe $x \in \mathbb{R}^n$ et on applique la formule de Taylor-Lagrange avec reste intégral à la fonction $\mathbb{R} \ni t \longmapsto g(t) = f(tx)$ pour obtenir, si $N \in \mathbb{N}^*$:

$$g(1) = g(0) + \frac{g^{(1)}(0)}{1!} + \frac{g^{(2)}(0)}{2!} + \dots + \frac{g^{(N)}(0)}{N!} + \int_0^1 \frac{(1-t)^N}{N!}g^{(N+1)}(t)dt.$$

Or,

$$\begin{aligned} g(1) &= f(x), g(0) = f(0), g^{(1)}(0) = \sum_{i=1}^{n} \frac{\partial f}{\partial x_i}(0)x_i, \\ g^{(2)}(0) &= \sum_{i,j=1}^{n} \frac{\partial^2 f}{\partial x_i \partial x_j}(0)x_i x_j, \dots,\ g^{(N)}(0) = \sum_{i_1,\dots,i_N=1}^{n} \frac{\partial^N f}{\partial x_{i_1} \dots \partial x_{i_N}}(0)x_{i_1} \dots x_{i_N}. \end{aligned}$$

On remarque que, formellement, on a :

$$\frac{1}{k!} g^{(k)}(0) = \frac{1}{k!} \sum_{\alpha \in \mathbb{N}^n,\ |\alpha|=k} \frac{k!}{\alpha!} \frac{\partial^k f}{\partial x^\alpha}(0)x^\alpha = \sum_{\alpha \in \mathbb{N}^n,\ |\alpha|=k} \frac{1}{\alpha!} D^\alpha f(0)x^\alpha.$$

Pour conclure, il suffit donc de montrer que :

$$\frac{1}{\|x\|^N} \int_0^1 \frac{(1-t)^N}{N!} g^{(N+1)}(t)dt \underset{\|x\| \to 0}{\longrightarrow} 0.$$

En effet,

$$\begin{aligned} \left| \frac{g^{(N+1)}(t)}{(N+1)!} \right| &= \left| \sum_{\substack{\alpha \in \mathbb{N}^n \\ |\alpha|=N+1}} \frac{D^\alpha f(tx)}{\alpha!} x^\alpha \right| \\ &\leq \sum_{\substack{\alpha=(\alpha_1,\dots,\alpha_N) \in \mathbb{N}^n \\ |\alpha|=N+1}} \frac{|D^\alpha f(tx)|}{\alpha!} |x_1|^{\alpha_1} \dots |x_N|^{\alpha_N} \\ &\leq \sum_{\substack{\alpha \in \mathbb{N}^n \\ |\alpha|=N+1}} \frac{|D^\alpha f(tx)|}{\alpha!} \|x\|^{\alpha_1} \dots \|x\|^{\alpha_N} \\ &= \|x\|^{N+1} \sum_{\substack{\alpha \in \mathbb{N}^n \\ |\alpha|=N+1}} \frac{|D^\alpha f(tx)|}{\alpha!}, \end{aligned}$$

il en résulte que :

$$\frac{1}{\|x\|^N} \int_0^1 \frac{(1-t)^N}{N!} g^{(N+1)}(t)dt \leq (N+1)\|x\| \int_0^1 (1-t)^N \left(\sum_{\substack{\alpha \in \mathbb{N}^n \\ |\alpha|=N+1}} \frac{|D^\alpha f(tx)|}{\alpha!} \right) dt \underset{\|x\| \to 0}{\longrightarrow} 0,$$

car les dérivées partielles de f sont bornées au voisinage de l'origine. On a donc bien obtenu le résultat attendu.

Exercice 3.3

(1) *Soit $\varphi : \mathbb{R} \longrightarrow \mathbb{R}$ à support compact, de classe C^1. Montrez que φ est intégrable sur $\mathbb{R}$ et que :* $\varphi(0) = -\int_0^{+\infty} \varphi'(t)dt$.

(2) *Soit $f : \mathbb{R}^n \longrightarrow \mathbb{R}$ à support compact, de classe C^1.*

(i) *Montrer que :*

$$f(x) = -\int_0^{+\infty} \nabla f(x+ty).ydt, \; \forall x \in \mathbb{R}^n, \; \forall y \in \mathbb{R}^n \setminus \{0\}.$$

(ii) *Soit $\sigma(S_n)$ la surface de la sphère unité S_n de $\mathbb{R}^n$. Montrez que :*

$$f(x) = -\frac{1}{\sigma(S_n)} \int_{t=0}^{+\infty} \int_{y \in S_n} \nabla f(x+ty).y d\sigma(S_n) dt, \; \forall x \in \mathbb{R}^n.$$

(iii) *En déduire que :* $f(x) = \frac{1}{\sigma(S_n)} \int_{z \in \mathbb{R}^n} \nabla f(z).\frac{(x-z)}{\|x-z\|^n} dz.$

Solution.

(1) La fonction φ' est aussi à support compact donc intégrable. Soit $A > 0$, tel que $Supp\varphi \subset [-A, A]$. On a :

$$\int_0^{+\infty} \varphi'(t)dt = \int_0^{A+1} \varphi'(t)dt = \varphi(A+1) - \varphi(0) = -\varphi(0).$$

(2) (i) Posons $\varphi(t) = f(x+ty)$. Comme $y \in \mathbb{R}^n \setminus \{0\}$, la fonction $\varphi(t)$ est à support compact. En effet, si on suppose que R est tel que le support de φ soit inclus dans la boule $B(0,R)$ de centre 0 et de rayon R dans $\mathbb{R}^n$ et si $t > \frac{\|x\|+R}{\|y\|}$, alors :

$$\|x+ty\| \geq |t| \, \|y\| - \|x\| > R,$$

et donc $f(x+ty)=0$, ce qui prouve que le support de φ est inclus dans

$$\left[-\frac{\|x\|+R}{\|y\|}, \frac{\|x\|+R}{\|y\|}\right].$$

Il est clair que φ est de classe C^1, et donc d'après la question (1), on a :

$$f(x)=\varphi(0)=-\int_0^{+\infty}\varphi'(t)dt=-\int_0^{+\infty}\nabla f(x+ty).ydt.$$

(ii) On a :

$$f(x)=\frac{1}{\sigma(S_n)}\int_{y\in S_n} f(x)d\sigma_n(y)=-\frac{1}{\sigma(S_n)}\int_{y\in S_n}\int_{t=0}^{+\infty}\nabla f(x+ty).ydtd\sigma_n(y).$$

Or, d'après la question précédente, si $y\in S_n$, le support de $t\longmapsto \nabla f(x+ty)$ est inclus dans $[-\|x\|-R, \|x\|+R]$, donc :

$$f(x)=-\frac{1}{\sigma(S_n)}\int_{y\in S_n}\int_{t=0}^{\|x\|+R}\nabla f(x+ty).ydtd\sigma_n(y).$$

Le théorème de Fubini s'applique donc et on obtient :

$$f(x)=-\frac{1}{\sigma(S_n)}\int_{t=0}^{\|x\|+R}\int_{y\in S_n}\nabla f(x+ty).yd\sigma_n(y)dt$$

et alors :

$$f(x)=-\frac{1}{\sigma(S_n)}\int_{t=0}^{+\infty}\int_{y\in S_n}\nabla f(x+ty).yd\sigma_n(y)dt.$$

(iii) On calcule l'intégrale $\int_{z\in\mathbb{R}^n}\nabla f(z).\frac{(x-z)}{\|x-z\|^n}dz$ en passant en coordonnées sphériques centrées en x, c'est à dire en posant $z=x+ty$ tel que $y\in S_n$ et $t\in[0,+\infty[$. Cette intégrale vaut :

$$\int_{t=0}^{+\infty}\int_{y\in S_n}\nabla f(x+ty).\frac{ty}{t^n}t^{n-1}d\sigma_n(y)dt=\int_{t=0}^{+\infty}\int_{y\in S_n}\nabla f(x+ty).yd\sigma_n(y)dt.$$

Exercice 3.4 *Montrer que pour tout compact K de U ouvert de $\mathbb{R}^n$, la topologie τ_K de $\mathcal{D}(U,K)$ et la topologie induite par celle de $\mathcal{D}(U)$ sur $\mathcal{D}(U,K)$ sont égales.*

Solution. Notons τ la topologie limite inductive de $\mathcal{D}(U)$. Soit K un compact de U. Soit V un voisinage de 0 dans $\mathcal{D}(U,K)$ muni de la topologie induite par τ. Par construction, on sait qu'il existe un voisinage W de 0 dans U pour la topolgie τ, tel que $W \cap \mathcal{D}(U,K) \subset V$. Puisque $W \cap \mathcal{D}(U,K)$ est un voisinage de 0 pour τ_K, alors V est aussi un voisinage de 0 pour la topologie τ_K. La topologie τ_K induite par τ sur $\mathcal{D}(U,K)$ est donc moins fine que la topologie τ_K.
Réciproquement, soit W un voisinage de 0 pour τ_K. Puisque la suite $(p_m)_{m\in\mathbb{N}}$:

$$p_m(\varphi) = \sup_{\substack{\alpha\in\mathbb{N}^n,\ |\alpha|\leq m,\\ x\in U}} |D^\alpha \varphi(x)|$$

détermine la topologie τ_K sur $\mathcal{D}(U,K)$, il existe alors un entier $m \in \mathbb{N}$ et un réel $r < 0$ tels que :

$$\{\varphi \in \mathcal{D}(U,K) : p_m(\varphi) < r\} \subset W.$$

Il est clair que $V = \{\varphi \in \mathcal{D}(U,K) : p_m(\varphi) < r\}$ est un voisinage de 0 dans $\mathcal{D}(U)$ pour la topologie τ, par conséquent W est un voisinage de 0 pour la topologie induite par τ sur $\mathcal{D}(U,K)$.

Exercice 3.5

(1) *Montrer qu'une suite $(\varphi_j)_{j\in\mathbb{N}}$ de $\mathcal{D}(U)$, U ouvert de $\mathbb{R}^n$, tend vers 0 quand j tend vers $+\infty$ si, et seulement si, il existe un compact $K \subset U$ tel que, pour chaque $j \in \mathbb{N}$, on a $\varphi_j \in \mathcal{D}(U,K)$ et $(\varphi_j)_{j\in\mathbb{N}}$ tend vers 0 pour la topologie d'ELC τ_K de $\mathcal{D}(U,K)$.*

(2) *Vérifier qu'une suite $(\varphi_j)_{j\in\mathbb{N}}$ de $\mathcal{D}(U)$ est Cauchy si et seulement si, il existe un compact $K \subset U$ tel que, pour chaque entier naturel j, $\varphi_j \in \mathcal{D}(U,K)$ et $(\varphi_j)_{j\in\mathbb{N}}$ est de Cauchy pour la topologie τ_K induite sur $\mathcal{D}(U,K)$ par la topologie τ de $\mathcal{D}(U)$.*

Solution.

(1) Puisque la topologie τ_K de $\mathcal{D}(U,K)$ est induite par la topologie limite inductive τ de $\mathcal{D}(U)$ sur $\mathcal{D}(U,K)$, il est clair qu'une suite $(\varphi_j)_{j\in\mathbb{N}}$ de $\mathcal{D}(U)$

telle que $\varphi_j \in \mathcal{D}(U,K)$ pour chaque entier j et qui tend vers 0 dans $\mathcal{D}(U,K)$ pour τ_K, tend aussi vers 0 dans $\mathcal{D}(U)$.

Réciproquement, considérons une suite $(\varphi_j)_{j\in\mathbb{N}}$ de $\mathcal{D}(U)$ tendant vers 0 et supposons que pour chaque compact $K \subset U$, il existe un entier j tel que la restriction $\varphi_{j|U\setminus K} \neq 0$. Fixons $(K_l)_{l\in\mathbb{N}}$ une suite exhaustive de compacts de U. Nous pouvons alors construire une suite strictement croissante d'entiers j_l et une suite $(x_l)_l$ de U qui vérifient, pour chaque entier l, $x_l \in U\setminus K_l$ et $\varphi_{j_l}(x_l) \neq 0$. Notons alors :

$$V = \left\{\varphi \in \mathcal{D}(U) : \forall l \in \mathbb{N},\ |\varphi(x_l)| < \frac{1}{2}\left|\varphi_{j_l}(x_l)\right|\right\}.$$

Il est clair que V est convexe. Pour chaque compact $K \subset U$, il n'y a qu'un nombre fini de x_l qui appartiennent à K, il s'ensuit que $V \cap \mathcal{D}(U,K) \in \tau_K$ et donc V est un voisinage de 0 pour τ. La suite $(\varphi_j)_{j\in\mathbb{N}}$ convergeant vers 0, il existe un entier j_l tel que $\varphi_{j_l} \in V$, ce qui est contradictoire.

(2) La preuve est identique à celle du résultat de la question précédente.

Exercice 3.6 *Soit T une application linéaire de $\mathcal{D}(U)$ dans un espace vectoriel E muni de la topologie déterminée par une famille séparante de semi-normes. Montrer l'équivalence des affirmations suivantes :*

(1) *T est continue,*

(2) *pour toute suite $(\varphi_j)_{j\in\mathbb{N}}$ dans $\mathcal{D}(U)$, convergente vers 0, la suite des images $(T\varphi_j)_{j\in\mathbb{N}}$ converge vers 0 dans E,*

(3) *pour tout compact $K \subset U$, la restriction de T à $\mathcal{D}(U,K)$ est continue pour la topologie τ_K induite sur $\mathcal{D}(U,K)$ par la topologie τ de $\mathcal{D}(U)$.*

Solution. Les implications (1) $\Longrightarrow$ (2) et (2) $\Longrightarrow$ (3) sont évidentes puisque l'assertion (2) exprime la continuité de T en 0 et que dans n'importe quel espace topologique la continuité globale implique la continuité locale pour la topologie induite.

Montrons que (3) $\Longrightarrow$ (1). Par linéarité de T, il suffit alors d'établir la continuité de T en 0. Soit W un voisinage de 0 convexe et équilibré dans E. Il est clair que $V = T^{-1}(W)$ est un voisinage de 0 convexe et équilibré dans $D(U)$. D'autre part, puisque $V \cap \mathcal{D}(U,K) = \left(T_{|\mathcal{D}(U,K)}\right)^{-1}(W)$, on a $V \cap \mathcal{D}(U,K) \in \tau_K$, c'est à dire V est un voisinage de 0 dans $\mathcal{D}(U)$.

Exercice 3.7 *Définir une topologie τ sur l'espace $\mathcal{E}(U)$ des donctions de classe C^∞ de U dans $\mathbb{C}$, où U un ouvert de $\mathbb{R}^n$, tel que $(\mathcal{E}(U),\tau)$ soit un espace de Fréchet et $\mathcal{D}(U,K)$ soit fermé dans $\mathcal{E}(U)$ pour tout compact K inclus dans U.*

Solution. Soit $(K_i)_{i\in\mathbb{N}}$ une suite croissante de compacts inclus dans U telle que :

$$K_i \subset \overset{\circ}{K}_{i+1} \text{ et } U = \bigcup_{i=0}^{+\infty} K_i.$$

On définit la famille de semi-normes séparante $(p_i)_{i\in\mathbb{N}}$ sur $\mathcal{E}(U)$ par :

$$p_i(f) = \sup_{\substack{\alpha\in\mathbb{N}^n,\,|\alpha|\leq i \\ x\in K_i}} |D^\alpha f(x)|$$

$\mathcal{E}(U)$ muni de la topologie définie par la famille de semi-normes $(p_i)_{i\in\mathbb{N}}$ est un espace localement convexe séparé, il est métrisable puisque cette topolgie coincide avec celle induite sur $\mathcal{E}(U)$ par la distante d :

$$d(f,g) = \sum_{i=0}^{+\infty} \frac{1}{2^i} \frac{p_i(f-g)}{1+p_i(f-g)}.$$

Ainsi, $(\mathcal{E}(U),d)$ est un espace métrique complet. En effet, soient $(f_l)_{l\in\mathbb{N}}$ une suite de Cauchy dans $\mathcal{E}(U)$, et $N\in\mathbb{N}^*$ fixé, alors

$$(f_l - f_k) \in V_N = V(\frac{1}{N}, p_N) = \left\{ f \in \mathcal{E}(U) : p_N(f) \leq \frac{1}{N} \right\}, \text{ pour } l,k \to +\infty.$$

Donc :

$$\sum_{|\alpha|\leq N} \sup_{x\in K_N} |D^\alpha f_l(x) - D^\alpha f_k(x))| \leq \frac{1}{N}.$$

La suite $(D^\alpha f_l)_{l\in\mathbb{N}}$ est alors de Cauchy pour la convergence uniforme, et tend donc uniformément vers une limite g_α sur K_N pour tout $\alpha\in\mathbb{N}^n$ avec $|\alpha|\leq N$. Comme N est arbitraire et que U est recouvert par les compacts K_N, on a bien $g_\alpha \in \mathcal{E}(U)$ et si g est la limite de la suite $(f_l)_{l\in\mathbb{N}}$, on a $g_\alpha = D^\alpha g$. Donc $\mathcal{E}(U)$ est un espace de Fréchet.
$\mathcal{D}(U,K)$, pour tout compact K inclus dans U, est un sous-espace vectoriel de $\mathcal{E}(U)$, muni de la topologie induite, il a à son tour une structure d'ELC. $\mathcal{E}(U)$ est aussi un espace de Fréchet, $\mathcal{D}(U,K)$ est à fortiori fermé dans $\mathcal{E}(U)$.

Exercice 3.8

(1) *Soient E et F des espaces vectoriels topologiques localement convexes. Soit $(p_i)_{i\in I}$ (respectivement $(q_j)_{j\in J}$) une famille séparante de semi-normes induisant la topologie de E (respectivement de F). Soit $T : E \longrightarrow F$ une application linéaire. Montrer que T est continue si et seulement si, pour tout $j \in J$, il existe un ensemble fini $L \subset I$ et une constante $C > 0$ tels que, pour tout $x \in E$,*

$$q_j(Tx) \leq C \sum_{i\in L} p_i(x).$$

(2) *Montrer que pour tout $\alpha \in \mathbb{N}^n$, l'application $T : f \longmapsto D^\alpha f$, est continue de $\mathcal{E}(U)$ dans $\mathcal{E}(U)$ et de $\mathcal{D}(U,K)$ dans $\mathcal{D}(U,K)$ pour tout compact K inclus dans U.*

Solution.

(1) Supposons T continue. Pour tout $j \in J$, l'image reciproque par T de l'ouvert $\{y \in F : q_j(y) < 1\}$ contient un voisinage de 0, que l'on peut supposer de la forme $\bigcap_{i\in L}\{x \in E : p_i(x) < \varepsilon\}$, pour $\varepsilon > 0$, et $L \subset I$, L fini. Pour tout $x \in E$, on a alors :

$$\max_{i\in L} p_i(x) < \varepsilon \Longrightarrow q_j(Tx) < 1,$$

ce qui par homogénéité implique :

$$q_j(Tx) \leq \frac{1}{\varepsilon}\max_{i\in L} p_i(x) \leq \frac{cardinal(I)}{\varepsilon}\sum_{i\in L} p_i(x).$$

Réciproquement, il suffit de montrer que T est continue en 0.
Soit V un voisinage de 0, que l'on peut supposer de la forme

$$V = \bigcap_{j\in\Lambda}\{y \in F : q_j(y) < 1\},$$

où $\Lambda \subset J$ et Λ est fini.
Pour tout $j \in \Lambda$, soit $I_j \subset I$, I_j fini et $C_j > 0$ donnés par hypothèse. On pose $L = \bigcup_{j\in\Lambda} I_j$, L est fini et $C = \max_{j\in\Lambda} C_j > 0$. Alors pour tout $x \in E$,

$$\max_{j\in\Lambda} q_j(Tx) \leq \max_{j\in\Lambda} C_j \sum_{i\in I_j} p_i(x) \leq C\sum_{i\in L} p_i(x) \leq C\,[cardinal(L)]\max_{i\in L} p_i(x),$$

ce qui montre que $T^{-1}(V)$ contient un voisinage de 0, l'ensemble

$$\bigcap_{i\in L}\left\{x \in E : p_i(x) < (C\,[cardinal(L)])^{-1}\right\}.$$

(2) On sait que la topologie de l'espace $\mathcal{E}(U)$ est définie par la famille de semi-normes séparante $(p_i)_{i\in\mathbb{N}}$:

$$p_i(f) = \sup_{\substack{\beta\in\mathbb{N}^n, |\beta|\le i\\ x\in K_i}} |D^\alpha f(x)|$$

où $(K_i)_{i\in\mathbb{N}}$ une suite croissante de compacts inclus dans U telle que $K_i \subset \overset{\circ}{K}_{i+1}$ et $U = \bigcup_{i=0}^{+\infty} K_i$.

Alors pour $\alpha \in \mathbb{N}^n$:

$$\begin{aligned} p_i(Tf) &= p_i(D^\alpha f) = \sup_{\substack{\beta\in\mathbb{N}^n, |\beta|\le i\\ x\in K_i}} \left|D^\beta D^\alpha f(x)\right| \\ &= \sup_{\substack{\beta\in\mathbb{N}^n, |\beta|\le i\\ x\in K_i}} \left|D^{\beta+\alpha} f(x)\right| \le \sum_{\substack{\gamma\in\mathbb{N}^n, |\gamma|\le i+|\alpha|\\ x\in K_i}} |D^\gamma f(x)|,\ f \in \mathcal{D}(U), \end{aligned}$$

ce qui montre la continuité de T.

Exercice 3.9 *Soit ρ une fonction continue sur $\mathbb{R}$ telle que :*

$$0 \le \rho(x) \le 1,\ \forall x \in \mathbb{R},$$
$$\rho(x) = \begin{cases} 1 & si \quad |x| \le 1 \\ 0 & si \quad |x| \ge 2 \end{cases}.$$

On pose $\rho_n(x) = \rho(\frac{x}{n})$, $n \in \mathbb{N}^*$. $\mathbb{R}$ est muni de la mesure de Lebesgue. Soit $f \in L^1(\mathbb{R})$ (espace des fonctions Lebesgue intégrables sur $\mathbb{R}$). On pose

$$f_n = f\rho_n,\ n \in \mathbb{N}^*.$$

(1) *Montrer que le support de ρ_n est contenu dans $[-2n, 2n]$, $n \in \mathbb{N}^*$.*

(2) *Montrer que $f_n \in L^1(\mathbb{R})$, pour tout $n \in \mathbb{N}^*$.*

(3) *Montrer que $\int_{\mathbb{R}} f_n(x)dx \longrightarrow \int_{\mathbb{R}} f(x)dx$, lorsque $n \to +\infty$.*

Solution.

(1) Rappelons que le support d'une fonction est le complémentaire du plus grand ouvert où cette fonction est nulle. Si $x \notin [-2n, 2n]$, ou bien $\left|\frac{x}{n}\right| > 2$, alors $\rho_n(x) = 0$. Ainsi, ρ_n est nulle dans l'ouvert $]-\infty, -2n[\, \cup \,]2n, +\infty[$, ce qui implique par définition que $]-\infty, -2n[\, \cup \,]2n, +\infty[\, \subset \mathbb{R} \backslash Supp \rho_n$ ou encore

$$Supp \rho_n \subset [-2n, 2n], \ \forall n \in \mathbb{N}^*.$$

(2) Il est clair que chacune des fonctions f_n est mesurable sur $\mathbb{R}$, de plus :

$$|f_n(x)| = \left|f(x)\rho_n(x)\right| = |f(x)|\rho_n(x) \leq |f(x)|, \ \forall x \in \mathbb{R}$$
$$\int_{\mathbb{R}} |f_n(x)|\,dx \leq \int_{\mathbb{R}} |f(x)|\,dx < +\infty,$$

puisque f est supposée absolument intégrable sur $\mathbb{R}$.

(3) C'est le théorème de convergence dominée de Lebesgue qui permet de permuter la limite et l'intégrale, vérifions alors que les hypothèses de ce théorème sont satisfaites dans notre cas.

D'après ce qui précède les fonctions f_n sont intégrables et $|f_n| \leq |f|$, $\forall n \in \mathbb{N}^*$, avec $|f|$ intégrable sur $\mathbb{R}$ puisque $f \in L^1(\mathbb{R})$. Il reste à montrer que la suite $(f_n)_{n \in \mathbb{N}^*}$ converge simplement vers f sur $\mathbb{R}$ ou encore pour tout $x \in \mathbb{R}$, la suite numérique $(f_n(x))_{n \in \mathbb{N}^*}$ converge dans $\mathbb{R}$ vers $f(x)$.

En effet, soient $x \in \mathbb{R}$ et $p \in \mathbb{N}$, tel que $|x| \leq p$, pour tout $n \in \mathbb{N}^*$, $n \geq p$, on a $\rho_n(x) = 1$ car $|x| \leq n$ et par suite $f_n(x) = f(x)$ pour tout $n \geq p$. Autrement dit, x étant fixé, il existe $p \in \mathbb{N}$, tel que $|f_n(x) - f(x)| = 0$, pour tout $n \in \mathbb{N}^*$, $n \geq p$. C'est à dire que $f_n(x) \underset{n \to +\infty}{\longrightarrow} f(x)$ pour tout $x \in \mathbb{R}$. Le théorème de Lebesgue permet alors d'affirmer que

$$\lim_{n \to +\infty} \int_{\mathbb{R}} f_n(x)\,dx = \int_{\mathbb{R}} f(x)\,dx.$$

Exercice 3.10 *Soit Ω un ouvert de $\mathbb{R}^n$. Montrer que pour tout p tel que $1 < p < +\infty$, l'espace $\mathcal{D}(\Omega)$ est dense dans l'espace vectoriel normé $L^p(\Omega)$.*

Solution. Soit $u \in L^p(\Omega)$. On commence par approcher u par une suite de fonctions à valeurs dans $\mathbb{C}$, continue, à support compact. Pour ceci, on fait une série de réductions.

(1) On se ramène à u réelle en notant que, si u est mesurable et telle que $|u|^p \in L^1(\Omega)$, ses parties réelle et imaginaire ont ces mêmes propriétés. De plus, si $(u_j, v_j) \in (k(\Omega, \mathbb{R}))^2$ convergent vers $(\mathrm{Re}\, u, \mathrm{Im}\, u)$, alors $u_j + iv_j \to u$.

(2) On se ramène à u à valeurs positives. Soit $u = u^+ - u^-$. Si $u \in L^p(\Omega)$, il en est de mêrne de u^+ et de u^-. Soient $\left(u_j^{(1)}\right)_{j\in\mathbb{N}}$ et $\left(u_j^{(2)}\right)_{j\in\mathbb{N}}$ des suites de $k(\Omega, \mathbb{R})$, convergentes vers u^+ et u^- dans $L^p(\Omega)$. Alors $\left(u_j^{(1)} - u_j^{(2)}\right)_j \to u$ dans $L^p(\Omega)$.

(3) Soit u à valeurs positives. Alors $u^p \in L^1(\Omega)$. D'après ce qui a été admis, il existe une suite $(u_j)_{j\in\mathbb{N}}$ de fonctions continues et à supports compacts qui converge vers u^p dans $L^1(\Omega)$. En considérant u_j^+, on peut supposer que $u_j \geq 0$ presque partout et converge p.p. vers u^p.
On peut aussi supposer que (u_j) est dominée par un élément de $L^1(\Omega)$. Pour cela, comme dans la preuve de la complétude des espaces $L^p(\Omega)$, on extrait de $(u_j)_{j\in\mathbb{N}}$ une sous-suite $(u_{j_k})_{k\in\mathbb{N}}$ et on construit $u_0 = 0$ et $u_J = \sum_{k=1}^{J} (u_{j_{k+1}} - u_{j_k})$ de façon que $\left\{\|u_J\|_{L^1(\Omega)}\right\}$ soit majorée.
En conclusion, la suite $(u_J)_J$ qui est une suite de fonctions continues, converge presque partout vers u^p en restant dominée par la fonction $g = \sum_{k=0}^{+\infty} (u_{j_{k+1}} - u_{j_k})$, laquelle appartient à $L^1(\Omega)$. Ainsi, $\left(u_J^{1/p}\right)_J$ tend presque partout vers u et, pour presque tout x, on a :

$$\left|u_J^{1/p} - u\right|^p(x) \leq 2^{p-1}\left(\left|u_J^{p.1/p}\right| + |u^p|\right)(x) \leq 2^{p-1}(g + |u^p|)(x).$$

Donc, d'après le théorème de convergence dominée de Lebesgue, $u_J^{1/p} - u$ tend vers 0 dans $L^p(\Omega)$.
Soit maintenant ρ_ε une suite régularisante, une fonction $u \in L^p(\Omega)$, δ un réel strictement positif et φ une fonction continue à support compact dans Ω, telle que $\|u - \varphi\|_{L^p(\Omega)} < \delta$. Soit $\varepsilon > 0$ assez petit pour que l'on ait :

$$\left\|\rho_\varepsilon * \varphi - \varphi\right\|_{L^\infty(\Omega)} \leq \frac{\delta}{(|Supp\varphi| + 1)^{1/p}},$$

où $|Supp\varphi|$ désigne la mesure de Lebesgue du support de φ.

Comme $\rho_\varepsilon * \varphi \in \mathcal{D}(\Omega)$, la preuve est alors achevée grâce à :

$$\left\|u-\rho_\varepsilon * \varphi\right\|_{L^p(\Omega)} \leq \|u-\varphi\|_{L^p(\Omega)} + \left\|\varphi-\rho_\varepsilon * \varphi\right\|_{L^p(\Omega)} < 2\delta.$$

Notons que dans le cas de $\Omega = \mathbb{R}^n$, on a un résultat plus précis, à savoir :

$$\forall u \in L^p(\mathbb{R}^n), \ \left\|u * \rho_\varepsilon\right\|_{L^p(\mathbb{R}^n)} \leq \|u\|_{L^p(\mathbb{R}^n)}.$$

En effet, si q est le conjugué de p, on obtient alors par l'inégalité de Hölder,

$$\begin{aligned}
\left|u * \rho_\varepsilon(x)\right| &= \left|\int_{\mathbb{R}^n} u(y)\rho_\varepsilon(x-y)\,dy\right| \\
&\leq \left(\int_{\mathbb{R}^n} \rho_\varepsilon(x-y)\,dy\right)^{1/q} \left(\int_{\mathbb{R}^n} |u(y)|^p \rho_\varepsilon(x-y)\,dy\right)^{1/p} \\
&= \left(\int_{\mathbb{R}^n} |u(y)|^p \rho_\varepsilon(x-y)\,dy\right)^{1/p}.
\end{aligned}$$

On a donc par le théorème de Fubini,

$$\int_{\mathbb{R}^n} \left|u * \rho_\varepsilon(x)\right|^p dx \leq \int_{\mathbb{R}^n} |u(y)|^p \left(\int_{\mathbb{R}^n} \rho_\varepsilon(x-y)\,dx\right) dy \leq \int_{\mathbb{R}^n} |u(y)|^p = \|u\|^p_{L^p(\mathbb{R}^n)}.$$

Soient $\delta > 0$, et $\varphi \in k(\mathbb{R}^n)$ tels que $\|u-\varphi\|_{L^p(\mathbb{R}^n)} < \delta$. Soit aussi $\varepsilon_0 > 0$ assez petit pour que $\left\|\varphi - \rho_\varepsilon * \varphi\right\|_{L^p(\mathbb{R}^n)} < \delta$ pour $\varepsilon < \varepsilon_0$. Finalement, une majoration par l'inégalité triangulaire, fournit le résultat :

$$\left\|u-\rho_\varepsilon * u\right\|_{L^p(\mathbb{R}^n)} \leq \left\|\rho_\varepsilon * (u-\varphi)\right\|_{L^p(\mathbb{R}^n)} + \left\|\rho_\varepsilon * \varphi - \varphi\right\|_{L^p(\mathbb{R}^n)} + \|\varphi - u\|_{L^p(\mathbb{R}^n)} < 3\delta.$$

Il est clair que l'espace $\mathcal{D}(\Omega)$ n'est pas dense dans $L^\infty(\Omega)$ pour la norme $\|.\|_{L^\infty(\Omega)}$. Une telle densité impliquerait, en effet, la continuité de toute fonction de $L^\infty(\Omega)$.

4. Distribution sur un ouvert de $\mathbb{R}^n$

Une des idées de base de la théorie des distributions est de ne pas voir une fonction localement intégrable « ponctuellement » mais à partir de son action sur des fonctions test, cela explique comment l'espace de ces fonctions se plonge naturellement dans l'espace des distributions. Une autre motivation pour l'introduction de distributions a été la nécessité de définir des solutions non régulières ou « faibles » pour certaines équations aux dérivées partielles.

Un des intérêts de ce point de vue est que par dualité, on transpose un certain nombre d'opérations (la dérivation et autres) sur les fonctions-test et non sur la fonction a priori trop peu régulière pour que ces opérations puissent lui être licitement directement appliquées. La théorie des distributions est donc un cadre très général dans lequel on pourra dériver « au sens des distributions » des objets relativement pathologiques comme des mesures ou des fonctions singulières.

Ce chapitre introduit la notion de distribution sur un ouvert de $\mathbb{R}^n$ et fournit un certain nombre d'opérations naturelles : addition, translation, transposition, dérivation, multiplication par une fonction C^∞. On munit l'espace des distributions de la topologie faible, on décrit le support d'une distribution par le principe de recollement et on caractérise l'espace des distributions à support compact, on montre qu'il s'identifie au dual de l'espace des fonctions de classe C^∞.

4.1 Définitions et propriétés

Définition 4.1 Soit U un ouvert de $\mathbb{R}^n$. Une distribution sur U est une forme linéaire T de $\mathcal{D}(U)$ dans $\mathbb{C}$ telle que pour tout compact K inclus dans U, la restriction de T au sous-espace $\mathcal{D}(U,K)$ de $\mathcal{D}(U)$ est continue. Ainsi, T est une distribution sur U si l'application :

$$\begin{aligned} T : & \mathcal{D}(U) \longrightarrow \mathbb{C} \\ & \varphi \longmapsto T(\varphi) \end{aligned}$$

est linéaire et continue pour la topologie d'ELC de $\mathcal{D}(U)$.
D'une manière équivalente, T est une distribution sur U si T est forme linéaire sur $\mathcal{D}(U)$ et pour tout compact K inclus dans U, et pour toute suite $(\varphi_j)_{j\in\mathbb{N}}$ de $\mathcal{D}(U,K)$ telle que la suite des dérivées $(D^\alpha \varphi_j)_{j\in\mathbb{N}}$ converge uniformément vers 0 sur U, quelque soit $\alpha \in \mathbb{N}^n$, alors la suite des images $(T(\varphi_j))_{j\in\mathbb{N}}$ converge vers 0 dans $\mathbb{C}$.
Ou encore, $T(a\varphi + b\psi) = aT(\varphi) + bT(\psi)$, $\forall \varphi, \psi \in \mathcal{D}(U), \forall a, b \in \mathbb{C}$, et pour tout compact K inclus dans U, il existe $M_K > 0$, et $k_K \in \mathbb{N}$, tels que :

$$|T(\varphi)| \leq M_K \sum_{\alpha\in\mathbb{N}^n, |\alpha|\leq k_K} \sup_{x\in U} |D^\alpha \varphi(x)|, \ \forall \varphi \in \mathcal{D}(U,K).$$

Notation.

(1) En général, si T est une distribution sur U et $\varphi \in \mathcal{D}(U)$, on note : $T(\varphi) = \langle T, \varphi \rangle$.

(2) L'ensemble des distributions sur U est le dual topologique $\mathcal{D}'(U)$ de $\mathcal{D}(U)$.

(3) L'entier k_K intervenant dans la relation précédente dépend en général du compact K. Si par contre un même k est valable pour tous les compacts, on dit que la distribution T est d'ordre fini et le plus petit k qui apparait dans l'inégalité de continuité de T est appelé l'ordre de la distribution T. Une distribution peut être d'ordre infini : on peut construire un exemple à titre d'exercice. Dans des problèmes concrets, il est cependant rare que l'on rencontre de tels objets.

! $\mathcal{D}'(U)$ est un $\mathbb{C}$-espace vectoriel, sa topologie sera aisément exprimée via la convergence des suites de distributions.

Donnons quelques exemples usuels de distributions.

Exemple 4.1

1 Soit U un ouvert de $\mathbb{R}^n$ et μ une mesure de Radon sur U. Alors :

$$\mu(\alpha f + \beta g) = \alpha\mu(f) + \beta\mu(g),\ \forall f, g \in k(U), \forall\alpha, \beta \in \mathbb{C},$$

de plus, $\forall K$ compact de U, $\exists M_k > 0$, tel que :

$$|\mu(f)| \leq M_k \sup_{x\in K} |f(x)|.$$

Comme $\mathcal{D}(U) \subset k(U)$, $\mathcal{D}(U,K) \subset k(U,K)$, alors $\mu_K = \mu_{|\mathcal{D}(U,K)}$ est bien une distribution sur U, puisque μ_K est une forme linéaire sur $\mathcal{D}(U)$ satisfaisant :

$$|\mu(\varphi)| \leq M_k \|\varphi\|_0,\ \forall\varphi \in \mathcal{D}(U,K).$$

Par conséquent, les mesures de Radon sont des distributions d'ordre zéro.

2 Mesure, distribution de Dirac : Soient U un ouvert de $\mathbb{R}^n$ et $a \in U$. On définit l'application :

$$\begin{array}{rccl} \mu_a : & k(U) & \longrightarrow & \mathbb{C} \\ & \varphi & \longmapsto & \mu_a(\varphi) = \varphi(a), \end{array}$$

μ_a est la mesure de Dirac concentrée au point a. On note $\delta_a := \mu_{|\mathcal{D}(U)}$, alors δ_a est une distribution d'ordre 0 sur U, définie par :

$$< \delta_a, \varphi >= \mu_a(\varphi) = \varphi(a), \forall\varphi \in \mathcal{D}(U).$$

3 Soient U un ouvert de $\mathbb{R}^n$ et $f : U \longrightarrow C$ une fonction continue. On considère l'application suivante :

$$\begin{array}{rccl} \mu_f : & k(U) & \longrightarrow & \mathbb{C} \\ & \varphi & \longmapsto & \mu_f(\varphi) = \int_U f(x)\varphi(x)dx. \end{array}$$

μ_f est bien définie et linéaire sur $k(U)$. En effet, pour tout $\varphi, \psi \in k(U)$, $a, b \in C$, on a :

$$\left|\mu_f(\varphi)\right| = \left|\int_U f(x)\varphi(x)dx\right| \leq \int_U |f(x)||\varphi(x)|dx$$

$$\leq \sup_{x\in U}|\varphi(x)|\int_{Supp\varphi}|f(x)|dx < +\infty,$$

puisque $Supp\varphi$ est compact dans U et f est continue sur U, donc f est localement intégrable sur tout compact de U, et en particulier sur $Supp\varphi$,

$$\begin{aligned}\mu_f(a\varphi+b\psi) &= \int_U f(x)(a\varphi(x)+b\psi(x))dx \\ &= a\int_U f(x)\varphi(x)dx + b\int_U f(x)\psi(x)dx \\ &= a\mu_f(\varphi)+b\mu_f(\psi).\end{aligned}$$

μ_f est aussi continue sur $k(U)$, car pour tout compact K inclus dans U, on a :

$$|\mu_f(\varphi)| \leq M_K \sup_{x\in U}|\varphi(x)|, \ \forall\varphi\in k(U,K),$$

où $M_K = \int_K |f(x)|dx$. Ainsi, μ_f est une mesure de Radon sur U, et alors sa restriction à $\mathcal{D}(U)$:

$$\begin{array}{rccl}\mu_{f_{|\mathcal{D}(U)}} : & \mathcal{D}(U) & \longrightarrow & \mathbb{C} \\ & \varphi & \longmapsto & \mu_f(\varphi) = \int_U f(x)\varphi(x)dx\end{array}$$

est une distribution d'ordre 0 sur U. On note cette distribution par $\mu_{f_{|\mathcal{D}(U)}}$ ou T_f ou bien $[f]$, et on dit que c'est la distribution associée à la fonction continue f.

Il est simple de remarquer qu'on peut associer à toute fonction f localement intégrable sur U une distribution T_f.

Si $C(U)$ désigne l'espace des fonctions continues sur U à valeurs dans $\mathbb{C}$, en particulier $k(U) \subset C(U)$, et on a alors le théorème d'isomorphisme suivant :

Proposition 4.1 L'application de $C(U)$ dans $\mathcal{D}'(U)$ qui à f dans $C(U)$ fait correspondre la distribution T_f associée à f est linéaire injective.

Démonstration. Soit l'application :

$$\begin{array}{rcl} \phi : C(U) & \longrightarrow & \mathcal{D}'(U) \\ f & \longmapsto & \phi(f) = T_f, \end{array}$$

ϕ est linéaire de $C(U)$ dans $\mathcal{D}'(U)$. $\forall f, g \in C(U)$, $\forall a, b \in \mathbb{C}$, $\forall \varphi \in \mathcal{D}(U)$, on a :

$$\begin{aligned} \langle T_{af+bg}, \varphi \rangle &= \int_U (af(x) + bg(x))\varphi(x)dx \\ &= a \int_U f(x)\varphi(x)dx + b \int_U g(x)\varphi(x)dx \\ &= a\langle T_f, \varphi \rangle + b\langle T_g, \varphi \rangle \\ &= \langle aT_f + bT_g, \varphi \rangle. \end{aligned}$$

D'où :

$$T_{af+bg} = aT_f + bT_g.$$

ϕ est injective, c'est à dire si $\phi(f) = T_f = 0$, alors $f = 0$ sur U.

En effet, si $T_f = 0$, alors $< \phi(f), \varphi >= \int_U f(x)\varphi(x)dx = 0$, $\forall \varphi \in \mathcal{D}(U)$. Soit $\psi \in k(U)$, avec $K = Supp\psi$, $K \subset U$, il existe alors d'après la proposition 3.3 un compact K_0 inclus dans U, contenant K, et $(\psi_j)_{j \in \mathbb{N}}$ une suite dans $\mathcal{D}(U, K_0)$ convergeant uniformément vers ψ sur U. D'où :

$$\begin{aligned} \int_U f(x)\psi(x)dx &= \int_{K_0} f(x)\psi(x)dx = \int_{K_0} f(x) \lim_{j \to +\infty} \psi_j(x)dx \\ &= \lim_{j \to +\infty} \int_{K_0} f(x)\psi_j(x)dx = \lim_{j \to +\infty} \int_U f(x)\psi_j(x)dx \\ &= \lim_{j \to +\infty} \langle T_f, \psi_j \rangle = 0. \end{aligned}$$

Ainsi, pour toute fonction $\psi \in k(U)$, $\int_U f(x)\psi(x)dx = 0$ et f étant continue sur U, alors $f \equiv 0$ sur U. □

$\phi(C(U)) \subsetneq \mathcal{D}'(U)$. Autrement dit, l'application ϕ n'est pas surjective.
En effet, soient $U = \mathbb{R}^n$, $\alpha_0 \in \mathbb{N}^n$ tel que $|\alpha_0| = k_0 \in \mathbb{N}^*$ et

$$\begin{aligned} T \ : \ \mathcal{D}(\mathbb{R}^n) &\longrightarrow \mathbb{C} \\ \varphi &\longmapsto \langle T, \varphi \rangle = (D^{\alpha_0}\varphi)(0). \end{aligned}$$

T est bien une distribution sur $\mathbb{R}^n$. Cependant, T n'est pas la restriction d'une mesure de Radon. En effet, pour tout $\varphi \in \mathcal{D}(\mathbb{R}^n)$, on a :

$$|\langle T, \varphi \rangle| = |(D^{\alpha_0}\varphi)(0)| \leq \sup_{x\in\mathbb{R}^n} |D^{\alpha_0}\varphi(x)| \leq \sum_{\substack{\alpha\in\mathbb{N}^n \\ |\alpha|\leq k_0}} \sup_{x\in\mathbb{R}^n} |D^{\alpha}\varphi(x)|,$$

$T \in \mathcal{D}'(\mathbb{R}^n)$, T est d'ordre $k_0 \in \mathbb{N}^*$ ($k_0 \neq 0$). Par suite, T ne pourra pas être associée à une fonction continue.

Par conséquent, l'injection ϕ permet d'identifier $C(U)$ au sous-espace vectoriel $\phi(C(U))$ de $\mathcal{D}'(U)$, dans ce sens les fonctions continues peuvent être considérées comme des distributions particulières.

Exemple 4.2

1 Si $f \in L^1_{loc}(U)$ (espace des fonctions localement intégrables sur U ou bien intégrables sur tout compact de U), alors $T_f \in \mathcal{D}'(U)$.

2 La fonction de Heaviside (également fonction échelon unité, fonction marche d'escalier), est la fonction indicatrice de $\mathbb{R}_+ = [0, +\infty[$:

$$H(x) = \begin{cases} 1 \text{ si } x \geq 0, \\ 0 \text{ si } x < 0. \end{cases}$$

est une fonction localement intégrable sur $\mathbb{R}$, elle définie alors une distribution sur $\mathbb{R}$, notée H, appelée également la distribution de Heaviside.

3 Soit $L^2(U)$, l'espace de Hilbert des fonctions à carré sommable sur U : $\int_U |f(x)|^2\, dx < +\infty$, muni du produit scalaire naturel :

$$\langle f, g \rangle_{L^2(U)} = \int_U f(x)\overline{g(x)}dx,$$

et de la norme banachique $\|f\|_{L^2} = \left(\int_U |f(x)|^2\,dx\right)^{1/2}$. Alors, si $f \in L^2(U)$ on a $[f] \in \mathcal{D}'(U)$.
En effet, on vérifie grâce à l'inégalité de Cauchy-Shwarz dans $L^2(U)$, que $[f]$ est bien définie et qu'elle est continue sur $\mathcal{D}(U)$ puisque la linéarité de $[f]$ est automatique.
Comme $\mathcal{D}(U) \subset L^2(U)$, on a pour tout $\varphi \in \mathcal{D}(U)$:

$$\begin{aligned} |\langle [f], \varphi\rangle| &= \left|\int_U f(x)\varphi(x)dx\right| = \left|\langle f, \overline{\varphi}\rangle_{L^2(U)}\right| \leq \|f\|_{L^2}\|\varphi\|_{L^2} \\ &\leq \|f\|_{L^2}\sqrt{\lambda(Supp\varphi)}\sup_{x\in U}|\varphi(x)| < +\infty, \end{aligned}$$

et pour tout K compact inclus dans U et $\varphi \in \mathcal{D}(U,K)$:

$$|\langle [f], \varphi\rangle| \|f\|_{L^2}\sqrt{\lambda(K)}\|\varphi\|_0,$$

où λ est la mesure de Lebesgue sur $\mathbb{R}^n$.
On a donc :

$$\mathcal{D}(U) \subset k(U) \subset L^1_{loc}(U) \subset \mathcal{D}'(U).$$

4 La distribution "Valeur principale"
Considérons la fonction $x \longmapsto \frac{1}{x}$ définie de $\mathbb{R}^*$ dans $\mathbb{R}$. Cette fonction n'est pas localement intégrable sur $\mathbb{R}$, mais elle l'est sur $\mathbb{R}^*$. Nous allons voir comment exprimer la distribution de cette fonction définie sur $\mathbb{R}$.
Par définition, posons pour toute fonction test $\varphi \in \mathcal{D}(\mathbb{R})$:

$$\left\langle vp\left(\frac{1}{x}\right), \varphi\right\rangle = \lim_{\varepsilon\to 0^+}\int_{|x|\geq\varepsilon}\frac{\varphi(x)}{x}dx = \lim_{\varepsilon\to 0^+}\int_{\varepsilon}^{+\infty}\frac{\varphi(x)-\varphi(-x)}{x}dx.$$

Cette limite existe, elle est appelée valeur principale de Cauchy de l'intégrale $\displaystyle\int_{-\infty}^{+\infty}\frac{\varphi(x)}{x}dx$.

En effet, soit $\varphi \in \mathcal{D}(\mathbb{R})$, et soit $a > 0$ tel que $Supp\varphi \subset [-a,a]$. En utlisant le développement de Taylor de φ, on peut écrire :

$$\begin{aligned} \varphi(x) &= \varphi(0) + x\psi(x),\ \forall x \in \mathbb{R}, \\ \psi(x) &= \begin{cases} \frac{\varphi(x)-\varphi(0)}{x} \text{ si } x \in \mathbb{R}^* \\ \varphi'(0) \text{ si } x = 0. \end{cases} \end{aligned}$$

$\psi(x)$ est une fonction continue sur $\mathbb{R}$, en fait $\psi(x) = \varphi'(\theta x)$, $0 < \theta < 1$. Puisque $\varepsilon \to 0^+$, on prend $\varepsilon < a$, on a alors :

$$\begin{aligned}
\int_{|x|\geq\varepsilon} \frac{\varphi(x)}{x}dx &= \int_{\varepsilon\leq|x|\leq a} \frac{\varphi(x)}{x}dx = \int_{-a}^{-\varepsilon} \frac{\varphi(x)}{x}dx + \int_{\varepsilon}^{a} \frac{\varphi(x)}{x}dx \\
&= \int_{-a}^{-\varepsilon} \frac{\varphi(x)-\varphi(0)}{x}dx + \int_{\varepsilon}^{a} \frac{\varphi(x)-\varphi(0)}{x}dx \\
&+\varphi(0)\int_{-a}^{-\varepsilon} \frac{dx}{x} + \varphi(0)\int_{\varepsilon}^{a} \frac{dx}{x} \\
&= \int_{-a}^{-\varepsilon} \psi(x)dx + \int_{\varepsilon}^{a} \psi(x)dx + \varphi(0)\,[\ln|x|]_{-a}^{-\varepsilon} + \varphi(0)\,[\ln|x|]_{\varepsilon}^{a} \\
&= \int_{-a}^{-\varepsilon} \psi(x)dx + \int_{\varepsilon}^{a} \psi(x)dx,
\end{aligned}$$

et puisque $\psi(x)$ est continue en $x = 0$,

$$\lim_{\varepsilon\to 0^+} \int_{|x|\geq\varepsilon} \frac{\varphi(x)}{x}dx = \int_{-a}^{a} \psi(x)dx$$

est une intégrale finie.

$$\left\langle vp\left(\frac{1}{x}\right), \varphi\right\rangle = \int_{-a}^{a} \psi(x)dx, \quad \varphi \in \mathcal{D}(\mathbb{R}).$$

Il est clair que $vp\left(\frac{1}{x}\right)$ est bien définie et linéaire sur $\mathcal{D}(\mathbb{R})$. Montrons que $vp\left(\frac{1}{x}\right)$ est continue sur $\mathcal{D}(\mathbb{R})$. Soit K un compact de $\mathbb{R}$, il existe alors $a(K) > 0$, tel que $K \subset [-a(K), a(K)]$. Ainsi pour tout $\varphi \in \mathcal{D}(\mathbb{R}, K)$, $Supp\varphi \subset [-a(K), a(K)]$ et on a :

$$\left|\left\langle vp\left(\frac{1}{x}\right), \varphi\right\rangle\right| = \left|\int_{-a(K)}^{a(K)} \psi(x)dx\right| = \left|\int_{-a(K)}^{a(K)} \varphi'(\theta x)dx\right| \leq 2a(K)\sup_{x\in\mathbb{R}}|\varphi'(x)|.$$

On en déduit que $vp\left(\frac{1}{x}\right)$ est une distribution d'ordre 1, sur $\mathbb{R}$.

5 La distribution "Partie finie"

On montre à l'aide du développement de Taylor à l'ordre 2 que l'application :

$$\mathcal{D}(\mathbb{R}) \ni \varphi \longmapsto \left\langle Pf\left(\frac{1}{x^2}\right), \varphi \right\rangle = \lim_{\varepsilon \to 0^+} \left(\int_{|x| \geq \varepsilon} \frac{\varphi(x)}{x^2} dx - 2\frac{\varphi(0)}{\varepsilon} \right)$$

est une distribution d'ordre 2, sur $\mathbb{R}$ appelée la partie finie de $\frac{1}{x^2}$.

4.2 Support d'une distribution

L'ordre et la notion de support support jouent un rôle important dans l'étude et la classification des distributions. La possibilité de définir une notion simple et efficace de support est l'une des raisons du succès des distributions.

Définition 4.2 Soit U un ouvert de $\mathbb{R}^n$. S est une distribution sur U et ω un ouvert inclus dans U. On dit que la restriction de S à ω est identiquement nulle, et on note $S_{|\omega} = 0$, si pour tout $\varphi \in \mathcal{D}(U)$, telle que $Supp\varphi \subset \omega$, on ait $\langle S, \varphi \rangle = 0$. On dit aussi dans ce cas que ω est un ouvert d'annulation de la distribution S.

Proposition 4.2 Soient U un ouvert de $\mathbb{R}^n$, et $(\omega_j)_{j\in J}$ une famille d'ouverts inclus dans U, on note $\omega = \bigcup_{j\in J} \omega_j$. Si $S \in \mathcal{D}'(U)$ telle que $S_{|\omega_j} = 0$, $\forall j \in J$, alors $S_{|\omega} = 0$.

Démonstration. Soit $\varphi \in \mathcal{D}(U)$ telle que $Supp\varphi \subset \omega$, montrons que $\langle S, \varphi \rangle = 0$. $Supp\varphi \subset \omega = \bigcup_{j\in J} \omega_j$, donc les $(\omega_j)_{j\in J}$ forment un recouvrement ouvert de $Supp\varphi$ qui est compact dans U.

On peut alors en extraire un sous-recouvrement fini $\left\{\omega_{j_1}, ..., \omega_{j_p}\right\}$ de $(\omega_j)_{j\in J}$:

$$Supp\varphi \subset \bigcup_{k=1}^{p} \omega_{j_k} \subset U.$$

A ce recouvrement fini on applique le théorème de partition de l'unité dans $\mathcal{D}(U)$, ce qui nous fournit p fonctions $\phi_{j_1},...,\phi_{j_p}$ dans $\mathcal{D}_+(U)$, vérifiant :

$$\begin{aligned} Supp\phi_{j_k} &\subset \omega_{j_k},\ k \in \{1,...,p\}, \\ \sum_{k=1}^{p} \phi_{j_k} &= 1 \text{ sur } Supp\varphi. \end{aligned}$$

Par conséquent,

$$\varphi = \varphi \sum_{k=1}^{p} \phi_{j_k} = \sum_{k=1}^{p} \varphi\phi_{j_k} \text{ sur } U,$$

$$\varphi\phi_{j_k} \in \mathcal{D}(U), \text{ et } Supp\varphi\phi_{j_k} \subset \omega_{j_k},\ k \in \{1,...,p\}.$$

Donc :

$$\langle S, \varphi \rangle = \left\langle S, \sum_{k=1}^{p} \varphi\phi_{j_k} \right\rangle = \sum_{k=1}^{p} \langle S, \varphi\phi_{j_k} \rangle = 0,$$

car $Supp(\varphi\phi_{j_k}) \subset Supp\varphi \bigcap Supp\phi_{j_k} \subset Supp\phi_{j_k} \subset \omega_{j_k}$ et $\langle S, \varphi\phi_{j_k} \rangle = 0$ par hypothèse. □

Si $S \in \mathcal{D}'(U)$, appelons ω la réunion de tout les ouverts $\omega_j \subset U$ tels que $S_{|\omega_j} = 0$. On dit que ω est le plus grand ouvert d'annulation de S ou encore où $S_{|\omega} = 0$.

Définition 4.3 (Support d'une distribution) Soient U un ouvert de $\mathbb{R}^n$ et $S \in \mathcal{D}'(U)$. On appelle support de la distribution S et on note $SuppS$, le complémentaire du plus grand ouvert ω de U tel que $S_{|\omega} = 0$.

Conséquences immédiates :

Voilà quelques propriétés du support d'une distribution $S \in \mathcal{D}'(U)$ qui sont faciles à obtenir directement de la définition du support.

(1) $SuppS$ est toujours fermé dans U.

(2) $x \in SuppS$ si et seulement si pour tout V ouvert inclus dans U contenant x, il existe $\varphi \in \mathcal{D}(U)$ tel que $Supp\varphi \subset V$ et $\langle S, \varphi \rangle \neq 0$.
En effet,

$$x \in SuppS \Leftrightarrow x \notin \omega,$$

où ω est le plus grand ouvert d'annulation de S. Soit V un ouvert contenant x, et inclus dans U, supposons que pour tout $\varphi \in \mathcal{D}(U,V)$ (ie $\varphi \in \mathcal{D}(U)$ et $Supp\varphi \subset V$), on ait $< S, \varphi >= 0$. Dans ce cas, $S_{|V} = 0$, et alors V est un ouvert d'annulation de S, $x \in V \subset \omega$ donc $x \in \omega = U \setminus SuppS$. Ainsi, le résultat s'obtient par négation.

(3)

$$x \notin SuppS \Leftrightarrow \exists V \text{ voisinage ouvert de } x \text{ tel que } \langle S, \varphi \rangle = 0,\ \forall \varphi \in \mathcal{D}(U,V).$$

(4) Soit $A \subset U$,

$$SuppS \subset A \Longleftrightarrow S \equiv 0 \text{ dans } \mathbb{R}^n \backslash A.$$

Exemple 4.3

1 $Supp\delta_a = \{a\}$.
Montrons d'abord que $a \in supp\delta_a$. Soit V un ouvert de $\mathbb{R}^n$ contenant a, $a \in V$, donc il existe $\alpha > 0$, tel que $\overline{B(a,\alpha)} \subset V$ où $\overline{B(a,\alpha)}$ est la boule fermée de centre a et de rayon α. Soit la fonction :

$$\varphi(x) = \begin{cases} \exp(\frac{1}{\|x-a\|^2-\alpha^2}) & \text{si} \quad \|x-a\| < \alpha \\ 0 & \text{si} \quad \|x-a\| \geq \alpha. \end{cases}$$

En particulier, $\varphi \in \mathcal{D}(\mathbb{R}^n)$, $Supp\varphi \subset \overline{B(a,\alpha)} \subset V$, et

$$\langle \delta_a, \varphi \rangle = \varphi(a) = e^{-1/\alpha^2} > 0,$$

donc $a \in supp\delta_a$.
Inversement, vérifions que $Supp\delta_a \subset \{a\}$, ou bien si $x \in \mathbb{R}^n$ $x \neq a$ alors $x \notin Supp\delta_a$.
Comme $\mathbb{R}^n$ est séparé, il existe un ouvert V de $\mathbb{R}^n$ contenant x et $a \notin V$, alors :

$$\forall \varphi \in \mathcal{D}(U,V),\ \langle \delta_a, \varphi \rangle = \varphi(a) = 0,$$

d'où $x \notin Supp\delta_a$.

2 Si f est une fonction continue de U dans $\mathbb{C}$, alors le support de f autant que fonction et le support de f autant que distribution coïncident, c'est à dire $SuppT_f = Suppf$.
On montre que $U \backslash (Suppf) = U \backslash (SuppT_f)$.

(i) $U\backslash(Suppf) \subset U\backslash(SuppT_f)$. Pour établir cette première inclusion il suffit de vérifier que $U\backslash(Suppf)$ est un ouvert d'annulation de la distribution T_f.
En effet, $\forall\varphi \in \mathcal{D}(U)$, telle que $Supp\varphi \subset U\backslash(Suppf)$, ou bien $Supp\varphi \bigcap Suppf = \emptyset$, on a :

$$\langle T_f, \varphi\rangle = \int_U f(x)\varphi(x)dx = \int_U 0dx = 0,$$

car $Supp(f\varphi) \subset Suppf \bigcap Supp\varphi = \emptyset$ et alors $f(x)\varphi(x) = 0, \forall x \in U$.

(ii) $U\backslash(SuppT_f) \subset U\backslash(Suppf)$. Soit $x \in U\backslash(SuppT_f)$ donc $x \notin SuppT_f$, ainsi il existe V un ouvert inclus dans U, $x \in V$, tel que $\langle T_f, \varphi\rangle = 0$, $\forall\varphi \in \mathcal{D}(U,V)$. D'où :

$$\int_V f(y)\varphi(y)dy = 0, \ \forall\varphi \in \mathcal{D}(U,V),$$

et alors $f(y) = 0$, $\forall y \in V$. Par conséquent, $x \notin Suppf$.

Proposition 4.3 Soient $S \in \mathcal{D}'(U)$ et $\varphi \in \mathcal{D}(U)$ telles que $SuppS \bigcap Supp\varphi = \emptyset$, alors $\langle S, \varphi\rangle = 0$.

Démonstration. Si $SuppS \bigcap Supp\varphi = \emptyset$, alors $Supp\varphi$ est contenu dans le complémentaire du support de la distribution S, donc pour tout $x \in Supp\varphi$, il existe un voisinage ouvert V_x de x dans U, tel que $\langle S, \psi\rangle = 0$, $\forall\psi \in \mathcal{D}(U,V)$. Alors :

$$Supp\varphi \subset \bigcup_{x \in Supp\varphi} V_x,$$

comme $Supp\varphi$ est compact, on peut donc le couvrir par un nombre fini de voisinages V_x, ainsi il existe un nombre fini de points $x_1, ..., x_p$ du support de φ tels que :

$$Supp\varphi \subset \bigcup_{i=1}^{p} V_{x_i}.$$

Soit $\{\phi_i : 1 \leq i \leq p\}$ une partition de l'unité relative au recouvrement

$\{V_{x_i} : 1 \leq i \leq p\}$ de $Supp\varphi$, c'est à dire :

$$\phi_i \in \mathcal{D}_+(U, V_{x_i}),\ i \in \{1, ..., p\} \text{ et } \sum_{i=1}^{p} \phi_i(x) = 1,\ \forall x \in Supp\varphi.$$

On a alors :

$$\varphi(x) = \sum_{i=1}^{p} \varphi(x)\phi_i(x),\ \forall x \in U,$$

et donc

$$\langle S, \varphi \rangle = \left\langle S, \sum_{i=1}^{p} \varphi\phi_i \right\rangle = \sum_{i=1}^{p} \langle S, \varphi\phi_i \rangle = 0,$$

car $Supp(\varphi\phi_i) \subset Supp\varphi \cap Supp\phi_i \subset V_{x_i}$ et $\varphi\phi_i \in \mathcal{D}(U, V_{x_i}) \subset \mathcal{D}(U, V)$, pour tout $i \in \{1, ..., p\}$. □

4.3 Théorème de recollement des distributions

Restriction d'une distribution Soient U un ouvert de $\mathbb{R}^n$, S une distribution sur U et ω un ouvert inclus dans U. On veut définir à partir de S une distribution sur l'ouvert ω, c'est à dire une application linéaire continue de $\mathcal{D}(\omega)$ dans $\mathbb{C}$. On procède de la manière suivante, pour toute fonction test $\varphi \in \mathcal{D}(\omega)$, on prolonge φ par 0 en une fonction $\widetilde{\varphi}$ définie sur U par :

$$\widetilde{\varphi}(x) = \begin{cases} \varphi(x) & \text{si} \quad x \in \omega \\ 0 & \text{si} \quad x \in U \backslash \omega, \end{cases}$$

$\widetilde{\varphi} = \varphi$ est de classe C^∞ sur ω, de plus $\widetilde{\varphi} = 0$ est de classe C^∞ sur $U \backslash Supp\varphi$, donc $\widetilde{\varphi}$ est de classe C^∞ sur $\omega \bigcup (U \backslash Supp\varphi) = U$. D'autre part,

$$Supp\widetilde{\varphi} = Supp\varphi \subset \omega,$$

et alors $\widetilde{\varphi} \in \mathcal{D}(U, \omega)$.

On définit naturellement la restriction de S à l'ouvert ω par :

$$\begin{aligned} S_{|\omega} \ : \ & \mathcal{D}(\omega) \longrightarrow \mathbb{C} \\ & \varphi \longmapsto \langle S_{|\omega}, \varphi \rangle = \langle S, \widetilde{\varphi} \rangle. \end{aligned}$$

$S_{|\omega}$ est bien une distribution sur ω, appelée la restriction de S à ω.
Remarquons qu'à partir de cette définition, on retrouve la définition d'une distribution S nulle sur un ouvert ω inclus dans U, introduite au paragraphe précédent.

Théorème 4.1 (Théorème de recollement des distributions) Soient U un ouvert de $\mathbb{R}^n$ et $(U_i)_{i\in I}$ une famille d'ouverts recouvrant U. Pour tout $i \in I$, on se donne une distribution S_i sur l'ouvert U_i, telle que :

$$S_{i|U_i\cap U_j} = S_{j|U_i\cap U_j}, \ \forall i,j \in I \text{ où } U_i \cap U_j \neq \emptyset.$$

Il existe alors une distribution unique S sur U, telle que :

$$S_{|U_i} = S_i, \ \forall i \in I.$$

Démonstration. **Unicité.** Supposons qu'il existe une distribution S sur U, telle que $S_{|U_i} = S_i$, $\forall i \in I$. Soit $\varphi \in \mathcal{D}(U)$, $K = Supp\varphi$ un compact inclus dans U et $U_{i_1},...,U_{i_p}$ des ouverts de U recouvrant K. Si $\phi_{i_1},...,\phi_{i_p}$ est une partition de l'unité subordonnée au recouvrement $U_{i_1},...,U_{i_p}$ de K, alors :

$$\varphi = \varphi \sum_{k=1}^{p} \phi_{i_k} = \sum_{k=1}^{p} \varphi\phi_{i_k},$$

$$\langle S,\varphi\rangle = \sum_{k=1}^{p} \left\langle S,\varphi\phi_{i_k}\right\rangle,$$

$$Supp\left(\varphi\phi_{i_k}\right) \subset U_{i_k},\ k \in \{1,...,p\}.$$

Comme $S_{|U_{i_k}} = S_{i_k}$, on a :

$$\left\langle S,\varphi\phi_{i_k}\right\rangle = \left\langle S_{i_k},\varphi\phi_{i_k}\right\rangle,\ k \in \{1,...,p\},$$

d'où :

$$\langle S,\varphi\rangle = \sum_{k=1}^{p} \left\langle S_{i_k},\varphi\phi_{i_k}\right\rangle,$$

c'est à dire si S existe, elle est forcément unique donnée par l'expression précédente.

Existence. On définit S sur $\mathcal{D}(U)$ par :

$$\langle S,\varphi\rangle = \sum_{k=1}^{p} \left\langle S_{i_k},\varphi\phi_{i_k}\right\rangle,\ \forall \varphi \in \mathcal{D}(U).$$

Vérifions que cette définition ne dépend ni du recouvrement $\left\{U_{i_1},...,U_{i_p}\right\}$ de $Supp\varphi$ ni de la partition de l'unité $\left\{\phi_{i_1},...,\phi_{i_p}\right\}$ subordonnée. Pour cela considérons $\left\{V_{j_1}, \ldots, V_{j_q}\right\}$ un autre recouvrement de $Supp\varphi$ et $\left\{\psi_{j_1}, \ldots, \psi_{j_q}\right\}$ une partition de l'unité subordonnée à ce second recouvrement de $Supp\varphi$. Montrons alors que :

$$\sum_{k=1}^{p} \left\langle S_{i_k}, \varphi\phi_{i_k} \right\rangle = \sum_{l=1}^{q} \left\langle S_{j_l}, \varphi\psi_{j_l} \right\rangle.$$

En effet,

$$\left\langle S_{i_k}, \varphi\phi_{i_k} \right\rangle = \left\langle S_{i_k}, \varphi\phi_{i_k} \sum_{l=1}^{q} \psi_{j_l} \right\rangle = \sum_{l=1}^{q} \left\langle S_{i_k}, \varphi\phi_{i_k}\psi_{j_l} \right\rangle,$$

$$\sum_{k=1}^{p} \left\langle S_{i_k}, \varphi\phi_{i_k} \right\rangle = \sum_{k=1}^{p} \sum_{l=1}^{q} \left\langle S_{i_k}, \varphi\phi_{i_k}\psi_{j_l} \right\rangle.$$

D'autre part,

$$\left\langle S_{j_l}, \varphi\psi_{j_l} \right\rangle = \left\langle S_{j_l}, \varphi\psi_{j_l} \sum_{k=1}^{p} \phi_{i_k} \right\rangle = \sum_{k=1}^{p} \left\langle S_{j_l}, \varphi\psi_{j_l}\phi_{i_k} \right\rangle,$$

$$\sum_{l=1}^{q} \left\langle S_{j_l}, \varphi\psi_{j_l} \right\rangle = \sum_{l=1}^{q} \sum_{k=1}^{p} \left\langle S_{j_l}, \varphi\psi_{j_l}\phi_{i_k} \right\rangle.$$

Or,

$$S_{j_l|U_{j_l}\cap U_{i_k}} = S_{i_k|U_{j_l}\cap U_{i_k}} \text{ et } Supp\left(\varphi\phi_{i_k}\psi_{j_l}\right) \subset U_{i_k} \cap U_{j_l}$$

d'où,

$$\left\langle S_{i_k}, \varphi\phi_{i_k}\psi_{j_l} \right\rangle = \left\langle S_{j_l}, \varphi\psi_{j_l}\phi_{i_k} \right\rangle,$$

et alors :

$$\left\langle S_{i_k}, \varphi\phi_{i_k} \right\rangle = \left\langle S_{j_l}, \varphi\psi_{j_l} \right\rangle, \ \forall k \in \{1, \ldots, p\}, \ l \in \{1, \ldots, q\}.$$

Par conséquent S est définie par :

$$\langle S, \varphi \rangle = \sum_{k=1}^{p} \left\langle S_{i_k}, \varphi\phi_{i_k} \right\rangle, \ \varphi \in \mathcal{D}(U),$$

où $\left\{\phi_{i_1}, \ldots, \phi_{i_p}\right\}$ est une partition quelconque de l'unité subordonnée à un recouvrement quelconque de $Supp\varphi$.

Cette définition est cohérente, de plus S est linéaire sur $\mathcal{D}(U)$ vérifiant :

$$\forall i \in I, \ \forall \varphi \in \mathcal{D}(U_i), \ \left\langle S_{|U_i}, \varphi \right\rangle = \left\langle S, \widetilde{\varphi} \right\rangle = \langle S_i, \varphi \rangle,$$

où $\widetilde{\varphi}$ est le prolongement par 0 à l'extérieur de U_i de φ sur U.
Il reste à montrer que $S \in \mathcal{D}'(U)$. Soit K un compact inclus dans U et soit $\varphi \in \mathcal{D}(U,K)$, alors :

$$|\langle S,\varphi\rangle| = \left|\sum_{k=1}^{p}\langle S_{i_k},\varphi\phi_{i_k}\rangle\right| \leq \sum_{k=1}^{p}|\langle S_{i_k},\varphi\phi_{i_k}\rangle|.$$

En utilisant le fait que S_{i_k} est une distribution, il existe alors une constante $M_{i_k}(K)>0$ et un entier naturel $L_{i_k}(K)$ tels que :

$$\left|\langle S_{i_k},\varphi\phi_{i_k}\rangle\right| \leq M_{i_k}(K)\sum_{\alpha\in\mathbb{N}^n,|\alpha|\leq L_{i_k}(K)}\sup_{x\in U}\left|D^{\alpha}(\varphi\phi_{i_k})\right|$$

par la formule de Leibniz, on a aussi :

$$\left|\langle S_{i_k},\varphi\phi_{i_k}\rangle\right| \leq M_{i_k}(K)\sum_{\alpha\in\mathbb{N}^n,|\alpha|\leq L_{i_k}(K)}\sum_{\beta\leq\alpha}C_{\alpha}^{\beta}\sup_{x\in U}\left|D^{\beta}\varphi(x)\right|\sup_{x\in U}\left|D^{\alpha-\beta}\phi_{i_k}(x)\right|.$$

Par conséquent,

$$\begin{aligned}|\langle S,\varphi\rangle| &\leq \sum_{k=1}^{p}M_{i_k}(K)\sum_{\alpha\in\mathbb{N}^n,|\alpha|\leq L_{i_k}(K)}\sum_{\beta\leq\alpha}C_{\alpha}^{\beta}\sup_{x\in U}\left|D^{\beta}\varphi(x)\right|\sup_{x\in U}\left|D^{\alpha-\beta}\phi_{i_k}(x)\right| \\ &\leq \sum_{k=1}^{p}M_{i_k}(K)\sum_{\alpha\in\mathbb{N}^n,|\alpha|\leq L_{i_k}(K)}A_{\alpha,i_k}\sum_{\beta\leq\alpha}C_{\alpha}^{\beta}\sup_{x\in U}\left|D^{\beta}\varphi(x)\right|\end{aligned}$$

où $A_{\alpha,i_k} = \sup_{\beta\leq\alpha}C_{\alpha}^{\beta}\sup_{x\in U}\left|D^{\alpha-\beta}\phi_{i_k}(x)\right|$. En notant

$$\begin{aligned}L &= L(K) = \max\left\{L_{i_k}(K) : k\in\{1,\dots,p\}\right\}, \\ A &= A(K) = \max\left\{A_{\alpha,i_k} : |\alpha|\leq L,\ k\in\{1,\dots,p\}\right\}, \\ M &= M(K) = \max\left\{M_{i_k}(K) : k\in\{1,\dots,p\}\right\},\end{aligned}$$

on a finalement :

$$|\langle S,\varphi\rangle| \leq ApM\sum_{\alpha\in\mathbb{N}^n,|\alpha|\leq L}\sum_{\beta\leq\alpha}\sup_{x\in U}\left|D^{\beta}\varphi(x)\right|,$$

soit C_{β} le nombre de multi-indices β les que $\beta\leq\alpha$ et $C = \max\left\{C_{\beta} : |\beta|\leq L\right\}$, alors :

$$|\langle S,\varphi\rangle| \leq ApM\sum_{\beta\in\mathbb{N}^n,|\beta|\leq L}C_{\beta}\sup_{x\in U}\left|D^{\beta}\varphi(x)\right| \leq ApMC\sum_{\beta\in\mathbb{N}^n,|\beta|\leq L}\sup_{x\in U}\left|D^{\beta}\varphi(x)\right|.$$

□

4.4 Opérations sur les distributions

Dans cette section, on va passer en revue toutes les opérations principales sur les distributions. Certaines seront très faciles par construction des distributions, d'autres demanderont certaines précautions, d'autres encore seront quasiment impossibles comme le produit des distributions.

4.4.1 Addition, soustraction, multiplication par un scalaire

Les distributions étant définies comme des formes linéaires, on peut les additionner, les soustraire, ou les multiplier par un scalaire, sans rencontrer aucune difficulté.
Soient $S, T \in \mathcal{D}'(U)$, U un ouvert de $\mathbb{R}^n$ et $\lambda \in \mathbb{C}$, alors $S \pm T$ et λS sont aussi des distributions sur U définies pour tout $\varphi \in \mathcal{D}(U)$ par :

$$\begin{aligned} \langle S \pm T, \varphi \rangle &= \langle S, \varphi \rangle \pm \langle T, \varphi \rangle, \\ \langle \lambda S, \varphi \rangle &= \langle S, \lambda \varphi \rangle = \lambda \langle S, \varphi \rangle. \end{aligned}$$

Il est clair que d'après ce qui précède on vient de munir l'espace des distributions $\mathcal{D}'(U)$ sur l'ouvert U de $\mathbb{R}^n$, d'une structure d'espace vectoriel sur $\mathbb{C}$.

4.4.2 La translatée d'une distribution

Notons que pour une fonction f localement intégrable sur $\mathbb{R}^n$ et $a \in \mathbb{R}^n$, on a :

$$\int_{\mathbb{R}^n} f(x-a)\varphi(x)dx = \int_{\mathbb{R}^n} f(x)\varphi(x+a)dx, \ \forall \varphi \in \mathcal{D}(\mathbb{R}^n)$$

via le changement de variable $y = x - a$. Cette expression peut être facilement étendue aux distributions.
Si $S \in \mathcal{D}'(\mathbb{R}^n)$, on définit la translatée S_a de la distribution S de vecteur $a \in \mathbb{R}^n$, par :

$$\langle S_a, \varphi(x) \rangle = \langle S, \varphi(x+a) \rangle, \ \forall \varphi \in \mathcal{D}(\mathbb{R}^n).$$

S_a est bien une distribution sur $\mathbb{R}^n$.

Exemple 4.4 La translatée de la valeur principale de Cauchy de $\frac{1}{x}$ est la valeur principale de $\frac{1}{x-a}$.

4.4.3 Transposition

Soit f une fonction localement intégrable de $\mathbb{R}^n$ sur $\mathbb{C}$, cherchons la distribution associée à la fonction $\widehat{f}(x) = f(-x)$. On a pour tout $\varphi \in \mathcal{D}(\mathbb{R}^n)$:

$$\left\langle T_{\widehat{f}}, \varphi \right\rangle = \int_{\mathbb{R}^n} \widehat{f}(x)\varphi(x)dx = \int_{\mathbb{R}^n} f(-x)\varphi(x)dx = \int_{\mathbb{R}^n} f(x)\varphi(-x)dx = \int_{\mathbb{R}^n} f(x)\widehat{\varphi}(x)dx.$$

La transposée d'une distribution S, notée $\widehat{S}$ est la distribution définie par :

$$\left\langle \widehat{S}, \varphi \right\rangle = \left\langle S, \widehat{\varphi} \right\rangle, \ \forall \varphi \in \mathcal{D}(\mathbb{R}^n).$$

La notion de transposée permet de définir des distributions paires et impaires comme pour les fonctions.

4.4.4 Dilatation (homothétie ou changement d'unité)

Si f est localement intégrable de $\mathbb{R}^n$ sur $\mathbb{C}$, et si $a \in \mathbb{R}^*$, alors la dilatée de la fonction f est définie par $x \longmapsto \widetilde{f}(x) = f(ax)$. Sa distribution associée vérifie :

$$\begin{aligned} \left\langle T_{\widetilde{f}}, \varphi \right\rangle &= \int_{\mathbb{R}^n} \widetilde{f}(x)\varphi(x)dx = \int_{\mathbb{R}^n} f(ax)\varphi(x)dx = \int_{\mathbb{R}^n} f(x)\varphi(\frac{x}{a})\frac{dx}{|a|^n} \\ &= \frac{1}{|a|^n}\left\langle T_f, \widetilde{\varphi} \right\rangle, \ \varphi \in \mathcal{D}(\mathbb{R}^n). \end{aligned}$$

La dilatée d'une distribution $S \in \mathcal{D}'(\mathbb{R}^n)$, notée $\widetilde{S}$ est la distribution définie par :

$$\left\langle \widetilde{S}, \varphi \right\rangle = \frac{1}{|a|^n}\left\langle S, \widetilde{\varphi} \right\rangle, \ \varphi \in \mathcal{D}(\mathbb{R}^n).$$

Exemple 4.5 $\widetilde{\delta_a} = \frac{1}{|a|}\delta.$

4.4.5 Dérivation des distributions

On donne ici une généralisation de la notion de dérivée pour les distributions mais tout en conservant cette même notion classique pour des fonctions ordinaires. C'est une opération qui est toujours réalisable et cela autant de fois que l'on veut sur les distributions, contrairement aux fonctions.

Soient U un ouvert de $\mathbb{R}^n$ et f une fonction de classe C^1 de U dans $\mathbb{C}$. A la fonction f, on associe la distribution $[f]$:

$$\begin{array}{rcl} T_f = [f] : \mathcal{D}(U) & \longrightarrow & \mathbb{C} \\ \varphi & \longmapsto & \langle [f], \varphi \rangle = \int_U f(x)\varphi(x)dx. \end{array}$$

Pour tout $i \in \{1, ..., n\}$, $\frac{\partial f}{\partial x_i}$ est continue de U dans $\mathbb{C}$, sa distribution associée est alors :

$$\left\langle \left[\frac{\partial f}{\partial x_i}\right], \varphi \right\rangle = \int_U \frac{\partial f}{\partial x_i}(x)\varphi(x)dx, \ \forall \varphi \in \mathcal{D}(U).$$

La relation entre $[f]$ et $\left[\frac{\partial f}{\partial x_i}\right]$ est donnée dans la proposition suivante :

Proposition 4.4 Soient U un ouvert de $\mathbb{R}^n$ et f une fonction de classe C^1 de U dans $\mathbb{C}$, alors pour tout $\varphi \in \mathcal{D}(U)$ et $i \in \{1, ..., n\}$, on a :

$$\left\langle \left[\frac{\partial f}{\partial x_i}\right], \varphi \right\rangle = - \left\langle [f], \frac{\partial \varphi}{\partial x_i} \right\rangle$$

où $x = (x_1, ..., x_i, ..., x_n) \in U$.

Démonstration. On a pour tout $\varphi \in \mathcal{D}(U)$ et $i \in \{1, ..., n\}$,

$$\frac{\partial f}{\partial x_i}(x)\varphi(x) = \frac{\partial}{\partial x_i}(f(x)\varphi(x)) - f(x)\frac{\partial \varphi}{\partial x_i}(x),$$

donc :

$$\begin{aligned} \left\langle \left[\frac{\partial f}{\partial x_i}\right], \varphi \right\rangle &= \int_U \frac{\partial}{\partial x_i}(f(x)\varphi(x))dx - \int_U f(x)\frac{\partial \varphi}{\partial x_i}(x)dx \\ &= \int_U \frac{\partial}{\partial x_i}(f(x)\varphi(x))dx - \left\langle [f], \frac{\partial \varphi}{\partial x_i} \right\rangle, \end{aligned}$$

sachant que $\frac{\partial \varphi}{\partial x_i} \in \mathcal{D}(U)$ car $\frac{\partial \varphi}{\partial x_i}$ est de classe C^∞ sur U et $Supp\left(\frac{\partial \varphi}{\partial x_i}\right) \subset Supp\varphi$.
Vérifions alors que $\int_U \frac{\partial}{\partial x_i}(f(x)\varphi(x))dx = 0$.
Notons $\widetilde{f\varphi}$ le prolongement par 0 de $f\varphi$ à $\mathbb{R}^n$:

$$\widetilde{f\varphi}(x) = \begin{cases} f(x)\varphi(x) & \text{si} \quad x \in U \\ 0 & \text{si} \quad x \in \mathbb{R}^n \backslash U, \end{cases}$$

il est clair que $\widetilde{f\varphi}$ est de classe C^1 sur $\mathbb{R}^n$ et $Supp\widetilde{f\varphi} \subset Supp f\varphi \subset Supp\varphi$ est compact inclus dans U.

$$\begin{aligned}
\int_{\mathbb{R}^n} \frac{\partial}{\partial x_i}(\widetilde{f\varphi})(x)dx &= \int_U \frac{\partial}{\partial x_i}(f(x)\varphi(x))dx \\
&= \int_{\mathbb{R}^n} \frac{\partial}{\partial x_i}(\widetilde{f\varphi})(x_1,...,x_i,...,x_n)dx_1...dx_i...dx_n \\
&= \int_{\mathbb{R}^{n-1}} \left[\int_{\mathbb{R}} \frac{\partial}{\partial x_i}(\widetilde{f\varphi})(x)dx_i \right] dx_1...dx_{i-1}dx_{i+1}...dx_n = 0
\end{aligned}$$

car :

$$\begin{aligned}
\int_{\mathbb{R}} \frac{\partial}{\partial x_i}(\widetilde{f\varphi})(x)dx_i &= \left[(\widetilde{f\varphi})(x_1,...,x_i,...,x_n)\right]_{x_i=-\infty}^{x_i=+\infty} \\
&= \lim_{a\to+\infty} \left[(\widetilde{f\varphi})(x_1,...,x_i,...,x_n)\right]_{x_i=-a}^{x_i=+a} \\
&= \lim_{a\to+\infty} \Big[(\widetilde{f\varphi})(x_1,...,x_{i-1},a,x_{i+1}...,x_n) \\
&\qquad -(\widetilde{f\varphi})(x_1,...,x_{i-1},-a,x_{i+1}...,x_n\Big] = 0.
\end{aligned}$$

D'où, $\left\langle \left[\frac{\partial f}{\partial x_i}\right], \varphi \right\rangle = -\left\langle [f], \frac{\partial \varphi}{\partial x_i} \right\rangle$, $\forall \varphi \in \mathcal{D}(U)$. □

Par identification modulo l'isomorphisme ϕ entre $C(U)$ et le sous-espace vectoriel $\phi(C(U))$ de $\mathcal{D}'(U)$, on peut écrire, $\forall i \in \{1,...,n\}$, $\left[\frac{\partial f}{\partial x_i}\right] = \frac{\partial}{\partial x_i}[f]$ et alors :

$$\left\langle \frac{\partial}{\partial x_i}[f], \varphi \right\rangle = -\left\langle [f], \frac{\partial \varphi}{\partial x_i} \right\rangle, \ \forall \varphi \in \mathcal{D}(U),$$

c'est à dire que la dérivée partielle d'une fonction de classe C^1 coincide avec sa dérivée partielle en tant que distribution modulo l'isomorphisme ϕ.

Définition 4.4 Soient U un ouvert de $\mathbb{R}^n$ et S une distribution sur U. $\forall i \in \{1,..,n\}$, l'application :

$$\frac{\partial S}{\partial x_i} : \mathcal{D}(U) \longrightarrow \mathbb{C}$$

$$\varphi \longmapsto \left\langle \frac{\partial S}{\partial x_i}, \varphi \right\rangle = -\left\langle S, \frac{\partial \varphi}{\partial x_i} \right\rangle$$

est une distribution sur U, appelée la dérivée partielle de S par rapport à la variable x_i.

En effet, $\frac{\partial S}{\partial x_i}$ est bien définie sur $\mathcal{D}(U)$ car si $\varphi \in \mathcal{D}(U)$, alors $\frac{\partial \varphi}{\partial x_i} \in \mathcal{D}(U)$. $\frac{\partial S}{\partial x_i}$ est linéaire de $\mathcal{D}(U)$ dans $\mathbb{C}$, car $\forall \varphi, \psi \in \mathcal{D}(U)$, $\forall a, b \in \mathbb{C}$, on a :

$$\begin{aligned}\left\langle \frac{\partial S}{\partial x_i}, a\varphi + b\psi \right\rangle &= -\left\langle S, \frac{\partial}{\partial x_i}(a\varphi + b\psi) \right\rangle \\ &= -a\left\langle S, \frac{\partial \varphi}{\partial x_i} \right\rangle - b\left\langle S, \frac{\partial \psi}{\partial x_i} \right\rangle \\ &= a\left\langle \frac{\partial S}{\partial x_i}, \varphi \right\rangle + b\left\langle \frac{\partial S}{\partial x_i}, \psi \right\rangle\end{aligned}$$

D'autre part, $\frac{\partial S}{\partial x_i}$ est continue sur $\mathcal{D}(U)$.
En effet, soit K un compact de $\mathbb{R}^n$ inclus dans U, alors $\forall \varphi \in \mathcal{D}(U, K)$, on a :

$$\left| \left\langle \frac{\partial S}{\partial x_i}, \varphi \right\rangle \right| = \left| \left\langle S, \frac{\partial \varphi}{\partial x_i} \right\rangle \right| \leq M_K \sum_{\alpha \in \mathbb{N}^n, |\alpha| \leq k_K} \sup_{x \in U} \left| D^\alpha \left(\frac{\partial \varphi}{\partial x_i}(x) \right) \right|$$

où $M_K > 0$ et $k_K \in \mathbb{N}$.
Or,

$$D^\alpha \left(\frac{\partial}{\partial x_i} \right) = D_1^{\alpha_1} \ldots D_{i-1}^{\alpha_{i-1}} D_i^{\alpha_i + 1} D_{i+1}^{\alpha_{i+1}} \ldots D_n^{\alpha_n}$$

$\{(\alpha_1, \ldots, \alpha_{i-1}, \alpha_i + 1, \alpha_{i+1}, \ldots, \alpha_n) : \alpha = (\alpha_1, \ldots, \alpha_i, \ldots, \alpha_n) \in \mathbb{N}^n$ et $|\alpha| \leq k_K\}$ est inclus dans $\{\beta \in \mathbb{N}^n : |\beta| \leq k_K + 1\}$. Ainsi,

$$\left| \left\langle \frac{\partial S}{\partial x_i}, \varphi \right\rangle \right| \leq M_K \sum_{\beta \in \mathbb{N}^n, |\beta| \leq k_K + 1} \sup_{x \in U} \left| D^\beta \varphi(x) \right|.$$

D'où la continuité de $\frac{\partial S}{\partial x_i}$. Par conséquent, $\frac{\partial S}{\partial x_i} \in \mathcal{D}'(U)$.

4.4.6 Propriétés de la dérivation distributionnelle

Soient U un ouvert de $\mathbb{R}^n$, $S, T \in \mathcal{D}'(U)$, $a, b \in \mathbb{C}$, et $\alpha, \beta \in \mathbb{N}^n$. Alors :

(1) pour tout $i \in \{1, ..., n\}$, on a :

$$\frac{\partial}{\partial x_i}(aS + bT) = a\frac{\partial S}{\partial x_i} + b\frac{\partial T}{\partial x_i},$$

(2) si $\varphi \in \mathcal{D}(U)$, on a :

$$\langle D^\alpha S, \varphi \rangle = (-1)^{|\alpha|} \langle S, D^\alpha \varphi \rangle,$$

(3)

$$D^\alpha(aS + bT) = aD^\alpha S + bD^\alpha T,$$

(4)

$$D^\alpha D^\beta S = D^\beta D^\alpha S = D^{\alpha+\beta} S,$$

(5)

$$Supp D^\alpha S \subset Supp S.$$

Démonstration.

(1) $\forall \varphi \in \mathcal{D}(U)$,

$$\begin{aligned} \left\langle \frac{\partial}{\partial x_i}(aS + bT), \varphi \right\rangle &= -\left\langle aS + bT, \frac{\partial \varphi}{\partial x_i} \right\rangle = -a\left\langle S, \frac{\partial \varphi}{\partial x_i} \right\rangle - b\left\langle T, \frac{\partial \varphi}{\partial x_i} \right\rangle \\ &= a\left\langle \frac{\partial S}{\partial x_i}, \varphi \right\rangle + b\left\langle \frac{\partial T}{\partial x_i}, \varphi \right\rangle = \left\langle a\frac{\partial S}{\partial x_i} + b\frac{\partial T}{\partial x_i}, \varphi \right\rangle. \end{aligned}$$

(2) $\alpha = (\alpha_1, ..., \alpha_i, ..., \alpha_n) \in \mathbb{N}^n$, $|\alpha| = \alpha_1 + ... + \alpha_n$ et $D^\alpha = D_1^{\alpha_1} ... D_i^{\alpha_i} ... D_n^{\alpha_n}$ où $D_i^{\alpha_i} = \frac{\partial^{\alpha_i}}{\partial x_i^{\alpha_i}}$. $\forall \varphi \in \mathcal{D}(U)$, on a en réitérant les dérivations jusqu'à l'ordre α_i :

$$\langle D_i^{\alpha_i} S, \varphi \rangle = (-1)^{\alpha_i} \langle S, D_i^{\alpha_i} \varphi \rangle, \ i \in \{1, ..., n\},$$

et ensuite :

$$\begin{aligned} \langle D^\alpha S, \varphi \rangle &= \langle D_1^{\alpha_1} ... D_i^{\alpha_i} ... D_n^{\alpha_n} S, \varphi \rangle = (-1)^{\alpha_1} \langle D_2^{\alpha_2} ... D_n^{\alpha_n} S, D_1^{\alpha_1} \varphi \rangle \\ &= (-1)^{\alpha_1}(-1)^{\alpha_2} \langle D_3^{\alpha_3} ... D_n^{\alpha_n} S, D_2^{\alpha_2} D_1^{\alpha_1} \varphi \rangle \\ &= \ldots\ldots\ldots\ldots\ldots\ldots \\ &= (-1)^{\alpha_1}(-1)^{\alpha_2} ... (-1)^{\alpha_n} \langle S, D_n^{\alpha_n} ... D_2^{\alpha_2} D_1^{\alpha_1} \varphi \rangle \\ &= (-1)^{|\alpha|} \langle S, D^\alpha \varphi \rangle. \end{aligned}$$

(3) $\forall \varphi \in \mathcal{D}(U)$,

$$\begin{aligned}
\left\langle D^\alpha (aS+bT),\varphi\right\rangle &= (-1)^{|\alpha|}\left\langle (aS+bT), D^\alpha \varphi\right\rangle \\
&= a(-1)^{|\alpha|}\left\langle S, D^\alpha\varphi\right\rangle + b(-1)^{|\alpha|}\left\langle T, D^\alpha\varphi\right\rangle \\
&= a\left\langle D^\alpha S,\varphi\right\rangle + b\left\langle D^\alpha T,\varphi\right\rangle \\
&= \left\langle aD^\alpha S + bD^\alpha T,\varphi\right\rangle .
\end{aligned}$$

(4) $\forall \varphi \in \mathcal{D}(U)$,

$$\begin{aligned}
\left\langle D^\alpha D^\beta S,\varphi\right\rangle &= (-1)^{|\alpha|}\left\langle D^\beta S, D^\alpha\varphi\right\rangle \\
&= (-1)^{|\alpha|}(-1)^{|\beta|}\left\langle S, D^\beta D^\alpha\varphi\right\rangle \\
&= (-1)^{|\alpha|+|\beta|}\left\langle S, D^{\alpha+\beta}\varphi\right\rangle \\
&= (-1)^{|\alpha+\beta|}\left\langle S, D^{\alpha+\beta}\varphi\right\rangle \\
&= \left\langle D^{\alpha+\beta} S,\varphi\right\rangle \\
&= \left\langle D^\beta D^\alpha S,\varphi\right\rangle .
\end{aligned}$$

(5) $x \in SuppD^\alpha S$ si et seulement si pour tout V ouvert, $V \subset U$, $x \in V$, il existe $\varphi \in \mathcal{D}(U)$ tel que $Supp\varphi \subset V$ et $\langle D^\alpha S,\varphi\rangle \neq 0$. Or, on a :

$$\left\langle D^\alpha S,\varphi\right\rangle = (-1)^{|\alpha|}\left\langle S, D^\alpha\varphi\right\rangle \neq 0 \Longrightarrow \left\langle S, D^\alpha\varphi\right\rangle \neq 0.$$

On pose alors $\psi = D^\alpha\varphi$.
ψ est de classe C^∞ sur U, de plus $Supp\psi = SuppD^\alpha\varphi \subset Supp\varphi \subset V$ et $\left\langle S,\psi\right\rangle \neq 0$, donc $x \in SuppS$.

□

Exemple 4.6

1 La fonction $f(x) = |x| = \begin{cases} x & \text{si } x \geq 0 \\ -x & \text{si } x < 0 \end{cases}$ est continue mais non dérivable sur $\mathbb{R}$. Soit $[f]$ la distribution associée à f :

$$\begin{aligned}
[f] : \mathcal{D}(\mathbb{R}) &\longrightarrow \mathbb{C} \\
\varphi &\longmapsto \langle [f],\varphi\rangle = \int_{\mathbb{R}} |x|\varphi(x)dx = \int_{-\infty}^{0} -x\varphi(x)dx + \int_{0}^{+\infty} x\varphi(x)dx.
\end{aligned}$$

Calculons la dérivée au sens des distributions de $[f]$:

$$\begin{aligned}
\left\langle \tfrac{d}{dx}[f], \varphi \right\rangle &= -\left\langle [f], \tfrac{d\varphi}{dx} \right\rangle = -\int_{\mathbb{R}} |x| \frac{d\varphi}{dx}(x)dx \\
&= \int_{-\infty}^{0} x\frac{d\varphi}{dx}(x)dx - \int_{0}^{+\infty} x\frac{d\varphi}{dx}(x)dx \\
&= [x\varphi(x)]_{-\infty}^{0} - \int_{-\infty}^{0} \varphi(x)dx - [x\varphi(x)]_{0}^{+\infty} + \int_{0}^{+\infty} \varphi(x)dx \\
&= -\int_{-\infty}^{0} \varphi(x)dx + \int_{0}^{+\infty} \varphi(x)dx = \langle [f^*], \varphi \rangle
\end{aligned}$$

où $f^*(x) = \begin{cases} 1 & \text{si} \quad x \geq 0 \\ -1 & \text{si} \quad x < 0 \end{cases}$. Ainsi, $\frac{d}{dx}[f] = [f^*]$, car f^* est localement intégrable sur $\mathbb{R}$.

2 Soit $H(x) = \begin{cases} 1 & \text{si} \quad x \geq 0 \\ 0 & \text{si} \quad x < 0 \end{cases}$ la fonction caractéristique de $[0, +\infty[$. H n'est pas continue sur $\mathbb{R}$, mais on peut lui faire correspondre une distribution sur $\mathbb{R}$ puisqu'elle y est localement intégrable. On note $[H] = H$,

$$\begin{aligned}
[H] : \mathcal{D}(\mathbb{R}) &\longrightarrow \mathbb{R} \\
\varphi &\longmapsto \langle [H], \varphi \rangle = \int_{\mathbb{R}} H(x)\varphi(x)dx = \int_{0}^{+\infty} \varphi(x)dx.
\end{aligned}$$

Donc $\frac{dH}{dx} \in \mathcal{D}'(\mathbb{R})$ avec :

$\left\langle \frac{dH}{dx}, \varphi \right\rangle = -\left\langle [H], \frac{d\varphi}{dx} \right\rangle = -\int_{0}^{+\infty} \frac{d\varphi}{dx}(x)dx = -[\varphi(x)]_{0}^{+\infty} = \varphi(0) = \langle \delta_0, \varphi \rangle$, où δ_0 est la distribution de Dirac sur $\mathbb{R}$ concentrée en 0. $\frac{dH}{dx} = \delta_0$.

4.5 Dérivation d'une fonction discontinue

4.5.1 Formule des sauts

On vient de voir que la dérivée au sens des distributions de la distribution de Heaviside était égale à la distribution de Dirac δ_0. Maintenant si on considère la fonction de Heaviside, sa dérivée est nulle partout sauf en 0 où elle n'est pas définie et la distribution associée n'est pas δ_0. Par conséquent, les opérations "prendre la distribution associée" et "dérivation" ne commutent pas, ou, autrement dit, $(T_f)' \neq T_{f'}$. Cela est le cas pour toute fonction présentant une discontinuité en un point.

Soit f une fonction de classe C^1 par morceaux. Soient $a_1,\ldots,a_p$ des points de discontinuité de première espèce de f (que nous supposons en nombre fini et où la limite à droite $f(a_i^+)$ et à gauche $f(a_i^-)$ existent et sont finies) et $s_i = s(f,a_i) = f(a_i^+) - f(a_i^-)$ est le saut de discontinuité de f en a_i, $i = 1,\ldots,p$. La fonction f peut alors s'écrire comme la somme d'une fonction continue g et de fonctions de Heaviside : $f(x) = g(x) + \sum\limits_{i=1}^{p} s_i H(x - a_i)$. De plus, on a $T_{f'} = T_{g'}$ ou f' désigne la dérivée de f là où elle est bien définie c'est-à-dire en dehors des points de discontinuité. Précisément, on a :

Théorème 4.2 Soit f une fonction de classe C^1 par morceaux sur $\mathbb{R}$ ou sur un intervalle ouvert de $\mathbb{R}$. Avec les notations précédentes, on a alors : $(T_f)' = T_{f'} + \sum\limits_{i=1}^{p} s_i \delta_{a_i}$, cette formule s'appelle la formule des sauts.

Démonstration. En effet, soit $\varphi \in \mathcal{D}(\mathbb{R})$ alors pour un point a de discontinuité de première espèce de f, on a :

$$\begin{aligned}
\langle (T_f)', \varphi \rangle &= -\langle T_f, \varphi' \rangle = -\int_{-\infty}^{a} f(x)\varphi'(x)dx - \int_{a}^{+\infty} f(x)\varphi'(x)dx \\
&= -[f(x)\varphi(x)]_{-\infty}^{a} + \int_{-\infty}^{a} f'(x)\varphi(x)dx - [f(x)\varphi(x)]_{a}^{+\infty} + \int_{a}^{+\infty} f'(x)\varphi(x)dx
\end{aligned}$$

$$= (f(a^+)-f(a^-))\varphi(a)+\int_{-\infty}^{a} f'(x)\varphi(x)dx+\int_{a}^{+\infty} f'(x)\varphi(x)dx$$
$$= (f(a^+)-f(a^-))\langle\delta_a,\varphi\rangle+\left\langle T_{f'},\varphi\right\rangle=\left\langle(f(a^+)-f(a^-))\delta_a+T_{f'},\varphi\right\rangle.$$

Donc,

$$\left(T_f\right)'=T_{f'}+(f(a^+)-f(a^-))\delta_a.$$

En remplaçant maintenant a par des points de discontinuités de première espèce a_i de f et en sommant pour $i=1,\dots,p$, on a directement le résultat. □

Ce résultat se généralise facilement dans le cas d'un nombre dénombrable de points de discontinuité de première espèce $(a_i)_{i\in\mathbb{N}^*}$ de f : $\left(T_f\right)'=T_{f'}+\sum_{i=1}^{+\infty}\left(f(a_i^+)-f(a_i^-)\right)\delta_{a_i}$.

Exemple 4.7

1 Posons $x^+=\max(x,0)$, alors $(T_{x^+})'=H$ et $\left(T_{\frac{|x|}{2}}\right)''=\delta_0$.

2 Soit f la fonction définie sur $\mathbb{R}$ telle que $f(x)=\frac{1}{2}(1-\frac{x}{\pi})$, $x\in[0,2\pi]$, périodique de période 2π. Le saut aux points de discontinuité $x_i=2i\pi$, $i\in\mathbb{Z}$, est égal à 1. En appliquant la formule des sauts on obtient :

$$\left(T_f\right)'=-\frac{1}{2\pi}+\sum_{i=0}^{+\infty}\delta_{x_i}.$$

4.5.2 Multiplication d'une distribution par une fonction C^∞

Il est impossible de définir en général un produit de distributions qui prolonge continûment le produit des fonctions. Cela ne peut se faire que dans des cas extrêmements limités. Ce dernier point est bien entendu une des tares principale de la théorie des distributions et limite ainsi leur utilisation aux problèmes linéaires. Il touche d'ailleurs aux aspects les plus fondamentaux de la physique quantique moderne.

Cependant, si ψ est une fonction indéfiniment dérivable sur un ouvert U de $\mathbb{R}^n$, alors le produit par ψ d'une fonction test de $\mathcal{D}(U)$ est encore dans $\mathcal{D}(U)$.

Soit f une fonction localement intégrable sur U et ψ une fonction indéfiniment dérivable sur U. On a alors pour tout $\varphi \in \mathcal{D}(U)$:

$$\left\langle T_{\psi f}, \varphi \right\rangle = \int_U (\psi(x) f(x))\, \varphi(x) dx = \int_U f(x)\, (\psi(x)\varphi(x))\, dx = \left\langle T_f, \psi\varphi \right\rangle.$$

Généralisons cette formule pour définir naturellement le produit d'une distribution par une fonction de classe C^∞.
Soient U un ouvert de $\mathbb{R}^n$, S une distribution sur U et g une fonction de classe C^∞ de U dans $\mathbb{C}$. L'application notée gS définie de $\mathcal{D}(U)$ dans $\mathbb{C}$ par :

$$\begin{array}{rcl} gS : \mathcal{D}(U) & \longrightarrow & \mathbb{C} \\ \varphi & \longmapsto & \langle gS, \varphi \rangle = \langle S, g\varphi \rangle, \ \forall \varphi \in \mathcal{D}(U) \end{array}$$

est une distribution sur U, appelée le produit de la distribution S par la fonction g de classe C^∞.
gS est bien définie puisque si $g \in C^\infty(U)$ et $\varphi \in C^\infty(U)$ alors $g\varphi \in C^\infty(U)$ et $Supp(g\varphi) \subset Suppg \bigcap Supp\varphi \subset Supp\varphi$ est compact inclus dans U, donc $g\varphi \in \mathcal{D}(U)$.
On vérifie que gS est bien une distribution sur U. Il est simple de voir que $gS : \mathcal{D}(U) \longrightarrow \mathbb{C}$ est linéaire, car pour $\varphi, \psi \in \mathcal{D}(U)$ et $a, b \in \mathbb{C}$, on a :

$$\begin{array}{rcl} \left\langle gS, a\varphi + b\psi \right\rangle & = & \left\langle S, g(a\varphi + b\psi) \right\rangle = \left\langle S, ag\varphi + bg\psi \right\rangle \\ & = & a\langle S, g\varphi \rangle + b\left\langle S, g\psi \right\rangle = a\langle gS, \varphi \rangle + b\left\langle gS, \psi \right\rangle. \end{array}$$

gS est continue sur $\mathcal{D}(U)$.
Soit K un compact de $\mathbb{R}^n$ inclus dans U, vérifions la continuité de $gS_{|_{\mathcal{D}(U,K)}}$: $\mathcal{D}(U,K) \longrightarrow \mathbb{C}$. $\forall \varphi \in D(U,K)$, en tenant compte du fait que $g\varphi \in \mathcal{D}(U,K)$ et que S est continue sur $\mathcal{D}(U,K)$, il existe alors une constante $M_K > 0$ et un entier $k_K \in \mathbb{N}$, tels que :

$$\begin{array}{rcl} |\langle gS, \varphi \rangle| & = & |\langle S, g\varphi \rangle| \leq M_K \displaystyle\sum_{\substack{\alpha \in \mathbb{N}^n \\ |\alpha| \leq k_K}} \sup_{x \in U} |D^\alpha (g\varphi)(x)| \\ D^\alpha (g\varphi)(x) & = & \displaystyle\sum_{\substack{\beta \in \mathbb{N}^n \\ \beta \leq \alpha}} C_\alpha^\beta D^\beta \varphi(x) D^{\alpha-\beta} g(x). \\ |\langle gS, \varphi \rangle| & \leq & M_K \displaystyle\sum_{\substack{\alpha \in \mathbb{N}^n \\ |\alpha| \leq k_K}} \sup_{x \in K} \left| \displaystyle\sum_{\substack{\beta \in \mathbb{N}^n \\ \beta \leq \alpha}} C_\alpha^\beta D^\beta \varphi(x) D^{\alpha-\beta} g(x) \right| \end{array}$$

$$\begin{aligned}
&\leq M_K \sum_{\substack{\alpha\in\mathbb{N}^n\\|\alpha|\leq k_K}} \sum_{\substack{\beta\in\mathbb{N}^n\\\beta\leq\alpha}} C_\alpha^\beta \sup_{x\in K}\left(\left|D^\beta\varphi(x)\right|\left|D^{\alpha-\beta}g(x)\right|\right)\\
&\leq M_K \sum_{\substack{\alpha\in\mathbb{N}^n\\|\alpha|\leq k_K}} \sum_{\substack{\beta\in\mathbb{N}^n\\\beta\leq\alpha}} C_\alpha^\beta \sup_{x\in K}\left|D^\beta\varphi(x)\right|\sup_{x\in K}\left|D^{\alpha-\beta}g(x)\right|
\end{aligned}$$

Pour α fixé, notons $A_\alpha = \max\limits_{\substack{\beta\in\mathbb{N}^n\\\beta\leq\alpha}} C_\alpha^\beta \sup\limits_{x\in K}\left|D^{\alpha-\beta}g(x)\right| < +\infty$.

$$|\langle gS,\varphi\rangle| \leq M_k \sum_{\substack{\alpha\in\mathbb{N}^n\\|\alpha|\leq k_K}} A_\alpha \sum_{\substack{\beta\in\mathbb{N}^n\\\beta\leq\alpha}} \sup_{x\in U}|D^\beta\varphi(x)|$$

Notons aussi $A = \max\limits_{\substack{\alpha\in\mathbb{N}^n\\|\alpha|\leq k_K}} A_\alpha < +\infty$. Alors :

$$\begin{aligned}
|\langle gS,\varphi\rangle| &\leq AM_k \sum_{\substack{\alpha\in\mathbb{N}^n\\|\alpha|\leq k_K}} \sum_{\substack{\beta\in\mathbb{N}^n\\\beta\leq\alpha}} \sup_{x\in U}\left|D^\beta\varphi(x)\right|\\
&\leq \sum_{\substack{\beta\in\mathbb{N}^n\\|\beta|\leq k_K}} C_\beta \sup_{x\in U}\left|D^\beta\varphi(x)\right|
\end{aligned}$$

où C_β est le nombre de β tels que $\beta \leq \alpha$. Si $C = \max\left\{C_\beta : \beta\in\mathbb{N} \text{ et } |\beta|\leq k_K\right\}$. Finalement,

$$|\langle gS,\varphi\rangle| \leq AM_kC \sum_{\substack{\beta\in\mathbb{N}^n\\|\beta|\leq k_K}} \sup_{x\in U}\left|D^\beta\varphi(x)\right|.$$

4.5.3 Propriétés

Proposition 4.5 Soient U un ouvert de $\mathbb{R}^n$, $g,h\in C^\infty(U)$ et $S,T\in\mathcal{D}'(U)$.

(1) Si $S=[f]$, f continue de U dans $\mathbb{C}$, alors $gS = g[f] = [gf]$.

(2) $(g+h)S = gS + hS$, $ghS = g(hS)$ et $g(S+T) = gS + gT$.

(3) $Supp(gS) \subset Suppg \bigcap SuppS$.

(4) $\forall i\in\{1,\ldots,n\}$, $\frac{\partial}{\partial x_i}(gS) = \frac{\partial g}{\partial x_i}S + g\frac{\partial S}{\partial x_i}$.

(5) Forme générale de la formule de Leibniz. $\forall\alpha\in\mathbb{N}^n$:

$$D^\alpha(gS) = \sum_{\substack{\beta\in\mathbb{N}^n\\\beta\leq\alpha}} C_\alpha^\beta D^\beta g D^{\alpha-\beta}S = \sum_{\substack{\beta\in\mathbb{N}^n\\\beta\leq\alpha}} C_\alpha^\beta D^{\alpha-\beta} g D^\beta S.$$

Démonstration.

(1) est une conséquence immédiate du préambule de ce paragraphe. Soit $\varphi \in \mathcal{D}(U)$,

$$\begin{aligned}|\langle g[f],\varphi\rangle| &= |\langle [f],g\varphi\rangle| = \int_U f(x)g(x)\varphi(x)dx\\ &= \int_U (f(x)g(x))\varphi(x)dx = \langle [fg],\varphi\rangle.\end{aligned}$$

(2) $\forall \varphi \in \mathcal{D}(U)$,

$$\langle (g+h)S,\varphi\rangle = \langle S,(g+h)\varphi\rangle = \langle S,g\varphi\rangle + \langle S,h\varphi\rangle = \langle gS,\varphi\rangle + \langle hS,\varphi\rangle = \langle gS+hS,\varphi\rangle.$$

$$\langle ghS,\varphi\rangle = \langle hS,g\varphi\rangle = \langle g(hS),\varphi\rangle.$$

$$\langle g(S+T),\varphi\rangle = \langle S+T,g\varphi\rangle = \langle S,g\varphi\rangle + \langle T,g\varphi\rangle = \langle gS,\varphi\rangle + \langle gT,\varphi\rangle = \langle gS+gT,\varphi\rangle.$$

(3) Si $x \in Supp(gS)$, alors pour tout voisinage V de x, il existe $\varphi \in \mathcal{D}(U,V)$ tel que $\langle gS,\varphi\rangle = \langle S,g\varphi\rangle \neq 0$. Puisque $g\varphi \in \mathcal{D}(U,V)$, alors $x \in SuppS$. De plus, $\langle S,g\varphi\rangle \neq 0$, implique que $g\varphi$ n'est pas une fonction identiquement nulle sur V, et alors la restriction de g à V n'est pas nulle, donc il existe x_0 dans V pour lequel $g(x_0) \neq 0$, pour tout voisinage V de x. Ou encore tout voisinage de x rencontre $\{y \in U : g(y) \neq 0\}$, ceci implique que $x \in \overline{\{y \in U : g(y) \neq 0\}} = Suppg$. D'où, $x \in Suppg \bigcap SuppS$.

(4) Puisque gS est une distribution sur U, alors pour tout $i \in \{1,\dots,n\}$ et tout $\varphi \in D(U)$, on a :

$$\left\langle \frac{\partial}{\partial x_i}(gS),\varphi\right\rangle = -\left\langle gS,\frac{\partial\varphi}{\partial x_i}\right\rangle = -\left\langle S,g\frac{\partial\varphi}{\partial x_i}\right\rangle.$$

Or, $g\frac{\partial\varphi}{\partial x_i} = \frac{\partial}{\partial x_i}(g\varphi) - \varphi\frac{\partial g}{\partial x_i}$. D'où :

$$\begin{aligned}\left\langle \frac{\partial}{\partial x_i}(gS),\varphi\right\rangle &= -\left\langle S,\frac{\partial}{\partial x_i}(g\varphi) - \varphi\frac{\partial g}{\partial x_i}\right\rangle = -\left\langle S,\frac{\partial}{\partial x_i}(g\varphi)\right\rangle + \left\langle S,\varphi\frac{\partial g}{\partial x_i}\right\rangle\\ &= \left\langle \frac{\partial S}{\partial x_i},g\varphi\right\rangle + \left\langle \frac{\partial g}{\partial x_i}S,\varphi\right\rangle = \left\langle g\frac{\partial S}{\partial x_i},\varphi\right\rangle + \left\langle \frac{\partial g}{\partial x_i}S,\varphi\right\rangle\\ &= \left\langle g\frac{\partial S}{\partial x_i} + \frac{\partial g}{\partial x_i}S,\varphi\right\rangle,\ \forall\varphi \in \mathcal{D}(U).\end{aligned}$$

(5) est une généralisation directe de la formule de Leibniz dans le cas des distributions.

□

Exemple 4.8

1 Il est simple d'établir, à partir de la définition de la multiplication d'une distribution par une fonction C^∞, les égalités suivantes dans $\mathcal{D}'(\mathbb{R})$:

$$\begin{aligned} xvp\left(\frac{1}{x}\right) &= 1,\ x\delta_0 = 0,\ x^n\delta_0 = 0,\ \forall n \in \mathbb{N}^* \\ \cos x\delta_0 &= \delta_0 \text{ et } \sin x\delta_0 = 0. \end{aligned}$$

2 L'exemple, ou plutôt le contre-exemple, suivant, a permis à Schwartz en 1954 de démontrer l'impossibilité de la multiplication des distributions en général. On se place dans $\mathbb{R}$. Comme on a déjà vu, on a $xvp\left(\frac{1}{x}\right) = 1$ et $x\delta_0 = 0$ au sens des distributions. Si l'on parvient à définir un produit raisonnable sur l'espace des distributions, alors ce produit est du moins associatif, ce qui conduit à la contradiction :

$$\delta_0 = \delta_0\left(xvp\left(\frac{1}{x}\right)\right) \neq (x\delta_0)vp\left(\frac{1}{x}\right) = 0.$$

4.6 Distributions à support compact

Soit U un ouvert de $\mathbb{R}^n$. $\mathcal{E}(U)$ est l'ensemble des fonctions de classe C^∞ de U dans $\mathbb{C}$. $\mathcal{E}(U)$ est évidemment un espace vectoriel sur $\mathbb{C}$, $\mathcal{D}(U)$ est un sous-espace vectoriel de $\mathcal{E}(U)$. De plus, $\mathcal{D}(U) \subset \mathcal{E}(U) \subset C(U)$.
Pour tout compact K de $\mathbb{R}^n$ inclus dans U, pour tout multi-indice $\alpha \in \mathbb{N}^n$, on pose :

$$p_{K,\alpha}(\varphi) = \sup_{x\in K} |D^\alpha \varphi(x)|,\ \forall \varphi \in \mathcal{E}(U).$$

Il est clair que $\left\{p_{K,\alpha} : K \text{ compact de } \mathbb{R}^n \text{ inclus dans } U,\ \alpha \in \mathbb{N}^n\right\}$ est une famille de semi-normes sur $\mathcal{E}(U)$. On muni $\mathcal{E}(U)$ de la topologie τ définie par cette famille de semi-normes, $\mathcal{E}(U)$ devient alors un espace vectoriel topologique localement convexe, de plus $(\mathcal{E}(U), \tau)$ est séparé puisque :

$$p_{K,\alpha}(\varphi) = \sup_{x\in K} |D^\alpha \varphi(x)| = 0,\ \forall K,\ K \text{ compact inclus dans } U,\ \forall \alpha \in \mathbb{N}^n,$$

implique $\varphi = 0$ sur U.
Explicitons maintenant la convergence et la continuité dans $\mathcal{E}(U)$.
Soit $(\varphi_j)_{j\in\mathbb{N}}$ une suite de fonctions dans $\mathcal{E}(U)$. Alors, $(\varphi_j)_{j\in\mathbb{N}}$ converge vers

$\varphi \in \mathcal{E}(U)$ pour la topologie τ si et seulement si pour tout compact K de $\mathbb{R}^n$ inclus dans U, et pour tout $\alpha \in \mathbb{N}^n$, la suite numérique $(p_{K,\alpha}(\varphi_j - \varphi))_{j\in\mathbb{N}}$ converge vers 0 dans $\mathbb{R}$, donc

$$\lim_{j\to+\infty} \sup_{x\in K} \left| D^\alpha \left(\varphi_j(x) - \varphi(x)\right)\right| = \lim_{j\to+\infty} \sup_{x\in K} \left| D^\alpha \varphi_j(x) - D^\alpha \varphi(x)\right| = 0.$$

Ainsi, $(\varphi_j)_{j\in\mathbb{N}}$ converge vers φ dans $(\mathcal{E}(U), \tau)$ si et seulement si pour $\alpha \in \mathbb{N}^n$, la suite de fonctions $(D^\alpha \varphi_j)_{j\in\mathbb{N}}$ converge uniformément vers $D^\alpha\varphi$ sur tout compact inclus dans U.

Soit S une forme linéaire de $\mathcal{E}(U)$ dans $\mathbb{C}$. S est continue sur $\mathcal{E}(U)$ muni de la topologie τ si et seulement si elle est continue en 0, donc si et seulement si il existe $M > 0$ et une sous-famille finie $\left\{\left(K_{i_k}, \alpha_{i_k}\right) : k \in \{1,\dots,p\}\right\}$ où les K_{i_k} sont des compacts inclus dans U et $\alpha_{i_1},\dots,\alpha_{i_p}$ des multi-indices de $\mathbb{N}^n$, tels que :

$$|\langle S, \varphi\rangle| \leq M \sum_{k=1}^{p} \sup_{x\in K_{i_k}} \left|D^{\alpha_{i_k}}\varphi(x)\right|, \ \forall \varphi \in \mathcal{E}(U).$$

En posant $K = \bigcup_{k=1}^{p} K_{i_k}$ et $k = \max\left\{\left|\alpha_{i_k}\right| : k \in \{1,\dots,p\}\right\}$, on a :

$$|\langle S, \varphi\rangle| \leq M \sum_{\substack{\alpha\in\mathbb{N}^n \\ |\alpha|\leq k}} \sup_{x\in K} |D^\alpha \varphi(x)|, \ \forall \varphi \in \mathcal{E}(U).$$

Par conséquent, S est continue de $(\mathcal{E}(U), \tau)$ dans $\mathbb{C}$ si et seulement si ils existent $M > 0$, K un compact inclus dans U et k entier naturel, tels que :

$$|\langle S, \varphi\rangle| \leq M \sum_{\substack{\alpha\in\mathbb{N}^n \\ |\alpha|\leq k}} \sup_{x\in K} |D^\alpha \varphi(x)|, \ \forall \varphi \in \mathcal{E}(U).$$

Sur $\mathcal{D}(U)$, on peut considérer sa propre topologie et celle induite par τ de $\mathcal{E}(U)$.

Proposition 4.6 Soit U un ouvert de $\mathbb{R}^n$. $\mathcal{D}(U)$ est un sous-espace vectoriel dense dans $\mathcal{E}(U)$.

Démonstration.
On a : $\overline{\mathcal{D}(U)}^{\mathcal{E}(U)} \subset \mathcal{E}(U)$. On vérifie ensuite que $\mathcal{E}(U) \subset \overline{\mathcal{D}(U)}^{\mathcal{E}(U)}$.
Soit $\varphi \in \mathcal{E}(U)$, il faut construire une suite $(\varphi_j)_{j\in\mathbb{N}}$ dans $\mathcal{D}(U)$ convergente vers φ pour la topologie τ de $\mathcal{E}(U)$. U est localement compact, on sait qu'il existe une suite $(V_j)_{j\in\mathbb{N}}$ d'ouverts relativement compacts telle que :

$$\overline{V_j} \subset V_{j+1},\ \forall j \in \mathbb{N} \text{ et } U = \bigcup_{j\in\mathbb{N}} V_j.$$

Or, d'après le lemme de partition de l'unité, pour tout $j \in \mathbb{N}$, Il existe ϕ_j dans $\mathcal{D}_+(U)$, $\phi_j = 1$ sur $\overline{V_j}$ et $\phi_j = 0$ sur $U\backslash V_{j+1}$.
Posons $\varphi_j = \varphi\phi_j$ pour tout $j \in \mathbb{N}$. Clairement, $\varphi_j \in \mathcal{D}(U)$, $\forall j \in \mathbb{N}$. Vérifions que cette suite converge vers φ pour la topologie τ de $\mathcal{E}(U)$. Soient $\alpha \in \mathbb{N}^n$ et K un compact inclus dans U. Comme $K \subset U = \bigcup_{j\in\mathbb{N}} V_j$, on peut alors couvrir K par un nombre fini d'ouverts $V_{j_1}, ..., V_{j_p}$. Soit $j_0 = \max\{j_1, ..., j_p\}$, donc $K \subset V_{j_0}$.
Or, $\forall j \in \mathbb{N}$, $j > j_0$, $\overline{V_{j_0}} \subset V_j$ et $\varphi_j = \varphi$ sur $\overline{V_{j_0}}$, soit $D^\alpha\varphi_j = D^\alpha\varphi$ sur V_j, ce qui donne la convergence uniforme de la suite de fonctions $(D^\alpha\varphi_j)_{j\in\mathbb{N}}$ vers $D^\alpha\varphi$ sur le compact K,

$$\lim_{j\longrightarrow+\infty} \sup_{x\in K} |D^\alpha\varphi_j(x) - D^\alpha\varphi(x)| = 0.$$

□

Théorème 4.3 Une forme linéaire sur $\mathcal{D}(U)$ est une distribution à support compact si et seulement si elle est continue pour la topologie induite sur $\mathcal{D}(U)$ par celle de $\mathcal{E}(U)$. Dans ce cas, elle se prolonge d'une manière unique en une forme linéaire continue sur $\mathcal{E}(U)$.

Démonstration. ($\Leftarrow$) Soit τ la topologie induite sur $\mathcal{D}(U)$ par celle de $\mathcal{E}(U)$. Soit S une forme linéaire sur $\mathcal{D}(U)$ continue pour τ. Montrons que S est une distribution sur U à support compact.
Soient K un compact inclus dans U, et $(\varphi_j)_{j\in\mathbb{N}}$ une suite convergente vers 0 dans $\mathcal{D}(U,K)$, alors pour tout $\alpha \in \mathbb{N}^n$, la suite $(D^\alpha\varphi_j)_{j\in\mathbb{N}}$ converge uniformément vers 0 sur U. Ainsi, $(\varphi_j)_{j\in\mathbb{N}}$ converge vers 0 pour τ et alors la suite numérique $(\langle S, \varphi_j\rangle)_{j\in\mathbb{N}}$ converge vers 0 dans $\mathbb{C}$. Par conséquent, S est bien une distribution sur U.

De plus, en utilisant la continuité de S pour τ, on sait qu'il existe une constante $M > 0$, K_0 un compact inclus dans U et $k \in \mathbb{N}$, tels que :

$$|\langle S, \varphi\rangle| \leq M \sum_{\substack{\alpha \in \mathbb{N}^n \\ |\alpha| \leq k}} \sup_{x \in K_0} |D^\alpha \varphi(x)|, \ \forall \varphi \in \mathcal{D}(U).$$

Soit $\varphi \in \mathcal{D}(U, U\backslash K_0)$, alors pour tout $\alpha \in \mathbb{N}^n$, $D^\alpha \varphi = 0$ sur K_0, donc $|\langle S, \varphi\rangle| = 0$ et alors $\langle S, \varphi\rangle = 0$. Ceci montre que $U\backslash K_0$ est un ouvert d'annulation de la distribution S et $SuppS \subset K_0$, ainsi $SuppS$ est compact dans U.

($\Rightarrow$) Soit $S \in \mathcal{D}'(U)$ avec $SuppS = K_0$ un compact inclus dans U. Montrons que S est continue pour τ.

Soit V un ouvert relativement compact inclus dans U et contenant K_0,

$$K_0 \subset V \subset \overline{V} \subset U.$$

Soient $\psi \in \mathcal{D}(U)$, $\psi = 1$ sur $\overline{V}$ et $\varphi \in \mathcal{D}(U)$ quelconque. On a alors,

$$\varphi = \varphi\psi + \varphi(1-\psi) \text{ et } \langle S, \varphi\rangle = \langle S, \varphi\psi\rangle + \langle S, \varphi(1-\psi)\rangle.$$

Or, $\langle S, \varphi(1-\psi)\rangle = 0$, car $\varphi(1-\psi) \in \mathcal{D}(U)$, $\varphi(1-\psi) = 0$ sur $\overline{V}$ et

$$Supp(\varphi(1-\psi)) \subset U\backslash V \subset U\backslash K_0 = U\backslash SuppS.$$

Par conséquent, $\langle S, \varphi\rangle = \langle S, \varphi\psi\rangle$.

De plus, en notant $K = Supp\varphi$, on a par continuité de S sur $\mathcal{D}(U)$:

$$|\langle S, \varphi\rangle| = |\langle S, \varphi\psi\rangle| \leq M_K \sum_{\substack{\alpha \in \mathbb{N}^n \\ |\alpha| \leq k_K}} \sup_{x \in K} |D^\alpha (\varphi(x)\psi(x))|$$

où $M_K > 0$ et $k_K \in \mathbb{N}$. Ainsi,

$$\begin{aligned}
|\langle S, \varphi\rangle| &\leq M_K \sum_{\substack{\alpha \in \mathbb{N}^n \\ |\alpha| \leq k_K}} \left| \sum_{\substack{\beta \in \mathbb{N}^n \\ \beta \leq \alpha}} C_\alpha^\beta \sup_{x \in K} |D^\beta \varphi(x)| \sup_{x \in K} |D^{\alpha-\beta} \psi(x)| \right| \\
&\leq M_K \sum_{\substack{\alpha \in \mathbb{N}^n \\ |\alpha| \leq k_K}} A_\alpha \sum_{\substack{\beta \in \mathbb{N}^n \\ \beta \leq \alpha}} \sup_{x \in K} |D^\beta \varphi(x)| \\
&\leq A M_K \sum_{\substack{\alpha \in \mathbb{N}^n \\ |\alpha| \leq k_K}} \left(\sum_{\substack{\beta \in \mathbb{N}^n \\ \beta \leq \alpha}} \sup_{x \in K} |D^\beta \varphi(x)| \right)
\end{aligned}$$

$$\leq \; M'_K \sum_{\substack{\beta\in\mathbb{N}^n \\ |\beta|\leq k_K}} \sup_{x\in K}|D^\beta\varphi(x)|$$

où $A_\alpha = \max_{\substack{\beta\in\mathbb{N}^n \\ \beta\leq\alpha}} C_\alpha^\beta \sup_{x\in K}|D^{\alpha-\beta}\psi(x)|$, $A = \max_{\substack{\alpha\in\mathbb{N}^n \\ |\alpha|\leq k_K}} A_\alpha$ et $M'_K = AM_K C$ avec
C =cardinal$\{\alpha\in\mathbb{N}^n : |\alpha|\leq k_K\}$. Donc, S est bien une forme linéaire continue pour τ.

Puisque S est continue pour τ et que $\mathcal{D}(U)$ est dense dans $\mathcal{E}(U)$, on peut alors, par densité, prolonger S en une forme linéaire $\widetilde{S}$ continue de $\mathcal{E}(U)$ dans $\mathbb{C}$, de plus, ce prolongement est unique.

$$\underbrace{\widetilde{S}_{|D(U)} = S}_{\text{distribution sur } U \text{ à support compact}} \qquad \rightleftarrows\rightleftarrows\rightleftarrows \qquad \underbrace{\widetilde{S}}_{\text{forme linéaire continue sur } \mathcal{E}(U)}$$

□

On note $\mathcal{E}'(U)$ l'ensemble des distributions à support compact sur U

Exemple 4.9 Si U est un ouvert de $\mathbb{R}^n$, alors pour tout $a\in U$ et $f\in k(U)$, $\delta_a\in\mathcal{E}'(U)$ et $T_f\in\mathcal{E}'(U)$.

4.7 Convergence des distributions

Soit un ouvert U de $\mathbb{R}^n$. La notion de convergence des distributions est dite aussi convergence faible au sens suivant :

Définition 4.5 Une suite $(T_j)_{j\in\mathbb{N}}$ de distributions sur U converge dans $\mathcal{D}'(U)$ vers une distribution T sur U si et seulement si pour toute fonction test $\varphi\in\mathcal{D}(U)$, la suite numérique $(\langle T_j,\varphi\rangle)_{j\in\mathbb{N}}$ converge vers $\langle T,\varphi\rangle$ dans $\mathbb{C}$. Ce qui revient à dire que la suite $(T_j - T)_{j\in\mathbb{N}}$ converge vers zéro au sens de la définition ci-dessus.

Exemple 4.10

1 La suite de distributions $T_k = k\mathbf{1}_{[0,\frac{1}{k}]}$ tend vers δ_0 dans $\mathcal{D}'(\mathbb{R})$.

En effet, soit $\varphi \in \mathcal{D}(\mathbb{R})$, on a :

$$\begin{aligned}\langle T_n, \varphi\rangle - \langle \delta_0, \varphi\rangle &= \int_{\mathbb{R}} k\mathbf{1}_{[0,\frac{1}{k}]}(x)\varphi(x)dx - \varphi(0) = k\int_0^{\frac{1}{k}} \varphi(x)dx - \varphi(0) \\ &= k\int_0^{\frac{1}{k}} (\varphi(x) - \varphi(0))\,dx.\end{aligned}$$

Or, $k\int_0^{\frac{1}{k}} \varphi(x)dx = k[\phi(\frac{1}{k}) - \phi(0)]$ où ϕ est une primitive de φ. ϕ est dérivable, par le théorème des accroissements finis, on obtient :

$$\phi(\frac{1}{k}) - \phi(0) = \frac{1}{k}\phi'(0) + o(\frac{1}{k}).$$

Ainsi, on a :

$$k[\phi(\frac{1}{k}) - \phi(0)] = \phi'(0) + o(1) = \varphi(0) + o(1).$$

Par conséquent,

$$\lim_{n\to+\infty} \langle T_n, \varphi\rangle = \varphi(0) = \langle \delta_0, \varphi\rangle$$

ou bien $\lim\limits_{n\to+\infty} T_n = \delta_0$ dans $\mathcal{D}'(\mathbb{R})$.

2 Si $(a_k)_{k\in\mathbb{N}}$ est une suite convergente vers a dans $\mathbb{R}$, alors la suite de distributions $(\delta_{a_k})_{k\in\mathbb{N}}$ converge vers δ_a dans $\mathcal{D}'(\mathbb{R})$.

3 La suite de fonctions $f_k(x) = \sin(2k\pi x)$ ne converge pas quand k tend vers $+\infty$. Cependant, la suite des distributions associées $T_{f_k} = T_k$ converge vers la distribution nulle dans $\mathcal{D}'(\mathbb{R})$, c'est une conséquence immédiate du théorème de Riemann-Lebesgue :

$$\lim_{k\to+\infty} \int_{\mathbb{R}} \varphi(x)\sin(2k\pi x)dx = 0,\ \forall\varphi \in \mathcal{D}(\mathbb{R}).$$

4 Soit $\mu \in \mathbb{R}$, alors $\lim\limits_{k\to+\infty} \mu\frac{k}{2}\left(\delta_{\frac{1}{k}} - \delta_{-\frac{1}{k}}\right) = -\mu\delta_0'$ dans $\mathcal{D}'(\mathbb{R})$.

En effet, soit $\varphi \in \mathcal{D}(\mathbb{R})$,

$$\begin{aligned}\left\langle \mu\frac{k}{2}(\delta_{\frac{1}{k}} - \delta_{-\frac{1}{k}}), \varphi\right\rangle &= \mu\frac{k}{2}[\varphi(\frac{1}{k}) - \varphi(-\frac{1}{k})] \\ &= \mu\frac{k}{2}[\varphi(0) + \frac{1}{k}\varphi'(0) + o(\frac{1}{k^2}) - \varphi(0) + \frac{1}{k}\varphi'(0) + o(\frac{1}{k^2})] \\ &= \mu\varphi'(0) + o(\frac{1}{k^2}) \longrightarrow \mu\varphi'(0) = -\mu\left\langle\delta_0', \varphi\right\rangle = \left\langle -\mu\delta_0', \varphi\right\rangle.\end{aligned}$$

5 $T_k = \frac{\mathbf{1}_{[\frac{1}{k},+\infty[}(|x|)}{x} \underset{k\to+\infty}{\longrightarrow} vp\left(\frac{1}{x}\right)$ dans $\mathcal{D}'(\mathbb{R})$.

Soit $\varphi \in \mathcal{D}(\mathbb{R})$,

$$\langle T_k, \varphi\rangle = \int_{-\infty}^{+\infty} \frac{\mathbf{1}_{[\frac{1}{k},+\infty[}(|x|)}{x}\varphi(x)dx$$

$$= \int_{-\infty}^{0} \frac{\mathbf{1}_{[\frac{1}{k},+\infty[}(-x)}{x}\varphi(x)dx + \int_{0}^{+\infty} \frac{\mathbf{1}_{[\frac{1}{k},+\infty[}(x)}{x}\varphi(x)dx$$

$$= \int_{-\infty}^{-\frac{1}{k}} \frac{\varphi(x)}{x}dx + \int_{\frac{1}{k}}^{+\infty} \frac{\varphi(x)}{x}dx = \int_{|x|>\frac{1}{k}} \frac{\varphi(x)}{x}dx = \left\langle vp\left(\frac{1}{x}\right), \varphi\right\rangle.$$

Quand une suite de distributions $(T_j)_{j\in\mathbb{N}}$ est définie par des fonctions localement intégrables $(f_j)_{j\in\mathbb{N}}$: $T_j = T_{f_j}$, $j \in \mathbb{N}$, il faut bien faire la différence entre la convergence au sens classique (convergence simple) et la convergence au sens des distributions. Le théorème suivant caractérise les suites de fonctions pour lesquelles les limites simples coïncident avec les limites au sens des distributions dans $\mathcal{D}'(U)$.

Théorème 4.4 Soit $(f_j)_{j\in\mathbb{N}}$ une suite de fonctions localement intégrables sur U ouvert de $\mathbb{R}^n$, qui converge vers une fonction f presque partout dans U, et soit $g \in L^1_{loc}(U)$ telle que $\left|f_j\right| \leq g$, alors $(f_j)_{j\in\mathbb{N}}$ converge vers f au sens des distributions dans $\mathcal{D}'(U)$.

Démonstration. Soit $\varphi \in \mathcal{D}(U)$, alors $\left\langle T_{f_j}, \varphi\right\rangle = \int_{\mathbb{R}} f_j(x)\varphi(x)dx$. Puisque $(f_j)_{j\in\mathbb{N}}$ converge vers f presque partout dans U, donc $(\varphi f_j)_{j\in\mathbb{N}}$ converge vers φf presque partout dans U. De plus, on a $\left|\varphi f_j\right| \leq |\varphi| g$ et $|\varphi| g \in L^1(U)$. Donc en appliquant le théorème de convergence dominée de Lebesgue on a aussi :

$$\begin{aligned}\lim_{j\to+\infty}\left\langle T_{f_j},\varphi\right\rangle &= \lim_{j\to+\infty}\int_{\mathbb{R}} f_j(x)\varphi(x)dx = \int_{\mathbb{R}} f(x)\varphi(x)dx\\ &= \left\langle T_f,\varphi\right\rangle,\text{ pour tout }\varphi\in\mathcal{D}(U),\end{aligned}$$

c'est à dire la suite T_{f_j} converge vers T_f dans $\mathcal{D}'(U)$. □

Théorème 4.5 (Quelques propriétés de la limite)

(1) Si $(T_j)_{j\in\mathbb{N}}\longrightarrow T$ dans $\mathcal{D}'(U)$, alors $(D^\alpha T_j)\longrightarrow D^\alpha T$, $\forall\alpha\in\mathbb{N}^n$. En d'autres termes l'opérateur D^α défini de $\mathcal{D}'(U)$ dans $\mathcal{D}'(U)$ est linéaire continue.

(2) Pour tout $f\in\mathcal{E}(U)$, si $(T_j)_{j\in\mathbb{N}}$ converge vers T dans $\mathcal{D}'(U)$, alors (fT_j) converge vers fT dans $\mathcal{D}'(U)$.

(3) Si $f\in L^2(U)$, et $(f_j)_{j\in\mathbb{N}}$ une suite dans $L^2(U)$ convergente vers f dans $L^2(U)$, alors $\left(T_{f_j}\right)_{j\in\mathbb{N}}$ converge vers T_f dans $\mathcal{D}'(U)$.

Démonstration.

(1) Pour tout $\varphi\in\mathcal{D}(U)$,

$$\left\langle D^\alpha T_j,\varphi\right\rangle=(-1)^{|\alpha|}\left\langle T_j,D^\alpha\varphi\right\rangle\longrightarrow(-1)^{|\alpha|}\left\langle T,D^\alpha\varphi\right\rangle=\left\langle D^\alpha T,\varphi\right\rangle$$

car $D^\alpha\varphi\in\mathcal{D}(U)$.

(2) Soit $f\in\mathcal{E}(U)$,

$$\left\langle fT_j,\varphi\right\rangle=\left\langle T_j,f\varphi\right\rangle\longrightarrow\langle T,f\varphi\rangle=\langle fT,\varphi\rangle$$

car $f\varphi\in\mathcal{D}(U)$, $\forall\varphi\in\mathcal{D}(U)$.

(3) $\forall\varphi\in\mathcal{D}(U)$, on obtient à l'aide de l'inégalité de Cauchy-Schwartz dans $L^2(U)$:

$$\begin{aligned}\left|\left\langle T_j,\varphi\right\rangle-\left\langle T_f,\varphi\right\rangle\right| &= \left|\int_U (f_j(x)-f(x))\varphi(x)dx\right| = \left|\left\langle f_j-f,\overline{\varphi}\right\rangle\right|\\ &\leq \|f_j-f\|_{L^2(U)}\|\varphi\|_{L^2(U)}\underset{j\to+\infty}{\longrightarrow}0\,.\end{aligned}$$

□

4.8 Exercices avec solutions

Exercice 4.1 *Dire pourquoi les fonctions f et g définissent-elles des distributions sur $\mathbb{R}$:*

$$f(x) = \begin{cases} 0 & si \quad |x| > 2 \\ 1 & si \quad |x| < 1 \\ 2 - |x| & si \quad 1 < |x| < 2 \end{cases} \quad et\ g(x) = \begin{cases} 0 & si \quad |x| > 1 \\ 1 - |x| & si \quad 0 < |x| < 1. \end{cases}$$

Solution. f et g sont continues et alors localement intégrables sur $\mathbb{R}$, elles définissent par conséquent des distributions sur $\mathbb{R}$:

$$\begin{aligned} \langle T_f, \varphi \rangle &= \int_{\mathbb{R}} f(x)\varphi(x)dx = \int_{-1}^{1} \varphi(x)dx + \int_{1<|x|<2} (2 - |x|)\varphi(x)dx \\ &= \int_{-1}^{1} \varphi(x)dx + \int_{-2}^{-1} (2 + x)\varphi(x)dx + \int_{1}^{2} (2 - x)\varphi(x)dx. \end{aligned}$$

$$\begin{aligned} \langle T_g, \varphi \rangle &= \int_{\mathbb{R}} g(x)\varphi(x)dx = \int_{-1}^{1} (1 - |x|)\varphi(x)dx \\ &= \int_{-1}^{0} (1 + x)\varphi(x)dx + \int_{0}^{1} (1 - x)\varphi(x)dx. \end{aligned}$$

Exercice 4.2 *Les applications suivantes sont-elles des distributions sur $\mathbb{R}$?*

(i) $\langle T, \varphi \rangle = \displaystyle\int_{-\infty}^{+\infty} \varphi(t)dt,$

(ii) $\langle T, \varphi \rangle = \displaystyle\int_{-\infty}^{+\infty} |\varphi(t)|dt,$

(iii) $\langle T, \varphi \rangle = \displaystyle\sum_{n=0}^{+\infty} \varphi^{(n)}(n),$

(iv) $\langle T_n, \varphi \rangle = \displaystyle\sum_{k=0}^{n} \varphi(k), \ n \in \mathbb{N}.$

Solution.

(i) Une fonction C^∞ à support compact est intégrable donc l'application est définie pour tout $\varphi \in \mathcal{D}(\mathbb{R})$, par ailleurs l'intégrale est une application linéaire par rapport à l'intégrant. T est aussi continue sur $\mathcal{D}(\mathbb{R})$ puisque pour tout compact K de $\mathbb{R}$, il existe $a > 0$, $K \subset [-a, a]$, et

$$|\langle T, \varphi\rangle| = \left|\int_{-\infty}^{+\infty} \varphi(t)dt\right| = \left|\int_{-a}^{a} \varphi(t)dt\right| \leq 2a \sup_{t\in\mathbb{R}} |\varphi(t)|$$

on reconnaît la distribution $T = [1]$ associée à lafonction constante $f(x) = 1$ sur $\mathbb{R}$.

(ii) L'application $\langle T, \varphi\rangle = \displaystyle\int_{-\infty}^{+\infty} |\varphi(t)|dt$ n'est pas linéaire sur l'espace des fonctions test $\mathcal{D}(\mathbb{R})$, elle n'est pas une distribution.

(iii) L'application $\langle T, \varphi\rangle = \displaystyle\sum_{n=0}^{+\infty} \varphi^{(n)}(0)$ est bien définie pour tout $\varphi \in \mathcal{D}(\mathbb{R})$, elle est une distribution sur $\mathbb{R}$. En effet, soit φ de $\mathcal{D}(\mathbb{R})$, puisqu'elle est à support compact, il existe un entier N_φ tel que $\varphi^{(n)}(x) = 0$ pour tout $n \in \mathbb{N}$ et pour tout $x \in \mathbb{R}$ tel que $|x| \geq N_\varphi$. On a alors :

$$\langle T, \varphi\rangle = \sum_{n=0}^{+\infty} \varphi^{(n)}(0) = \sum_{n=0}^{N_\varphi} \varphi^{(n)}(n) < +\infty.$$

On vérifie sans peine que T est linéaire puisque la série est en fait une somme finie. Montrons la continuité de T de $\mathcal{D}(\mathbb{R})$ dans $\mathbb{C}$. Soit K un compact quelconque de $\mathbb{R}$ et $\varphi \in \mathcal{D}(\mathbb{R})$ à support dans K. On a :

$$|\langle T, \varphi\rangle| = \left|\sum_{n=0}^{N_\varphi} \varphi^{(n)}(n)\right| \leq \sum_{n=0}^{N_\varphi} \left|\varphi^{(n)}(n)\right| \leq \sum_{n=0}^{N_\varphi} \sup_{x\in K} \left|\varphi^{(n)}(n)\right|$$

où N_φ est un entier qui dépend de φ tel que $\varphi^{(n)}(x) = 0$ pour tout n et tout x tel que $|x| \geq N_\varphi$.

(iv) T_n est une somme d'un nombre fini de distributions à supports compacts, donc elle est elle-même à support compact, puisque l'espace $\mathcal{E}'(\mathbb{R})$ des distributions à support compact est un espace vectoriel.

Exercice 4.3 *Pour tout entier $m \in \mathbb{N}$, on désigne par $\mathcal{D}^m$ l'ensemble des fonctions de classe C^m et à support compact dans $\mathbb{R}$. Une suite $(\varphi_i)_{i\in\mathbb{N}}$ d'éléments de $\mathcal{D}^m$ converge vers 0 dans $\mathcal{D}^m$ si les φ_i ont leurs supports dans un même compact et si pour tout p, $0 \le p \le m$, la suite des dérivées $\left(\frac{d^p\varphi_i}{dx^p}\right)_{i\in\mathbb{N}}$ converge vers 0 uniformément. On note $\mathcal{D}^{m'}$ le dual de $\mathcal{D}^m$ et on rappelle que $T \in \mathcal{D}^{m'}$ si et seulement si pour toute suite $(\varphi_i)_{i\in\mathbb{N}}$ qui converge vers 0 dans $\mathcal{D}^m$, on a $T(\varphi_i)$ converge vers 0 dans $\mathbb{C}$.*

(1) *Soit $f \in L^1_{loc}(\mathbb{R})$ et δ la mesure de Dirac. Montrer que T_f et δ appartiennent à $\mathcal{D}^{0'}$.*

(2) *On fixe $m \in \mathbb{N}$ et on définit $S : \mathcal{D}^m \longrightarrow \mathbb{C}$ par $S(\varphi) = \frac{d^m\varphi}{dx^m}(0)$. Montrer que $S \in \mathcal{D}^{m'}(\mathbb{R})$.*

(3) *Soient $m \in \mathbb{N}$ et $T \in \mathcal{D}^{m'}$, montrer que $T \in \mathcal{D}'$.*

Solution.

(1) Il s'agit ici de vérifier que T_f et δ sont bien définies sur $\mathcal{D}^0$ et qu'elles y sont linéaires et cotinues.

On a pour toute fonction $\varphi \in \mathcal{D}^0$ tel que $Supp\varphi \subset [-a,a]$, avec $a > 0$:

(i)

$$\begin{aligned}\left|\langle T_f,\varphi\rangle\right| &= \left|\int_{\mathbb{R}} f(x)\varphi(x)dx\right| \le \int_{\mathbb{R}} |f(x)||\varphi(x)|dx = \int_{-a}^{a} |f(x)||\varphi(x)|dx \\ &\le \int_{-a}^{a} |f(x)|dx \sup_{x\in[-a,a]} |\varphi(x)| < +\infty,\end{aligned}$$

car φ est continue donc bornée sur tout interval fermé borné et f est localement intégrable. La linéarité se vérifie sans aucune difficulté en utilisant la linéarité de l'intégrale. Montrons que T_f est continue sur $\mathcal{D}^0$. Soit $(\varphi_i)_{i\in\mathbb{N}}$ une suite dans $\mathcal{D}^0$ qui converge vers 0 dans $\mathcal{D}^0$. Les mêmes majorations que précédemment donnent $\left|\langle T_f,\varphi_i\rangle\right| \le \int_{-a}^{a} |f(x)|dx \sup_{x\in[-a,a]} |\varphi_i(x)|$.

Mais comme $\varphi_i \longrightarrow 0$ dans $\mathcal{D}^0$, on a en particulier $\sup_{x\in[-a,a]} |\varphi_i(x)| \longrightarrow 0$ lorsque $i \to +\infty$. Ce qui implique $\left|\langle T_f,\varphi_i\rangle\right| \longrightarrow 0$ lorsque $i \to +\infty$, donc la continuité de T_f sur $\mathcal{D}^0$.

(ii) $|\langle \delta, \varphi\rangle| = |\varphi(0)| \leq \sup\limits_{x\in[-a,a]} |\varphi(x)| < +\infty$. La continuité de δ se démontre de la même manière que pour T_f.

(2) L'application S est linéaire sur $\mathcal{D}^m$ car l'opérateur de dérivation $\frac{d^m}{dx^m}$ est linéaire. Montrons la continuité. Soit $(\varphi_i)_{i\in\mathbb{N}}$ une suite dans $\mathcal{D}^m$ qui converge vers 0 dans $\mathcal{D}^m$. Si les supports des fonctions φ_i sont tous contenus dans le compact $[-a,a]$, on a en particulier $\sup\limits_{x\in[-a,a]} \left|\varphi_i^{(m)}(x)\right| \longrightarrow 0$, et donc à fortiori $\left|\varphi_i^{(m)}(0)\right| \longrightarrow 0$, donc $\langle S, \varphi_i\rangle \longrightarrow 0$ lorsque $i \to +\infty$, par définition de S. Ce qui montre que S est continue sur $\mathcal{D}^m$.

(3) Soit $T \in \mathcal{D}^{m'}$, $m \in \mathbb{N}$. Comme $\mathcal{D}(\mathbb{R}) \subset \mathcal{D}^m$, T est bien définie et linéaire sur $\mathcal{D}(\mathbb{R})$. Pour montrer la continuité, considérons une suite $(\varphi_i)_{i\in\mathbb{N}}$ dans $\mathcal{D}(\mathbb{R})$ qui converge vers 0 dans $\mathcal{D}(\mathbb{R})$. Cela implique par définition de la convergence dans $\mathcal{D}(\mathbb{R})$ que les supports des fonctions φ_i sont contenus dans un même $[-a,a]$ compact et que pour tout $k \in \mathbb{N}$, la suite $(\varphi_i^{(k)})_{i\in\mathbb{N}}$ converge uniformément vers 0. Donc en particulier $(\varphi_i)_{i\in\mathbb{N}}$ converge vers 0 dans $\mathcal{D}^m$. On en déduit que $\langle T, \varphi_i\rangle \longrightarrow 0$ lorsque $i \to +\infty$, ce qui montre que T est continue sur $\mathcal{D}(\mathbb{R})$ c'est T est une distribution sur $\mathbb{R}$ ou bien $T \in \mathcal{D}'(\mathbb{R})$.

Exercice 4.4

(1) *Montrer que les applications suivantes sont des distributions sur* $\mathbb{R}$ *:*

$$\mathcal{D}(\mathbb{R}) \ni \varphi \longmapsto \left\langle Pf\left(\frac{1}{x^2}\right), \varphi\right\rangle = \lim_{\varepsilon\to 0^+}\left[\int_{|x|\geq\varepsilon} \frac{\varphi(x)}{x^2}dx - 2\frac{\varphi(0)}{\varepsilon}\right],$$

$$\mathcal{D}(\mathbb{R}) \ni \varphi \longmapsto \left\langle Pf\left(\frac{H}{x^2}\right), \varphi\right\rangle = \lim_{\varepsilon\to 0^+}\left[\int_{x\geq\varepsilon} \frac{\varphi(x)}{x^2}dx - \frac{\varphi(0)}{\varepsilon} + \varphi'(0)\ln\varepsilon\right]$$

où Pf est la partie finie et H est la fonction de Heaviside,

$$H(x) = \begin{cases} 1 & si \quad x \geq 0 \\ 0 & si \quad x < 0 \end{cases}.$$

(2) *Définir $Pf\left(\frac{1}{x^n}\right)$ et $Pf\left(\frac{H}{x^n}\right)$ pour $n \in \mathbb{N}$, $n \geq 3$.*

Solution.

(1) Soit $\varphi \in \mathcal{D}(\mathbb{R})$, donc il existe $a = a(\varphi) > 0$ tel que $Supp\varphi \subset [-a, a]$.
On a alors à l'aide de la formule de Taylor :

$$\varphi(x) = \varphi(0) + x\varphi'(0) + \frac{x^2}{2}\psi(x)$$

où

$$\psi(x) = \begin{cases} 2\dfrac{\varphi(x) - \varphi(0) - x\varphi'(0)}{x^2} & \text{si} \quad x \neq 0 \\ \varphi^{(2)}(0) & \text{si} \quad x = 0 \end{cases},$$

en particulier, ψ est une fonction continue sur $\mathbb{R}$ avec

$$\sup_{x\in[-a,a]} |\psi(x)| \leq \sup_{x\in[-a,a]} \left|\varphi^{(2)}(x)\right|.$$

Alors,

(i)

$$\left\langle Pf\left(\frac{1}{x^2}\right), \varphi\right\rangle = \lim_{\varepsilon\to 0^+} \left[\int_{\varepsilon\leq|x|\leq a} \frac{\varphi(0) + x\varphi'(0) + \frac{x^2}{2}\psi(x)}{x^2} dx - 2\frac{\varphi(0)}{\varepsilon}\right]$$

$$= \lim_{\varepsilon\to 0^+} \left[\int_{\varepsilon\leq|x|\leq a} \frac{\varphi(0)}{x^2} dx + \int_{\varepsilon\leq|x|\leq a} \frac{\varphi'(0)}{x} dx + \int_{\varepsilon\leq|x|\leq a} \frac{\psi(x)}{2} dx - 2\frac{\varphi(0)}{\varepsilon}\right].$$

$$\int_{\varepsilon\leq|x|\leq a} \frac{\varphi(0)}{x^2} dx = \int_{-a}^{-\varepsilon} \frac{\varphi(0)}{x^2} dx + \int_{\varepsilon}^{a} \frac{\varphi(0)}{x^2} dx = \varphi(0)\left\{\left[-\frac{1}{x}\right]_{-a}^{-\varepsilon} + \left[-\frac{1}{x}\right]_{\varepsilon}^{a}\right\}$$

$$= 2\frac{\varphi(0)}{\varepsilon} - 2\frac{\varphi(0)}{a}.$$

$$\int_{\varepsilon\leq|x|\leq a} \frac{\varphi'(0)}{x} dx = \int_{-a}^{-\varepsilon} \frac{\varphi'(0)}{x} dx + \int_{\varepsilon}^{a} \frac{\varphi'(0)}{x} dx = \varphi'(0)\left\{[\ln|x|]_{-a}^{-\varepsilon} + [\ln|x|]_{\varepsilon}^{a}\right\} = 0.$$

D'où, $\left\langle Pf\left(\frac{1}{x^2}\right), \varphi\right\rangle = \lim_{\varepsilon\to 0^+} \left\{\int_{\varepsilon\leq|x|\leq a} \frac{\psi(x)}{2} dx - 2\frac{\varphi(0)}{a}\right\} = \int_{-a}^{a} \frac{\psi(x)}{2} dx - 2\frac{\varphi(0)}{a}$ est une quantité finie. Par conséquent, $Pf\left(\frac{1}{x^2}\right)$ est bien définie sur $\mathcal{D}(\mathbb{R})$ et est une application linéaire. De plus,

$$\begin{aligned}
\left|\left\langle Pf\left(\frac{1}{x^2}\right),\varphi\right\rangle\right| &\leq \frac{1}{2}\left|\int_{-a}^{a}\psi(x)dx\right| + 2\frac{|\varphi(0)|}{a}\\
&\leq a\sup_{x\in[-a,a]}|\psi(x)| + \frac{2}{a}|\varphi(0)|\\
&\leq a\sup_{x\in[-a,a]}\left|\varphi^{(2)}(x)\right| + \frac{2}{a}|\varphi(0)|\\
&\leq \max(a,\frac{2}{a})\sum_{k=0}^{2}\sup_{x\in\mathbb{R}}\left|\varphi^{(k)}(x)\right|
\end{aligned}$$

qui exprime la continuité de $Pf\left(\frac{1}{x^2}\right)$ sur $\mathcal{D}(\mathbb{R})$. $Pf\left(\frac{1}{x^2}\right)$ est bien une distribution sur $\mathbb{R}$.

(ii) Par le même argument développé dans (i), on a :

$$\begin{aligned}
\left\langle Pf\left(\frac{H}{x^2}\right),\varphi\right\rangle &= \lim_{\varepsilon\to0^+}\left[\int_{\varepsilon}^{a}\frac{\varphi(0)+x\varphi'(0)+\frac{x^2}{2}\psi(x)}{x^2}dx - \frac{\varphi(0)}{\varepsilon} + \varphi'(0)\ln\varepsilon\right]\\
&= \lim_{\varepsilon\to0^+}\left[\int_{\varepsilon}^{a}\frac{\varphi(0)}{x^2}dx + \int_{\varepsilon}^{a}\frac{\varphi'(0)}{x}dx + \int_{\varepsilon}^{a}\frac{\psi(x)}{2}dx - \frac{\varphi(0)}{\varepsilon} + \varphi'(0)\ln\varepsilon\right]\\
&= \lim_{\varepsilon\to0^+}\left\{\varphi(0)\left[-\frac{1}{x}\right]_{\varepsilon}^{a} + \varphi'(0)[\ln|x|]_{\varepsilon}^{a} + \int_{\varepsilon}^{a}\frac{\psi(x)}{2}dx - \frac{\varphi(0)}{\varepsilon} + \varphi'(0)\ln\varepsilon\right\}\\
&= \lim_{\varepsilon\to0^+}\left\{-\frac{\varphi(0)}{a} + \varphi'(0)\ln a + \int_{\varepsilon}^{a}\frac{\psi(x)}{2}dx\right\}\\
&= \varphi'(0)\ln a - \frac{\varphi(0)}{a} + \frac{1}{2}\int_{0}^{a}\psi(x)dx
\end{aligned}$$

est une quantité finie. Par conséquent, $Pf\left(\frac{H}{x^2}\right)$ est bien définie et est une application linéaire sur $\mathcal{D}(\mathbb{R})$.

D'autre part, $Pf\left(\frac{H}{x^2}\right)$ est continue $\mathcal{D}(\mathbb{R})$ et est donc une distribution sur $\mathbb{R}$:

$$\begin{aligned}
\left|\left\langle Pf\left(\frac{H}{x^2}\right), \varphi\right\rangle\right| &= \left|\varphi'(0)\ln a - \frac{\varphi(0)}{a} + \frac{1}{2}\int_0^a \psi(x)dx\right| \\
&\leq \ln a\left|\varphi'(0)\right| + \frac{1}{a}|\varphi(0)| + \frac{a}{2}\sup_{x\in[-a,a]}|\psi(x)| \\
&\leq \max\left(\frac{1}{a}, \ln a, \frac{a}{2}\right)\sum_{k=0}^{2}\sup_{x\in\mathbb{R}}\left|\varphi^{(k)}(x)\right|.
\end{aligned}$$

(2) Généralisons la définition de $Pf\left(\frac{1}{x^2}\right)$ et $Pf\left(\frac{H}{x^2}\right)$ pour introduire $Pf\left(\frac{1}{x^n}\right)$ et $Pf\left(\frac{H}{x^n}\right)$ si $n \in \mathbb{N}$, $n \geq 3$.

(i) On pose $\left\langle Pf\left(\frac{1}{x^n}\right), \varphi\right\rangle = \lim\limits_{\varepsilon\to 0^+}\left[\int\limits_{|x|\geq\varepsilon}\frac{\varphi(x)}{x^n}dx - F(\varepsilon)\right]$ où l'expression $F(\varepsilon)$ est à déterminer. Pour calculer $F(\varepsilon)$, on utilise la formule de Taylor à l'ordre n sur une fonction test $\varphi \in \mathcal{D}(\mathbb{R})$ avec $Supp\varphi \subset [-a, a]$:

$$\begin{aligned}
\varphi(x) &= \varphi(0) + x\varphi'(0) + \tfrac{x^2}{2!}\varphi^{(2)}(0) + \ldots + \tfrac{x^{n-1}}{(n-1)!}\varphi^{(n-1)}(0) + \tfrac{x^n}{n!}\psi(x) \\
&= \sum_{j=0}^{n-1}\frac{x^j}{j!}\varphi^{(j)}(0) + \frac{x^n}{n!}\psi(x),
\end{aligned}$$

où $\psi(x)$ est définie sur $\mathbb{R}$ par $\psi(x) = \dfrac{n!\left(\varphi(x) - \sum\limits_{j=0}^{n-1}\frac{x^j}{j!}\varphi^{(j)}(0)\right)}{x^n}$ si $x \neq 0$ et par $\varphi^{(n)}(0)$ pour $x = 0$.

ψ est une fonction continue sur $\mathbb{R}$ et $\sup\limits_{x\in[-a,a]}|\psi(x)| \leq \sup\limits_{x\in[-a,a]}\left|\varphi^{(n)}(x)\right|$.

$$\int\limits_{\varepsilon\leq|x|\leq a}\frac{\varphi(x)}{x^n}dx = \int\limits_{\varepsilon\leq|x|\leq a}\frac{\varphi(0) + x\varphi'(0) + \frac{x^2}{2!}\varphi^{(2)}(0) + \ldots + \frac{x^{n-1}}{(n-1)!}\varphi^{(n-1)}(0) + \frac{x^n}{n!}\psi(x)}{x^n}dx$$

$$= \int\limits_{\varepsilon\leq|x|\leq a}\sum_{j=0}^{n-1}\frac{x^j}{j!}\varphi^{(j)}(0) + \frac{1}{n!}\int\limits_{\varepsilon\leq|x|\leq a}\psi(x)dx$$

$$= \sum_{j=0}^{n-1} \frac{\varphi^{(j)}(0)}{j!} \int_{\varepsilon \le |x| \le a} x^{j-n} dx + \frac{1}{n!} \int_{\varepsilon \le |x| \le a} \psi(x) dx.$$

Ainsi,

$$\int_{\varepsilon \le |x| \le a} \frac{\varphi(x)}{x^n} dx = \sum_{j=0}^{n-1} \frac{\varphi^{(j)}(0)}{j!} \left\{ \left[\frac{x^{j-n+1}}{j-n+1} \right]_{-a}^{-\varepsilon} + \left[\frac{x^{j-n+1}}{j-n+1} \right]_{\varepsilon}^{a} \right\} + \frac{1}{n!} \int_{\varepsilon \le |x| \le a} \psi(x) dx$$

$$= \sum_{j=0}^{n-1} \frac{\varphi^{(j)}(0)}{j!} \left\{ \frac{(-\varepsilon)^{j-n+1}}{(j-n+1)} - \frac{(-a)^{j-n+1}}{(j-n+1)} + \frac{a^{j-n+1}}{(j-n+1)} - \frac{\varepsilon^{j-n+1}}{(j-n+1)} \right\}$$

$$+ \frac{1}{n!} \int_{\varepsilon \le |x| \le a} \psi(x) dx$$

$$= \sum_{j=0}^{n-1} \frac{\varphi^{(j)}(0)}{(j-n+1)j!} \left[\varepsilon^{j-n+1} \left((-1)^{j-n+1} - 1 \right) + a^{j-n+1} \left(1 - (-1)^{j-n+1} \right) \right]$$

$$+ \frac{1}{n!} \int_{\varepsilon \le |x| \le a} \psi(x) dx.$$

Si on pose : $F(\varepsilon) = \sum_{j=0}^{n-1} \frac{\varphi^{(j)}(0)}{(j-n+1)j!} \frac{(-1)^{j-n+1} - 1}{\varepsilon^{n-j-1}}$, alors :

$$\left\langle Pf\left(\frac{1}{x^n}\right), \varphi \right\rangle = \lim_{\varepsilon \to 0^+} \left[\frac{1}{n!} \int_{\varepsilon \le |x| \le a} \psi(x) dx - \sum_{j=0}^{n-1} \frac{\varphi^{(j)}(0)}{(j-n+1)j!} \frac{\left(1 - (-1)^{j-n+1}\right)}{a^{n-j-1}} \right]$$

$$= \frac{1}{n!} \int_{|x| \le a} \psi(x) dx - \sum_{j=0}^{n-1} \frac{\varphi^{(j)}(0)}{(j-n+1)j!} \frac{\left(1 - (-1)^{j-n+1}\right)}{a^{n-j-1}}.$$

Il est clair que $Pf\left(\frac{1}{x^n}\right)$ est bien définie, linéaire et continue sur $\mathcal{D}(\mathbb{R})$:

$$\left| \left\langle Pf\left(\frac{1}{x^n}\right), \varphi \right\rangle \right| \le M \sum_{k=0}^{n} \sup_{x \in \mathbb{R}} \left| \varphi^{(k)}(x) \right|$$

où $M = \max_{0 \le j \le n-1} \left(\frac{2a}{n!}, \frac{(-1)^{n-j}+1}{a^{n-j-1}(n-j-1)j!} \right)$. $Pf\left(\frac{1}{x^n}\right)$ est ainsi une distribution sur $\mathbb{R}$ d'ordre inférieur ou égal à k.

(ii) A l'aide des calculs précédents, si on pose :

$$\left\langle Pf\left(\frac{H}{x^n}\right),\varphi\right\rangle = \lim_{\varepsilon\to 0^+}\left[\int_{x\geq\varepsilon}\frac{\varphi(x)}{x^n}dx - G(\varepsilon)\right]$$

on a :

$$\begin{aligned}
\int_{x\geq\varepsilon}\frac{\varphi(x)}{x^n}dx &= \sum_{j=0}^{n-1}\frac{\varphi^{(j)}(0)}{j!}\int_{\varepsilon}^{a}x^{j-n}dx + \frac{1}{n!}\int_{x\geq\varepsilon}\psi(x)dx\\
&= \sum_{j=0}^{n-2}\frac{\varphi^{(j)}(0)}{j!}\int_{\varepsilon}^{a}x^{j-n}dx + \frac{\varphi^{(n-1)}(0)}{(n-1)!}\int_{\varepsilon}^{a}\frac{dx}{x} + \frac{1}{n!}\int_{x\geq\varepsilon}\psi(x)dx\\
&= \sum_{j=0}^{n-2}\frac{\varphi^{(j)}(0)}{j!}\left[\frac{x^{j-n+1}}{j-n+1}\right]_{\varepsilon}^{a} + \frac{\varphi^{(n-1)}(0)}{(n-1)!}(\ln a - \ln\varepsilon) + \frac{1}{n!}\int_{\varepsilon\leq|x|\leq a}\psi(x)dx\\
&= \sum_{j=0}^{n-2}\frac{\varphi^{(j)}(0)}{(n-j-1)j!}\left[\frac{1}{a^{n-j-1}} - \frac{1}{\varepsilon^{n-j-1}}\right] + \frac{\varphi^{(n-1)}(0)}{(n-1)!}(\ln a - \ln\varepsilon)\\
&\quad + \frac{1}{n!}\int_{\varepsilon\leq|x|\leq a}\psi(x)dx
\end{aligned}$$

et

$$G(\varepsilon) = -\sum_{j=0}^{n-2}\frac{\varphi^{(j)}(0)}{(n-j-1)j!}\frac{1}{\varepsilon^{n-j-1}} - \frac{\varphi^{(n-1)}(0)}{(n-1)!}\ln\varepsilon.$$

Exercice 4.5 *Soient Ω un ouvert de $\mathbb{R}^n$ et $a \in \Omega$. Montrez qu'il n'existe pas de fonction f localement intégrable sur Ω telle que $\delta_a = T_f$, en d'autres termes la distribution de Dirac δ_a n'est pas régulière.*

Solution. Supposons qu'il existe une fonction $f \in L^1_{loc}(\Omega)$ telle que $\delta_a = T_f$. Soit θ une fonction de classe C^∞ à support compact dans $\mathbb{R}^n$ avec $\theta(0) = 1$. Posons $\varphi_j(x) = \theta(j(x-a))$, $j \in \mathbb{N}^*$. On a $Supp\varphi_j = a + \frac{1}{j}Supp\theta$, donc à partir d'un certain rang, $Supp\varphi_j \subset \Omega$. On a alors :

$$\langle\delta_a,\varphi_j\rangle = \varphi_j(a) = \theta(0) = 1,\ \forall j \in \mathbb{N}^*$$

et

$$\langle T_f,\varphi_j\rangle = \int_{\Omega} f(x)\varphi_j(x)dx.$$

Or si K est un compact de Ω voisinage de a, il existe un rang $j_0 \in \mathbb{N}^*$ à partir duquel, pour tout $j \in \mathbb{N}^*$, $j \geq j_0$ on ait $Supp\varphi_j \subset K$, ce qui implique que, pour tout $j \geq j_0$,

$$\left|f(x)\varphi_j(x)\right| \leq |f(x)| \sup_{x \in \mathbb{R}^n} |\theta(x)| \mathbf{1}_K(x) \in L^1_{loc}(\Omega),$$

car $f \in L^1_{loc}(\Omega)$.
La suite de fonctions $(f\varphi_j)_{j \in \mathbb{N}^*}$ tend simplement vers 0 presque partout. Il découle du théorème de la convergence dominée de Lebesgue que $\langle T_f, \varphi_j \rangle \underset{j \to +\infty}{\longrightarrow} 0$ ce qui est contradictoire.

Exercice 4.6 *Montrer que la valeur principale de $\frac{1}{x}$ est d'ordre égal à 1.*

Solution. On a déjà montré que $vp\left(\frac{1}{x}\right)$ est une distribution sur $\mathbb{R}$ d'ordre inférieur ou égal à 1, via l'inégalité de continuité de cette application sur $\mathcal{D}(\mathbb{R})$. Supposons que $vp\left(\frac{1}{x}\right)$ ne soit pas une distribution d'ordre exactement 1, mais d'ordre 0. On en déduit que, pour tout compact $K \subset \mathbb{R}$, il existe une constante $C > 0$ telle que :

$$\left|\left\langle vp\left(\frac{1}{x}\right), \varphi \right\rangle\right| \leq C \sup_{x \in K} |\varphi(x)|, \ \varphi \in \mathcal{D}(\mathbb{R}).$$

On prend alors $K = [0,2]$ et $\varphi_j \in \mathcal{D}(\mathbb{R})$, $j \in \mathbb{N}^*$, qui valent 1 sur $\left[\frac{1}{j}, 1\right]$ telles que $0 \leq \varphi_j \leq 1$ et dont le support est inclus dans $\left[\frac{1}{2j}, 2\right]$. On a alors :

$$\left\langle vp\left(\frac{1}{x}\right), \varphi_j \right\rangle \geq \int_{\frac{1}{j}}^{1} \frac{dx}{x} = \ln j$$

et $\sup_{x \in K} |\varphi(x)| = 1$. Ceci contredit l'existence de la constante C précédente et prouve bien que $vp\left(\frac{1}{x}\right)$ est une distribution d'ordre exactement égal à 1.

Exercice 4.7

(1) *Montrer que la fonction $f(x) = \ln|x|$ définit une distribution sur $\mathbb{R}$.*

(2) *Calculer la dérivée de la distribution associée à f.*

(3) *Calculer la dérivée de la distribution* $\langle T, \varphi\rangle = \lim\limits_{\varepsilon \to 0^+} \int_{\varepsilon}^{+\infty} \ln x \varphi(x) dx.$

Solution.

(1) Il suffit de montrer que la fonction g définie sur $\mathbb{R}$ par

$$g(x) = \begin{cases} \ln|x| & \text{si} \quad x \in \mathbb{R}^* \\ 0 & \text{si} \quad x = 0 \end{cases}$$

est localement intégrable. En effet, l'intégrale $\int_a^b |\ln|x|| dx$ converge pour tout couple de réels (a, b), $a < b$.

Si $0 \notin [a, b]$, la fonction $\ln|x|$ est continue sur $[a, b]$, elle y est alors intégrable et donc l'intégrale $\int_a^b |\ln|x|| dx$ converge.

Si $0 \in [a, b]$, on suppose pour simplifier $a = 0$,

$$\int_0^b \ln x dx = [x \ln x - x]_0^b = b \ln b - b$$

où on a utilisé que $\lim\limits_{x \to 0} x \ln x = 0$.

(2) $T_f, \frac{dT_f}{dx} \in \mathcal{D}'(\mathbb{R})$ et

$$\langle T_f, \varphi\rangle = \lim_{\varepsilon \to 0^+} \int_{|x| \geq \varepsilon} \ln|x| \varphi(x) dx = \lim_{\varepsilon \to 0^+} \left[\int_{-\infty}^{-\varepsilon} \ln(-x) \varphi(x) dx + \int_{\varepsilon}^{+\infty} \ln x \varphi(x) dx \right],$$

$$\left\langle \frac{dT_f}{dx}, \varphi \right\rangle = - \left\langle T_f, \frac{d\varphi}{dx} \right\rangle = - \lim_{\varepsilon \to 0^+} \int_{|x| \geq \varepsilon} \ln|x| \varphi'(x) dx$$

$$= - \lim_{\varepsilon \to 0^+} \left[\int_{-\infty}^{-\varepsilon} \ln(-x) \varphi'(x) dx + \int_{\varepsilon}^{+\infty} \ln x \varphi'(x) dx \right]$$

$$= -\lim_{\varepsilon\to 0^+}\left\{[\ln(-x)\varphi(x)]_{-\infty}^{-\varepsilon} - \int_{-\infty}^{-\varepsilon}\frac{\varphi(x)}{x}dx + [\ln x\varphi(x)]_{\varepsilon}^{+\infty} - \int_{\varepsilon}^{+\infty}\frac{\varphi(x)}{x}dx\right\}$$

$$= \lim_{\varepsilon\to 0^+}\left\{\int_{|x|\geq\varepsilon}\frac{\varphi(x)}{x}dx + [\varphi(\varepsilon)-\varphi(-\varepsilon)]\ln\varepsilon\right\}.$$

Or,

$\varphi(\varepsilon) = \varphi(0)+o(\varepsilon)$ et $\varphi(-\varepsilon) = \varphi(0)+o(\varepsilon)$ donc $[\varphi(\varepsilon)-\varphi(-\varepsilon)]\ln\varepsilon = o(\varepsilon)\ln\varepsilon \underset{\varepsilon\to 0^+}{\longrightarrow} 0$.

D'où,

$$\left\langle\frac{dT_f}{dx},\varphi\right\rangle = \lim_{\varepsilon\to 0^+}\int_{|x|\geq\varepsilon}\frac{\varphi(x)}{x}dx = \left\langle vp\left(\frac{1}{x}\right),\varphi\right\rangle.$$

(3) T est donc définie, et clairement linéaire, elle est aussi continue, c'est à dire pour toute suite $(\varphi_j)_{j\in\mathbb{N}}$ d'éléments de $\mathcal{D}(\mathbb{R})$ tendant vers $\varphi\in\mathcal{D}(\mathbb{R})$,

$$\lim_{j\to+\infty}\langle T,\varphi_j\rangle = \langle T,\varphi\rangle.$$

La dérivée $\frac{dT}{dx}$ de T est aussi une distribution sur $\mathbb{R}$ définie par :

$$\left\langle\frac{dT}{dx},\varphi\right\rangle = -\left\langle T,\frac{d\varphi}{dx}\right\rangle = -\lim_{\varepsilon\to 0^+}\int_{\varepsilon}^{+\infty}\ln x\varphi'(x)dx.$$

Une intégration par parties donne :

$$\int_{\varepsilon}^{+\infty}\ln x\varphi'(x)dx = [\ln x\varphi(x)]_{\varepsilon}^{+\infty} - \int_{\varepsilon}^{+\infty}\frac{\varphi(x)}{x}dx = \varphi(\varepsilon)\ln\varepsilon - \int_{\varepsilon}^{+\infty}\frac{\varphi(x)}{x}dx.$$

Alors,

$$\left\langle\frac{dT}{dx},\varphi\right\rangle = \lim_{\varepsilon\to 0^+}\left(\int_{\varepsilon}^{+\infty}\frac{\varphi(x)}{x}dx - \varphi(\varepsilon)\ln\varepsilon\right).$$

A l'aide d'un développement limité de φ d'ordre 1 au voisinage de 0, on obtient :

$$\varphi(\varepsilon)\ln\varepsilon = [\varphi(0)+o(\varepsilon)]\ln\varepsilon \text{ où } \lim_{\varepsilon\to 0^+}o(\varepsilon)\ln\varepsilon = 0,$$

et

$$\left\langle \frac{dT}{dx}, \varphi \right\rangle = \lim_{\varepsilon \to 0^+} \left(\int_{\varepsilon}^{+\infty} \frac{\varphi(x)}{x} dx - \varphi(0) \ln \varepsilon \right) = \left\langle Pf \frac{H(x)}{x}, \varphi \right\rangle.$$

Exercice 4.8

(1) *Montrer que pour $\lambda \in \mathbb{C}$ avec $Re\lambda > -1$, les fonctions :*

$$x_\lambda^+ = \begin{cases} x^\lambda & si \quad x > 0 \\ 0 & si \quad x \leq 0 \end{cases} \quad et\ x_\lambda^- = \begin{cases} |x|^\lambda & si \quad x < 0 \\ 0 & si \quad x \geq 0 \end{cases}$$

définissent des distributions sur $\mathbb{R}$.

(2) *Montrer que l'on peut définir une distribution x_λ^+ pour $Re\lambda > -2$ et $\lambda \neq -1$.*

Définir la même chose pour x_λ^- et pour les mêmes valeurs de λ.

(3) *Généraliser ce procédé au cas où $Re\lambda > -n-1$ et $\lambda \neq -1, -2, \ldots, -n$.*

(4) *Soient x_λ^+ et x_λ^- les distributions définies pour $Re\lambda > -n-1$ et aussi pour $\lambda \neq -1, -2, \ldots, -n$. Calculer xx_λ^+ et xx_λ^-.*

Solution.

(1) Si $\mathrm{Re}\lambda > -1$, alors les fonctions x_λ^+ et x_λ^- sont localement intégrables sur $\mathbb{R}$ car pour tout compact K de $\mathbb{R}$, on a :

$$\begin{aligned} \int_K \left|x_\lambda^+\right| dx &= \int_{K \cap]0,+\infty[} \left|x^\lambda\right| dx = \int_{K \cap]0,+\infty[} e^{(\mathrm{Re}\lambda)\ln x} dx < +\infty, \\ \int_K \left|x_\lambda^-\right| dx &= \int_{K \cap]-\infty,0[} |x|^\lambda dx = \int_{K \cap]-\infty,0[} e^{(\mathrm{Re}\lambda)\ln(-x)} dx < +\infty, \end{aligned}$$

ainsi x_λ^+ et x_λ^- définissent des distributions sur $\mathbb{R}$ par :

$$\left\langle x_\lambda^+, \varphi \right\rangle = \int_0^{+\infty} x^\lambda \varphi(x) dx \text{ et } \left\langle x_\lambda^-, \varphi \right\rangle = \int_{-\infty}^0 |x|^\lambda \varphi(x) dx, \ \forall \varphi \in \mathcal{D}(\mathbb{R}).$$

(2) Si $\mathrm{Re}\lambda > -1$ on a $\int_0^1 x^\lambda dx = \frac{1}{\lambda+1}$ et pour tout $\varphi \in \mathcal{D}(\mathbb{R})$:

$$\begin{aligned}\int_0^{+\infty} x^\lambda \varphi(x)dx &= \int_0^1 x^\lambda \varphi(x)dx + \int_1^{+\infty} x^\lambda \varphi(x)dx \\ &= \int_0^1 x^\lambda [\varphi(x)-\varphi(0)]dx + \varphi(0)\int_0^1 x^\lambda dx + \int_1^{+\infty} x^\lambda \varphi(x)dx \\ &= \int_0^1 x^\lambda [\varphi(x)-\varphi(0)]dx + \int_1^{+\infty} x^\lambda \varphi(x)dx + \left[\frac{\varphi(0)x^\lambda}{\lambda+1}\right]_0^1 \\ &= \int_0^1 x^\lambda [\varphi(x)-\varphi(0)]dx + \int_1^{+\infty} x^\lambda \varphi(x)dx + \frac{\varphi(0)}{\lambda+1}.\end{aligned}$$

Montrons que l'expression à droite de cette formule reste valable si $\mathrm{Re}\lambda > -2$, $\lambda \neq -1$. En effet, en posant $\varphi(x) = \varphi(0)+x\psi(x)$ avec ψ est une fonction continue sur $\mathbb{R}$, on a :

$$\int_0^1 x^\lambda [\varphi(x)-\varphi(0)]dx = \int_0^1 x^{\lambda+1}\psi(x)dx,$$

cette intégrale existe si $\mathrm{Re}(\lambda+1) > -1$. $\int_1^{+\infty} x^\lambda \varphi(x)dx$ existe pour tout λ puisque $x \geq 1$ et φ est à support compact. $\frac{\varphi(0)}{\lambda+1}$ a un sens si $\lambda \neq -1$.

Par conséquent, si $\mathrm{Re}\lambda > -2$, $\lambda \neq -1$, $\int_0^{+\infty} x^\lambda \varphi(x)dx$ a un sens et définit une distribution sur $\mathbb{R}$.

De même on définit la distribution associée à la fonction x_λ^- par :

$$\langle x_\lambda^-, \varphi\rangle = \langle x_\lambda^+, \widetilde{\varphi}\rangle,\ \widetilde{\varphi}(x) = \varphi(-x),\ \varphi \in \mathcal{D}(\mathbb{R})$$

pour $\mathrm{Re}\lambda > -1$ et pour $\mathrm{Re}\lambda > -2$, $\lambda \neq -1$.

(3) De la même manière en itérant ce procédé, on trouve pour $\text{Re}\lambda > -n-1$, $\lambda \neq -1, -2, \ldots, -n$:

$$\begin{aligned}\int_0^{+\infty} x^\lambda \varphi(x)dx &= \int_0^1 x^\lambda \left[\varphi(x) - \sum_{k=1}^n \frac{\varphi^{(k-1)}(0)}{(k-1)!}x^{k-1}\right]dx + \int_1^{+\infty} x^\lambda \varphi(x)dx \\ &\quad + \sum_{k=1}^n \frac{\varphi^{(k-1)}(0)}{(k-1)!}\int_0^1 x^{k-1}dx \\ &= \int_0^1 x^\lambda \left[\varphi(x) - \sum_{k=1}^n \frac{\varphi^{(k-1)}(0)}{(k-1)!}x^{k-1}\right]dx + \int_1^{+\infty} x^\lambda \varphi(x)dx \\ &\quad + \sum_{k=1}^n \frac{\varphi^{(k-1)}(0)}{(k-1)!(\lambda+k)},\ \varphi \in \mathcal{D}(\mathbb{R}).\end{aligned}$$

L'expression à droite de cette égalité est bien définie si $\text{Re}\lambda > -n-1$, $\lambda \neq -1, -2, \ldots, -n$. La distribution x_λ^- est définie pour $\text{Re}\lambda > -n-1$, $\lambda \neq -1, -2, \ldots, -n$, par la relation $\langle x_\lambda^-, \varphi\rangle = \langle x_\lambda^+, \widetilde{\varphi}\rangle$, $\widetilde{\varphi}(x) = \varphi(-x)$, $\varphi \in \mathcal{D}(\mathbb{R})$.

(4) Si $\text{Re}\lambda > -n-1$, $\lambda \neq -1, -2, \ldots, -n$ et $\varphi \in \mathcal{D}(\mathbb{R})$:

$$\begin{aligned}\langle xx_\lambda^+, \varphi\rangle &= \langle x_\lambda^+, x\varphi\rangle = \int_0^1 x^\lambda \left[x\varphi(x) - \sum_{k=1}^n \frac{(x\varphi)^{(k-1)}(0)}{(k-1)!}\right]dx \\ &\quad + \int_1^{+\infty} x^{\lambda+1}\varphi(x)dx + \sum_{k=1}^n \frac{(x\varphi)^{(k-1)}(0)}{(\lambda+k)(k-1)!}.\end{aligned}$$

Or,

$$(x\varphi)^{(k-1)}(0) = \begin{cases} (k-1)\varphi^{(k-2)}(0) \text{ si } k \geq 2 \\ 0 \text{ si } k = 1, \end{cases}$$

donc

$$\begin{aligned}\langle xx_\lambda^+, \varphi\rangle &= \int_0^1 x^\lambda \left[x\varphi(x) - \sum_{k=2}^n \frac{\varphi^{(k-2)}(0)}{(k-2)!}x^{k-1}\right]dx + \int_1^{+\infty} x^{\lambda+1}\varphi(x)dx \\ &\quad + \sum_{k=2}^n \frac{\varphi^{(k-2)}(0)}{(\lambda+k)(k-2)!}\end{aligned}$$

$$= \int_0^1 x^{\lambda+1}\left[\varphi(x) - \sum_{k=1}^{n-1} \frac{\varphi^{(k-1)}(0)}{(k-1)!}x^{k-1}\right]dx + \int_1^{+\infty} x^{\lambda+1}\varphi(x)dx$$
$$+\sum_{k=1}^{n-1} \frac{\varphi^{(k-1)}(0)}{(\lambda+k+1)(k-1)!}.$$

Ainsi, $xx_\lambda^+ = x_{\lambda+1}^+$. D'autre part,

$$\begin{aligned}\left\langle xx_\lambda^-, \varphi\right\rangle &= \left\langle x_\lambda^-, x\varphi\right\rangle = \left\langle x_\lambda^+, \widetilde{(x\varphi)}\right\rangle = -\left\langle x_\lambda^+, x\widetilde{\varphi}\right\rangle \\ &= -\left\langle xx_\lambda^+, \widetilde{\varphi}\right\rangle = -\left\langle x_{\lambda+1}^+, \widetilde{\varphi}\right\rangle = -\left\langle x_{\lambda+1}^-, \varphi\right\rangle\end{aligned}$$

ou bien

$$xx_\lambda^- = -x_{\lambda+1}^-.$$

Exercice 4.9 *Soient $T \in \mathcal{D}'(\mathbb{R}^n)$ et $a \in \mathbb{R}^n$. On note T_a l'application définie sur $\mathcal{D}(\mathbb{R}^n)$ par :*

$$\langle T_a, \varphi\rangle = \langle T, \varphi_a\rangle, \ \forall \varphi \in \mathcal{D}(\mathbb{R}^n),$$

$\varphi_a(x) = \varphi(x+a)$, $\forall x \in \mathbb{R}^n$.

(1) *Vérifier que T_a est une distribution sur $\mathbb{R}^n$, T_a est appelée la translatée de T par la translation de vecteur a.*

(2) *Démontrer que $SuppT_a = SuppT + a$.*

(3) *Montrer que si f est une fonction continue sur $\mathbb{R}^n$ alors $(T_f)_a = T_{f_{-a}}$.*

Solution.

(1) T_a est bien définie car si $\varphi \in \mathcal{D}(\mathbb{R}^n)$, alors $\varphi_a \in \mathcal{D}(\mathbb{R}^n)$ et

$$Supp\varphi_a \subset Supp\varphi - a.$$

T_a est linéaire puisque T est linéaire sur $\mathcal{D}(\mathbb{R}^n)$:

$$\begin{aligned}\left\langle T_a, \alpha\varphi + \beta\psi\right\rangle &= \left\langle T, \alpha\varphi_a + \beta\psi_a\right\rangle = \alpha\langle T, \varphi_a\rangle + \beta\left\langle T, \psi_a\right\rangle \\ &= \alpha\langle T_a, \varphi\rangle + \beta\left\langle T_a, \psi\right\rangle, \ \forall \varphi, \psi \in \mathcal{D}(\mathbb{R}^n).\end{aligned}$$

T_a est continue puisque T est continue sur $\mathcal{D}(\mathbb{R}^n)$. Soit K un compact de $\mathbb{R}^n$ et $\varphi \in \mathcal{D}(\mathbb{R}^n, K)$, alors $\varphi_a \in \mathcal{D}(\mathbb{R}^n, K-a)$ et par continuité de T sur $\mathcal{D}(\mathbb{R}^n, K-a)$, il existe une constante $M_{K,a} > 0$ et un entier naturel $k_{K,a}$ tels que :

$$|\langle T_a, \varphi\rangle| = |\langle T, \varphi_a\rangle| \leq M_{K,a} \sum_{\alpha\in\mathbb{N}^n, |\alpha|\leq k_{K,a}} \sup_{x\in K-a} |D^\alpha(\varphi(x+a))|$$

$$\begin{aligned} &= M_{K,a} \sum_{\alpha\in\mathbb{N}^n, |\alpha|\le k_{K,a}} \sup_{x\in K-a} |(D^\alpha\varphi)(x+a)| \\ &\le M_{K,a} \sum_{\alpha\in\mathbb{N}^n, |\alpha|\le k_{K,a}} \sup_{y\in K} \left|D^\alpha\varphi(y)\right|. \end{aligned}$$

(2) Soit $x \in SuppT_a$. Quelque soit W un voisinage ouvert de $x-a$ dans $\mathbb{R}^n$, $V = W + a$ est un voisinage ouvert de x dans $\mathbb{R}^n$. Il existe donc une fonction $\varphi \in \mathcal{D}(\mathbb{R}^n, V)$ telle que $\langle T_a, \varphi\rangle = \langle T, \varphi_a\rangle \neq 0$.
Comme $Supp\varphi_a \subset Supp\varphi - a \subset V - a = W$, on obtient $x - a \in SuppT$ ou bien $x \in SuppT + a$. D'où, $SuppT_a \subset SuppT + a$.
Réciproquement, on utilise $(T_a)_{-a} = T$ et la première inclusion, on a :

$$SuppT = Supp(T_a)_{-a} \subset SuppT_a - a \text{ et alors } SuppT + a \subset SuppT_a.$$

(3) $\forall\varphi \in \mathcal{D}(\mathbb{R}^n)$,

$$\begin{aligned} \left\langle (T_f)_a, \varphi\right\rangle &= \left\langle T_f, \varphi_a\right\rangle = \int_{\mathbb{R}^n} f(x)\varphi_a(x)dx = \int_{\mathbb{R}^n} f(x)\varphi(x+a)dx \\ &\overset{x+a=y}{=} \int_{\mathbb{R}^n} f(y-a)\varphi(y)dy = \int_{\mathbb{R}^n} f_{-a}(y)\varphi(y)dy = \left\langle T_{f_{-a}}, \varphi\right\rangle. \end{aligned}$$

Exercice 4.10

(1) *Montrer que lorsque φ décrit $\mathcal{D}(\mathbb{R})$, sa dérivée φ' décrit l'hyperplan de $\mathcal{D}(\mathbb{R})$:*

$$\mathcal{D}_0(\mathbb{R}) = \left\{ \psi \in \mathcal{D}(\mathbb{R}) : \int_{\mathbb{R}} \psi(x)dx = 0 \right\},$$

autrement dit l'image de $\mathcal{D}(\mathbb{R})$ par l'opérateur linéaire $\frac{d}{dx}$ est le sous espace $\mathcal{D}_0(\mathbb{R})$.

(2) *Soit $\phi \in \mathcal{D}(\mathbb{R})$ telle que $\int_{-\infty}^{+\infty} \phi(x)dx = 1$, montrer que chaque élément φ de $\mathcal{D}(\mathbb{R})$ admet une décomposition unique $\varphi = \lambda\phi + \chi$ où $\lambda = \int_{-\infty}^{+\infty} \varphi(x)dx$ et $\chi \in \mathcal{D}_0(\mathbb{R})$.*

(3) *Vérifier que pour qu'une distribution T ait une dérivée nulle, il faut et il suffit qu'elle soit constante, c'est à dire de la forme* $\langle T, \varphi \rangle = \lambda \int_{\mathbb{R}} \varphi(x)dx$, $\lambda \in \mathbb{R}$.

(4) *Montrer que l'opérateur $\frac{d}{dx}$ est surjectif de $\mathcal{D}'(\mathbb{R})$ dans $\mathcal{D}'(\mathbb{R})$ ou bien pour toute distribution $T \in \mathcal{D}'(\mathbb{R})$, il existe une distribution $S \in \mathcal{D}'(\mathbb{R})$ telle que $T = \frac{dS}{dx}$.*

Solution.

(1) (i) Tout d'abord, si $\varphi \in \mathcal{D}(\mathbb{R})$ alors sa dérivée φ' est également une fonction de l'espace $\mathcal{D}(\mathbb{R})$. De plus, il est clair que $\int_{\mathbb{R}} \varphi'(x)dx = [\varphi(x)]_{-\infty}^{+\infty} = 0$, c'est dire $\varphi' \in \mathcal{D}_0(\mathbb{R})$.

(ii) Réciproquement, soit $\psi \in \mathcal{D}(\mathbb{R})$ une fonction-test telle que $\int_{-\infty}^{+\infty} \psi(x)dx = 0$.

Posons, pour tout $x \in \mathbb{R}$, $\varphi(x) = \int_{-\infty}^{x} \psi(t)dt$. φ est une fonction de classe C^∞ sur $\mathbb{R}$ car :

$$\varphi'(x) = \psi(x) \text{ et } \varphi^{(p)}(x) = \psi^{(p-1)}(x),\ \forall p \in \mathbb{N}^*.$$

ψ est à support compact puisque si $Supp\psi \subset [a,b]$, alors :

$$\varphi(x) = \int_{-\infty}^{x} \psi(t)dt = \int_{-\infty}^{x} 0dt = 0 \text{ si } x < a,$$

$$\begin{aligned} \varphi(x) &= \int_{-\infty}^{a} \psi(t)dt + \int_{a}^{b} \psi(t)dt + \int_{b}^{+\infty} \psi(t)dt \\ &= \int_{a}^{b} \psi(t)dt = \int_{-\infty}^{+\infty} \psi(x)dx = 0 \text{ si } x > b, \end{aligned}$$

ainsi $Supp\varphi \subset [a,b]$.

La forme linéaire $\mathcal{D}(\mathbb{R}) \ni \psi \longmapsto \int_{\mathbb{R}} \psi(x)dx$ est continue sur $\mathcal{D}(\mathbb{R})$, donc $\mathcal{D}_0(\mathbb{R})$ est un hyperplan fermé de $\mathcal{D}(\mathbb{R})$ d'équation $\int_{\mathbb{R}} \psi(x)dx = 0$.

(2) Soit $\phi \in \mathcal{D}(\mathbb{R})$ une fonction fixée telle que $\int_{-\infty}^{+\infty} \phi(x)dx = 1$. Chaque fonction $\varphi \in \mathcal{D}(\mathbb{R})$ admet une décomposition unique $\varphi = \lambda\phi + \chi$ où $\lambda \in \mathbb{R}$ et $\chi \in \mathcal{D}_0(\mathbb{R})$. En effet, si $\lambda = \int_{-\infty}^{+\infty} \varphi(x)dx$, alors $\varphi - \lambda\phi \in \mathcal{D}_0(\mathbb{R})$ et si $\lambda_1\phi + \chi_1 = \lambda_2\phi + \chi_2$, on a $(\lambda_1 - \lambda_2)\phi = \chi_2 - \chi_1 \in \mathcal{D}_0(\mathbb{R})$, ainsi en intégrant cette dernière égalité on trouve :

$$(\lambda_1 - \lambda_2) \int_{-\infty}^{+\infty} \phi(x)dx = \int_{-\infty}^{+\infty} (\chi_2(x) - \chi_1(x))\, dx = 0$$

donc $\lambda_1 = \lambda_2$ et ensuite $\chi_1 = \chi_2$.

(3) Si $T = \alpha \in \mathbb{R}$, $\forall \varphi \in \mathcal{D}(\mathbb{R})$:

$$\left\langle \frac{dT}{dx}, \varphi \right\rangle = -\left\langle T, \frac{d\varphi}{dx} \right\rangle = -\int_{-\infty}^{+\infty} \alpha\varphi'(x)dx = -\alpha\, [\varphi(x)]_{-\infty}^{+\infty} = -\alpha.0 = 0.$$

Réciproquement, si $\frac{dT}{dx} = 0$, alors $\left\langle \frac{dT}{dx}, \varphi \right\rangle = 0$ et donc $\left\langle T, \frac{d\varphi}{dx} \right\rangle = 0$ pour toute fonction test $\varphi \in \mathcal{D}(\mathbb{R})$.

Soit $\phi \in \mathcal{D}(\mathbb{R})$ telle que $\int_{-\infty}^{+\infty} \phi(x)dx = 1$ (prendre par exemple ϕ un élément d'une suite régularisante dans $\mathcal{D}(\mathbb{R})$). Alors pour toute fonction $\varphi \in \mathcal{D}(\mathbb{R})$, la fonction $\left(\phi(x) \int_{-\infty}^{+\infty} \varphi(x)dx - \varphi(x) \right) \in D(\mathbb{R})$ et est d'intégrale nulle, elle est alors, d'après la question (2), la dérivée d'une fonction f de $\mathcal{D}(\mathbb{R})$:

$$\left\langle T, \phi(x) \int_{-\infty}^{+\infty} \varphi(x)dx - \varphi(x) \right\rangle \;=\; \left\langle T, \frac{df}{dx} \right\rangle = -\left\langle \frac{dT}{dx}, f \right\rangle = 0$$

$$= \left\langle T,\phi\right\rangle \int_{-\infty}^{+\infty} \varphi(x)dx - \langle T,\varphi\rangle.$$

Donc $\langle T,\varphi\rangle = \int_{-\infty}^{+\infty} \left\langle T,\phi\right\rangle \varphi(x)dx$, T est constante et vaut $\left\langle T,\phi\right\rangle$ ou ϕ est n'importe quelle fonction test d'integrale 1.

(4) Pour $T \in \mathcal{D}'(\mathbb{R})$ donnée, choisissons une constante $C \in \mathbb{C}$ et définissons S par :

$$\langle S,\varphi\rangle = \lambda C - \left\langle T,\psi\right\rangle \text{ où } \varphi = \lambda\phi + \chi \text{ et } \chi = \frac{d\psi}{dx},\ \psi \in \mathcal{D}(\mathbb{R}),$$

$\lambda \in \mathbb{R}$, $\phi \in \mathcal{D}(\mathbb{R})$ telle que $\int_{-\infty}^{+\infty} \phi(x)dx = 1$ et $\chi \in \mathcal{D}_0(\mathbb{R})$. Comme la décomposition de φ est unique, S est une forme linéaire bien définie sur $\mathcal{D}(\mathbb{R})$. De plus, S est contine comme composition de fonctions continues. Enfin,

$$\left\langle \frac{dS}{dx},\varphi\right\rangle = -\left\langle S,\frac{d\varphi}{dx}\right\rangle = -\lambda C + \left\langle T,\frac{d\varphi}{dx}\right\rangle.$$

Exercice 4.11

(1) *Montrez que la suite* $\cos nx$ *de distributions sur* $\mathbb{R}$ *tend vers* 0.

(2) *Montrer que les suites de distributions suivantes convergent vers la distribution de Dirac* δ_0 *au sens de* $\mathcal{D}'(\mathbb{R})$:

(i) $f_n(x) = \begin{cases} n & \text{si} \quad |x| < \frac{1}{2n} \\ 0 & \text{si} \quad |x| \geq \frac{1}{2n} \end{cases}$,

(ii) $g_n(x) = \frac{n}{\sqrt{\pi}} e^{-n^2x^2}$.

Solution.

(1) Soit $\varphi \in \mathcal{D}(\mathbb{R})$. Supposons $Supp\varphi \subset [-a,a]$, $a > 0$, ce qui implique en particulier que $\varphi(-a) = \varphi(a) = 0$. En intégrant par parties, on a :

$$\int_{-\infty}^{+\infty} \cos nx\varphi(x)dx = \int_{-a}^{a} \cos nx\varphi(x)dx = \left[\frac{\sin nx}{n}\varphi(x)\right]_{-a}^{a} - \frac{1}{n}\int_{-a}^{a} \sin nx\varphi'(x)dx$$

$$= -\frac{1}{n}\int_{-\infty}^{+\infty} \sin nx\varphi'(x)dx.$$

Donc :

$$|\langle \cos nx, \varphi\rangle| = \left|\int_{-\infty}^{+\infty} \cos nx\varphi(x)dx\right| \leq \frac{1}{n}\int_{-\infty}^{+\infty} |\varphi'(x)|\, dx \underset{n\to+\infty}{\longrightarrow} 0,$$

ce qui montre bien que $\cos nx$ tend vers 0 au sens des distributions.

(2) (i) Les fonctions f_n sont localement intégrables sur $\mathbb{R}$, elles définissent une suite de distributions T_n sur $\mathbb{R}$:

$$\langle T_n, \varphi\rangle = \int_{-\infty}^{+\infty} f_n(x)\varphi(x)dx = n\int_{-\frac{1}{2n}}^{\frac{1}{2n}} \varphi(x)dx,\ \forall \varphi \in \mathcal{D}(\mathbb{R}),\ \forall n \in \mathbb{N}.$$

D'où,

$$\langle T_n, \varphi\rangle = n\int_{-\frac{1}{2n}}^{\frac{1}{2n}} (\varphi(x) - \varphi(0))dx + n\int_{-\frac{1}{2n}}^{\frac{1}{2n}} \varphi(0)dx = \varphi(0) + n\int_{-\frac{1}{2n}}^{\frac{1}{2n}} (\varphi(x) - \varphi(0))dx,$$

comme φ est continue sur $\mathbb{R}$, alors :

$$\forall \varepsilon > 0\ \exists \delta > 0 : |\varphi(x) - \varphi(0)| < \varepsilon \text{ dès que } |x| < \delta.$$

Ainsi, pour n assez grand tel que $\frac{1}{n} < \delta$, on a :

$$\left|n\int_{-\frac{1}{2n}}^{\frac{1}{2n}} (\varphi(x) - \varphi(0))dx\right| \leq n\int_{-\frac{1}{2n}}^{\frac{1}{2n}} |\varphi(x) - \varphi(0)|\, dx \leq \sup_{|x|<\delta} |\varphi(x) - \varphi(0)| < \varepsilon$$

ou bien $\lim\limits_{n\to+\infty} n\int_{-\frac{1}{2n}}^{\frac{1}{2n}} (\varphi(x) - \varphi(0))dx = 0$. Par conséquent,

$$\lim_{n\to+\infty} \langle T_n, \varphi\rangle = \varphi(0) = \langle \delta_0, \varphi\rangle,\ \forall \varphi \in \mathcal{D}(\mathbb{R}).$$

(ii) $g_n(x) = \frac{n}{\sqrt{\pi}} e^{-n^2x^2}$ est continue donc définie une distribution S_n sur $\mathbb{R}$, pour tout $n \in \mathbb{N}$ où $\forall \varphi \in \mathcal{D}(\mathbb{R})$:

$$\begin{aligned}
\langle S_n, \varphi \rangle &= \int_{-\infty}^{+\infty} g_n(x)\varphi(x)dx = \frac{n}{\sqrt{\pi}} \int_{-\infty}^{+\infty} e^{-n^2x^2}\varphi(x)dx = \frac{n}{\sqrt{\pi}} \int_{-\infty}^{+\infty} e^{-(nx)^2}\varphi(x)dx \\
&\overset{y=nx}{=} \frac{1}{\sqrt{\pi}} \int_{-\infty}^{+\infty} e^{-y^2}\varphi\left(\frac{y}{n}\right)dy = \frac{1}{\sqrt{\pi}} \int_{-\infty}^{+\infty} e^{-y^2}\left(\varphi\left(\frac{y}{n}\right) - \varphi(0)\right)dy \\
&\quad + \frac{1}{\sqrt{\pi}} \int_{-\infty}^{+\infty} \varphi(0)e^{-y^2}dy.
\end{aligned}$$

Comme $\int_{-\infty}^{+\infty} e^{-y^2}dy = \sqrt{\pi}$ et φ est continue sur $\mathbb{R}$, on a $\left|\varphi\left(\frac{y}{n}\right) - \varphi(0)\right| < \varepsilon$ si $\left|\frac{y}{n}\right| < \delta$, ce qui est le cas pour n assez grand, et alors :

$$\begin{aligned}
\frac{1}{\sqrt{\pi}} \int_{-\infty}^{+\infty} \varphi(0)e^{-y^2}dy &= \varphi(0), \\
\left|\frac{1}{\sqrt{\pi}} \int_{-\infty}^{+\infty} e^{-y^2}\left(\varphi\left(\frac{y}{n}\right) - \varphi(0)\right)dy\right| &\leq \sup\left|\varphi\left(\frac{y}{n}\right) - \varphi(0)\right| < \varepsilon.
\end{aligned}$$

Donc $\lim_{n\to+\infty} \frac{1}{\sqrt{\pi}} \int_{-\infty}^{+\infty} e^{-y^2}\left(\varphi\left(\frac{y}{n}\right) - \varphi(0)\right)dy = 0$ et $\lim_{n\to+\infty} \langle S_n, \varphi \rangle = \varphi(0) = \langle \delta_0, \varphi \rangle$, $\forall \varphi \in \mathcal{D}(\mathbb{R})$.

Exercice 4.12 *Quelles sont les limites dans $\mathcal{D}'(\mathbb{R})$, quand $h \to 0$, des distributions suivantes :*

$$\frac{\delta_h - \delta_{-h}}{2h} \quad et \quad \frac{\delta_{2h} + \delta_{-2h} - 2\delta_0}{4h^2}.$$

Solution. $\forall \varphi \in \mathcal{D}(\mathbb{R})$,

$$\left\langle \frac{\delta_h - \delta_{-h}}{2h}, \varphi \right\rangle = \frac{\varphi(h) - \varphi(-h)}{2h} = \frac{2h\varphi'(0) + o(h)}{2h}$$

car $\varphi(h) = \varphi(0) + h\varphi'(0) + o(h)$ et $\varphi(-h) = \varphi(0) - h\varphi'(0) + o(h)$. Donc,

$$\begin{aligned}
\lim_{h\to 0} \left\langle \frac{\delta_h - \delta_{-h}}{2h}, \varphi \right\rangle &= \varphi'(0) = \langle \delta_0, \varphi' \rangle = -\langle \delta_0', \varphi \rangle, \\
\text{et } \lim_{h\to 0} \frac{\delta_h - \delta_{-h}}{2h} &= -\delta_0' \text{ dans } \mathcal{D}'(\mathbb{R}).
\end{aligned}$$

De la même manière, on a :

$$\begin{aligned}
&\left\langle \frac{\delta_{2h} + \delta_{-2h} - 2\delta_0}{4h^2}, \varphi \right\rangle = \frac{\varphi(2h) + \varphi(-2h) - 2\varphi(0)}{4h^2} \\
&= \frac{\varphi(0) + 2h\varphi'(0) + 2h^2\varphi''(0) + \varphi(0) - 2h\varphi'(0) + 2h^2\varphi''(0) + o(h^2) - 2\varphi(0)}{4h^2} \\
&= \varphi''(0) + o(1).
\end{aligned}$$

Donc,

$$\lim_{h\to 0} \frac{\delta_{2h} + \delta_{-2h} - 2\delta_0}{4h^2} = \delta_0''.$$

Exercice 4.13

(1) *Soit* $T = \sum_{n=0}^{+\infty} e^n \delta_n$, δ_n *est la distribution de Dirac au point* $x = n$. *Vérifier que* T *est une distribution sur* $\mathbb{R}$ *et localiser son support.*

(2) *Pour tout* $n \in \mathbb{N}$, *on pose* $T_n = \sum_{k=0}^{n} \delta_k$, *où* δ_k *est la distribution de Dirac au point* $x = k$. *Montrer que* T_n *est une distribution à support compact. Quel est son support ?*

Solution.

(1) Soient $\varphi \in \mathcal{D}(\mathbb{R})$ et $k \in \mathbb{N}$ tels que le support de φ est contenu dans $[-k, k]$. On a :

$$\begin{aligned}
\langle T, \varphi \rangle &= \left\langle \sum_{n=0}^{+\infty} e^n \delta_n, \varphi \right\rangle = \sum_{n=0}^{k} e^n \langle \delta_n, \varphi \rangle = \sum_{n=0}^{k} e^n \varphi(n), \\
|\langle T, \varphi \rangle| &= \left| \sum_{n=0}^{k} e^n \varphi(n) \right| \leq \sum_{n=0}^{k} e^n |\varphi(n)| \leq \sup_{x\in\mathbb{R}} |\varphi(x)| \sum_{n=0}^{k} e^n
\end{aligned}$$

qui montre que T est bien définie, linéaire et continue sur $\mathcal{D}(\mathbb{R})$.

Soit $\Omega = \mathbb{R}\backslash\mathbb{N} = \bigcup_{k\in\mathbb{N}}]k, k+1[$ un ouvert d'annulation de T puisque pour toute fonction test $\varphi \in \mathcal{D}(\mathbb{R})$ à support dans Ω, on a $\langle T, \varphi\rangle = \sum_{n=0}^{+\infty} e^n \varphi(n) = 0$. D'où, $\Omega = \mathbb{R}\backslash\mathbb{N} \subset \mathbb{R}\backslash SuppT$ ou bien $SuppT \subset \mathbb{N}$.

(2) La distribution $T_n = \sum_{k=0}^{n} \delta_k$ est une somme d'un nombre fini de distributions à supports compacts, donc elle est elle-même à support compact, puisque l'espace $\mathcal{E}'(\mathbb{R})$ des distributions à support compact est un espace vectoriel. On peut aussi le vérifier directement en utilisant la définition du support d'une distribution. En effet, soit $\varphi \in \mathcal{D}(\mathbb{R})$ à support dans le complémentaire de $\{0, 1, ..., n\}$. On a $\langle T_n, \varphi\rangle = \left\langle \sum_{k=0}^{n} \delta_k, \varphi \right\rangle = \sum_{k=0}^{n} \langle \delta_k, \varphi\rangle = \sum_{k=0}^{n} \varphi(k) = 0$.
Par conséquent le support de T_n est contenu dans $\{0, 1, ..., n\}$ pour tout $n \in \mathbb{N}$.
Inversement, si $x = s \in \{0, 1, ..., n\}$, soit $\varphi \in \mathcal{D}(\mathbb{R})$ telle que $Supp\varphi \subset]s-1, s+1[$ et $\varphi(s) \neq 0$. Alors, $\langle T_n, \varphi\rangle = \sum_{k=0}^{n} \varphi(k) = \varphi(s) \neq 0$, par conséquent $x = s \in SuppT_n$.
D'où $SuppT_n = \{0, 1, ..., n\}$, pour tout $n \in \mathbb{N}$.

Exercice 4.14

(1) *Soit* $f_\varepsilon(x) = \frac{1}{x+i\varepsilon}$ *avec* $\varepsilon > 0$. *Montrer que* $\lim_{\varepsilon\to 0^+} f_\varepsilon = -i\pi\delta_0 + vp\left(\frac{1}{x}\right)$ *dans* $\mathcal{D}'(\mathbb{R})$.

(2) *De la même manière que pour la distribution valeur principale de* $\frac{1}{x}$ *on définit, pour tout* $a \in \mathbb{R}$, *la distribution* $vp\left(\frac{1}{x-a}\right)$ *par la formule :*

$$\left\langle vp\left(\frac{1}{x-a}\right), \varphi\right\rangle = \lim_{\varepsilon\to 0^+} \int_{|x-a|\geq\varepsilon} \frac{\varphi(x)}{x-a} dx.$$

Montrer la formule :

$$\lim_{a\to 0} \frac{1}{2a}\left(vp\left(\frac{1}{x-a}\right) - vp\left(\frac{1}{x+a}\right)\right) = Pf\left(\frac{1}{x^2}\right).$$

Solution.

(1) Pour tout $\varepsilon > 0$, la fonction $f_\varepsilon(x) = \frac{1}{x+i\varepsilon}$ est continue, elle définie alors une distribution sur $\mathbb{R}$. Soit $\varphi \in \mathcal{D}(\mathbb{R})$ telle que $Supp\varphi \subset [-M, M]$. Alors :

$$\begin{aligned}
\lim_{\varepsilon\to 0^+} \langle T_{f_\varepsilon}, \varphi\rangle &= \lim_{\varepsilon\to 0^+} \int_{-M}^{M} \frac{\varphi(x)}{x+i\varepsilon} dx \\
&= \lim_{\varepsilon\to 0^+} \left\{ \varphi(0) \int_{-M}^{M} \frac{x-i\varepsilon}{x^2+\varepsilon^2} dx + \int_{-M}^{M} \frac{\varphi(x)-\varphi(0)}{x+i\varepsilon} dx \right\} \\
&= \varphi(0) \lim_{\varepsilon\to 0^+} \left\{ \left[\frac{1}{2}\ln(x^2+\varepsilon^2) - i\arctan\left(\frac{x}{\varepsilon}\right)\right]_{-M}^{M} \right\} \\
&\quad + \lim_{\varepsilon\to 0^+} \int_{-M}^{M} \frac{\varphi(x)-\varphi(0)}{x+i\varepsilon} dx \\
&= -i\pi\varphi(0) + \lim_{\varepsilon\to 0^+} \int_{-M}^{M} \frac{\varphi(x)-\varphi(0)}{x} dx \\
&= -i\pi\varphi(0) + \lim_{\varepsilon\to 0^+} \int_{|x|\geq\varepsilon} \frac{\varphi(x)}{x} dx \\
&= -i\pi\varphi(0) + vp\left(\frac{1}{x}\right).
\end{aligned}$$

(2) D'après la première question, on a pour $\varphi \in \mathcal{D}(\mathbb{R})$:

$$\left\langle vp\left(\frac{1}{x \mp a}\right), \varphi\right\rangle = i\pi\delta_{\pm a} + \lim_{\varepsilon\to 0^+} \left\langle T_{f_{\pm a,\varepsilon}}, \varphi\right\rangle \text{ où } f_{\pm a,\varepsilon}(x) = \frac{1}{(x\mp a)+i\varepsilon},$$

alors,

$$\begin{aligned}
\left\langle \left(vp\left(\frac{1}{x-a}\right) + vp\left(\frac{1}{x+a}\right)\right), \varphi\right\rangle &= i\pi\left(\varphi(a) - \varphi(-a)\right) + \lim_{\varepsilon\to 0^+} \left\langle T_{f_{a,\varepsilon}} - T_{f_{-a,\varepsilon}}, \varphi\right\rangle, \\
\varphi(a) + \varphi(-a) &= 2a\varphi'(0) + o(a),
\end{aligned}$$

$$\lim_{\varepsilon\to 0^+} \left\langle T_{f_{a,\varepsilon}} - T_{f_{-a,\varepsilon}}, \varphi\right\rangle = \lim_{\varepsilon\to 0^+} \int_{|x|\geq\varepsilon} \left(\frac{1}{(x-a)+i\varepsilon} - \frac{1}{(x+a)+i\varepsilon}\right) \varphi(x) dx$$

$$= \lim_{\varepsilon\to 0^+} \int\limits_{|x|\geq a} \left(\frac{1}{(x-a)+i\varepsilon} - \frac{1}{(x+a)+i\varepsilon} \right) \varphi(x)dx$$

$$= \lim_{\varepsilon\to 0^+} \int\limits_{|x|\geq a} \left(\frac{2a}{x^2 - a^2 + 2i\varepsilon x - \varepsilon^2} \right) \varphi(x)dx.$$

Par conséquent,

$$\lim_{a\to 0} \frac{1}{2a} \left(vp\left(\frac{1}{x-a}\right) - vp\left(\frac{1}{x+a}\right) \right) = -i\pi\varphi'(0) + \lim_{\varepsilon\to 0^+} \int\limits_{|x|\geq a} \frac{\varphi(x)}{x^2} dx.$$

Exercice 4.15 *Montrer que la fonction f définie par $f(x) = 0$ pour $x < 0$, et $\sqrt{x}$ pour $x > 0$, définit une distribution sur $\mathbb{R}$. Calculer sa dérivée.*

Solution. La fonction f est localement intégrable, elle définit alors une distribution T_f sur $\mathbb{R}$: $\forall \varphi \in \mathcal{D}(\mathbb{R})$:

$$\langle T_f, \varphi \rangle = \int_{-\infty}^{+\infty} f(x)\varphi(x)dx = \int_0^{+\infty} \sqrt{x}\varphi(x)dx.$$

De plus, $\frac{d}{dx}T_f \in D'(\mathbb{R})$, et on a pour tout $\varphi \in \mathcal{D}(\mathbb{R})$:

$$\left\langle \frac{d}{dx}T_f, \varphi \right\rangle = -\left\langle T_f, \frac{d\varphi}{dx} \right\rangle = -\int_0^{+\infty} \sqrt{x}\varphi'(x)dx = \lim_{\varepsilon\to 0^+} \left(-\int_\varepsilon^{+\infty} \sqrt{x}\varphi'(x)dx \right).$$

Intégrons par parties, on obtient :

$$-\int_\varepsilon^{+\infty} \sqrt{x}\varphi'(x)dx = -\left[\sqrt{x}\varphi(x)\right]_\varepsilon^{+\infty} + \int_\varepsilon^{+\infty} \frac{\varphi(x)}{2\sqrt{x}}dx = \sqrt{\varepsilon}\varphi(\varepsilon) + \int_\varepsilon^{+\infty} \frac{\varphi(x)}{2\sqrt{x}}dx,$$

$$\left\langle \frac{d}{dx}T_f, \varphi \right\rangle = \lim_{\varepsilon\to 0^+} \left(\sqrt{\varepsilon}\varphi(\varepsilon) + \int_\varepsilon^{+\infty} \frac{\varphi(x)}{2\sqrt{x}}dx \right) = \int_0^{+\infty} \frac{\varphi(x)}{2\sqrt{x}}dx$$

$$= \int_{-\infty}^{+\infty} \frac{H(x)}{2\sqrt{x}}\varphi(x)dx. \text{ Donc, } \frac{d}{dx}T_f = \frac{H(x)}{2\sqrt{x}}.$$

Exercice 4.16 *Montrez que l'espace des solutions de l'équation $xT = 0$ dans $\mathcal{D}'(\mathbb{R})$ est le sous-espace $\{\lambda\delta_0 : \lambda \in \mathbb{R}\}$ de $\mathcal{D}'(\mathbb{R})$.*
On pourra si $\varphi, \theta \in \mathcal{D}(\mathbb{R})$ avec $\theta(0) = 1$, montrer que $(\varphi(x) - \varphi(0)\theta(x))$ est de la forme $x\psi(x)$ où $\psi \in \mathcal{D}(\mathbb{R})$.

Solution. On suit l'indication proposée. La fonction $f(x) = \varphi(x) - \varphi(0)\theta(x)$ est de classe C^∞ et vérifie $f(0) = 0$. Donc :

$$f(x) = \int_0^x f'(t)dt = x\int_0^1 f'(xu)du$$

par le changement de variable $t = xu$. Le théorème de dérivation sous le signe somme montre que la fonction $\psi(x) = \int_0^1 f'(xu)du$ est de classe C^∞ et que pour tout $k \in \mathbb{N}$,

$$\psi^{(k)}(x) = \int_0^1 u^k f^{(k+1)}(xu)du.$$

En effet, cela découle du fait que, si M_k est un majorant de $\left|f^{(k)}\right|$ sur $\mathbb{R}$ (qui existe car f est à support compact et qu'il en est donc de même pour les dérivées de f), alors $\left|u^k f^{(k+1)}(xu)\right| \leq M_{k+1}u^k$ qui est intégrable sur $[0,1]$.
Il reste à vérifier que ψ est à support compact.
En effet, si $x \in \mathbb{R}$ et si $x \notin Supp\varphi \cup Supp\theta \cup \{0\}$, alors

$$f(x) = \varphi(x) - \varphi(0)\theta(x) = x\psi(x) = 0$$

car $\varphi(x) = \theta(x) = 0$, ce qui implique que $\psi(x) = 0$ car $x \neq 0$. On a donc $\psi \in \mathcal{D}(\mathbb{R})$ et $Supp\psi \subset Supp\varphi \cup Supp\theta \cup \{0\}$ qui est compact dans $\mathbb{R}$. Par conséquent,

$$\begin{aligned}\langle T, \varphi\rangle &= \left\langle T, \varphi(0)\theta(x) + x\psi(x)\right\rangle = \varphi(0)\langle T, \theta\rangle + \left\langle T, x\psi(x)\right\rangle \\ &= \varphi(0)\langle T, \theta\rangle + \left\langle xT, \psi\right\rangle = \varphi(0)\langle T, \theta\rangle\end{aligned}$$

puisque $xT = 0$, et donc $\langle T, \varphi\rangle = \langle T, \theta\rangle\langle\delta_0, \varphi\rangle$, ce qui prouve que $T = C\delta_0$ avec $C = \langle T, \theta\rangle \in \mathbb{C}$.

Exercice 4.17 *Calculer, au sens des distributions :*

$$\left(\frac{d}{dx}-\lambda\right)e^{\lambda x}H(x),\ \left(\frac{d^2}{dx^2}+\omega^2\right)\frac{\sin\omega x}{\omega}H(x)\ et\ \frac{d^m}{dx^m}\frac{x^{m-1}}{(m-1)!}H(x),\ m\in\mathbb{N}^*.$$

Solution. $\forall\varphi\in\mathcal{D}(\mathbb{R})$,

(i)

$$\begin{aligned}\left\langle\frac{d}{dx}\left(e^{\lambda x}H(x)\right),\varphi\right\rangle &= -\left\langle e^{\lambda x}H(x),\frac{d\varphi}{dx}\right\rangle\\ &= -\left\langle H(x),e^{\lambda x}\frac{d\varphi}{dx}\right\rangle = -\int_0^{+\infty}e^{\lambda x}\varphi'(x)dx\\ &= -\left\{\left[e^{\lambda x}\varphi(x)\right]_0^{+\infty}-\lambda\int_0^{+\infty}e^{\lambda x}\varphi(x)dx\right\}\\ &= \varphi(0)+\lambda\left\langle e^{\lambda x}H(x),\varphi\right\rangle = \left\langle\delta_0+\lambda e^{\lambda x}H(x),\varphi\right\rangle.\end{aligned}$$

Donc $\frac{d}{dx}\left(e^{\lambda x}H(x)\right)=\delta_0+\lambda e^{\lambda x}H(x)$.

(ii)

$$\left\langle\frac{d^2}{dx^2}\left(\frac{\sin\omega x}{\omega}H(x)\right),\varphi\right\rangle=\left\langle\frac{\sin\omega x}{\omega}H(x),\varphi''\right\rangle=\frac{1}{\omega}\int_0^{+\infty}\sin\omega x\varphi''(x)dx$$

$$=\frac{1}{\omega}\left\{\left[\varphi'(x)\sin\omega x\right]_0^{+\infty}-\omega\int_0^{+\infty}\cos\omega x\varphi'(x)dx\right\}$$

$$=-\int_0^{+\infty}\cos\omega x\varphi'(x)dx=-\left\{\left[\varphi(x)\cos\omega x\right]_0^{+\infty}+\omega\int_0^{+\infty}\sin\omega x\varphi(x)dx\right\}$$

$$=\varphi(0)-\langle\omega\sin\omega xH(x),\varphi\rangle=\langle\delta_0-\omega\sin\omega xH(x),\varphi\rangle,$$

alors $\left(\frac{d^2}{dx^2}+\omega^2\right)\frac{\sin\omega x}{\omega}H(x)=\delta_0$.

(iii) Pour $m=1$, $\frac{d}{dx}H(x)=\delta_0$.

Pour $m\geq 2$, $\dfrac{d}{dx}\dfrac{x^{m-1}}{(m-1)!}H(x)=\dfrac{x^{m-1}}{(m-1)!}\delta_0+\dfrac{x^{m-2}}{(m-2)!}H(x)=\dfrac{x^{m-2}}{(m-2)!}H(x)$.

D'où,

$$\begin{aligned}\frac{d^2}{dx^2}\frac{x^{m-1}}{(m-1)!}H(x) &= \frac{d}{dx}\left(\frac{x^{m-2}}{(m-2)!}H(x)\right) = \frac{x^{m-2}}{(m-2)!}\delta_0 + \frac{x^{m-3}}{(m-3)!}H(x)\\ &= \frac{x^{m-3}}{(m-3)!}H(x).\end{aligned}$$

Ainsi,
$\frac{d^{m-1}}{dx^{m-1}}\frac{x^{m-1}}{(m-1)!}H(x) = x\delta_0 + H(x) = H(x)$, finalement $\frac{d^m}{dx^m}\frac{x^{m-1}}{(m-1)!}H(x) = \delta_0$.

Exercice 4.18 *Calculer les distributions suivantes où $\delta_0^{(i)}$ est la dérivée d'ordre i de la distribution de Diract δ_0 sur $\mathbb{R}$ concentrée en 0.*

(1) $S = x^p\delta_0^{(q)}$, $p, q \in \mathbb{N}$.

(2) $T = e^{\alpha x}\delta_0^{(q)}$, *$\alpha \in \mathbb{C}$ et $q \in \mathbb{N}$.*

Solution.

(1) Puisque la fonction x^p est de classe C^∞ sur $\mathbb{R}$, alors, pour tout $p, q \in \mathbb{N}$, $S = x^p\delta_0^{(q)}$ est bien une distribution sur $\mathbb{R}$. Soit $\varphi \in \mathcal{D}(\mathbb{R})$, on a par définition du produit d'une distribution par une fonction C^∞ :

$$\left\langle x^p\delta_0^{(q)}, \varphi\right\rangle = \left\langle \delta_0^{(q)}, x^p\varphi\right\rangle = (-1)^q\left\langle \delta_0, \frac{d^q}{dx^q}(x^p\varphi)\right\rangle = (-1)^q\left[\frac{d^q}{dx^q}(x^p\varphi)\right](0).$$

En vertu de la formule de Leibnitz, on a :

$$\frac{d^q}{dx^q}(x^p\varphi) = \sum_{l=0}^{q} C_q^l \frac{d^l}{dx^l}(x^p)\frac{d^{q-l}\varphi}{dx^{q-l}}$$

avec

$$\frac{d^l}{dx^l}(x^p) = \begin{cases} p(p-1)...(p-l+1)x^{p-l} & \text{si} \quad l < p\\ p! & \text{si} \quad l = p\\ 0 & \text{si} \quad l > p\end{cases}$$

(i) Si $p > q$, alors

$$\left[\frac{d^q}{dx^q}(x^p\varphi)\right](0) = \sum_{l=0}^{q} C_q^l p(p-1)...(p-l+1)x^{p-l}(0)\frac{d^{q-l}\varphi}{dx^{q-l}}(0) = 0$$

car $0 \leq l \leq q < p$, $p - l > 0$ et $x^{p-l}(0) = 0$.

(ii) Si $p \leq q$, alors :

$$\left[\frac{d^q}{dx^q}(x^p\varphi)\right](0) = \sum_{l=0}^{p-1} C_q^l \frac{d^l}{dx^l}(x^p)(0)\frac{d^{q-l}\varphi}{dx^{q-l}}(0) + C_q^p \frac{d^p}{dx^p}(x^p)(0)\frac{d^{q-p}\varphi}{dx^{q-p}}(0)$$
$$+ \sum_{l=p+1}^{q} C_q^l \frac{d^l}{dx^l}(x^p)(0)\frac{d^{q-l}\varphi}{dx^{q-l}}(0).$$

car $\displaystyle\sum_{l=0}^{p-1} C_q^l \frac{d^l}{dx^l}(x^p)(0)\frac{d^{q-l}\varphi}{dx^{q-l}}(0) = 0$ pour la même raison que dans le cas (i), $\displaystyle\sum_{l=p+1}^{q} C_q^l \frac{d^l}{dx^l}(x^p)(0)\frac{d^{q-l}\varphi}{dx^{q-l}}(0) = 0$ car l'ordre de dérivation l dans cette somme est supérieur au degré du polynôme x^p. Ainsi,

$$\begin{aligned}\left[\frac{d^q}{dx^q}(x^p\varphi)\right](0) &= C_q^p \frac{d^p}{dx^p}(x^p)(0)\frac{d^{q-p}\varphi}{dx^{q-p}}(0) = p!C_q^p\frac{d^{q-p}\varphi}{dx^{q-p}}(0),\\ \left\langle x^p\delta_0^{(q)}, \varphi\right\rangle &= (-1)^q p! C_q^p \left\langle \delta_0, \frac{d^{q-p}\varphi}{dx^{q-p}}\right\rangle = \left\langle (-1)^p \frac{q!}{(q-p)!}\delta_0^{(q-p)}, \varphi\right\rangle\end{aligned}$$

et alors

$$S = x^p\delta_0^{(q)} = \begin{cases} 0 & \text{si } \ p > q \\ (-1)^p \frac{q!}{(q-p)!}\delta_0^{(q-p)} & \text{si } \ p \leq q \end{cases}.$$

(2) $e^{\alpha x}$ est de classe C^∞ sur $\mathbb{R}$, alors $e^{\alpha x}\delta_0^{(q)} \in \mathcal{D}'(\mathbb{R})$ et pour $\varphi \in \mathcal{D}(\mathbb{R})$, on a :

$$\begin{aligned}\left\langle e^{\alpha x}\delta_0^{(q)}, \varphi\right\rangle &= \left\langle \delta_0^{(q)}, e^{\alpha x}\varphi\right\rangle = (-1)^q (e^{\alpha x}\varphi)^{(q)}(0)\\ &= (-1)^q \sum_{l=0}^{q} C_q^l \frac{d^l}{dx^l}(e^{\alpha x})(0)\frac{d^{q-l}\varphi}{dx^{q-l}}(0)\\ &= (-1)^q \sum_{l=0}^{q} C_q^l \alpha^l \frac{d^{q-l}\varphi}{dx^{q-l}}(0)\\ &= (-1)^q \sum_{l=0}^{q} C_q^l \alpha^l (-1)^{q-l}\left\langle \delta_0^{(q-l)}, \varphi\right\rangle.\end{aligned}$$

D'où, $T = \displaystyle\sum_{l=0}^{q} C_q^l(-\alpha)^l\delta_0^{(q-l)}$.

Exercice 4.19 *Montrer qu'une distribution $T \in \mathcal{D}'(\mathbb{R})$ satisfait la relation $x^n T = 0$ si et seulement si $T = c_0\delta_0 + c_1\delta_0' + ... + c_{n-1}\delta_0^{(n-1)}$ où $c_0, c_1, ..., c_{n-1}$ sont des constantes.*

Solution. La relation est vraie pour $n = 1$. Supposons, par récurrence, qu'elle soit vraie pour $n > 1$, c'est à dire que :

$$x^{n-1}T = 0 \Leftrightarrow T = a_0\delta_0 + a_1\delta_0' + ... + a_{n-2}\delta_0^{(n-2)}.$$

Il en résulte que :

$$x^n T = 0 \Leftrightarrow x^{n-1}(xT) = 0 \Leftrightarrow xT = b_0\delta_0 + b_1\delta_0' + ... + b_{n-2}\delta_0^{(n-2)}.$$

Or, d'après l'exercice précédent, on en déduit que $x\delta_0^{(p)} = -p\delta_0^{(p-1)}$ et alors :

$$\begin{aligned} x^n T = 0 \quad &\Leftrightarrow \quad xT = -x\left(b_0\delta_0' + \frac{b_1}{2}\delta_0'' + ... + \frac{b_{n-2}}{n-2}\delta_0^{(n-1)}\right) \\ &\Leftrightarrow \quad x\left(T + b_0\delta_0' + \frac{b_1}{2}\delta_0'' + ... + \frac{b_{n-2}}{n-2}\delta_0^{(n-1)}\right) = 0 \\ &\Leftrightarrow \quad T + b_0\delta_0' + \frac{b_1}{2}\delta_0'' + ... + \frac{b_{n-2}}{n-2}\delta_0^{(n-1)} = c\delta_0. \end{aligned}$$

Exercice 4.20

(1) *Déterminer toutes les distributions solutions de l'équation :*

(i) $xT = 1$;

(ii) $(x-\alpha)T = P(x)$, *où $\alpha \in \mathbb{R}$ et $P(x)$ est un polynôme.*

(2) *Calculer $xPf\left(\frac{1}{x^2}\right)$.*

(3) *Résoudre dans $\mathcal{D}'(\mathbb{R})$ l'équation $xT = vp\left(\frac{1}{x}\right)$.*

Solution.

(1) (i) On pense d'abord à la fonction $x \mapsto \dfrac{1}{x}$ comme solution de l'équation $xT = 1$, mais cette fonction n'est pas localement intégrable et ne définit pas une distribution régulière. La solution de l'équation $xT = 1$ est égale à la somme d'une solution particulière de cette équation et de la solution générale de l'équation homogène $xT = 0$.

On a vu que la solution de l'équation homogène $xT = 0$ est $T_0 = c\delta$ où $c \in \mathbb{R}$. Or, $xvp\left(\frac{1}{x}\right) = 1$ dans $\mathcal{D}'(\mathbb{R})$, donc on peut choisir $T_p = vp\left(\frac{1}{x}\right)$ comme solution particulière de l'équation $xT = 1$. Par conséquent, la solution générale de l'équation $xT = 1$ est $T = T_0 + T_p = c\delta + vp\left(\frac{1}{x}\right)$, $c \in \mathbb{R}$.

(ii) Comme dans (i), la solution de l'équation $(x-\alpha)T = P(x)$ est de la forme $T = c\delta_\alpha + T_p$ où $c \in \mathbb{R}$ et T_p est une solution particulière de cette équation. On a évidemment $(x-\alpha)vp\left(\frac{1}{x-\alpha}\right) = 1$ dans $\mathcal{D}'(\mathbb{R})$, d'où $(x-\alpha)P(x)vp\left(\frac{1}{x-\alpha}\right) = P(x)$. On peut donc choisir $T_0 = P(x)vp\left(\frac{1}{x-\alpha}\right)$ produit dans $\mathcal{D}'(\mathbb{R})$ de la distribution $vp\left(\frac{1}{x-\alpha}\right)$ par le polynôme $P(x)$. Par conséquent, la solution générale de l'équation $(x-\alpha)T = P(x)$ est la distribution $T = c\delta_\alpha + P(x)vp\left(\frac{1}{x-\alpha}\right)$, $c \in \mathbb{R}$.

(2) Comme pour tout $\varphi \in \mathcal{D}(\mathbb{R})$,

$$\left\langle Pf\left(\frac{1}{x^2}\right), \varphi\right\rangle = \lim_{\varepsilon\to 0^+}\left(\int_{|x|>\varepsilon} \frac{\varphi(x)}{x^2}dx - \frac{2\varphi(0)}{\varepsilon}\right),$$

alors puisque la fonction x est de classe C^∞ sur $\mathbb{R}$, la distribution $xPf\left(\frac{1}{x^2}\right)$ est bien définie sur $\mathbb{R}$ et on a :

$$\left\langle xPf\left(\frac{1}{x^2}\right), \varphi\right\rangle = \left\langle Pf\left(\frac{1}{x^2}\right), x\varphi\right\rangle = \lim_{\varepsilon\to 0^+}\int_{|x|>\varepsilon} \frac{\varphi(x)}{x}dx = \left\langle vp\left(\frac{1}{x}\right), \varphi\right\rangle,$$

et donc $xPf\left(\frac{1}{x^2}\right) = vp\left(\frac{1}{x}\right)$.

(3) On procède comme dans la première question. La solution générale de $xT = 0$ est $T_0 = c\delta$ où $c \in \mathbb{R}$. Pour obtenir une solution particulière de l'équation $xT = vp\left(\frac{1}{x}\right)$, il suffit d'après la question (2), de choisir $T_p = Pf\left(\frac{1}{x^2}\right)$. Par conséquent, la solution générale de l'équation proposée est $T = c\delta + Pf\left(\frac{1}{x^2}\right)$, $c \in \mathbb{R}$.

Exercice 4.21 *On identifie le plan complexe $\mathbb{C}$ et $\mathbb{R}^2$. Pour $z = x + iy$, on pose $\frac{\partial}{\partial \bar{z}} = \frac{1}{2}\left(\frac{\partial}{\partial x} + i\frac{\partial}{\partial y}\right)$. Montrez que la fonction $\frac{1}{\pi z}$ définit une distribution sur $\mathbb{C}$ telle que $\frac{\partial}{\partial \bar{z}}\left(\frac{1}{\pi z}\right) = \delta_0$. On pourra utiliser la suite de distributions $T_n = \frac{1}{\pi}\frac{\bar{z}}{|z|^2+\frac{1}{n^2}}$.*

Solution. Pour montrer que la fonction $\psi(z) = \frac{1}{\pi z} = \frac{1}{\pi(x+iy)}$ définit bien une distribution, il suffit de montrer qu'elle est localement intégrable sur $\mathbb{C}$.

Comme cette fonction est continue sur $\mathbb{C}\setminus\{0\}$, elle est donc localement intégrable sur $\mathbb{C}\setminus\{0\}$.
Pour conclure, il suffit de montrer qu'elle est intégrable sur tout voisinage compact de 0, et donc il suffit de montrer que pour tout $R > 0$, $\int\limits_{|z|\leq R} \frac{dz}{\pi z} < +\infty$.

Cela, on passe en coordonnées polaires :

$$\int\limits_{|z|\leq R} \frac{|dz|}{\pi|z|} = \int\limits_{|z|\leq R} \frac{dxdy}{\pi|z|} = \int_0^R \int_0^{2\pi} \frac{rdrd\theta}{\pi r} = 2R < +\infty,$$

ce qui montre bien que $\psi(z) = \frac{1}{\pi z}$ définit une distribution T_ψ sur $\mathbb{C}$ par :

$$\langle T_\psi, \varphi\rangle = \int\limits_{\mathbb{C}} \frac{\varphi(z)}{\pi z} dz = \iint\limits_{\mathbb{R}^2} \frac{\varphi(x,y)}{\pi(x+iy)} dxdy, \ \varphi \in \mathcal{D}(\mathbb{C}) \equiv D(\mathbb{R}^2).$$

Le théorème de la convergence dominée montre maintenant que la suite de distributions T_n tend vers T_ψ.
En effet, si $\varphi \in \mathcal{D}(\mathbb{C})$, la suite de fonctions $\frac{\overline{z}}{|z|^2+\frac{1}{n^2}}\varphi(z)$ converge simplement vers $\frac{\varphi(z)}{z}$ et est majorée en module par $\frac{|\varphi(z)|}{|z|}$ qui est intégrable car φ est à support compact et on a vu que la fonction $\frac{1}{z}$ est localement intégrable sur $\mathbb{C}$.
Donc :

$$\int\limits_{\mathbb{C}} \frac{\overline{z}}{|z|^2+\frac{1}{n^2}} \varphi(z)dz \underset{n\to+\infty}{\longrightarrow} \int\limits_{\mathbb{C}} \frac{\varphi(z)}{z} dz,$$

ce qui montre bien que la suite $(T_n)_{n\in\mathbb{N}^*}$ converge vers T_ψ dans $\mathcal{D}'(\mathbb{C})$.
La continuité des opérateurs de dérivations montre que $\frac{\partial}{\partial\overline{z}}T_n \longrightarrow \frac{\partial}{\partial\overline{z}}T_\psi$ lorsque $n \to +\infty$. Pour calculer $\frac{\partial}{\partial\overline{z}}T_\psi$, il suffit alors de calculer $\lim\limits_{n\to+\infty} \frac{\partial}{\partial\overline{z}}T_n$ dans l'espace des distributions $\mathcal{D}'(\mathbb{C})$ sur $\mathbb{C}$. La distribution T_n étant associée à une fonction C^∞, la distribution $\frac{\partial}{\partial\overline{z}}T_n$ est donc la distribution associée à la fonction $\frac{\partial}{\partial\overline{z}}\left(\frac{1}{\pi}\frac{\overline{z}}{|z|^2+\frac{1}{n^2}}\right)$. On a :

$$\frac{\partial}{\partial\overline{z}}\left(\frac{1}{\pi}\frac{\overline{z}}{|z|^2+\frac{1}{n^2}}\right) = \frac{1}{\pi}\left(\frac{1}{|z|^2+\frac{1}{n^2}} + \overline{z}\frac{(-z)}{\left(|z|^2+\frac{1}{n^2}\right)^2}\right) = \frac{1}{\pi n^2}\frac{1}{\left(|z|^2+\frac{1}{n^2}\right)^2}.$$

Si $\varphi \in \mathcal{D}(\mathbb{C})$ on a aussi :

$$\left\langle \frac{\partial T_n}{\partial \bar{z}}, \varphi \right\rangle = \int_{\mathbb{C}} \frac{1}{\pi n^2} \frac{1}{\left(|z|^2 + \frac{1}{n^2}\right)^2} \varphi(z) dz.$$

Posons $z = \frac{\omega}{n}$ dans cette intégrale, on obtient :

$$\left\langle \frac{\partial T_n}{\partial \bar{z}}, \varphi \right\rangle = \int_{\mathbb{C}} \frac{1}{\pi} \frac{1}{\left(|\omega|^2 + 1\right)^2} \varphi\left(\frac{\omega}{n}\right) d\omega.$$

Or,

$$\left| \frac{1}{\left(|\omega|^2 + 1\right)^2} \varphi\left(\frac{\omega}{n}\right) \right| \leq \frac{\sup_{z \in \mathbb{C}} |\varphi(z)|}{\left(|\omega|^2 + 1\right)^2}$$

qui est intégrable sur $\mathbb{C}$ car, en passant en coordonnées polaires,

$$\int_{\mathbb{C}} \frac{d\omega}{\left(|\omega|^2 + 1\right)^2} = 2\pi \int_0^{+\infty} \frac{r dr}{(r^2+1)^2} = \pi \int_0^{+\infty} \frac{dt}{(t+1)^2} = \pi < +\infty.$$

En utilisant le théorème de la convergence dominée de Lebesgue, comme la suite $\frac{1}{\pi} \frac{1}{\left(|\omega|^2+1\right)^2} \varphi\left(\frac{\omega}{n}\right)$ converge simplement sur $\mathbb{C}$ vers $\frac{1}{\pi} \frac{1}{\left(|\omega|^2+1\right)^2} \varphi(0)$, on en déduit alors :

$$\begin{aligned} \lim_{n \to +\infty} \left\langle \frac{\partial T_n}{\partial \bar{z}}, \varphi \right\rangle &= \int_{\mathbb{C}} \frac{1}{\pi} \frac{\varphi(0)}{\left(|\omega|^2 + 1\right)^2} d\omega = \frac{\varphi(0)}{\pi} \int_{\mathbb{C}} \frac{d\omega}{\left(|\omega|^2 + 1\right)^2} = \varphi(0) \\ &= \langle \delta_0, \varphi \rangle. \end{aligned}$$

Par conséquent, $\frac{\partial T_\psi}{\partial \bar{z}} = \delta_0$.

Exercice 4.22 *Montrez que* $Supp\ vp\left(\frac{1}{x}\right) = \mathbb{R}$.

Solution. Il suffit de montrer qu'un ouvert d'annulation de $T = vp\left(\frac{1}{x}\right)$ est vide. Supposons donc que U soit un ouvert d'annulation de T non vide. Remarquons d'abord, qu'on ne peut pas avoir $U = \{0\}$ car $\{0\}$ n'est pas un ensemble ouvert, il est fermé dans $\mathbb{R}$. Donc, il existe $a \in \mathbb{R}$, $a \neq 0$, tel que $a \in U$. Supposons $a > 0$ (le raisonnement sera identique si $a < 0$). Comme U est ouvert, soit $r > 0$ tel que $]a-r, a+r[\subset U$. On peut supposer $a > r$, si bien que $]a-r, a+r[\subset [0, +\infty[$. Soit maintenant une fonction $\varphi \in \mathcal{D}(\mathbb{R})$, positive et telle que $Supp\varphi \subset]a-r, a+r[$ et $\varphi = 1$ sur un petit intervalle inclu dans $]a-r, a+r[$, par exemple $\varphi = 1$ sur $\left]a - \frac{r}{2}, a + \frac{r}{2}\right[$. On a alors :

$$\left\langle vp\left(\frac{1}{x}\right), \varphi\right\rangle = \lim_{\epsilon \to 0} \int_{|x| \geq \epsilon} \frac{\varphi(x)}{x} dx \geq \int_{a-\frac{r}{2}}^{a+\frac{r}{2}} \frac{dx}{x} > 0,$$

donc $\left\langle vp\left(\frac{1}{x}\right), \varphi\right\rangle \neq 0$, ce qui contredit le fait que U est un ouvert d'annulation de T. On a donc bien prouvé que $Supp\ vp\left(\frac{1}{x}\right) = \mathbb{R}$.

Exercice 4.23 *Soient T une distribution sur U un ouvert de $\mathbb{R}^n$ et $\varphi \in \mathcal{D}(U)$. Montrer que :*

$$\varphi T = 0 \Longrightarrow \langle T, \varphi \rangle = 0.$$

En donnant un exemple vérifier que la réciproque de cette implication est fausse.

Solution. Soit $\psi \in \mathcal{D}(U)$ telle que $\psi = 1$ sur le support de la fonction φ. Alors,

$$\varphi = \varphi\psi \text{ sur } U \text{ et } \langle \varphi T, \psi \rangle = 0 = \langle T, \varphi\psi \rangle = \langle T, \varphi \rangle.$$

La réciproque de cette implication est fausse, c'est à dire si $\langle T, \varphi \rangle = 0$ on n'a pas nécessairement $\varphi T = 0$.

Considérons par exemple $U =]-1, 1[$, φ une fonction impaire de $\mathcal{D}(]-1, 1[)$, par exemple $\varphi(x) = \varphi_0(x) - \varphi_0(-x)$ où φ_0 est une fonction arbitraire non nulle de $\mathcal{D}(U)$, et la distribution $\langle T, \psi \rangle = \int_{-1}^{1} \psi(x) dx$. Donc, $\langle T, \varphi \rangle = \int_{-1}^{1} \varphi(x) dx = 0$ puisque φ est impaire mais $\langle \varphi T, \varphi \rangle = \int_{-1}^{1} \varphi^2(x) dx = \int_{0}^{1} \varphi^2(x) dx > 0$.

Exercice 4.24 *Soit $\varphi \in \mathcal{D}(\mathbb{R})$ telle que $0 \leq \varphi(x) \leq 1$, et dont le support est contenu dans $]1, 2[$. On suppose en plus que $\varphi(x) = 1$ pour tout $x \in]a, b[$ où a et b sont des réels tels que $1 < a < b < 2$. On pose $\varphi_n(x) = e^{-n}\varphi(nx)$ pour tout $n \in \mathbb{N}^*$.*

(1) *Montrer que $\varphi_n \in \mathcal{D}(\mathbb{R})$ pour tout $n \in \mathbb{N}^*$.*

(2) *Calculer $\varphi^{(k)}$ la dérivée kième de φ et montrer que $\lim\limits_{n\to+\infty} \varphi_n = 0$ dans $\mathcal{D}(\mathbb{R})$.*

(3) *On considère l'application linéaire $T : \mathcal{D}(\Omega) \longrightarrow \mathbb{C}$ définie par :*

$$\langle T, \varphi \rangle = \int_{\mathbb{R}} e^{1/x^2} \varphi(x) dx,$$

où $\mathcal{D}(\Omega)$ est l'espace des fonctions de classe C^∞ sur $\mathbb{R}$ à support dans $\Omega = \mathbb{R} \setminus \{0\}$. Montrer que :

$$\langle T, \varphi_n \rangle \geq e^{-n} \int_{\frac{a}{n}}^{\frac{b}{n}} e^{1/x^2} dx \text{ et que } \langle T, \varphi_n \rangle \geq \frac{b-a}{n} e^n,$$

pour tout $n \in \mathbb{N}^*$ tel que $n - b^2 \geq b^2$.

(4) *En calculant $\lim\limits_{n\to+\infty} \langle T, \varphi_n \rangle$ déduire que $T \notin \mathcal{D}'(\Omega)$ (i.e. T n'est pas une distribution sur Ω).*

Solution.

(1) Les φ_n sont de classe C^∞ car φ l'est. De plus si $x \notin \left]\frac{1}{n}, \frac{2}{n}\right[$, alors $nx \notin]1, 2[$, donc $\varphi(nx) = 0$ et par suite $\varphi_n(x) = 0$. Par conséquent, le support de φ_n est contenu dans $\left[\frac{1}{n}, \frac{2}{n}\right]$ et donc $\varphi_n \in \mathcal{D}(\mathbb{R})$ pour tout $n \in \mathbb{N}^*$.

(2) On a $\varphi_n'(x) = ne^{-n}\varphi'(nx)$ et en dérivant successivement jusqu'à l'ordre k, on obtient $\varphi_n^{(k)}(x) = n^k e^{-n} \varphi^{(k)}(nx)$. Montrons la convergence dans $\mathcal{D}(\mathbb{R})$. D'après **(1)**, pour tout $n \in \mathbb{N}^*$, le support de φ_n est contenu dans $\left[\frac{1}{n}, \frac{2}{n}\right]$, donc toutes les $\varphi_n^{(k)}$ ont leurs supports contenus dans $[1, 2]$. D'autre part, si on pose $K = [1, 2]$ et si $k \in \mathbb{N}$, on a :

$$p_{K,k}(\varphi_n) = \sum_{j=0}^{k} \sup_{x\in K} \left|\varphi_n^{(j)}(x)\right| \leq \sum_{j=0}^{k} e^{-n} n^k \sup_{x\in K} \left|\varphi^{(j)}(x)\right| = A_k e^{-n} n^k,$$

avec $A_k = \sum\limits_{j=0}^{k} \sup\limits_{x\in K} \left|\varphi^{(j)}(x)\right|$ est une constante qui ne dépend que de k. Il en résulte que $\lim\limits_{n\to+\infty} p_{K,k}(\varphi_n) = 0$.

(3) Comme le support de φ_n est contenu dans $\left[\frac{1}{n}, \frac{2}{n}\right]$, on a :

$$\begin{aligned}\langle T, \varphi_n\rangle &= \int_{\mathbb{R}} e^{1/x^2}\varphi_n(x)dx = \int_{\frac{1}{n}}^{\frac{2}{n}} e^{1/x^2}\varphi_n(x)dx \\ &= e^{-n}\int_{\frac{1}{n}}^{\frac{2}{n}} e^{1/x^2}\varphi(nx)dx \geq e^{-n}\int_{\frac{a}{n}}^{\frac{b}{n}} e^{1/x^2}dx,\end{aligned}$$

car $\left[\frac{a}{n}, \frac{b}{n}\right] \subset \left[\frac{1}{n}, \frac{2}{n}\right]$, $0 \leq \varphi(x)$ et $\varphi(nx) = 1$ sur $]a, b[$.

Ensuite, comme e^{1/x^2} est une fonction décroissante, on a $e^{\frac{n^2}{b^2}} \leq e^{1/x^2}$ pour tout $x \in \left[\frac{a}{n}, \frac{b}{n}\right]$. D'où,

$$\langle T, \varphi_n\rangle \geq e^{-n}\int_{\frac{a}{n}}^{\frac{b}{n}} e^{1/x^2}dx \geq e^{-n}\int_{\frac{a}{n}}^{\frac{b}{n}} e^{\frac{n^2}{b^2}}dx = \frac{b-a}{n}e^{-n}e^{\frac{n^2}{b^2}} \geq \frac{b-a}{n}e^{n}$$

dès que $\frac{n-b^2}{b^2} \geq 1$.

(4) Par conséquent, $\lim\limits_{n\to+\infty}\langle T, \varphi_n\rangle \geq \lim\limits_{n\to+\infty}\frac{b-a}{n}e^n = +\infty$. Mais comme on a vu que $\lim\limits_{n\to+\infty}\varphi_n = 0$ dans $\mathcal{D}(\Omega)$, on en déduit que T n'est pas continue sur $\mathcal{D}(\Omega)$, ou bien $T \notin \mathcal{D}'(\Omega)$.

Exercice 4.25 *Soit $a \in \mathbb{R}$. On considère l'application $T_a : \mathcal{D}(\mathbb{R}^2) \longrightarrow \mathbb{C}$ définie par :*

$$\forall\varphi \in \mathcal{D}(\mathbb{R}^2),\ \langle T_a, \varphi\rangle = \int_{\mathbb{R}} \varphi(x, ax)dx.$$

(1) *Montrer que T_a est une distribution sur $\mathbb{R}^2$ et que son support est la droite $y = ax$ de $\mathbb{R}^2$.*

(2) *Est ce que T_a est une fonction continue sur $\mathbb{R}^2$?*

(3) *Calculer $\frac{\partial T_a}{\partial x} + a\frac{\partial T_a}{\partial y}$ au sens des distributions.*

Solution.

(1) Soit $\varphi \in \mathcal{D}(\mathbb{R}^2)$, alors la fonction $\mathbb{R} \ni x \longmapsto f(x) = \varphi(x, ax)$ est de classe C^∞ sur $\mathbb{R}$ à support compact inclu dans

$$I_\varphi = \{x \in \mathbb{R} : (x, ax) \in Supp\varphi\} = p_1\,(Supp\varphi \cap \Delta)$$

où Δ est la droite d'équation $y = ax$ et $p_1(x,y) = x$ est la première projection de $\mathbb{R}^2$ dans $\mathbb{R}$. Remarquons que I_φ est l'image continue par p_1 du compact $Supp\varphi \cap \Delta$ de $\mathbb{R}^2$ est compact dans $\mathbb{R}$.

$$\begin{aligned} |\langle T_a, \varphi\rangle| &= \left|\int_{\mathbb{R}} \varphi(x, ax)dx\right| = \left|\int_{I_\varphi} \varphi(x, ax)dx\right| \\ &\leq \left|I_\varphi\right| \sup_{(x,y)\in\mathbb{R}} \left|\varphi(x,y)\right| \end{aligned}$$

où $\left|I_\varphi\right|$ est la mesure du compact I_φ. Ainsi, T_a est bien définie sur $\mathbb{R}^2$.
La linéarité de l'intégrale montre que T_a est linéaire, T_a et aussi continue sur $\mathcal{D}(\mathbb{R}^2)$ car pour tout compact K de $\mathbb{R}^2$ et pour tout $\varphi \in \mathcal{D}(\mathbb{R}^2, K)$,

$$|\langle T_a, \varphi\rangle| \leq |I_K| \sup_{(x,y)\in\mathbb{R}} \left|\varphi(x,y)\right| \text{ où } I_K = p_1\,(K \cap \Delta).$$

En conclusion T_a est une distribution sur $\mathbb{R}^2$.

(2) (i) $SuppT_a \subset \left\{(x,y) \in \mathbb{R}^2 : y = ax\right\} = \Delta$. En effet, soit $\varphi \in \mathcal{D}(\mathbb{R}^2)$ telle que $Supp\varphi \subset \mathbb{R}^2\backslash\Delta$, alors $\varphi(x, ax) = 0$, pour tout $x \in \mathbb{R}$ et donc $\langle T_a, \varphi\rangle = 0$. Par conséquent, $\mathbb{R}^2\backslash\Delta$ est un ouvert d'annulation de la distribution T_a comme $\mathbb{R}^2\backslash SuppT_a$ est le plus grand ouvert d'annulation de T_a, on a nécessairement $\mathbb{R}^2\backslash\Delta \subset \mathbb{R}^2\backslash SuppT_a$ ou bien $SuppT_a \subset \Delta$.
(ii) $\Delta \subset SuppT_a$. Soient $(x_0, ax_0) \in \Delta$, $V = B((x_0, ax_0), \varepsilon)$ la boule de $\mathbb{R}^2$ de centre (x_0, ax_0) et de rayon $\varepsilon > 0$ et $W = B((x_0, ax_0), \frac{\varepsilon}{2})$ la boule de $\mathbb{R}^2$ de centre (x_0, ax_0) et de rayon $\frac{\varepsilon}{2}$. Soit $\varphi \in \mathcal{D}(\mathbb{R}^2)$, $\varphi \geq 0$, $Supp\varphi \subset V$ et $\varphi = 1$ sur W, alors :

$$\langle T_a, \varphi\rangle = \int_{\tilde{V}} \varphi(x, ax)dx \geq \int_{\tilde{V}_1} \varphi(x, ax)dx = \left|\tilde{V}_1\right| > 0,$$

où $\tilde{V} = V \cap \Delta$, $\tilde{V}_1 = V_1 \cap \Delta$ et $\left|\tilde{V}_1\right|$ est la mesure de $\overline{V_1}$. Ainsi, $\langle T_a, \varphi\rangle \neq 0$. D'où, $(x_0, ax_0) \in \Delta$.

Si T_a est associée à une fonction f continue sur $\mathbb{R}^2$, $T_a = T_f$, alors

$$SuppT_a = SuppT_f = Suppf = \Delta.$$

Puisque T_a n'est pas identiquement nulle, il existe alors au moins un point $(x_0, ax_0) \in \Delta$ tel que $f(x_0, ax_0) \neq 0$. En vertu de la continuité de f cette fonction serait non nulle dans un voisinage assez petit V de (x_0, ax_0), soit $V \subset \Delta$ ce qui est absurde puisque la droite Δ est un ensemble fermé de $\mathbb{R}^2$ d'intérieur vide. Par conséquent, T_a n'est pas une fonction continue.

(3) Soit $\varphi \in \mathcal{D}(\mathbb{R}^2)$,

$$\left\langle \frac{\partial T_a}{\partial x} + a\frac{\partial T_a}{\partial y}, \varphi \right\rangle = -\left\langle T_a, \frac{\partial \varphi}{\partial x} + a\frac{\partial \varphi}{\partial y} \right\rangle = -\int_{\mathbb{R}} \left[\frac{\partial \varphi}{\partial x}(x, ax) + a\frac{\partial \varphi}{\partial y}(x, ax)\right] dx.$$

Posons $g(x) = \varphi(x, ax)$, alors :

$$\begin{aligned} dg(x) &= g'(x)dx = \left[\frac{\partial \varphi}{\partial x}(x, ax) + a\frac{\partial \varphi}{\partial y}(x, ax)\right] dx \\ g'(x) &= \frac{\partial \varphi}{\partial x}(x, ax) + a\frac{\partial \varphi}{\partial y}(x, ax). \end{aligned}$$

D'où :

$$\left\langle \frac{\partial T_a}{\partial x} + a\frac{\partial T_a}{\partial y}, \varphi \right\rangle = -\int_{\mathbb{R}} g'(x)dx = -[\varphi(x, ax)]_{-\infty}^{+\infty} = 0$$

et alors $\frac{\partial T_a}{\partial x} + a\frac{\partial T_a}{\partial y} = 0$.

5. Produit tensoriel et convolution des distributions

Le produit de convolution des fonctions est un outil d'une grande importance en physique. On le rencontre, par exemple dans le traitement du signal, des images et en diffraction,... On a vu que le produit de convolution par une fonction de classe C^∞ à support compact est un outil de régularisation, il s'étend naturellement à toute distribution sur $\mathbb{R}^n$ et permet de montrer que l'espace $\mathcal{D}(U)$ est dense dans $\mathcal{D}'(U)$ pour tout ouvert U de $\mathbb{R}^n$. La convolution permet, entre autres, de prolonger par densité certaines opérations bien connues portant sur des fonctions de $\mathcal{E}(U)$ à l'espace $\mathcal{D}'(U)$ des distributions sur U.

La définition du produit de convolution est réalisée à partir du produit tensoriel. Cependant, il faut prendre garde aux problèmes considérables que peuvent poser des supports non compacts. Ces problèmes se posent déjà avec la convolution des fonctions.

5.1 Produit tensoriel des distributions

Soient U un ouvert de $\mathbb{R}^n$, V un ouvert de $\mathbb{R}^m$ et f et g deux fonctions continues définies respectivement sur U et sur V à valeurs dans $\mathbb{C}$. La fonction notée $f \otimes g$ définie sur $U \times V$ dans $\mathbb{C}$ par :

$$\forall (x,y) \in U \times V, \ (f \otimes g)(x,y) = f(x)g(y)$$

est appelée le produit tensoriel de f par g.

Proposition 5.1 (Propriétés immédiates du produit tensoriel)

(1) Si $f \in \mathcal{E}(U)$ et $g \in \mathcal{E}(V)$ alors $f \otimes g \in \mathcal{E}(U \times V)$ et on a pour tout $\alpha \in \mathbb{N}^n$ et $\beta \in \mathbb{N}^m$:

$$D^{(\alpha,\beta)}_{(x,y)} f \otimes g = (D^\alpha_x f) \otimes \left(D^\beta_y g\right).$$

(2) $Supp(f \otimes g) = Supp f \times Supp g$.

(3) $\mathcal{D}(U) \otimes \mathcal{D}(V)$ est l'espace engendré par les fonctions $\varphi \otimes \psi$ telles que $\varphi \in \mathcal{D}(U)$ et $\psi \in \mathcal{D}(V)$, c'est l'espace des combinaisons linéaires finies des fonctions du type $\varphi_i \otimes \psi_i$ avec $\varphi_i \in \mathcal{D}(U)$ et $\psi_i \in \mathcal{D}(V)$. $\mathcal{D}(U) \otimes \mathcal{D}(V)$ est un sous-espace vectoriel de $\mathcal{D}(U \times V)$.

Théorème 5.1 Soient U un ouvert de $\mathbb{R}^n$, V un ouvert de $\mathbb{R}^m$, $S \in \mathcal{D}'(U)$ et $T \in \mathcal{D}'(V)$. Alors il existe une et une seule distribution R sur $U \times V$ vérifiant pour tout $\varphi \in \mathcal{D}(U)$ et tout $\psi \in \mathcal{D}(V)$:

$$\left\langle R, \varphi \otimes \psi \right\rangle = \langle S, \varphi \rangle \left\langle T, \psi \right\rangle.$$

R est notée $S \otimes T$ et est appelée produit tensoriel de S par T.

La démonstration de ce théorème découle des trois lemmes suivants :

Lemme 5.1 Soit $h \in \mathcal{D}(U \times V)$, alors pour tout $x \in U$ et $y \in V$ les applications partielles :

$$\begin{aligned} h_x \ : \ & V \longrightarrow \mathbb{C} \\ & y \mapsto h_x(y) = h(x,y) \end{aligned}$$

et

$$\begin{aligned} h_y \ : \ & U \longrightarrow \mathbb{C} \\ & x \mapsto h_y(x) = h(x,y) \end{aligned}$$

sont respectivement dans $\mathcal{D}(V)$ et $\mathcal{D}(U)$.

Démonstration. Il est naturel que h_x et h_y sont de classe C^∞ sur V et U, respectivement, dès que h est de classe C^∞ sur $U \times V$. De plus, on vérifie que

$$Supph_x \subset p_2(Supph) \text{ et } Supph_y \subset p_1(Supph)$$

où p_1 et p_2 sont respectivement les projections de $U \times V$ sur U et V :

$$p_1(x,y) = x \text{ et } p_2(x,y) = y, \ \forall (x,y) \in U \times V.$$

En effet, par exemple : $\{(x,y) \in U \times V : h(x,y) \neq 0\} \subset Supph$ implique que $p_2\{(x,y) \in U \times V : h(x,y) \neq 0\} \subset p_2(Supph)$, donc pour tout $x \in U$,

$$\{y \in V : h_x(y) \neq 0\} \subset p_2(Supph).$$

Par passage à l'adhérence, on obtient que $Supph_x \subset \overline{p_2(Supph)}$, $\forall x \in U$. Or, $\overline{p_2(Supph)} = p_2(Supph)$ puisque l'image continu par p_2 du compact $Supph$ est compact et à fortiori fermé dans V. Donc

$$Supph_x \subset p_2(Supph).$$

De la même manière on montre que $Supph_y \subset p_1(Supph)$, $\forall y \in V$. D'où, $h_y \in \mathcal{D}(U)$, $\forall y \in V$ et $h_x \in \mathcal{D}(V)$, $\forall x \in U$. □

Lemme 5.2 Si S est une distribution sur U et $h \in \mathcal{D}(U \times V)$, alors l'application :

$$\begin{aligned} \Phi \ : \ & V \longrightarrow \mathbb{C} \\ & y \longmapsto \Phi(y) = \langle S, h_y \rangle \end{aligned}$$

appartient à $\mathcal{D}(V)$.

Démonstration. Comme $h_y \in \mathcal{D}(U)$, alors $\langle S, h_y \rangle$ a un sens et Φ étant bien définie sur V à valeurs dans $\mathbb{C}$. Vérifions que le support de la fonction Φ est compact dans V. En fait, on montre que $Supp\Phi \subset p_2(Supph)$.
Si $y \notin p_2(Supph)$, alors $(x,y) \notin Supph$ et $h(x,y) = h_y(x) = 0$, $\forall x \in U$. D'où, $\Phi(y) = \langle S, h_y \rangle = 0$, $\forall y \notin p_2(Supph)$. Par conséquent,

$$\mathbb{R}^m \backslash p_2(Supph) \subset \{y \in V : \Phi(y) = 0\}$$

ou bien, par passage au complémentaire dans $\mathbb{R}^m$,

$$\{y \in V : \Phi(y) \neq 0\} \subset p_2(Supph),$$

ainsi

$$Supp\Phi = \overline{\{y \in V : \Phi(y) \neq 0\}} \subset \overline{p_2(Supph)} = p_2(Supph),$$

$Supph$ est compact et p_2 est continue, ainsi $p_2(Supph)$ est compact et à fortiori fermé dans V.

Montrons que Φ est de classe C^∞ sur V. Pour cela on commence par montrer que Φ est continûment différentiable sur V et pour tout $i \in \{1, ..., m\}$, on a :

$$\frac{\partial \Phi}{\partial y_i}(y) = \frac{\partial}{\partial y_i}\langle S, h_y\rangle = \left\langle S, \left(\frac{\partial h}{\partial y_i}\right)_y\right\rangle, \ y = (y_1, ..., y_m) \in V.$$

En effet, on note $e_i = (0, ..., 0, \underbrace{1}_{i}, 0, ... 0)$, le i-ème vecteur de la base canonique de $\mathbb{R}^m$, alors :

$$\begin{aligned}
\frac{\partial \Phi}{\partial y_i}(y) &= \lim_{k\to 0} \frac{\Phi(y+ke_i) - \Phi(y)}{k} = \lim_{k\to 0} \frac{\langle S, h_{y+ke_i}\rangle - \langle S, h_y\rangle}{k} \\
&= \lim_{k\to 0} \frac{\langle S_x, h(x, y+ke_i) - h(x,y)\rangle}{k} \\
&= \lim_{k\to 0} \left\langle S_x, \frac{h(x, y+ke_i) - h(x,y)}{k}\right\rangle.
\end{aligned}$$

Cela revient donc à vérifier que pour tout $y \in V$, la limite précédente existe et est égale à $\left\langle S_x, \frac{\partial h}{\partial y_i}(x,y)\right\rangle$, ceci devient automatique si on peut permuter la limite et le crochet de dualité $(\mathcal{D}(U), \mathcal{D}'(U))$. Donc par continuité de la distribution S sur $\mathcal{D}(U)$, si $\lim_{k\to 0} \frac{h(x,y+ke_i)-h(x,y)}{k}$ existe et est égale à $\frac{\partial h}{\partial y_i}(x,y)$ au sens de la topologie de $\mathcal{D}(U)$, pour tout $y \in V$. Pour cela il suffit de montrer qu'il existe un compact K_0 fixé inclus dans U, tel que :

$\frac{\partial h}{\partial y_i}(x,y) \in \mathcal{D}(U, K_0)$, $\forall y \in V$,

$\frac{h(x,y+ke_i)-h(x,y)}{k} \in \mathcal{D}(U, K_0)$, $\forall y \in V$, pour $k \to 0$,

et $\lim_{k\to 0} \frac{h(x,y+ke_i)-h(x,y)}{k} = \frac{\partial h}{\partial y_i}(x,y)$ dans $\mathcal{D}(U, K_0)$, uniformément pour y dans V.

Posons $K_0 = p_1(Supph)$. Alors,

$$Supp\frac{\partial h_y}{\partial y_i} \subset p_1(Supph) = K_0, \text{ et } \frac{h(.,y+ke_i)-h(.,y)}{k} \in \mathcal{D}(U,K_0), \ \forall y \in V,$$

il reste à vérifier que $\frac{h(x,y+ke_i)-h(x,y)}{k}$ converge vers $\frac{\partial h}{\partial y_i}(x,y)$ dans $\mathcal{D}(U,K_0)$, uniformément par rapport à y, $i \in \{1,...,m\}$.
Donc si pour tout $\alpha \in \mathbb{N}^n$, $D_x^\alpha\left[\frac{h(x,y+ke_i)-h(x,y)}{k}\right]$ converge uniformément par rapport à y dans V, vers $D_x^\alpha\left[\frac{\partial h}{\partial y_i}(x,y)\right]$ ou équivalement en vertu du théorème des accroissements finis :

$$D_x^\alpha\left[\frac{h(x,y+ke_i)-h(x,y)}{k} - \frac{\partial h}{\partial y_i}(x,y)\right] = D_x^\alpha\left[\frac{\partial h}{\partial y_i}(x,y+\theta ke_i) - \frac{\partial h}{\partial y_i}(x,y)\right]$$

converge vers 0 sur U, uniformément par rapport à y dans V où $0<\theta<1$.
Soit $\alpha \in \mathbb{N}^n$, posons $\beta = (\alpha, e_i) \in \mathbb{N}^{n+m}$, alors $D^\beta = D_x^\alpha D_{y_i}^1$. Puisque h est de classe C^∞ sur $U \times V$, $D^\beta h$ est continue et alors uniformément continue sur $K_0 \times p_2(Supph)$, c'est à dire $\forall \varepsilon > 0$, $\exists \eta > 0$, $(x,y),(x_0,y_0) \in U \times V$,

$$\|x-x_0\| < \eta \text{ et } \|y-y_0\| < \eta \Longrightarrow \left|D^\beta h(x,y) - D^\beta h(x_0,y_0)\right| < \varepsilon.$$

Si en particulier $x = x_0$, $\|y+\theta ke_i - y\| \le |k| < \eta$, on a :

$$\sup_{x\in U}\left|D^\beta h(x,y+\theta ke_i) - D^\beta h(x,y)\right| < \varepsilon.$$

De la même façon on obtient la continuité de $\frac{\partial \Phi}{\partial y_i}$. Ainsi,

$$\frac{\partial \Phi}{\partial y_i}(y) = \frac{\partial}{\partial y_i}\left\langle S, h_y\right\rangle = \left\langle S, \frac{\partial h_y}{\partial y_i}\right\rangle.$$

Par le même argument, on a aussi :

$$\left(\frac{\partial}{\partial y_i}\right)^{\alpha_i}(\Phi(y)) = \left(\frac{\partial}{\partial y_i}\right)^{\alpha_i}\left\langle S, h_y\right\rangle = \left\langle S, \left(\frac{\partial}{\partial y_i}\right)^{\alpha_i} h_y\right\rangle,$$

et pour tout $\alpha = (\alpha_1, ..., \alpha_i, ..., \alpha_n) \in \mathbb{N}^n$:

$$D^\alpha \Phi(y) = D^\alpha\left\langle S, h_y\right\rangle = \left\langle S, D^\alpha h_y\right\rangle,$$

ce qui prouve que Φ est bien dans l'espace $\mathcal{D}(V)$. □

$\langle S_x, h_y\rangle \in \mathcal{D}(V)$ et $\langle T_y, h_x\rangle \in \mathcal{D}(U)$, donc $\langle T_y, \langle S_x, h_y\rangle\rangle$ et $\langle S_x, \langle T_y, h_x\rangle\rangle$ ont bien un sens.

Lemme 5.3 $\mathcal{D}(U)\otimes\mathcal{D}(V)$ est un sous-espace vectoriel dense dans $\mathcal{D}(U\times V)$.

Démonstration. $\mathcal{D}(U)\otimes\mathcal{D}(V)$ est un sous-espace vectoriel de $\mathcal{D}(U\times V)$. De plus, toute fonction $(x,y)\mapsto\varphi(x,y)\in\mathcal{D}(U\times V)$ peut être approchée par une suite de polynômes à deux variables du type

$$P_k(x,y)=\sum_{\substack{p,q\in\mathbb{N}\\0\le p,q\le k}} c_{p,q}x^py^q,\ c_{p,q}\in\mathbb{R},\ k\in\mathbb{N}.$$

Soit $\varphi\in\mathcal{D}(U\times V)$, comme ces polynômes ne sont pas à support compact, considérons ρ et σ deux fonctions à supports compacts telles que $\rho(x)\sigma(y)=1$ sur le support de la fonction φ. Alors la suite :

$$\begin{aligned}\varphi_k(x,y) &= \rho(x)\sigma(y)P_k(x,y)=\sum_{\substack{p,q\in\mathbb{N}\\0\le p,q\le k}} c_{p,q}x^p\rho(x)y^q\sigma(y)\\ &= \sum_{\substack{p,q\in\mathbb{N}\\0\le p,q\le k}} c_{p,q}\left(x^p\rho(x)\right)\otimes\left(y^q\sigma(y)\right)\end{aligned}$$

est dans $\mathcal{D}(U)\otimes\mathcal{D}(V)$ puisque $x^p\rho(x)\in\mathcal{D}(U)$ et $y^q\sigma(y)\in\mathcal{D}(V)$. Il s'en suit que la suite $(\varphi_k)_{k\in\mathbb{N}}$ converge vers φ dans $\mathcal{D}(U\times V)$. □

Ce dernier résultat montre que toute distribution $S\in\mathcal{D}'(U\times V)$ est définie par ses valeurs sur l'espace des fonctions $\mathcal{D}(U)\otimes\mathcal{D}(V)$.

Démonstration. (du théorème 5.1)
Unicité de $S\otimes T$.
Soient R et P deux distributions sur $U\times V$, vérifiant pour tout $\varphi\in\mathcal{D}(U)$ et $\psi\in\mathcal{D}(V)$:

$$\langle R,\varphi\otimes\psi\rangle=\langle P,\varphi\otimes\psi\rangle=\langle S,\varphi\rangle\langle T,\psi\rangle.$$

Donc $R=P$ sur $\mathcal{D}(U)\otimes\mathcal{D}(V)$.

Si $h \in \mathcal{D}(U\times V)$, par densité, il existe une suite $(h_k)_{k\in\mathbb{N}}$ dans $\mathcal{D}(U)\otimes\mathcal{D}(V)$, telle que $(h_k)_{k\in\mathbb{N}}$ converge vers h pour la topologie de $\mathcal{D}(U\times V)$. Par continuité des distributions R et P sur l'espace $\mathcal{D}(U\times V)$, on obtient :

$$\langle R,h\rangle = \left\langle R, \lim_{k\to+\infty} h_k\right\rangle = \lim_{k\to+\infty}\langle R,h_k\rangle = \lim_{k\to+\infty}\langle P,h_k\rangle = \left\langle P, \lim_{k\to+\infty} h_k\right\rangle = \langle P,h\rangle.$$

D'ou, $P = R = S\otimes T$.
Existence de $S\otimes T$. Considérons l'application :

$$\begin{array}{rcl} R:\ \mathcal{D}(U\times V) & \longrightarrow & \mathbb{C} \\ h & \longmapsto & \langle R,h\rangle = \left\langle S_x, \left\langle T_y, h_x\right\rangle\right\rangle, \end{array}$$

R est linéaire sur $\mathcal{D}(U\times V)$. En effet, si $f,g\in\mathcal{D}(U\times V)$ et $a,b\in\mathbb{C}$, alors :

$$\begin{array}{rcl} \langle R, af+bg\rangle & = & \left\langle S_x, \left\langle T_y, (af+bg)_x\right\rangle\right\rangle \\ & = & \left\langle S_x, \left\langle T_y, af_x+bg_x\right\rangle\right\rangle \\ & = & \left\langle S_x, a\left\langle T_y, f_x\right\rangle + b\left\langle T_y, g_x\right\rangle\right\rangle \\ & = & a\left\langle S_x, \left\langle T_y, f_x\right\rangle\right\rangle + b\left\langle S_x, \left\langle T_y, g_x\right\rangle\right\rangle \\ & = & a\langle R,f\rangle + b\langle R,g\rangle. \end{array}$$

R est continue sur $\mathcal{D}(U\times V)$. En effet, si K est un compact de $\mathbb{R}^n\times\mathbb{R}^m$ inclus dans $U\times V$, et $h\in\mathcal{D}(U\times V,K)$, alors :

$$Supp\left\{x\mapsto \left\langle T_y, h_x\right\rangle\right\} \subset p_1(Supph) \subset p_1(K) = K_1$$

et il existe, d'après la continuité de S sur $\mathcal{D}(U)$, $M_{K_1}>0$ et $k_1\in\mathbb{N}$, tels que :

$$\begin{array}{rcl} |\langle R,h\rangle| = \left|\left\langle S_x, \left\langle T_y, h_x\right\rangle\right\rangle\right| & \leq & M_{K_1} \displaystyle\sum_{\alpha\in\mathbb{N}^n, |\alpha|\leq k_1} \sup_{x\in U}\left|D_x^\alpha\left\langle T_y, h_x\right\rangle\right| \\ & = & M_{K_1} \displaystyle\sum_{\alpha\in\mathbb{N}^n, |\alpha|\leq k_1} \sup_{x\in U}\left|\left\langle T_y, D_x^\alpha h_x\right\rangle\right| \end{array}$$

car $D_x^\alpha\left\langle T_y, h_x\right\rangle = \left\langle T_y, D_x^\alpha h_x\right\rangle$. Or, en utilisant la cotinuité de T sur $\mathcal{D}(V)$, il existe aussi $M_{K_2}>0$ et $k_2\in\mathbb{N}$, tels que :

$$\left|\left\langle T_y, D_x^\alpha h_x\right\rangle\right| \leq M_{K_2} \sum_{\substack{\beta\in\mathbb{N}^m \\ |\beta|\leq k_2}} \sup_{x\in V}\left|D_y^\beta(D_x^\alpha h_x)\right|$$

car $Supp(D_x^\alpha h_x) \subset p_2(Supph) \subset p_2(K) = K_2$.
Finalement,

$$\begin{aligned}
|\langle R,h\rangle| &\leq M_{K_1}M_{K_2}\sum_{\substack{\alpha\in\mathbb{N}^n\\|\alpha|\leq k_1}}\sup_{x\in U}\left|\sum_{\substack{\beta\in\mathbb{N}^m\\|\beta|\leq k_2}}\sup_{x\in V}\left|D_y^\beta(D_x^\alpha h_x)\right|\right|\\
&\leq M_{K_1}M_{K_2}\sum_{\substack{\alpha\in\mathbb{N}^n\\|\alpha|\leq k_1}}\sum_{\substack{\beta\in\mathbb{N}^m\\|\beta|\leq k_2}}\sup_{x\in U}\sup_{x\in V}\left|D_y^\beta(D_x^\alpha h_x)\right|\\
&\leq M_{K_1}M_{K_2}\sum_{\substack{\gamma=(\alpha,\beta)\in\mathbb{N}^{n+m}\\|\gamma|=|\alpha|+|\beta|\leq k_1+k_2}}\sup_{(x,y)\in K}\left|D^\gamma h(x,y)\right|
\end{aligned}$$

d'où R est continue sur $\mathcal{D}(U\times V)$, et alors R est bien une distribution sur $U\times V$. □

Par unicité du produit tensoriel $S\otimes T$ de S et T, on a pour tout $h\in\mathcal{D}(U\times V)$: $\langle S\otimes T,h\rangle = \left\langle S_x,\left\langle T_y,h_x\right\rangle\right\rangle = \left\langle T_y,\left\langle S_x,h_y\right\rangle\right\rangle$,
car $\left\langle S_x,\left\langle T_y,\varphi(x)\otimes\psi(y)\right\rangle\right\rangle = \left\langle T_y,\left\langle S_x,\varphi(x)\otimes\psi(y)\right\rangle\right\rangle = \langle S,\varphi\rangle\langle T,\psi\rangle$, $\forall\varphi\in\mathcal{D}(U)$ et $\psi\in\mathcal{D}(V)$.
Le théorème 5.1 peut être interpété comme étant une extension du théorème de Fubini.
Si l'on considère deux fonctions f et g intégrables, respectivement, sur deux ouverts $U\subset\mathbb{R}^n$ et $V\subset\mathbb{R}^m$, alors : $\left\langle S_x,\left\langle T_y,\varphi(x,y)\right\rangle\right\rangle = \int_U f(x)\left(\int_V g(y)\varphi(x,ydy\right)dx$ et $\left\langle T_y,\left\langle S_x,h_y\right\rangle\right\rangle = \int_V g(y)\left(\int_U f(x)\varphi(x,ydx\right)dy$ sont égales d'après le théorème de Fubini, avec $S=T_f\in\mathcal{D}'(U)$ et $T=T_g\in\mathcal{D}'(V)$.

Théorème 5.2 (Propriétés du produit tensoriel des distributions) Soient U un ouvert de $\mathbb{R}^n$, V un ouvert de $\mathbb{R}^m$ et W un ouvert de $\mathbb{R}^p$, $S\in\mathcal{D}'(U)$, $T\in\mathcal{D}'(V)$ et $R\in\mathcal{D}'(W)$. Alors :

(1) $S\otimes T\neq T\otimes S$;

(2) $(S \otimes T) \otimes R = S \otimes (T \otimes R)$;

(3) Si f est continue sur U et g est continue sur V à valeurs dans $\mathbb{C}$, alors $T_f \otimes T_g = T_{f\otimes g}$;

(4) $Supp(S \otimes T) = SuppS \times SuppT$;

(5) $\forall \alpha \in \mathbb{N}^n, \forall \beta \in \mathbb{N}^m : D_x^\alpha D_y^\beta (S \otimes T) = D_x^\alpha S \otimes D_y^\beta T$.

Démonstration.

(1) Soient $a \in U$, $b \in V$ et $h \in \mathcal{D}(U \times V)$,

$$\begin{aligned}\langle \delta_a \otimes \delta_b, h\rangle &= \left\langle (\delta_a)_x, \left\langle (\delta_b)_y, h_x\right\rangle\right\rangle \\ &= \left\langle (\delta_a)_x, \left\langle (\delta_b)_y, h(x,y)\right\rangle\right\rangle \\ &= \langle (\delta_a)_x, h(x,b)\rangle \\ &= h(a,b) = \left\langle \delta_{(a,b)}, h\right\rangle.\end{aligned}$$

Donc $\delta_a \otimes \delta_b = \delta_{(a,b)}$.
On a aussi $\langle \delta_b \otimes \delta_a, h\rangle = h(b,a) = \left\langle \delta_{(b,a)}, h\right\rangle$, ainsi $\delta_b \otimes \delta_a = \delta_{(b,a)}$.
D'où, $\delta_{(a,b)} \neq \delta_{(b,a)}$ si $a \neq b$ (ce qui est automatique si $n \neq m$).

(2) $\otimes$ est associative sur $\mathcal{D}(U) \otimes \mathcal{D}(V) \otimes \mathcal{D}(W)$ donc aussi sur $\mathcal{D}(U \times V \times W)$ par unicité du produit tensoriel.

(3) $\forall \varphi \in \mathcal{D}(U), \forall \psi \in \mathcal{D}(V)$:

$$\begin{aligned}\left\langle T_{f\otimes g}, \varphi \otimes \psi\right\rangle &= \int_{U\times V} (f \otimes g)(x,y)(\varphi \otimes \psi)(x,y)dxdy \\ &= \int_{U\times V} f(x)g(y)\varphi(x)\psi(y)dxdy \\ &= \int_U f(x)\varphi(x)dx \int_V g(y)\psi(y)dy \\ &= \left\langle T_f, \varphi\right\rangle \left\langle T_g, \psi\right\rangle = \left\langle T_f \otimes T_g, \varphi \otimes \psi\right\rangle.\end{aligned}$$

D'où, $T_{f\otimes g} = T_f \otimes T_g$ sur $\mathcal{D}(U) \otimes \mathcal{D}(V)$ et alors $T_{f\otimes g} = T_f \otimes T_g$ sur $\mathcal{D}(U \times V)$.

(4) On montre d'abord que $SuppS \times SuppT \subset Supp(S \otimes T)$.

Soit $(x,y) \in SuppS \times SuppT$, alors $x \in SuppS$ et $y \in SuppT$. Par conséquent, pour tout W_x voisinage ouvert de x dans U, il existe $\varphi \in \mathcal{D}(U, W_x)$ tel que $\langle S, \varphi\rangle \neq 0$ et pour tout W_y voisinage ouvert de y dans V, il existe $\psi \in \mathcal{D}(V, W_y)$ tel que $\left\langle T, \psi\right\rangle \neq 0$. $W_x \times W_y$ est un voisinage ouvert de (x,y) dans $U \times V$, et

$\varphi\otimes\psi \in \mathcal{D}(U\times V, W_x\times W_y)$ est telle que $\langle S\otimes T, \varphi\otimes\psi\rangle = \langle S,\varphi\rangle\langle T,\psi\rangle \neq 0$. Donc $(x,y)\in Supp S\otimes T$.

Inversement, on montre que $Supp(S\otimes T)\subset Supp S\times Supp T$ ou bien

$$(U\times V)\backslash(Supp S\times Supp T)\subset (U\times V)\backslash(Supp(S\otimes T)).$$

Soit $(x,y)\in(U\times V)\backslash(Supp S\times Supp T)$, alors $(x,y)\notin Supp S\times Supp T$, ainsi $x\notin Supp S$ ou $y\notin Supp T$.

Si $x\notin Supp S$ (sinon nécessairement $y\notin Supp T$ et on échange les rôles de x et y). Alors, il existe A un voisinage ouvert de x dans U tel que pour tout $\varphi\in\mathcal{D}(U,A)$, on ait $\langle S,\varphi\rangle = 0$. Or, $A\times V$ est un voisinage ouvert de (x,y) dans $U\times V$, de plus, pour tout $\psi\in\mathcal{D}(V)$, $\varphi\otimes\psi\in\mathcal{D}(U\times V, A\times V)$ et on a : $\langle S\otimes T,\varphi\otimes\psi\rangle = \langle S,\varphi\rangle\langle T,\psi\rangle = 0$. D'où, $(x,y)\notin Supp(S\otimes T)$.

(5) Pour tout $h\in\mathcal{D}(U\times V)$,

$$\begin{aligned}
\left\langle D_x^\alpha D_y^\beta(S\otimes T), h\right\rangle &= (-1)^{|\alpha|}(-1)^{|\beta|}\left\langle S\otimes T, D_x^\alpha D_y^\beta h\right\rangle \\
&= (-1)^{|\alpha|}(-1)^{|\beta|}\left\langle S_x, \left\langle T_y, D_x^\alpha D_y^\beta h(x,y)\right\rangle\right\rangle \\
&= (-1)^{|\alpha|}(-1)^{|\beta|}\left\langle S_x, \left\langle T_y, D_y^\beta (D_x^\alpha h(x,y)\right\rangle\right\rangle \\
&= (-1)^{|\alpha|}\left\langle S_x, \left\langle D_y^\beta T_y, D_x^\alpha h(x,y)\right\rangle\right\rangle \\
&= (-1)^{|\alpha|}\left\langle S_x, D_x^\alpha\left\langle D_y^\beta T_y, h(x,y)\right\rangle\right\rangle \\
&= \left\langle D^\alpha S_x, \left\langle D^\beta T_y, h(x,y)\right\rangle\right\rangle = \left\langle D^\alpha S\otimes D^\beta T, h\right\rangle.
\end{aligned}$$

□

Exemple 5.1 Une fonction $f(x,y)$ de $\mathbb{R}^n\times\mathbb{R}^m$ dans $\mathbb{C}$ est dite indépendante de x si elle est de la forme $f(x,y) = (1_{\mathbb{R}^n}\otimes u)(x,y) = u(y)$. De même, on dira qu'une distribution de $\mathcal{D}(\mathbb{R}^n\times\mathbb{R}^m)$ dans $\mathbb{C}$ est indépendante de x si elle est de la forme $1_{\mathbb{R}^n}(x)\otimes S(y)$ notée $S(y)$. On a alors pour tout $\varphi\in\mathcal{D}(\mathbb{R}^n\times\mathbb{R}^m)$:

$$\begin{aligned}
\langle 1_{\mathbb{R}^p}(x)\otimes S(y), \varphi(x,y)\rangle &= \langle 1_{\mathbb{R}^n}(x), \langle S(y),\varphi(x,y)\rangle\rangle = \int_{\mathbb{R}^n}\langle S(y),\varphi(x,y)\rangle\,dx \\
&= \left\langle S(y), \int_{\mathbb{R}^n}\varphi(x,y)dx\right\rangle.
\end{aligned}$$

5.2 Produit de convolution des distributions

On cherche à étendre le produit de convolution de deux fonctions aux distributions. Soit S une distribution sur $\mathbb{R}^n$ à support compact, $SuppS = K$ un compact de $\mathbb{R}^n$. On sait que S est continue pour la topologie induite sur $\mathcal{D}(\mathbb{R}^n)$ par celle de $\mathcal{E}(\mathbb{R}^n)$ et se prolonge d'une manière unique en une forme linéaire continue sur $\mathcal{E}(\mathbb{R}^n)$. Notons $\widetilde{S}$ ce prolongement, $\widetilde{S}_{|\mathcal{D}(\mathbb{R}^n)} = S$, et définissons explicitement $\left\langle \widetilde{S}, \psi \right\rangle$ quel que soit $\psi \in \mathcal{E}(\mathbb{R}^n)$.

Soit $\phi \in \mathcal{D}(\mathbb{R}^n)$, $\phi = 1$ dans un voisinage compact $\overline{V}$ de K (V est un ouvert relativement compact de $\mathbb{R}^n$, $K \subset V \subset \overline{V} \subset \mathbb{R}^n$), ϕ existe en vertu du lemme de partition de l'unité. Alors, pour tout $\psi \in \mathcal{E}(R^n)$, on a :

$$\psi = \phi\psi + \psi - \phi\psi = \phi\psi + \psi(1-\phi)$$

et

$$\left\langle \widetilde{S}, \psi \right\rangle = \left\langle \widetilde{S}, \phi\psi \right\rangle + \left\langle \widetilde{S}, \psi(1-\phi) \right\rangle = \left\langle S, \phi\psi \right\rangle + \left\langle \widetilde{S}, \psi(1-\phi) \right\rangle,$$

car $\phi\psi \in \mathcal{D}(\mathbb{R}^n)$ et $\widetilde{S}_{|\mathcal{D}(\mathbb{R}^n)} = S$.

Montrons que $\left\langle \widetilde{S}, \psi(1-\phi) \right\rangle = 0$. En effet, $\psi(1-\phi) = 0$ sur $\overline{V}$ car $\phi = 1$ dans $\overline{V}$. De plus, $\mathbb{R}^n \backslash K = \bigcup_{j\in\mathbb{N}} K_j$ où K_j est un compact de $\mathbb{R}^n$ avec $K_j \subset \overset{\circ}{K}_{j+1}$ pour tout $j \in \mathbb{N}$. D'après le lemme de partition de l'unité, pour tout $j \in \mathbb{N}$, il existe $\alpha_j \in \mathcal{D}(\mathbb{R}^n)$ telle que : $\alpha_j = 1$ sur K_j et $\alpha_j = 0$ sur K. Alors,

$$\forall j \in \mathbb{N},\ \psi(1-\phi)\alpha_j \in \mathcal{D}(\mathbb{R}^n) \text{ et } K \cap Supp[\psi(1-\phi)\alpha_j] = \emptyset,$$

donc

$$\left\langle \widetilde{S}, \psi(1-\phi)\alpha_j \right\rangle = \left\langle S, \psi(1-\phi)\alpha_j \right\rangle = 0,\ \forall j \in \mathbb{N}.$$

Il suffit donc de vérifier que la suite de fonctions $(\psi(1-\phi)\alpha_j)_{j\in\mathbb{N}}$ converge vers $\psi(1-\phi)$ pour la topologie de $\mathcal{E}(\mathbb{R}^n)$. Pour tout compact L de $\mathbb{R}^n$ et pour tout $\alpha \in \mathbb{N}^n$, on a :

$$\begin{aligned}
\sup_{x\in L} \left| D^\alpha[\psi(1-\phi)(1-\alpha_j)] \right| &= \sup_{x\in L\cap(\mathbb{R}^n\backslash\overline{V})=L_1} \left| D^\alpha[\psi(1-\phi)(1-\alpha_j)] \right| \\
&\leq \sup_{x\in K_{j_1}\cup\ldots\cup K_{j_q}} \left| D^\alpha[\psi(1-\phi)(1-\alpha_j)] \right| \\
&\leq \sup_{x\in K_{j_0}} \left| D^\alpha[\psi(1-\phi)(1-\alpha_j)] \right| \text{ si } j \geq j_0
\end{aligned}$$

car $\overline{L_1}$ est compact dans $\mathbb{R}^n$, on peut alors le couvrir par un nombre fini de compacts $K_{j_1},...,K_{j_q}$ et $K_{j_1} \cup ... \cup K_{j_q} \subset K_{j_0}$ où $j_0 = max(j_1,...,j_q)$.
D'où, $\forall j \in \mathbb{N},\ j \geq j_0,\ \alpha_j = 1$ sur K_{j_0}, et alors $\psi(1-\phi)(1-\alpha_j) = 0$ sur K_{j_0}. On obtient ainsi la convergence souhaitée.
En conclusion, $\forall \psi \in \mathcal{E}(\mathbb{R}^n), \left\langle \widetilde{S}, \psi \right\rangle = \left\langle S, \phi\psi \right\rangle$, où $\phi \in \mathcal{D}(\mathbb{R}^n)$, $\phi = 1$ sur un voisinage compact de $SuppS$. En fait, cette définition est cohérente puisqu'elle est indépendante du choix de la fonction ϕ.

En effet, soient ϕ_1 et ϕ_2 deux fonctions de $\mathcal{D}(\mathbb{R}^n)$, égales toutes les deux à 1 sur un voisinage compact $\overline{V}$ de $K = SuppS$ un compact de $\mathbb{R}^n$, alors pour tout $\psi \in \mathcal{E}(\mathbb{R}^n)$:

$$\left\langle S, \phi_1\psi \right\rangle - \left\langle S, \phi_2\psi \right\rangle = \left\langle S, (\phi_1 - \phi_2)\psi \right\rangle = 0,$$

car $\phi_1 - \phi_2 \in \mathcal{D}(\mathbb{R}^n, \mathbb{R}^n \backslash K)$.

Pour fixer les idées, définissons d'abord la convolution des distributions régulières. Soient f et g deux fonctions continues de $\mathbb{R}^n$ dans $\mathbb{C}$, dont l'une au moins est à support compact. Si le support de g, $K = Suppg$, est compact dans $\mathbb{R}^n$, on sait que $f * g$ est une fonction continue de $\mathbb{R}^n$ dans $\mathbb{C}$, de plus Il existe une fonction ψ de $\mathcal{D}(\mathbb{R}^n)$, égale à 1 sur K. Donc pour tout $z \in \mathbb{R}^n$, $g(z) = \psi(z)g(z)$ et pour tout $\varphi \in \mathcal{D}(R^n)$, on a grâce au théorème de Fubini :

$$\begin{aligned}
\left\langle T_{f*g}, \varphi \right\rangle &= \int_{\mathbb{R}^n} (f*g)(x)\varphi(x)dx \\
&= \int_{\mathbb{R}^n} \left(\int_{\mathbb{R}^n} f(y)g(x-y)dy \right) \varphi(x)dx \\
&\overset{x-y=z}{=} \int_{\mathbb{R}^n}\int_{\mathbb{R}^n} f(y)g(z)\psi(z)\varphi(y+z)dydz \\
&= \int_{\mathbb{R}^n\times\mathbb{R}^n} (f\otimes g)(y,z)(\psi(z)\varphi(y+z))dydz \\
&= \left\langle T_{f\otimes g}, \psi\widetilde{\varphi} \right\rangle \text{ où } \widetilde{\varphi}(y,z) = \varphi(y+z) \\
&= \left\langle T_f \otimes T_g, \psi\widetilde{\varphi} \right\rangle.
\end{aligned}$$

> $\widetilde{\varphi}$ est de classe C^∞ sur $\mathbb{R}^n \times \mathbb{R}^n$,
>
> $$Supp\widetilde{\varphi} = \{(y,z) \in \mathbb{R}^n \times \mathbb{R}^n : y+z \in Supp\varphi\}.$$
>
> Or, si $y+z$ est borné dans $\mathbb{R}^n$ cela n'entraine pas la bornitude de y et z ($y = n$ et $z = 1-n$, $n \in \mathbb{N}$). En effet, si par exemple la fonction φ a pour support le segment $[a,b]$ alors le support de $\varphi(x+y)$ est la bande comprise entre les deux droites $x+y=a$ et $x+y=b$. Ainsi $\widetilde{\varphi}$ n'est pas forcément à support compact dans $\mathbb{R}^n \times \mathbb{R}^n$ malgré la compacité du support de φ dans $\mathbb{R}^n$.

Par identification des fonctions avec leurs distributions associées modulo l'isomorphisme Φ (voir proposition 4.1), on peut alors écrire :

$$\langle T_f * T_g, \varphi \rangle = \langle T_f \otimes T_g, \psi\widetilde{\varphi} \rangle, \ \forall \varphi \in \mathcal{D}(\mathbb{R}^n).$$

Généralisons maintenant cette égalité pour définir le produit de convolution de deux distributions quelconques sur $\mathbb{R}^n$ dont l'une au moins est à support compact.
Soient S et T deux distributions sur $\mathbb{R}^n$ avec $SuppS = K$ un compact de $\mathbb{R}^n$, et $\varphi \in \mathcal{D}(\mathbb{R}^n)$, considérons l'application suivante :

$$\begin{array}{rcl} \Pi : \mathbb{R}^n \times \mathbb{R}^n & \longrightarrow & \mathbb{C} \\ (x,y) & \longmapsto & \Pi(x,y) = \varphi(x+y), \end{array}$$

Π est de classe C^∞ sur $\mathbb{R}^n \times \mathbb{R}^n$ (son support n'est pas compact!).
Soit $\psi \in \mathcal{D}(\mathbb{R}^n)$, telle que $\psi = 1$ sur un voisinage compact de K, alors l'application :

$$\begin{array}{rcl} \mathbb{R}^n \times \mathbb{R}^n & \longrightarrow & \mathbb{C} \\ (x,y) & \longmapsto & \psi(x)\varphi(x+y) \end{array}$$

est dans $\mathcal{D}(\mathbb{R}^n \times \mathbb{R}^n)$, puisqu'elle est C^∞ sur $\mathbb{R}^n \times \mathbb{R}^n$, et

$$\begin{aligned} \psi(x)\varphi(x+y) \neq 0 &\Rightarrow \psi(x) \neq 0 \text{ ou } \varphi(x+y) \neq 0 \\ &\Rightarrow x \in Supp\psi \text{ ou } x+y \in Supp\varphi \\ &\Rightarrow (x,y) \in Supp\psi \times (Supp\varphi - Supp\psi), \end{aligned}$$

alors, $Supp\{(x,y) \longmapsto \psi(x)\varphi(x+y)\} \subset Supp\psi \times (Supp\varphi - Supp\psi)$ est compact dans $\mathbb{R}^n \times \mathbb{R}^n$. Or, $S \otimes T$ est une distribution sur $\mathbb{R}^n \times \mathbb{R}^n$, comme la fonction

$$(x,y) \longmapsto \psi(x)\varphi(x+y) \in \mathcal{D}(\mathbb{R}^n \times \mathbb{R}^n),$$

alors $S \otimes T$ agit bien sur cette fonction et on a :

$$\begin{aligned}\left\langle S \otimes T, \psi(x)\varphi(x+y)\right\rangle &= \left\langle S_x, \left\langle T_y, \psi(x)\varphi(x+y)\right\rangle\right\rangle \\ &= \left\langle S_x, \psi(x)\left\langle T_y, \varphi(x+y)\right\rangle\right\rangle \\ &= \left\langle \widetilde{S_x}, \left\langle T_y, \varphi(x+y)\right\rangle\right\rangle.\end{aligned}$$

De même,

$$\begin{aligned}\left\langle S \otimes T, \psi(x)\varphi(x+y)\right\rangle &= \left\langle T_y, \left\langle S_x, \psi(x)\varphi(x+y)\right\rangle\right\rangle \\ &= \left\langle T_y, \left\langle \widetilde{S_x}, \varphi(x+y)\right\rangle\right\rangle \\ &= \left\langle T_y, \left\langle S_x, \varphi(x+y)\right\rangle\right\rangle.\end{aligned}$$

Définition 5.1 Soient S et T deux distributions sur $\mathbb{R}^n$ où $K = suppS$ est compact dans $\mathbb{R}^n$, et $\psi \in \mathcal{D}(\mathbb{R}^n)$ telle que $\psi = 1$ sur un voisinage compact de K, alors $\forall \varphi \in \mathcal{D}(\mathbb{R}^n)$:

$$\left\langle S \otimes T, \psi(x)\varphi(x+y)\right\rangle = \left\langle \widetilde{S_x}, \left\langle T_y, \varphi(x+y)\right\rangle\right\rangle = \left\langle T_y, \left\langle S_x, \varphi(x+y)\right\rangle\right\rangle$$

définit une distribution sur $\mathbb{R}^n$, appelée produit de convolution de S par T, notée par $S * T$.

Vérifions que $S * T$ est bien une distribution sur $\mathbb{R}^n$.
$S * T$ est bien définie et est linéaire sur $\mathcal{D}(\mathbb{R}^n)$, car $\psi(x)\varphi(x+y) \in \mathcal{D}(\mathbb{R}^n \times \mathbb{R}^n)$ et pour tout $\varphi_1, \varphi_2 \in \mathcal{D}(\mathbb{R}^n)$ et pour tout $a, b \in \mathbb{C}$, on a :

$$\begin{aligned}\langle S * T, a\varphi_1 + b\varphi_2\rangle &= \left\langle S \otimes T, \psi(x)(a\varphi_1 + b\varphi_2)(x+y)\right\rangle \\ &= a\left\langle S \otimes T, \psi(x)\varphi_1(x+y)\right\rangle + b\left\langle S \otimes T, \psi(x)\varphi_2(x+y)\right\rangle \\ &= a\langle S * T, \varphi_1\rangle + b\langle S * T, \varphi_2\rangle.\end{aligned}$$

$S * T$ est continue sur $\mathcal{D}(\mathbb{R}^n)$.
Soit L un compact de $\mathbb{R}^n$ et soit $\varphi \in \mathcal{D}(\mathbb{R}^n, L)$, alors :
$Supp(\psi(x)\varphi(x+y)) \subset supp\psi \times (L - Supp\psi) = L_1$ étant compact dans $\mathbb{R}^n \times \mathbb{R}^n$.
En utilisant la continuité de la distribution $S \otimes T$ sur $\mathcal{D}(\mathbb{R}^n \times \mathbb{R}^n, L_1)$, il existe $M_{L_1} > 0$ et $k_1 \in \mathbb{N}$, tels que :

$$|\langle S * T, \varphi\rangle| = \left|\left\langle S \otimes T, \psi(x)\varphi(x+y)\right\rangle\right| \leq M_{L_1} \sum_{\substack{\alpha \in \mathbb{N}^{2n} \\ |\alpha| \leq k_1}} \sup_{(x,y) \in \mathbb{R}^n \times \mathbb{R}^n} \left| D^{\alpha}_{(x,y)}(\psi(x)\varphi(x+y))\right|.$$

$$D^{\alpha}_{(x,y)}(\psi(x)\varphi(x+y)) = \sum_{\substack{\beta\in\mathbb{N}^{2n}\\ \beta\leq\alpha}} C^{\beta}_{\alpha}\left(D^{\alpha-\beta}\psi(x)\right)\left(D^{\beta}\varphi(x+y)\right),$$

$\alpha = (\alpha_1, \alpha_2) \in \mathbb{N}^n \times \mathbb{N}^n$, $\beta = (\beta_1, \beta_2) \in \mathbb{N}^n \times \mathbb{N}^n$,

$$\begin{aligned} D^{\beta}_{(x,y)}\varphi(x+y) &= D^{\beta_1}_x D^{\beta_2}_y \varphi(x+y) \\ &= D^{\beta_2}_y D^{\beta_1}_x \varphi(x+y) \\ &= \left(D^{\beta_1+\beta_2}\varphi\right)(x+y). \end{aligned}$$

Donc :

$$\begin{aligned} |\langle S*T,\varphi\rangle| &\leq M_{L_1}\sum_{|\alpha_1|+|\alpha_2|\leq k_1}\sup_{(x,y)\in L_1}\left|D^{\alpha_1}_x D^{\alpha_2}_y(\psi(x)\varphi(x+y))\right| \\ &= M_{L_1}\sum_{|\alpha_1|+|\alpha_2|\leq k_1}\sup_{(x,y)\in L_1}\left|D^{\alpha_1}_x(\psi(x)\left(D^{\alpha_2}_y\varphi\right)(x+y))\right| \\ &\leq M_{L_1}\sum_{|\alpha_1|+|\alpha_2|\leq k_1}\sum_{\substack{\beta\in\mathbb{N}^n\\ \beta\leq\alpha_1}} C^{\beta}_{\alpha_1}\sup_{(x,y)\in L_1}\left|D^{\alpha_1-\beta}_x\psi(x)\right|\left|D^{\beta}_x D^{\alpha_2}_y\varphi(x+y)\right| \\ &\leq AM_{L_1}\sum_{|\alpha_1|+|\alpha_2|\leq k_1}\sum_{\substack{\beta\in\mathbb{N}^n\\ \beta\leq\alpha_1}}\sup_{(x,y)\in L_1}\left|D^{\beta}_x D^{\alpha_2}_y\varphi(x+y)\right| \\ &\leq AM_{L_1}\sum_{|\alpha_1|+|\alpha_2|\leq k_1}\sum_{\substack{\beta\in\mathbb{N}^n\\ \beta\leq\alpha_1}}\sup_{z\in\mathbb{R}^n}\left|D^{\beta+\alpha_2}_z\varphi(z)\right| \\ &\leq ACM_{L_1}\sum_{\substack{\gamma\in\mathbb{N}^n\\ |\gamma|\leq k_1}}\sup_{z\in\mathbb{R}^n}\left|D^{\gamma}_z\varphi(z)\right| \end{aligned}$$

où :

$$\begin{aligned} A &= \sup_{\substack{\alpha_1\in\mathbb{N}^n\\ |\alpha_1|\leq k_1}}\left[\sup_{\substack{\beta\in\mathbb{N}^n\\ \beta\leq\alpha_1}} C^{\beta}_{\alpha_1}\sup_{(x,y)\in L_1}\left|D^{\alpha_1-\beta}_x\psi(x)\right|\right], \\ C &= \max\left\{C_{\beta} : C_{\beta} \text{ est le nombre de } \beta\in\mathbb{N}^n, \text{ tel que } \beta\leq\alpha_1\right\}. \end{aligned}$$

$S*T$ est alors continue sur $\mathcal{D}(\mathbb{R}^n)$, et constitue un élément de $\mathcal{D}'(\mathbb{R}^n)$.

Soit $S, T \in \mathcal{D}'(\mathbb{R}^n)$ deux distributions. Pour que le produit de convolution $S*T$ ait un sens dans $\mathcal{D}'(\mathbb{R}^n)$, i.e. pour que $\langle S*T, \varphi\rangle$ ait un sens pour tout $\varphi \in \mathcal{D}(\mathbb{R}^n)$, il suffit que, pour chaque $\varphi \in \mathcal{D}(\mathbb{R}^n)$, l'ensemble suivant soit borné :

$$\begin{aligned} E_\varphi &= \{(x,y) \in \mathbb{R}^n \times \mathbb{R}^n : x \in SuppS,\ y \in SuppT,\ x+y \in Supp\varphi\} \\ &= (SuppS \times SuppT) \bigcap \{(x,y) \in \mathbb{R}^n \times \mathbb{R}^n : x+y \in Supp\varphi\}. \end{aligned}$$

L'ensemble E_φ dépend de φ et chaque E_φ doit être borné. On dit alors que les supports de S et T (ou simplement que S et T) sont convolables. C'est en particulier le cas si les distributions S et T vérifient :

- $SuppS$ ou $SuppT$ est borné (l'une des deux distributions est à support borné),
- $SuppS$ et $SuppT$ sont limités tous deux à gauche ou limités tous deux à droite. Par exemple le produit de convolution de deux distributions sur $\mathbb{R}$ à support dans la demi-droite positive $\mathbb{R}_+ = [0, +\infty[$ est toujours défini.

D'une manière équivalente, on peut définir le produit de convolution de deux distributions quelconques S et T sur $\mathbb{R}^n$, si pour tout compact K de $\mathbb{R}^n$, l'ensemble :

$$(SuppS \times SuppT) \cap \{(x,y) \in \mathbb{R}^n \times \mathbb{R}^n : x+y \in K\}$$

est borné dans $\mathbb{R}^n \times \mathbb{R}^n$.
Il y'a beaucoup d'autres cas où le produit de convolution de deux distributions peut être défini raisonnablement, intéressants dans l'étude des équations aux dérivées partielles avec conditions aux limites.

Exemple 5.2 **Algèbre de convolution $\mathcal{D}'_+(\mathbb{R})$:**
On note que :

$$\mathcal{D}'_+(\mathbb{R}) = \{T \in \mathcal{D}'(\mathbb{R}) : SuppT \subset [0, +\infty[\}.$$

En particulier, la distribution de Dirac δ ainsi que toutes ses dérivées et la distribution de Heaviside sont dans l'espace $\mathcal{D}'_+(\mathbb{R})$. Montrons que $S*T$ est bien défini dans $\mathcal{D}'_+(\mathbb{R})$, c'est à dire si $S, T \in \mathcal{D}'_+(\mathbb{R})$, alors

$\left\langle T_y, \langle S_x, \varphi(x+y)\rangle \right\rangle$ a un sens pour une fonction test $\varphi \in \mathcal{D}(\mathbb{R})$. En effet, posons $F(y) = \langle S_x, \varphi(x+y)\rangle$ pour y fixé dans le support de T, l'application $x \longmapsto \varphi(x+y)$ est dans $\mathcal{D}(\mathbb{R})$ où $SuppF \subset Supp\varphi - SuppS$. On cherche à justifier la dualité $\left\langle T_y, F(y)\right\rangle$.
Soit $a > 0$, tel que $Supp\varphi \subset [-a, a]$, alors :

$$\left\langle T_y, F(y)\right\rangle = 0 \text{ si } SuppT \cap SuppF = \emptyset \text{ par exemple si } SuppF \subset]-\infty, 0[.$$

D'autre part, si $SuppF \subset [a, +\infty[$, alors $F(y) = 0$ et $\left\langle T_y, F(y)\right\rangle = 0$ car si $y > a$ et $x \geq 0$, on a $x + y > a$ et $\varphi(x+y) = 0$.
On en déduit que $SuppF \cap \mathbb{R}_+ \subset [0, a]$, c'est à dire que $SuppF \cap \mathbb{R}_+$ est compact dans $\mathbb{R}$, et puisque $T \in \mathcal{D}'(\mathbb{R})$ alors

$$\langle S * T, \varphi\rangle = \left\langle T_y, \langle S_x, \varphi(x+y)\rangle\right\rangle = \left\langle T_y, F(y)\right\rangle$$

est bien défini, ce qui montre que l'on peut définir le produit de convolution dans $\mathcal{D}'_+(\mathbb{R})$.
Comme élément fondamental de l'espace $\mathcal{D}'_+(\mathbb{R})$, on a la distribution de Dirac δ_0 puisque $Supp\delta_0 = \{0\} \subset \mathbb{R}_+$.

Proposition 5.2 Soient $S \in \mathcal{E}'(\mathbb{R}^n)$ et $T \in \mathcal{D}'(\mathbb{R}^n)$, alors :

(1) $S * T = T * S$;

(2) $Supp(S * T) \subset SuppS + SuppT = \{x \in \mathbb{R}^n : x = y + z \text{ avec } y \in SuppS \text{ et } z \in SuppT\}$.

Démonstration.

(1) Provient immédiatement de la définition du produit de convolution, car $\varphi(x+y) = \varphi(y+x)$ pour tout $\varphi \in \mathcal{D}(\mathbb{R}^n)$:

$$\begin{aligned}\langle S * T, \varphi\rangle &= \left\langle S \otimes T, \psi(x)\varphi(x+y)\right\rangle \\ &= \left\langle T \otimes S, \psi(x)\varphi(x+y)\right\rangle \\ &= \langle T * S, \varphi\rangle.\end{aligned}$$

(2) Montrons que :

$$\mathbb{R}^n \backslash (SuppS + SuppT) \subset \mathbb{R}^n \backslash (Supp(S * T)).$$

Il suffit pour cela de vérifier que $\mathbb{R}^n \backslash (SuppS + SuppT)$ est un ouvert d'annulation de la distribution $S * T$.
Soit $\varphi \in \mathcal{D}(\mathbb{R}^n)$, telle que $Supp\varphi \subset \mathbb{R}^n \backslash (SuppS + SuppT)$, alors

$$Supp\varphi \cap (SuppS + SuppT) = \emptyset$$

ou encore

$$(Supp\varphi - SuppS) \cap SuppT = \emptyset.$$

En effet, si $a \in (Supp\varphi - SuppS) \cap SuppT$, alors $a = t - s$ avec $t \in Supp\varphi$ et $s \in SuppS$. Donc $t = a + s \in Supp\varphi \cap (SuppS + SuppT)$.
Notons $\Psi(y) = \langle S_x, \varphi(x+y)\rangle$, alors $Supp\Psi \subset Supp\varphi - SuppS$.
Donc $Supp\Psi \cap SuppT = \emptyset$ et $\langle S * T, \varphi\rangle = \left\langle T_y, \langle S_x, \varphi(x+y)\rangle\right\rangle = \langle T_y, \Psi(x)\rangle = 0$.

□

Corollaire 5.1 Si $S \in \mathcal{E}'(\mathbb{R}^n)$ et $T \in \mathcal{E}'(\mathbb{R}^n)$, alors $S * T \in \mathcal{E}'(\mathbb{R}^n)$ et pour tout $h \in \mathcal{E}(\mathbb{R}^n)$:

$$\left\langle \widetilde{S * T}, h\right\rangle = \left\langle \widetilde{S_x}, \left\langle \widetilde{T_y}, h(x+y)\right\rangle\right\rangle = \left\langle \widetilde{T_y}, \left\langle \widetilde{S_x}, h(x+y)\right\rangle\right\rangle.$$

Démonstration. En effet, d'après la deuxième assertion de la proposition 5.2, $S*T \in \mathcal{E}'(\mathbb{R}^n)$, notons son prolongement à $\mathcal{E}(\mathbb{R}^n)$ par $\widetilde{S * T}$. Soient $\psi(x) \in \mathcal{D}(\mathbb{R}^n)$ égale à 1 sur un voisinage compact de $SuppS$ et $\phi(y) \in \mathcal{D}(\mathbb{R}^n)$ égale à 1 sur un voisinage compact de $SuppT$, alors $\psi(x)\phi(y) \in \mathcal{D}(\mathbb{R}^n \times \mathbb{R}^n)$ est égale à 1 sur un voisinage compact de $SuppS \times SuppT = Supp\,(S \otimes T)$. $\forall h \in \mathcal{E}(\mathbb{R}^n)$, on a :

$$\left\langle \widetilde{T_y}, h(x+y)\right\rangle = \left\langle T_y, \phi(y)h(x+y)\right\rangle,$$

$$\begin{aligned}
\left\langle \widetilde{S_x}, \left\langle \widetilde{T_y}, h(x+y)\right\rangle\right\rangle &= \left\langle S_x, \psi(x)\left\langle \widetilde{T_y}, h(x+y)\right\rangle\right\rangle \\
&= \left\langle S_x, \psi(x)\left\langle T_y, \phi(y)h(x+y)\right\rangle\right\rangle \\
&= \left\langle S_x, \left\langle T_y, \psi(x)\phi(y)h(x+y)\right\rangle\right\rangle \\
&= \left\langle S \otimes T, \psi(x)\phi(y)h(x+y)\right\rangle \\
&= \left\langle \widetilde{S \otimes T}, h(x+y)\right\rangle \\
&= \left\langle \widetilde{S * T}, h\right\rangle.
\end{aligned}$$

□

Proposition 5.3

(1) Si $S \in \mathcal{E}'(\mathbb{R}^n)$ et $T \in \mathcal{D}'(\mathbb{R}^n)$, alors :

$$\forall \alpha \in \mathbb{N}^n,\ D^\alpha (S * T) = (D^\alpha S) * T = S * (D^\alpha T).$$

(2) Pour toute distribution T sur $\mathbb{R}^n$, on a :

$$T * \delta_0 = \delta_0 * T = T.$$

(3) Si $S \in \mathcal{D}'(\mathbb{R}^n)$ et $\rho \in \mathcal{D}(\mathbb{R}^n)$, alors :

$$S * T_\rho = T_f \text{ où } f(t) = \langle S_x, \rho(t-x) \rangle.$$

On note par la suite $S*\rho = \langle S_x, \rho(t-x)\rangle$, on dit que $S*\rho$ est la régularisée ou bien une régularisation de S par la fonction ρ. $S * \rho$ est identifié à la fonction $\langle S_x, \rho(t-x)\rangle$ de classe C^∞ sur $\mathbb{R}^n$.

Démonstration.

(1) On sait que $S * T$ et $D^\alpha(S * T)$ sont des distributions sur $\mathbb{R}^n$, pour tout $\alpha \in \mathbb{N}^n$.

$\forall \varphi \in \mathcal{D}(\mathbb{R}^n)$:

$$\begin{aligned}
\langle D^\alpha(S * T), \varphi \rangle &= (-1)^{|\alpha|} \langle S * T, D^\alpha \varphi \rangle \\
&= (-1)^{|\alpha|} \left\langle T_y, \langle S_x, (D^\alpha \varphi)(x+y) \rangle \right\rangle \\
&= (-1)^{|\alpha|} \left\langle T_y, \langle S_x, (D_x^\alpha \varphi)(x+y) \rangle \right\rangle \\
&= \left\langle T_y, (-1)^{|\alpha|} \langle S_x, D_x^\alpha (\varphi(x+y)) \rangle \right\rangle \\
&= \left\langle T_y, \langle D^\alpha S, \varphi(x+y) \rangle \right\rangle \\
&= \langle T * D^\alpha S, \varphi \rangle = \langle S * D^\alpha T, \varphi \rangle,
\end{aligned}$$

la dernière égalité se déduit de la commutativité du produit de convolution.

(2) $\forall \varphi \in \mathcal{D}(\mathbb{R}^n)$:

$$\langle T * \delta_0, \varphi \rangle = \left\langle T_y, \langle (\delta_0)_x, \varphi(x+y) \rangle \right\rangle = \left\langle T_y, \varphi(y) \right\rangle = \langle T, \varphi \rangle.$$

(3) $\forall \varphi \in \mathcal{D}(\mathbb{R}^n)$:

$$\begin{aligned}
\langle S * T_\rho, \varphi \rangle &= \langle S_x, \langle (T_\rho)_y, \varphi(x+y) \rangle \rangle = \left\langle S_x, \int_{\mathbb{R}^n} \rho(y)\varphi(x+y)dy \right\rangle \\
&= \left\langle S_x, \int_{\mathbb{R}^n} \rho(t-x)\varphi(t)dt \right\rangle = \langle S_x, \langle \varphi(t), \rho(t-x) \rangle \rangle \\
&= \langle S_x \otimes \varphi(t), \rho(t-x) \rangle = \langle \varphi(t), \langle S_x, \rho(t-x) \rangle \rangle \\
&= \int_{\mathbb{R}^n} \langle S_x, \rho(t-x) \rangle \varphi(t)dt = \int_{\mathbb{R}^n} f(t)\varphi(t)dt = \langle T_f, \varphi \rangle
\end{aligned}$$

où $f(t) = \langle S_x, \rho(t-x) \rangle$.

□

5.3 Régularisation C^∞ des distributions

On établi ici que la convolution permet d'approcher toute distribution par une suite de fonctions de classe C^∞.

Théorème 5.3 (Régularisation des distributions) Soient $S \in \mathcal{D}'(\mathbb{R}^n)$ et $(\rho_\varepsilon)_{\varepsilon>0}$ une suite régularisante, c'est à dire que $\rho_\varepsilon(x) = \varepsilon^{-n}\rho\left(\frac{x}{\varepsilon}\right)$ telle que $\rho \in \mathcal{D}(\mathbb{R}^n)$ à support dans la boule unité $B(0,1)$ de $\mathbb{R}^n$, $\rho \geq 0$ et $\int_{\mathbb{R}^n} \rho(x)dx = 1$. Posons $S_\varepsilon = S * \rho_\varepsilon$. Alors, pour tout $\varepsilon > 0$, on a $S_\varepsilon \in C^\infty(\mathbb{R}^n)$ et S_ε converge vers S dans $\mathcal{D}'(\mathbb{R}^n)$ lorsque $\varepsilon \to 0^+$.
Ainsi toute distribution sur $\mathbb{R}^n$ est une limite pour la topologie de $\mathcal{D}'(\mathbb{R}^n)$ d'une suite de fonctions de classe C^∞ sur $\mathbb{R}^n$, ce qui exprime la densité de l'espace $\mathcal{E}(\mathbb{R}^n)$ dans $\mathcal{D}'(\mathbb{R}^n)$.

Démonstration. S appartient à $C^\infty(\mathbb{R}^n)$ pour tout $\varepsilon > 0$, découle de la Proposition 5.3 ci-dessus. D'autre part, pour toute fonction test $\varphi \in \mathcal{D}(\mathbb{R}^n)$, on a :

$$\langle S_\varepsilon, \varphi \rangle = \int_{\mathbb{R}^n} \langle S_x, \rho_\varepsilon(t-x) \rangle \varphi(t)dt = \left\langle S_x, \int_{\mathbb{R}^n} \rho_\varepsilon(t-x)\varphi(t)dt \right\rangle.$$

Or, pour tout $\varepsilon \in]0,1[$,

$$\int_{\mathbb{R}^n} \rho_\varepsilon(t-x)\varphi(t)dt = (\rho_\varepsilon * \varphi)(x) \text{ pour tout } x \in \mathbb{R}^n,$$
$$Supp\rho_\varepsilon * \varphi \subset Supp\rho_\varepsilon + Supp\varphi \subset B(0,\varepsilon) + Supp\varphi \subset K,$$
$$K = \{y \in \mathbb{R}^n : dist(y, Supp\varphi) < 1\}.$$

où K est compact dans $\mathbb{R}^n$.
De plus, pour tout $\alpha \in \mathbb{N}^n$, on sait que $D^\alpha(\rho_\varepsilon * \varphi) = \rho_\varepsilon * D^\alpha\varphi$ et $D^\alpha(\rho_\varepsilon * \varphi)$ tend uniformément sur K vers $D^\alpha\varphi$ lorsque ε tend vers 0^+. Cela exprime que pour toute suite $\varepsilon_j \to 0^+$ lorsque $j \to +\infty$ et telle que $\varepsilon_j \in]0,1[$ pour tout $j \in \mathbb{N}$, on a $\rho_{\varepsilon_j} * \varphi \longrightarrow \varphi$ dans $\mathcal{D}(\mathbb{R}^n)$ lorsque $j \to +\infty$.
Par conséquent, $\langle S_{\varepsilon_j}, \varphi\rangle = \langle S * \rho_{\varepsilon_j}, \varphi\rangle \longrightarrow \langle S, \varphi\rangle$ lorsque $j \to +\infty$.
On en conclut que $S_\varepsilon \longrightarrow S$ dans $\mathcal{D}'(\mathbb{R}^n)$ lorsque $\varepsilon \to 0^+$. □

Théorème 5.4 (Densité de $\mathcal{D}(\mathbb{R}^n)$ dans $\mathcal{D}'(\mathbb{R}^n)$) Soit $S \in \mathcal{D}'(\mathbb{R}^n)$. Il existe alors une suite $(\varphi_j)_{j\in\mathbb{N}^*}$ de fonctions de classe C^∞ à support compact dans $\mathbb{R}^n$ ($(\varphi_j)_{j\in\mathbb{N}^*} \subset \mathcal{D}(\mathbb{R}^n)$) telle que $\varphi_j \longrightarrow S$ dans $\mathcal{D}'(\mathbb{R}^n)$ lorsque $j \to +\infty$.

Démonstration. Soit $\rho \in \mathcal{D}(\mathbb{R}^n)$ une fonction vérifiant les conditions $\rho \geq 0$ et $\int_{\mathbb{R}^n} \rho(x)dx = 1$. On pose $\rho_j = j^n\rho(jx)$, $j \in \mathbb{N}^*$. Alors d'après le théorème 5.3 de régularisation des distributions, la fonction $S_j = S * \rho_j$, $j \in \mathbb{N}^*$, est de classe C^∞ sur $\mathbb{R}^n$, dont le support n'est pas nécessairement borné, de plus la suite $(S_j)_{j\in\mathbb{N}^*}$ converge vers S dans $\mathcal{D}'(\mathbb{R}^n)$ lorsque $j \to +\infty$.
On restreint le support de chaque fonction S_j, en posant $\varphi_j(x) = \phi_j(x)S_j(x)$, $x \in \mathbb{R}^n$ où $\phi_j \in \mathcal{D}(\mathbb{R}^n)$, $\phi_j(x) = 1$ sur la boule B_j de $\mathbb{R}^n$ centrée en 0 et de rayon j, $j \in \mathbb{N}^*$.
En utilisant la convergence de $S_j = S * \rho_j$ vers S, il est facile à montrer que $\varphi_j \longrightarrow S$ dans $\mathcal{D}'(\mathbb{R}^n)$ lorsque $j \to +\infty$. En effet, $\forall \psi \in \mathcal{D}(\mathbb{R}^n)$,

$$\langle T_{\varphi_j}, \psi\rangle = \int_{\mathbb{R}^n} \varphi_j(x)\psi(x)dx = \int_{\mathbb{R}^n} \phi_j(x)S_j(x)\psi(x)dx = \langle T_{S_j}, \phi_j\psi\rangle \underset{j\to+\infty}{\longrightarrow} \langle S, \psi\rangle$$

puisque la suite $(\phi_j\psi)_{j\in\mathbb{N}^*}$ converge vers ψ dans $\mathcal{D}(\mathbb{R}^n)$ lorsque $j \to +\infty$. □

Proposition 5.4 Soient R, S et T, trois distributions sur $\mathbb{R}^n$. Supposons qu'au moins deux de ces distributions sont à support compact dans $\mathbb{R}^n$. Alors,

$$R * (S * T) = (R * S) * T.$$

Démonstration. Supposons que S et T sont à support compact. Quitte à prendre $R > 0$ assez grand, on admet que $Supp S, Supp T \subset B_M = \{x \in \mathbb{R}^n : |x| < M\}$. Soit $\rho \in \mathcal{D}(\mathbb{R}^n)$ telle que $Supp \rho \subset B_1$, $\rho \geq 0$ et $\int_{\mathbb{R}^n} \rho(x) dx = 1$.

On pose $\rho_j = j^n \rho(jx)$ et $S_j = S * \rho_j$, $T_j = T * \rho_j$, $j \in \mathbb{N}^*$. Vérifions que

$$R * (S_j * T_j) = (R * S_j) * T_j, \ \forall j \in \mathbb{N}^*.$$

En effet,

$$\begin{aligned} R * (S_j * T_j)(x) &= \langle R, \langle S_j * T_j(x - .) \rangle \rangle = \left\langle R, \int_{\mathbb{R}^n} S_j(x-t) T_j(t) dt \right\rangle \\ &= \int_{\mathbb{R}^n} \langle R, S_j(x-t) T_j(t) dt \rangle = \int_{\mathbb{R}^n} R * S_j(x-t) T_j(t) dt \\ &= (R * S_j) * T_j(x). \end{aligned}$$

Passons maintenant à la limite pour $j \to +\infty$. Par construction, pour tout $j \in \mathbb{N}^*$ on a $Supp S_j, Supp T_j \subset B_{M+1}$ et $S_j \longrightarrow S$, $T_j \longrightarrow T$ dans $\mathcal{D}'(\mathbb{R}^n)$ lorsque $j \to +\infty$.

D'après la continuité séquentielle du produit de convolution, on a d'une part $R * S_j \longrightarrow R * S$ et $(R * S_j) * T \longrightarrow (R * S) * T$ dans $\mathcal{D}'(\mathbb{R}^n)$ lorsque $j \to +\infty$.

D'autre part, on démontre de même que :

$$S_j * T_j \longrightarrow S * T \text{ et } Supp\,(S_j * T_j) \subset Supp\,(S_j) + Supp\,(T_j) \subset B_{2M+2}.$$

La continuité séquentielle du produit de convolution donne aussi

$$R * (S_j * T_j) \longrightarrow R * (S * T) \text{ dans } \mathcal{D}'(\mathbb{R}^n) \text{ lorsque } j \to +\infty.$$

Ce qui entraîne l'associativité du produit de convolution entre les distributions R, S et T, $R * (S * T) = (R * S) * T$. □

> Le produit de convolution de trois distributions sur $\mathbb{R}^n$ est associatif dès que deux distributions au moins sont à support compact. Ce résultat est faux lorsque au plus une des distributions est à support compact. Par exemple, si on considère sur $\mathbb{R}$, $S = \mathbf{1}$, $T = \delta'$ et $R = H$, on a :
>
> $$(S * T) * R = (\mathbf{1}*\delta') * H = (\frac{d}{dx}\mathbf{1}*\delta) * H = (0 * \delta) * H = 0 * H = 0.$$
>
> $$S * (T * R) = \mathbf{1} * (\delta' * H) = \mathbf{1} * (\delta * \frac{d}{dx}H) = \mathbf{1} * (\delta * \delta) = \mathbf{1} * \delta = \mathbf{1}.$$
>
> Par conséquent, $(S * T) * R \neq S * (T * R)$.

On appelle algèbre de convolution tout espace vectoriel de distributions contenant δ et sur lequel on peut définir le produit de convolution d'un nombre fini quelconque de distributions. L'espace $\mathcal{E}'(\mathbb{R}^n)$ des distributions à support compact dans $\mathbb{R}^n$ muni du produit de convolution est une algèbre associative et commutative d'élément neutre δ.
On s'interesse plus particulièrement à l'algèbre de convolution $\mathcal{D}'_+(\mathbb{R})$, qu'on notera aussi $\mathcal{D}'_+$, des distributions sur $\mathbb{R}$ à support dans $[0,+\infty[$ pour lesquelles $\mathcal{D}'_+(\mathbb{R})$ muni de la somme et du produit par un scalaire est un espace vectoriel, le produit de convolution est une application bilinéaire de $\mathcal{D}'_+(\mathbb{R}) \times \mathcal{D}'_+(\mathbb{R})$ dans $\mathcal{D}'_+(\mathbb{R})$, le produit de convolution est associatif.
Puisque $\delta \in \mathcal{D}'_+(\mathbb{R})$, $\mathcal{D}'_+(\mathbb{R})$ possède donc un élément unité, le principal intérét tient à ce que si T admet un inverse de convolution, noté par la suite T^{*-1} ou T^{-1}, cet inverse est unique ce qui nous permettra de résoudre des équations de convolution dans le chapitre suivant.

5.4 Exercices avec solutions

Exercice 5.1

(1) *Pour* $\alpha = (\alpha_1, ..., \alpha_n) \in \mathbb{N}^n$ *et* $a = (a_1, ..., a_n) \in \mathbb{R}^n$, *calculer la distribution* $T = \bigotimes_{i=1}^{n} \delta_{a_i}^{(\alpha_i)}$.

(2) *Calculer au sens des distributions l'expression* $\frac{\partial^n H(x_1,...,x_n)}{\partial x_1 ... \partial x_n}$, *où* $H(x_1, ..., x_n) = H(x_1) \otimes ... \otimes H(x_n)$ *est le produit tensoriel de n fonctions de Heaviside.*

Solution.

(1) Si $\varphi \in \mathcal{D}(\mathbb{R}^n)$ est une fonction test du type

$$\varphi(x) = \varphi_1(x_1) \times \ldots \times \varphi_n(x_n) = (\varphi_1 \otimes \ldots \otimes \varphi_n)(x) \in \mathcal{D}(\mathbb{R}) \otimes \ldots \otimes \mathcal{D}(\mathbb{R})$$

où $x = (x_1, \ldots, x_n) \in \mathbb{R}^n$ et $\varphi_i \in \mathcal{D}(\mathbb{R})$ pour $i \in \{1, \ldots, n\}$, alors par définition du produit tensoriel de distributions on obtient :

$$\begin{aligned}
\langle T, \varphi \rangle &= \left\langle \delta_{a_1}^{(\alpha_1)} \otimes \ldots \otimes \delta_{a_n}^{(\alpha_n)}, \varphi_1 \otimes \ldots \otimes \varphi_n \right\rangle = \left\langle \delta_{a_1}^{(\alpha_1)}, \varphi_1 \right\rangle \times \ldots \times \left\langle \delta_{a_n}^{(\alpha_n)}, \varphi_n \right\rangle \\
&= (-1)^{\alpha_1} \varphi_1^{(\alpha_1)}(a_1) \times \ldots \times (-1)^{\alpha_n} \varphi_n^{(\alpha_n)}(a_n) \\
&= (-1)^{\alpha_1 + \ldots + \alpha_n} D^{(\alpha_1, \ldots, \alpha_n)} (\varphi_1 \otimes \ldots \otimes \varphi_n)(a_1, \ldots, a_n) \\
&= (-1)^{|\alpha|} D^\alpha \varphi(a).
\end{aligned}$$

Puisque le sous-espace $\underbrace{\mathcal{D}(\mathbb{R}) \otimes \ldots \otimes \mathcal{D}(\mathbb{R})}_{n \text{ fois}}$, est dense dans $\mathcal{D}(\mathbb{R}^n)$, on a finalement pour tout $\varphi \in \mathcal{D}(\mathbb{R}^n)$:

$$\langle T, \varphi \rangle = (-1)^{|\alpha|} D^\alpha \varphi(a) = \langle D^\alpha \delta_a, \varphi \rangle,$$

ou bien $T = \bigotimes_{i=1}^{n} \delta_{a_i}^{(\alpha_i)} = D^\alpha \delta_a$.

(2) On a :

$$\frac{\partial^n H(x_1, \ldots, x_n)}{\partial x_1 \ldots \partial x_n} = \frac{\partial H}{\partial x_1} \otimes \ldots \otimes \frac{\partial H}{\partial x_n} = \delta_{x_1} \otimes \ldots \otimes \delta_{x_n} = \delta_{(x_1, \ldots, x_n)}.$$

Exercice 5.2 *Soit $T \in \mathcal{D}'(\mathbb{R}^n)$, $n \geq 2$.*

(1) *Démontrer que, s'il existe $S \in \mathcal{D}'(\mathbb{R}^{n-1})$ tel que $T = \mathbf{1} \otimes S$ alors $\partial_{x_1} T = 0$, où $\mathbf{1}$ est la distribution associée à la fonction constante égale à 1 sur $\mathbb{R}$.*

(2) *Réciproquement on suppose que $\partial_{x_1} T = 0$.*

(i) Démontrer que, pour tout $\psi \in \mathcal{D}(\mathbb{R}^{n-1})$, il existe une unique constante $S(\psi)$ telle que :

$$\langle T, \varphi \otimes \psi \rangle = S(\psi) \int_{\mathbb{R}} \varphi(x) dx, \ \forall \varphi \in D(\mathbb{R}).$$

Indication : La fonction ψ étant fixée, démontrer que la forme linéaire l définie sur $\mathcal{D}(\mathbb{R})$ par $\langle l, \varphi \rangle = \langle T, \varphi \otimes \psi \rangle$ est une distribution sur $\mathbb{R}$ et que

$l' = 0$.
(ii) Démontrer que l'application $\psi \mapsto S(\psi)$ *est une distribution sur* $\mathbb{R}^{n-1}$ *et que* $T = \mathbf{1} \otimes S$.
Indication : Soit $\chi \in \mathcal{D}(\mathbb{R})$ *d'intégrale 1. Alors* $S(\psi) = \langle T, \chi \otimes \psi \rangle$.

Solution.

(1) On utilise la formule de dérivation du produit tensoriel, on a :

$$\partial_{x_1} T = \partial_{x_1}(\mathbf{1} \otimes S) = \left(\partial_{x_1} \mathbf{1}\right) \otimes S = 0 \otimes S = 0.$$

(2) (i) Fixons $\psi \in \mathcal{D}(\mathbb{R}^{n-1})$. L'application :

$$\begin{aligned} l \ : \ & \mathcal{D}(\mathbb{R}) \longrightarrow \mathbb{C} \\ & \varphi \mapsto \langle l, \varphi \rangle = \langle T, \varphi \otimes \psi \rangle \end{aligned}$$

est évidemment linéaire. Vérifions sa continuité sur l'espace $\mathcal{D}(\mathbb{R})$ donc sur chaque sous-espace $\mathcal{D}(\mathbb{R}, K)$, K est un compact arbitraire de $\mathbb{R}$.
Soit $\varphi \in \mathcal{D}(\mathbb{R}, K)$ avec $K \subset [-R, R]$, $R > 0$. Comme $\psi \in \mathcal{D}(\mathbb{R}^{n-1})$, notons par L le support de ψ, L est compact dans $\mathbb{R}^{n-1}$. Alors, $\Lambda = [-R, R] \times L$ est également compact dans $\mathbb{R}^n$ et $Supp(\varphi \otimes \psi) = Supp\varphi \times Supp\psi \subset \Lambda$. Puisque T est une distribution sur $\mathbb{R}^n$, on a donc l'existence d'une constante $M(\Lambda) > 0$ et d'un entier naturel $k(\Lambda)$ tels que :

$$\begin{aligned} \left|\langle T, \varphi \otimes \psi \rangle\right| &\leq M(\Lambda) \sum_{\substack{\alpha \in \mathbb{N}^n \\ |\alpha| \leq k(\Lambda)}} \sup_{x \in \Lambda} \left| D^{\alpha}(\varphi \otimes \psi) \right| \\ &= M(\Lambda) \sum_{\substack{\alpha \in \mathbb{N}^n \\ |\alpha| \leq k(\Lambda)}} \sup_{x \in \Lambda} \left| D_{x_1}^{\alpha_1} \varphi(x_1) D_{\widehat{x}}^{\widehat{\alpha}} \psi(\widehat{x}) \right| \end{aligned}$$

où $\alpha = (\alpha_1, \widehat{\alpha}) \in \mathbb{N}^n$ avec $\widehat{\alpha} = (\alpha_2, ..., \alpha_n) \in \mathbb{N}^{n-1}$ et $x = (x_1, \widehat{x}) \in \mathbb{R}^n$ avec $\widehat{x} = (x_2, ..., x_n) \in \mathbb{R}^{n-1}$. Donc :

$$\begin{aligned} \left|\langle T, \varphi \otimes \psi \rangle\right| &\leq M(\Lambda) C(\psi) \sum_{\alpha_1 \leq k(\Lambda)} \sup_{x_1 \in [-R, R]} \left| D_{x_1}^{\alpha_1} \varphi(x_1) \right|, \\ C(\psi) &= \sum_{\substack{\widehat{\alpha} \in \mathbb{N}^{n-1} \\ |\widehat{\alpha}| \leq k(\Lambda)}} \sup_{x \in L} \left| D_{\widehat{x}}^{\widehat{\alpha}} \psi(\widehat{x}) \right|. \end{aligned}$$

l est donc une distribution sur $\mathbb{R}$. Par ailleurs, en utilisant une nouvelle fois la formule de dérivation des produits tensoriels, on a pour tout $\varphi \in \mathcal{D}(\mathbb{R})$:

$$\langle l', \varphi \rangle = -\langle l, \varphi' \rangle = -\langle T, \varphi' \otimes \psi \rangle = -\langle T, (\partial_{x_1} \varphi) \otimes \psi \rangle$$

$$\begin{aligned} &= -\langle T, \partial_{x_1}(\varphi \otimes \psi) \rangle = \langle \partial_{x_1} T, \varphi \otimes \psi \rangle \\ &= \langle 0, \varphi \otimes \psi \rangle = 0. \end{aligned}$$

On a donc $l' = 0$, ce qui implique (voir exercice 4.10) qu'il existe une constante (qui dépend de ψ), $S(\psi)$ telle que :

$$l(\varphi) = \langle T, \varphi \otimes \psi \rangle = S(\psi) \int_{\mathbb{R}} \varphi(x)dx, \ \forall \varphi \in \mathcal{D}(\mathbb{R}).$$

L'unicité de $S(\psi)$ est claire.

(ii) On fixe $\chi \in \mathcal{D}(\mathbb{R})$ d'intégrale $\int_{\mathbb{R}} \chi(x)dx = 1$, on a donc $S(\psi) = \langle T, \chi \otimes \psi \rangle$, et la linéarité de S est immédiate. Si $Supp\psi \subset K$, K un compact de $\mathbb{R}^{n-1}$ et si χ est à support dans $[0,1]$, alors $Supp(\chi \otimes \psi) \subset [0,1] \times K = L$ compact de $\mathbb{R}^n$ et puisque T est une distribution sur $\mathbb{R}^n$, il existe une constante $M(L)$ et un entier naturel $k(L)$ tels que :

$$\begin{aligned} |S(\psi)| &= |\langle T, \chi \otimes \psi \rangle| \leq M(L) \sum_{\alpha \in \mathbb{N}^n, |\alpha| \leq k(L)} \sup_{x \in L} |D_x^\alpha (\chi \otimes \psi)| \\ &\leq M(L)C(\chi) \sum_{\beta \in \mathbb{N}^{n-1}, |\beta| \leq k(L)} \sup_K |D^\beta \psi| \\ C(\chi) &= \sum_{p \in \mathbb{N},\, p \leq k(\Lambda)} \sup_{[0,1]} |D^p \chi|. \end{aligned}$$

Ce qui assure bien que S est continue sur $\mathcal{D}(\mathbb{R}^{n-1})$.
On a donc en notant $S(\psi) = \langle S, \psi \rangle$:

$$\langle T, \varphi \otimes \psi \rangle = S(\psi) \int_{\mathbb{R}} \varphi(x)dx = \langle \mathbf{1}, \varphi \rangle \langle S, \psi \rangle \tag{5.1}$$

$$= \langle \mathbf{1} \otimes S, \varphi \otimes \psi \rangle, \ \varphi \in \mathcal{D}(\mathbb{R}), \ \psi \in \varphi \in \mathcal{D}(\mathbb{R}^{n-1}). \tag{5.2}$$

Ainsi,
$T = \mathbf{1} \otimes S$ sur $\mathcal{D}(\mathbb{R}) \otimes \mathcal{D}(\mathbb{R}^{n-1})$ et aussi sur $\mathcal{D}(\mathbb{R}^n)$ par densité de $\mathcal{D}(\mathbb{R}) \otimes \mathcal{D}(\mathbb{R}^{n-1})$ dans $\mathcal{D}(\mathbb{R}^n)$.

Exercice 5.3 *Soient Ω un ouvert de $\mathbb{R}^n$ et Ω' un ouvert de $\mathbb{R}^m$. Montrer que le sous-espace de $\mathcal{D}(\Omega \times \Omega')$ engendré par les fonctions $\varphi \otimes \psi$, avec $\varphi \in \mathcal{D}(\Omega)$ et $\psi \in \mathcal{D}(\Omega')$ est dense.*

Solution. En vertu du théorème de Hahn-Banach, il suffit de montrer que si une distribution T sur $\Omega \times \Omega'$ vérifie $\langle T, \varphi \otimes \psi \rangle = 0$ pour toute $\varphi \in \mathcal{D}(\Omega)$ et $\psi \in \mathcal{D}(\Omega')$, alors $T = 0$. On peut d'abord se ramener au cas où T est à support compact dans $\Omega \times \Omega'$. En effet, si on prend une partition localement finie de l'unité sur Ω, $(\varphi_j)_j$ en éléments de $\mathcal{D}(\Omega)$ et une partition localement finie de l'unité sur Ω', $(\psi_k)_k$, en éléments de $\mathcal{D}(\Omega')$, chacune des distributions à support compact $T_{j,k} = (\varphi_j \otimes \psi_k) T$ sera nulle sur $\mathcal{D}(\Omega) \otimes \mathcal{D}(\Omega')$ puisque :

$$\begin{aligned} \langle T_{j,k}, \varphi \otimes \psi \rangle &= \langle (\varphi_j \otimes \psi_k) T, \varphi \otimes \psi \rangle \\ &= \langle T, (\varphi_j \otimes \psi_k)(\varphi \otimes \psi) \rangle \\ &= \langle T, (\varphi_j \varphi) \otimes (\psi_k \psi) \rangle = 0. \end{aligned}$$

Donc chaque $T_{j,k}$ est nulle, et alors $T = \sum_{j,k} T_{j,k} = 0$.

Si T est quelconque, choisissons une fonction positive $\rho_1 \in \mathcal{D}(\mathbb{R}^n)$ d'intégrale 1 et une fonction positive $\rho_2 \in \mathcal{D}(\mathbb{R}^m)$ d'intégrale 1. Alors, la fonction positive $\sigma = \rho_1 \otimes \rho_2$ appartient à $\mathcal{D}(\mathbb{R}^n \times \mathbb{R}^m)$ et est d'intégrale 1. La convolée $T * \sigma_\varepsilon$ où $\sigma_\varepsilon(x) = \varepsilon^{-(n+m)} \sigma\left(\frac{x}{\varepsilon}\right)$, est une distribution sur $\Omega \times \Omega'$ pour $\varepsilon > 0$ assez petit, et cette distribution est la fonction h de classe C^∞ sur $\Omega \times \Omega'$ définie par

$$h(x,y) = \varepsilon^{-(n+m)} \left\langle T, \chi_{1,x} \otimes \chi_{2,y} \right\rangle$$

où $\chi_{1,x}(u) = \rho_1\left(x - \frac{u}{\varepsilon}\right)$ et $\chi_{2,y}(v) = \rho_2\left(y - \frac{v}{\varepsilon}\right)$, $x, u \in \Omega$, $y, v \in \Omega'$. Il en résulte que $h = 0$, donc que $T * \sigma_\varepsilon = 0$. Comme dans $\mathcal{D}(\Omega \times \Omega')$ on a $T = \lim_{\varepsilon \to 0} T * \sigma_\varepsilon$, alors $T = 0$.

Exercice 5.4 *Soient $T \in \mathcal{D}'(\mathbb{R}^m)$ et $\varphi \in \mathcal{D}(\mathbb{R}^n \times \mathbb{R}^m)$. Considérons l'application $\mathbb{R}^n \ni x \longmapsto \theta(x) = \left\langle T_y, \varphi(x,y) \right\rangle$, $y \in \mathbb{R}^m$.*

(1) *Montrer que la fonction $\theta(x)$ appartient à l'espace $\mathcal{D}(\mathbb{R}^n)$ et ses dérivées successives s'obtiennent par dérivation sous le signe distribution :*

$$D_x^\alpha \theta(x) = \left\langle T_y, D_x^\alpha \varphi(x,y) \right\rangle, \ \forall \alpha \in \mathbb{N}^n.$$

(2) *Montrer que si $(\varphi_j)_{j \in \mathbb{N}}$ converge vers φ dans $\mathcal{D}(\mathbb{R}^n \times \mathbb{R}^m)$, alors la suite*

$(\theta_j)_{j\in\mathbb{N}}$ converge vers θ dans $\mathcal{D}(\mathbb{R}^n)$ où $\theta_j(x) = \left\langle T_y, \varphi_j(x,y)\right\rangle$.

Solution.

(1) Soient $x \in \mathbb{R}^n$ et $y \in \mathbb{R}^m$. Notons que la fonction $\theta(x)$ est bien définie. En effet, comme $\varphi \in \mathcal{D}(\mathbb{R}^n \times \mathbb{R}^m)$, alors l'application $y \mapsto \varphi(x,y)$ est dans $\mathcal{D}(\mathbb{R}^m)$ pour tout $x \in \mathbb{R}^n$ car elle est effectivement de classe C^∞ sur $\mathbb{R}^m$ par rapport à y et en outre $Supp\{y \mapsto \varphi(x,y)\} \subset p_2(Supp\varphi)$ est borné, où p_2 est la projection de $\mathbb{R}^n \times \mathbb{R}^m$ dans $\mathbb{R}^m$. Donc la dualité $\left\langle T_y, \varphi(x,y)\right\rangle$ est définie et $\theta(x)$ existe pour tout $x \in \mathbb{R}$.

Le support de $\theta(x)$ est borné dans $\mathbb{R}^n$. En effet, si $x \notin p_1(Supp\varphi)$, où p_1 est la projection de $\mathbb{R}^n \times \mathbb{R}^m$ dans $\mathbb{R}^n$, alors $(x,y) \notin Supp\varphi$, d'où $\varphi(x,y) = 0$ pour tout y et dès lors $Supp\theta(x) \subset p_1(Supp\varphi)$.

Montrons que la fonction $\theta(x)$ est continue partout.

En effet, pour tout $x_0 \in \mathbb{R}^n$, on a par linéarité de la distribution T,

$$\theta(x) - \theta(x_0) = \left\langle T_y, \varphi(x,y) - \varphi(x_0,y)\right\rangle,\ \forall x \in \mathbb{R}^n,\ \forall \varphi \in \mathcal{D}(\mathbb{R}^n \times \mathbb{R}^m).$$

Pour tout $x \in \mathbb{R}^n$, la fonction $y \mapsto \varphi(x,y) - \varphi(x_0,y)$ est dans $\mathcal{D}(\mathbb{R}^m, p_2(Supp\varphi))$. Ainsi, $\varphi(x,y) - \varphi(x_0,y)$ et $D^\alpha\varphi(x,y) - D^\alpha\varphi(x_0,y)$, $\alpha \in \mathbb{N}^m$, sont uniformément continues et donc lorsque $x \to x_0$, $\varphi(x,y) - \varphi(x_0,y)$ et $D^\alpha\varphi(x,y) - D^\alpha\varphi(x_0,y)$ tendent vers 0 uniformément en y dans $p_2(Supp\varphi)$. Par conséquent, lorsque $x \to x_0$, $\varphi(x,y) - \varphi(x_0,y)$ tend vers 0 dans $\mathcal{D}(\mathbb{R}^m, p_2(Supp\varphi))$ et alors $\left\langle T_y, \varphi(x,y) - \varphi(x_0,y)\right\rangle \longrightarrow 0$, c'est à dire $\theta(x) \longrightarrow \theta(x_0)$.

On montre maintenant que $\frac{\partial\theta}{\partial x_i}(x) = \left\langle T_y, \frac{\partial\varphi}{\partial x_i}(x,y)\right\rangle$, $i \in \{1,\ldots,n\}$. Soit $x_0 \in \mathbb{R}^n$, on a, avec $e_i = (0,\ldots 1,\ldots 0)$ le $i$ème vecteur de la base canonique de $\mathbb{R}^n$,

$$\frac{\partial\theta}{\partial x_i}(x_0) = \lim_{h\to 0}\frac{\theta(x_0 + he_i) - \theta(x_0)}{h} = \lim_{h\to 0}\left\langle T_y, \frac{\varphi(x_0 + he_i, y) - \varphi(x_0,y)}{h}\right\rangle.$$

Il faut alors vérifier que cette limite existe et est égale à $\left\langle T_y, \frac{\partial\varphi}{\partial x_i}(x,y)\right\rangle$, pour cela il suffit de montrer que $\lim\limits_{h\to 0}\frac{\varphi(x_0+he_i,y)-\varphi(x_0,y)}{h} = \frac{\partial\varphi}{\partial x_i}(x_0,y)$ au sens de la topologie de $\mathcal{D}(\mathbb{R}^m)$, donc on doit trouver un compact fixe K_0 de $\mathbb{R}^m$ pour lequel $\phi_h(y) = \frac{\varphi(x_0+he_i,y)-\varphi(x_0,y)}{h} \in \mathcal{D}(\mathbb{R}^m, K_0)$, $h \to 0$, $\frac{\partial\varphi}{\partial x_i}(x_0,y) \in \mathcal{D}(\mathbb{R}^m, K_0)$ et $\lim\limits_{h\to 0}\phi_h(y) = \frac{\partial\varphi}{\partial x_i}(x_0,y)$ dans $\mathcal{D}(\mathbb{R}^m, K_0)$.

Posons $K_0 = p_2(Supp\varphi)$. Comme $Supp\varphi(x_0 + he_i, y) \subset K_0$, $Supp\phi_h \subset K_0$ et $Supp\frac{\partial\varphi}{\partial x_i} \subset p_2(Supp\varphi) = K_0$, les fonctions $\phi_h(y)$ et $\frac{\partial\varphi}{\partial x_i}(x_0,y)$ sont bien dans

$\mathcal{D}(\mathbb{R}^m, K_0)$, il reste à montrer que, pour tout $\alpha \in \mathbb{N}^m$, la suite $D_y^\alpha \phi_h(y)$ converge uniformément vers $D_y^\alpha \left(\frac{\partial\varphi}{\partial x_i}(x_0, y)\right)$, ou alors en utilisant le théorème des accroissements finis,

$$\begin{aligned} D_y^\alpha \left[\phi_h(y) - \frac{\partial\varphi}{\partial x_i}(x_0, y)\right] &= D_y^\alpha \left[\frac{\partial\varphi}{\partial x_i}(x_0 + \lambda h e_i, y) - \frac{\partial\varphi}{\partial x_i}(x_0, y)\right] \\ &= \left[\left(D_{(x,y)}^\gamma \varphi\right)(x_0 + \lambda h e_i, y) - \left(D_{(x,y)}^\gamma \varphi\right)(x_0, y)\right] \end{aligned}$$

converge uniformément vers 0, $\gamma = (e_i, \alpha) \in \mathbb{N}^{n+m}$ et $0 < \lambda < 1$.
Or, $D_{(x,y)}^\gamma \varphi$ est continue par rapport aux deux variables, elle est uniformément continue, ainsi pour tout $\varepsilon > 0$ il existe $\eta > 0$ tel que :

$$|X - X_0| < \eta \text{ et } |Y - Y_0| < \eta \Rightarrow \left|\left(D_{(x,y)}^\gamma \varphi\right)(X, Y) - \left(D_{(x,y)}^\gamma \varphi\right)(X_0, Y_0)\right| < \varepsilon,$$

ou encore

$$|x_0 + \lambda h e_i - x_0| = |\lambda h| < |h| < \eta \Rightarrow \left|\left(D_{(x,y)}^\gamma \varphi\right)(x_0 + \lambda h e_i, y) - \left(D_{(x,y)}^\gamma \varphi\right)(x_0, y)\right| < \varepsilon.$$

En réitérant ce procédé on trouve que $D_x^\beta \theta(x) = \left\langle T_y, D_x^\beta \varphi(x,y)\right\rangle$, $\forall \beta \in \mathbb{N}^n$ et alors $\theta \in \mathcal{D}(\mathbb{R}^m)$.
(2) Par hypothèse $(\varphi_j)_{j\in\mathbb{N}}$ converge vers φ dans $\mathcal{D}(\mathbb{R}^n \times \mathbb{R}^m)$, donc il existe un compact K de $\mathbb{R}^n \times \mathbb{R}^m$ tel que, $(\varphi_j)_{j\in\mathbb{N}}, \varphi \in \mathcal{D}(\mathbb{R}^n \times \mathbb{R}^m, K)$ et pour tout $\beta \in \mathbb{N}^n$ et $\alpha \in \mathbb{N}^m$, la suite $D_x^\beta D_y^\alpha \varphi_j(x,y)$ converge uniformément vers $D_x^\beta D_y^\alpha \varphi(x,y)$ sur K et donc la suite $\left(D_x^\beta \varphi_j(x,y)\right)$ converge vers $D_x^\beta \varphi(x,y)$ dans $\mathcal{D}(\mathbb{R}^m, p_2(K))$. Il s'ensuit que l'expression $D_x^\beta \theta_j(x) = \left\langle T_y, D_x^\beta \varphi_j(x,y)\right\rangle \to \left\langle T_y, D_x^\beta \varphi(x,y)\right\rangle$ dans $p_1(Supp\varphi)$, et par conséquent $(\theta_j)_{j\in\mathbb{N}}$ converge vers θ dans $\mathcal{D}(\mathbb{R}^n)$.

Exercice 5.5 *Soient Ω un ouvert de $\mathbb{R}^n$ et Ω' un ouvert de $\mathbb{R}^m$, $(T_j)_{j\in\mathbb{N}}$ une suite de distributions de $\mathcal{D}'(\Omega)$ et $(S_j)_{j\in\mathbb{N}}$ une suite de distribution de $\mathcal{D}'(\Omega')$. Si $(T_j)_{j\in\mathbb{N}}$ converge vers $T \in \mathcal{D}'(\Omega)$ dans $\mathcal{D}'(\Omega)$, et $(S_j)_{j\in\mathbb{N}}$ converge vers $S \in \mathcal{D}'(\Omega')$ dans $\mathcal{D}'(\Omega')$, montrer que la suite de distributions $(T_j \otimes S_j)_{j\in\mathbb{N}}$ converge vers $T \otimes S$ dans $\mathcal{D}'(\Omega \times \Omega')$.*

Solution. On remarque d'abord que pour tout $j \in \mathbb{N}$, $T_j \otimes S_j$ est bien une distribution sur $\Omega \times \Omega'$ définie par

$$\left\langle T_j \otimes S_j, h\right\rangle = \left\langle T_{j,x}, \left\langle S_{j,y}, h(x,y)\right\rangle\right\rangle, \; h \in \mathcal{D}(\Omega \times \Omega').$$

Soient $\varphi \in \mathcal{D}(\Omega \times \Omega')$ et $K = K_1 \times K_2$ un compact de $\Omega \times \Omega'$ qui contient le support de φ où K_1 est un compact de Ω et K_2 est un compact de Ω'. Soit alors, pour tout $j \in \mathbb{N}$, la fonction $\psi_j : \Omega \ni x \longmapsto \left\langle S_j, \varphi(x,.)\right\rangle$. D'après le résultat de dérivation sous le crochet de dualité, voir l'exercice précédent, $\psi_j \in \mathcal{D}(\Omega)$ où $D_x^\alpha \psi_j(x) = \left\langle S_j, D_x^\alpha \varphi(x,.)\right\rangle$, $\alpha \in \mathbb{N}^n$, et $Supp\psi_j \subset K_1$.
Puisque $T_j \longrightarrow T$ dans $\mathcal{D}'(\Omega)$, il suffit de montrer que la suite de fonctions $\left(\psi_j\right)_{j\in\mathbb{N}}$ converge dans $\mathcal{D}(\Omega)$ vers $\psi = \langle S, \varphi(x,.)\rangle$. Il reste donc à établir la convergence uniforme de $D^\alpha \psi_j$ vers $D^\alpha \psi$ sur K_1, pour tout $\alpha \in \mathbb{N}^n$. Soit donc $\left(x_j\right)_{j\in\mathbb{N}}$ une suite de K_1 qui converge vers $x \in K_1$. On a :

$$D^\alpha \psi_j\left(x_j\right) = \left\langle S_j, D_x^\alpha \varphi\left(x_j,.\right)\right\rangle,$$

et $D_x^\alpha \varphi\left(x_j,.\right) \longrightarrow D_x^\alpha \varphi(x,.)$ dans $\mathcal{D}(\Omega')$. En effet, $Supp\left(y \mapsto D_x^\alpha \varphi\left(x_j, y\right)\right) \subset K_2$, $Supp\left(y \mapsto D_x^\alpha \varphi(x,y)\right) \subset K_2$ et pour tout $\beta \in \mathbb{N}^m$:

$$\left|D_y^\beta D_x^\alpha \varphi\left(x_j, y\right) - D_y^\beta D_x^\alpha \varphi(x,y)\right| \leq C\left|x_j - x\right|, \ C > 0,$$

$D_y^\beta D_x^\alpha \varphi$ est C^∞ et à support compact. Donc, quand $j \to +\infty$,

$$D_x^\alpha \psi_j\left(x_j\right) - D_x^\alpha \psi(x) = \left\langle S_j, D_x^\alpha \varphi\left(x_j,.\right) - D_x^\alpha \varphi(x,.)\right\rangle \longrightarrow 0.$$

On aurait pu utiliser la densité de $\mathcal{D}(\Omega) \otimes \mathcal{D}(\Omega')$ dans $\mathcal{D}(\Omega \times \Omega')$ et montrer la convergence uniquement sur les fonctions test du type $\varphi \otimes \psi$ du sous-espace $\mathcal{D}(\Omega) \otimes \mathcal{D}(\Omega')$.

Exercice 5.6 *Soient T une distribution et f une fonction de classe C^∞ sur $\mathbb{R}^n$. Si $T * f$ existe, montrer c'est une fonction de classe C^∞ sur $\mathbb{R}^n$ donnée par :*

$$T * f(t) = \langle T_x, f(x-t)\rangle, \ \forall t \in \mathbb{R}^n.$$

Solution. Soit $\varphi \in \mathcal{D}(\mathbb{R}^n)$, on a :

$$\begin{aligned}
\langle T * f, \varphi\rangle &= \langle T_x \otimes f(t), \varphi(x+t)\rangle = \langle T_x, \langle f(t), \varphi(x+t)\rangle\rangle \\
&= \left\langle T_x, \int_{\mathbb{R}^n} f(t)\varphi(x+t)\,dt \right\rangle = \left\langle T_x, \int_{\mathbb{R}^n} f(t-x)\varphi(t)\,dt \right\rangle \\
&= \langle T_x, \langle f(t-x), \varphi(t)\rangle\rangle = \langle\langle T_x, f(t-x)\rangle, \varphi(t)\rangle \\
&= \langle g(t), \varphi(t)\rangle,
\end{aligned}$$

avec $g(t) = \langle T_x, f(t-x)\rangle$ est une fonction de classe C^∞ sur $\mathbb{R}^n$ (produit de convolution de deux distributions dont l'une est de classe C^∞).
Si $t = (t_1, ..., t_n) \in \mathbb{R}^n$ et $\alpha \in \mathbb{N}^n$, on a vu dans la preuve du lemme 5.2, qu'on peut permuter D^α et le crochet de dualité $(\mathcal{D}, \mathcal{D}')$:

$$D_t^\alpha g(t) = D^\alpha \langle T_x, f(t-x)\rangle = \left\langle T_x, D_t^\alpha (f(t-x))\right\rangle = \left\langle T_x, (D_t^\alpha f)(t-x)\right\rangle.$$

Exercice 5.7 *Soit T une distribution à support borné.*

(1) *Montrer que $T * 1$ est une constante.*

(2) *Montrer que $T * P$ est un polynôme où $P(y) = \sum_{\substack{\alpha \in \mathbb{N}^n \\ |\alpha| \leq m}} a_\alpha y^\alpha$ est un polynôme de degré m.*

Solution.

(1) Comme le support de T est borné, alors $T * 1$ et $T * P$ existent et ce sont des fonctions de classe C^∞ puisque les fonctions 1 et $P(x)$ sont de classe C^∞.
Pour tout $\varphi \in \mathcal{D}(\mathbb{R}^n)$,

$$\langle T * 1, \varphi\rangle = \left\langle 1_y, \left\langle T_x, \varphi(x+y)\right\rangle\right\rangle = \int_{\mathbb{R}} \left\langle T_x, \varphi(x+y)\right\rangle dy$$

est une constante.

(2) On a puisque P est de classe C^∞ sur $\mathbb{R}^n$ et $P(y) = \sum_{\alpha \in \mathbb{N}^n, |\alpha| \leq m} a_\alpha y^\alpha$ avec $a_\alpha = \frac{D^\alpha P}{\alpha!}(0)$,

$$\begin{aligned} P(y) &= \sum_{\alpha \in \mathbb{N}^n, |\alpha| \leq m} \frac{D^\alpha P}{\alpha!}(0) y^\alpha, \\ T * P(y) &= \left\langle T_x, P(y-x)\right\rangle = \left\langle T_x, \sum_{\alpha \in \mathbb{N}^n, |\alpha| \leq m} \frac{D^\alpha P}{\alpha!}(-x) y^\alpha \right\rangle \\ &= \sum_{\alpha \in \mathbb{N}^n, |\alpha| \leq m} \frac{y^\alpha}{\alpha!} \left\langle T_x, D^\alpha P(-x)\right\rangle, \end{aligned}$$

d'où le résultat.

Exercice 5.8

(1) *Justifier que $\delta' \in \mathcal{D}'(\mathbb{R})$ est convolable avec soit-même. Calculer $\delta' * \delta'$.*

(2) *Soient $T \in \mathcal{D}'(\mathbb{R})$ et $a \in \mathbb{R}$. Calculer $\delta_a * T$.*

(3) *Soit $S, T \in \mathcal{D}'(\mathbb{R}^n)$. Si $S * T$ existe, vérifer que*

$$\tau_a(S * T) = (\tau_a S) * T = S * (\tau_a T)$$

où τ_a est l'opérateur de translation.

Solution.

(1) $Supp\delta' = Supp\delta = \{0\}$, donc $\delta' * \delta'$ est une distribution sur $\mathbb{R}$. On a

$$\delta' * \delta' = (\delta' * \delta)' = \delta''.$$

(2) $\delta_a * T \in \mathcal{D}'(\mathbb{R})$ puisque $Supp\delta_a = \{a\}$ est compact dans $\mathbb{R}$. Donc pour tout $\varphi \in \mathcal{D}(\mathbb{R})$,

$$\begin{aligned}
\langle \delta_a * T, \varphi \rangle &= \left\langle (\delta_a)_x, \left\langle T_y, \varphi(x+y) \right\rangle \right\rangle = \left\langle T_y, \varphi(a+y) \right\rangle = \left\langle T_y, \tau_{-a}\varphi(y) \right\rangle \\
&= \left\langle \tau_a T_y, \varphi(y) \right\rangle, \\
\delta_a * T &= \tau_a T,
\end{aligned}$$

où τ_a est l'opérateur de translation définie sur $\mathcal{D}(\mathbb{R})$ par $(\tau_a\varphi)(x) = \varphi(x-a)$ et par $\langle \tau_a T, \varphi \rangle = \langle T, \tau_{-a}\varphi \rangle$ sur $\mathcal{D}'(\mathbb{R})$.

(3) Pour tout $\varphi \in \mathcal{D}(\mathbb{R}^n)$,

$$\begin{aligned}
\langle \tau_a(S * T), \varphi \rangle &= \langle S * T, \tau_{-a}\varphi \rangle = \left\langle S_x \otimes T_y, (\tau_{-a}\varphi)(x+y) \right\rangle \\
&= \left\langle S_x, \left\langle T_y, (\tau_{-a}\varphi)(x+y) \right\rangle \right\rangle = \left\langle S_x, \left\langle T_y, \tau_{-a}(\varphi(x+y)) \right\rangle \right\rangle \\
&= \left\langle S_x, \left\langle \tau_a T_y, \varphi(x+y) \right\rangle \right\rangle = S_x \otimes \left(\tau_a T_y \right), \varphi(x+y) \\
&= \langle S * (\tau_a T), \varphi \rangle,
\end{aligned}$$

d'où $\tau_a(S * T) = S * (\tau_a T)$.

Puisque le produit de convolution des distributions est commutatif, il vient à partir de cette égalité, $\tau_a(S * T) = S * (\tau_a T) = \tau_a(T * S) = T * (\tau_a S)$.

Exercice 5.9 *Soit T une distribution de $\mathcal{D}'_+(\mathbb{R})$ et soit H la distribution de Heaviside. Montrer que la distribution $H * T$ est une primitive de T.*

Solution. On remarque d'abord que la distribution de Heaviside H appartient à $\mathcal{D}'_+(\mathbb{R})$ puisque son support est $[0,+\infty[$, donc $H*T$ est bien définie.

$$(H*T)' = H'*T = \delta_0 * T = T,$$

ce qui veut dire que $H*T$ est bien une primitive de T.

Exercice 5.10 *Calculer le produit de convolution $H(x)*\left(x^2H(x)\right)$, où $H(x)$ est la fonction de Heaviside sur $\mathbb{R}$.*

Solution. Soit $\varphi \in \mathcal{D}(\mathbb{R})$,

$$\begin{aligned}
\left\langle H(x)*\left(x^2H(x)\right),\varphi\right\rangle &= \left\langle H(x)\otimes\left(y^2H(y)\right),\varphi(x+y)\right\rangle \\
&= \left\langle H(x),\left\langle y^2H(y),\varphi(x+y)\right\rangle\right\rangle \\
&= \left\langle H(x),\int_{\mathbb{R}} y^2H(y)\varphi(x+y)\,dy\right\rangle \\
&= \left\langle H(x),\int_0^{+\infty} y^2\varphi(x+y)\,dy\right\rangle \\
&= \int_0^{+\infty}\int_0^{+\infty} y^2\varphi(x+y)\,dy\,dx \\
&= \int_0^{+\infty}\left(\int_0^{+\infty}\varphi(x+y)\,dx\right)y^2\,dy.
\end{aligned}$$

Posons $\psi(y) = \int_0^{+\infty}\varphi(x+y)\,dx$, d'où :

$$\begin{aligned}
\left\langle H(x)*\left(x^2H(x)\right),\varphi\right\rangle &= \int_0^{+\infty} y^2\psi(y)\,dy = \left[\frac{y^3}{3}\psi(y)\right]_0^{+\infty} - \frac{1}{3}\int_0^{+\infty} y^3\psi'(y)\,dy \\
&= -\frac{1}{3}\int_0^{+\infty} y^3\psi'(y)\,dy.
\end{aligned}$$

Or, $\psi(y) = \int_y^{+\infty} \varphi(t)\,dt$ avec $t = x + y$, donc $\psi'(y) = -\varphi(y)$ et :

$$\left\langle H(x) * \left(x^2 H(x)\right), \varphi \right\rangle = \frac{1}{3}\int_0^{+\infty} y^3 \varphi(y)\,dy = \frac{1}{3}\int_0^{+\infty} x^3 \varphi(x)\,dx = \left\langle \frac{x^3}{3} H(x), \varphi \right\rangle.$$

Par conséquent, $H(x) * \left(x^2 H(x)\right) = \frac{x^3}{3} H(x)$.

Exercice 5.11 *Calculer dans $\mathcal{D}'(\mathbb{R})$ le produit de convolution*

$$(H(x)e^x) * (\delta' - H(x)).$$

Solution. On a :

$$\begin{aligned}
(H(x)e^x) * (\delta' - H(x)) &= (H(x)e^x) * \delta' - (H(x)e^x) * H(x) \\
&= (H(x)e^x)' * \delta - H(x) * (H(x)e^x) \\
&= (H(x)e^x)' - H(x) * (H(x)e^x) \\
&= H'(x)e^x + H(x)e^x - H(x) * (H(x)e^x) \\
&= e^x\delta + H(x)e^x - H(x) * (H(x)e^x) \\
&= \delta + H(x)e^x - H(x) * (H(x)e^x),
\end{aligned}$$

puisque $e^x\delta = \delta$. Calculons $H(x) * (H(x)e^x)$. On a pour tout $\varphi \in \mathcal{D}(\mathbb{R})$,

$$\begin{aligned}
\langle H(x) * (H(x)e^x), \varphi \rangle &= \langle H(x) \otimes (H(y)e^y), \varphi(x+y) \rangle \\
&= \langle H(x), \langle H(y)e^y, \varphi(x+y) \rangle \rangle \\
&= \left\langle H(x), \int_{\mathbb{R}} H(y)e^y \varphi(x+y) \right\rangle \\
&= \left\langle H(x), \int_0^{+\infty} e^y \varphi(x+y)\,dy \right\rangle \\
&= \int_0^{+\infty}\int_0^{+\infty} e^y \varphi(x+y)\,dy\,dx = \int_0^{+\infty} \left(\int_0^{+\infty} \varphi(x+y)\,dx \right) e^y\,dy.
\end{aligned}$$

Posons $\psi(y) = \int_0^{+\infty} \varphi(x+y)\,dx = \int_y^{+\infty} \varphi(t)\,dt$, alors $\psi'(y) = -\varphi(y)$ et :

$$\begin{aligned}
\langle H(x)*(H(x)e^x), \varphi\rangle &= \int_0^{+\infty} e^y \psi(y)\,dy = [e^y \psi(y)]_0^{+\infty} - \int_0^{+\infty} e^y \psi'(y)\,dy \\
&= -\int_0^{+\infty} e^y \psi'(y)\,dy = \int_0^{+\infty} e^y \varphi(y)\,dy = \int_{\mathbb{R}} H(y)e^y \varphi(y)\,dy \\
&= \langle H(x)e^x, \varphi\rangle.
\end{aligned}$$

Finalement, $H(x)*(H(x)e^x) = H(x)e^x$ et

$$(H(x)e^x)*(\delta' - H(x)) = \delta + H(x)e^x - H(x)*(H(x)e^x) = \delta + H(x)e^x - H(x)e^x = \delta.$$

Exercice 5.12

(1) *Soient f et g deux fonctions localement sommables sur $\mathbb{R}$ et $a, b \in \mathbb{R}$. Montrer que :*

$$(H(x-a)f(x))*(H(x-b)g(x)) = H(x-a-b)\int_a^{x-b} f(y)g(x-y)dy.$$

(2) *Calculer dans $\mathcal{D}'(\mathbb{R})$ le produit de convolution*

$$(H(x)\sin x)*(H(x)\cos x).$$

Solution.

(1) Notons que $Supp(H(x-a)) \subset [a, +\infty[$ et $Supp(H(x-b)) \subset [b, +\infty[$. Donc,

$$Supp(H(x-a)f(x)) \subset Supp(H(x-a)) \cap Supp(f(x)) \subset [a, +\infty[,$$

et

$$Supp(H(x-b)g(x)) \subset Supp(H(x-b)) \cap Supp(g(x)) \subset [b, +\infty[.$$

Par conséquent, $Supp(H(x-a)f(x))$ et $Supp(H(x-b)g(x))$ sont bornés d'un même côté et alors le produit de convolution

$$(H(x-b)f(x))*(H(x-b)g(x))$$

existe. On a :

$$\begin{aligned}
(H(x-a)f(x))*(H(x-b)g(x)) &= \int_{\mathbb{R}} H(y-a)f(y)H(x-b-y)g(x-y)dy \\
&= \begin{cases} 0 & \text{si } y<a \text{ ou } y>x-b, \text{ i.e. } x<a+b \\ \displaystyle\int_a^{x-b} f(y)g(x-y)dy & \text{si } x>a+b \end{cases} \\
&= H(x-a-b)\int_a^{x-b} f(y)g(x-y)dy.
\end{aligned}$$

(2) Les fonctions considérées $H(x)\sin x$ et $H(x)\cos x$ sont à support dans $\mathbb{R}_+$, donc convoluables. En prenant $a=b=0$, $f(x)=\sin x$ et $g(x)=\cos x$, où les fonctions $\sin x$ et $\cos x$ sont localement sommables, on a d'après le résultat de la première question :

$$(H(x)\sin x)*(H(x)\cos x)(x) = H(x)\int_0^x \sin y\cos(x-y)dy.$$

Pour calculer l'intégrale, on utilise une formule de trigonométrie pour écrire :

$$\begin{aligned}
\int_0^x \sin y\cos(x-y)dy &= \frac{1}{2}\int_0^x [\sin x+\sin(2y-x)]\,dy \\
&= \frac{1}{2}\int_0^x \sin x dy + \frac{1}{2}\int_0^x \sin(2y-x)dy \\
&= \frac{x}{2}\sin x - \left[\frac{\cos(2y-x)}{4}\right]_{y=0}^{x} \\
&= \frac{x}{2}\sin x.
\end{aligned}$$

D'où,

$$(H(x)\sin x)*(H(x)\cos x)(x) = \frac{x}{2}\sin x H(x).$$

Exercice 5.13

(1) *Montrer que $\mathcal{D}'_+(\mathbb{R})$ est une algèbre de convolution unitaire.*

(2) *Déterminer l'inverse (pour $*$) dans $\mathcal{D}'_+(\mathbb{R})$ de $\delta' - \lambda$ et $\delta'' + \lambda^2$, $\lambda \in \mathbb{R}$. Lorsque l'inverse de $T \in \mathcal{D}'_+(\mathbb{R})$ existe on le note T^{-1}.*

(3) *Si $P(d)$ est un opérateur différentiel à coefficients constants (à une variable), $d = \frac{d}{dx}$. Que représente l'élément $[P(d)\delta]^{-1}$ si il existe?*

(4) *Soit P un polynôme non nul de racines $z_1, ..., z_m$. Exprimer $P(d)$ comme un produit de convolution de m éléments de $\mathcal{D}'_+(\mathbb{R})$. En déduire que $P(d)\delta$ possède un inverse dans l'algèbre $\mathcal{D}'_+(\mathbb{R})$ que l'on déterminera. Qu'en déduit-on?*

Solution.

(1) Il s'agit de montrer que si deux distributions S, T sont dans $\mathcal{D}'_+(\mathbb{R})$, alors elles sont convoluables, leur convolée est une distribution dans $\mathcal{D}'_+(\mathbb{R})$. On sait que que le produit de convolution de deux distributions sur $\mathbb{R}$ aura un sens dès que $Supp\psi \cap (SuppS \times SuppT)$ est bormé où pour tout $\varphi \in \mathcal{D}(\mathbb{R})$, $\psi(x,y) = \varphi(x+y) \in C^\infty(\mathbb{R}^2)$, et $Supp\psi$ n'est pas borné.
Si $S, T \in \mathcal{D}'_+(\mathbb{R})$, alors $SuppS \subset [c_1, +\infty[$ et $SuppT \subset [c_2, +\infty[$ avec $c_1, c_2 \geq 0$. $\forall (x,y) \in Supp\psi \cap (SuppS \times SuppT)$, on a $x \geq c_1$, $y \geq c_2$ et $x + y \in Supp\varphi$ (compact dans $\mathbb{R}$), alors il existe une constante C telle que $x + y \leq c$. Ainsi, $c_1 \leq x \leq c - y \leq c - c_2$ et $c_2 \leq y \leq c - x \leq c - c_1$. Donc x et y sont bornés, et alors $Supp\psi \cap (SuppS \times SuppT)$ est un sous-ensemble borné de $\mathbb{R}$ et $S * T$ est bien définie. Puisque $Supp(S * T) \subset \overline{SuppS + SuppT} \subset \overline{\mathbb{R}_+ + \mathbb{R}_+} = \overline{\mathbb{R}_+} = \mathbb{R}_+$, donc on a bien $S * T \in \mathcal{D}'_+(\mathbb{R})$. L'algèbre en question est bien unitaire puisque $\delta \in \mathcal{D}'_+(\mathbb{R})$ (support réduit à $\{0\} \subset \mathbb{R}_+$) et $\delta * T = T * \delta = T$ pour tout distribution T de $\mathcal{D}'_+(\mathbb{R})$.

(2) Si $X_\lambda \in \mathcal{D}'_+(\mathbb{R})$ est telle que $X_\lambda * (\delta' - \lambda) = (\delta' - \lambda) * X_\lambda = \delta$, alors

$$X'_\lambda - \lambda X_\lambda = \delta.$$

Multiplions cette équation par la fonction de classe C^∞, $e^{-\lambda x}$. On a, $e^{-\lambda x}X'_\lambda - \lambda e^{-\lambda x}X_\lambda = e^{-\lambda x}\delta$ ou bien $\left(e^{-\lambda x}X_\lambda\right)' = \delta$ puisque $e^{-\lambda x}\delta = e^{-\lambda 0}\delta = \delta$. Comme $H \in \mathcal{D}'_+(\mathbb{R})$ (support égal à $\mathbb{R}_+$) et $H' = \delta$, alors $e^{-\lambda x}X_\lambda = H + c$, et c est nécessairement nulle puisque X_λ doit être à support dans $\mathbb{R}_+$ et finalement $X_\lambda = (\delta' - \lambda)^{-1} = e^{\lambda x}H(x)$.
Soit $Y_\lambda \in \mathcal{D}'_+(\mathbb{R})$ tel que $Y_\lambda * \left(\delta'' + \lambda^2\right) = \left(\delta'' + \lambda^2\right) * Y_\lambda = \delta$, alors $Y''_\lambda + \lambda^2 Y_\lambda = \delta$. Si $Y_{\lambda,0}$ est solution de l'équation différentielle d'ordre 2, linéaire et homogène

$Y_\lambda'' + \lambda^2 Y_\lambda = 0$, alors, en dérivant au sens des distributions on trouve,

$$\begin{aligned}
Y_\lambda'(x) &= \left(Y_{\lambda,0}(x)H(x)\right)' = Y_{\lambda,0}'(x)H(x) + Y_{\lambda,0}(x)H'(x) \\
&= Y_{\lambda,0}'(x)H(x) + Y_{\lambda,0}(x)\delta = Y_{\lambda,0}'(x)H(x) + Y_{\lambda,0}(0)\delta, \\
Y_\lambda'' &= \left(Y_{\lambda,0}'(x)H(x) + Y_{\lambda,0}(0)\delta\right)' = Y_{\lambda,0}''H(x) + Y_{\lambda,0}'(x)\delta + Y_{\lambda,0}(0)\delta' \\
&= Y_{\lambda,0}''H(x) + Y_{\lambda,0}'(0)\delta + Y_{\lambda,0}(0)\delta', \\
Y_\lambda'' + \lambda^2 Y_\lambda &= Y_{\lambda,0}''H(x) + Y_{\lambda,0}'(0)\delta + Y_{\lambda,0}(0)\delta' + \lambda^2 Y_{\lambda,0}(x)H(x) \\
&= \left(Y_{\lambda,0}'' + \lambda^2 Y_{\lambda,0}(x)\right)H(x) + Y_{\lambda,0}'(0)\delta + Y_{\lambda,0}(0)\delta'.
\end{aligned}$$

Ainsi, lorsque les conditions $Y_{\lambda,0}(0) = 0$ et $Y_{\lambda,0}'(0) = 1$ sont vérifiées, $Y_\lambda(x) = Y_{\lambda,0}(x)H(x)$ est solution de $Y_\lambda'' + \lambda^2 Y_\lambda = \delta$.

Par conséquent, $\left(\delta'' + \lambda^2\right)^{-1} = Y_\lambda(x)H(x)$ où $Y_\lambda(x)$ est solution du problème

$$\left\{\begin{array}{l} Y_\lambda'' + \lambda^2 Y_\lambda = 0 \\ Y_\lambda(0) = 0 \text{ et } Y_\lambda'(0) = 1 \end{array}\right. .$$

Ce qui donne $Y_\lambda(x) = c_1\cos(\lambda x) + c_2\sin(\lambda x)$, $Y_\lambda(0) = c_1 = 0$ et $Y_\lambda'(0) = \lambda c_2 = 1$, donc $c_2 = \frac{1}{\lambda}$ et $\left(\delta'' + \lambda^2\right)^{-1} = \frac{\sin(\lambda x)}{\lambda}H(x)$.

(3) $X = [P(d)\delta]^{-1} \in \mathcal{D}'_+(\mathbb{R})$ puisque $P(d)\delta \in \mathcal{D}'_+(\mathbb{R})$. D'autre part, $X * P(d)\delta = P(d)\delta * X = \delta$, ou bien puisque $P(d)\delta * X = \delta * P(d)X = P(d)X$, on a $P(d)X = \delta$, on dit que X est une solution fondamentale de l'opérateur différentiel $P(d)$.

(4) On a $P(d) = \alpha \prod_{j=1}^{m}\left(x - z_j\right)$, donc $P(d)\delta = \alpha(\delta' - z_1\delta) * \ldots * (\delta' - z_m\delta) \in \mathcal{D}'_+(\mathbb{R})$, et l'inverse de $P(d)\delta$ est obtenu en utilisant la question (2),

$$\begin{aligned}
[P(d)\delta]^{-1} &= \alpha^{-1}(\delta' - z_1\delta)^{-1} * \ldots * (\delta' - z_m\delta)^{-1} \\
&= \alpha^{-1}e^{z_1 x}H(x) * \ldots * e^{z_m x}H(x).
\end{aligned}$$

Donc tout opérateur différentiel $P(d)$ à coefficients constants possède une solution fondamentale $[P(d)\delta]^{-1}$.

Exercice 5.14 *Calculer les inverses, dans $\mathcal{D}'_+(\mathbb{R})$ des distributions H, δ' et $\delta' + H$.*

Solution. Par définition, l'inverse de H dans $\mathcal{D}'_+(\mathbb{R})$ s'obtient en résolvant l'équation $H * X = \delta$ où δ est l'élément neutre de l'algèbre de convolution $\mathcal{D}'_+(\mathbb{R})$. On a, en dérivant l'équation, $(H * X)' = \delta'$, c'est à dire $H' * X = \delta'$ ou bien $\delta * X = \delta'$, donc $X = \delta'$. $H^{-1} = \delta'$ dans $\mathcal{D}'_+(\mathbb{R})$.
Résolvons l'équation $\delta' * X = \delta$. On a $(\delta * X)' = \delta$, d'où $X' = \delta$ et par conséquent, $X = H$ puisque $H' = \delta$. D'où $\delta'^{-1} = H$.
En fait, on pouvait trouver le résultat directement à l'aide de $H^{-1} = \delta'$, donc $\delta'^{-1} = \left(H^{-1}\right)^{-1} = H$.
Cherchons $X \in \mathcal{D}'_+(\mathbb{R})$ tel que $(\delta' + H) * X = \delta$. On a $((\delta' + H) * X)' = \delta'$ ou bien $(\delta' + H)' * X = \delta'$ donc $(\delta'' + \delta) * X = \delta'$ et alors $X = (\delta'' + \delta)^{-1} * \delta'$.

Exercice 5.15

(1) *Montrer que pour tout a, b réels, on a* $\delta_a * \delta_b = \delta_{a+b}$.

(2) *Pour tout entier naturel* $p \in \mathbb{N}^*$, *on désigne par* $H^{*(p)}$ *le produit de convolution de H par elle-même p-fois :* $H^{*(p)} = H * H * .... * H$, *p-fois. Montrer :*

$$H^{*(p)} = \frac{x^{p-1}}{(p-1)!}H.$$

Solution.

(1) Puisque $Supp\delta_a = \{a\}$ et $Supp\delta_b = \{b\}$ sont compact dans $\mathbb{R}$, alors $\delta_a * \delta_b$ est bien définie sur $\mathcal{D}(\mathbb{R})$. $\forall \varphi \in \mathcal{D}(\mathbb{R})$, on a :

$$\begin{aligned}\langle \delta_a * \delta_b, \varphi \rangle &= \left\langle (\delta_a)_x, \left\langle (\delta_b)_y, \varphi(x+y) \right\rangle \right\rangle = \left\langle (\delta_a)_x, \varphi(x+b) \right\rangle \\ &= \varphi(a+b) = \langle \delta_{a+b}, \varphi \rangle.\end{aligned}$$

D'où le résultat $\delta_a * \delta_b = \delta_{a+b}$.

(2) Dans $\mathcal{D}'_+(\mathbb{R}) = \{T \in \mathcal{D}'(\mathbb{R}) : SuppT \subset [0, +\infty[\}$,

$$H^{*(p)} = \underbrace{H * \cdots * H}_{p \text{ fois}} \in \mathcal{D}'_+(\mathbb{R}),\ \forall p \in \mathbb{N}^*.$$

Montrons l'égalité $H^{*(p)} = \frac{x^{p-1}}{(p-1)!}H$, par récurrence sur $p \in \mathbb{N}^*$.

Si $p = 1$, $H^{*(1)} = H = \frac{x^0}{0!}H$, la relation est vérifée. On suppose par récurrence que $H^{*(p)} = \frac{x^{p-1}}{(p-1)!}H$, et on vérifie l'égalité à l'ordre $p+1$.

$$H^{*(p+1)} = H * H^{*(p)},$$

ou bien $\forall\varphi \in \mathcal{D}(\mathbb{R})$,

$$\left\langle H^{*(p+1)}, \varphi\right\rangle = \left\langle H * H^{*(p)}, \varphi\right\rangle = \left\langle H_x, \left\langle \left(H^{*(p)}\right)_y, \varphi(x+y)\right\rangle\right\rangle.$$

Or, par hypothèse de récurrence,

$$\begin{aligned}\left\langle \left(H^{*(p)}\right)_y, \varphi(x+y\right\rangle &= \left\langle \frac{y^{p-1}}{(p-1)!}H_y, \varphi(x+y)\right\rangle \\ &= \int_0^{+\infty} \frac{y^{p-1}}{(p-1)!}\varphi(x+y)dy \\ &\overset{x+y=t}{=} \int_x^{+\infty} \frac{(t-x)^{p-1}}{(p-1)!}\varphi(t)dt.\end{aligned}$$

Alors,

$$\left\langle H^{*(p+1)}, \varphi\right\rangle = \int_0^{+\infty}\left(\int_x^{+\infty} \frac{(t-x)^{p-1}}{(p-1)!}\varphi(t)dt\right)dx.$$

En intervertissant l'ordre des intégrations, on trouve, $t \geq 0$ et $0 \leq x \leq t$:

$$\begin{aligned}\left\langle H^{*(p+1)}, \varphi\right\rangle &= \int_0^{+\infty}\left(\int_0^{t} \frac{(t-x)^{p-1}}{(p-1)!}dx\right)\varphi(t)dt = \int_0^{+\infty}\left[-\frac{(t-x)^{p}}{p(p-1)!}\right]_{x=0}^{x=t}\varphi(t)dt \\ &= \int_0^{+\infty}\frac{t^p}{p!}\varphi(t)dt = \int_{\mathbb{R}}\frac{t^pH(t)}{p!}\varphi(t)dt = \left\langle \frac{t^p}{p!}H, \varphi\right\rangle.\end{aligned}$$

Exercice 5.16 *On rappelle que la fonction gamma d'Euler $\Gamma(x)$, est définie par*

$$\Gamma(x) = \int_0^{+\infty} e^{-t}t^{x-1}dt,\ x > 0;$$

et la fonction bêta d'Euler par $B(p,q) = \int_0^1 x^{p-1}(1-x)^{q-1}\,dx,\ p > 0,\ q > 0.$

(1) *Etablir la formule* $B(p,q) = \dfrac{\Gamma(p)\Gamma(q)}{\Gamma(p+q)}$.

(2) *Calculer l'expression* $H(x)\dfrac{x^{p-1}}{\Gamma(p)}e^{\alpha x} * H(x)\dfrac{x^{q-1}}{\Gamma(q)}e^{\alpha x}$, $\alpha \in \mathbb{R}^*$.

Solution.

(1) Pour $p > 0$ et $q > 0$, on a :

$$\Gamma(p)\Gamma(q) = \int_0^{+\infty} e^{-t}t^{p-1}dt \int_0^{+\infty} e^{-s}s^{q-1}ds = \int_0^{+\infty}\int_0^{+\infty} e^{-(t+s)}t^{p-1}s^{q-1}dtds.$$

Puisque $t, s \geq 0$, on pose $u^2 = t$ et $v^2 = s$, alors :

$$\begin{aligned}\Gamma(p)\Gamma(q) &= 4\int_0^{+\infty}\int_0^{+\infty} e^{-\left(u^2+v^2\right)}u^{2(p-1)}v^{2(q-1)}uvdudv \\ &= 4\int_0^{+\infty}\int_0^{+\infty} e^{-\left(u^2+v^2\right)}u^{2p-1}v^{2q-1}dudv.\end{aligned}$$

En utilisant les coordonnées polaires $u = r\cos\theta$ et $v = r\sin\theta$, on a aussi :

$$\Gamma(p)\Gamma(q) = 4\int_0^{+\infty}\left(\int_0^{\frac{\pi}{2}} \cos^{2p-1}\theta\sin^{2q-1}\theta d\theta\right)e^{-r^2}r^{2(p+q)-1}dr.$$

Comme $B(p,q) = B(q,p) = \displaystyle\int_0^1 x^{q-1}(1-x)^{p-1}dx = 2\int_0^{\frac{\pi}{2}} \sin^{2q-1}\theta\cos^{2p-1}\theta d\theta$ où on a posé $x = \sin^2\theta$, et $\Gamma(p+q) = \displaystyle\int_0^{+\infty} e^{-t}t^{p+q-1}dt = 2\int_0^{+\infty} e^{-r^2}r^{2(p+q)-1}dr,\ t = r^2$.

Alors $\Gamma(p)\Gamma(q) = B(p,q)\Gamma(p+q)$.

(2) D'après les calculs de l'exercice précédent, on a pour $x > 0$,

$$\left(H(x)\frac{x^{p-1}}{\Gamma(p)}e^{\alpha x}\right) * \left(H(x)\frac{x^{q-1}}{\Gamma(q)}e^{\alpha x}\right) = H(x)\int_0^x \frac{t^{p-1}}{\Gamma(p)}e^{\alpha t}\frac{(x-t)^{q-1}}{\Gamma(q)}e^{\alpha(x-t)}dt$$

$$\begin{aligned}
&= H(x)\frac{e^{\alpha x}}{\Gamma(p)\Gamma(q)}\int_0^x t^{p-1}(x-t)^{q-1}\,dt\\
&\overset{u=\frac{t}{x}}{=} H(x)\frac{e^{\alpha x}}{\Gamma(p)\Gamma(q)}x^{p+q-1}\int_0^1 u^{p-1}(1-u)^{q-1}\,du,\\
&= H(x)\frac{e^{\alpha x}}{\Gamma(p)\Gamma(q)}x^{p+q-1}B(p,q)\\
&= H(x)\frac{e^{\alpha x}}{\Gamma(p+q)}x^{p+q-1}.
\end{aligned}$$

Exercice 5.17 *Montrer que, si $S\in\mathcal{E}'(\mathbb{R})$ et $T\in\mathcal{D}'(\mathbb{R})$, alors :*

(1) *pour tout $k\in\mathbb{N}$,*

$$x^k(S*T)=\sum_{j=0}^{k}C_k^j(x^jS)*(x^{k-j}T);$$

(2) *pour tout $a\in\mathbb{C}$,*

$$e^{ax}(S*T)=(e^{ax}S)*(e^{ax}T).$$

Solution.

(1) x^k est une fonction de classe C^∞ sur $\mathbb{R}$ et $S*T\in\mathcal{D}'(\mathbb{R})$, donc $x^k(S*T)$ est bien une distribution sur $\mathbb{R}$. $\forall\varphi\in\mathcal{D}(\mathbb{R})$:

$$\begin{aligned}
\left\langle x^k(S*T),\varphi\right\rangle &= \left\langle S*T,x^k\varphi\right\rangle=\left\langle T_y,\left\langle S_x,(x+y)^k\varphi(x+y)\right\rangle\right\rangle\\
&= \left\langle T_y,\left\langle S_x,\sum_{j=0}^{k}C_k^jx^jy^{k-j}\varphi(x+y)\right\rangle\right\rangle\\
&= \sum_{j=0}^{k}C_k^j\left\langle T_y,y^{k-j}\left\langle S_x,x^j\varphi(x+y)\right\rangle\right\rangle\\
&= \sum_{j=0}^{k}C_k^j\left\langle y^{k-j}T_y,\left\langle x^jS_x,\varphi(x+y)\right\rangle\right\rangle
\end{aligned}$$

$$= \sum_{j=0}^{k} C_k^j \left\langle x^{k-j}T * x^j S, \varphi \right\rangle = \left\langle \sum_{j=0}^{k} C_k^j x^j S * x^{k-j} T, \varphi \right\rangle.$$

(2) $e^{ax}(S*T) \in \mathcal{D}'(\mathbb{R})$ puisque $e^{ax} \in \mathcal{E}(\mathbb{R})$ et $S*T \in \mathcal{D}'(\mathbb{R})$. $\forall \varphi \in \mathcal{D}(\mathbb{R})$:

$$\begin{aligned}
\left\langle e^{ax}(S*T), \varphi \right\rangle &= \left\langle S*T, e^{ax}\varphi \right\rangle = \left\langle T_y, \left\langle S_x, e^{a(x+y)}\varphi(x+y) \right\rangle \right\rangle \\
&= \left\langle T_y, \left\langle S_x, e^{ax}e^{ay}\varphi(x+y) \right\rangle \right\rangle = \left\langle T_y, e^{ay}\left\langle S_x, e^{ax}\varphi(x+y) \right\rangle \right\rangle \\
&= \left\langle T_y, e^{ay}\left\langle e^{ax}S_x, \varphi(x+y) \right\rangle \right\rangle \\
&= \left\langle e^{ay}T_y, \left\langle e^{ax}S_x, \varphi(x+y) \right\rangle \right\rangle \\
&= \left\langle e^{ax}(S*T), \varphi \right\rangle.
\end{aligned}$$

Exercice 5.18 *Soit $p, q, m, n \in \mathbb{N}$. Calculer la distribution*

$$\left(x^p \delta^{(q)}\right) * \left(x^m \delta^{(n)}\right).$$

Solution. On sait d'après l'exercice 4.18 du chapitre précédent que :

$$x^p \delta^{(q)} = \begin{cases} 0 & \text{si} \quad p > q \\ \frac{(-1)^p q!}{(q-p)!}\delta^{(q-p)} & \text{si} \quad p \le q \end{cases}$$

$$x^m \delta^{(n)} = \begin{cases} 0 & \text{si} \quad m > n \\ \frac{(-1)^m n!}{(n-m)!}\delta^{(n-m)} & \text{si} \quad m \le n \end{cases}$$

D'où,

$$\left(x^p \delta^{(q)}\right) * \left(x^m \delta^{(n)}\right) = \begin{cases} 0 & \text{si} \quad p > q \text{ ou } m > n \\ \frac{(-1)^p q!}{(q-p)!}\delta^{(q-p)} * \frac{(-1)^m n!}{(n-m)!}\delta^{(n-m)} & \\ = \frac{(-1)^{p+m} q! n!}{(q-p)!(n-m)!}\delta^{(n+q-p-m)} & \text{si} \quad p \le q \text{ et } m \le n \end{cases}$$

puisque si $S \in \mathcal{E}'(\mathbb{R})$ et $T \in \mathcal{D}'(\mathbb{R})$, $\alpha, \beta \in \mathbb{N}$, $\partial^\alpha \partial^\beta (S*T) = (\partial^\alpha S) * (\partial^\beta T)$,

$$\delta^{(q-p)} * \delta^{(n-m)} = \delta * \left(\delta^{(n-m)}\right)^{(q-p)} = \delta^{(n-m)+(q-p)}.$$

Exercice 5.19 *Si P est un opérateur différentiel linéaire sur $\mathbb{R}^n$ et E une solution fondamentale de P ($PE = \delta_0$) montrer alors que pour toute distribution T à support compact, $T * E$ vérifie l'équation aux dérivées partielles $P(T * E) = T$.*

Solution. On a :

$$P(T * E) = T * PE = T * \delta_0 = T.$$

Exercice 5.20

(1) *Pour $k \in \mathbb{N}$, interpréter $H^{*(k)} = \underbrace{H * ... * H}_{k\ fois}$ comme la solution d'une équation $Pu = \delta$ pour un certain opérateur différentiel P sur $\mathbb{R}$.*

(2) *Construire alors une solution de l'équation aux dérivées partielles $\partial_{x_1}^{k_1} ... \partial_{x_n}^{k_n} u = \delta$ sur $\mathbb{R}^n$.*

Solution.

(1) Comme $H' = \delta$, on a :

$$\begin{aligned} \left[H^{*(k)}\right]' &= H' * ... * H = \delta * H * ... * H = \underbrace{H * ... * H}_{(k-1)\ \text{fois}} = H^{*(k-1)}, \\ \left[H^{*(k)}\right]^{(2)} &= H^{*(k-2)}, ..., \left[H^{*(k)}\right]^{(k)} = \delta. \end{aligned}$$

La distribution $H^{*(k)}$ est donc solution de l'équation $\frac{d^k}{dx^k} H^{*(k)} = \delta$ où $P = \frac{d^k}{dx^k}$ est un opérateur différentiel sur $\mathbb{R}$ d'ordre k.

(2) Pour $k = (k_1, ..., k_n) \in \mathbb{N}^n$, une solution de l'équation aux dérivées partielles $\partial_{x_1}^{k_1} ... \partial_{x_n}^{k_n} u = \delta$ sur $\mathbb{R}^n$ peut être construite comme produit tensoriel des distributions $H^{*(k_j)}(x_j)$, $j \in \{1, ..., n\}$, avec $x = (x_1, ..., x_n) \in \mathbb{R}^n$. Avec la convention $H^{*(0)} = \delta$,

$$u(x) = u(x_1, ..., x_n) = H^{*(k_1)}(x_1) \otimes ... \otimes H^{*(k_n)}(x_n)$$

est une solution l'équation $\partial_{x_1}^{k_1} ... \partial_{x_n}^{k_n} u = \delta$ sur $\mathbb{R}^n$. En effet,

$$\partial_{x_1}^{k_1} ... \partial_{x_n}^{k_n} u = \partial_{x_1}^{k_1} ... \partial_{x_n}^{k_n} \left(H^{*(k_1)}(x_1) \otimes ... \otimes H^{*(k_n)}(x_n)\right)$$

$$\begin{aligned} &= \partial_{x_1}^{k_1} H^{*(k_1)}(x_1) \otimes \ldots \otimes \partial_{x_n}^{k_n} H^{*(k_n)}(x_n) \\ &= \delta_{x_1=0} \otimes \ldots \otimes \delta_{x_n=0} = \delta_{(x_1,\ldots,x_n)=0}. \end{aligned}$$

Exercice 5.21 *Soit $\rho \in \mathcal{D}(\mathbb{R}^n)$, $\rho \geq 0$ et $\int_{\mathbb{R}^n} \rho(x)\,dx = 1$. Pour $\varepsilon > 0$, on pose $\rho_\varepsilon(x) = \varepsilon^{-n}\rho\left(\frac{x}{\varepsilon}\right)$, et pour $u \in \mathcal{D}'(\mathbb{R}^n)$, $u_\varepsilon = u * \rho_\varepsilon$. Montrer que :*

(1) *$\lim\limits_{\varepsilon\to 0} u_\varepsilon = u$ dans $\mathcal{D}'(\mathbb{R}^n)$;*

(2) *si $u \in C_0(\mathbb{R}^n)$ (espace des fonctions continues sur $\mathbb{R}^n$ à support compact), alors $\lim\limits_{\varepsilon\to 0} u_\varepsilon = u$ uniformément dans $\mathbb{R}^n$;*

(3) *si $u \in L^p(\mathbb{R}^n)$, $1 \leq p < +\infty$, alors $\lim\limits_{\varepsilon\to 0} u_\varepsilon = u$ dans $L^p(\mathbb{R}^n)$ et on a $\|v * \rho_\varepsilon\|_{L^p(\mathbb{R}^n)} \leq \|v\|_{L^p(\mathbb{R}^n)}$ pour tout $v \in L^p(\mathbb{R}^n)$.*

Solution.

(1) On a $\lim\limits_{\varepsilon\to 0} \rho_\varepsilon = \delta$ dans $\mathcal{E}'(\mathbb{R}^n)$. En effet, $Supp\rho \subset \{x \in \mathbb{R}^n : |x| \leq M\}$, et pour tout $\varphi \in \mathcal{D}(\mathbb{R}^n)$

$$\langle \rho_\varepsilon - \delta, \varphi \rangle = \int_{\mathbb{R}^n} \rho(x)(\varphi(\varepsilon x) - \varphi(0))\,dx = \int_{|x|\leq M} \rho(x)(\varphi(\varepsilon x) - \varphi(0))\,dx,$$

où

$$\begin{aligned} &\forall x \in \mathbb{R}^n,\ \lim_{\varepsilon\to 0}(\varphi(\varepsilon x) - \varphi(0)) = 0, \\ &\left|1_{|x|\leq M}\rho(x)(\varphi(\varepsilon x) - \varphi(0))\right| \leq \sup_{|y|\leq M} \left|(\varphi(y) - \varphi(0))\right| \rho(x) \in L^1(\mathbb{R}^n), \end{aligned}$$

le résultat découle alors du théorème de convergence dominée de Lebesgue. Si $u \in \mathcal{D}'(\mathbb{R}^n)$ et $\varphi \in \mathcal{D}(\mathbb{R}^n)$, alors $u * \varphi \in C^\infty(\mathbb{R}^n)$ et :

$$\begin{aligned} \langle u_\varepsilon, \varphi \rangle &= \langle u * \rho_\varepsilon, \varphi \rangle = \int_{\mathbb{R}^n} (u * \rho_\varepsilon)(y)\varphi(x-y)\,dy = \left[(u * \rho_\varepsilon) * \check{\varphi}\right](0) \\ &= \left[u * \left(\rho_\varepsilon * \check{\varphi}\right)\right](0) = \left\langle \rho_\varepsilon, \overset{\vee}{\overbrace{u * \check{\varphi}}} \right\rangle. \end{aligned}$$

Or, , $\overbrace{u * \check{\varphi}}^{\vee} \in C^\infty(\mathbb{R}^n)$ et puisque $\lim\limits_{\varepsilon \to 0} \rho_\varepsilon = \delta$ dans $\mathcal{E}'(\mathbb{R}^n)$, on a :

$$\lim_{\varepsilon \to 0} \langle u_\varepsilon, \varphi \rangle = \lim_{\varepsilon \to 0} \left\langle \rho_\varepsilon, \overbrace{u * \check{\varphi}}^{\vee} \right\rangle = \left\langle \delta, \overbrace{u * \check{\varphi}}^{\vee} \right\rangle = u * \check{\varphi}(0) = \langle u, \varphi \rangle.$$

(2) Soit $u \in C_0(\mathbb{R}^n)$, alors :

$$\begin{aligned} u * \rho_\varepsilon(x) - u(x) &= \int_{\mathbb{R}^n} \rho(y)(u(x - \varepsilon y) - u(x))\, dy, \\ \left| u * \rho_\varepsilon(x) - u(x) \right| &\leq \int_{|y| \leq M} \rho(y) \left| u(x - \varepsilon y) - u(x) \right| dy. \end{aligned}$$

Comme u est uniformément continue sur son support K, on a pour tout $\alpha > 0$, il existe $\eta > 0$, $\forall x \in \mathbb{R}^n, \forall y \in \mathbb{R}^n : \left| x - y \right| < \eta \Longrightarrow \left| u(x) - u(y) \right| < \alpha$.
Prenons $\varepsilon < \frac{\eta}{M}$, alors $\left| x - \varepsilon y - x \right| = \varepsilon \left| y \right| \leq \varepsilon M < \eta$ et $\left| u(x - \varepsilon y) - u(x) \right| < \alpha$. Finalement,

$$\sup_{x \in \mathbb{R}^n} \left| u * \rho_\varepsilon(x) - u(x) \right| = \sup_{x \in K} \left| u * \rho_\varepsilon(x) - u(x) \right| \leq \alpha \int_{\mathbb{R}^n} \rho(y)\, dy = \alpha.$$

(3) Soit $u \in L^p(\mathbb{R}^n)$ avec $1 \leq p < +\infty$. Puisque $C_0(\mathbb{R}^n)$ est dense dans $L^p(\mathbb{R}^n)$, il existe une suite $\left(u_j\right)_{j \in \mathbb{N}}$ dans $C_0(\mathbb{R}^n)$ qui converge vers u pour la norme de $L^p(\mathbb{R}^n)$:

$$\forall \alpha > 0,\ \exists J \in \mathbb{N} : j > J \Longrightarrow \left\| u_j - u \right\|_{L^p(\mathbb{R}^n)} < \frac{\alpha}{3}. \tag{5.3}$$

Soit $j_0 \in \mathbb{N}$, j_0 fixé tel que $j_0 \geq J$. Alors :

$$\left\| u * \rho_\varepsilon - u \right\|_{L^p(\mathbb{R}^n)} \leq \left\| u * \rho_\varepsilon - u_{j_0} * \rho_\varepsilon \right\|_{L^p(\mathbb{R}^n)} + \left\| u_{j_0} * \rho_\varepsilon - u_{j_0} \right\|_{L^p(\mathbb{R}^n)} + \left\| u_{j_0} - u \right\|_{L^p(\mathbb{R}^n)}. \tag{5.4}$$

(5.3) donne :

$$\left\| u_{j_0} - u \right\|_{L^p(\mathbb{R}^n)} < \frac{\alpha}{3}. \tag{5.5}$$

De plus, en utilisant la question (2), on a :

$$\forall \delta > 0,\ \exists \varepsilon_0 > 0,\ \varepsilon < \varepsilon_0 \Longrightarrow \sup_{x \in \mathbb{R}^n} \left| u_{j_0} * \rho_\varepsilon(x) - u_{j_0}(x) \right| < \delta.$$

Donc

$$\begin{aligned}\left\|u_{j_0} * \rho_\varepsilon - u_{j_0}\right\|_{L^p(\mathbb{R}^n)} &= \left(\int_K \left|u_{j_0} * \rho_\varepsilon(x) - u_{j_0}(x)\right|^p dx\right)^{1/p} \\ &\leq C \sup_{x\in K}\left|u_{j_0} * \rho_\varepsilon(x) - u_{j_0}(x)\right| < C\delta.\end{aligned}$$

Ainsi, si $\varepsilon < \varepsilon_1$:

$$\left\|u_{j_0} * \rho_\varepsilon - u_{j_0}\right\|_{L^p(\mathbb{R}^n)} < \frac{\alpha}{3}. \tag{5.6}$$

Supposons que l'inégalité :

$$\left\|v * \rho_\varepsilon\right\|_{L^p(\mathbb{R}^n)} \leq \|v\|_{L^p(\mathbb{R}^n)} \text{ est vérifiée pour tout } v \in L^p(\mathbb{R}^n), \tag{5.7}$$

alors on aura :

$$\left\|u * \rho_\varepsilon - u_{j_0} * \rho_\varepsilon\right\|_{L^p(\mathbb{R}^n)} = \left\|\left(u - u_{j_0}\right) * \rho_\varepsilon\right\|_{L^p(\mathbb{R}^n)} \leq \left\|\left(u - u_{j_0}\right)\right\|_{L^p(\mathbb{R}^n)} < \frac{\alpha}{3}. \tag{5.8}$$

En vertu de (5.4), (5.5), (5.6) et (5.8), on obtient :

$$\forall \alpha > 0,\ \exists \varepsilon_1 > 0,\ \varepsilon < \varepsilon_1 \Longrightarrow \left\|u * \rho_\varepsilon - u\right\|_{L^p(\mathbb{R}^n)} < \frac{\alpha}{3} + \frac{\alpha}{3} + \frac{\alpha}{3} = \alpha.$$

Montrons maintenant l'inégalité (5.7). On a pour $v \in L^p(\mathbb{R}^n)$:

$$\left\|v * \rho_\varepsilon\right\|_{L^p(\mathbb{R}^n)} = \left(\int_{\mathbb{R}^n}\left|\int_{\mathbb{R}^n} \rho_\varepsilon(y) v(x-y) dy\right|^p dx\right)^{1/p}. \tag{5.9}$$

Si $p = 1$, on a par le théorème de Fubini :

$$\begin{aligned}\left\|v * \rho_\varepsilon\right\|_{L^1(\mathbb{R}^n)} &= \left(\int_{\mathbb{R}^n}\left|\int_{\mathbb{R}^n} \rho_\varepsilon(y) v(x-y) dy\right| dx\right) \\ &\leq \int_{\mathbb{R}^n} \rho(t)\left(\int_{\mathbb{R}^n} |v(x - \varepsilon t)| dx\right) dt \leq \|v\|_{L^1(\mathbb{R}^n)}.\end{aligned}$$

Pour $1 < p < +\infty$, comme $\rho_\varepsilon \geq 0$, on peut écrire $\rho_\varepsilon = \rho_\varepsilon^{1/p}\rho_\varepsilon^{1-1/p}$. Par l'inégalité de Hölder on a, avec $q = \frac{p}{p-1}$ le conjugué de p,

$$\begin{aligned}
\int_{\mathbb{R}^n} \rho_\varepsilon(y)v(x-y)dy &= \int_{\mathbb{R}^n} \rho_\varepsilon^{1/p}(y)v(x-y)\rho_\varepsilon^{1-1/p}(y)dy \\
&\leq \left(\int_{\mathbb{R}^n} \rho_\varepsilon(y)\left|v(x-y)\right|^p dy\right)^{1/p} \left(\int_{\mathbb{R}^n} \rho_\varepsilon^{[1-1/p]q}(y)dy\right)^{1/q}.
\end{aligned}$$

Puisque $q\left(1-\frac{1}{p}\right) = 1$ et $\int_{\mathbb{R}^n} \rho_\varepsilon(y)dy = 1$, on obtient finalement :

$$\left|\int_{\mathbb{R}^n} \rho_\varepsilon(y)v(x-y)dy\right|^p \leq \int_{\mathbb{R}^n} \rho_\varepsilon(y)\left|v(x-y)\right|^p dy,$$

$$\begin{aligned}
\left\|v * \rho_\varepsilon\right\|_{L^p(\mathbb{R}^n)}^p &= \int_{\mathbb{R}^n}\left|\int_{\mathbb{R}^n} \rho_\varepsilon(y)v(x-y)dy\right|^p dx \leq \int_{\mathbb{R}^n}\int_{\mathbb{R}^n} \rho_\varepsilon(y)\left|v(x-y)\right|^p dydx \\
&= \int_{\mathbb{R}^n} \rho_\varepsilon(y)\left(\int_{\mathbb{R}^n} \left|v(x-y)\right|^p dx\right)dy = \|v\|_{L^p(\mathbb{R}^n)}^p,
\end{aligned}$$

donc $\left\|v * \rho_\varepsilon\right\|_{L^p(\mathbb{R}^n)} \leq \|v\|_{L^p(\mathbb{R}^n)}$.

Exercice 5.22 *Déterminer toutes les distributions $u \in \mathcal{D}'(\mathbb{R})$ telles que, pour tout $\varphi, \psi \in \mathcal{D}(\mathbb{R})$, on ait :*

$$\left\langle u, \varphi * \psi\right\rangle = \langle u, \varphi\rangle\left\langle u, \psi\right\rangle.$$

Solution. Soient $\varphi \in \mathcal{D}(\mathbb{R})$ fixé tel que $\langle u, \varphi\rangle \neq 0$ et $\psi \in \mathcal{D}(\mathbb{R})$. On remarque que $\varphi * \psi' = \varphi' * \psi = (\varphi * \psi)'$ car φ et ψ sont de classe C^∞ sur $\mathbb{R}$ à supports compacts. Ainsi,

$$\begin{aligned}
\left\langle u, \varphi * \psi'\right\rangle &= \left\langle u, \varphi' * \psi\right\rangle, \\
\langle u, \varphi\rangle\left\langle u, \psi'\right\rangle &= -\langle u, \varphi\rangle\left\langle u', \psi\right\rangle,
\end{aligned}$$

$$\langle u\otimes u,\varphi\otimes\psi'\rangle = -\langle u\otimes u',\varphi\otimes\psi\rangle = -\langle u'\otimes u,\varphi\otimes\psi\rangle = \langle u,\varphi'\rangle\langle u,\psi\rangle.$$

On est alors ramené à résoudre l'équation $u' = cu$ avec $c = -\frac{\langle u,\varphi'\rangle}{\langle u,\varphi\rangle}$.
Si u est régulière associée à une fonction de classe C^1 sur $\mathbb{R}$, alors on obtient $u(x) = Ke^{cx}$ avec $K \in \mathbb{R}$. On va alors montrer qu'il s'agit des seules solutions possibles de cette équation. Pour cela, on vérifie que l'ensemble des solutions de $u' = cu$ est un sous-espace vectoriel de $\mathcal{D}'(\mathbb{R})$ de dimension 1.
Soient $u(x) = e^{cx}$ et v deux solutions de l'équation $u' = cu$, on veut montrer que $u = \lambda v$ pour un certain $\lambda \in \mathbb{R}$.
Comme $u(x) = e^{cx}$ est une fonction de classe C^∞ non nulle sur $\mathbb{R}$, on peut considérer la distribution $\frac{v}{u}$. Dérivons $\frac{v}{u}$, on obtient pour tout $\varphi \in \mathcal{D}(\mathbb{R})$:

$$\left\langle \left(\frac{v}{u}\right)',\varphi\right\rangle = -\left\langle \frac{v}{u},\varphi'\right\rangle = -\left\langle v,\frac{\varphi'}{u}\right\rangle = -\left\langle v,\left(\frac{\varphi}{u}\right)' + \frac{\varphi u'}{u^2}\right\rangle = \left\langle v',\frac{\varphi}{u}\right\rangle - \left\langle v,\frac{\varphi u'}{u^2}\right\rangle.$$

D'après l'équation, on a $v' = cv$ au sens des distributions, et $u' = cu$ en tant que fonction, d'où on a :

$$\left\langle \left(\frac{v}{u}\right)',\varphi\right\rangle = \left\langle cv,\frac{\varphi}{u}\right\rangle - \left\langle v,\frac{c\varphi}{u}\right\rangle = 0,$$

et alors $\frac{v}{u} = \lambda$ est constante dans $\mathcal{D}'(\mathbb{R})$.

Exercice 5.23

(1) *Soit $u \in \mathcal{E}'(\mathbb{R})$ d'ordre 0. Montrer que $u * H * H$ est une distribution associée à une fonction continue sur $\mathbb{R}$.*

(2) *Quel est l'effet de la convolution avec H du point de vue de la dérivation des distributions à support compact ? En déduire que toute distribution de $\mathcal{E}'(\mathbb{R})$ d'ordre p est la dérivée à l'ordre $p+2$ d'une fonction continue sur $\mathbb{R}$.*

Solution.

(1) Comme $u \in \mathcal{E}'(\mathbb{R})$ et $H * H(x) = xH(x) \in \mathcal{D}'(\mathbb{R})$, on a pour tout $\varphi \in \mathcal{D}(\mathbb{R})$:

$$\begin{aligned}\langle u*H*H,\varphi\rangle &= \langle u(x),\langle H*H(y),\varphi(x+y)\rangle\rangle = \left\langle u(x),\int_{\mathbb{R}} yH(y)\varphi(x+y)dy\right\rangle\\ &= \int_{\mathbb{R}}\langle u(x),(z-x)H(z-x)\rangle\varphi(z)dz,\end{aligned}$$

ce qui montre que $u * H * H$ est représenté par la fonction L^1_{loc} :

$$g : z \longmapsto \langle u, (H * H)(z - .)\rangle = \langle u, (z - .)H(z - .)\rangle,$$

crochet interprétable dans $\left(C^0\right)' \times C^0$ vu que la distribution u est d'ordre 0. Il reste à montrer que cette fonction est continue, ceci provient directement de l'inégalité de continuité. En effet, si on prend $z_1, z_2 \in \mathbb{R}$,

$$\begin{aligned} |g(z_1) - g(z_2)| &= |\langle u, (z_1 - .)H(z_1 - .) - (z_2 - .)H(z_2 - .)\rangle| \\ &\le C \|(z_1 - .)H(z_1 - .) - (z_2 - .)H(z_2 - .)\|_{L^\infty(\mathbb{R})} \\ &\le C|z_1 - z_2|, \; C > 0. \end{aligned}$$

(2) Si on dérive $u*H$, on obtient $(u*H)' = u*H' = u*\delta = u$, $u*H$ est donc une primitive de u. On a vu que $u*H*H$ est une fonction continue, et sa dérivée seconde est u, $(u*H*H)'' = u$, d'où la propriété est montrée pour $p = 0$.

Si $u \in \mathcal{E}'(\mathbb{R})$ est d'ordre p, on répète la preuve ci-dessus en convolant avec $H^{*(p+2)}$ qui est une fonction de classe C^p.
Le crochet définissant $g_p(z) = \left\langle u, H^{*(p+2)}(z - .)\right\rangle$ est alors compris dans le sens de la dualité $(C^p)' \times C^p$. g_p est alors une fonction continue de z, et sa dérivée $(p+2)$ième au sens des distributions est u.

Exercice 5.24 *Soit* $f \in L^1_{loc}(\mathbb{R})$ *telle que* $\int_{\mathbb{R}} f(x)\varphi(x)dx = 0$ *pour tout* $\varphi \in \mathcal{D}(\mathbb{R})$. *Soit* $(\rho_j)_{j\in\mathbb{N}^*}$ *une suite régularisante, c'est à dire une suite de fonctions* $\rho_j \in \mathcal{D}(\mathbb{R})$ *telles que :*
$\rho_j \geq 0$, $\int_{\mathbb{R}} \rho_j(x)dx = 1$ *et* $Supp(\rho_j) \subset [-\varepsilon_j, \varepsilon_j]$ *pour une certaine suite de réels* ε_j *tels que* $0 < \varepsilon_j \leq 1$ *satisfaisant* $\lim_{j\to+\infty} \varepsilon_j = 0$.

(1) *Montrer que toutes les régularisées* $f * \rho_j$ *de la fonction* f *sont identiquement nulles.*

(2) *Soit* a *un nombre réel strictement positif et posons* $b = a + 1$. *Montrer que, pour tout réel* x *tel que* $|x| \leq a$ *et pour tout* $j \in \mathbb{N}^*$, *on a :*
$\rho_j * f(x) = \rho_j * \left(1_{[-b,b]} f\right)(x)$.

(3) *Montrer que :*

$$\left\| 1_{[-b,b]} f - \rho_j * \left(1_{[-b,b]} f\right) \right\|_{L^1(\mathbb{R})} \geq \int_{-a}^{a} |f(x)|\, dx.$$

(4) *En déduire que $f = 0$ presque partout sur $\mathbb{R}$.*

Solution.

(1) Les régularisées $f * \rho_j(x) = \int_{\mathbb{R}} f(y)\rho_j(x-y)\,dy$ de la fonction f sont identiquement nulles, puisque chaque fonction $\mathbb{R} \ni y \longmapsto \rho_j(x-y)$ est de classe C^∞ sur $\mathbb{R}$ et est à support compact

$$Supp\left(f(y)\rho_j(x-y)\right) \subset x - Supp\left(\rho_j\right) \subset \left[x - \varepsilon_j, x + \varepsilon_j\right],$$

elle appartient alors à l'espace $\mathcal{D}(\mathbb{R})$.

(2) Si $a > 0$, $b = a + 1$ et $x \in \mathbb{R}$ est tel que $|x| \leq a$, alors puisque le support de chaque fonction ρ_j est contenu dans $[-1, 1]$ (par hypothèse, $0 < \varepsilon_j \leq 1$), le support de $y \longmapsto \rho_j(x-y)$ est contenu dans $[-b, b]$. Donc pour tout $x \in \mathbb{R}$:

$$\begin{aligned} 0 &= \rho_j * f(x) = \int_{\mathbb{R}} f(y)\rho_j(x-y)\,dy = \int_{-b}^{b} f(y)\rho_j(x-y)\,dy \\ &= \int_{\mathbb{R}} 1_{[-b,b]}(y) f(y)\rho_j(x-y)\,dy = \rho_j * \left(1_{[-b,b]} f\right)(x). \end{aligned}$$

(3) Sachant que pour toute fonction $g \in L^1(\mathbb{R})$ et pour tout $a > 0$ quelconque, on a trivialement :

$$\|g\|_{L^1(\mathbb{R})} = \int_{\mathbb{R}} |g(x)|\,dx = \int_{-a}^{a} |g(x)|\,dx + \int_{|x|>a} |g(x)|\,dx \geq \int_{-a}^{a} |g(x)|\,dx,$$

et alors, puisque $1_{[-b,b]} f \in L^1(\mathbb{R})$ et $\rho_j * \left(1_{[-b,b]} f\right) \in L^1(\mathbb{R})$:

$$\left\| 1_{[-b,b]} f - \rho_j * \left(1_{[-b,b]} f\right) \right\|_{L^1(\mathbb{R})} \geq \int_{-a}^{a} \left| \left(1_{[-b,b]} f - \underbrace{\rho_j * \left(1_{[-b,b]} f\right)}_{=0} \right)(x) \right|$$

$$= \int_{-a}^{a} \left|1_{[-b,b]}(x) f(x)\right| = \int_{-a}^{a} |f(x)| dx.$$

(4) Comme $1_{[-b,b]} f \in L^1(\mathbb{R})$, et par le théorème de régularisation des fonctions L^1, le membre de gauche de la dernière inégalité tend vers zéro quant j tend vers $+\infty$.

Ainsi, $\int_{-a}^{a} |f(x)| dx = 0$ et puisque $\int_{\mathbb{R}} \left|1_{[-a,a]}(x) f(x)\right| dx = \left\|1_{[-a,a]} f\right\|_{L^1(\mathbb{R})} = 0$, on en déduit que $f = 0$ sur $[-a, a]$, comme le réel positif a est arbitraire, alors$f = 0$ sur $\mathbb{R}$ presque partout.

Exercice 5.25 Equation de Volterra dans $\mathcal{D}'$.
Soit $K \in L^1_{loc}(\mathbb{R})$ à support dans $\mathbb{R}_+$. L'objectif de l'exercice est de montrer que pour tout $v \in \mathcal{D}'_+(\mathbb{R})$, il existe un unique $u \in \mathcal{D}'_+(\mathbb{R})$, tel que

$$u - K * u = v \qquad (E).$$

(1) *Montrer que si $Supp(K) \subset [\varepsilon, +\infty[$ pour $\varepsilon > 0$, alors la série $\sum_{j=0}^{+\infty} K^{*j}$ est convergente dans $\mathcal{D}'(\mathbb{R})$. En déduire que l'équation (E) admet une solution dans ce cas.*

(2) *Montrer que (E) a une solution lorsque $Supp(K) \subset [0, +\infty[$. Pour ce faire, décomposer le noyau de la façon suivante : $K = K_1 + K_2$ avec $\|K_1\|_{L^1(\mathbb{R})} < 1$ et $Supp(K_2) \subset [\varepsilon, +\infty[$ pour un certain $\varepsilon > 0$.*

Solution.

(1) On peut écrire (E) sous la forme $(Id - K) * u = v$, ce qui revient alors à trouver un inverse de l'application linéaire $\mathcal{D}'(\mathbb{R}_+) \ni u \mapsto (Id - K) * u$ pour avoir la solution de (E), $u = (Id - K)^{*-1} * v$ si v est une distribution donnée dans $\mathcal{D}'(\mathbb{R}_+)$, où $Id = \delta_0$ est lélément unité dans $\mathcal{D}'_+(\mathbb{R})$ pour la loi de convolution $*$. Par analogie avec l'inverse des opérateurs bornés du type $(I - T)$ avec $\|T\| < 1$, on a formellement $(Id - K)^{*-1} = \sum_{j=0}^{+\infty} K^{*j}$.

Supposons $Supp(K) \subset [\varepsilon, +\infty[$ pour $\varepsilon > 0$. Alors $Supp(K) \subset [0, +\infty[$, donc

$K \in \mathcal{D}'_+(\mathbb{R})$ est K est convoluable avec elle même, et on a pour tout $\varphi \in \mathcal{D}(\mathbb{R})$:

$$\begin{aligned}
\langle K * K, \varphi \rangle &= \left\langle K_{x_1}, \left\langle K_{x_2}, \varphi(x_1 + x_2) \right\rangle \right\rangle = \int_{\varepsilon}^{+\infty} K(x_1) \left\langle K_{x_2}, \varphi(x_1 + x_2) \right\rangle dx_1 \\
&= \int_{\varepsilon}^{+\infty} \int_{\varepsilon}^{+\infty} K(x_1) K(x_2) \varphi(x_1 + x_2) dx_1 dx_2, \\
\left\langle K^{*j}, \varphi \right\rangle &= \int_{[\varepsilon, +\infty[^j} K(x_1) \ldots K(x_j) \varphi(x_1 + \ldots + x_j) dx_1 \ldots dx_j, \ j \in \mathbb{N}^*.
\end{aligned}$$

En posant $s = x_1 + \ldots + x_j$, on trouve :

$$\left\langle K^{*j}, \varphi \right\rangle = \int_{[\varepsilon, +\infty[^{j-1}} \int_{j\varepsilon}^{+\infty} K(s - x_2 - \ldots - x_j) K(x_2) \ldots K(x_j) \varphi(s) ds dx_2 \ldots dx_j.$$

La fonction φ est à support compact, il existe $N \in \mathbb{N}^*$, tel que

$$Supp(\varphi) \cap [N\varepsilon, +\infty[= \emptyset,$$

d'où $\left\langle K^{*j}, \varphi \right\rangle = 0$ pour $j \geq N$. Ainsi, $\sum_{j=0}^{+\infty} K^{*j} = \sum_{j=0}^{N-1} K^{*j}$ et la série $\sum_{j=0}^{+\infty} K^{*j}$ converge dans $\mathcal{D}'(\mathbb{R})$ et est à support dans $\mathbb{R}_+$, donc le problème de Volterra admet bien une solution, qui est :

$$u = (Id - K)^{*-1} v = \left(\sum_{j=0}^{+\infty} K^{*j} \right) * v.$$

(2) Lorsque $Supp(K) \subset [0, +\infty[$, on ne peut pas appliquer l'argument précédent. On écrit $K = K_1 + K_2$ avec $\|K_1\|_{L^1(\mathbb{R})} < 1$ et $Supp(K_2) \subset [\varepsilon, +\infty[$ pour un certain $\varepsilon > 0$, en prenant par exemple ε de sorte que

$$\int_0^{\varepsilon} |K(x)| dx = \frac{1}{2} \text{ et } K_2 = K 1_{[\varepsilon, +\infty[},$$

donc $K_1 = K - K_2 = K1_{[0,\varepsilon[}$. Alors, $\|K_1\|_{L^1(\mathbb{R})} = \left\|K1_{[0,\varepsilon[}\right\|_{L^1(\mathbb{R})} = \frac{1}{2} < 1$, $\sum_{j=0}^{+\infty} K_1^{*j}$ converge dans $L^1(\mathbb{R})$, et on a :

$$\begin{aligned}
(Id - K_1)^{*-1} &= \sum_{j=0}^{+\infty} K_1^{(*j)}, \\
(Id - K) &= [(Id - K_1) - K_2] = (Id - K_1) * \left[Id - \left(\sum_{j=0}^{+\infty} K_1^{(*j)} \right) * K_2 \right].
\end{aligned}$$

Comme $Supp(K_2) \subset [\varepsilon, +\infty[$ et que K_1 est à support dans $\mathbb{R}_+$, la distribution $\widehat{K} = \left(\sum_{j=0}^{+\infty} K_1^{(*j)} \right) * K_2$ est à support dans $[\varepsilon, +\infty[$, ainsi on peut appliquer la question (1) pour inverser $(Id - K)$. Il résulte que le problème de Volterra admet bien une solution, donnée par :

$$u = (Id - K)^{*-1} * v = \left(Id - \widehat{K}\right)^{*-1} * (Id - K_1)^{*-1} * v = \left(\sum_{j=0}^{+\infty} \widehat{K}^{(*j)} \right) * \left(\sum_{j=0}^{+\infty} K_1^{(*j)} \right) * v.$$

6. Transformation de Fourier

On rappelle d'abord la transformation de Fourier des fonctions sommables, pour l'extension de cette définition aux distributions on introduit l'espace $\mathcal{S}$ des fonctions de Schwartz à décroissance rapide qui est plus petit que l'espace L^1 dont le dual $\mathcal{S}'$ des distributions tempérées est plus gros, $\mathcal{S}$ est invariant par transformation de Fourier, ce qui est l'un des avantages de cet espace. Par dualité on étend cette transformation à l'espace $\mathcal{S}'$. Les distributions tempérées constituent un cadre parfaitement adapté sachant qu'il n'est pas possible de définir la transformation de Fourier d'une distribution quelconque.

6.1 Transformation de Fourier des fonctions sommables

Définition 6.1 Soit $f : \mathbb{R}^n \longrightarrow \mathbb{C}$. On appelle transformation de Fourier de f, si elle existe, la fonction, notée $\widehat{f}$ ou $\mathcal{F}(f)$, définie pour tout $\xi \in \mathbb{R}^n$ par :

$$\widehat{f}(\xi) = \frac{1}{(2\pi)^{n/2}} \int_{\mathbb{R}^n} f(x) e^{-ix.\xi} dx,$$

où $x.\xi$ est le produit scalaire de x par ξ dans $\mathbb{R}^n$.

La transformation de Fourier n'existe pas toujours, par exemple la fonction définie sur $\mathbb{R}$ par $f(x) = x^2$ n'admet pas de transformation de Fourier car l'intégrale $\int_{-\infty}^{+\infty} x^2 e^{-ix\xi} dx$ n'existe pour aucune valeur de ξ. Trouver une condition d'existence de la transformation de Fourier est pratiquement difficiles à écrire mais on a le théorème suivant.

Théorème 6.1 Toute fonction absolument intégrable possède une transformation de Fourier.

Démonstration. En effet, si $f \in L^1(\mathbb{R}^n)$,

$$\begin{aligned} \left|\widehat{f}(\xi)\right| &= \left|\frac{1}{(2\pi)^{n/2}} \int_{\mathbb{R}^n} f(x) e^{-ix.\xi} dx\right| \leq \frac{1}{(2\pi)^{n/2}} \int_{\mathbb{R}^n} \left|f(x) e^{-ix.\xi}\right| dx \\ &= \frac{1}{(2\pi)^{n/2}} \int_{\mathbb{R}^n} |f(x)| dx = \frac{\|f\|_1}{(2\pi)^{n/2}}, \end{aligned}$$

où $\|f\|_1 = \int_{\mathbb{R}^n} |f(x)| dx$ est la norme de f dans l'espace $L^1(\mathbb{R}^n)$ des fonctions absolument intégrables sur $\mathbb{R}^n$. □

Théorème 6.2 (Riemann-Lebesgue) Soit $f \in L^1(\mathbb{R}^n)$, alors $\widehat{f}$ est continue bornée sur $\mathbb{R}^n$ et $\lim_{|\xi| \to +\infty} \widehat{f}(\xi) = 0$.

Démonstration. On montre ce résultat en premier lieu pour les fonctions de $\mathcal{D}(\mathbb{R}^n)$ et en second lieu on utilisera la densité de $\mathcal{D}(\mathbb{R}^n)$ dans $L^1(\mathbb{R}^n)$ pour conclure.

(i) Soit $f \in \mathcal{D}(\mathbb{R}^n)$, on sait que (on le précisera un peu plus bas)

$$\widehat{D^\alpha f}(\xi) = (i\xi)^\alpha \widehat{f}(\xi), \; \alpha \in \mathbb{N}^n.$$

Pour $\alpha \neq 0$, on veut tendre $|\xi|$ vers $+\infty$, donc il existe $j \in \{1, ..., n\}$ tel que $\xi_j \to +\infty$, par conséquent il suffit d'utiliser $\widehat{\frac{\partial f}{\partial x_j}}(\xi) = \left(i\xi_j\right) \widehat{f}(\xi)$ et alors

$$\widehat{f}(\xi) = \frac{\widehat{\frac{\partial f}{\partial x_j}}(\xi)}{i\xi_j}.$$

$$\left|\widehat{f}(\xi)\right| = \left|\frac{\widehat{\frac{\partial f}{\partial x_j}}(\xi)}{\xi_j}\right| = \left|\frac{1}{\xi_j}\right|\left|\widehat{\frac{\partial f}{\partial x_j}}(\xi)\right| \leq \frac{\left\|\frac{\partial f}{\partial x_j}\right\|_1}{(2\pi)^{n/2}} \underset{|\xi_j|\to+\infty}{\longrightarrow} 0,$$

donc $\lim\limits_{|\xi_j|\to+\infty} \widehat{f}(\xi) = 0$, par suite $\lim\limits_{|\xi|\to+\infty} \widehat{f}(\xi) = 0$.

(ii) Soit $f \in L^1(\mathbb{R}^n)$, comme $\mathcal{D}(\mathbb{R}^n)$ est dense dans $L^1(\mathbb{R}^n)$, il existe une suite $(f_j)_{j\in\mathbb{N}}$ dans $L^1(\mathbb{R}^n)$ qui converge vers f pour la norme de $L^1(\mathbb{R}^n)$, lorsque $j \to +\infty$. Puisque la transformation de Fourier est linéaire, on a :

$$\left\|\widehat{f_j - f}\right\|_\infty = \left\|\widehat{f_j} - \widehat{f}\right\|_\infty \leq \frac{\left\|f_j - f\right\|_1}{(2\pi)^{n/2}},\ \forall j \in \mathbb{N},$$

or $\lim\limits_{j\to+\infty} \left\|f_j - f\right\|_1 = 0$, donc $\lim\limits_{j\to+\infty} \left\|\widehat{f_j} - \widehat{f}\right\|_\infty = 0$. Ceci exprime que la suite $\left(\widehat{f_j}\right)_{j\in\mathbb{N}}$ converge uniformément vers $\widehat{f}$ sur $\mathbb{R}^n$. Comme pour tout $j \in \mathbb{N}$, $\widehat{f_j}$ est continue sur $\mathbb{R}^n$ et tend vers 0 quand $|\xi| \to +\infty$ et que l'ensemble des fonctions continues sur $\mathbb{R}^n$ de limites nulles à l'infini est fermé pour la topologie de la convergence uniforme, alors $\widehat{f}$ est aussi continue sur $\mathbb{R}^n$ et $\lim\limits_{|\xi|\to+\infty} \widehat{f}(\xi) = 0$.

□

Exemple 6.1 (Exemples fondamentaux)

1 Soit la fonction porte définie sur $\mathbb{R}$ par :

$$f(x) = \begin{cases} 1 & \text{si} \quad |x| < a \\ 0 & \text{si} \quad |x| \geq a \end{cases} \quad \text{où } a > 0\,.$$

Alors $f \in L^1(\mathbb{R})$, elle admet une transformation de Fourier donnée par :

$$\begin{aligned} \widehat{f}(\xi) &= \frac{1}{\sqrt{2\pi}}\int_{-\infty}^{+\infty} f(x)e^{-ix\xi}dx = \frac{1}{\sqrt{2\pi}}\int_{-a}^{a} e^{-ix\xi}dx = \frac{1}{\sqrt{2\pi}}\left[\frac{e^{-ix\xi}}{-i\xi}\right]_{x=-a}^{x=a} \\ &= \frac{1}{\sqrt{2\pi}}\frac{e^{-ia\xi} - e^{ia\xi}}{-i\xi} = \sqrt{\frac{2}{\pi}}\frac{\sin(a\xi)}{\xi}. \end{aligned}$$

Lorsque $\xi = 0$, on obtient facilement $\widehat{f}(0) = a\sqrt{\frac{2}{\pi}}$.

2 On a aussi $e^{-a|x|} \in L^1(\mathbb{R})$ et $\widehat{e^{-a|x|}}(\xi) = \sqrt{\frac{2}{\pi}}\frac{a}{a^2+\xi^2}$, où a est une constante strictement positive.

3 Soit la Gaussiènne $f(x) = e^{-a|x|^2}$ où $|x|^2 = x_1^2+...+x_n^2$ si $x = (x_1,...,x_n) \in \mathbb{R}^n$ et $a > 0$. Alors $f \in L^1(\mathbb{R}^n)$ puisque $\int_{\mathbb{R}^n} e^{-a|x|^2}dx = \left(\frac{\pi}{a}\right)^{n/2}$ et on a :

$$\mathcal{F}\left(e^{-a|x|^2}\right)(\xi) = \frac{1}{(2a)^{n/2}}e^{-\frac{|\xi|^2}{4a}}.$$

On note ici que plus la fonction $f(x)$ est régulière et plus sa transformation de Fourier $\widehat{f}(\xi)$ tend rapidement vers 0 si $|\xi|$ tend vers l'infini.

Lorsque la fonction f est assez régulière, au moins continue en x, et plus précisément pour $\widehat{f} \in L^1\left(\mathbb{R}^n_\xi\right)$, on dispose de la formule d'inversion suivante qui permet d'obtenir $f(x)$ à partir de $\widehat{f}(\xi)$ par la transformation de Fourier dite inverse :

$$f(x) = \int_{\mathbb{R}^n} \widehat{f}(\xi)e^{ix.\xi}d\xi.$$

On écrira symboliquement,

$$f(x) = \mathcal{F}^{-1}[\mathcal{F}(f)](x),$$

où

$$\mathcal{F}^{-1}(g(\xi))(x) = \frac{1}{(2\pi)^{n/2}}\int_{\mathbb{R}^n} g(\xi)e^{ix.\xi}d\xi$$

est la transformation inverse de la fonction $g \in L^1\left(\mathbb{R}^n_\xi\right)$, elle est l'analogue de la transformation de Fourier obtenue en remplaçant $-i$ par i et x par ξ dans la formule de $\mathcal{F}$.

Plus généralement, si f n'est pas continue en x, on a $\mathcal{F}^{-1}[\mathcal{F}(f)](x) = f(x)$ presque partout sur $\mathbb{R}^n_x$, avec $f \in L^1(\mathbb{R}^n_x)$ et $\widehat{f} \in L^1\left(\mathbb{R}^n_\xi\right)$.

Une propriété essentielle de la transformation de Fourier est qu'elle diagonalise l'opérateur de translation T_a, $a \in \mathbb{R}^n$, défini sur $L^1(\mathbb{R}^n)$ par :

$$T_a(f)(x) = f(x-a).$$

En effet, on a immédiatement par changement de variable, si $f \in L^1(\mathbb{R}^n)$, alors $T_a(f) \in L^1(\mathbb{R}^n)$ et

$$\mathcal{F}(T_a(f))(\xi) = e^{-ia.\xi}\mathcal{F}(f)(\xi),\ a \in \mathbb{R}^n,\ \xi \in \mathbb{R}^n.$$

En ce qui concerne la dérivation, si $f \in C^1(\mathbb{R}^n) \cap L^1(\mathbb{R}^n)$ et $\frac{\partial f}{\partial x_j} \in L^1(\mathbb{R}^n)$, $j \in \{1, ..., n\}$, on a :

$$\mathcal{F}\left(\frac{\partial f}{\partial x_j}\right)(\xi) = \left(i\xi_j\right)\mathcal{F}(f)(\xi).$$

Ce résultat s'obtient par intégration par parties, elle est immédiate lorsque la fonction $f \in \mathcal{D}(\mathbb{R}^n)$.
Si $f \in C^1(\mathbb{R}^n) \cap L^1(\mathbb{R}^n)$, on utilise une famille de fonctions $\phi_k(y)$ paire de $\mathbb{R}$ dans $[0,1]$ de classe C^1 telle que

$$\phi_k(y) = \begin{cases} 1 \text{ si } y \in [0,k], \\ 0 \text{ si } y \in [k+1, +\infty[\end{cases} \quad \text{et } \left|\phi_k'(y)\right| \leq 2 \text{ pour tout } y \in \mathbb{R} \text{ et } k \in \mathbb{N}.$$

Le théorème de convergence dominée de Lebesgue implique que pour toute fonction g de $L^1(\mathbb{R}^n)$, on a la convergence dans $L^1(\mathbb{R}^n)$ de $\phi_k g$ vers g et de $\phi_k' g$ vers 0. Alors on a en notant $\widehat{x} = \left(x_1, ..., x_{j-1}, x_{j+1}, ..., x_n\right)$:

$$\int_{\mathbb{R}^n} \frac{\partial f}{\partial x_j}(x)e^{-ix.\xi}\phi_k(x_j)dx = \int_{\mathbb{R}^{n-1}} \left(\int_{-\infty}^{+\infty} \frac{\partial f}{\partial x_j}(x)e^{-ix.\xi}\phi_k(x_j)dx_j\right)d\widehat{x}$$

$$= \int_{\mathbb{R}^{n-1}} \left(\int_{-(k+1)}^{k+1} \frac{\partial f}{\partial x_j}(x)e^{-ix.\xi}\phi_k(x_j)dx_j\right)d\widehat{x}$$

$$= \int_{\mathbb{R}^{n-1}} \left\{\left[f(x)e^{-ix.\xi}\phi_k(x_j)\right]_{x_j=-(k+1)}^{k+1} - \int_{-(k+1)}^{k+1} f(x)\frac{\partial}{\partial x_j}\left(e^{-ix.\xi}\phi_k(x_j)\right)dx_j\right\}d\widehat{x}$$

$$= -\int_{\mathbb{R}^{n-1}} \left(\int_{-(k+1)}^{k+1} f(x)e^{-ix.\xi}\left(-i\xi_j\phi_k(x_j) + \phi_k'(x_j)\right)dx_j\right)d\widehat{x}$$

$$= -\int_{\mathbb{R}^n} f(x)e^{-ix.\xi}\phi_k'(x_j)dx + i\xi_j\int_{\mathbb{R}^n} f(x)e^{-ix.\xi}\phi_k(x_j)dx.$$

On conclut en faisant tendre k vers $+\infty$.

Si f est de classe C^m et toutes ses dérivées jusqu'à l'ordre m sont dans l'espace $L^1(\mathbb{R}^n)$, $m \geq 2$, on applique l'identité précédente à $\frac{\partial^2 f}{\partial x_j \partial x_k}$, $j,k \in \{1,...,n\}$, dont la transformation de Fourier est $\left(-\xi_j\xi_k\right)\mathcal{F}(f)(\xi)$ et tend vers 0 lorsque $|\xi|$ tend vers l'infini. Par récurrence pour tout monôme en ξ de degré inférieur ou égal à m, multiplié par $\mathcal{F}(f)(\xi)$ tend vers 0 si $|\xi| \to +\infty$. Donc,

$$|\xi|^m \widehat{f}(\xi) \to 0 \text{ si } |\xi| \to +\infty,\ f \in C^m(\mathbb{R}^n) \text{ et } D^\alpha f \in L^1(\mathbb{R}^n) \text{ pour } |\alpha| \leq m,\ \alpha \in \mathbb{N}^n,$$

$\mathcal{F}(D^\alpha f)(\xi) = (i\xi)^\alpha \mathcal{F}(f)(\xi)$ si $f \in C^m(\mathbb{R}^n)$ et $D^\alpha f \in L^1(\mathbb{R}^n)$ pour $|\alpha| \leq m$, $\alpha \in \mathbb{N}^n$.

La transposée de ce résultat est que si f est assez décroissante pour $|x|$ tendant vers l'infini, la transformation de Fourier de f devient régulière. Précisément, si $f \in L^1(\mathbb{R}^n)$ et $x_j f \in L^1(\mathbb{R}^n)$, alors $\widehat{f}(\xi)$ est dérivable par rapport à la jème variable ξ_j et cette dérivée est donnée par :

$$\frac{\partial \widehat{f}}{\partial \xi_j}(\xi) = -i\mathcal{F}\left(x_j f(x)\right)(\xi),\ j \in \{1,...,n\}.$$

C'est une conséquence du théorème de dérivation sous le signe intégral. L'extension de cette formule à un ordre m arbitraire est :

$$\text{si } x \mapsto (1+|x|^m) f(x) \in L^1(\mathbb{R}^n), \text{ alors } f \in C^m(\mathbb{R}^n),$$

ou bien

$$D^\alpha \widehat{f}(\xi) = \mathcal{F}((-ix)^\alpha f(x))(\xi), \text{ si } x^\alpha f \in L^1(\mathbb{R}^n) \text{ pour } |\alpha| \leq m,\ \alpha \in \mathbb{N}^n.$$

Exemple 6.2 On voit que $e^{-|x|^2/2}$ et $x_j e^{-|x|^2/2}$ sont des fonctions de $L^1(\mathbb{R}^n)$, donc :

$$\mathcal{F}\left(x_j e^{-|x|^2/2}\right)(\xi) = i\frac{\partial}{\partial \xi_j}\mathcal{F}\left(e^{-|x|^2/2}\right)(\xi) = i\frac{\partial}{\partial \xi_j}\left(e^{-\frac{|\xi|^2}{2}}\right) = -i\xi_j e^{-\frac{|\xi|^2}{2}}.$$

On voit à travers cette relation que la transformation de Fourier diagonalise les opérateurs de dérivation, cela permettra de calculer de manière explicite dans de nombreux cas des solutions d'équations différentielles ou aux dérivées partielles. En fait, la transformation de Fourier transforme les dérivations par rapport à une variable en multiplications par cette variable. Ainsi, les équations différentielles (à coefficients constants) se ramèmnent à

des équations algébriques et les équations aux dérivées partielles à des équations différentielles ou même algébriques. Cette propriété simplifie les calculs et permet d'accéder plus facilement à la résolution de nombreux problèmes.
On a aussi un résultat important donnant la relation entre la transformation de Fourier et la convolution.

Proposition 6.1 Pour $f,g \in L^1(\mathbb{R}^n)$, alors le produit de convolution $f*g$ est aussi une fonction de $L^1(\mathbb{R}^n)$ et on a :

$$\widehat{f*g} = (2\pi)^{n/2}\widehat{f}\widehat{g}.$$

Démonstration. Grâce au changement de variables $z = x - y$, on a :

$$\begin{aligned}\int_{\mathbb{R}^n} |f*g(x)|dx &= \int_{\mathbb{R}^n}\left|\int_{\mathbb{R}^n} f(y)g(x-y)dy\right|dx \leq \int_{\mathbb{R}^n}\int_{\mathbb{R}^n} |f(y)|\,|g(x-y)|\,dxdy \\ &\leq \|f\|_{L^1(\mathbb{R}^n)}\|g\|_{L^1(\mathbb{R}^n)}.\end{aligned}$$

Le théorème de Fubini implique que pour preque tout $x \in \mathbb{R}^n$,

$$\mathbb{R}^n \ni y \mapsto f(y)g(x-y)$$

est une fonction de $L^1(\mathbb{R}^n)$ et $f*g \in L^1(\mathbb{R}^n)$.
Ainsi $f*g$ admet une transformation de Fourier dont le calcul s'obtient directement à l'aide du changement de variables $z = x - y$. □

Notons entre autres que le produit scalaire $\langle u,v\rangle_{L^2(\mathbb{R}^n)} = \int_{\mathbb{R}^n} u(x)\overline{v(x)}dx$ de $L^2(\mathbb{R}^n)$ est invaraint par la transformation de Fourier des fonctions de $L^1(\mathbb{R}^n)$:

$$\left\langle \widehat{f},\widehat{g}\right\rangle_{L^2(\mathbb{R}^n)} = \langle f,g\rangle_{L^2(\mathbb{R}^n)} \text{ si } f,g \in L^1(\mathbb{R}^n_x) \text{ et } \widehat{f},\widehat{g} \in L^1\left(\mathbb{R}^n_\xi\right),$$

donc

$$\int_{\mathbb{R}^n} \widehat{f}(\xi)\overline{\widehat{g}(\xi)}d\xi = \int_{\mathbb{R}^n} f(x)\overline{g(x)}dx.$$

En particulier, si $f,g \in L^1(\mathbb{R}^n) \cap L^2(\mathbb{R}^n)$ dans ce cas $\widehat{f},\widehat{g} \in L^2(\mathbb{R}^n)$ et on a la formule de Parseval :

$$\int_{\mathbb{R}^n} \left|\widehat{f}(\xi)\right|^2 d\xi = \int_{\mathbb{R}^n} |f(x)|^2 dx.$$

6.2 Espace de Schwartz et distributions tempérées

6.2.1 L'espace $\mathcal{S}(\mathbb{R}^n)$ de Schwartz

Définition 6.2 Une fonction φ est dite à décroissance rapide dans $\mathbb{R}^n$ si $\varphi \in C^\infty(\mathbb{R}^n)$ et $\sup\limits_{x\in\mathbb{R}^n} \left|x^\alpha D^\beta \varphi(x)\right| < +\infty$ pour tout multi-indices $\alpha, \beta \in \mathbb{N}^n$, ou bien il existe une constante $C_{\alpha,\beta} \geq 0$ telle que $\left|x^\alpha D^\beta \varphi(x)\right| \leq C_{\alpha,\beta}$ ou encore

$$x^\alpha D^\beta \varphi(x) \in L^\infty(\mathbb{R}^n),$$

il est aussi équivalent de dire que les quantités $\sum\limits_{\substack{\alpha,\beta\in\mathbb{N}^n\\ |\alpha|,|\beta|\leq p}} \sup\limits_{x\in\mathbb{R}^n} \left|x^\alpha D^\beta \varphi(x)\right|$, sont finies pour tout $p \in \mathbb{N}$.
L'ensemble des fonctions à décroissance rapide dans $\mathbb{R}^n$ est un espace vectoriel sur $\mathbb{R}$, ou sur $\mathbb{C}$, noté $\mathcal{S}(\mathbb{R}^n)$, appelé l'espace de Schwartz.

Le cas $n = 1$ sur lequel nous nous restreindrons la plupart du temps s'écrit plus simplement $\varphi \in \mathcal{S}(\mathbb{R})$ si et seulement si $\varphi \in C^\infty(\mathbb{R})$ et pour tout couple $(l, m) \in \mathbb{N} \times \mathbb{N}$, $\left\{x^l \varphi^{(m)}(x) : x \in \mathbb{R}\right\}$ est borné.

Si $\varphi \in \mathcal{S}(\mathbb{R})$, alors φ et toutes ses dérivées tendent vers zéro, quand $x \to \pm\infty$, plus vite que toute puissance de x.

Exemple 6.3 $\mathcal{D}(\mathbb{R}^n) \subset \mathcal{S}(\mathbb{R}^n)$. En effet, soit $\varphi \in \mathcal{D}(\mathbb{R}^n)$, alors φ est nulle pour $|x| \geq 2R$ où $Supp\varphi \subset B(0,R)$ la boule fermée de $\mathbb{R}^n$ centrée en 0 et de rayon R, donc φ est à décroissance rapide puisque

$$\sup_{x\in\mathbb{R}^n} \left|x^\alpha D^\beta \varphi(x)\right| = \sup_{x\in B(0,R)} \left|x^\alpha D^\beta \varphi(x)\right| < +\infty.$$

Toutes les fonctions de la forme $P(x)e^{-a|x|^2}$ avec $a > 0$ et P fonction polynôme appartiennent à l'espace de Schwartz $\mathcal{S}(\mathbb{R}^n)$.
En revanche, aucune fraction rationnelle (autre que la fonction nulle) n'appartient à $\mathcal{S}(\mathbb{R}^n)$.

> **!** $\varphi \in \mathcal{S}(\mathbb{R}^n)$ équivaut à $\varphi \in C^\infty(\mathbb{R}^n)$ et pour tout $\alpha, \beta \in \mathbb{N}^n$, il existe une constante $\widetilde{C}_{\alpha,\beta} > 0$ telle que $\left|D^\beta \varphi(x)\right| \leq \frac{\widetilde{C}_{\alpha,\beta}}{\sqrt{1+|x^\alpha|^2}}$, $\forall x \in \mathbb{R}^n$.
> En effet, si $\varphi \in \mathcal{S}(\mathbb{R}^n)$ alors $\varphi \in C^\infty(\mathbb{R}^n)$ et $\left|x^\alpha D^\beta \varphi(x)\right| \leq C_{\alpha,\beta}$, pour tout $\alpha, \beta \in \mathbb{N}^n$ où $C_{\alpha,\beta} > 0$. On a aussi :
>
> $$\begin{aligned} \left|\sqrt{1+|x^\alpha|^2} D^\beta \varphi(x)\right|^2 &= \left(1+|x^\alpha|^2\right)\left|D^\beta \varphi(x)\right|^2 \\ &= \left|D^\beta \varphi(x)\right|^2 + \left|x^\alpha D^\beta \varphi(x)\right|^2 \leq C_{0,\beta}^2 + C_{\alpha,\beta}^2, \end{aligned}$$
>
> il suffit donc de prendre $\widetilde{C}_{\alpha,\beta} = \sqrt{C_{0,\beta}^2 + C_{\alpha,\beta}^2}$.
> Réciproquement, si $\left(1+|x^\alpha|^2\right)\left|D^\beta \varphi(x)\right|^2 \leq \widetilde{C}_{\alpha,\beta}^2$, alors puisque les termes étant positifs,
>
> $$|x^\alpha|^2 \left|D^\beta \varphi(x)\right|^2 = \left|x^\alpha D^\beta \varphi(x)\right|^2 \leq \widetilde{C}_{\alpha,\beta}^2$$
>
> et $\left|x^\alpha D^\beta \varphi(x)\right| \leq \widetilde{C}_{\alpha,\beta}$.

> **!** On peut aussi montrer de la même manière que $\varphi \in \mathcal{S}(\mathbb{R}^n)$ si et seulement si $\varphi \in C^\infty(\mathbb{R}^n)$ et pour tout multi-indices $\alpha, \beta \in \mathbb{N}^n$, il existe une constante $C_{\alpha,\beta} > 0$ telle que $\left|D^\beta \varphi(x)\right| \leq \frac{C_{\alpha,\beta}}{\left(1+|x|^2\right)^{|\alpha|/2}}$, pour tout $x \in \mathbb{R}^n$.

Proposition 6.2

(1) $\mathcal{S}(\mathbb{R}^n)$ est invariant par les multiplications par les puissances de x et par dérivation : pour $\varphi \in \mathcal{S}(\mathbb{R}^n)$, $x^\alpha D^\beta \varphi \in \mathcal{S}(\mathbb{R}^n)$ pour tout $\alpha, \beta \in \mathbb{N}^n$.

(2) $\mathcal{S}(\mathbb{R}^n)$ est une algèbre pour la multiplication usuelle.

Démonstration.

(1) Soient $\varphi \in \mathcal{S}(\mathbb{R}^n)$ et $\alpha, \beta \in \mathbb{N}^n$, on montre que pour tout $\gamma, \delta \in \mathbb{N}^n$,

$$\sup_{x \in \mathbb{R}^n} \left|x^\gamma D^\delta \left(x^\alpha D^\beta \varphi\right)(x)\right| < +\infty.$$

On a par la formule de Leibniz :

$$D^{\delta}\left(x^{\alpha}D^{\beta}\varphi\right)(x)=\sum_{\sigma\in\mathbb{N}^n,\sigma\leq\delta}C_{\delta}^{\sigma}\left(D^{\sigma}x^{\alpha}\right)D^{\delta-\sigma}\left(D^{\beta}\varphi\right)(x),\ C_{\delta}^{\sigma}=\frac{\delta!}{\sigma!(\delta-\sigma)!}.$$

Or,

$$D^{\sigma}x^{\alpha}=\begin{cases}\frac{\alpha!}{(\alpha-\sigma)!}x^{\alpha-\sigma} & \text{si}\quad \sigma\leq\alpha\\ 0 & \text{si}\quad \sigma>\alpha\end{cases}$$

donc

$$D^{\delta}\left(x^{\alpha}D^{\beta}\varphi\right)(x)=\sum_{\sigma\in\mathbb{N}^n,\sigma\leq\delta,\ \sigma\leq\alpha}C_{\delta}^{\sigma}\frac{\alpha!}{(\alpha-\sigma)!}x^{\alpha-\sigma}D^{\beta+\delta-\sigma}\varphi(x).$$

Par conséquent,

$$\left|x^{\gamma}D^{\delta}\left(x^{\alpha}D^{\beta}\varphi\right)(x)\right|\leq\sum_{\sigma\in\mathbb{N}^n,\sigma\leq\delta,\ \sigma\leq\alpha}C_{\delta}^{\sigma}\frac{\alpha!}{(\alpha-\sigma)!}\left|x^{\gamma+\alpha-\sigma}D^{\beta+\delta-\sigma}\varphi(x)\right|.$$

Comme $\varphi\in\mathcal{S}(\mathbb{R}^n)$, il existe une constante $M_{\alpha,\beta,\gamma\delta}>0$ telle que

$$\left|x^{\gamma+\alpha-\sigma}D^{\beta+\delta-\sigma}\varphi(x)\right|\leq M_{\alpha,\beta,\gamma\delta},$$

pour tout $x\in\mathbb{R}^n$, alors :

$$\left|x^{\gamma}D^{\delta}\left(x^{\alpha}D^{\beta}\varphi\right)(x)\right|\leq\sum_{\sigma\in\mathbb{N}^n,\sigma\leq\delta,\ \sigma\leq\alpha}C_{\delta}^{\sigma}\frac{\alpha!}{(\alpha-\sigma)!}M_{\alpha,\beta,\gamma\delta},$$

c'est une somme finie, posons $C_{\alpha,\beta,\gamma\delta}=\sum_{\sigma\in\mathbb{N}^n,\sigma\leq\delta,\ \sigma\leq\alpha}C_{\delta}^{\sigma}\frac{\alpha!}{(\alpha-\sigma)!}M_{\alpha,\beta,\gamma\delta}$, ce qui donne $x^{\alpha}D^{\beta}\varphi\in\mathcal{S}(\mathbb{R}^n)$ pour tout multi-indices $\alpha,\beta\in\mathbb{N}^n$.

(2) est facile à vérifier.

□

La topologie de l'espace $\mathcal{S}(\mathbb{R}^n)$ n'est pas définie par une norme, mais par une famille dénombrable de semi-normes, définies comme suit : pour toute fonction $\varphi\in\mathcal{S}(\mathbb{R}^n)$ on pose :

$$N_p(\varphi)=\sum_{\substack{\alpha,\beta\in\mathbb{N}^n\\|\alpha|,|\beta|\leq p}}\sup_{x\in\mathbb{R}^n}\left|x^{\alpha}D^{\beta}\varphi(x)\right|,\ p\in\mathbb{N}.$$

Cette topologie est la même que celle définie par les semi-normes suivantes :

$$\begin{aligned}
p_{\alpha,\beta}(\varphi) &= \sup_{x\in\mathbb{R}^n}\left|x^\alpha D^\beta\varphi(x)\right|, \ \alpha,\beta\in\mathbb{N}^n;\\
q_{l,m}(\varphi) &= \sup_{\substack{\alpha,\beta\in\mathbb{N}^n,|\alpha|\le l\\ |\beta|\le m, x\in\mathbb{R}^n}}\left|x^\alpha D^\beta\varphi(x)\right|, \ l,m\in\mathbb{N};\\
r_{m,m'}(\varphi) &= \sum_{\substack{\alpha\in\mathbb{N}^n\\|\alpha|\le m}}\sum_{\substack{\beta\in\mathbb{N}^n\\|\beta|\le m'}}\sup_{x\in\mathbb{R}^n}\left|x^\alpha D^\beta\varphi(x)\right|, \ m,m'\in\mathbb{N};\\
s_{m,m'}(\varphi) &= \sum_{\alpha\in\mathbb{N}^n,|\alpha|\le m'}(1+|x|)^m\left|D^\alpha\varphi(x)\right|, \ m,m'\in\mathbb{N},\\
t_{m,m'}(\varphi) &= \sup_{\substack{\alpha\in\mathbb{N}^n,|\alpha|\le m'\\ x\in\mathbb{R}^n}}\left(1+|x|^2\right)^{m/2}\left|D^\alpha\varphi(x)\right|, \ m,m'\in\mathbb{N},
\end{aligned}$$

il y'a d'autres variantes dont l'équivalence se démontre d'une manière simple et naturelle.

Alors $\mathcal{S}(\mathbb{R}^n)$ est un espace vectoriel localement convexe métrisable. Donc une suite $\left(\varphi_j\right)_{j\in\mathbb{N}}$ de fonctions de $\mathcal{S}(\mathbb{R}^n)$ converge vers une fonction $\varphi\in\mathcal{S}(\mathbb{R}^n)$ dans l'espace $\mathcal{S}(\mathbb{R}^n)$ si :

$$\lim_{j\to+\infty}N_p\left(\varphi_j-\varphi\right)=0, \text{ pour tout } p\in\mathbb{N}.$$

Ainsi, une suite $\left(\varphi_j\right)_{j\in\mathbb{N}}$ de fonctions de $\mathcal{S}(\mathbb{R}^n)$ converge vers une fonction $\varphi\in\mathcal{S}(\mathbb{R}^n)$ si et seulement si la suite de fonctions $\left(x^\alpha D^\beta\varphi_j\right)_{j\in\mathbb{N}}$ converge uniformément sur $\mathbb{R}^n$ vers $x^\alpha D^\beta\varphi$ pour tout $\alpha,\beta\in\mathbb{N}^n$.

On vérifie que $\mathcal{S}(\mathbb{R}^n)$ est complet, il est alors un espace de Fréchet.

En effet, soit $\left(\varphi_j\right)_{j\in\mathbb{N}}$ une suite de Cauchy dans $\mathcal{S}(\mathbb{R}^n)$, alors :

$$\forall\varepsilon>0,\exists N\in\mathbb{N},\ \forall p,q\in\mathbb{N},\ p,q>N,\ q_{l,m}\left(\varphi_p-\varphi_q\right)<\varepsilon,$$

ou bien

$$\forall\varepsilon>0,\exists N\in\mathbb{N},\ \forall p,q\in\mathbb{N},p,q>N,\forall\alpha,\beta\in\mathbb{N}^n,\ \left|x^\alpha D^\beta\varphi_p(x)-x^\alpha D^\beta\varphi_q(x)\right|<\varepsilon,$$

pour tout $x\in\mathbb{R}^n$. Ainsi, $\left(\varphi_j\right)_{j\in\mathbb{N}}$ est une suite de Cauchy dans $\mathcal{E}(\mathbb{R}^n)$, or $\mathcal{E}(\mathbb{R}^n)$ est complet donc $\left(\varphi_j\right)_{j\in\mathbb{N}}$ converge dans $\mathcal{E}(\mathbb{R}^n)$ vers φ et $D^\beta\varphi_j\longrightarrow D^\beta\varphi$ pour tout $\beta\in\mathbb{N}^n$. On montre que $\varphi\in\mathcal{S}(\mathbb{R}^n)$ ou bien $q_{l,m}(\varphi)<+\infty$.

On a,

$$\begin{aligned}\left|x^\alpha D^\beta \varphi(x)\right| &= \left|x^\alpha D^\beta \varphi(x) - x^\alpha D^\beta \varphi_j(x) + x^\alpha D^\beta \varphi_j(x)\right| \\ &\leq \left|x^\alpha D^\beta \varphi(x) - x^\alpha D^\beta \varphi_j(x)\right| + \left|x^\alpha D^\beta \varphi_j(x)\right| \\ &\leq \varepsilon + \left|x^\alpha D^\beta \varphi_j(x)\right| \text{ pour } j \text{ assez grand.}\end{aligned}$$

$$q_{l,m}(\varphi) \leq \varepsilon + \sup_{\substack{\alpha,\beta\in\mathbb{N}^n,|\alpha|\leq l \\ |\beta|\leq m, x\in\mathbb{R}^n}} \left|x^\alpha D^\beta \varphi_j(x)\right| = \varepsilon + q_{l,m}(\varphi_j), \ j \text{ assez grand.}$$

puisque $\varphi_j \in \mathcal{S}(\mathbb{R}^n)$. Alors $q_{l,m}(\varphi) < +\infty$ et $\varphi \in \mathcal{S}(\mathbb{R}^n)$.
D'autre part, la suite $(\varphi_j)_{j\in\mathbb{N}}$ converge vers φ pour la topologie de $\mathcal{S}(\mathbb{R}^n)$ car par continuité de l'application M^α de $\mathcal{S}(\mathbb{R}^n)$ dans $\mathcal{S}(\mathbb{R}^n)$, on en déduit que $\left|x^\alpha D^\beta \varphi_j(x) - x^\alpha D^\beta \varphi(x)\right| < \varepsilon$ pour tout $x \in \mathbb{R}^n, \alpha, \beta \in \mathbb{N}^n$ et $p, q \in \mathbb{N}$, $p, q > N$.
D'où, $\lim_{j\to+\infty} q_{l,m}(\varphi_j - \varphi) = 0$.

Proposition 6.3 Soient $\alpha \in \mathbb{N}^n$, $\varphi, \psi \in \mathcal{S}(\mathbb{R}^n)$ et $P = \sum_{\substack{\gamma\in\mathbb{N}^n \\ |\gamma|\leq q}} a_\gamma M^\gamma$ un polynôme de degré γ à coefficients constants a_γ où M^γ désigne la fonction monomiale $x \mapsto x^\gamma$. Alors les applications suivantes sont continues de $\mathcal{S}(\mathbb{R}^n)$ dans $\mathcal{S}(\mathbb{R}^n)$:

$$\varphi \longmapsto D^\alpha \varphi; \ \varphi \longmapsto \varphi\psi; \ \varphi \longmapsto M^\alpha \varphi \text{ et } \varphi \longmapsto P\varphi.$$

Démonstration.

(1) On a pour tout $\alpha, \beta, \gamma \in \mathbb{N}^n$:

$$p_{\beta,\gamma}(D^\alpha \varphi) = \sup_{x\in\mathbb{R}^n} \left|x^\beta D^\gamma (D^\alpha \varphi)(x)\right| = \sup_{x\in\mathbb{R}^n} \left|x^\beta D^{\alpha+\gamma} \varphi(x)\right| = p_{\beta,\alpha+\gamma}(\varphi),$$

ce qui prouve que l'application D^α est continue de $\mathcal{S}(\mathbb{R}^n)$ dans $\mathcal{S}(\mathbb{R}^n)$.

(2) Pour tout $l, m \in \mathbb{N}$, $q_{l,m}(\varphi\psi) = \sup_{\substack{\alpha,\beta\in\mathbb{N}^n,|\alpha|\leq l \\ |\beta|\leq m, x\in\mathbb{R}^n}} \left|x^\alpha D^\beta (\varphi\psi)(x)\right|$, on a par la formule de Leibniz :

$$D^\beta(\varphi\psi)(x) = \sum_{\substack{\gamma\in\mathbb{N}^n \\ \gamma\leq\beta}} C_\beta^\gamma D^{\beta-\gamma}\varphi(x) D^\gamma \psi(x),$$

donc

$$\begin{aligned}\left|x^\alpha D^\beta(\varphi\psi)(x)\right| &\le \sum_{\substack{\gamma\in\mathbb{N}^n\\ \gamma\le\beta}} C_\beta^\gamma \left|x^\alpha D^{\beta-\gamma}\varphi(x)D^\gamma\psi(x)\right| \\ &= \sum_{\substack{\gamma\in\mathbb{N}^n\\ \gamma\le\beta}} C_\beta^\gamma \left|x^\alpha D^\gamma\psi(x)\right|\left|D^{\beta-\gamma}\varphi(x)\right|,\end{aligned}$$

$$\begin{aligned}q_{l,m}(\varphi\psi) &\le \sum_{\substack{\gamma\in\mathbb{N}^n\\ \gamma\le\beta}} C_\beta^\gamma \sup_{\substack{\alpha,\beta\in\mathbb{N}^n,|\alpha|\le l\\ |\beta|\le m,x\in\mathbb{R}^n}} \left|x^\alpha D^\gamma\psi(x)\right| \sup_{\substack{|\beta-\gamma|\le m\\ x\in\mathbb{R}^n}}\left|D^{\beta-\gamma}\varphi(x)\right| \\ &\le \sum_{\substack{\gamma\in\mathbb{N}^n\\ \gamma\le\beta}} C_\beta^\gamma q_{l,m}(\psi)p_{0,m}(\varphi) = Cq_{l,m}(\psi)q_{0,m}(\varphi) \text{ avec } C = \sum_{\substack{\gamma\in\mathbb{N}^n\\ \gamma\le\beta}} C_\beta^\gamma.\end{aligned}$$

En posant $M = Cq_{l,m}(\psi)$, on trouve $q_{l,m}(\varphi\psi) \le Mq_{0,m}(\varphi)$.

(3) On a, $q_{l,m}(M^\alpha\varphi) = \sup\limits_{\substack{\beta,\gamma\in\mathbb{N}^n,|\beta|\le l\\ |\gamma|\le m,x\in\mathbb{R}^n}} \left|x^\beta D^\gamma(x^\alpha\varphi(x))\right|$. La formule de Leibniz donne :

$$\begin{aligned}D^\gamma(x^\alpha\varphi(x)) &= \sum_{\substack{\mu\in\mathbb{N}^n\\ \mu\le\gamma}} C_\gamma^\mu D^\mu(x^\alpha)D^{\gamma-\mu}\varphi(x) \\ &= \sum_{\substack{\mu\in\mathbb{N}^n\\ \mu\le\gamma}} C_\gamma^\mu \frac{\alpha!}{(\alpha-\mu)!}x^{\alpha-\mu}D^{\gamma-\mu}\varphi(x), \\ \left|x^\beta D^\gamma(x^\alpha\varphi(x))\right| &\le \sum_{\substack{\mu\in\mathbb{N}^n\\ \mu\le\gamma}} C_\gamma^\mu \frac{\alpha!}{(\alpha-\mu)!}\left|x^{\alpha-\mu+\beta}D^{\gamma-\mu}\varphi(x)\right|,\end{aligned}$$

$$\begin{aligned}q_{l,m}(M^\alpha\varphi) &\le \sum_{\mu\in\mathbb{N}^n,\mu\le\gamma} C_\gamma^\mu\frac{\alpha!}{(\alpha-\mu)!} \sup_{\substack{|\alpha+\beta-\mu|\le l+|\alpha|\\ |\gamma-\mu|\le m,x\in\mathbb{R}^n}}\left|x^{\alpha-\mu+\beta}D^{\gamma-\mu}\varphi(x)\right| \\ &= Cq_{l+|\alpha|,m}(\varphi),\end{aligned}$$

avec $C = \sum\limits_{\substack{\mu\in\mathbb{N}^n\\ \mu\le\gamma}} C_\gamma^\mu\frac{\alpha!}{(\alpha-\mu)!}$. Cela signifie que l'application $\varphi \longmapsto M^\alpha\varphi$ est continue de $\mathcal{S}(\mathbb{R}^n)$ dans $\mathcal{S}(\mathbb{R}^n)$.

(4) Soit $P = \sum_{\substack{\gamma\in\mathbb{N}^n\\|\gamma|\leq q}} a_\gamma M^\gamma$ un polynôme à coefficients constants de degré q.

$$
\begin{aligned}
q_{l,m}(P\varphi) &= \sup_{\substack{\alpha,\beta\in\mathbb{N}^n|\alpha|\leq l\\|\beta|\leq m, x\in\mathbb{R}^n}} \left|x^\alpha D^\beta (P\varphi)(x)\right| \\
&= \sup_{\substack{\alpha,\beta\in\mathbb{N}^n,|\alpha|\leq l\\|\beta|\leq m, x\in\mathbb{R}^n}} \left|x^\alpha D^\beta \left(\sum_{\gamma\in\mathbb{N}^n,|\gamma|\leq q} a_\gamma x^\gamma \varphi(x)\right)\right| \\
&= \sup_{\substack{\alpha,\beta\in\mathbb{N}^n,|\alpha|\leq l\\|\beta|\leq m, x\in\mathbb{R}^n}} \left|x^\alpha \left(\sum_{\gamma\in\mathbb{N}^n,|\gamma|\leq q} a_\gamma D^\beta (x^\gamma \varphi(x))\right)\right| \\
&= \sup_{\substack{\alpha,\beta\in\mathbb{N}^n,|\alpha|\leq l\\|\beta|\leq m, x\in\mathbb{R}^n}} \left|x^\alpha \left(\sum_{\substack{\gamma\in\mathbb{N}^n\\|\gamma|\leq q}} a_\gamma \sum_{\mu\in\mathbb{N}^n,\mu\leq\beta} C_\beta^\mu \frac{\gamma!}{(\gamma+\mu-\beta)!} x^{\gamma+\mu-\beta} D^\mu \varphi(x)\right)\right| \\
&\leq \left(\sum_{\substack{\gamma\in\mathbb{N}^n\\|\gamma|\leq q}} \sum_{\substack{\mu\in\mathbb{N}^n\\\mu\leq\beta}} \left|a_\gamma\right| C_\beta^\mu \frac{\gamma!}{(\gamma+\mu-\beta)!}\right) \sup_{\substack{|\alpha+\gamma+\mu-\beta|\leq l+q+m\\|\mu|\leq m, x\in\mathbb{R}^n}} \left|x^{\alpha+\gamma+\mu-\beta} D^\mu \varphi(x)\right| \\
&\leq Cq_{l+q+m,m}(\varphi) \text{ avec } C = \sum_{\substack{\gamma\in\mathbb{N}^n\\|\gamma|\leq q}} \sum_{\substack{\mu\in\mathbb{N}^n\\\mu\leq\beta}} \left|a_\gamma\right| C_\beta^\mu \frac{\gamma!}{(\gamma+\mu-\beta)!}.
\end{aligned}
$$

□

Exemple 6.4 Soit Ω un ouvert de $\mathbb{R}^n$, on note :
$\mathcal{C}_0(\Omega) = \{\varphi : \Omega \longrightarrow \mathbb{C}$ continue : $\forall\varepsilon > 0$, $\exists K \subset \Omega$ compact tel que $|\varphi(x)| < \varepsilon$ pour tout $x \in \Omega\backslash K\}$ appelé espace des fonctions continues sur Ω et nulles à l'infini. On muni $\mathcal{C}_0(\Omega)$ de la norme de la convergence uniforme $\|\varphi\|_\infty = \sup_{x\in\Omega} |\varphi(x)|$. La topologie de la convergence uniforme sur $\mathcal{C}_0(\Omega)$ est en fait induite par celle de $L^\infty(\Omega)$. $\mathcal{C}_0(\Omega)$ est un espace de Banach. Pour voir que $\mathcal{S}(\mathbb{R}^n)$ s'injecte continûment dans $\mathcal{C}_0(\Omega)$ il suffit de remarquer que pour $\alpha = \beta = 0$, on a $p_{0,0}(\varphi) = \|\varphi\|_\infty = \sup_{x\in\Omega} |\varphi(x)|$. En particulier, il est bien connu que $\mathcal{C}_0(\Omega)$ et $k(\Omega)$ sont denses dans tout espace $L^p(\mathbb{R}^n)$, $p \in [1, +\infty[$.

Proposition 6.4

(1) $\mathcal{S}(\mathbb{R}^n) \hookrightarrow \mathcal{E}(\mathbb{R}^n)$ (injection continue).

(2) $\mathcal{S}(\mathbb{R}^n) \hookrightarrow L^p(\mathbb{R}^n)$, $p \in [1,+\infty]$.

(3) $\mathcal{D}(\mathbb{R}^n) \hookrightarrow \mathcal{S}(\mathbb{R}^n)$.

(4) $\mathcal{D}(\mathbb{R}^n)$ est dense dans $\mathcal{S}(\mathbb{R}^n)$.

(5) $\mathcal{D}(\mathbb{R}^n)$ est dense dans $L^p(\mathbb{R}^n)$, $p \in [1,+\infty[$.

(6) $\mathcal{S}(\mathbb{R}^n)$ est dense dans $L^p(\mathbb{R}^n)$, $p \in [1,+\infty[$.

Démonstration.

(1) Il est clair que $\mathcal{S}(\mathbb{R}^n) \subset \mathcal{E}(\mathbb{R}^n)$. Montrons que l'injection naturelle i de $\mathcal{S}(\mathbb{R}^n)$ dans $\mathcal{E}(\mathbb{R}^n)$ est continue. $s_{K,m}(\varphi) = \sup\limits_{\substack{\beta\in\mathbb{N}^n, |\beta|\le m \\ x\in K}} \left|D^\beta\varphi(x)\right|$, $n \in \mathbb{N}$, K compact de $\mathbb{R}^n$, est la famille de semi-normes définie sur $\mathcal{E}(\mathbb{R}^n)$. Alors, puisque

$$\sup_{\substack{\beta\in\mathbb{N}^n, |\beta|\le m \\ x\in K}} \left|D^\beta\varphi(x)\right| \le \sup_{\substack{\beta\in\mathbb{N}^n, |\beta|\le m \\ x\in \mathbb{R}^n}} \left|D^\beta\varphi(x)\right|,$$

on a $s_{K,m}(i(\varphi)) = s_{K,m}(\varphi) \le p_{0,m}(\varphi)$ pour tout $\varphi \in \mathcal{S}(\mathbb{R}^n)$, ce qui exprime la continuité de i.

(2) Si $p \in [1,+\infty[$ et $\varphi \in \mathcal{S}(\mathbb{R}^n)$, on a :

$$\begin{aligned} |\varphi(x)| = \left|\left(1+|x|^2\right)^n \varphi(x)\right| \frac{1}{\left|\left(1+|x|^2\right)^n\right|} &\le \frac{1}{\left(1+|x|^2\right)^n} \sup_{x\in\mathbb{R}^n} \left|\left(1+|x|^2\right)^n \varphi(x)\right| \\ &= \frac{1}{\left(1+|x|^2\right)^n} t_{2n,0}(\varphi). \end{aligned}$$

On pose $f_n(x) = \frac{1}{\left(1+|x|^2\right)^n}$. Alors $f_n \in L^p(\mathbb{R}^n)$ car $0 < f_n(x) \le 1$ et $(f_n(x))^p \le f_n(x)$ pour tout $x \in \mathbb{R}^n$, par suite :

$$\|f_n\|_p^p = \int_{\mathbb{R}^n} |f_n(x)|^p\,dx \le \int_{\mathbb{R}^n} |f_n(x)|\,dx = \|f_n\|_1 = \pi^n,$$

ou bien $\|f_n\|_p \le \pi^{\frac{n}{p}} < +\infty$.

En effet, si $x = (x_1, \ldots, x_n) \in \mathbb{R}^n$:

$$\frac{1}{1+|x|^2} = \frac{1}{1+x_1^2+\ldots+x_n^2} \le \frac{1}{1+x_j^2},\ j \in \{1,\ldots,n\},$$

c'est à dire

$$\frac{1}{1+|x|^2} \leq \frac{1}{1+x_1^2}; \quad \frac{1}{1+|x|^2} \leq \frac{1}{1+x_2^2}; \ldots; \quad \frac{1}{1+|x|^2} \leq \frac{1}{1+x_n^2},$$

et alors

$$\begin{aligned}
\frac{1}{\left(1+|x|^2\right)^n} &\leq \frac{1}{1+x_1^2} \times \frac{1}{1+x_2^2} \times \ldots \times \frac{1}{1+x_n^2}, \\
\int_{\mathbb{R}^n} \frac{dx}{\left(1+|x|^2\right)^n} &\leq \int_{\mathbb{R}^n} \frac{dx_1 \ldots dx_n}{\left(1+x_1^2\right) \ldots \left(1+x_n^2\right)} = \int_{\mathbb{R}} \frac{dx}{1+x_1^2} \times \ldots \times \int_{\mathbb{R}} \frac{dx}{1+x_n^2}, \\
&= \left(\int_{\mathbb{R}} \frac{dt}{1+t^2} \right)^n = \left([\arctan t]_{-\infty}^{+\infty} \right)^n = \pi^n.
\end{aligned}$$

Finalement, $f_n \in L^p(\mathbb{R}^n)$ et $\mathcal{S}(\mathbb{R}^n) \hookrightarrow L^p(\mathbb{R}^n)$ pour tout $p \in [1, +\infty[$ car

$$\|\varphi\|_p \leq \|f_n\|_p \, t_{2n,0}(\varphi) \leq \pi^{\frac{n}{p}} t_{2n,0}(\varphi), \; \varphi \in \mathcal{S}(\mathbb{R}^n).$$

Si $p = +\infty$ et $\varphi \in \mathcal{S}(\mathbb{R}^n)$, alors φ est bornée et donc essentiellement bornée, ainsi $\varphi \in L^\infty(\mathbb{R}^n)$ et on a $\|\varphi\|_\infty = \sup_{x \in \mathbb{R}^n} ess|\varphi(x)| = t_{0,0}(\varphi)$, ce qui montre que $\mathcal{S}(\mathbb{R}^n) \hookrightarrow L^\infty(\mathbb{R}^n)$.

(3) Soit $\varphi \in \mathcal{D}(\mathbb{R}^n)$ et K son support, on a pour $\alpha, \beta \in \mathbb{N}^n$:

$$p_{\alpha,\beta}(\varphi) = \sup_{x \in \mathbb{R}^n} \left| x^\alpha D^\beta \varphi(x) \right| = \sup_{x \in K} \left| x^\alpha D^\beta \varphi(x) \right| < +\infty,$$

donc $\varphi \in \mathcal{S}(\mathbb{R}^n)$.

Comme $\mathcal{D}(\mathbb{R}^n) = \bigcup_{K \text{ compact de } \mathbb{R}^n} \mathcal{D}(\mathbb{R}^n, K)$, il suffit de montrer la continuité de l'injection de $\mathcal{D}(\mathbb{R}^n, K)$ dans $\mathcal{S}(\mathbb{R}^n)$ pour tout compact K de $\mathbb{R}^n$. Soit $\left(\varphi_j\right)_{j \in \mathbb{N}}$ une suite de $\mathcal{D}(\mathbb{R}^n, K)$ telle que $\lim_{j \to +\infty} \varphi_j = 0$ dans $\mathcal{D}(\mathbb{R}^n, K)$.

On sait que l'opérateur de dérivation D^β est continue de $\mathcal{D}(\mathbb{R}^n)$ dans $\mathcal{D}(\mathbb{R}^n)$ et comme $Supp D^\beta \varphi_j \subset Supp \varphi_j$, alors $D^\beta \varphi_j \in \mathcal{D}(\mathbb{R}^n, K)$ pour tout $j \in \mathbb{N}$, $\lim_{j \to +\infty} D^\beta \varphi_j = 0$ dans $\mathcal{D}(\mathbb{R}^n, K)$ et $\lim_{j \to +\infty} D^\beta \varphi_j = 0$ uniformément sur $\mathbb{R}^n$. D'autre part,

$$p_{\alpha,\beta}(\varphi_j) = \sup_{x \in K} \left| x^\alpha D^\beta \varphi_j(x) \right|$$

$$\begin{aligned}
&\leq M_{K,\alpha} \sup_{x\in K} \left|D^\beta \varphi_j(x)\right| \\
&= M_{K,\alpha} p_{0,\beta}\left(\varphi_j\right) = M_K p_{K,\beta}\left(\varphi_j\right),
\end{aligned}$$

avec $M_K = \sup_{x\in K} |x^\alpha|$ et $p_{K,\beta}$ est la famille de semi-normes de $\mathcal{D}(\mathbb{R}^n, K)$. Ce qui signifie que $\mathcal{D}(\mathbb{R}^n, K)$ et $\mathcal{D}(\mathbb{R}^n)$ s'injectent continûment dans $\mathcal{S}(\mathbb{R}^n)$.

(4) Soient $\varphi \in \mathcal{S}(\mathbb{R}^n)$ et $K = \{x \in \mathbb{R}^n : |x| \leq 1\}$. On sait qu'il existe une fonction $\theta \in \mathcal{D}(\mathbb{R}^n)$ telle que $\theta = 1$ dans un voisinage relativement compact de K. Posons $\varphi_\varepsilon(x) = \theta(\varepsilon x)\varphi(x)$, $\varepsilon > 0$. Alors φ_ε est de classe C^∞ sur $\mathbb{R}^n$, de plus $Supp\varphi_\varepsilon \subset \left\{x \in \mathbb{R}^n : |x| > \frac{1}{\varepsilon}\right\}$, compact de $\mathbb{R}^n$, par conséquent $\varphi_\varepsilon \in \mathcal{D}(\mathbb{R}^n)$. Montrons que la suite $(\varphi_\varepsilon)_{\varepsilon>0}$ converge vers φ pour la topologie de φ_ε, lorsque $\varepsilon \to 0$. Posons $g_\varepsilon(x) = \varphi_\varepsilon(x) - \varphi(x) = \varphi(x)(\theta(\varepsilon x) - 1)$, $x \in \mathbb{R}^n$ et $0 < \varepsilon < 1$.

$$\begin{aligned}
D^\beta g_\varepsilon(x) &= D^\beta(\varphi(x)(\theta(\varepsilon x) - 1)) = \sum_{\substack{\gamma\in\mathbb{N}^n\\ \gamma\leq\beta}} C_\beta^\gamma D^\gamma(\theta(\varepsilon x) - 1) D^{\beta-\gamma}\varphi(x) \\
&= \sum_{\substack{\gamma\in\mathbb{N}^n\\ \gamma\leq\beta}} C_\beta^\gamma \varepsilon^{|\gamma|} (D^\gamma\theta)(\varepsilon x) D^{\beta-\gamma}\varphi(x). \\
\left|x^\alpha D^\beta g_\varepsilon(x)\right| &\leq \sum_{\substack{\gamma\in\mathbb{N}^n\\ \gamma\leq\beta}} C_\beta^\gamma \varepsilon^{|\gamma|} |(D^\gamma\theta)(\varepsilon x)| \left|x^\alpha D^{\beta-\gamma}\varphi(x)\right|, \ \alpha, \beta \in \mathbb{N}^n.
\end{aligned}$$

Or, pour tout $\gamma \in \mathbb{N}^n$, on a

$$\left|\varepsilon^{|\gamma|}(D^\gamma\theta)(\varepsilon x)\right| \leq |(D^\gamma\theta)(\varepsilon x)|,$$

et

$$\sup_{x\in\mathbb{R}^n} \left|\varepsilon^{|\gamma|}(D^\gamma\theta)(\varepsilon x)\right| \leq \sup_{xß\mathbb{R}^n} |(D^\gamma\theta)(\varepsilon x)| = \sup_{y\in\mathbb{R}^n} \left|\varepsilon^{|\gamma|}(D^\gamma\theta)(y)\right|.$$

Donc

$$\sup_{\substack{x\in\mathbb{R}^n\\ 0<\varepsilon<1}} |(D^\gamma\theta)(\varepsilon x)| \leq \sup_{x\in\mathbb{R}^n} |D^\gamma\theta(x)|, \ \forall\gamma \in \mathbb{N}^n,$$

et

$$\begin{aligned}
\sup_{x\in\mathbb{R}^n} \left|x^\alpha D^\beta g_\varepsilon(x)\right| &= \sup_{|x|>\frac{1}{\varepsilon}} \left|x^\alpha D^\beta g_\varepsilon(x)\right| \leq \sum_{\substack{\gamma\in\mathbb{N}^n\\ \gamma\leq\beta}} C_\beta^\gamma \sup_{|x|>\frac{1}{\varepsilon}} \left(|D^\gamma\theta(x)| \left|x^\alpha D^{\beta-\gamma}\varphi(x)\right|\right), \\
&\leq C_{\theta,\beta} \sup_{\substack{|x|>\frac{1}{\varepsilon}\\ \gamma\leq\beta}} \left|x^\alpha D^{\beta-\gamma}\varphi(x)\right|,
\end{aligned}$$

avec $C_{\theta,\beta} = \sup_{\substack{|x|>\frac{1}{\varepsilon}\\ \gamma\leq\beta}} |D^\gamma\theta(x)| \sum_{\substack{\gamma\in\mathbb{N}^n\\ \gamma\leq\beta}} C_\beta^\gamma$. D'où,

$$p_{\alpha,\beta}(g_\varepsilon) \leq C_{\theta,\beta} \sup_{\substack{|x|>\frac{1}{\varepsilon}\\ \gamma\leq\beta}} \left| x^\alpha D^{\beta-\gamma}\varphi(x) \right|, \; \alpha,\beta \in \mathbb{N}^n.$$

On sait que $x^\alpha D^{\beta-\gamma}\varphi \in \mathcal{S}(\mathbb{R}^n)$, donc lorsque $\varepsilon \to 0^+$, $|x| \to +\infty$, par conséquent $x^\alpha D^{\beta-\gamma}\varphi(x) \to 0$, $\forall \gamma \leq \beta$, ainsi $p_{\alpha,\beta}(g_\varepsilon) \to 0$ si $\varepsilon \to 0^+$. Ce qui montre que la suite $(g_\varepsilon)_{\varepsilon>0}$ converge vers 0 lorsque $\varepsilon \to 0^+$.

(5) On sait qu'il existe $\rho \in \mathcal{D}(\mathbb{R}^n)$, $\rho \geq 0$, $Supp\rho \subset \overline{B(0,1)} = \{x \in \mathbb{R}^n : |x| \leq 1\}$ telle que $\int_{\mathbb{R}^n} \rho(y)dy = 1$. Pour $\varepsilon > 0$, on pose $\rho_\varepsilon(x) = \frac{1}{\varepsilon^n}\rho\left(\frac{x}{\varepsilon}\right)$. Alors $\rho_\varepsilon \in \mathcal{D}(\mathbb{R}^n)$, $\varepsilon > 0$.

Soit $\varphi \in L^p(\mathbb{R}^n)$, $p \in [1,+\infty]$, on pose

$$\begin{aligned} \varphi_\varepsilon(x) &= (\varphi * \rho_\varepsilon)(x) = \int_{\mathbb{R}^n} \varphi(x-y)\rho_\varepsilon(y)dy \\ &= \int_{\mathbb{R}^n} \varphi(x-y)\frac{1}{\varepsilon^n}\rho\left(\frac{y}{\varepsilon}\right)dy = \int_{\mathbb{R}^n} \varphi(x-\varepsilon t)\rho(t)dt. \end{aligned}$$

Il est clair que φ_ε est de classe C^∞ sur $\mathbb{R}^n$ et que φ_ε est nulle en dehors du support de la fonction troncature ρ, donc $\varphi_\varepsilon \in \mathcal{D}(\mathbb{R}^n)$ pour $\varepsilon > 0$. On montre que la suite $(\varphi_\varepsilon)_{\varepsilon>0}$ converge vers φ dans $L^p(\mathbb{R}^n)$ lorsque $\varepsilon \to 0^+$.

$$\begin{aligned} \varphi_\varepsilon(x) - \varphi(x) &= \int_{\mathbb{R}^n} \varphi(x-\varepsilon t)\rho(t)dt - \int_{\mathbb{R}^n} \varphi(x)\rho(t)dt \\ &= \int_{\mathbb{R}^n} [\varphi(x-\varepsilon t) - \varphi(x)]\rho(t)dt, \\ |\varphi_\varepsilon(x) - \varphi(x)| &\leq \int_{\overline{B(0,1)}} |\varphi(x-\varepsilon t) - \varphi(x)|\rho(t)dt. \end{aligned}$$

Puisque $k(\mathbb{R}^n)$ est dense dans $L^p(\mathbb{R}^n)$, $p \in [1,+\infty[$, il existe une suite $(\varphi_j)_{j\in\mathbb{N}}$ dans $k(\mathbb{R}^n)$ telle que :

$$\forall \alpha > 0, \exists J \in \mathbb{N},\; j \geq J \Longrightarrow \left\|\varphi_j - \varphi\right\|_p < \frac{\alpha}{3}.$$

Soit $j_0 \in \mathbb{N}$, $j_0 \geq J$, fixé.

$$\|\varphi_\varepsilon - \varphi\|_p \leq \left\|\varphi * \rho_\varepsilon - \varphi_{j_0} * \rho_\varepsilon\right\|_p + \left\|\varphi_{j_0} * \rho_\varepsilon - \varphi_{j_0}\right\|_p + \left\|\varphi_{j_0} - \varphi\right\|_p .$$

On a $\left\|\varphi_{j_0} - \varphi\right\|_p < \frac{\alpha}{3}$, de plus puisque φ_{j_0} est uniformément continue sur son support :

$$\forall \delta > 0, \exists \varepsilon_0 > 0, \varepsilon < \varepsilon_0,\ \forall x, y \in \mathbb{R}^n,\ \left|x - y\right| < \varepsilon_0 \Longrightarrow \left|\varphi_{j_0}(x) - \varphi_{j_0}(y)\right| < \delta.$$

Si $\varepsilon < \varepsilon_0$, on a aussi $|x - \varepsilon t - x| = \varepsilon |t| \leq \varepsilon < \varepsilon_0$ sur le support de ρ, $\left|\varphi_{j_0}(x - \varepsilon t) - \varphi_{j_0}(x)\right| < \delta$ et alors :

$$\sup \left|\varphi_{j_0} * \rho_\varepsilon(x) - \varphi_{j_0}(x)\right| < \delta,$$

$$\begin{aligned} \left\|\varphi_{j_0} * \rho_\varepsilon - \varphi_{j_0}\right\|_p &= \left(\int_{\overline{B(0,1)}} \left|\varphi_{j_0} * \rho_\varepsilon(x) - \varphi_{j_0}(x)\right|^p dx \right)^{1/p} \\ &\leq C \sup_{x \in \overline{B(0,1)}} \left|\varphi_{j_0} * \rho_\varepsilon(x) - \varphi_{j_0}(x)\right| < C\delta. \end{aligned}$$

En choisissant δ assez petit, on trouve $\left\|\varphi_{j_0} * \rho_\varepsilon - \varphi_{j_0}\right\|_p < \frac{\alpha}{3}$.

Supposons que l'inégalité $\left\|v * \rho_\varepsilon\right\|_p \leq \|v\|_p$ est satisfaite pour tout $v \in L^p(\mathbb{R}^n)$. Alors, on aura dans ce cas $\left\|\varphi * \rho_\varepsilon - \varphi_{j_0} * \rho_\varepsilon\right\|_p \leq \left\|\varphi - \varphi_{j_0}\right\|_p < \frac{\alpha}{3}$. On trouve finalement,

$$\forall \alpha > 0, \exists \varepsilon_1 > 0,\ \varepsilon < \varepsilon_1 \Longrightarrow \|\varphi_\varepsilon - \varphi\|_p \leq \frac{\alpha}{3} + \frac{\alpha}{3} + \frac{\alpha}{3} = \alpha.$$

Pour terminer vérifions l'inégalité $\left\|v * \rho_\varepsilon\right\|_p \leq \|v\|_p$ dans $L^p(\mathbb{R}^n)$.

$$\left\|v * \rho_\varepsilon\right\|_p = \left(\int_{\mathbb{R}^n_x} \left| \int_{\mathbb{R}^n_t} \rho_\varepsilon(t) v(x - t) dt \right|^p dx \right)^{1/p} .$$

Comme $\rho_\varepsilon \geq 0$, on peut écrire $\rho_\varepsilon = \rho_\varepsilon^{\frac{1}{p}} \rho_\varepsilon^{1-\frac{1}{p}}$ si $1 < p < +\infty$. Par l'inégalité de Hölder, on a :

$$\int_{\mathbb{R}_t^n} \rho_\varepsilon(t) v(x-t) dt \leq \left(\int_{\mathbb{R}_t^n} \rho_\varepsilon(t) |v(x-t)|^p \, dt \right)^{1/p} \left(\int_{\mathbb{R}_t^n} \rho_\varepsilon(t)^{\left(1-\frac{1}{p}\right)q} dt \right)^{1/q},$$

où $\frac{1}{p} + \frac{1}{q} = 1$. Puisque $\left(1 - \frac{1}{p}\right) q = 1$ et $\int_{\mathbb{R}^n} \rho_\varepsilon(t) dt = 1$, on a par le théorème de Fubini :

$$\left| \int_{\mathbb{R}_t^n} \rho_\varepsilon(t) v(x-t) dt \right|^p \leq \int_{\mathbb{R}_t^n} \rho_\varepsilon(t) |v(x-t)|^p \, dt,$$

$$\int_{\mathbb{R}_x^n} \left(\int_{\mathbb{R}_t^n} \rho_\varepsilon(t) |v(x-t)|^p \, dt \right) dx = \int_{\mathbb{R}_x^n} \rho_\varepsilon(t) \left(\int_{\mathbb{R}_t^n} |v(x-t)|^p \, dx \right) dt = \|v\|_p^p.$$

Le cas $p = 1$ s'obtient directement à partir du théorème de Fubini.

(6) On a $\mathcal{D}(\mathbb{R}^n) \hookrightarrow \mathcal{S}(\mathbb{R}^n) \hookrightarrow L^p(\mathbb{R}^n)$, $p \in [1, +\infty[$. La suite $(\varphi_\varepsilon)_{\varepsilon > 0}$ utilisée dans la démonstration précédente peut être considérée en tant que suite d'éléments de $\mathcal{S}(\mathbb{R}^n)$ qui tend vers φ au sens de la topologie de l'espace $L^p(\mathbb{R}^n)$.

□

Corollaire 6.1 L'espace $\mathcal{S}(\mathbb{R}^n)$ est dense dans $\mathcal{E}(\mathbb{R}^n)$.

Démonstration. On a $\mathcal{D}(\mathbb{R}^n) \hookrightarrow \mathcal{S}(\mathbb{R}^n) \hookrightarrow \mathcal{E}(\mathbb{R}^n)$, $\mathcal{D}(\mathbb{R}^n)$ est dense dans $\mathcal{S}(\mathbb{R}^n)$ et $\mathcal{D}(\mathbb{R}^n)$ est dense dans $\mathcal{E}(\mathbb{R}^n)$, alors le théorème de transitivité dit que $\mathcal{S}(\mathbb{R}^n)$ est dense dans $\mathcal{E}(\mathbb{R}^n)$. □

Exemple 6.5 Soit $\phi \in \mathcal{S}(\mathbb{R}^n)$, alors pour toute distribution à support compact $S \in \mathcal{E}'(\mathbb{R}^n)$, on a $S * \phi \in \mathcal{S}(\mathbb{R}^n)$. En effet, $S * \phi \in \mathcal{C}^\infty(\mathbb{R}^n)$ puisque ϕ l'est, puis la propriété de continuité des distributions à support compact montre que, pour tout $\alpha, \beta \in \mathbb{N}^n$, on a pour tout $x \in \mathbb{R}^n$ en notant $m \in \mathbb{N}$ l'ordre de la distribution à support compact S et $R > 0$ tel que

$Supp(S) \subset \overline{B(0,R)}$:

$$\begin{aligned}
\left|x^{\alpha} D^{\beta}(S * \phi)(x)\right| &= \left|x^{\alpha}\left(S * D^{\beta} \phi\right)(x)\right| = \left|x^{\alpha}\left\langle S, D^{\beta} \phi(x-.)\right\rangle\right| \\
&\leq |x^{\alpha}| C \max_{|\gamma| \leq |\beta|+m} \sup_{y \leq R} \left|D^{\gamma} \phi(x+y)\right| \\
&\leq C \max_{|\gamma| \leq |\beta|+m} \sup_{|y| \leq R} \left|(x+y-y)^{\alpha} D^{\gamma} \phi(x+y)\right| \\
&\leq 2^{|\alpha|-1} C \max_{|\gamma| \leq |\beta|+m} \sup_{z \in \mathbb{R}^n} (|z^{\alpha}| + R^{\alpha}) \left|D^{\gamma} \phi(z)\right|.
\end{aligned}$$

Donc

$$N_p(S * \phi) = \sum_{\substack{\alpha, \beta \in \mathbb{N}^n \\ |\alpha|, |\beta| \leq p}} \sup_{x \in \mathbb{R}^n} \left|x^{\alpha} D^{\beta}(S * \phi)(x)\right| \leq 2^{p-1} C (1 + R^p) N_{p+m}(\phi),$$

pour tout $p \in \mathbb{N}$.

6.2.2 L'espace $\mathcal{S}'(\mathbb{R}^n)$ des distributions tempérées

On verra dans la suite de ce cours qu'on ne sait définir la transformation de Fourier que sur un sous-espace de $\mathcal{D}'(\mathbb{R}^n)$, la classe des distributions tempérées que nous allons introduire et étudier.

Définition 6.3 Une distribution tempérée sur $\mathbb{R}^n$ est une forme linéaire continue sur $\mathcal{S}(\mathbb{R}^n)$, c'est à dire une forme linéaire T sur $\mathcal{S}(\mathbb{R}^n)$ telle qu'il existe un entier $p \in \mathbb{N}$ et une constante $C > 0$ pour lesquels

$$|\langle T, \varphi \rangle| \leq C N_p(\varphi), \ \forall \varphi \in \mathcal{S}(\mathbb{R}^n).$$

L'ensemble des distributions tempérées sur $\mathbb{R}^n$ est un $\mathbb{C}$-espace vectoriel, que l'on note $\mathcal{S}'(\mathbb{R}^n)$.

On a aussi,

$$T \in \mathcal{S}'(\mathbb{R}^n) \Leftrightarrow \begin{cases} 1)\ T \text{ est une forme linéaire sur } \mathcal{S}(\mathbb{R}^n), \\ 2)\ \text{Il existe } C > 0, \text{ telle que } \forall \alpha, \beta \in \mathbb{N}^n,\ |\langle T, \varphi \rangle| \leq C p_{\alpha,\beta}(\varphi), \\ \forall \varphi \in \mathcal{S}(\mathbb{R}^n). \end{cases}$$

Comme $\mathcal{D}(\mathbb{R}^n) \subset \mathcal{S}(\mathbb{R}^n)$, toute distribution tempérée $T \in \mathcal{S}'(\mathbb{R}^n)$ définit par restriction une forme linéaire continue distribution sur $\mathbb{R}^n$ donc $T \in \mathcal{D}'(\mathbb{R}^n)$.

En effet, pour toute fonction test $\varphi \in \mathcal{S}(\mathbb{R}^n)$ à support dans un compact K de $\mathbb{R}^n$, on a pour $p \in \mathbb{N}$:

$$N_p(\varphi) \leq (p+1)^{2n} \left(\sup_{x \in K} (1+|x|) \right)^p \max_{|\beta| \leq p} \sup_{x \in K} \left| D^\beta \varphi(x) \right|.$$

Donc la topologie de $\mathcal{D}(\mathbb{R}^n)$ est plus fine que celle induite par $\mathcal{S}(\mathbb{R}^n)$. Par conséquent,

$$\mathcal{S}'(\mathbb{R}^n) \subset \mathcal{D}'(\mathbb{R}^n).$$

Soit $T \in \mathcal{S}'(\mathbb{R}^n)$, on pose $p_\varphi(T) = |\langle T, \varphi \rangle|$, $\varphi \in \mathcal{S}(\mathbb{R}^n)$. Alors $\left(p_\varphi(T)\right)_{\varphi \in \mathcal{S}(\mathbb{R}^n)}$ est une famille de semi-normes sur $\mathcal{S}'(\mathbb{R}^n)$ qui en fait de $\mathcal{S}'(\mathbb{R}^n)$ un espace localement convexe pour la topologie faible sur $\mathcal{S}'(\mathbb{R}^n)$. Alors, une suite $\left(T_j\right)_{j \in \mathbb{N}}$ d'éléments de $\mathcal{S}'(\mathbb{R}^n)$ converge vers $T \in \mathcal{S}'(\mathbb{R}^n)$ dans $\mathcal{S}'(\mathbb{R}^n)$, si

$$\lim_{j \to +\infty} \langle T_j, \varphi \rangle = \langle T, \varphi \rangle, \text{ pour tout } \varphi \in \mathcal{S}(\mathbb{R}^n),$$

autrement dit $\left(T_j\right)_{j \in \mathbb{N}}$ converge simplement vers T sur $\mathcal{S}(\mathbb{R}^n)$.
Il est clair que, si $T_j \to T$ dans $\mathcal{S}'(\mathbb{R}^n)$ alors $T_j \to T$ dans $\mathcal{D}'(\mathbb{R}^n)$. D'autre part, si les T_j ont leur support dans un même K de $\mathbb{R}^n$, la convergence dans $\mathcal{D}'(\mathbb{R}^n)$ est équivalente à la convergence dans $\mathcal{S}'(\mathbb{R}^n)$. La différence entre les deux notions de convergence n'apparaît donc qu'à l'infini. Par exemple la suite $\left(e^{j^4} \delta_j\right)$ converge vers 0 dans $\mathcal{D}'(\mathbb{R})$ mais elle ne converge pas dans $\mathcal{S}'(\mathbb{R})$.

Exemple 6.6 (Quelques distributions, tempérées ou non)

1 On a $\mathcal{S}(\mathbb{R}^n) \subset \mathcal{E}(\mathbb{R}^n)$, donc $\mathcal{E}'(\mathbb{R}^n) \subset \mathcal{S}'(\mathbb{R}^n)$. Toute distribution à support compact est tempérée. Ainsi, $\delta \in \mathcal{S}'(\mathbb{R}^n)$, de même que ses dérivées $\delta^{(\alpha)} \in \mathcal{S}'(\mathbb{R}^n)$, $\alpha \in \mathbb{N}^n$.

2 Toute fonction dans l'espace de Lebesgue $L^p(\mathbb{R}^n)$, avec $p \in [1, +\infty]$, définit une distribution tempérée. En particulier, a toute fonction essentiellement bornée est associée une distribution tempérée.
On sait que $\mathcal{S}(\mathbb{R}^n) \hookrightarrow L^p(\mathbb{R}^n)$, pour tout $p \in [1, +\infty]$. Soient $f \in L^p(\mathbb{R}^n)$ et $\varphi \in \mathcal{S}(\mathbb{R}^n)$, alors $\varphi \in L^r(\mathbb{R}^n)$, $\forall r \in [1, +\infty]$, en particulier $\varphi \in L^q(\mathbb{R}^n)$ avec $\frac{1}{p} + \frac{1}{q} = 1$, donc $f\varphi \in L^1(\mathbb{R}^n)$ et on a par l'inégalité de Hölder :

$$\left| \langle T_f, \varphi \rangle \right| = \left| \int_{\mathbb{R}^n} f(x) \varphi(x) dx \right| \leq \|f\|_p \|\varphi\|_q.$$

D'où,

$$\begin{aligned}\left|\langle T_f,\varphi\rangle\right| &\leq \|f\|_p \left\| \frac{1}{\left(1+|x|^2\right)^n}\left(1+|x|^2\right)^n \varphi\right\|_q \\ &\leq \left\| \frac{1}{\left(1+|x|^2\right)^n}\right\|_q \|f\|_p\, t_{2n,0}(\varphi) = C t_{2n,0}(\varphi),\end{aligned}$$

avec $C = \left\| \frac{1}{(1+|x|^2)^n}\right\|_q \|f\|_p$. Ce qui exprime la continuité de la forme linéaire T_f sur $\mathcal{S}(\mathbb{R}^n)$.

L'application $i : L^p(\mathbb{R}^n) \to \mathcal{S}'(\mathbb{R}^n)$ est injective ou alors

$$L^p(\mathbb{R}^n) \hookrightarrow \mathcal{S}'(\mathbb{R}^n),\ \forall p \in [1,+\infty].$$

En effet, $\langle T_f,\varphi\rangle = \int_{\mathbb{R}^n} f(x)\varphi(x)dx = 0$, $\forall \varphi \in \mathcal{S}(\mathbb{R}^n)$, implique que $\varphi = 0$ presque partout sur $\mathbb{R}^n$, c'est à dire $\varphi = 0$ dans $L^p(\mathbb{R}^n)$.

3 Toute fonction constante sur $\mathbb{R}^n$ définit une distribution tempérée sur $\mathbb{R}^n$. On peut le déduire directement de l'exemple 2.

Si $f(x) = \lambda \in \mathbb{C}$, alors $\langle T_f,\varphi\rangle = \lambda \int_{\mathbb{R}^n} \varphi(x)dx$ est une distribution sur $\mathbb{R}^n$, et $f\varphi \in L^1(\mathbb{R}^n)$ pour tout $\varphi \in \mathcal{S}(\mathbb{R}^n)$.

$$\begin{aligned}\left|\langle T_f,\varphi\rangle\right| &\leq |\lambda| \int_{\mathbb{R}^n} |\varphi(x)|dx = |\lambda| \int_{\mathbb{R}^n} \left(1+|x|^2\right)^n |\varphi(x)| \frac{dx}{\left(1+|x|^2\right)^n} \\ &\leq |\lambda| \int_{\mathbb{R}^n} \frac{dx}{\left(1+|x|^2\right)^n} \sup_{x\in\mathbb{R}^n} \left|\left(1+|x|^2\right)^n \varphi(x)\right| \leq |\lambda|\pi^n t_{2n,0}(\varphi),\end{aligned}$$

ainsi T_f est continue sur $\mathcal{S}(\mathbb{R}^n)$.

4 Toute fonction polynôme sur $\mathbb{R}^n$ définit donc une distribution tempérée sur $\mathbb{R}^n$. Plus généralement, toute fonction mesurable à croissance polynômiale, c'est dire $f : \mathbb{R}^n \longrightarrow \mathbb{C}$ mesurable telle qu'il existe un polynôme $P(x)$ sur $\mathbb{R}^n$ vérifiant $|f(x)| \leq |P(x)|$, $\forall x \in \mathbb{R}^n$, définit une distribution tempérée sur $\mathbb{R}^n$.

En effet, soit $N > n+d$ où d est le degré du polynôme P, alors pour toute $\varphi \in \mathcal{S}(\mathbb{R}^n)$:

$$\begin{aligned}\left|\langle T_f, \varphi \rangle\right| &= \left|\int_{\mathbb{R}^n} f(x)\varphi(x)dx\right| \leq \int_{\mathbb{R}^n} (1+|x|)^{-N}|P(x)|(1+|x|)^N|\varphi(x)|dx \\ &\leq \left(\int_{\mathbb{R}^n} \frac{|P(x)|}{(1+|x|)^N}dx\right) \sup_{x\in\mathbb{R}^n}\left|(1+|x|)^N\varphi(x)\right|.\end{aligned}$$

Ainsi, pour une telle fonction f, $T_f \in \mathcal{S}'(\mathbb{R}^n)$.

5 L'exponentielle $f(x) = e^{x^2}$ ne définit pas une distribution tempérée, car $e^{-x^2} \in \mathcal{S}(\mathbb{R})$ et $\int_{\mathbb{R}} e^{x^2}e^{-x^2}dx$ n'est pas borné, alors pour tout $C > 0$, pour tout $l, m \in \mathbb{N}$, $\varphi(x) = e^{-x^2} \in \mathcal{S}(\mathbb{R})$ donne $\left|\langle T_f, \varphi\rangle\right| \geq Cq_{l,m}(\varphi)$.
De la même manière on voit que les fonctions e^x, $\sinh x$ et $\cosh x$ ne sont pas des distributions tempérées.

Proposition 6.5 Soit une distribution tempérée $T \in \mathcal{S}'(\mathbb{R}^n)$. Alors :

(1) pour tout $\alpha \in \mathbb{N}^n$, la dérivée $D^\alpha T \in \mathcal{S}'(\mathbb{R}^n)$;

(2) pour toute fonction $\varphi \in \mathcal{S}(\mathbb{R}^n)$ (ou à croissance polynômiale ainsi que toutes ses dérivées), la distribution $\varphi T \in \mathcal{S}'(\mathbb{R}^n)$;

(3) pour tout $\gamma \in \mathbb{N}^n$, $M^\gamma T \in \mathcal{S}'(\mathbb{R}^n)$, où M^γ est la fonction monomiale x^γ;

(4) pour toute distribution à support compact $S \in \mathcal{E}'(\mathbb{R}^n)$, le produit de convolution $T * S \in \mathcal{S}'(\mathbb{R}^n)$.

Démonstration.

(1) On a vu que $\varphi \mapsto D^\alpha\varphi$ est continue de $\mathcal{S}(\mathbb{R}^n)$ dans $\mathcal{S}(\mathbb{R}^n)$ et on a pour tout $\varphi \in \mathcal{S}(\mathbb{R}^n)$,

$$\left|\langle D^\alpha T, \varphi\rangle\right| = \left|\langle T, D^\alpha\varphi\rangle\right| \leq CN_{p+|\alpha|}(\varphi),\ C > 0.$$

(2) On sait que l'application $\psi \mapsto \varphi\psi$ est continue de $\mathcal{S}(\mathbb{R}^n)$ dans $\mathcal{S}(\mathbb{R}^n)$, donc $\left|\langle \varphi T, \psi\rangle\right| = \left|\langle T, \varphi\psi\rangle\right|$. Comme T est une distribution tempérée, il existe

un entier $p \in \mathbb{N}$ et une constante $C > 0$ tels que $\left|\langle T, \varphi\psi\rangle\right| \leq CN_p(\varphi\psi)$. Or,

$$N_p(\varphi\psi) = \sum_{\substack{\alpha,\beta\in\mathbb{N}^n \\ |\alpha|,|\beta|\leq p}} \sup_{x\in\mathbb{R}^n} \left|x^\alpha D^\beta(\varphi\psi)(x)\right| \leq \sum_{|\alpha|,|\beta|\leq p} \sum_{\gamma\leq\beta} C_\beta^\gamma \sup_{x\in\mathbb{R}^n} \left|x^\alpha D^\gamma\varphi(x) D^{\beta-\gamma}\psi(x)\right|.$$

Comme $\varphi \in \mathcal{S}(\mathbb{R}^n)$, il existe une constante M_p telle que $\sup_{x\in\mathbb{R}^n} |D^\gamma\varphi(x)| \leq M_p$, pour tout $x \in \mathbb{R}^n$ et $|\gamma| \leq p$. Alors,

$$N_p(\varphi\psi) \leq M_p C N_p(\psi),$$

où $C = \max_{\gamma\leq\beta} \max_{|\beta|\leq p} C_\beta^\gamma N_\gamma$, N_γ est le nombre de $\gamma \leq \beta$.

En général il n'est pas possible de définir la multiplication par une fonction C^∞ dans $\mathcal{S}'(\mathbb{R}^n)$, par contre ce produit a un sens par une distribution associée à un polynôme ou à toute fonction à croissance polynômiale ou dans $\mathcal{S}(\mathbb{R}^n)$.

(3) Comme la multiplication M^γ est continue de $\mathcal{S}(\mathbb{R}^n)$ dans $\mathcal{S}(\mathbb{R}^n)$, on a :

$$\left|\langle M^\gamma T, \varphi\rangle\right| = \left|\langle T, M^\gamma\varphi\rangle\right| \leq C' N_p(x^\gamma\varphi) \leq CN_p(\varphi), \; C', C > 0.$$

(4) Si $T \in \mathcal{S}'(\mathbb{R}^n)$ et $S \in \mathcal{E}'(\mathbb{R}^n)$, rappelons que la distribution $T * S$ est définie comme la forme linéaire $\mathcal{D}(\mathbb{R}^n) \ni \varphi \mapsto \langle T, \widetilde{S} * \varphi\rangle$ où $\widetilde{S} = S \circ (-Id_{\mathbb{R}^n})$. Soit $R > 0$ tel que S soit à support dans la boule fermée $\overline{B(0,R)}$, donc $Supp\left(\widetilde{S}\right) \subset \overline{B(0,R)}$. La solution de l'exemple 6.5 montre que $N_p\left(\widetilde{S} * \phi\right) \leq 2^{p-1}(1 + R^p) N_{p+m}(\phi)$, pour tout $p \in \mathbb{N}$, où m est l'ordre de la distribution à support compact S. Comme la distribution T est tempérée, il existe donc $p \in \mathbb{N}$ et $C_p > 0$ tels que :

$$|\langle T * S, \varphi\rangle| = \left|\langle T, \widetilde{S} * \varphi\rangle\right| \leq C_p 2^{p-1}(1 + R^p) N_{p+m}(\phi),$$

ce qui montre que la forme linéaire $T * S$ définie à priori sur $\mathcal{D}(\mathbb{R}^n)$, s'étend par densité de manière unique à $\mathcal{S}(\mathbb{R}^n)$ en une distribution tempérée.

□

On en déduit alors le diagramme de continuité des injections suivantes :

$$\begin{array}{ccccccccccc}
 & & \mathcal{E}(\mathbb{R}^n) & & & & & & & & \\
 & & \circlearrowleft & & & & & & & & \\
\mathcal{D}(\mathbb{R}^n) & \hookrightarrow & \mathcal{S}(\mathbb{R}^n) & \hookrightarrow & L^p(\mathbb{R}^n) & \hookrightarrow & \mathcal{S}'(\mathbb{R}^n) & \hookrightarrow & \mathcal{E}'(\mathbb{R}^n) & \hookrightarrow & \mathcal{D}'(\mathbb{R}^n) \\
 & & \curvearrowright & & & & & & & & \\
\mathcal{C}(\mathbb{R}^n) & \hookleftarrow & \mathcal{C}_0(\mathbb{R}^n) & & & & & & & &
\end{array}$$

(1) Si $T \in \mathcal{S}'(\mathbb{R}^n)$ alors toutes ses dérivées appartiennent à $\mathcal{S}'(\mathbb{R}^n)$ De plus, si $T_j \to T$, lorsque $j \to +\infty$, dans $\mathcal{S}'(\mathbb{R}^n)$ alors : $D^\alpha T_j \to D^\alpha T$ dans $\mathcal{S}'(\mathbb{R}^n)$.

(2) En pratique, pour voir si une distribution $T \in \mathcal{D}'(\mathbb{R}^n)$ est tempérée, on cherchera évidemment si elle appartient aux classes d'exemples ci-dessus, distributions à support compact, fonctions de $L^p(\mathbb{R}^n)$, fonctions à croissance polynômiale,... Si ce n'est pas le cas, il faut ensuite chercher si la distribution considérée est une dérivée (d'ordre quelconque) d'une distribution dont on sait déjà qu'elle est tempérée. Si aucune de ces approches ne permet de conclure, il faut alors revenir à la définition des distributions tempérées, et en vérifier la propriété de continuité.

Proposition 6.6 (Densité de $\mathcal{E}'(\mathbb{R}^n)$ dans $\mathcal{S}'(\mathbb{R}^n)$) Pour tout $T \in \mathcal{S}'(\mathbb{R}^n)$, il existe une suite $(T_j)_{j\in\mathbb{N}} \in \mathcal{E}'(\mathbb{R}^n)$ telle que $T_j \to T$ dans $\mathcal{S}'(\mathbb{R}^n)$. Autrement dit $\mathcal{E}'(\mathbb{R}^n)$ est dense dans $\mathcal{S}'(\mathbb{R}^n)$.

Démonstration. Soit $T \in \mathcal{S}'(\mathbb{R}^n)$ et soit $\rho \in \mathcal{D}(\mathbb{R}^n)$, $\rho \geq 0$, $Supp\rho \subset \overline{B(0,1)}$, telle que $\int_{\mathbb{R}^n} \rho(y)dy = 1$. Pour $\varepsilon > 0$, on pose $\rho_j(x) = j^n\rho(jx) \in \mathcal{D}(\mathbb{R}^n)$ et $T_j = \rho_j T$. $(T_j)_{j\in\mathbb{N}}$ est une suite de $\mathcal{E}'(\mathbb{R}^n)$ et on a pour tout $\varphi \in \mathcal{S}(\mathbb{R}^n)$,

$$\left|\langle T_j - T, \varphi\rangle\right| = \left|\langle T, (\rho_j - 1)\varphi\rangle\right| \leq C t_{m,l}\left((\rho_j - 1)\varphi\right),$$

où C, m, l ne dépendent que de T et $t_{m,l}\left((\rho_j - 1)\varphi\right)$ converge vers 0 dans $\mathbb{C}$ (voir la preuve ci-dessus de la densité de $\mathcal{D}(\mathbb{R}^n)$). □

6.3 Transformation de Fourier

6.3.1 Transformation de Fourier dans $\mathcal{S}(\mathbb{R}^n)$

On remarque que, pour $\varphi \in \mathcal{S}(\mathbb{R}^n)$, la fonction $x \longmapsto e^{-ix.\xi}\varphi(x)$ est dans $L^1(\mathbb{R}^n)$ pour tout $\xi \in \mathbb{R}^n$. La definition de la transformation de Fourier dans $\mathcal{S}(\mathbb{R}^n)$ a donc bien un sens.

Proposition 6.7 La transformation de Fourier

$$\mathcal{F}\varphi(\xi) = \widehat{\varphi}(\xi) = \frac{1}{(2\pi)^{n/2}} \int_{\mathbb{R}^n} e^{-ix.\xi}\varphi(x)dx$$

est une application linéaire bien définie et continue de $\mathcal{S}(\mathbb{R}^n)$ dans $\mathcal{S}(\mathbb{R}^n)$.

Démonstration. On a pour $\varphi \in \mathcal{S}(\mathbb{R}^n)$,

$$\left|\widehat{\varphi}(\xi)\right| \leq \frac{1}{(2\pi)^{n/2}} \int_{\mathbb{R}^n} |\varphi(x)|dx = \frac{\|\varphi\|_1}{(2\pi)^{n/2}} < +\infty$$

puisque $\mathcal{S}(\mathbb{R}^n) \hookrightarrow L^1(\mathbb{R}^n)$.
La linéarité de $\mathcal{F}$ découle de celle de l'intégrale, montrons qu'elle opère de $\mathcal{S}(\mathbb{R}^n)$ dans $\mathcal{S}(\mathbb{R}^n)$. Pour cela on vérifie d'abord que pour tout multi-indice $\alpha \in \mathbb{N}^n$,

$$\partial_\xi^\alpha \mathcal{F}\varphi(\xi) = \mathcal{F}\left((-i)^{|\alpha|}x^\alpha\varphi\right)(\xi) \text{ et } \mathcal{F}(\partial_x^\alpha\varphi)(\xi) = i^{|\alpha|}\xi^\alpha\mathcal{F}\varphi(\xi).$$

On a

$$\partial_\xi^\alpha \mathcal{F}\varphi(\xi) = D_\xi^\alpha\left(\frac{1}{(2\pi)^{n/2}} \int_{\mathbb{R}^n} e^{-ix.\xi}\varphi(x)dx\right).$$

Or, la fonction $\xi \mapsto e^{-ix.\xi}\varphi(x)$ est dérivable par rapport à $\xi \in \mathbb{R}^n$. De plus, la fonction $x \mapsto \partial_\xi^\alpha\left(e^{-ix.\xi}\varphi(x)\right) = (-i)^{|\alpha|}x^\alpha e^{-ix.\xi}\varphi(x)$ est intégrable uniformément par rapport à ξ sachant que

$$\left|(-i)^{|\alpha|}x^\alpha e^{-ix.\xi}\varphi(x)\right| = |x^\alpha\varphi(x)| \in L^1(\mathbb{R}_x^n).$$

On peut alors dériver sous le signe intégral l'expression $\partial_\xi^\alpha\mathcal{F}\varphi(\xi)$:

$$\begin{aligned}
\partial_\xi^\alpha \mathcal{F}\varphi(\xi) &= \frac{1}{(2\pi)^{n/2}} \int_{\mathbb{R}^n} \partial_\xi^\alpha\left(e^{-ix.\xi}\varphi(x)\right)dx \\
&= \frac{(-i)^{|\alpha|}}{(2\pi)^{n/2}} \int_{\mathbb{R}^n} e^{-ix.\xi}(x^\alpha\varphi(x))dx \\
&= (-i)^{|\alpha|}\mathcal{F}(x^\alpha\varphi(x))(\xi).
\end{aligned}$$

D'autre part, par intégration par parties, on obtient pour $x = (x_1, ..., x_n)$:

$$\begin{aligned}
\mathcal{F}\left(\frac{\partial \varphi}{\partial x_j}\right)(\xi) &= \frac{1}{(2\pi)^{n/2}} \int_{\mathbb{R}^n} e^{-ix.\xi} \frac{\partial \varphi}{\partial x_j}(x)dx \\
&= \frac{i\xi_j}{(2\pi)^{n/2}} \int_{\mathbb{R}^n} e^{-ix.\xi} \varphi(x)dx \\
&= i\xi_j \mathcal{F}\varphi(\xi), \\
&\vdots \\
\left(\frac{\partial^{\alpha_j} \varphi}{\partial x_j^{\alpha_j}}\right)(\xi) &= \left(i\xi_j\right)^{\alpha_j} \mathcal{F}\varphi(\xi),\ \alpha_j \in \mathbb{N},\ j \in \{1, ..., n\}. \\
\mathcal{F}(\partial^\alpha \varphi)(\xi) &= \left(\mathcal{F}\left(\partial_{x_1}^{\alpha_1} ... \partial_{x_n}^{\alpha_n} \varphi\right)\xi\right) \\
&= (i\xi_1)^{\alpha_1}\left(\mathcal{F}\left(\partial_{x_2}^{\alpha_2} ... \partial_{x_n}^{\alpha_n} \varphi\right)\xi\right) \\
&= (i\xi_1)^{\alpha_1}(i\xi_2)^{\alpha_2} ... (i\xi_n)^{\alpha_n} \mathcal{F}\varphi(\xi) \\
&= i^{\alpha_1 + ... \alpha_n} \xi_1^{\alpha_1} \xi_2^{\alpha_2} ... \xi_n^{\alpha_n} \mathcal{F}\varphi(\xi) \\
&= i^{|\alpha|} \xi^\alpha \mathcal{F}\varphi(\xi),
\end{aligned}$$

avec $\alpha = (\alpha_1, ..., \alpha_n) \in \mathbb{N}^n$, $x = (x_1, ..., x_n) \in \mathbb{R}^n$ et $\xi = (\xi_1, ..., \xi_n) \in \mathbb{R}^n$.
Par application combinée des deux règles de calcul qu'on vient de montrer, on obtient :

$$i^{|\alpha|}\xi^\alpha \partial_\xi^\beta \mathcal{F}\varphi(\xi) = i^{|\alpha|}\xi^\alpha \mathcal{F}\left((-i)^{|\beta|} x^\beta \varphi\right)(\xi) = \mathcal{F}\left(\partial_x^\alpha\left[(-i)^{|\beta|} x^\beta \varphi\right]\right)(\xi),$$

pour tous multi-indices $\alpha, \beta \in \mathbb{N}^n$. Remarquons que $\partial_x^\alpha\left[(-i)^{|\beta|} x^\beta \varphi\right]$ est à décroissance rapide puisque $\varphi \in \mathcal{S}(\mathbb{R}^n)$. Par conséquent,

$$\begin{aligned}
p_{\alpha,\beta}(\mathcal{F}\varphi) &= \sup_{\xi \in \mathbb{R}^n} \left| i^{|\alpha|}\xi^\alpha \partial_\xi^\beta \mathcal{F}\varphi(\xi)\right| \\
&= \sup_{\xi \in \mathbb{R}^n} \left| \xi^\alpha \partial_\xi^\beta \mathcal{F}\varphi(\xi)\right| \\
&= \sup_{\xi \in \mathbb{R}^n} \left| \mathcal{F}\left(\partial_x^\alpha\left[(-i)^{|\beta|} x^\beta \varphi\right]\right)(\xi)\right| \\
&\leq \frac{1}{(2\pi)^{n/2}} \int_{\mathbb{R}^n} \left|\partial_x^\alpha\left[(-i)^{|\beta|} x^\beta \varphi\right]\right| dx \\
&= \frac{1}{(2\pi)^{n/2}} \left\|\partial_x^\alpha\left[(-i)^{|\beta|} x^\beta \varphi\right]\right\|_{L^1(\mathbb{R}^n)} < +\infty,
\end{aligned}$$

puisque $\mathcal{S}(\mathbb{R}^n) \hookrightarrow L^1(\mathbb{R}^n)$.
Montrons maintenant la continuité de la transformation de Fourier $\mathcal{F}$ de $\mathcal{S}(\mathbb{R}^n)$ dans $\mathcal{S}(\mathbb{R}^n)$. Soit $\alpha, \beta \in \mathbb{N}^n$, on a pour tout $\varphi \in \mathcal{S}(\mathbb{R}^n)$:

$$p_{\alpha,\beta}(\mathcal{F}\varphi) \leq \frac{1}{(2\pi)^{n/2}} \left\| \partial_x^\alpha \left[M^\beta \varphi \right] \right\|_{L^1(\mathbb{R}^n)} \leq C p_{\gamma,\mu}(\varphi),\ C > 0 \text{ et } \gamma, \mu \in \mathbb{N}^n,$$

car $\mathcal{S}(\mathbb{R}^n) \hookrightarrow L^1(\mathbb{R}^n)$ et les opérateurs M^β de multiplication par x^β et de dérivation D^α sont continues de $\mathcal{S}(\mathbb{R}^n)$ dans $\mathcal{S}(\mathbb{R}^n)$. □

Soient $\varphi \in \mathcal{S}(\mathbb{R}^n)$ et $P(D) = \sum_{\substack{\alpha \in \mathbb{N}^n \\ |\alpha| \leq m}} a_\alpha D^\alpha$ un opérateur différentiel d'ordre m à coefficients constants $a_\alpha \in \mathbb{C}$, où $D = D_1 ... D_n$ tel que $D_j = \frac{1}{i}\partial_{x_j}$, $j \in \{1, ..., n\}$. Alors,

$$\begin{aligned} \widehat{P(D)\varphi}(\xi) &= \widehat{\sum_{\substack{\alpha \in \mathbb{N}^n \\ |\alpha| \leq m}} a_\alpha D^\alpha \varphi}(\xi) = \sum_{\substack{\alpha \in \mathbb{N}^n \\ |\alpha| \leq m}} a_\alpha \widehat{D^\alpha \varphi}(\xi) \\ &= \left(\sum_{\substack{\alpha \in \mathbb{N}^n \\ |\alpha| \leq m}} a_\alpha \xi^\alpha \right) \widehat{\varphi}(\xi) = P(\xi)\widehat{\varphi}(\xi), \end{aligned}$$

où $P(\xi) = \sum_{\substack{\alpha \in \mathbb{N}^n \\ |\alpha| \leq m}} a_\alpha \xi^\alpha$. $P(\xi)$ est appelé symbole de l'opérateur différentiel $P(D)$.
Les symboles de quelques opérateurs différentiels classiques :

opérateur	symbole
$\partial_t + c\partial_x$	$i\tau + ic\xi$
Δ_x	$-\xi^2 = -\sum_{j=1}^n \xi_j^2$
$\partial_t^2 - \Delta_x$	$-\tau^2 + \xi^2 = -\tau^2 + \sum_{j=1}^n \xi_j^2$
$\partial_t - \Delta_x$	$i\tau + \xi^2 = i\tau + \sum_{j=1}^n \xi_j^2$

La transformation de Fourier est liée aux notions de symbole et de solution fondamentale d'un opérateur différentiel.

Théorème 6.3 La transformation de Fourier $\mathcal{F}$ est un automorphisme de $\mathcal{S}(\mathbb{R}^n)$. En d'autres termes la transformation de Fourier est un isomorphisme topologique de $\mathcal{S}(\mathbb{R}^n)$ dans $\mathcal{S}(\mathbb{R}^n)$ pour les structures d'ELC dont l'inverse $\mathcal{F}^{-1}$, noté aussi $\overline{\mathcal{F}}$, est la co-transformation de Fourier ou la transformation de Fourier inverse donné par :

$$\mathcal{F}^{-1}(\psi(\xi))(x) = \frac{1}{(2\pi)^{n/2}} \int_{\mathbb{R}^n} e^{ix.\xi}\psi(\xi)d\xi, \ \psi \in \mathcal{S}(\mathbb{R}^n).$$

Démonstration. L'application $\overline{\mathcal{F}}$ est linéaire continue de $\mathcal{S}(\mathbb{R}^n)$ dans $\mathcal{S}(\mathbb{R}^n)$ puis-que $\mathcal{F}$ et $\mathcal{F}^{-1}$ différent uniquement par le changement de i en $-i$ et de la variable x à la variable ξ et vice-versa.
Vérifions que $\overline{\mathcal{F}}$ est l'inverse de $\mathcal{F}$, c'est à dire $\mathcal{F}\overline{\mathcal{F}} = Id_{\mathcal{S}(\mathbb{R}^n_\xi)}$ et $\overline{\mathcal{F}}\mathcal{F} = Id_{\mathcal{S}(\mathbb{R}^n_x)}$.
Tout revient à prouver qu'on peut écrire $\varphi(x)$ sous la forme :

$$\varphi(x) = \overline{\mathcal{F}}\mathcal{F}\varphi(x) = \frac{1}{(2\pi)^{n/2}} \int_{\mathbb{R}^n} e^{ix.\xi}\widehat{\varphi}(\xi)d\xi, \ \varphi \in \mathcal{S}(\mathbb{R}^n), \tag{6.1}$$

si c'est le cas alors l'opérateur $\mathcal{F}$ est inversible car :
(i) $\overline{\mathcal{F}}(\mathcal{F}\varphi)(x) = \overline{\mathcal{F}}(\widehat{\varphi})(x) = \frac{1}{(2\pi)^{n/2}} \int_{\mathbb{R}^n} e^{ix.\xi}\widehat{\varphi}(\xi)d\xi = \varphi(x)$, ainsi $\overline{\mathcal{F}}\mathcal{F} = Id_{\mathcal{S}(\mathbb{R}^n_x)}$;
(ii) $\mathcal{F}\left(\overline{\mathcal{F}}\widehat{\varphi}\right)(\xi) = \mathcal{F}(\varphi)(\xi) = \widehat{\varphi}(\xi)$, donc $\mathcal{F}\overline{\mathcal{F}} = Id_{\mathcal{S}(\mathbb{R}^n_\xi)}$.
(i) et (ii) montrent bien que $\overline{\mathcal{F}} = \mathcal{F}^{-1}$.
Montrons alors que $\varphi(x)$ s'obtient par la formule (6.1). Pour cela calculons le second membre de (6.1) pour tout $\varphi \in \mathcal{S}(\mathbb{R}^n)$,

$$\begin{aligned}
\frac{1}{(2\pi)^{n/2}} \int_{\mathbb{R}^n} e^{ix.\xi}\widehat{\varphi}(\xi)d\xi &= \frac{1}{(2\pi)^n} \int_{\mathbb{R}^n} e^{ix.\xi}\left(\int_{\mathbb{R}^n} e^{-iy.\xi}\varphi(y)dy\right)d\xi \\
&= \frac{1}{(2\pi)^n} \int_{\mathbb{R}^n}\int_{\mathbb{R}^n} e^{ix.\xi}e^{-iy.\xi}\varphi(y)dyd\xi \\
&= \frac{1}{(2\pi)^n} \int_{\mathbb{R}^n}\int_{\mathbb{R}^n} e^{i(x-y).\xi}\varphi(y)dyd\xi.
\end{aligned}$$

L'objectif est d'intervertir les deux intégrales, donc on veut appliquer le théorème de Fubini, mais malheureusement, la fonction $(\xi, y) \mapsto e^{i(x-y).\xi}\varphi(y)$ n'est pas intégrable sur $\mathbb{R}^n \times \mathbb{R}^n$, pour cela on procède autrement. Soit $\phi \in \mathcal{S}(\mathbb{R}^n)$ arbitraire, on pose pour $\varepsilon > 0$, $\phi_\varepsilon(x) = \phi(\varepsilon x)$. Alors $\phi_\varepsilon \in \mathcal{S}(\mathbb{R}^n)$ et

$$\Lambda(x) = \int_{\mathbb{R}^n} e^{ix.\xi}\phi_\varepsilon(\xi)\widehat{\varphi}(\xi)d\xi$$

a un sens car $e^{ix.\xi}\phi_\varepsilon(\xi) \in \mathcal{S}(\mathbb{R}^n)$, $\widehat{\varphi}(\xi) \in \mathcal{S}(\mathbb{R}^n) \hookrightarrow L^p(\mathbb{R}^n)$, $p \in [1, +\infty]$, et par l'inégalité de Hölder il est clair que la fonction $\xi \mapsto e^{ix.\xi}\phi_\varepsilon(\xi)\widehat{\varphi}(\xi) \in L^1(\mathbb{R}^n)$. On a :

$$\Lambda(x) = \frac{1}{(2\pi)^{n/2}}\int_{\mathbb{R}^n}\varphi(y)\left(\int_{\mathbb{R}^n} e^{-i(y-x).\xi}\phi_\varepsilon(\xi)d\xi\right)dy = \int_{\mathbb{R}^n}\varphi(y)\widehat{\phi_\varepsilon}(y-x)dy,$$

à l'aide du changement de variables $z = y - x$, on trouve :

$$\Lambda(x) = \int_{\mathbb{R}^n}\varphi(x+z)\widehat{\phi_\varepsilon}(z)dz.$$

D'autre part, puisque $\widehat{\phi_\varepsilon}(z) = \frac{1}{(2\pi)^{n/2}}\int_{\mathbb{R}^n} e^{-ix.z}\phi_\varepsilon(x)dx$, on a en posant $\theta = \varepsilon x$,

$$\begin{aligned}
\widehat{\phi_\varepsilon}(z) &= \frac{1}{(2\pi)^{n/2}}\frac{1}{\varepsilon^n}\int_{\mathbb{R}^n} e^{-i\frac{\theta}{\varepsilon}.z}\phi(\theta)d\theta \\
&= \frac{1}{(2\pi)^{n/2}}\frac{1}{\varepsilon^n}\int_{\mathbb{R}^n} e^{-i\theta.\frac{z}{\varepsilon}}\phi(\theta)d\theta \\
&= \frac{1}{\varepsilon^n}\widehat{\phi}\left(\frac{z}{\varepsilon}\right), \\
\Lambda(x) &= \frac{1}{\varepsilon^n}\int_{\mathbb{R}^n}\varphi(x+z)\widehat{\phi}\left(\frac{z}{\varepsilon}\right)dz \overset{t=\frac{z}{\varepsilon}}{=} \int_{\mathbb{R}^n}\varphi(x+\varepsilon t)\widehat{\phi}(t)dt.
\end{aligned}$$

Finalement,

$$\Lambda(x) = \int_{\mathbb{R}^n} e^{ix.\xi}\widehat{\varphi}(\xi)\phi(\varepsilon\xi)d\xi = \int_{\mathbb{R}^n}\varphi(x+\varepsilon t)\widehat{\phi}(t)dt. \tag{6.2}$$

Calculons les limites des deux membres de cette égalité lorsque ε tend vers 0^+, on a d'abord, pour tout $\xi \in \mathbb{R}^n$,

$$\lim_{\varepsilon \to 0^+} \left(e^{ix.\xi} \widehat{\varphi}(\xi) \phi(\varepsilon\xi) \right) = e^{ix.\xi} \widehat{\varphi}(\xi) \phi(0) \in L^1(\mathbb{R}^n).$$

Ensuite,

$$\begin{aligned} \left| e^{ix.\xi} \widehat{\varphi}(\xi) \phi(\varepsilon\xi) \right| &= \left| \widehat{\varphi}(\xi) \phi_\varepsilon(\xi) \right| = \left| \phi_\varepsilon(\xi) \right| \left| \widehat{\varphi}(\xi) \right| \\ &\leq \left| \widehat{\varphi}(\xi) \right| \sup_{\xi \in \mathbb{R}^n} \left| \phi_\varepsilon(\xi) \right| = p_{0,0}(\phi_\varepsilon) \left| \widehat{\varphi}(\xi) \right| \in L^1(\mathbb{R}^n), \end{aligned}$$

alors, d'après le théorème de Lebesgue, on obtient :

$$\lim_{\varepsilon \to 0^+} \int_{\mathbb{R}^n} e^{ix.\xi} \widehat{\varphi}(\xi) \phi(\varepsilon\xi) d\xi = \int_{\mathbb{R}^n} \lim_{\varepsilon \to 0^+} \left(e^{ix.\xi} \widehat{\varphi}(\xi) \phi(\varepsilon\xi) \right) d\xi = \phi(0) \int_{\mathbb{R}^n} e^{ix.\xi} \widehat{\varphi}(\xi) d\xi.$$

De la même manière, on a :

$$\begin{aligned} &\lim_{\varepsilon \to 0^+} \left(\varphi(x + \varepsilon t) \widehat{\phi}(t) \right) = \varphi(x) \widehat{\phi}(t) \in L^1(\mathbb{R}^n), \\ &\left| \varphi(x + \varepsilon t) \widehat{\phi}(t) \right| \leq \left| \widehat{\phi}(t) \right| \sup_{y \in \mathbb{R}^n} \left| \varphi(y) \right| = p_{0,0}(\varphi) \left| \widehat{\phi}(t) \right| \in L^1(\mathbb{R}^n), \end{aligned}$$

ainsi, on trouve par le théorème de Lebesgue :

$$\begin{aligned} \lim_{\varepsilon \to 0^+} \int_{\mathbb{R}^n} \varphi(x + \varepsilon t) \widehat{\phi}(t) dt &= \int_{\mathbb{R}^n} \lim_{\varepsilon \to 0^+} \varphi(x + \varepsilon t) \widehat{\phi}(t) dt = \int_{\mathbb{R}^n} \varphi(x) \widehat{\phi}(t) dt \\ &= \varphi(x) \int_{\mathbb{R}^n} \widehat{\phi}(t) dt. \end{aligned}$$

D'où, pour tout $\varphi \in \mathcal{S}(\mathbb{R}^n)$ et $\phi \in \mathcal{S}(\mathbb{R}^n)$: $\phi(0) \int_{\mathbb{R}^n} e^{ix.\xi} \widehat{\varphi}(\xi) d\xi = \varphi(x) \int_{\mathbb{R}^n} \widehat{\phi}(t) dt.$

Si on choisit $\phi \in \mathcal{S}(\mathbb{R}^n)$ telle que $\phi(0) = 1$ et $\int_{\mathbb{R}^n} \widehat{\phi}(t) dt = (2\pi)^{n/2}$ (par exemple $\phi(t) = e^{-|t|^2/2}$), on trouve alors le résultat demandé. □

Nous aurons aussi besoin des propriétés suivantes.

Théorème 6.4 Soient $\varphi, \psi \in \mathcal{S}(\mathbb{R}^n)$ et $(\varphi_j)_{j\in\mathbb{N}}$ une suite de fonctions de $\mathcal{S}(\mathbb{R}^n)$. Alors,

(1) si $\lim\limits_{j\to+\infty} \varphi_j = \varphi$ dans $\mathcal{S}(\mathbb{R}^n)$, alors $\lim\limits_{j\to+\infty} \mathcal{F}\varphi_j = \mathcal{F}\varphi$ dans $\mathcal{S}(\mathbb{R}^n)$;

(2) $\overline{\mathcal{F}} = \overset{\vee}{\mathcal{F}}$ où $\overset{\vee}{\varphi}(x) = \varphi(-x)$;

(3) $\mathcal{F}(\mathcal{F}\varphi)(x) = \varphi(-x)$, pour tout $x \in \mathbb{R}^n$;

(4) Formule de Parseval : $\langle \mathcal{F}\varphi, \psi \rangle_{L^2(\mathbb{R}^n)} = \langle \varphi, \mathcal{F}\psi \rangle_{L^2(\mathbb{R}^n)}$;

(5) $\|\widehat{\varphi}\|_2 = \|\varphi\|_2$;

(6) $\mathcal{F}(\varphi \otimes \psi) = (\mathcal{F}\varphi) \otimes (\mathcal{F}\psi)$ (ici $\varphi \in \mathcal{S}(\mathbb{R}^n)$ et $\psi \in \mathcal{S}(\mathbb{R}^m)$).

Démonstration.

(1) Résulte de la continuité de l'opérateur $\mathcal{F}$ de $\mathcal{S}(\mathbb{R}^n)$ dans $\mathcal{S}(\mathbb{R}^n)$.

(2)

$$\begin{aligned}\overline{\mathcal{F}}\psi(x) &= \frac{1}{(2\pi)^{n/2}} \int_{\mathbb{R}^n} e^{ix.\xi} \psi(\xi)\, d\xi = \frac{1}{(2\pi)^{n/2}} \int_{\mathbb{R}^n} e^{-i(-x).\xi} \psi(\xi)\, d\xi \\ &= \mathcal{F}\psi(-x) = \mathcal{F}\left(\overset{\vee}{\psi}\right)(x) = \overset{\vee}{\mathcal{F}}\psi(x).\end{aligned}$$

D'autre part,

$$\overline{\mathcal{F}}\psi(x) = \frac{1}{(2\pi)^{n/2}} \overline{\int_{\mathbb{R}^n} e^{-ix.\xi} \overline{\psi(\xi)}\, d\xi} = \overline{\mathcal{F}\left(\overline{\psi}\right)(x)} = \overline{\overset{\wedge}{\overline{\psi}}}.$$

(3) Il suffit de remplacer x par $-x$ dans la formule d'inversion.

$$\mathcal{F}(\mathcal{F}\varphi)(x) = \mathcal{F}\left(\overset{\vee}{\overline{\mathcal{F}}\varphi}\right)(x) = \mathcal{F}\left(\overline{\mathcal{F}}\varphi\right)(-x) = \overset{\vee}{\varphi}(x).$$

(4) En prenant $x = 0$ dans la formule (6.2), on obtient la formule dite de transfert :

$$\int_{\mathbb{R}^n} \widehat{\varphi}(\xi)\psi(\xi)\, d\xi = \int_{\mathbb{R}^n} \varphi(t)\widehat{\psi}(t)\, dt.$$

Puisque $\varphi \in \mathcal{S}(\mathbb{R}^n)$, alors il existe $g \in \mathcal{S}(\mathbb{R}^n)$ telle que $g = \widehat{\varphi}$.

Donc $\varphi = \overline{\mathcal{F}} g = \overline{\mathcal{F}} \mathcal{F} \varphi = \overset{\vee}{\widehat{\varphi}}$. La formule de transfert nous permet d'écrire :

$$\begin{aligned}
\int_{\mathbb{R}^n} g(\xi)\psi(\xi)d\xi &= \int_{\mathbb{R}^n} \overset{\vee}{\widehat{\varphi}}(t)\widehat{\psi}(t)dt = \int_{\mathbb{R}^n} \overline{\overline{\widehat{\varphi}}(t)}\widehat{\psi}(t)dt, \\
\int_{\mathbb{R}^n} \overline{g}(\xi)\psi(\xi)d\xi &= \int_{\mathbb{R}^n} \overline{\widehat{\varphi}}(t)\overline{\widehat{\psi}(t)}dt, \text{ avec } \overline{g} \in \mathcal{S}(\mathbb{R}^n) \text{ car } g \in \mathcal{S}(\mathbb{R}^n).
\end{aligned}$$

C'est à dire :

$$\langle g, \psi \rangle_{L^2(\mathbb{R}^n)} = \left\langle \widehat{g}, \widehat{\psi} \right\rangle_{L^2(\mathbb{R}^n)} \text{ ou bien } \langle \widehat{\varphi}, \psi \rangle_{L^2(\mathbb{R}^n)} = \left\langle \varphi, \widehat{\psi} \right\rangle_{L^2(\mathbb{R}^n)}.$$

(5) En prenant $\psi = \widehat{\varphi}$, dans la formule de Parseval, on trouve :

$$\left\| \widehat{\varphi} \right\|_2 = \|\varphi\|_2 .$$

(6) On calcule directement puisque $\varphi \otimes \psi \in \mathcal{S}(\mathbb{R}^{n+m})$:

$$\begin{aligned}
\mathcal{F}[(\varphi \otimes \psi)(x,y)](\xi,\eta) &= \mathcal{F}[(\varphi(x)\psi(y))](\xi,\eta) \\
&= \frac{1}{(2\pi)^{n+m/2}} \int_{\mathbb{R}^n}\int_{\mathbb{R}^n} e^{-i(x,y).(\xi,\eta)}\varphi(x)\psi(y)dxdy \\
&= \frac{1}{(2\pi)^{n+m/2}} \int_{\mathbb{R}^n}\int_{\mathbb{R}^n} e^{-i(x.\xi+y.\eta)}\varphi(x)\psi(y)dxdy \\
&= \frac{1}{(2\pi)^{n+m/2}} \int_{\mathbb{R}^n}\int_{\mathbb{R}^n} e^{-ix.\xi}e^{-iy.\eta}\varphi(x)\psi(y)dxdy \\
&= \left(\frac{1}{(2\pi)^{n/2}} \int_{\mathbb{R}^n} e^{-ix.\xi}\varphi(x)dx \right) \left(\frac{1}{(2\pi)^{m/2}} \int_{\mathbb{R}^n} e^{-iy.\eta}\psi(y)dy \right) \\
&= (\mathcal{F}\varphi(x))(\xi) \times (\mathcal{F}\psi(y))(\eta) \\
&= (\mathcal{F}\varphi) \otimes (\mathcal{F}\psi)(\xi,\eta).
\end{aligned}$$

□

6.3.2 Transformation de Fourier dans $L^2(\mathbb{R}^n)$

On va prolonger la transformation de Fourier aux fonctions de l'espace $L^2(\mathbb{R}^n)$.

Théorème 6.5 (Riesz-Plancherel) La transformation de Fourier $\mathcal{F}$ de $\mathcal{S}(\mathbb{R}^n)$ dans $\mathcal{S}(\mathbb{R}^n)$ se prolonge en une application linéaire continue de $L^2(\mathbb{R}^n)$ dans $L^2(\mathbb{R}^n)$ inversible.
De plus si $\varphi \in L^2(\mathbb{R}^n)$ alors $\mathcal{F}\varphi = \lim\limits_{j\to+\infty} g_j$ au sens de $L^2(\mathbb{R}^n)$, où la suite $(g_j)_{j\in\mathbb{N}}$ est définie par :

$$g_j(\xi) = \frac{1}{(2\pi)^{n/2}} \int_{B_j} e^{-ix.\xi}\varphi(x)dx,$$

$(B_j)_{j\in\mathbb{N}}$ est une suite d'ensembles mesurables relativement compacts tendant vers $\mathbb{R}^n$ (par exemple la suite de boules de centre 0 et de rayon j).

Démonstration. Notons d'abord que l'intégrale $\int_{B_j} e^{-ix.\xi}\varphi(x)dx$ existe puisque B_j est relativement compact dans $\mathbb{R}^n$, de plus la représentation directe de la transformation de Fourier $\mathcal{F}(\varphi)(\xi) = \frac{1}{(2\pi)^{n/2}} \int_{\mathbb{R}^n} e^{-ix.\xi}\varphi(x)dx$ si $\varphi \in L^2(\mathbb{R}^n)$ n'est pas possible car la fonction $e^{-ix.\xi}\varphi(x)$ n'est pas intégrable sur $\mathbb{R}^n$ par rapport à x.
On sait ensuite que $\mathcal{F}$ est linéaire continue de $\mathcal{S}(\mathbb{R}^n)$ dans $\mathcal{S}(\mathbb{R}^n)$ et que l'injection canonique i de $\mathcal{S}(\mathbb{R}^n)$ dans $L^2(\mathbb{R}^n)$ est linéaire continue, alors leur composition $i \circ \mathcal{F}$ est aussi linéaire continue de $\mathcal{S}(\mathbb{R}^n)$ dans $L^2(\mathbb{R}^n)$.
$L^2(\mathbb{R}^n)$ est un espace de Hilbert, donc un espace vectoriel topologique séparé complet et $\mathcal{S}(\mathbb{R}^n)$ est dense dans $L^2(\mathbb{R}^n)$ pour la topologie de $L^2(\mathbb{R}^n)$ induite sur $\mathcal{S}(\mathbb{R}^n)$. Donc on est dans la situation du théorème de prolongement par densité, par conséquent il existe une seule application linéaire $\mathcal{F}$ continue qui prolonge $i \circ \mathcal{F}$ de $L^2(\mathbb{R}^n)$ dans $L^2(\mathbb{R}^n)$. Il en est de même pour $i \circ \overline{\mathcal{F}}$: $\mathcal{S}(\mathbb{R}^n) \xrightarrow{\overline{\mathcal{F}}} \mathcal{S}(\mathbb{R}^n) \xrightarrow{i} L^2(\mathbb{R}^n)$ qui se prolonge en $\overline{\mathcal{F}}$ linéaire continue de $L^2(\mathbb{R}^n)$ dans $L^2(\mathbb{R}^n)$. De plus, on sait que $\mathcal{F}\circ\overline{\mathcal{F}} = Id$ et $\overline{\mathcal{F}} \circ \mathcal{F} = Id$ donc $\mathcal{F}\circ\overline{\mathcal{F}}$ et $\overline{\mathcal{F}} \circ \mathcal{F}$ coincident sur $\mathcal{S}(\mathbb{R}^n)$ avec l'identité, par conséquent elles coincident partout à cause de la densité de $\mathcal{S}(\mathbb{R}^n)$ dans $L^2(\mathbb{R}^n)$, ce qui montre que $\mathcal{F}$ est linéaire continue et inversible sur $L^2(\mathbb{R}^n)$, d'inverse $\overline{\mathcal{F}}$.
Comme $\mathbb{R}^n$ est un espace métrique localement compact, alors il existe $(B_j)_{j\in\mathbb{N}}$

une suite d'ouverts relativement compacts dans $\mathbb{R}^n$ telle que $\overline{B_j} \subset B_{j+1}$ pour tout $j \in \mathbb{N}$, et $\bigcup_{j\in\mathbb{N}} B_j = \mathbb{R}^n$. Soit $\varphi_j = 1_{B_j}\varphi$, où 1_{B_j} est la fonction indicatrice, $j \in \mathbb{N}$, et $\varphi \in L^2(\mathbb{R}^n)$. Puisque $1_{B_j} \in L^2(\mathbb{R}^n)$, alors $\varphi_j \in L^1(\mathbb{R}^n)$, $j \in \mathbb{N}$, d'après l'inégalité de Hölder. Par conséquent,

$$\begin{aligned}\widehat{\varphi_j}(\xi) &= \frac{1}{(2\pi)^{n/2}} \int_{\mathbb{R}^n} e^{-ix.\xi} \varphi_j(x)dx \\ &= \frac{1}{(2\pi)^{n/2}} \int_{B_j} e^{-ix.\xi} \varphi(x)dx \\ &= g_j(\xi),\ j \in \mathbb{N},\ \xi \in \mathbb{R}^n.\end{aligned}$$

Comme $\varphi_j(x)$ tend simplement pour tout $x \in \mathbb{R}^n$ vers $\varphi(x)$ lorsque j tend vers $+\infty$ et $\left|e^{-ix.\xi}\varphi_j(x)\right| = \left|\varphi_j(x)\right| \leq |\varphi(x)| \in L^1(\mathbb{R}^n)$, $\forall\, j \in \mathbb{N}$, alors d'après le théorème de Lebesgue, $\varphi_j \underset{j\to+\infty}{\longrightarrow} \varphi$ dans $L^2(\mathbb{R}^n)$, et on a simultanément à l'aide de la formule de Parseval et de la linéarité de la transformation de Fourier :

$$\lim_{j\to+\infty} \left\|\varphi_j - \varphi\right\|_2 = 0 \Longleftrightarrow \lim_{j\to+\infty} \left\|\widehat{\varphi_j - \varphi}\right\|_2 = 0 \Longleftrightarrow \lim_{j\to+\infty} \left\|\widehat{\varphi_j} - \widehat{\varphi}\right\|_2 = 0.$$

Donc $\widehat{\varphi_j} = g_j \underset{j\to+\infty}{\longrightarrow} \widehat{\varphi}$ dans $L^2(\mathbb{R}^n)$. Ainsi, $\widehat{\varphi} = \lim_{j\to+\infty} \widehat{\varphi_j} = \lim_{j\to+\infty} g_j$ dans $L^2(\mathbb{R}^n)$, et $\widehat{\varphi}(\xi) = \lim_{j\to+\infty} \frac{1}{(2\pi)^{n/2}} \int_{B_j} e^{-ix.\xi}\varphi(x)dx$, $\forall \xi \in \mathbb{R}^n$. □

6.3.3 Transformation de Fourier dans $\mathcal{S}'(\mathbb{R}^n)$

La transposée de la transformation de Fourier fournit un automorphisme du dual, noté encore $\mathcal{F}$ ou $\widehat{.}$, son inverse étant, lui aussi, noté $\overline{\mathcal{F}}$ ou $\mathcal{F}^{-1}$.

Définition 6.4 On appelle transformation de Fourier de $\mathcal{S}'(\mathbb{R}^n)$ dans $\mathcal{S}'(\mathbb{R}^n)$ la transposée ${}^t\mathcal{F}$ de la transformation de Fourier $\mathcal{F}$ de $\mathcal{S}(\mathbb{R}^n)$ dans $\mathcal{S}(\mathbb{R}^n)$. On pose pour tout $T \in \mathcal{S}'(\mathbb{R}^n)$ et $\varphi \in \mathcal{S}(\mathbb{R}^n)$:

$$\langle \mathcal{F}T, \varphi\rangle = \langle T, \mathcal{F}\varphi\rangle \text{ ou } \left\langle \widehat{T}, \varphi\right\rangle = \left\langle T, \widehat{\varphi}\right\rangle.$$

La co-transformation de Fourier ou la transformation de Fourier inverse $\overline{\mathcal{F}}$ est définie de $\mathcal{S}'(\mathbb{R}^n)$ dans $\mathcal{S}'(\mathbb{R}^n)$ par transposition :

$$\left\langle \overline{\mathcal{F}}T, \varphi \right\rangle = \left\langle T, \overline{\mathcal{F}}\varphi \right\rangle \text{ ou } \left\langle \mathcal{F}^{-1}T, \varphi \right\rangle = \left\langle T, \mathcal{F}^{-1}\varphi \right\rangle.$$

Pour plus de précisions, on a le résultat suivant.

Proposition 6.8 La transformation de Fourier d'un élément de $\mathcal{S}'(\mathbb{R}^n)$ est un élément de $\mathcal{S}'(\mathbb{R}^n)$. $\mathcal{F}$ et $\overline{\mathcal{F}}$ sont linéaires et continues de $\mathcal{S}'(\mathbb{R}^n)$ dans $\mathcal{S}'(\mathbb{R}^n)$.

Démonstration. Soit $T \in \mathcal{S}'(\mathbb{R}^n)$, montrons que l'application

$$\mathcal{S}(\mathbb{R}^n) \ni \varphi \longrightarrow \widehat{T}(\varphi) = \left\langle \widehat{T}, \varphi \right\rangle = \left\langle T, \widehat{\varphi} \right\rangle$$

est une forme linéaire continue sur $\mathcal{S}(\mathbb{R}^n)$.
En effet, $\forall \varphi \in \mathcal{S}(\mathbb{R}^n)$, $\widehat{\varphi} \in \mathcal{S}(\mathbb{R}^n)$ et comme $T \in \mathcal{S}'(\mathbb{R}^n)$, alors $\left\langle T, \widehat{\varphi} \right\rangle \in \mathbb{C}$, ce qui donne $\left\langle \widehat{T}, \varphi \right\rangle \in \mathbb{C}$.
Évidemment $\left\langle \widehat{T}, . \right\rangle$ est linéaire sur $\mathcal{S}(\mathbb{R}^n)$ car si $\lambda, \mu \in \mathbb{C}$ et $\varphi, \psi \in \mathcal{S}(\mathbb{R}^n)$, alors :

$$\begin{aligned} \left\langle \widehat{T}, \lambda\varphi + \mu\psi \right\rangle &= \left\langle T, \widehat{\lambda\varphi + \mu\psi} \right\rangle = \left\langle T, \widehat{\lambda\varphi} + \widehat{\mu\psi} \right\rangle = \left\langle T, \lambda\widehat{\varphi} + \mu\widehat{\psi} \right\rangle \\ &= \lambda \left\langle T, \widehat{\varphi} \right\rangle + \mu \left\langle T, \widehat{\psi} \right\rangle = \lambda \left\langle \widehat{T}, \varphi \right\rangle + \mu \left\langle \widehat{T}, \psi \right\rangle. \end{aligned}$$

Pour établir la continuité de la forme linéaire $\left\langle \widehat{T}, . \right\rangle$ sur $\mathcal{S}(\mathbb{R}^n)$, on la décompose sous la forme suivante :

$$\begin{array}{ccccc} \mathcal{S}(\mathbb{R}^n) & \xrightarrow{\mathcal{F}} & \mathcal{S}(\mathbb{R}^n) & \xrightarrow{T} & \mathbb{C} \\ \varphi & \longrightarrow & \mathcal{F}\varphi = \widehat{\varphi} & \longrightarrow & \left\langle T, \widehat{\varphi} \right\rangle \end{array}$$

$$T \circ \mathcal{F}(\varphi) = T(\mathcal{F}\varphi) = \left\langle T, \widehat{\varphi} \right\rangle = \left\langle \widehat{T}, \varphi \right\rangle.$$

Ainsi, $\forall \varphi \in \mathcal{S}(\mathbb{R}^n)$, $\left\langle \widehat{T}, \varphi \right\rangle = (T \circ \mathcal{F})(\varphi)$, donc $\widehat{T} = T \circ \wedge$. Par conséquent, $\widehat{T}$ est continue car $\wedge$ ou $\mathcal{F}$ est continue de $\mathcal{S}(\mathbb{R}^n)$ dans $\mathcal{S}(\mathbb{R}^n)$ et T est aussi continue de $\mathcal{S}(\mathbb{R}^n)$ dans $\mathbb{C}$. D'où, $\widehat{T} \in \mathcal{S}'(\mathbb{R}^n)$. □

Définition 6.5 Si $\varphi \in \mathcal{S}(\mathbb{R}^n)$ alors $\check{\varphi} \in \mathcal{S}(\mathbb{R}^n)$ et $\overline{\varphi} \in \mathcal{S}(\mathbb{R}^n)$. Donc si $T \in \mathcal{S}'(\mathbb{R}^n)$, alors $\left\langle T, \check{\varphi} \right\rangle$ et $\langle T, \overline{\varphi} \rangle$ on un sens. On définit alors les distributions $\overset{\vee}{T}$ et $\overline{T}$ comme suit, $\forall \varphi \in \mathcal{S}(\mathbb{R}^n)$:

$$\left\langle \overset{\vee}{T}, \varphi \right\rangle = \left\langle T, \overset{\vee}{\varphi} \right\rangle \text{ et } \left\langle \overline{T}, \varphi \right\rangle = \langle T, \overline{\varphi} \rangle.$$

Corollaire 6.2 Si $T \in \mathcal{S}'(\mathbb{R}^n)$, alors $\overset{\vee}{T} \in \mathcal{S}'(\mathbb{R}^n)$, $\overline{T} \in \mathcal{S}'(\mathbb{R}^n)$, $\widehat{\overset{\vee}{T}} \in \mathcal{S}'(\mathbb{R}^n)$, $\overset{\vee}{\widehat{T}} \in \mathcal{S}'(\mathbb{R}^n)$, $\widehat{\overline{T}} \in \mathcal{S}'(\mathbb{R}^n)$, et $\overline{\widehat{\overline{T}}} \in \mathcal{S}'(\mathbb{R}^n)$.

Exemple 6.7 Si $f \in L^1(\mathbb{R}^n)$ alors f est tempérée (i.e. la distribution régulière T_f associée à f est tempérée), et on retrouve la définition usuelle

$$\widehat{T_f} = T_{\widehat{f}} \overset{\text{notée}}{=} \widehat{f}.$$

En effet, pour tout $\varphi \in \mathcal{S}(\mathbb{R}^n)$:

$$\begin{aligned}
\left\langle \widehat{T_f}, \varphi \right\rangle &= \left\langle T_f, \widehat{\varphi} \right\rangle = \int_{\mathbb{R}^n} f(\xi)\widehat{\varphi} d\xi = \frac{1}{(2\pi)^{n/2}} \int_{\mathbb{R}^n} f(\xi) \left(\int_{\mathbb{R}^n} e^{-ix.\xi} \varphi(x) dx \right) d\xi \\
&= \frac{1}{(2\pi)^{n/2}} \int_{\mathbb{R}^n} \left(\int_{\mathbb{R}^n} f(\xi) e^{-ix.\xi} d\xi \right) \varphi(x) dx = \int_{\mathbb{R}^n} \widehat{f}(x)\varphi(x) dx \\
&= \left\langle T_{\widehat{f}}, \varphi \right\rangle = \left\langle \widehat{f}, \varphi \right\rangle,
\end{aligned}$$

où on a pu appliquer le théorème de Fubini puisque la fonction $(x,\xi) \mapsto e^{-ix.\xi} f(\xi)\varphi(x)$ est dans $L^1(\mathbb{R}^n \times \mathbb{R}^n)$ car f et φ sont dans $L^1(\mathbb{R}^n)$ et $\left|e^{-ix.\xi}\right| = 1$.

Théorème 6.6 (Théorème d'isomorphisme) La transformation de Fourier $\wedge$ de $\mathcal{S}'(\mathbb{R}^n)$ dans $\mathcal{S}'(\mathbb{R}^n)$ est une application linéaire continue (pour la topologie faible de $\mathcal{S}'(\mathbb{R}^n)$), elle est inversible dans $\mathcal{S}'(\mathbb{R}^n)$ d'inverse la co-transformation de Fourier $\wedge' = \overline{\mathcal{F}}$, c'est à dire

$$\wedge' = \mathcal{F}^{-1} = \overset{\vee}{\wedge} = \overline{\wedge}.$$

Démonstration. On a déjà établi, dans la proposition 6.8, la linéarité et la continuité de $\wedge$ sur $\mathcal{S}'(\mathbb{R}^n)$. $\wedge$ est inversible sur $\mathcal{S}'(\mathbb{R}^n)$. En effet, montrons d'abord que pour tout $T \in \mathcal{S}'(\mathbb{R}^n)$, $\overset{\wedge}{\widehat{T}} = \overset{\vee}{T}$.
Soit $\varphi \in \mathcal{S}(\mathbb{R}^n)$, on a :

$$\left\langle \overset{\wedge}{\widehat{T}}, \varphi \right\rangle = \left\langle \widehat{T}, \widehat{\varphi} \right\rangle = \left\langle T, \widehat{\widehat{\varphi}} \right\rangle = \left\langle T, \overset{\vee}{\varphi} \right\rangle = \left\langle \overset{\vee}{T}, \varphi \right\rangle.$$

Si on pose $\wedge' = \overset{\vee}{\wedge}$. Alors,

$$\begin{aligned} \wedge'\left(\widehat{T}\right) &= \overset{\vee}{\widehat{\widehat{T}}} = \overset{\vee}{\overset{\vee}{T}} = T, \text{ donc } \wedge' \circ \wedge = Id; \\ \wedge \circ \wedge'\left(\widehat{T}\right) &= \wedge \circ \left(\wedge'\left(\widehat{T}\right)\right) = \wedge(T) = \widehat{T} \text{ et } \wedge \circ \wedge' = Id. \end{aligned}$$

Finalement, on peut affirmer que $\wedge = \mathcal{F}$ est inversible sur $\mathcal{S}'(\mathbb{R}^n)$ d'inverse $\wedge' = \mathcal{F}^{-1}$. On a aussi, pour tout $\varphi \in \mathcal{S}(\mathbb{R}^n)$,

$$\left\langle \overline{\widehat{\overline{T}}}, \varphi \right\rangle = \left\langle \widehat{\overline{T}}, \overline{\varphi} \right\rangle = \left\langle \overline{T}, \widehat{\overline{\varphi}} \right\rangle = \left\langle T, \overline{\widehat{\overline{\varphi}}} \right\rangle = \left\langle T, \overset{\vee}{\widehat{\varphi}} \right\rangle = \left\langle \overset{\vee}{T}, \widehat{\varphi} \right\rangle = \left\langle \widehat{\overset{\vee}{T}}, \varphi \right\rangle,$$

donc $\overline{\widehat{\overline{T}}} = \widehat{\overset{\vee}{T}}$.
De la même façon si on pose $\wedge' = \underline{\overline{\wedge}}$, on a :

$$\begin{aligned} \wedge' \circ \wedge(T) &= \wedge'\left(\widehat{T}\right) = \overset{\overline{\wedge}}{\widehat{T}} = \overset{\vee}{\widehat{\widehat{T}}} = \overset{\vee}{\overset{\vee}{T}} = T, \text{ c'est à dire } \wedge' \circ \wedge = Id; \\ \wedge \circ \wedge'\left(\widehat{T}\right) &= \wedge\left(\wedge'\left(\widehat{T}\right)\right) = \wedge(T) = \widehat{T}, \text{ alors } \wedge \circ \wedge' = Id. \end{aligned}$$

En conclusion, $\wedge' = \mathcal{F}^{-1} = \overset{\vee}{\wedge} = \underline{\overline{\wedge}}$. □

Exemple 6.8 Calculons la transformation de Fourier de la distribution de Dirac δ concentrée à l'origine 0 de $\mathbb{R}^n$.
On a vu que $\delta \in \mathcal{S}'(\mathbb{R}^n)$, car elle est à support compact, on peut donc calculer sa transformation de Fourier et sa transformation de Fourier

inverse. Soit $\varphi \in \mathcal{S}(\mathbb{R}^n)$,

$$\begin{aligned}\left\langle \widehat{\delta}, \varphi \right\rangle &= \langle \delta, \widehat{\varphi} \rangle = \widehat{\varphi}(0) = \frac{1}{(2\pi)^{n/2}} \int_{\mathbb{R}^n} e^{-ix.0} \varphi(x) dx \\ &= \frac{1}{(2\pi)^{n/2}} \int_{\mathbb{R}^n} \varphi(x) dx = \left\langle \frac{1}{(2\pi)^{n/2}}, \varphi \right\rangle.\end{aligned}$$

D'où, $\widehat{\delta} = (2\pi)^{-n/2}$. On a également, $\wedge^{-1}(\delta) = \check{\widehat{\delta}}$ et pour $\varphi \in \mathcal{S}(\mathbb{R}^n)$,

$$\begin{aligned}\left\langle \wedge^{-1}(\delta), \varphi \right\rangle &= \left\langle \check{\widehat{\delta}}, \varphi \right\rangle = \left\langle \widehat{\delta}, \check{\varphi} \right\rangle = \left\langle (2\pi)^{-n/2}, \check{\varphi} \right\rangle \\ &= \left\langle \left[(2\pi)^{-n/2} \right]^{\vee}, \varphi \right\rangle = \left\langle (2\pi)^{-n/2}, \varphi \right\rangle.\end{aligned}$$

Donc $\wedge^{-1}(\delta) = (2\pi)^{-n/2}$.

Les propriétés de la transformation de Fourier dans $\mathcal{S}(\mathbb{R}^n)$ se généralisent à $\mathcal{S}'(\mathbb{R}^n)$.

Théorème 6.7

(1) Soit $T \in \mathcal{S}'(\mathbb{R}^n)$, alors pour tout $\alpha \in \mathbb{N}^n$,

$$\widehat{D^\alpha T} = M^\alpha \widehat{T} \text{ et } D^\alpha \widehat{T} = (-1)^{|\alpha|} \widehat{M^\alpha T}$$

où M^α est l'opérateur de multiplication par le monôme x^α et $D_j = \frac{1}{i} \frac{\partial}{\partial x_j}$ et $D^\alpha = D_{x_1}^{\alpha_1} ... D_{x_n}^{\alpha_n} = (-i)^{|\alpha|} \partial_x^\alpha$.

(2) Si $T \in \mathcal{S}'(\mathbb{R}^n)$ et $S \in \mathcal{S}'(\mathbb{R}^m)$, alors $\widehat{T \otimes S} = \widehat{T} \otimes \widehat{S}$.

Démonstration. **(1)** On rappelle que si $\varphi \in \mathcal{S}(\mathbb{R}^n)$ et $\alpha \in \mathbb{N}^n$, on a les égalités $\widehat{D^\alpha \varphi} = M^\alpha \widehat{\varphi}$ et $D^\alpha \widehat{\varphi} = (-1)^{|\alpha|} \widehat{M^\alpha \varphi}$.

(i)

$$\begin{aligned}\left\langle \widehat{D^\alpha T}, \varphi \right\rangle &= \left\langle D^\alpha T, \widehat{\varphi} \right\rangle = (-1)^{|\alpha|} \left\langle T, D^\alpha \widehat{\varphi} \right\rangle = \left\langle T, (-1)^{|\alpha|} D^\alpha \widehat{\varphi} \right\rangle = \left\langle T, \widehat{M^\alpha \varphi} \right\rangle \\ &= \left\langle \widehat{T}, M^\alpha \varphi \right\rangle = \left\langle M^\alpha \widehat{T}, \varphi \right\rangle, \ \forall \varphi \in \mathcal{S}(\mathbb{R}^n).\end{aligned}$$

Alors $\widehat{D^\alpha T} = M^\alpha \widehat{T}$.

(ii)

$$\begin{aligned}
\left\langle D^\alpha \widehat{T}, \varphi \right\rangle &= (-1)^{|\alpha|} \left\langle \widehat{T}, D^\alpha \varphi \right\rangle = (-1)^{|\alpha|} \left\langle T, \widehat{D^\alpha \varphi} \right\rangle = (-1)^{|\alpha|} \left\langle T, M^\alpha \widehat{\varphi} \right\rangle \\
&= (-1)^{|\alpha|} \left\langle M^\alpha T, \widehat{\varphi} \right\rangle = (-1)^{|\alpha|} \left\langle \widehat{M^\alpha T}, \varphi \right\rangle \\
&= \left\langle (-1)^{|\alpha|} \widehat{M^\alpha T}, \varphi \right\rangle, \ \forall \varphi \in \mathcal{S}(\mathbb{R}^n).
\end{aligned}$$

Ainsi, $D^\alpha \widehat{T} = (-1)^{|\alpha|} \widehat{M^\alpha T}$.

(2) s'obtient par dualité pour $\varphi \in \mathcal{S}(\mathbb{R}^n)$ et $\psi \in \mathcal{S}(\mathbb{R}^m)$,

$$\begin{aligned}
\left\langle \widehat{T \otimes S}, \varphi \otimes \psi \right\rangle &= \left\langle T \otimes S, \widehat{\varphi \otimes \psi} \right\rangle = \left\langle T \otimes S, \widehat{\varphi} \otimes \widehat{\psi} \right\rangle = \left\langle T, \widehat{\varphi} \right\rangle \left\langle S, \widehat{\psi} \right\rangle \\
&= \left\langle \widehat{T}, \varphi \right\rangle \left\langle \widehat{S}, \psi \right\rangle = \left\langle \widehat{T} \otimes \widehat{S}, \varphi \otimes \psi \right\rangle.
\end{aligned}$$

Ensuite, comme $\mathcal{S}(\mathbb{R}^n) \otimes \mathcal{S}(\mathbb{R}^m)$ est dense dans $\mathcal{S}(\mathbb{R}^n \times \mathbb{R}^m)$, cette égalité s'étend à tout l'espace de Schwartz $\mathcal{S}(\mathbb{R}^n \times \mathbb{R}^m)$.

□

Exemple 6.9 Montrons que $\widehat{D^\alpha \delta} = (2\pi)^{-\frac{n}{2}} M^\alpha$ et $\widehat{M^\alpha} = (-1)^{|\alpha|} (2\pi)^{\frac{n}{2}} D^\alpha \delta$, pour tout $\alpha \in \mathbb{N}^n$. En effet, d'après le théorème précédent, on a :

$$\widehat{D^\alpha \delta} = M^\alpha \widehat{\delta}, \text{ or } \widehat{\delta} = (2\pi)^{-n/2},$$

donc

$$\widehat{D^\alpha \delta} = (2\pi)^{-n/2} M^\alpha.$$

D'après le même théorème , on a aussi

$$D^\alpha \widehat{1} = (-1)^{|\alpha|} \widehat{M^\alpha}, \text{ or } \wedge^{-1}(\delta) = (2\pi)^{-n/2},$$

donc

$$\delta = (2\pi)^{-n/2} \widehat{1} = \widehat{(2\pi)^{-n/2}} \text{ et } D^\alpha \widehat{1} = (2\pi)^{\frac{n}{2}} D^\alpha \delta = (-1)^{|\alpha|} \widehat{M^\alpha}, \ \forall \alpha \in \mathbb{N}^n,$$

ou encore :

$$\forall \alpha \in \mathbb{N}^n, \ \widehat{M^\alpha} = (-1)^{|\alpha|} (2\pi)^{\frac{n}{2}} D^\alpha \delta.$$

6.4 Transformation de Fourier et convolution

6.4.1 Transformation de Fourier de la convolution dans $L^1(\mathbb{R}^n)$

Théorème 6.8 Si $f, g \in L^1(\mathbb{R}^n)$, alors $f * g \in L^1(\mathbb{R}^n)$ et $\widehat{f * g} = (2\pi)^{n/2}\widehat{f}.\widehat{g}$.

Démonstration.
(i) Si $f, g \in L^1(\mathbb{R}^n)$, par le théorème de Tonelli, $g \otimes f : (x,y) \to g(x)f(y)$ est une fonction intégrable sur $\mathbb{R}^n \times \mathbb{R}^n$ et $\|g \otimes f\|_{L^1(\mathbb{R}^n \times \mathbb{R}^n)} = \|g\|_{L^1(\mathbb{R}^n)} \|f\|_{L^1(\mathbb{R}^n)}$. En effet, l'application $\Phi : (x,y) \mapsto (x-y, y)$ est un C^1-difféomorphisme de $\mathbb{R}^n \times \mathbb{R}^n$ de Jacobien égal à 1, donc par le théorème de changement de variables :

$$\begin{aligned} \|g \otimes f\|_{L^1(\mathbb{R}^n \times \mathbb{R}^n)} &= \|(g \otimes f) \circ \Phi\|_{L^1(\mathbb{R}^n \times \mathbb{R}^n)} = \int_{\mathbb{R}^n} \int_{\mathbb{R}^n} \left| f(y) g(x-y) \right| dxdy \\ &= \|g\|_{L^1(\mathbb{R}^n)} \|f\|_{L^1(\mathbb{R}^n)} < +\infty. \end{aligned}$$

Donc $(x,y) \mapsto f(y)g(x-y)$ est Lebesgue intégrable sur $\mathbb{R}^n \times \mathbb{R}^n$, et la conclusion est une conséquence directe du théorème de Fubini puisque,

$$\|g \otimes f\|_{L^1(\mathbb{R}^n \times \mathbb{R}^n)} = \int_{\mathbb{R}^n} |f * g(x)| dx = \|f * g\|_{L^1(\mathbb{R}^n)} = \|f\|_{L^1(\mathbb{R}^n)} \|g\|_{L^1(\mathbb{R}^n)}.$$

(ii)

$$\begin{aligned} \widehat{f * g}(\xi) &= \frac{1}{(2\pi)^{n/2}} \int_{\mathbb{R}^n} e^{-ix.\xi} (f * g)(x) dx \\ &= \frac{1}{(2\pi)^{n/2}} \int_{\mathbb{R}^n} e^{-ix.\xi} \left(\int_{\mathbb{R}^n} f(y) g(x-y) dy \right) dx \\ &\overset{x-y=z, y \text{ fixé}}{=} \frac{1}{(2\pi)^{n/2}} \int_{\mathbb{R}^n} e^{-i(y+z).\xi} \left(\int_{\mathbb{R}^n} f(y) g(z) dy \right) dz \\ &= \frac{1}{(2\pi)^{n/2}} \int_{\mathbb{R}^n} e^{-iz.\xi} g(z) \left(\int_{\mathbb{R}^n} e^{-iy.\xi} f(y) dy \right) dz \end{aligned}$$

$$= \frac{1}{(2\pi)^{n/2}}\left(\int_{\mathbb{R}^n} e^{-iy.\xi} f(y)dy\right)\left(\int_{\mathbb{R}^n} e^{-iz.\xi} g(z)dz\right)$$
$$= (2\pi)^{n/2}\widehat{f}.\widehat{g}.$$

□

6.4.2 Transformation de Fourier de la convolution dans $\mathcal{S}(\mathbb{R}^n)$

Théorème 6.9 (Théorème d'échange) Soient $\varphi, \psi \in \mathcal{S}(\mathbb{R}^n)$, alors : $\varphi * \psi \in \mathcal{S}(\mathbb{R}^n)$, $\widehat{\varphi * \psi} = (2\pi)^{n/2}\,\widehat{\varphi}.\widehat{\psi}$ et $\widehat{\varphi.\psi} = (2\pi)^{-n/2}\,\widehat{\varphi} * \widehat{\psi}$.

Démonstration. Comme $\mathcal{S}(\mathbb{R}^n) \hookrightarrow L^1(\mathbb{R}^n)$, alors le produit de convolution $\varphi * \psi \in L^1(\mathbb{R}^n)$ est bien définie en vertu du théorème précédent. De plus, à y fixe, la fonction $x \mapsto \varphi(y)\psi(x-y)$ est de classe C^∞ sur $\mathbb{R}^n$ et pour tout $\beta \in \mathbb{N}^n$, $\left|D_x^\beta(\varphi(y)\psi(x-y))\right| = \left|\varphi(y)D_x^\beta(\psi(x-y))\right| = \left|\varphi(y)D_x^\beta(\psi)(x-y)\right| \leq p_{0,\beta}(\psi)\left|\varphi(y)\right|$. Or, la fonction $y \mapsto p_{0,\beta}(\psi)\left|\varphi(y)\right|$ est intégrable sur $\mathbb{R}^n$, donc par dérivation sous le signe intégral, $\varphi * \psi$ est de classe C^∞ sur $\mathbb{R}^n$ et $D_x^\beta(\varphi * \psi) = \varphi * D_x^\beta\psi$. Soit $\alpha \in \mathbb{N}^n$, Comme $x^\alpha = (x-y+y)^\alpha = \sum_{\gamma\in\mathbb{N}^n,\gamma\leq\alpha} C_\alpha^\gamma (x-y)^\gamma y^{\alpha-\gamma}$, on peut écrire :

$$x^\alpha D_x^\beta(\varphi * \psi) = x^\alpha \varphi * D_x^\beta \psi = \sum_{\gamma\in\mathbb{N}^n,\gamma\leq\alpha} C_\alpha^\gamma (x^{\alpha-\gamma}\varphi) * \left(x^\gamma D_x^\beta \psi\right)$$

et cette fonction est dans $L^\infty(\mathbb{R}^n)$. D'où, $\varphi * \psi \in \mathcal{S}(\mathbb{R}^n)$.
D'une part, on peut alors appliquer le theorème de Fubini à la fonction intégrable $(x,y) \mapsto \varphi(x)\psi(x-y)$ pour obtenir, exactement comme dans le calcul (ii) de la transformation de Fourier dans $L^1(\mathbb{R}^n)$, pour tout $\xi \in \mathbb{R}^n$,

$$\widehat{\varphi * \psi}(\xi) = (2\pi)^{n/2}\,\widehat{\varphi}.\widehat{\psi}.$$

D'autre part, pour calculer $\widehat{\varphi.\psi}$ on utilise la transformation de Fourier inverse. On applique la formule obtenue à $\varphi = \widehat{f}$ et $\psi = \widehat{g}$ où f et g sont des fonctions de $\mathcal{S}(\mathbb{R}^n)$ puisque $\wedge$ est un isomorphisme de $\mathcal{S}(\mathbb{R}^n)$. Alors,

$$\widehat{\varphi.\psi} = \widehat{\widehat{f}.\widehat{g}} = (\widehat{(2\pi)^{-n/2}\,\widehat{f * g}}) = (2\pi)^{-n/2}\,\widehat{\widehat{f * g}}$$

$$= (2\pi)^{-n/2}(f \overset{\vee}{*} g) = (2\pi)^{-n/2}\left(\overset{\vee}{f} * \overset{\vee}{g}\right)$$

$$= (2\pi)^{-n/2}\left(\overset{\wedge}{\hat{f}} * \overset{\wedge}{\hat{g}}\right) = (2\pi)^{-n/2}\left(\widehat{\varphi} * \widehat{\psi}\right).$$

□

6.4.3 Transformation de Fourier de la convolution dans $\mathcal{S}'(\mathbb{R}^n)$

Soit $\psi \in \mathcal{S}(\mathbb{R}^n)$, alors $\overset{\vee}{\psi} \in \mathcal{S}(\mathbb{R}^n)$ et pour tout $\varphi \in \mathcal{S}(\mathbb{R}^n)$, $\varphi * \overset{\vee}{\psi} \in \mathcal{S}(\mathbb{R}^n)$. Considérons l'application :

$$J \; : \; \mathcal{S}(\mathbb{R}^n) \longrightarrow \mathcal{S}(\mathbb{R}^n)$$
$$\varphi \mapsto \varphi * \overset{\vee}{\psi}$$

J est une application linéaire continue de $\mathcal{S}(\mathbb{R}^n)$ dans $\mathcal{S}(\mathbb{R}^n)$. Soit $T \in \mathcal{S}'(\mathbb{R}^n)$, alors $\left\langle T, \varphi * \overset{\vee}{\psi} \right\rangle$ a bien un sens pour tout $\varphi \in \mathcal{S}(\mathbb{R}^n)$:

$$\begin{array}{ccccc} \mathcal{S}(\mathbb{R}^n) & \overset{J}{\longrightarrow} & \mathcal{S}(\mathbb{R}^n) & \overset{T}{\longrightarrow} & \mathbb{C} \\ \varphi & \longrightarrow & \varphi * \overset{\vee}{\psi} & \longrightarrow & \left\langle T, \varphi * \overset{\vee}{\psi} \right\rangle. \end{array}$$

J et T sont des applications linéaires continues, donc leur composée $T \circ J$ est linéaire continue de $\mathcal{S}(\mathbb{R}^n)$ dans $\mathbb{C}$. Ainsi $T \circ J$ est une forme linéaire continue sur $\mathcal{S}(\mathbb{R}^n)$, donc $T \circ J \in \mathcal{S}'(\mathbb{R}^n)$ et $\langle T \circ J, \varphi \rangle = \left\langle T, \varphi * \overset{\vee}{\psi} \right\rangle$, $\forall \varphi \in \mathcal{S}(\mathbb{R}^n)$. $T \circ J$ sera appelée le produit de convolution de ψ et de T et on le notera $T * \psi$ ou $\psi * T$.
Par conséquent, $\psi * T \in \mathcal{S}'(\mathbb{R}^n)$ avec :

$$\langle \psi * T, \varphi \rangle = \langle T * \psi, \varphi \rangle = \left\langle T, \varphi * \overset{\vee}{\psi} \right\rangle, \; \forall \varphi \in \mathcal{S}(\mathbb{R}^n).$$

Théorème 6.10 Pour tout $\psi \in \mathcal{S}(\mathbb{R}^n)$ et pour tout $T \in \mathcal{S}'(\mathbb{R}^n)$, on a :

$$\widehat{\psi * T} = (2\pi)^{n/2}\, \widehat{\psi}\widehat{T} \text{ et } \widehat{\psi T} = (2\pi)^{-n/2}\left(\widehat{\psi} * \widehat{T}\right).$$

Démonstration. Soit $\varphi \in \mathcal{S}(\mathbb{R}^n)$, alors :

$$\left\langle \widehat{\psi * T}, \varphi \right\rangle = \left\langle \psi * T, \widehat{\varphi} \right\rangle = \left\langle T, \widehat{\varphi} * \check{\psi} \right\rangle = \left\langle \wedge^{-1}\left(\widehat{T}\right), \widehat{\varphi} * \check{\psi} \right\rangle$$

$$= \left\langle \overset{\wedge}{\overset{\vee}{\widehat{T}}}, \widehat{\varphi} * \check{\psi} \right\rangle = \left\langle \check{\widehat{T}}, \widehat{\left(\widehat{\ } * \check{\psi}\varphi\right)} \right\rangle = \left\langle \check{\widehat{T}}, (2\pi)^{n/2} \widehat{\widehat{\varphi}.\check{\psi}} \right\rangle$$

$$= (2\pi)^{n/2} \left\langle \check{\widehat{T}}, \widehat{\widehat{\varphi}}.\widehat{\check{\psi}} \right\rangle = (2\pi)^{n/2} \left\langle \widehat{T}, \overset{\vee}{\overbrace{\left(\widehat{\widehat{\varphi}}.\widehat{\check{\psi}}\right)}} \right\rangle = (2\pi)^{n/2} \left\langle \widehat{T}, \overset{\vee}{\widehat{\widehat{\varphi}}}.\overset{\vee}{\widehat{\check{\psi}}} \right\rangle$$

$$= (2\pi)^{n/2} \left\langle \widehat{T}, \overset{\vee}{\widehat{\widehat{\varphi}}}.\widehat{\psi} \right\rangle = (2\pi)^{n/2} \left\langle \widehat{T}, \left(\wedge^{-1}\widehat{\varphi}\right).\widehat{\psi} \right\rangle = (2\pi)^{n/2} \left\langle \widehat{T}, \varphi.\widehat{\psi} \right\rangle$$

$$= (2\pi)^{n/2} \left\langle \widehat{\psi}\widehat{T}, \varphi \right\rangle.$$

D'où, $\widehat{\psi * T} = (2\pi)^{n/2}\, \widehat{\psi}\widehat{T}$.

De plus,

$$\begin{aligned}
\psi T &= \left[\wedge^{-1}(\wedge\psi)\right].\left[\wedge^{-1}(\wedge T)\right] = \overset{\wedge}{\overset{\vee}{\widehat{\psi}}}.\overset{\wedge}{\overset{\vee}{\widehat{T}}} \\
&= (2\pi)^{-n/2} \widehat{\left(\check{\widehat{\psi}} * \check{\widehat{T}}\right)} = (2\pi)^{-n/2} \widehat{\overset{\vee}{\overbrace{\left(\widehat{\psi} * \widehat{T}\right)}}} \\
&= (2\pi)^{-n/2} \wedge^{-1}\left(\widehat{\psi} * \widehat{T}\right),
\end{aligned}$$

donc $\wedge(\psi T) = (2\pi)^{-n/2}\left(\widehat{\psi} * \widehat{T}\right)$ ou bien $\widehat{\psi T} = (2\pi)^{-n/2}\left(\widehat{\psi} * \widehat{T}\right)$. □

6.5 Le théorème de Paley-Wiener

On a vu que $\mathcal{F}\mathcal{S}(\mathbb{R}^n) = \mathcal{S}(\mathbb{R}^n)$; $\mathcal{F}\mathcal{S}'(\mathbb{R}^n) = \mathcal{S}'(\mathbb{R}^n)$ et $\mathcal{F}L^2(\mathbb{R}^n) = L^2(\mathbb{R}^n)$. Mais il y'a peu d'autres espaces de fonctions ou de distributions dont on sache bien caractériser l'image par la transformation de Fourier, en particulier les images $\mathcal{F}L^p(\mathbb{R}^n)$, $p \neq 2$, voir le théorème de Riemann-Lebesgue pour $p = 1$. C'est pourtant le cas pour certains espaces de fonctions ou de distributions à support compact. On donne ici le résultat pour $\mathcal{D}(\mathbb{R}^n)$ et $\mathcal{E}'(\mathbb{R}^n)$. On rappelle qu'une fonction entière est une fonction holomorphe sur tout $\mathbb{C}^n$. On note ici $\mathcal{E}'_R(\mathbb{R}^n)$ (respectivement, $\mathcal{D}_R(\mathbb{R}^n)$) pour $R > 0$, l'espace des distributions (respectivement, de fonctions $C^\infty(\mathbb{R}^n)$) à support compact contenu dans la boule fermée $\overline{B(0,R)}$ de centre 0 et de rayon R. On utilisera qu'un élément de $\mathcal{E}'_R(\mathbb{R}^n)$ est majoré par une semi-norme du type $p(\varphi) = \sum_{\substack{\alpha\in\mathbb{N}^n \\ |\alpha|\leq N}} \sup_{x\in\overline{B(0,R)}} |D^\alpha\varphi(x)|$.

On appellera ici fonctions tempérées les fonctions φ de $\mathcal{E}(\mathbb{R}^n)$ qui sont à croissance lente ainsi que toutes leurs dérivées :

$$\forall\alpha \in \mathbb{N}^n,\ \exists C_\alpha > 0 \text{ et } m_\alpha \in \mathbb{N},\ \forall x \in \mathbb{R}^n,\ |D^\alpha\varphi(x)| \leq C_\alpha(1+|x|)^{m_\alpha}.$$

Théorème 6.11 (Théorème de Paley-Wiener) Pour tout $R > 0$.

(1) $\mathcal{F}\mathcal{D}_R(\mathbb{R}^n) \subset \mathcal{S}(\mathbb{R}^n)$ est l'espace des fonctions de $\mathcal{S}(\mathbb{R}^n)$ qui se prolongent en fonctions entières $U(\xi)$ telles que :

$$\forall N \in \mathbb{N},\ \exists C_N > 0,\ \forall\xi \in \mathbb{C}^n,\ |U(\xi)| \leq \frac{C_N}{(1+|\xi|)^N} e^{R|\mathrm{Im} z|}. \tag{6.3}$$

(2) $\mathcal{F}\mathcal{E}'_R(\mathbb{R}^n) \subset \mathcal{S}'(\mathbb{R}^n)$ est l'espace des fonctions tempérées sur $\mathbb{R}^n$ qui se prolongent en fonctions entières $U(\xi)$ telles que :

$$\exists N \in \mathbb{N},\ C > 0,\ \forall\xi \in \mathbb{C}^n,\ |U(\xi)| \leq C(1+|\xi|)^N e^{R|\mathrm{Im} z|}. \tag{6.4}$$

Dans les majorations (6.3) et (6.4), on peut écrire $\left(1+|\xi|^N\right)$ au lieu de $(1+|\xi|)^N$, ou encore la remplacer par $(1+|\mathrm{Re}\xi|)^N$ ou $\left(1+|\mathrm{Re}\xi|^N\right)$.

Démonstration. La preuve du théorème de Paley-Wiener se fera en plusieurs étapes.

(i) Soit $T \in \mathcal{E}'_R(\mathbb{R}^n)$; pour $\xi \in \mathbb{R}^n$, la distribution de la variable x, $T * e^{ix.\xi}$ est une fonction de classe C^∞ de la variable x et aussi du paramètre ξ, c'est la fonction $x \mapsto \left\langle T_y, e^{i(x-y).\xi}\right\rangle$, donc $\left(T * e^{ix.\xi}\right)(0) = \left\langle T_y, e^{-iy.\xi}\right\rangle$ est une fonction C^∞, soit $U(\xi)$.

Pour $\varphi \in \mathcal{D}(\mathbb{R}^n)$,

$$\begin{aligned}\langle U(\xi), \varphi(\xi)\rangle &= \left\langle\left\langle T_x, e^{-ix.\xi}\right\rangle, \varphi(\xi)\right\rangle = \left\langle T_x \otimes \varphi(\xi), e^{-ix.\xi}\right\rangle \\ &= \left\langle T_x, \left\langle\varphi(\xi), e^{-ix.\xi}\right\rangle\right\rangle = \left\langle(2\pi)^{\frac{n}{2}} T_x, \widehat{\varphi}(x)\right\rangle\end{aligned}$$

$$= \left\langle (2\pi)^{\frac{n}{2}} T, \widehat{\varphi} \right\rangle = \left\langle (2\pi)^{\frac{n}{2}} \widehat{T}, \varphi \right\rangle.$$

Donc, $U = (2\pi)^{\frac{n}{2}} \widehat{T}$.
(ii) Pour $\xi \in \mathbb{C}^n$, posons $U(\xi) = \left\langle T_x, e^{-ix.\xi} \right\rangle$. On obtient une fonction différentiable de ξ, donc holomorphe sur $\mathbb{C}^n$, dont la restriction à $\mathbb{R}^n$ est $U = (2\pi)^{\frac{n}{2}} \widehat{T}$; c'est donc l'unique prolongement de $(2\pi)^{\frac{n}{2}} \widehat{T}$ à $\mathbb{C}^n$ en fonction entière.
(iii) Comme $T \in \mathcal{E}'_R(\mathbb{R}^n)$, il existe $N \in \mathbb{N}$ et $C > 0$, tels que :

$$|\langle T, \varphi \rangle| \leq C \sum_{\substack{\alpha \in \mathbb{N}^n \\ |\alpha| \leq N}} \sup_{x \in \overline{B(0,R)}} |D^\alpha \varphi(x)|, \ \forall \varphi \in \mathcal{E}(\mathbb{R}^n).$$

En particulier,

$$\begin{aligned} |U(\xi)| &\leq C \sum_{\substack{\alpha \in \mathbb{N}^n \\ |\alpha| \leq N}} \sup_{x \in \overline{B0(,R)}} \left| D^\alpha e^{-ix.\xi} \right| = C \sum_{\substack{\alpha \in \mathbb{N}^n \\ |\alpha| \leq N}} \sup_{x \in \overline{B(0,R)}} \left| \xi^\alpha e^{-ix.\xi} \right| \\ &\leq C_1 (1 + |\xi|)^N e^{R|\mathrm{Im}\xi|}, \ C_1 > 0; \text{ soit (6.4).} \end{aligned}$$

(iv) Si de plus T est de classe C^∞ (c'est à dire $T \in \mathcal{D}_R(\mathbb{R}^n)$), pour tout $\alpha \in \mathbb{N}^n$, $D^\alpha T$ est une fonction continue à support dans la boule $\overline{B(0,R)}$, d'où :

$$\begin{aligned} |\xi^\alpha||U(\xi)| &= \left| \xi^\alpha \left\langle T_x, e^{-ix.\xi} \right\rangle \right| = \left| \left\langle T_x, \xi^\alpha e^{-ix.\xi} \right\rangle \right| = \left| \left\langle T_x, i^{|\alpha|} D^\alpha (e^{-ix.\xi}) \right\rangle \right| \\ &= \left| \left\langle (-i)^{|\alpha|} D^\alpha T_x, e^{-ix.\xi} \right\rangle \right| \leq C_2 \sup_{x \in \overline{B(0,R)}} \left| e^{-ix.\xi} \right| \leq C_2 e^{R|\mathrm{Im}\xi|}, \ C_2 > 0, \end{aligned}$$

et en sommant ces inégalités sur tous les $\alpha \in \mathbb{N}^n$ pour $|\alpha| \leq N$, on obtient l'inégalité (6.3).
(v) Réciproquement, soit U une fonction entière vérifiant (6.3). La restriction $U_{\mathbb{R}^n}$ de U à $\mathbb{R}^n$ est de classe C^∞ et à décroissance rapide sur $\mathbb{R}^n$ puisque, par la formule de Cauchy, on a si $\alpha \in \mathbb{N}^n$,

$$D^\alpha U(z) = \frac{\alpha!}{(2i\pi)^n} \int_\Gamma \frac{U(\xi)}{(\xi - z)^{\alpha+\tau}} d\xi,$$

$$\tau = (1, ..., 1), \ \Gamma = \prod_{j=1}^n \left\{ \left| \xi_j - z_j \right| = 1 \right\}, \ \xi = (\xi_1, ..., \xi_n), \ z = (z_1, ..., z_n),$$

et alors $\sup_{z \in \mathbb{C}^n} |D^\alpha U(z)| \leq C_\alpha \sup_{z \in \mathbb{C}^n} |U(z)|$, donc $U_{\mathbb{R}^n} \in \mathcal{S}(\mathbb{R}^n)$, et si l'on pose

$$\varphi(x) = \frac{1}{(2\pi)^{n/2}} \int_{\mathbb{R}^n} e^{ix.\xi} U(\xi) d\xi = (\wedge' U)(x) \in \mathcal{S}(\mathbb{R}^n),$$

il reste à montrer que $Supp(\varphi) \subset \overline{B(0,R)}$.
Pour tout $t > 0$, le théorème des résidus permet d'écrire

$$\varphi(x) = \frac{1}{(2\pi)^{n/2}} \int_{\mathbb{R}^n} e^{ix.(\xi+itx)} U(\xi + itx)\, d\xi,$$

d'où, en vertu de (6.3),

$$\begin{aligned}
|\varphi(x)| &\leq \frac{1}{(2\pi)^{n/2}} e^{-t|x|^2} \int_{\mathbb{R}^n} |U(\xi + itx)|\, d\xi \\
&\leq \frac{1}{(2\pi)^{n/2}} e^{-t|x|^2} C_N \int_{\mathbb{R}^n} \frac{e^{Rt|x|}}{(1+|\xi|)^N} d\xi \\
&\leq C_3 e^{t|x|(R-|x|)},\ C_3 > 0,
\end{aligned}$$

et si $|x| > R$, ceci tend vers 0 quand $t \to +\infty$, donc $\varphi(x) = 0$, ce qui montre bien que le support de φ est inclu dans la boule fermée $\overline{B(0,R)}$. Ce qui clôt la preuve de l'assertion (1).
(vi) Soit $(\rho_j)_{j\in\mathbb{N}^*}$ une suite régularisante. D'après (iv), chaque ρ_j se prolonge en une fonction entière telle que :

$$\forall N \in \mathbb{N},\ \exists C_N > 0,\ \forall \xi \in \mathbb{C}^n,\ \left|\widehat{\rho_j}(\xi)\right| \leq \frac{C_N}{(1+|\xi|)^N} e^{\frac{1}{j}|\mathrm{Im}\xi|}, \qquad (6.5)$$

puisque $Supp(\rho_j) \subset \overline{B(0,\frac{1}{j})}$, $j \in \mathbb{N}^*$.
(vii) Soit enfin U une fonction entière vérifiant (6.4). Sa restriction $U_{\mathbb{R}^n}$ à $\mathbb{R}^n$ est une fonction de classe C^∞ à croissance lente (c'est à dire vérifiant une estimation dy type (6.4)), ainsi que toutes ses dérivées d'après la formule de Cauchy (par la même majoration utilisée au point (v)), donc $U_{\mathbb{R}^n}$ définit une distribution tempérée $T \in \mathcal{S}'(\mathbb{R}^n)$.
$(\rho_j * T)_{j\in\mathbb{N}^*}$ est une suite de fonctions C^∞ qui tend vers T faiblement quand $j \to +\infty$. Mais pour tout $j \in \mathbb{N}^*$, $\widehat{\rho_j * T} = (2\pi)^{\frac{n}{2}} \widehat{\rho_j}\widehat{T} = \widehat{\rho_j} U_{\mathbb{R}^n}$ est une fonction entière telle que, d'après (6.3) et (6.4) :

$$\forall N \in \mathbb{N},\ \exists C'_N > 0,\ \forall \xi \in \mathbb{C}^n,\ \left|\widehat{\rho_j}(\xi) U(\xi)\right| \leq \frac{C'_N}{(1+|\xi|)^N} e^{\left(R+\frac{1}{j}\right)|\mathrm{Im}\xi|}$$

il suffit de prendre $C'_N = C + C_{N+N_0}$ où C et N_0 sont donnés par (6.4) et (6.5).

D'après (v), ceci signifie que $\rho_j * T \subset \mathcal{D}_{R+\frac{1}{j}}(\mathbb{R}^n)$, pour tout $j \in \mathbb{N}^*$. Comme $\lim_{j\to+\infty} \rho_j * T = T$ faiblement, ceci implique que $Supp(T) \subset \overline{B(0,R)}$, d'où la preuve du point (2). $\square$

> **Corollaire 6.3** Toute distribution à support compact est une combinaison linéaire de dérivées (au sens des distributions) de fonctions continues.

Démonstration. Si $T \in \mathcal{E}'(\mathbb{R}^n)$, alors $\widehat{T}$ est une fonction entière par le théorème de Paley-Wiener. En particulier, il existe $N \in \mathbb{N}$, $C > 0$, tels que pour tout $\xi \in \mathbb{R}^n$, $\left|\widehat{T}(\xi)\right| \leq C(1+|\xi|)^N$.

Posons $G(\xi) = \frac{\widehat{T}(\xi)}{(1+|\xi|)^{N'}}$. Pour $N' \in \mathbb{N}$, assez grand, $N' > N + \frac{n}{2}$, $G \in L^1(\mathbb{R}^n)$, et c'est donc la transformation de Fourier $\widehat{f}$ d'une fonction continue bornée f sur $\mathbb{R}^n$ (théorème de Riemann-Lebesgue). De $(1+|\xi|)^{N'}\widehat{f}(\xi) = \widehat{T}(\xi)$, on en déduit par $\mathcal{F}^{-1}$, $T = (1-\Delta)^{N'} f$, où $\Delta = \frac{\partial^2}{\partial x_1^2} + \ldots + \frac{\partial^2}{\partial x_n^2}$ est l'opérateur de Laplace sur $\mathbb{R}^n$. $\square$

Transformation de Fourier dans $\mathcal{E}'(\mathbb{R}^n)$

Soit $T \in \mathcal{E}'(\mathbb{R}^n)$, alors $T \in \mathcal{S}'(\mathbb{R}^n)$ et $\left\langle \widehat{T}, \varphi \right\rangle = \left\langle T, \widehat{\varphi} \right\rangle$ pour tout $\varphi \in \mathcal{S}(\mathbb{R}^n)$. De plus, $T = \sum_{\substack{\alpha\in\mathbb{N}^n \\ |\alpha|\leq m}} D^\alpha T_\alpha$ (représentation non unique) où les T_α sont des fonctions continues sur $\mathbb{R}^n$ à support compact contenu dans un voisinage du support de T. Ainsi,

$$\begin{aligned}
\left\langle \widehat{T}, \varphi \right\rangle &= \left\langle T, \widehat{\varphi} \right\rangle = \left\langle T_y, \frac{1}{(2\pi)^{n/2}} \int_{\mathbb{R}^n} e^{-iy.\xi} \varphi(\xi) d\xi \right\rangle \\
&= \left\langle \sum_{\substack{\alpha\in\mathbb{N}^n \\ |\alpha|\leq m}} D_y^\alpha T_\alpha(y), \frac{1}{(2\pi)^{n/2}} \int_{\mathbb{R}^n} e^{-iy.\xi} \varphi(\xi) d\xi \right\rangle \\
&= \frac{1}{(2\pi)^{n/2}} \int_{\mathbb{R}^n} \int_{\mathbb{R}^n} \sum_{\substack{\alpha\in\mathbb{N}^n \\ |\alpha|\leq m}} D_y^\alpha T_\alpha(y) e^{-iy.\xi} \varphi(\xi) dy d\xi
\end{aligned}$$

$$= \frac{1}{(2\pi)^{n/2}} \left\langle \left\langle \sum_{\substack{\alpha\in\mathbb{N}^n \\ |\alpha|\leq m}} D_y^\alpha T_\alpha(y), e^{-iy.\xi} \right\rangle, \varphi(\xi) \right\rangle$$
$$= \left\langle \left\langle \frac{1}{(2\pi)^{n/2}} T, e^{-iy.\xi} \right\rangle, \varphi(\xi) \right\rangle.$$

D'où,

$$\widehat{T}(\xi) = \left\langle \frac{1}{(2\pi)^{n/2}} T_y, e^{-iy.\xi} \right\rangle.$$

Exemple 6.10 $\delta \in \mathcal{E}'(\mathbb{R}^n)$, et alors

$$\widehat{\delta}(\xi) = \left\langle \frac{1}{(2\pi)^{n/2}} \delta, e^{-iy.\xi} \right\rangle = \frac{1}{(2\pi)^{n/2}} e^{-i0.\xi} = \frac{1}{(2\pi)^{n/2}}.$$

6.6 Exercices avec solutions

Exercice 6.1 *Pour $a \in \mathbb{R}^n$ et $\lambda \in \mathbb{R}^*$, on note τ_a l'application de translation sur les fonctions $(\tau_a f)(x) = f(x-a)$ et $d_\lambda f(x) = f\left(\frac{x}{\lambda}\right)$ l'opérateur de dilatation.*

(1) *Vérifier que le produit de convolution est une loi de composition interne commutative et associative sur $L^1(\mathbb{R}^n)$.*

(2) *Soit $f \in L^1(\mathbb{R}^n)$, pour $a \in \mathbb{R}^n$ et $\lambda \in \mathbb{R}^*$, calculer $\widehat{\tau_a f}$ et $\widehat{d_\lambda f}$.*

(3) *Vérifier que pour $f, g \in L^1(\mathbb{R}^n)$,*

$$\int_{\mathbb{R}^n} \widehat{f}(\xi) g(\xi) d\xi = \int_{\mathbb{R}^n} f(\xi) \widehat{g}(\xi) d\xi < \infty.$$

(4) *Vérifier que pour $\xi \in \mathbb{R}\backslash\{0\}$, $\widehat{f}(\xi) = e^i \widehat{\tau_{\frac{1}{\xi}} f}(\xi)$ et en déduire le lemme de Riemann-Lebesgue en dimension 1.*
Indication : *On rappelle que, pour $f \in L^1(\mathbb{R})$ fixée, $a \mapsto \tau_a f$ est continue de $\mathbb{R}$ dans $L^1(\mathbb{R})$.*

(5) *Démontrer le lemme de Riemann-Lebesgue en dimension $n > 1$.*

Solution.

(1) On vérifie que si $f, g \in L^1(\mathbb{R}^n)$, le produit de convolution $f * g$ est bien défini et appartient aussi à l'espace $L^1(\mathbb{R}^n)$. Ceci est une conséquence du théorème de Fubini.

$$\begin{aligned}
\int_{\mathbb{R}^n} \left| \int_{\mathbb{R}^n} f(y) g(x-y) dy \right| dx &\leq \int_{\mathbb{R}^n} \int_{\mathbb{R}^n} |f(y)| \, |g(x-y)| \, dy dx \\
&= \int_{\mathbb{R}^n} |f(y)| \left(\int_{\mathbb{R}^n} |g(x-y)| \, dx \right) dy \\
&= \int_{\mathbb{R}^n} |f(y)| \, \|g\|_{L^1(\mathbb{R}^n)} dy = \|f\|_{L^1(\mathbb{R}^n)} \|g\|_{L^1(\mathbb{R}^n)} < +\infty,
\end{aligned}$$

où on a utilisé l'invariance par translation de l'intégrale de Lebesgue sur $\mathbb{R}^n$. Alors, la fonction positive $x \mapsto \int_{\mathbb{R}^n} f(y) g(x-y) dy$ est donc d'intégrale finie, et est finie presque partout. $f * g$ est bien définie presque partout et elle est dans $L^1(\mathbb{R}^n)$ puisque $\|f * g\|_{L^1(\mathbb{R}^n)} \leq \|f\|_{L^1(\mathbb{R}^n)} \|g\|_{L^1(\mathbb{R}^n)}$.

La commutativité de $*$ s'obtient par changement de variable $u = x - y$. Vérifions l'associativité de $*$. Soient $f, g, h \in L^1(\mathbb{R}^n)$, comme précédemment, on remarque que $(|f| * |g|) * |h|$ est fini presque partout, ce qui justifie, par le théorème de Fubini, l'interversion des intégrales dans ce qui suit :

$$\begin{aligned}
(f * g) * h(z) &= \int_{\mathbb{R}^n} h(z-u)(f * g)(u) du \\
&= \int_{\mathbb{R}^n} h(z-u) \left\{ \int_{\mathbb{R}^n} f(y) g(u-y) dy \right\} du \\
&= \int_{\mathbb{R}^n} f(y) \left\{ \int_{\mathbb{R}^n} h(z-u) g(u-y) du \right\} dy \\
&\overset{v=u-y}{=} \int_{\mathbb{R}^n} f(y) \left\{ \int_{\mathbb{R}^n} h(z-y-v) g(v) dv \right\} dy
\end{aligned}$$

$$= \int_{\mathbb{R}^n} f(y)(g*h)(z-y)dy = f*(g*h)(z).$$

(2) On a :

$$\begin{aligned}
\widehat{\tau_a f}(\xi) &= (2\pi)^{-n/2} \int_{\mathbb{R}^n} (\tau_a f)(x) e^{-ix.\xi} dx \\
&= (2\pi)^{-n/2} \int_{\mathbb{R}^n} f(x-a) e^{-ix.\xi} dx \\
&\overset{x-a=u}{=} (2\pi)^{-n/2} \int_{\mathbb{R}^n} f(u) e^{-i(u+a).\xi} dx \\
&= (2\pi)^{-n/2} e^{-ia.\xi} \int_{\mathbb{R}^n} f(u) e^{-iu.\xi} dx \\
&= e^{-ia.\xi} \widehat{f}(\xi). \\
\widehat{d_\lambda f}(\xi) &= (2\pi)^{-n/2} \int_{\mathbb{R}^n} (d_\lambda f)(x) e^{-ix.\xi} dx \\
&= (2\pi)^{-n/2} \int_{\mathbb{R}^n} f\left(\frac{x}{\lambda}\right) e^{-ix.\xi} dx \\
&\overset{u=\frac{x}{\lambda}}{=} (2\pi)^{-n/2} |\lambda|^n \int_{\mathbb{R}^n} f(u) e^{-i\lambda u.\xi} du \\
&= (2\pi)^{-n/2} |\lambda|^n \int_{\mathbb{R}^n} f(u) e^{-iu.(\lambda\xi)} du \\
&= |\lambda|^n \widehat{f}(\lambda\xi).
\end{aligned}$$

(3) On vérifie déjà que les deux intégrales sont finies, par exemple celle de gauche :

$$\begin{aligned}
\int_{\mathbb{R}^n} \left|\widehat{f}(\xi) g(\xi)\right| d\xi &= \int_{\mathbb{R}^n} \left|(2\pi)^{-n/2} \int_{\mathbb{R}^n} f(x) e^{-ix.\xi} dx\right| |g(\xi)| d\xi \\
&\leq (2\pi)^{-n/2} \|f\|_{L^1(\mathbb{R}^n)} \|g\|_{L^1(\mathbb{R}^n)} < +\infty.
\end{aligned}$$

Ensuite, le théorème de Fubini s'applique donc et fournit l'égalité des deux intégrales.

(4) On utilise le changement de variable $x = t - \frac{1}{\xi}$, $\xi \in \mathbb{R}\setminus\{0\}$, $x, t \in \mathbb{R}$:

$$\begin{aligned}
\widehat{f}(\xi) &= (2\pi)^{-1/2} \int_{\mathbb{R}} f(x) e^{-ix\xi} dx \overset{x=t-\frac{1}{\xi}}{=} (2\pi)^{-1/2} \int_{\mathbb{R}} f\left(t - \frac{1}{\xi}\right) e^{-i\left(t-\frac{1}{\xi}\right)\xi} dt \\
&\overset{x=t-\frac{1}{\xi}}{=} (2\pi)^{-1/2} e^{i} \int_{\mathbb{R}} \left(\tau_{\frac{1}{\xi}} f\right)(t) e^{-it\xi} dt = e^{i} \widehat{\left(\tau_{\frac{1}{\xi}} f\right)}(\xi).
\end{aligned}$$

Par conséquent,

$$\left|e^{-i} - 1\right| \left|\widehat{f}(\xi)\right| = \left|\widehat{\left(\tau_{\frac{1}{\xi}} f\right)}(\xi) - \widehat{f}(\xi)\right| = \left|\widehat{\tau_{\frac{1}{\xi}} f - f}(\xi)\right| \leq \left\|\tau_{\frac{1}{\xi}} f - f\right\|_{L^1(\mathbb{R})} \underset{|\xi| \to +\infty}{\longrightarrow} 0,$$

par continuité des translations dans $L^1(\mathbb{R})$.

(5) Dans le cas multi-dimensionnel $n > 1$, il suffit de remarquer que si $|\xi|$ tend vers $+\infty$, on a alors par le théorème de Fubini :

$$\widehat{f}(\xi) = \widehat{f}(\xi_1, \ldots, \xi_n) = (2\pi)^{-\frac{n}{2}} \int_{\mathbb{R}^{n-1}} e^{-i \sum\limits_{k \neq l} \xi_k x_k} \overbrace{\left\{ \int_{\mathbb{R}} e^{-i\xi_l x_l} f(x_1, \ldots, x_n) dx_l \right\}}^{=h(\xi_l, x_1, \ldots, x_n)} \prod_{k \neq l} dx_k,$$

et on conclut alors par le théorème de la convergence dominée puisque h tend vers 0 avec $\frac{1}{|\xi_l|}$ d'après la question précédente, presque partout en $x_1, \ldots, x_n$, $k \neq l$.

Exercice 6.2

(1) *Calculer, pour $a > 0$, la transformation de Fourier de la fonction*

$$f(x) = e^{-a|x|}, \; x \in \mathbb{R}.$$

(2) *Soient $a > 0$, et f_a la fonction définie sur $\mathbb{R}$ par $f_a(t) = \int_{\mathbb{R}} \frac{e^{-itx}}{1+x^2} e^{-a|x|} dx$.*

Donner une expression de $\left(1 + x^2\right)^{-1}$ en fonction de la transformation de Fourier de $e^{-|x|}$ pour aboutir à l'égalité $f_a(t) = \int_{\mathbb{R}} \frac{a}{a^2 + (y+t)^2} e^{-|y|} dy$.

(3) *En déduire la transformation de Fourier de* $\dfrac{1}{1+x^2}$.

Solution.

(1) $e^{-a|x|} \in L^1(\mathbb{R})$ car $\displaystyle\int_{\mathbb{R}} e^{-a|x|}dx = 2\int_0^{+\infty} e^{-ax}dx = 2\left[\frac{e^{-ax}}{-a}\right]_0^{+\infty} = \frac{2}{a} < +\infty$. Donc f admet une transformation de Fourier $\widehat{f}(\xi)$ continue, bornée sur $\mathbb{R}$ et qui tend vers 0 en $\pm\infty$.

$$\begin{aligned}
\widehat{f}(\xi) &= \frac{1}{\sqrt{2\pi}}\int_{\mathbb{R}} e^{-a|x|}e^{-ix\xi}dx \\
&= \frac{1}{\sqrt{2\pi}}\left[\int_{-\infty}^{0} e^{(a-i\xi)x}dx + \int_0^{+\infty} e^{-(a+i\xi)x}dx\right] \\
&= \frac{1}{\sqrt{2\pi}}\left\{\left[\frac{e^{(a-i\xi)x}}{(a-i\xi)}\right]_{-\infty}^{0} + \left[\frac{e^{-(a+i\xi)x}}{-(a+i\xi)}\right]_0^{+\infty}\right\} \\
&= \frac{1}{\sqrt{2\pi}}\left\{\frac{1}{(a-i\xi)} + \frac{1}{(a+i\xi)}\right\} = \sqrt{\frac{2}{\pi}}\frac{a}{a^2+\xi^2}.
\end{aligned}$$

(2) D'après la question précédente, on a :

$$\frac{1}{1+x^2} = \frac{1}{2}\int_{\mathbb{R}} e^{-|y|}e^{-iyx}dy,$$

et alors :

$$f_a(t) = \int_{\mathbb{R}} \frac{e^{-itx}}{1+x^2}e^{-a|x|}dx = \int_{\mathbb{R}} \frac{e^{-itx}e^{-a|x|}}{2}\left\{\int_{\mathbb{R}} e^{-|y|}e^{-iyx}dy\right\}dy.$$

Puisque $\frac{1}{2}\displaystyle\int_{\mathbb{R}}\int_{\mathbb{R}} e^{-a|x|}e^{-|y|}dxdy < +\infty$, il vient finalement par le théorème de Fubini et la question précédente :

$$f_a(t) = \frac{1}{2}\int_{\mathbb{R}} e^{-|y|}\left\{\int_{\mathbb{R}} e^{-ixy}e^{-itx}e^{-a|x|}dx\right\}dy$$

$$= \frac{1}{2}\int_{\mathbb{R}} e^{-|y|}\left\{\int_{\mathbb{R}} e^{-i(y+t)x}e^{-a|x|}dx\right\}dy$$

$$= \frac{\sqrt{2\pi}}{2}\int_{\mathbb{R}} e^{-|y|}\widehat{f}(y+t)dy = \int_{\mathbb{R}} \frac{a}{a^2+(y+t)^2}e^{-|y|}dy.$$

(3) Remarquons d'abord que $\left|\frac{e^{-itx}e^{-a|x|}}{1+x^2}\right| \leq \frac{1}{1+x^2} \in L^1(\mathbb{R})$, et $\frac{e^{-itx}e^{-a|x|}}{1+x^2} \underset{a\to 0}{\longrightarrow} \frac{e^{-itx}}{1+x^2}$, donc par le théorème de la convergence dominée on a

$$f_a(t) \underset{a\to 0}{\longrightarrow} \int_{\mathbb{R}} \frac{e^{-itx}}{1+x^2}dx = \sqrt{2\pi}\widehat{\frac{1}{1+x^2}}(\xi).$$

Or d'après la question (2), et en utilisant le changement de variable $s = \frac{y+t}{a}$, on a :

$$f_a(t) = \int_{\mathbb{R}} \frac{a}{a^2+(y+t)^2}e^{-|y|}dy = \frac{1}{a}\int_{\mathbb{R}} \frac{1}{1+\left(\frac{y+t}{a}\right)^2}e^{-|y|}dy = \int_{\mathbb{R}} \frac{e^{-|as-t|}}{1+s^2}ds.$$

On remarque cette fois-ci que $\left|\frac{e^{-|as-t|}}{1+s^2}\right| \leq \frac{1}{1+s^2} \in L^1(\mathbb{R})$, et $\frac{e^{-|as-t|}}{1+s^2} \underset{a\to 0}{\longrightarrow} \frac{e^{-|t|}}{1+x^2}$, et donc par convergence dominée, $f_a(t) \underset{a\to 0}{\longrightarrow} \int_{\mathbb{R}} \frac{e^{-|t|}}{1+s^2}ds = \pi e^{-|t|}$. On en déduit finalement par unicité de la limite :

$$\sqrt{2\pi}\widehat{\frac{1}{1+x^2}}(\xi) = \pi e^{-|t|} \text{ et } \widehat{\frac{1}{1+x^2}}(\xi) = \sqrt{\frac{\pi}{2}}e^{-|t|}.$$

Exercice 6.3

(1) *Constater que* $(L^1(\mathbb{R}^n), *, +)$ *est une algèbre de Banach.*

(2) *En considérant une approximation de l'unité, vérifier que* $(L^1(\mathbb{R}^n), *, +)$ *ne possède pas d'élément neutre pour la convolution* $*$.

Solution.

(1) Pour l'aspect interne, associatif et commutatif de la loi de convolution $*$ voir l'exercice 6.1, la complétude de $L^1(\mathbb{R}^n)$ en fait donc bien une algèbre de Banach.

(2) Soit $\varphi \in \mathcal{D}(\mathbb{R}^n)$, à support dans la boule unité $B(0,1)$, d'intégrale 1. $x \mapsto \varphi_j(x) = j^n \varphi(jx)$ est donc une approximation de l'unité. Si $f \in L^1(\mathbb{R}^n)$ est un élément neutre pour le produit de convolution $*$, alors $f * \varphi_j = \varphi_j$. Mais alors, puisque $(\varphi_j)_{j\in\mathbb{N}^*}$ est une approximation de l'unité, on doit avoir $\lim\limits_{j\to+\infty} \varphi_j = f$ dans $L^1(\mathbb{R}^n)$, en particulier (quitte à extraire une sous-suite de la suite $(\varphi_j)_{j\in\mathbb{N}^*}$), on a la convergence presque partout de $(\varphi_j)_{j\in\mathbb{N}^*}$ vers f. Mais $(\varphi_j)_{j\in\mathbb{N}^*}$ converge presque partout vers 0 puisque le support de φ_j est inclus dans la boule $B\left(0,\frac{1}{j}\right)$, si bien que $f = 0$ presque partout, et donc $f * g = 0$ pour tout $g \in L^1(\mathbb{R}^n)$, ce qui est contradictoire.

Exercice 6.4

(1) *Soit $f \in L^\infty_c(\mathbb{R})$ (espace des fonctions bornées à support compact). Montrer que la transformation de Fourier $\widehat{f}$ de f est bien définie et se prolonge à $\mathbb{C}$ en une fonction analytique.*

(2) *Quels sont les éléments de $\mathcal{D}(\mathbb{R})$ dont la transformation de Fourier est toujours dans $\mathcal{D}(\mathbb{R})$?*
Indication : *On pensera au théorème des zéros isolés.*

(3) *Soit $\phi \in L^\infty_c(\mathbb{R})$ non nulle. Trouver les éléments $f \in L^1(\mathbb{R})$ vérifiant $f * \phi = 0$.*

(4) *Retrouver la transformation de Fourier de $x \mapsto e^{-x^2/2}$ en admettant la valeur de l'intégrale de Gauss $\displaystyle\int_{\mathbb{R}} e^{-t^2/2}dt = \sqrt{2\pi}$.*
Indication : *On montrera que le prolongement analytique de la transformation de Fourier de $x \mapsto e^{-x^2/2}$ coïncide avec la fonction $\xi \mapsto \sqrt{2\pi}e^{-\xi^2/2}$ sur la droite imaginaire d'abord puis sur le plan complexe (et en particulier sur $\mathbb{R}$).*

Solution.

(1) On utilise l'extension naturelle de la transformation de Fourier lorsque $z \in \mathbb{C}$, en posant $\widehat{f}(z) = \frac{1}{\sqrt{2\pi}} \displaystyle\int_{\mathbb{R}} e^{-itz} f(t)dt$. Cette formule est justifiée puisque si K est le support compact de f, $\left|e^{-itz}f(t)\right| \leq 1_K(t)\|f\|_{L^\infty(\mathbb{R})} e^{(\operatorname{Im} z)t} \in L^1(\mathbb{R})$. Par ailleurs, l'application $z \mapsto \widehat{f}(z)$ est bien analytique puisque, pour tout

$t \in \mathbb{R}$, $e^{-itz} = \sum_{j=0}^{+\infty} \frac{(-it)^j z^j}{j!}$, avec convergence normale sur tout disque fermé.

En particulier, pour tout $z \in B(0,R)$ (la boule complexe de centre 0 et de rayon $R > 0$),

$$\widehat{f}(z) = \frac{1}{\sqrt{2\pi}} \int_{\mathbb{R}} f(t) \sum_{j=0}^{+\infty} \frac{(-it)^j z^j}{j!} dt = \frac{1}{\sqrt{2\pi}} \sum_{j=0}^{+\infty} z^j \int_{\mathbb{R}} f(t) \frac{(-it)^j}{j!} dt,$$

où l'interversion série/intégrale est justifiée par le théorème de convergence dominée et l'estimation, valable pour tout $N \in \mathbb{N}$, $z \in \mathbb{C}$ et $t \in \mathbb{R}$:

$$\left| \sum_{j=0}^{N} f(t) \frac{(-it)^j z^j}{j!} \right| \leq \sum_{j=0}^{N} |f(t)| \frac{(|t||z|)^j}{j!} \leq \|f\|_{L^\infty(\mathbb{R})} 1_K(t) e^{|t||z|} \in L^1(\mathbb{R}),$$

uniformément par rapport à t, et le rayon de convergence de la série entière définissant $\widehat{f}$ est évidemment infini, $\widehat{f}$ est bien analytique.

(2) D'après ce qui précède, si $\varphi \in \mathcal{D}(\mathbb{R})$, on a $\widehat{\varphi}$ est analytique, en particulier ses zéros sont isolés, sauf si $\widehat{\varphi} \equiv 0$ sur $\mathbb{C}$. Si $\widehat{\varphi}$ est à support compact, alors elle est nulle et il est en de même pour φ par injectivité de la transformation de Fourier.

(3) Soit $\phi \in L_c^\infty(\mathbb{R})$ telle que $f * \phi = 0$. En appliquant la transformation de Fourier, cette égalité devient $\widehat{f}\widehat{\phi} = 0$, et puisque $\phi \in L_c^\infty(\mathbb{R})$, alors $\widehat{\phi}$ est analytique, et donc presque sûrement non nulle sur $\mathbb{R}$, d'où $\widehat{f} = 0$ presque partout, et donc partout (par continuité) et finalement $f = 0$ par injectivité de la transformation de Fourier.

(4) On suit l'indication de l'énoncé et on pose pour $\xi \in \mathbb{C}$:

$$F(\xi) = \frac{1}{\sqrt{2\pi}} \int_{\mathbb{R}} e^{-ix\xi} e^{-x^2/2} dx,$$

dont on vérifie facilement qu'elle est bien définie. On a alors, pour $t \in \mathbb{R}$, par changement de variable (pour la deuxième égalité) :

$$F(-it) = \frac{1}{\sqrt{2\pi}} \int_{\mathbb{R}} e^{tx} e^{-x^2/2} dx = \frac{1}{\sqrt{2\pi}} \int_{\mathbb{R}} e^{-(t-x)^2} e^{t^2/2} dx = e^{t^2/2} = e^{-(-it)^2/2}.$$

Finalement F, analytique, coïncide avec la fonction analytique $z \mapsto e^{-z^2/2}$ sur l'axe imaginaire pur $i\mathbb{R}$ et donc sur tout $\mathbb{C}$ par le principe des zéros isolés. En particulier, on a bien, pour $t \in \mathbb{R}$, $F(t) = e^{-t^2/2}$.

Exercice 6.5 *Déterminer les couples $(f,c) \in L^1(\mathbb{R}) \cap C^1(\mathbb{R})$ vérifiant, pour tout $x \in \mathbb{R}$, $f'(x) = f(x+c)$.*

Solution. Si $f \in L^1(\mathbb{R})$, f est continument dérivable sur $\mathbb{R}$, et vérifie l'équation fonctionnelle donnée alors, $f' \in L^1(\mathbb{R})$ également et on peut donc appliquer la transformation de Fourier à l'égalité $f'(x) = f(x+c)$ pour obtenir, pour tout $\xi \in \mathbb{R}$, $i\xi\widehat{f}(\xi) = \widehat{f(x+c)}(\xi) = e^{ic\xi}\widehat{f}(\xi)$, ce qui veut dire que $|\xi| \neq 1$ implique $\widehat{f}(\xi) = 0$, et donc $\widehat{f} = 0$ par continuité, et finalement $f = 0$ par injectivité de la transformation de Fourier.
Réciproquement la fonction nulle est bien sûr solution de l'équation

$$f'(x) = f(x+c).$$

Exercice 6.6

(1) *Calculer la transformation de Fourier de $1_{[-1,1]}$ et en déduire celle de $1_{[-j,j]}$, $j \in \mathbb{N}^*$.*

(2) *Vérifier que $g_j = 1_{[-1,1]} * 1_{[-j,j]} \in L^1(\mathbb{R})$, $j \in \mathbb{N}^*$.*

(3) *Montrer l'existence de $f_j \in L^1(\mathbb{R}) \cap L^2(\mathbb{R})$, telle que $\widehat{f_j} = g_j$ et en déduire que $g_j \in C_0(\mathbb{R}) \cap L^2(\mathbb{R})$, $j \in \mathbb{N}^*$.*

(4) *Montrer que $(g_j)_{j\in\mathbb{N}^*}$ est bornée dans $C_0(\mathbb{R})$ ($C_0(\mathbb{R})$ espace des fonctions continues sur $\mathbb{R}$ nulles à l'infini, muni de la norme uniforme $\|.\|_\infty$).*

(5) *Montrer que la suite $(f_j)_{j\in\mathbb{N}^*}$ n'est pas bornée dans $L^1(\mathbb{R})$. **Indication :** On utilisera le lemme de Fatou après un changement de variable approprié. On rappelle que le prolongement continu de la fonction $x \mapsto \frac{\sin x}{x}$ n'est pas intégrable sur $\mathbb{R}$.*

(6) *En déduire que la transformation de Fourier $\mathcal{F} : L^1(\mathbb{R}) \longrightarrow C_0(\mathbb{R})$ est linéaire, continue, injective mais non surjective.*

(7) *On va montrer cependant que $\mathcal{F}\left[L^1(\mathbb{R})\right]$ (image de $L^1(\mathbb{R})$ par $\mathcal{F}$) est dense dans $C_0(\mathbb{R})$.*
(i) Montrer que si $\phi \in \mathcal{D}(\mathbb{R})$, alors $\widehat{\phi} \in L^1(\mathbb{R})$. Indication : On pourra vérifier que $\xi^2\widehat{\phi}(\xi) \underset{|\xi|\to+\infty}{\longrightarrow} 0$.
(ii) En utilisant la formule d'inversion, en déduire que $\mathcal{D}(\mathbb{R}) \subset \mathcal{F}\left[L^1(\mathbb{R})\right]$.
(iii) Soient $f \in C_0(\mathbb{R})$ et $\varepsilon > 0$. On fixe $M > 0$ tel que pour tout

$|x| > M$, on ait $|f(x)| < \frac{\varepsilon}{2}$. Prouver l'existence de $g \in C^\infty(\mathbb{R})$, telle que $\sup_{x\in[-2M,2M]} |f(x) - g(x)| < \frac{\varepsilon}{2}$. En déduire l'existence de $\phi \in \mathcal{D}(\mathbb{R})$, telle que $\|f - \phi\|_\infty < \varepsilon$ et conclure.

***Indication :** Considérer un élément de $\mathcal{D}(\mathbb{R})$ à valeurs dans $[0,1]$ égal à 1 sur $[-M,M]$ et à support dans $[-2M,2M]$.*

Solution.

(1) $1_{[-1,1]} \in L^1(\mathbb{R})$, elle admet donc une transformation de Fourier $\widehat{1_{[-1,1]}}$ qui est continue, bornée sur $\mathbb{R}$ et de limites nulles en $\pm\infty$ (théorème de Riemann-Lebesgue),

$$\begin{aligned}\widehat{1_{[-1,1]}}(\xi) &= \frac{1}{\sqrt{2\pi}}\int_{\mathbb{R}} 1_{[-1,1]}(x)e^{-ix\xi}dx = \frac{1}{\sqrt{2\pi}}\int_{-1}^{1} e^{-ix\xi}dx = \frac{1}{\sqrt{2\pi}}\left[\frac{e^{-ix\xi}}{-i\xi}\right]_{-1}^{1}\\ &= \frac{1}{\sqrt{2\pi}}\left[\frac{e^{-i\xi}-e^{i\xi}}{-i\xi}\right] = \sqrt{\frac{2}{\pi}}\frac{\sin\xi}{\xi},\end{aligned}$$

cette fonction est prolongeable par continuité en 0 de valeur $\sqrt{\frac{2}{\pi}}$.

On a ensuite pour tout $j \in \mathbb{N}^*$:

$$\begin{aligned}1_{[-j,j]}(x) &= 1_{[-1,1]}\left(\frac{x}{j}\right),\\ \widehat{1_{[-j,j]}}(\xi) &= \widehat{1_{[-1,1]}\left(\frac{x}{j}\right)}(\xi) = j\widehat{1_{[-1,1]}(x)}(j\xi) = \sqrt{\frac{2}{\pi}}\frac{\sin(j\xi)}{\xi}.\end{aligned}$$

(2) On sait que le produit de convolution de deux éléments de $L^1(\mathbb{R})$ est un élément de $L^1(\mathbb{R})$, donc $g_j \in L^1(\mathbb{R})$ puisque $1_{[-1,1]} \in L^1(\mathbb{R})$ et $1_{[-j,j]} \in L^1(\mathbb{R})$, pour tout $j \in \mathbb{N}^*$.

(3) Puisque la transformation de Fourier d'un produit de convolution est le produit de convolution des transformations de Fourier multiplié par $\sqrt{2\pi}$, on a pour tout $j \in \mathbb{N}^*$:

$$\begin{aligned}\widehat{g_j}(\xi) &= \widehat{1_{[-1,1]} * 1_{[-j,j]}}(\xi) = \sqrt{2\pi}\widehat{1_{[-1,1]}}(\xi)\widehat{1_{[-j,j]}}(\xi)\\ &= \sqrt{2\pi}\sqrt{\frac{2}{\pi}}\frac{\sin\xi}{\xi}\sqrt{\frac{2}{\pi}}\frac{\sin(j\xi)}{\xi} = 2\sqrt{\frac{2}{\pi}}\frac{\sin\xi\sin(j\xi)}{\xi^2} = h_j(\xi).\end{aligned}$$

Il est clair que $\widehat{g_j}(\xi) \in L^1(\mathbb{R}) \cap L^2(\mathbb{R})$, $j \in \mathbb{N}^*$.

Si on prend, $f_j = \overset{\vee}{\widehat{g_j}} = \overset{\vee}{h_j} = h_j \in L^1(\mathbb{R}) \cap L^2(\mathbb{R})$, alors $\widehat{f_j} = g_j$, $j \in \mathbb{N}^*$. Donc finalement, $g_j \in C_0(\mathbb{R}) \cap L^2(\mathbb{R})$, $j \in \mathbb{N}^*$, puisque la transformation de Fourier envoie respectivement $L^1(\mathbb{R})$ et $L^2(\mathbb{R})$ sur $C_0(\mathbb{R})$ et $L^2(\mathbb{R})$.

(4) On a $\left\|g_j\right\|_\infty = \left\|1_{[-1,1]} * 1_{[-j,j]}\right\|_\infty \leq \left\|1_{[-1,1]}\right\|_\infty \left\|1_{[-j,j]}\right\|_\infty = 2$, $j \in \mathbb{N}^*$.

(5) On a $f_j(\xi) = h_j(\xi) = 2\sqrt{\frac{2}{\pi}} \frac{\sin \xi \sin(j\xi)}{\xi^2}$, d'où :

$$\int_{\mathbb{R}} \left|f_j(\xi)\right| d\xi = 2\sqrt{\frac{2}{\pi}} \int_{\mathbb{R}} \left|\frac{\sin \xi \sin(j\xi)}{\xi^2}\right| d\xi \overset{u=j\xi}{=} 2\sqrt{\frac{2}{\pi}} j \int_{\mathbb{R}} \left|\frac{\sin\left(\frac{u}{j}\right)\sin u}{u^2}\right| du.$$

Or, $j \sin\left(\frac{u}{j}\right) \underset{j\to\infty}{\longrightarrow} u$ presque partout et donc :

$$\underline{\lim}_{j\to+\infty} 2\sqrt{\frac{2}{\pi}} j \frac{\left|\sin\left(\frac{u}{j}\right)\sin u\right|}{u^2} = 2\sqrt{\frac{2}{\pi}} \left|\frac{\sin u}{u}\right|,$$

ainsi par le lemme de Fatou,

$$\underline{\lim}_{j\to+\infty} \int_{\mathbb{R}} \left|f_j(\xi)\right| d\xi \geq 2\sqrt{\frac{2}{\pi}} \int_{\mathbb{R}} \left|\frac{\sin u}{u}\right| d\xi = +\infty.$$

On rappelle pourquoi $\left|\frac{\sin u}{u}\right|$ n'est pas intégrable sur $\mathbb{R}$: on peut écrire :

$$\left|\frac{\sin u}{u}\right| \geq \left|\frac{\sin^2 u}{u}\right| = \frac{1-\cos(2u)}{2|u|} = g(u) \geq 0,$$

et observer que g n'est pas intégrable en $+\infty$, en effet $\frac{\cos(2u)}{2|u|}$ l'est pour les mêmes raisons que $\frac{\sin u}{u}$ mais pas $\frac{1}{2|u|}$ ne l'est pas, ce qui, via les théorèmes de comparaison pour les fonctions positives, assure la non-intégrabilité de $u \mapsto \left|\frac{\sin u}{u}\right|$ sur $\mathbb{R}$.

(6) On sait que la transformation de Fourier est linéaire et injective, elle est aussi continue entre les espaces de Banach $L^1(\mathbb{R})$ et $C_0(\mathbb{R})$:

$$\left\|\widehat{f}\right\|_\infty = \sup_{\xi\in\mathbb{R}} \left|\frac{1}{\sqrt{2\pi}} \int_{\mathbb{R}} f(x) e^{-ix\xi} dx\right| \leq \frac{1}{\sqrt{2\pi}} \|f\|_{L^1(\mathbb{R})}, \ f \in L^1(\mathbb{R}).$$

De plus, si on suppose que la transformation de Fourier $\mathcal{F}$ est surjective de $L^1(\mathbb{R})$ dans $C_0(\mathbb{R})$, elle sera linéaire bijective, continue dans un sens entre deux espaces de Banach, donc continue dans l'autre sens, c'est à dire que la transformation inverse $\mathcal{F}^{-1}$ sera continue de $C_0(\mathbb{R})$ dans $L^1(\mathbb{R})$.
Mais on vient d'exhiber une suite $(g_j)_{j\in\mathbb{N}^*}$ bornée de $C_0(\mathbb{R})$, telle que la suite $(\mathcal{F}^{-1}g_j)_{j\in\mathbb{N}^*}$ ne soit pas bornée dans $L^1(\mathbb{R})$, ce qui contredit la continuité de $\mathcal{F}^{-1}$ et confirme la non surjectivité de $\mathcal{F}$ sur $L^1(\mathbb{R})$.

(7) (i) Si $\phi \in \mathcal{D}(\mathbb{R})$, alors ϕ et toutes ses dérivées sont intégrables sur $\mathbb{R}$. En particulier par le théorème de Riemann-Lebesgue $\widehat{\phi} \in C_0(\mathbb{R}) \subset L^1_{loc}(\mathbb{R})$, il suffit alors d'étudier le comportement à l'infini pour s'assurer que $\widehat{\phi} \in L^1(\mathbb{R})$. Or, $\widehat{\phi''}(\xi) = -\xi^2\widehat{\phi}(\xi) \in C_0(\mathbb{R})$, par le théorème de Riemann-Lebesgue encore une fois, et on a donc $\widehat{\phi}(\xi) = \mathcal{O}\left(\frac{1}{\xi^2}\right)$ lorsque $|\xi| \to +\infty$, d'où $\widehat{\phi}(\xi)$ est absolument intégrable sur $\mathbb{R}$, ou alors $\widehat{\phi} \in L^1(\mathbb{R})$.
(ii) La formule d'inversion de Fourier et le résultat de la question (i) donnent $\check{\check{\widehat{\phi}}} = \check{\check{\phi}} = \phi \in \mathcal{F}\left[L^1(\mathbb{R})\right]$ pour tout $\phi \in \mathcal{D}(\mathbb{R})$, d'où l'inclusion $\mathcal{D}(\mathbb{R}) \subset \mathcal{F}\left[L^1(\mathbb{R})\right]$.
(iii) On sait par le théorème de Stone-Weirestrass, que sur tout segement l'ensemble $\mathbb{R}[X]$ des polynômes à une indéterminée à coefficients réels est dense uniformément dans l'espace des fonctions continues, d'où l'existence de g. Ensuite on considère $\theta_M(x) = \theta\left(\frac{x}{M}\right)$, où $\theta \in \mathcal{D}(]-2,2[)$ est à valeurs dans $[0,1]$ et vaut 1 sur le segment $[-1,1]$. On a alors, en posant $\phi = g\theta_M$:

$$\begin{aligned}\|f - g\theta_M\|_\infty &= \|(f-g)\theta_M + f(1-\theta_M)\|_\infty \\ &\leq \sup_{x\in[-2M,2M]} |f(x)-g(x)| + \sup_{|x|>M} |f(x)| < \varepsilon.\end{aligned}$$

Exercice 6.7

(1) *La fonction définie sur $\mathbb{R}$ par $f(x) = ie^{-x^2}e^{ie^{x^2}}$, est-elle dans l'espace de Schwartz $\mathcal{S}(\mathbb{R})$?*

(2) *Montrer que pour que la transformation de Fourier d'une fonction f soit une Gaussienne, il faut et il suffit que la fonction f soit une Gaussienne.*

Solution.

(1) f est de classe C^∞ sur $\mathbb{R}$, de dérivée

$$f'(x) = -2ixe^{-x^2}e^{ie^{x^2}} - 2xe^{x^2}e^{-x^2}e^{ie^{x^2}} = -2ixe^{-x^2}e^{ie^{x^2}} - 2xe^{ie^{x^2}}.$$

Lorsque $|x|$ tend vers $+\infty$, on a $|f'(x)| = 2|x| + o(1)$ qui n'est pas borné, donc $\sup_{x\in\mathbb{R}}|f'(x)| = +\infty$ ne peut être majorée et f n'appartient pas à $\mathcal{S}(\mathbb{R})$.

(2) Soit f une fonction.

- Si f est une Gaussienne, $f(x) = e^{-ax^2}$, $a > 0$, alors sa transformation de Fourier $\widehat{f}(\xi) = \frac{1}{\sqrt{2a}}e^{-\frac{\xi^2}{4a}}$ est aussi une Gaussienne.

- Si $\widehat{f}$ est une Gaussienne, la formule d'inversion indique que $f(-x)$ s'obtient par une transformation de Fourier de $\widehat{f}$: $\widehat{\widehat{f}}(x) = f(-x)$. D'après le cas précédent, f est bien une Gaussienne.

Exercice 6.8 *Soit f la fonction réelle définie sur $\mathbb{R}$ par*

$$f(x) = e^{-x^2}\cos\left(e^{2x^2}\right).$$

(1) *Montrer que f est une fonction à décroissance rapide, c'est à dire pour tout $\alpha \in \mathbb{N}$, $\lim_{|x|\to+\infty} |x^\alpha f(x)| = 0$.*

(2) *Montrer que la dérivée f' de f n'est pas une fonction à décroissance rapide.*

(3) *Est-ce que f appartient à l'espace de Schwartz $\mathcal{S}(\mathbb{R})$?*

Solution.

(1) On a pour tout $\alpha \in \mathbb{N}$,

$$\lim_{|x|\to+\infty} |x^\alpha f(x)| = \lim_{|x|\to+\infty} \left|x^\alpha e^{-x^2}\cos\left(e^{2x^2}\right)\right| = 0,$$

puisque $\left|\cos\left(e^{2x^2}\right)\right| \leq 1$ pour tout $x \in \mathbb{R}$, et $\lim_{|x|\to+\infty}\left|x^\alpha e^{-x^2}\right| = 0$.

(2)

$$\begin{aligned} f'(x) &= \left(e^{-x^2}\cos\left(e^{2x^2}\right)\right)' = -2xe^{-x^2}\cos\left(e^{2x^2}\right) - 4xe^{2x^2}e^{-x^2}\sin\left(e^{2x^2}\right) \\ &= -2xe^{-x^2}\cos\left(e^{2x^2}\right) - 4xe^{x^2}\sin\left(e^{2x^2}\right) \\ &= -2x\left(e^{-x^2}\cos\left(e^{2x^2}\right) + 2e^{x^2}\sin\left(e^{2x^2}\right)\right). \end{aligned}$$

En considérant pour tout $k \in \mathbb{N}^*$, la suite de nombres réels de terme général

$x_k = \sqrt{\ln\left(2k\pi + \frac{\pi}{2}\right)^{1/2}}$, on a :

$$\begin{aligned} f'(x_k) &= -2\sqrt{\ln\left(2k\pi+\frac{\pi}{2}\right)^{1/2}}\left(e^{-\ln\left(2k\pi+\frac{\pi}{2}\right)^{1/2}}\cos\left(2k\pi+\frac{\pi}{2}\right)\right. \\ &\quad \left. + 2e^{\ln\left(2k\pi+\frac{\pi}{2}\right)^{1/2}}\sin\left(2k\pi+\frac{\pi}{2}\right)\right) \\ &= -4\sqrt{\ln\left(2k\pi+\frac{\pi}{2}\right)^{1/2}}e^{\ln\left(2k\pi+\frac{\pi}{2}\right)^{1/2}}, \\ \lim_{k\to+\infty}\left|f'(x_k)\right| &= \lim_{k\to+\infty} 4\sqrt{\ln\left(2k\pi+\frac{\pi}{2}\right)^{1/2}}e^{\ln\left(2k\pi+\frac{\pi}{2}\right)^{1/2}} = +\infty. \end{aligned}$$

Comme $\lim_{k\to+\infty}|x_k| = +\infty$ et $\lim_{k\to+\infty}|x_k f'(x_k)| = +\infty$, il est impossible d'avoir $\lim_{|x|\to+\infty}|x^\alpha f'(x)| = 0$, $\alpha \in \mathbb{N}$, puisqu'il y'a au moins la suite $(x_k)_{k\in\mathbb{R}}$ dans $\mathbb{R}$ qui ne satisfait pas cette égalité. Par conséquent, la dérivée f' n'est pas à décroissance rapide.

(3) Un élément de l'espace $\mathcal{S}(\mathbb{R})$ est une fonction de classe C^∞ sur $\mathbb{R}$ à décroissance rapide dont les dérivées de tout ordre sont aussi à décroissance rapide. Donc, f n'appartient pas à l'espace de Schwartz $\mathcal{S}(\mathbb{R})$ puisque au moins sa première dérivée n'est pas à décroissance rapide.

Exercice 6.9

(1) *Soient $f, g \in \mathcal{S}(\mathbb{R}^n)$ telles que $f * g = 0$, peut on affirmer que $f = 0$ ou $g = 0$? Et si $f = g$?*

(2) *Et si $f \in \mathcal{D}(\mathbb{R}^n)$ et $g \in \mathcal{D}(\mathbb{R}^n)$?*

Solution.

(1) En appliquant la transformation de Fourier, cette égalité devient

$$\widehat{f * g} = \widehat{f}\widehat{g} = 0,$$

cela veut dire que les supports de $\widehat{f}$ et $\widehat{g}$ sont disjoints, $Supp\widehat{f} \cap Supp\widehat{g} = \emptyset$, et on ne peut en déduire que $f = 0$ ou $g = 0$, c'est à dire l'anneau $(\mathcal{S}(\mathbb{R}^n), +, *)$ n'est pas intègre.

Si on cherche un contre-exemple explicite, il suffit de prendre $\varphi \in \mathcal{D}(\mathbb{R}^n)$ non nulle à support dans la boule unité $B(0,1)$ et $\psi \in \mathcal{D}(\mathbb{R}^n)$ non nulle à support dans $\{x \in \mathbb{R}^n : |x| > 1\}$ par exemple, et de considérer $f = \mathcal{F}^{-1}\varphi$ et $g = \mathcal{F}^{-1}\psi$, où $\mathcal{F}^{-1}$ est la transformation de Fourier inverse, on a $f, g \in \mathcal{S}(\mathbb{R}^n)$ (puisque cet espace est stable par transformation de Fourier inverse et contient $\mathcal{D}(\mathbb{R}^n)$). Alors $\widehat{f * g} = (2\pi)^{\frac{n}{2}}\widehat{f}\widehat{g} = \varphi\psi = 0$ donc $f * g = 0$ par injectivité de la transformation de Fourier, sans pour autant que $f = 0$ ou $g = 0$ (puisque leurs transformations de Fourier sont non nulles).

(2) Dans ce cas-là on sait que $\widehat{f}$ et $\widehat{g}$ admettent toutes les deux des prolongement holomorphes à $\mathbb{C}$, et leurs zéros sont donc isolés (sauf si elles sont nulles). Si ces deux fonctions sont non nulles, cela implique en particulier que l'ensemble de leurs zéros est dénombrable, ce qui contredit le fait que le produit de ces deux fonctions est identiquement nul sur $\mathbb{R}$.

Exercice 6.10 *Pour $x \in \mathbb{R}$, le sinus hyperbolique et le cosinus hyperbolique sont définis par $\sinh x = \frac{e^x - e^{-x}}{2}$ et $\cosh x = \frac{e^x + e^{-x}}{2}$.*

(1) *Montrer que $\frac{\sinh x}{x} = \sum_{k=0}^{+\infty} \frac{x^{2k}}{(2k+1)!}$ ($\frac{\sinh x}{x}$ est prolongeable par continuité en 0 prenant la valeur 1).*

(2) *Montrer que la fonction $\frac{x}{\sinh x}$ est de classe C^∞ sur $\mathbb{R}$.*

(3) *Pour tout $k \in \mathbb{N}$, montrer qu'il existe des polynômes $P_{k,j}(x) \in \mathbb{Q}[X]$ pour $-k \leq j \leq k$, tels que :*

$$\frac{d^k}{dx^k}\left(\frac{x}{\sinh x}\right) = \frac{\sum_{j=-k}^{k} e^{jx} P_{k,j}(x)}{(\sinh x)^{k+1}}.$$

(4) *En déduire que la fonction $\frac{x}{\sinh x}$ appartient à l'espace de Schwartz $\mathcal{S}(\mathbb{R})$.*

(5) *Montrer, pour tout nombre complexe $\lambda \in \mathbb{C}$, avec $Re\lambda < 0$, que*

$$\int_0^{+\infty} x e^{\lambda x} dx = \frac{1}{\lambda^2}.$$

(6) *On introduit la suite de fonctions $(h_N(x))_{N \in \mathbb{N}^*}$, définie, avec $\xi \in \mathbb{R}$ fixé, par :*

$$h_N(x) = \sum_{k=0}^{N-1} x \cos(x\xi) e^{-(1+2k)x}.$$

Montrer que $\displaystyle\int_0^{+\infty}\left(\lim_{N\to+\infty} h_N(x)\right)dx = \lim_{N\to+\infty}\int_0^{+\infty} h_N(x)dx.$

(7) *Montrer que la transformation de Fourier* $\widehat{f}(\xi)$ *de* $f(x) = \dfrac{x}{\sinh x}$ *vaut :*

$$\widehat{f}(\xi) = 2\sqrt{\frac{2}{\pi}}\sum_{k=0}^{+\infty}\frac{(2k+1)^2-(2\pi\xi)^2}{\left((2k+1)^2+(2\pi\xi)^2\right)^2}.$$

Solution.

(1) Comme $e^x = \displaystyle\sum_{k=0}^{+\infty}\frac{x^k}{k!}$ et $e^{-x} = \displaystyle\sum_{k=0}^{+\infty}(-1)^k\frac{x^k}{k!}$, avec rayon de convergence infini, il est clair que

$$\sinh x = \frac{e^x - e^{-x}}{2} = \sum_{k=0}^{+\infty}\frac{\left(1-(-1)^k\right)}{2}\frac{x^k}{k!} = \sum_{k=0}^{+\infty}\frac{x^{2k+1}}{(2k+1)!}.$$

Après division par x, on trouve $\dfrac{\sinh x}{x} = \displaystyle\sum_{k=0}^{+\infty}\frac{x^{2k}}{(2k+1)!}$ et cette fonction est prolongeable par continuité en 0 puisque $\displaystyle\lim_{x\to 0}\frac{\sinh x}{x} = 1$. Le rayon de convergence du développement en série entière de $\frac{\sinh x}{x}$ est $+\infty$.

(2) La fonction $\dfrac{\sinh x}{x}$ est paire de classe C^∞ sur $\mathbb{R}$, et, grâce au développement en série entière qui précède, elle est minorée par 1, $\dfrac{\sinh x}{x} \geq 1$, $\forall x \in \mathbb{R}$. Donc son inverse $x \mapsto \dfrac{1}{\frac{\sinh x}{x}} = \dfrac{x}{\sinh x}$ est bien définie et est de classe C^∞ sur $\mathbb{R}$.

(3) Pour $k = 0$, l'égalité est vraie avec $P_{0,0}(x) = x$.
Pour $k = 1$, on calcule, en rappelant $(\sinh x)' = \cosh x$ et $(\cosh x)' = \sinh x$:

$$\left(\frac{x}{\sinh x}\right)' = \frac{\sinh x - x\cosh x}{(\sinh x)^2} = \frac{\frac{e^x-e^{-x}}{2} - x\frac{e^x+e^{-x}}{2}}{(\sinh x)^2} = \frac{-\left(\frac{1+x}{2}\right)e^{-x} + \left(\frac{1-x}{2}\right)e^x}{(\sinh x)^2},$$

on obtient alors l'égalité avec $P_{1,-1}(x) = -\left(\frac{1+x}{2}\right)$, $P_{1,0}(x) = 0$ et $P_{1,1}(x) = \frac{1-x}{2}$. Si on suppose que, à l'ordre k, la formule est satisfaite, alors une dérivation supplémentaire donne :

$$\left(\frac{x}{\sinh x}\right)^{(k+1)} = \left(\left(\frac{x}{\sinh x}\right)^{(k)}\right)' = \left(\frac{\sum_{j=-k}^{k} e^{jx} P_{k,j}(x)}{(\sinh x)^{k+1}}\right)'$$

$$= \frac{\left[\sum_{j=-k}^{k} \left(j e^{jx} P_{k,j}(x) + e^{jx} P'_{k,j}(x)\right)\right] \sinh x - (k+1)\cosh x \sum_{j=-k}^{k} e^{jx} P_{k,j}(x)}{(\sinh x)^{k+2}}$$

$$= \frac{\sum_{j=-k}^{k} j e^{jx} P_{k,j}(x) \left(\frac{e^x - e^{-x}}{2}\right) + \sum_{j=-k}^{k} e^{jx} P'_{k,j}(x) \left(\frac{e^x - e^{-x}}{2}\right)}{(\sinh x)^{k+2}}$$

$$- \frac{(k+1) \sum_{j=-k}^{k} e^{jx} \left(\frac{e^x + e^{-x}}{2}\right) P_{k,j}(x)}{(\sinh x)^{k+2}} = \frac{\sum_{j=-k-1}^{k+1} e^{jx} P_{k+1,j}(x)}{(\sinh x)^{k+2}}$$

et montre, après une réorganisation des termes qui n'a pas besoin d'être soigneusement explicitée, que cette formule générale est aussi satisfaite au niveau $k+1$.

(4) Afin d'obtenir $\frac{x}{\sinh x} \in \mathcal{S}(\mathbb{R})$, il s'agit de voir que pour deux entiers quelconques $k, l \in \mathbb{N}$, que $\lim_{|x| \to +\infty} \left| x^l \left(\frac{x}{\sinh x}\right)^{(k)} \right| = 0$. Puisque la fonction $\frac{x}{\sinh x}$ est paire, il suffit de traiter la limite en $+\infty$. Or grâce à la formule de la question (3) qui précède, en posant $d_{k,j} = \deg\left(P_{k,j}(x)\right)$, le degré du polynôme $P_{k,j}(x)$, il existe certaines constantes $0 < C_{k,j} < +\infty$ telles que $\left|P_{k,j}(x)\right| \leq C_{k,j} |x|^{d_{k,j}}$, $\forall x \in \mathbb{R}$, $j \in \{-k, ..., k\}$. Alors, pour $x \geq 0$,

$$0 \leq \left| x^l \left(\frac{x}{\sinh x}\right)^{(k)} \right| \leq x^l \frac{\sum_{j=-k}^{k} C_{k,j} x^{d_{k,j}} e^{jx}}{\left(\frac{e^x - e^{-x}}{2}\right)^{k+1}},$$

et sachant qu'au dénominateur, le terme $e^{(k+1)x}$ domine tous ceux du numérateur, la limite lorsque $x \to +\infty$ du majorant de droite vaut 0, ce qui conclut.

(5) En utilisant une intégration par partie, et le fait que $\lim_{x\to+\infty} xe^{\lambda x} = 0$ si $\text{Re}\lambda < 0$, on a le résultat :

$$\int_0^{+\infty} xe^{\lambda x}dx = \left[x\frac{e^{\lambda x}}{\lambda}\right]_0^{+\infty} - \int_0^{+\infty} \frac{e^{\lambda x}}{\lambda}dx = \left[-\frac{e^{\lambda x}}{\lambda^2}\right]_0^{+\infty} = \frac{1}{\lambda^2}.$$

(6) On majore $h_N(x)$ sur $[0,+\infty[$:

$$\begin{aligned}|h_N(x)| &= \left|\sum_{k=0}^{N-1} x\cos(x\xi)e^{-(1+2k)x}\right| \le \sum_{k=0}^{N-1} x|\cos(x\xi)|e^{-(1+2k)x} \le x\sum_{k=0}^{N-1} e^{-(1+2k)x} \\ &= xe^{-x}\sum_{k=0}^{N-1}\left(e^{-2x}\right)^k \le xe^{-x}\sum_{k=0}^{+\infty}\left(e^{-2x}\right)^k = \frac{xe^{-x}}{1-e^{-2x}}.\end{aligned}$$

$h(x) = \dfrac{xe^{-x}}{1-e^{-2x}}$ est continue sur $]0,+\infty[$, elle est aussi continue en 0, puisque $\dfrac{xe^{-x}}{1-e^{-2x}} \underset{x\to 0}{\sim} \dfrac{x}{2x} = \dfrac{1}{2}$, et elle est de sucroît intégrable sur $[0,+\infty[$ puisque $h(x) \underset{x\to+\infty}{\sim} xe^{-x}$ et $xe^{-x} \in L^1([0,+\infty[)$. Le théorème de la convergence dominée de Lebesgue s'applique donc pour donner le résultat de permutation de la limite et l'intégrale.

(7) Puisque $f(x) = \frac{x}{\sinh x} \in \mathcal{S}(\mathbb{R})$, alors sa transformation de Fourier $\widehat{f}(\xi)$ existe et est un élément de $\mathcal{S}(\mathbb{R})$. Comme f est paire, on a :

$$\begin{aligned}\widehat{f}(\xi) &= \frac{1}{\sqrt{2\pi}}\int_{-\infty}^{+\infty} f(x)e^{-ix\xi}dx = \sqrt{\frac{2}{\pi}}\int_0^{+\infty}\frac{x}{\sinh x}\cos(x\xi)dx \\ &= \sqrt{\frac{2}{\pi}}\int_0^{+\infty}\frac{2x}{(e^x-e^{-x})}\cos(x\xi)dx = 2\sqrt{\frac{2}{\pi}}\int_0^{+\infty}\frac{xe^{-x}}{(1-e^{-2x})}\cos(x\xi)dx \\ &= 2\sqrt{\frac{2}{\pi}}\int_0^{+\infty}\left(\sum_{k=0}^{+\infty} x\cos(x\xi)e^{-(1+2k)x}\right)dx = 2\sqrt{\frac{2}{\pi}}\int_0^{+\infty}\left(\lim_{N\to+\infty} h_N(x)\right)dx.\end{aligned}$$

D'après les questions (5) et (6), on a aussi :

$$\widehat{f}(\xi) = \lim_{N\to+\infty} 2\sqrt{\frac{2}{\pi}}\int_0^{+\infty} h_N(x)dx = 2\sqrt{\frac{2}{\pi}}\sum_{k=0}^{+\infty}\int_0^{+\infty} x\cos(x\xi)e^{-(1+2k)x}dx$$

$$\begin{aligned}
&= 2\sqrt{\frac{2}{\pi}}\sum_{k=0}^{+\infty}\int_0^{+\infty} x\mathrm{Re}\left(e^{ix\xi}\right)e^{-(1+2k)x}dx \\
&= 2\sqrt{\frac{2}{\pi}}\mathrm{Re}\sum_{k=0}^{+\infty}\int_0^{+\infty} xe^{(i\xi-1-2k)x}dx \\
&= 2\sqrt{\frac{2}{\pi}}\mathrm{Re}\sum_{k=0}^{+\infty}\frac{1}{(1+2k-i\xi)^2} \\
&= 2\sqrt{\frac{2}{\pi}}\mathrm{Re}\sum_{k=0}^{+\infty}\frac{(1+2k+i\xi)^2}{\left((2k+1)^2+\xi^2\right)^2} \\
&= 2\sqrt{\frac{2}{\pi}}\sum_{k=0}^{+\infty}\frac{(2k+1)^2-\xi^2}{\left((2k+1)^2+\xi^2\right)^2}.
\end{aligned}$$

Exercice 6.11 *Soit un réel $b > 1$, et soit une fonction positive $v \in \mathcal{D}(\mathbb{R})$ à support compact contenu dans $\left]\frac{1}{b}, b\right[$ et contenant le point $\{1\}$, sachant que $v(1) = 1$.*

(1) *Montrer qu'il existe une fonction $u \in \mathcal{S}(\mathbb{R})$ dans l'espace de Schwartz telle que la transformation de Fourier de u est égale à v, $\widehat{u} = v$.*

(2) *Montrer que, pour tout $k \in \mathbb{N}$, on a $\frac{1}{\sqrt{2\pi}}\int_{-\infty}^{+\infty} u\left(b^k(x-\xi)\right)dx = \frac{\widehat{u}(0)}{b^k}$.*

(3) *Montrer que, pour tout $k \in \mathbb{N}$, on a $\int_{-\infty}^{+\infty}(x-\xi)u\left(b^k(x-\xi)\right)dx = 0$.*

Solution.

(1) En effet, d'après un théorème du cours, la transformation de Fourier établit un isomorphisme, isométrique pour la norme L^2, de $\mathcal{S}(\mathbb{R})$ sur lui-même,

$$u(x) = \mathcal{F}^{-1}\left[\widehat{u}(\xi)\right](x) = \frac{1}{\sqrt{2\pi}}\int_{-\infty}^{+\infty}\widehat{u}(\xi)e^{ix\xi}d\xi = \frac{1}{\sqrt{2\pi}}\int_{-\infty}^{+\infty}v(\xi)e^{ix\xi}d\xi.$$

Comme $v \in \mathcal{D}(\mathbb{R}) \subset \mathcal{S}(\mathbb{R})$, on a bien $u \in \mathcal{S}(\mathbb{R})$.

(2) Le changement de variable $y = b^k(x-\xi)$, $dx = \frac{dy}{b^k}$, permet d'écrire :

$$\begin{aligned}\frac{1}{\sqrt{2\pi}}\int_{-\infty}^{+\infty} u\left(b^k(x-\xi)\right)dx &= \frac{1}{\sqrt{2\pi}}\frac{1}{b^k}\int_{-\infty}^{+\infty} u(y)\,dy = \frac{1}{b^k}\frac{1}{\sqrt{2\pi}}\int_{-\infty}^{+\infty} u(y)e^{-iy0}dy \\ &= \frac{1}{b^k}\widehat{u}(0) = \frac{v(0)}{b^k} = \frac{0}{b^k} = 0,\end{aligned}$$

puisque 0 est à l'extérieur du support de v.

(3) Le même changement de variable donne :

$$\int_{-\infty}^{+\infty}(x-\xi)\,u\left(b^k(x-\xi)\right)dx = \int_{-\infty}^{+\infty}\frac{y}{b^k}u(y)\frac{dy}{b^k} = \frac{1}{b^{2k}}\int_{-\infty}^{+\infty} y\,u(y)\,dy.$$

Mais puisque $u \in \mathcal{S}(\mathbb{R})$ et $xu(x) \in \mathcal{S}(\mathbb{R})$, on obtient en dérivant $\widehat{u}(\xi)$:

$$\frac{d\widehat{u}}{d\xi}(\xi) = \frac{1}{\sqrt{2\pi}}\int_{-\infty}^{+\infty}(-ix)u(x)e^{-ix\xi}dx = \widehat{-ixu(x)}(\xi),$$

en prenant $\xi = 0$,

$$\frac{1}{\sqrt{2\pi}}\int_{-\infty}^{+\infty}(-iy)u(y)\,dy = \frac{d\widehat{u}}{d\xi}(0) = v'(0) = 0.$$

Donc :

$$\int_{-\infty}^{+\infty}(x-\xi)\,u\left(b^k(x-\xi)\right)dx = \frac{1}{b^{2k}}\int_{-\infty}^{+\infty} y\,u(y)\,dy = i\frac{\sqrt{2\pi}}{b^{2k}}v'(0) = 0,$$

car v est identiquement nulle dans un voisinage de l'origine.

Exercice 6.12

(1) Vérifier que la Gaussienne $f(x) = e^{-a|x|^2} \in \mathcal{S}(\mathbb{R}^n)$, pour tout réel $a > 0$, où $|x|^2 = x_1^2 + \ldots + x_n^2$ si $x = (x_1, \ldots, x_n)$.

(2) *Montrer que pour $z \in \mathbb{C}$, tel que $Re z > 0$, on a :*

$$\mathcal{F}_x\left(e^{-z|x|^2}\right)(\xi) = \left(\frac{1}{\sqrt{2z}}\right)^n e^{-\frac{|\xi|^2}{4z}}$$

où $\sqrt{z} = e^{\frac{1}{2}\ln|z|}$ et $\ln z$ désigne la détermination principale du logarithme dans $\mathbb{C}\backslash\mathbb{R}_-$.

Solution.

(1) Il est clair que $f(x) = e^{-a\left(x_1^2+...+x_n^2\right)}$ est de classe C^∞ sur $\mathbb{R}^n$,

$$\begin{aligned}\frac{\partial f}{\partial x_k}(x) &= -2ax_k e^{-a\left(x_1^2+...+x_n^2\right)}, \ \frac{\partial^2 f}{\partial x_k^2}(x) = \left(-2a+4a^2x_k^2\right)e^{-a\left(x_1^2+...+x_n^2\right)}, ..., \ \frac{\partial^j f}{\partial x_k^j}(x)\\ &= P_j(x_k)e^{-a\left(x_1^2+...+x_n^2\right)},\end{aligned}$$

où $P_j(x_k)$ est un polynôme de degré $\leq j$ en x_k, $k \in \{1,...,n\}$. On trouve alors, par récurrence, que pour tout $\alpha = (\alpha_1,...,\alpha_n) \in \mathbb{N}^n$,

$$\frac{\partial^\alpha f}{\partial x^\alpha}(x) = \frac{\partial^{\alpha_1}}{\partial x_1^{\alpha_1}}...\frac{\partial^{\alpha_n}}{\partial x_n^{\alpha_n}}f(x) = P_1(x_1)...P_n(x_n)e^{-a\left(x_1^2+...+x_n^2\right)}$$

avec $P(x) = P_1(x_1)...P_n(x_n)$ est un polynôme en x de degré $\leq |\alpha|$. Par conséquent, pour tout $\alpha, \beta \in \mathbb{N}^n$, $x^\beta P(x)$ est un polynôme de degré $\leq |\alpha| + |\beta|$ et donc $\lim\limits_{|x|\to+\infty}\left|x^\beta \frac{\partial^\alpha f}{\partial x^\alpha}(x)\right| = \lim\limits_{|x|\to+\infty}\left|x^\beta P(x)e^{-a|x|^2}\right| = 0$, c'est à dire $f \in \mathcal{S}(\mathbb{R}^n)$.

En fait, on a également $x^\alpha e^{-a|x|^2} \in \mathcal{S}(\mathbb{R}^n)$, pour tout $\alpha \in \mathbb{N}^n$.

(2) $x = (x_1,...,x_n)$, $\xi = (\xi_1,...,\xi_n) \in \mathbb{R}^n$:

$$\begin{aligned}\mathcal{F}_x\left(e^{-z|x|^2}\right)(\xi) &= \frac{1}{(2\pi)^{n/2}}\int_{\mathbb{R}^n} e^{-z|x|^2}e^{-ix.\xi}dx\\ &= \frac{1}{(2\pi)^{n/2}}\int_{\mathbb{R}^n} e^{-z\left(x_1^2+...+x_n^2\right)}e^{-i(x_1\xi_1+...+x_n\xi_n)}dx_1...dx_n\\ &= \prod_{j=1}^n \frac{1}{\sqrt{2\pi}}\int_{\mathbb{R}} e^{-zx_j^2}e^{-ix_j\xi_j}dx_j.\end{aligned}$$

Il suffit donc d'établir le résultat en dimension 1. On suppose d'abord que $z \in]0,+\infty[$. Soit $\phi_z(x) = e^{-zx^2}$. On sait que $\frac{\partial\widehat{\phi_z}}{\partial\xi}(\xi) = \frac{1}{\sqrt{2\pi}}\int_{\mathbb{R}}(-ix)e^{-zx^2}e^{-ix\xi}dx$.

Donc, en intégrant par parties, on a :

$$\begin{aligned}\frac{\partial\widehat{\phi_z}}{\partial\xi}(\xi) &= \frac{i}{2z\sqrt{2\pi}}\int_{\mathbb{R}}\left(e^{-zx^2}\right)'e^{-ix\xi}dx\\ &= \frac{i}{2z\sqrt{2\pi}}\left\{\underbrace{\left[e^{-zx^2}e^{-ix\xi}\right]_{x=-\infty}^{+\infty}}_{=0}+i\xi\int_{\mathbb{R}}e^{-zx^2}e^{-ix\xi}dx\right\}\\ &= -\frac{\xi}{2z}\widehat{\phi_z}(\xi).\end{aligned}$$

Ainsi en intégrant l'équation différentielle linéaire du premier ordre

$$\frac{\partial\widehat{\phi_z}}{\partial\xi}(\xi) = -\frac{\xi}{2z}\widehat{\phi_z}(\xi),$$

on trouve $\widehat{\phi_z}(\xi) = e^{-\frac{\xi^2}{4z}}\widehat{\phi_z}(0)$. Or, puisque $\int_{\mathbb{R}} e^{-t^2}dt = \sqrt{\pi}$, on a :

$$\begin{aligned}\widehat{\phi_z}(0) &= \frac{1}{\sqrt{2\pi}}\int_{\mathbb{R}}e^{-zx^2}e^{-ix0}dx = \frac{1}{\sqrt{2\pi}}\int_{\mathbb{R}}e^{-zx^2}dx = \frac{1}{\sqrt{2\pi}}\int_{\mathbb{R}}e^{-\left(\sqrt{z}x\right)^2}dx\\ &\overset{t=\sqrt{z}x}{=} \frac{1}{\sqrt{2\pi}}\int_{\mathbb{R}}e^{-t^2}\frac{dt}{\sqrt{z}} = \frac{1}{\sqrt{2z}},\end{aligned}$$

d'où le résultat $\widehat{\phi_z}(\xi) = \frac{1}{\sqrt{2z}}e^{-\frac{\xi^2}{4z}}$ dans ce cas.
Soit alors $\Omega = \{z \in \mathbb{C} : \mathrm{Re} z > 0\}$. Pour $\xi \in \mathbb{R}^n$ fixé, on note $\Phi : \Omega \longrightarrow \mathbb{C}$ la fonction définie par $\Phi(z) = \frac{1}{(2\pi)^{n/2}}\int_{\mathbb{R}^n} e^{-z|x|^2}e^{-ix.\xi}dx$.

Φ est une fonction holomorphe sur Ω. En effet, $z \mapsto e^{-z|x|^2}e^{-ix.\xi}$ est holomorphe pour tout $x \in \mathbb{R}^n$. De plus, si $K \subset \Omega$ est compact, il existe $\varepsilon > 0$ tel que $\mathrm{Re} z > \varepsilon$ pour tout $z \in K$ et

$$\left|e^{-z|x|^2}e^{-ix.\xi}\right| \leq e^{-\varepsilon|x|^2} \in L^1(\mathbb{R}^n).$$

Or on sait que pour $z \in]0,+\infty[$, $\Phi(z) = \left(\frac{1}{\sqrt{2z}}\right)^n e^{-\frac{|\xi|^2}{4z}}$. Comme le membre de droite est aussi holomorphe dans Ω, cette égalité reste vraie pour tout z dans Ω.

Exercice 6.13 *Soit $1 \leq p \leq +\infty$. Pour chaque fonction $f \in L^p(\mathbb{R})$, on considère :*

$$\langle T_f, \varphi \rangle = \int_{\mathbb{R}} f(x)\varphi(x)dx, \ \forall \varphi \in \mathcal{S}(\mathbb{R}).$$

(1) *Vérifier que T_f est une distribution tempérée sur $\mathbb{R}$.*

(2) *Pour $n \in \mathbb{N}^*$. On pose $f_n(x) = \frac{1}{\sqrt{2\pi}} \int_{-n}^{n} f(t)e^{-itx}dt$, $x \in \mathbb{R}$. Justifier, pour tout $n \in \mathbb{N}^*$, f_n est une fonction continue et bornée sur $\mathbb{R}$.*

(3) *Montrer que la suite de distribution $(T_{f_n})_{n\in\mathbb{N}^*}$ converge vers $\widehat{T_f}$ dans l'espace $\mathcal{S}'(\mathbb{R})$.*

Solution.

(1) Soit $\varphi \in \mathcal{S}(\mathbb{R})$. Montrons que $f\varphi \in L^1(\mathbb{R})$, pour toute fonction $f \in L^p(\mathbb{R})$ et $1 \leq p \leq +\infty$. Comme f est mesurable et φ est continue donc mesurable, la fonction $f\varphi$ est mesurable. D'autre part, on a :

$$\begin{aligned}\int_{\mathbb{R}} |f(x)||\varphi(x)|dx &= \int_{\mathbb{R}} \left|\left(1+x^2\right)\varphi(x)\right| \frac{|f(x)|}{(1+x^2)}dx \\ &\leq \sup_{x\in\mathbb{R}} \left|\left(1+x^2\right)\varphi(x)\right| \int_{\mathbb{R}} \frac{|f(x)|}{(1+x^2)}dx.\end{aligned}$$

Si q désigne l'exposant conjugué de p, $\frac{1}{p} + \frac{1}{q} = 1$, remarquons alors que la fonction $g : x \mapsto g(x) = \frac{1}{1+x^2}$ est dans $L^q(\mathbb{R})$ car elle continue sur $\mathbb{R}$ donc localement intégrable et on a $\frac{1}{1+x^2} \underset{|x|\to+\infty}{\sim} \frac{1}{x^2}$. Comme $2q \geq 2$, on en déduit que $g \in L^q(\mathbb{R})$. En appliquant donc l'inégalité de Hölder, on obtient :

$$\int_{\mathbb{R}} |f(x)||\varphi(x)|dx \leq \sup_{x\in\mathbb{R}} \left|\left(1+x^2\right)\varphi(x)\right| \|f\|_{L^p(\mathbb{R})} \|g\|_{L^q(\mathbb{R})}.$$

Comme $\varphi \in \mathcal{S}(\mathbb{R})$, on a $\sup_{x\in\mathbb{R}} \left|\left(1+x^2\right)\varphi(x)\right| < +\infty$ et ceci montre que $f\varphi$ appartient à $L^1(\mathbb{R})$ et que l'application T_f est bien définie sur $\mathcal{S}(\mathbb{R})$ à valeurs dans $\mathbb{C}$, T_f est clairement linéaire. Pour montrer qu'elle est continue, remarquons que ce qui précède montre que pour toute fonction $\varphi \in \mathcal{S}(\mathbb{R})$, on a :

$$\begin{aligned} \left|\langle T_f, \varphi\rangle\right| &\leq \int_{\mathbb{R}} |f(x)||\varphi(x)|dx \leq \sup_{x\in\mathbb{R}} \left|\left(1+x^2\right)\varphi(x)\right| \|f\|_{L^p(\mathbb{R})}\|g\|_{L^q(\mathbb{R})} \\ &\leq \|f\|_{L^p(\mathbb{R})}\|g\|_{L^q(\mathbb{R})} t_{2,0}(\varphi), \end{aligned}$$

où on rappelle que pour $m, m' \in \mathbb{N}$, $t_{m,m'}(\varphi) = \sup_{\substack{\alpha\in\mathbb{N}^n, |\alpha|\leq m' \\ x\in\mathbb{R}^n}} \left(1+|x|^2\right)^{m/2} |D^\alpha \varphi(x)|$.

La dernière inégalité suffit pour conclure que T_f est continue de $\mathcal{S}(\mathbb{R})$ dans $\mathbb{C}$, et est donc une distribution tempérée, $T_f \in \mathcal{S}'(\mathbb{R})$.

(2) On peut remarquer que $f_n(x) = \frac{1}{\sqrt{2\pi}} \int_{\mathbb{R}} 1_{[-n,n]}(t) f(t) e^{-itx} dt = \widehat{1_{[-n,n]} f}$ est la transformation de Fourier de la fonction $\mathbb{R} \ni t \mapsto 1_{[-n,n]}(t) f(t)$ qui est dans $L^1(\mathbb{R})$ d'après l'inégalité de Hölder car $f \in L^p(\mathbb{R})$ et $1_{[-n,n]} \in L^q(\mathbb{R})$. Or, la transformation de Fourier envoie $L^1(\mathbb{R})$ dans l'espace des fonctions continues bornées de limite nulle à l'infini. Ainsi f_n est une fonction continue et bornée sur $\mathbb{R}$.

(3) Remarquons que d'après la question (2), la fonction $f_n \in L^\infty(\mathbb{R})$. Ainsi, d'après la question (1) avec $p = +\infty$, on en déduit que T_{f_n} est une distribution tempérée pour tout $n \in \mathbb{N}^*$.

Pour $\varphi \in \mathcal{S}(\mathbb{R})$ et $n \in \mathbb{N}^*$, on a :

$$\langle T_{f_n}, \varphi\rangle = \int_{\mathbb{R}} f_n(x)\varphi(x)dx = \int_{\mathbb{R}} \left(\frac{1}{\sqrt{2\pi}} \int_{-n}^{n} f(t) e^{-itx} dt \right) \varphi(x) dx.$$

Montrons qu'on peut appliquer le théorème de Fubini. On a :

$$\int_{\mathbb{R}} \int_{-n}^{n} \left| f(t) e^{-itx} \varphi(x) \right| dt dx = \int_{-n}^{n} |f(t)| dt \int_{\mathbb{R}} |\varphi(x)| dx.$$

Comme $\varphi \in \mathcal{S}(\mathbb{R}) \subset L^1(\mathbb{R})$ la deuxième intégrale du membre de droite est finie et on a vu à la question (2) que $1_{[-n,n]} f \in L^1(\mathbb{R})$ (conséquence de l'inégalité de Hölder). Ainsi, la première intégrale du membre de droite est aussi finie. Donc $\int_{\mathbb{R}} \int_{-n}^{n} \left| f(t) e^{-itx} \varphi(x) \right| dt dx$ est finie, ce qui montre qu'on peut appliquer le théorème de Fubini. Ainsi, on obtient :

$$\begin{aligned}\langle T_{f_n}, \varphi\rangle &= \int_{-n}^{n} f(t)\left(\frac{1}{\sqrt{2\pi}}\int_{\mathbb{R}} \varphi(x)e^{-itx}dx\right)dt \\ &= \int_{-n}^{n} f(t)\widehat{\varphi}(t)dt = \int_{\mathbb{R}} 1_{[-n,n]}(t)f(t)\widehat{\varphi}(t)dt.\end{aligned}$$

Montrons qu'on peut appliquer le théorème de convergence dominée. Pour tout $t \in \mathbb{R}$, on a :

$$\lim_{n\to+\infty} 1_{[-n,n]}(t)f(t)\widehat{\varphi}(t) = f(t)\widehat{\varphi}(t),$$

de plus,

$$\left|1_{[-n,n]}(t)f(t)\widehat{\varphi}(t)\right| \leq |f(t)|\left|\widehat{\varphi}(t)\right|,$$

et comme $\varphi \in \mathcal{S}(\mathbb{R})$, $\widehat{\varphi} \in \mathcal{S}(\mathbb{R}) \subset L^q(\mathbb{R})$ et $f \in L^p(\mathbb{R})$, l'inégalité de Hölder implique que $f\widehat{\varphi} \in L^1(\mathbb{R})$.

On peut donc appliquer le théorème de convergence dominée qui implique que :

$$\begin{aligned}\lim_{n\to+\infty}\langle T_{f_n}, \varphi\rangle &= \lim_{n\to+\infty}\int_{\mathbb{R}} 1_{[-n,n]}(t)f(t)\widehat{\varphi}(t)dt = \int_{\mathbb{R}} \lim_{n\to+\infty}\left(1_{[-n,n]}(t)f(t)\widehat{\varphi}(t)\right)dt \\ &= \int_{\mathbb{R}}\left(\lim_{n\to+\infty} 1_{[-n,n]}(t)\right)f(t)\widehat{\varphi}(t)dt = \int_{\mathbb{R}} f(t)\widehat{\varphi}(t)dt \\ &= \langle T_f, \widehat{\varphi}\rangle = \langle \widehat{T_f}, \varphi\rangle.\end{aligned}$$

Ceci prouve donc que la suite $\left(T_{f_n}\right)_{n\in\mathbb{N}^*}$ converge vers $\widehat{T_f}$ dans $\mathcal{S}'(\mathbb{R})$.

Exercice 6.14

(1) *Montrer que la fonction localement intégrable e^x n'est pas une distribution tempérée.* ***Indication :*** *Fixer une fonction test θ positive non identiquement nulle et à support dans $]-1,1[$ et étudier la famille de crochets $\langle T_{e^x}, \tau_a\theta\rangle$, où $\tau_a\theta(x) = \theta(x-a)$, pour $a \in \mathbb{R}$.*

(2) *On pose $f(x) = e^x\cos(e^x)$.*

(i) Montrer que f n'est bornée par aucun polynôme.

(ii) Montrer cependant que f est une distribution tempérée. ***Indication :*** *Donner une primitive de f.*

Solution.

(1) On suit l'indication de l'énoncé. Si T_{e^x} était tempérée, alors il existerait une constante $C > 0$ et des entiers $m, p \in \mathbb{N}$ tels que pour toute fonction test $\varphi \in \mathcal{D}(\mathbb{R})$:

$$|\langle T_{e^x}, \varphi\rangle| \leq C \sup_{k\leq p} \sup_{x\in\mathbb{R}} \left(1+x^2\right)^m \left|\varphi^{(k)}(x)\right|.$$

Si $\theta \in \mathcal{D}(\mathbb{R})$, $Supp\theta \subset]-1,1[$, θ est positive et $a \in \mathbb{R}$, on devrait avoir, puisque $\tau_a\theta$ est à support dans l'intervalle $I_a =]a-1, a+1[$:

$$\begin{aligned}
|\langle T_{e^x}, \tau_a\theta\rangle| &\leq C \sup_{k\leq p} \sup_{x\in I_a} \left(1+x^2\right)^m \left|(\tau_a\theta)^{(k)}(x)\right| \\
&\leq C \sup_{k\leq p} \sup_{x\in I_a} \left(1+x^2\right)^m \left|\tau_a\left(\theta^{(k)}(x)\right)\right| \\
&= C \sup_{k\leq p} \sup_{x\in I_a} \left(1+x^2\right)^m \left|\theta^{(k)}(x-a)\right|.
\end{aligned}$$

Mais $x \mapsto \left(1+x^2\right)^m$ est bornée par $\left(1+(1+a)^2\right)^m$ sur I_a, donc il viendrait :

$$|\langle T_{e^x}, \tau_a\theta\rangle| \leq C \left(1+(1+a)^2\right)^m \sup_{k\leq p} \sup_{x\in\mathbb{R}} \left|\theta^{(k)}(x)\right|.$$

Par ailleurs, on remarque que :

$$\langle T_{e^x}, \tau_a\theta\rangle = \int_{\mathbb{R}} e^x\theta(x-a)dx \overset{u=x-a}{=} e^a \int_{\mathbb{R}} e^u\theta(u)du = e^a \langle T_{e^x}, \theta\rangle,$$

si bien que l'inégalité précédente s'écrit :

$$e^a |\langle T_{e^x}, \theta\rangle| \leq C \left(1+(1+a)^2\right)^m \sup_{k\leq p} \sup_{x\in\mathbb{R}} \left|\theta^{(k)}(x)\right|,$$

et puisque $\theta \neq 0$, on a $\langle T_{e^x}, \theta\rangle \neq 0$, et il vient en divisant par $|\langle T_{e^x}, \theta\rangle|$ et en posant $C_\theta = \frac{C}{|\langle T_{e^x}, \theta\rangle|}$:

$$e^a \leq C_\theta \left(1+(1+a)^2\right)^m \sup_{k\leq p} \sup_{x\in\mathbb{R}} \left|\theta^{(k)}(x)\right|,$$

c'est à dire une borne polynômiale en a pour la fonction exponentielle e^a, ce qui est manifestement contradictoire, et alors $e^x \notin \mathcal{S}'(\mathbb{R})$.

(2) (i) Si f était bornée par un polynôme $P(x)$, par domination on aurait

$$|e^x \cos(e^x)| \leq P(x) \text{ et } |\cos(e^x)| \leq \frac{P(x)}{e^x},$$

et alors $\lim_{|x|\to+\infty} \cos(e^x) = 0$, ce qui est faux, comme on peut le voir en considérant la suite $x_k = \ln(2k\pi)$, $k \in \mathbb{N}$, qui tend vers $+\infty$ lorsque $k \to +\infty$ alors que $\cos(e^{x_k}) = 1$ et $\lim_{k\to+\infty} \cos(e^{x_k}) = 1$.

(ii) Une primitive de f est $x \mapsto \sin(e^x)$. Puisque $\sin(e^x) \in L^\infty(\mathbb{R}) \subset \mathcal{S}'(\mathbb{R})$ et que ce dernier espace est stable par dérivation, on a bien

$$f(x) = (\sin(e^x))' \in \mathcal{S}'(\mathbb{R}).$$

Exercice 6.15 *Soit la fonction* $f : \mathbb{R} \longrightarrow \mathbb{R}$ *qui à* x *associe* $f(x) = e^{i\frac{x^2}{2}}$.

(1) *Montrer que* f *définit une distribution tempérée* $T_f \in \mathcal{S}'(\mathbb{R})$.

(2) *Ecrire une équation différentielle satisfaite par la fonction* f, *et en déduire une équation satisfaite dans* $\mathcal{S}'(\mathbb{R})$ *par sa transformation de Fourier* $\widehat{T_f} = \widehat{f}$.

(3) *Résoudre l'équation différentielle de* $\widehat{T_f}$.

Solution.

(1) Soit

$$\begin{array}{rccl} T_f : & \mathcal{S}(\mathbb{R}) & \longrightarrow & \mathbb{C} \\ & \varphi & \mapsto & \langle T_f, \varphi \rangle = \displaystyle\int_{\mathbb{R}} f(x)\varphi(x)dx = \int_{\mathbb{R}} e^{i\frac{x^2}{2}} \varphi(x)dx. \end{array}$$

Puisque la fonction f est bornée, alors

$$\left|\langle T_f, \varphi \rangle\right| \leq \int_{\mathbb{R}} \left|e^{i\frac{x^2}{2}}\right| |\varphi(x)|\, dx = \int_{\mathbb{R}} |\varphi(x)|\, dx = \|\varphi\|_{L^1(\mathbb{R})} < +\infty \text{ car } \mathcal{S}(\mathbb{R}) \subset L^1(\mathbb{R}).$$

Donc T_f est bien définie et linéaire sur $\mathcal{S}(\mathbb{R})$.

T_f est continue de $\mathcal{S}(\mathbb{R})$ dans $\mathbb{C}$:

$$\left|\langle T_f, \varphi \rangle\right| \leq \int_{\mathbb{R}} \left|\left(1 + x^2\right) \varphi(x)\right| \frac{dx}{1 + x^2}$$

$$\leq \sup_{x\in\mathbb{R}} \left|\left(1+x^2\right)\varphi(x)\right| \int_{\mathbb{R}} \frac{dx}{1+x^2} = \pi t_{2,0}(\varphi),\ \forall \varphi \in \mathcal{S}(\mathbb{R}).$$

Ainsi T_f est une distribution tempérée : $T_f \in \mathcal{S}'(\mathbb{R})$.

(2) On a en dérivant f, $f'(x) - ixf(x) = 0$, ou bien $\langle T_{f'} - ixT_f, \varphi\rangle = 0$ pour tout $\varphi \in \mathcal{S}(\mathbb{R})$, ce qui donne en appliquant la transformation de Fourier à cette équation :

$$\widehat{T_{f'} - ixT_f}(\xi) = \widehat{T_{f'}}(\xi) - i\widehat{xT_f}(\xi) = 0,$$

$$i\xi\widehat{T_f}(\xi) + \frac{d\widehat{T_f}}{d\xi}(\xi) = 0 \text{ ou } i\xi T_{\widehat{f}}(\xi) + \frac{dT_{\widehat{f}}}{d\xi}(\xi) = 0\,.$$

(3) $\frac{d\widehat{T_f}}{d\xi}(\xi) + i\xi\widehat{T_f}(\xi) = 0$ est une équation différentielle linéaire homàgène d'ordre 1, qu'on peut facilement résoudre. On a $\frac{d\widehat{T_f}}{d\widehat{T_f}}(\xi) = -i\xi d\xi$, donc

$$\widehat{T_f}(\xi) = Ce^{-i\frac{\xi^2}{2}} \text{ où } C = \widehat{T_f}(0).$$

Exercice 6.16

(1) *Montrer que si $\varphi \in \mathcal{S}(\mathbb{R}^n)$ est radiale, alors sa transformation de Fourier l'est également.*

(2) *Une distribution u est dite T-périodique sur $\mathbb{R}$, pour $T > 0$, si $u = \tau_T u$, c'est à dire pour tout $\varphi \in \mathcal{D}(\mathbb{R})$, on ait $\langle u, \varphi\rangle = \langle \tau_T u, \varphi\rangle = \langle u, \tau_{-T}\varphi\rangle$ où $(\tau_T\varphi)(x) = \varphi(x-T)$. Soit u une distribution T-périodique sur $\mathbb{R}$. Construire une fonction $\chi \in \mathcal{D}(\mathbb{R})$ telle que $\sum_{k\in\mathbb{Z}} \chi(x+kT) = 1$ sur $\mathbb{R}$ (partition de l'unité périodique), pour montrer qu'il existe $v \in \mathcal{E}'(\mathbb{R})$ telle que $u = \sum_{k=-\infty}^{+\infty} \tau_{kT} v$.*

(3) *Montrer que toute distribution périodique est d'ordre fini et tempérée.*

Solution.

(1) Il s'agit de montrer que, si on a $\varphi(Mx) = \varphi(x)$ pour tout $M \in SO_n(\mathbb{R})$, le sous-groupe des matrices de rotation, alors il en va de même pour la transformation de Fourier $\widehat{\varphi}$ de φ. Exprimons donc $\widehat{\varphi}(M\xi)$, $\xi \in \mathbb{R}^n$, pour M une

matrice de rotation. Posons $x = My$, sachant que $\det(M) = 1$, on a :

$$\widehat{\varphi}(M\xi) = (2\pi)^{-n/2} \int_{\mathbb{R}^n} \varphi(x) e^{-ix.(M\xi)} dx = (2\pi)^{-n/2} \int_{\mathbb{R}^n} \varphi(My) e^{-i(My).(M\xi)} dy.$$

Comme $M^*M = I_n$, la matrice identité, et φ est radiale, on a bien :

$$\widehat{\varphi}(M\xi) = (2\pi)^{-n/2} \int_{\mathbb{R}^n} \varphi(y) e^{-iy.\xi} dy = \widehat{\varphi}(\xi).$$

(2) Commençons par construire une partition de l'unité périodique. Etant donnée une fonction $\varphi \in \mathcal{D}(\mathbb{R})$, positive et strictement non nulle sur $[0, T]$, la série $\sum_{k \in \mathbb{Z}} \tau_{kT} \varphi = \sum_{k \in \mathbb{Z}} \varphi(. + kT)$ est uniformément convergente sur tout compact (c'est une somme avec un nombre fini de termes), donc sa somme est une fonction de classe C^∞. On pose alors :

$$\chi(x) = \frac{\varphi(x)}{\sum_{k=-\infty}^{+\infty} \varphi(x + kT)},$$

on a bien $\sum_{k=-\infty}^{+\infty} \chi(x + kT) = 1$ pour tout $x \in \mathbb{R}$.

On pose $v = \chi u$, il s'agit d'une distribution à support compact, d'où la série $\sum_{k \in \mathbb{Z}} \tau_{kT} v$ est convergente dans $\mathcal{D}'(\mathbb{R})$. Vérifions en fait que $u = \sum_{k \in \mathbb{Z}} \tau_{kT} v$. Soit $\phi \in \mathcal{D}(\mathbb{R})$, on a :

$$\begin{aligned} \langle v, \phi \rangle &= \langle \chi u, \phi \rangle = \langle u, \chi \phi \rangle, \\ \sum_{k=-\infty}^{+\infty} \langle \tau_{kT} v, \phi \rangle &= \sum_{k=-\infty}^{+\infty} \langle v, \tau_{-kT} \phi \rangle = \sum_{k=-\infty}^{+\infty} \langle u, \chi \tau_{-kT} \phi \rangle. \end{aligned}$$

Comme u est T-périodique, on a $\langle u, \chi \tau_{-kT} \phi \rangle = \langle u, \phi(\tau_{kT} \chi) \rangle$, en insérant la somme dans la droite du crochet pour obtenir $\left\langle \sum_{k=-\infty}^{+\infty} \tau_{kT} v, \phi \right\rangle = \langle u, \phi \rangle$.

(3) D'après la question (2), pour toute distribution périodique u de période T, il existe une distribution v à support compact, et donc d'ordre fini N, telle que $u = \sum_{k=-\infty}^{+\infty} \tau_{kT} v$.

Donc pour tout $\phi \in \mathcal{D}(\mathbb{R})$, il existe $k_0 \in \mathbb{N}$, tel que $\langle u, \phi \rangle = \sum_{k=-k_0}^{k_0} \langle \tau_{kT} v, \phi \rangle$, ainsi :

$$\left|\langle u, \phi \rangle\right| \leq \sum_{k=-k_0}^{k_0} \left|\langle v, \tau_{-kT} \phi \rangle\right| \leq \sum_{k=-k_0}^{k_0} C \sup_{j \leq N} \left\| (\tau_{-kT}\phi)^{(j)} \right\|_\infty \leq 2k_0 C \sup_{j \leq N} \left\| \phi^{(j)} \right\|_\infty,$$

$C > 0$. D'où u est bien d'ordre fini.

Pour montrer que $u \in \mathcal{S}'(\mathbb{R})$, on utilise la décomposition en série de Fourier. Comme $e^{ip\omega x} \in L^\infty(\mathbb{R})$, avec $\omega = \frac{2\pi}{T}$, c'est un élément de $\mathcal{S}'(\mathbb{R})$, puisque $L^\infty(\mathbb{R}) \hookrightarrow \mathcal{S}'(\mathbb{R})$. Il s'agit donc de montrer que la série de Fourier $\sum_{p \in \mathbb{Z}} c_p e^{ip\omega x}$ de u, avec $c_p = \frac{1}{T} \int_0^T u(t) e^{-in\omega t} dt$, $\omega = \frac{2\pi}{T}$, converge dans $\mathcal{S}'(\mathbb{R})$.

La série de distributions $\sum_{p \in \mathbb{Z}} c_p e^{ip\omega x}$ est convergente si et seulement si, pour tout $\varphi \in \mathcal{S}(\mathbb{R})$, la série numérique $\sum_{p \in \mathbb{Z}} \langle c_p e^{ip\omega x}, \varphi \rangle$ est convergente dans $\mathbb{C}$. Pour tout $N \in \mathbb{N}$, on a :

$$\left\langle \sum_{p=-N}^{N} c_p e^{ip\omega x}, \varphi \right\rangle = \sum_{p=-N}^{N} c_p \left\langle e^{ip\omega x}, \varphi \right\rangle.$$

Comme $\varphi \in \mathcal{S}(\mathbb{R})$, $\langle e^{ip\omega x}, \varphi \rangle = \int_{\mathbb{R}} e^{ip\omega x} \varphi(x) dx$ et $\varphi^{(k)}(x) \underset{|x| \to +\infty}{\longrightarrow} 0$, pour tout $k \in \mathbb{N}$, donc en intégrant deux fois par parties, on obtient :

$$\left|\left\langle e^{ip\omega x}, \varphi \right\rangle\right| = \left| \int_{\mathbb{R}} \frac{e^{ip\omega x}}{(ip\omega)^2} \varphi^{(2)}(x) dx \right| \leq \frac{1}{\omega^2 p^2} \int_{\mathbb{R}} \left| \varphi^{(2)}(x) \right| dx < +\infty.$$

Donc la série $\sum_{p=-N}^{N} c_p \left\langle e^{ip\omega x}, \varphi \right\rangle$ converge pour tout $\varphi \in \mathcal{S}(\mathbb{R})$ par comparaison avec la série de Riemann $\sum_{p=1}^{+\infty} \frac{1}{p^2}$. Ainsi, $\sum_{p \in \mathbb{Z}} c_p e^{ip\omega x}$ converge dans $\mathcal{S}'(\mathbb{R})$.

Exercice 6.17

(1) *Est-il vrai que* $L^1_{loc}(\mathbb{R}) \subset \mathcal{S}'(\mathbb{R})$ *?*

(2) *Soit* $f : \mathbb{R}^n \longrightarrow \mathbb{R}$ *une fonction mesurable vérifiant*

$$x \mapsto \left(1 + |x|^2\right)^{-m} f(x) \in L^p(\mathbb{R}^n)$$

pour un certain entier $m \in \mathbb{N}$ *et un certain* $p \in [1, +\infty]$. *Montrer que* f *est une distribution tempérée.*

(3) *Montrer que la fonction* $x \mapsto \ln|x|$ *est une distribution tempérée et calculer sa dérivée. Que peut-on en déduire sur la valeur principale de* $\frac{1}{x}$ *?*

Solution.

(1) Si $L^1_{loc}(\mathbb{R}) \subset \mathcal{S}'(\mathbb{R})$, alors, pour tout $f \in L^1_{loc}(\mathbb{R})$ et $\varphi \in \mathcal{S}(\mathbb{R})$, on doit avoir

$$\langle T_f, \varphi \rangle = \int_{\mathbb{R}} f(x)\varphi(x)\,dx < \infty.$$

Il suffit alors de prendre $f(x) = e^x$ et $\varphi(x) = e^{-x/2}\chi(x)$ avec χ de classe C^∞ sur $\mathbb{R}$, positive, à support dans $[0, +\infty[$ et valant 1 sur $[1, +\infty[$. Alors, $f \in L^1_{loc}(\mathbb{R})$ et $\varphi \in \mathcal{S}(\mathbb{R})$, de plus :

$$\int_{\mathbb{R}} f(x)\varphi(x)\,dx = \int_0^{+\infty} e^x e^{-x/2}\chi(x)\,dx \geq \int_1^{+\infty} e^x e^{-x/2}\,dx = \int_1^{+\infty} e^{x/2}\,dx = +\infty.$$

Donc il n'est pas vrai que $L^1_{loc}(\mathbb{R}) \subset \mathcal{S}'(\mathbb{R})$.

(2) En utilisant l'inégalité de Hölder si $p \in]1, +\infty[$, et simplement l'inégalité de la moyenne si $p \in \{1, \infty\}$, on a pour tout $\varphi \in \mathcal{S}(\mathbb{R}^n)$:

$$\begin{aligned} \left|\langle T_f, \varphi \rangle\right| &= \left|\int_{\mathbb{R}^n} f(x)\varphi(x)\,dx\right| \leq \int_{\mathbb{R}^n} \frac{|f(x)|}{\left(1 + |x|^2\right)^m} \left(1 + |x|^2\right)^m |\varphi(x)|\,dx \\ &\leq \left\|\left(1 + |x|^2\right)^{-m} f(x)\right\|_{L^p(\mathbb{R}^n)} \left\|\left(1 + |x|^2\right)^m \varphi(x)\right\|_{L^q(\mathbb{R}^n)} \end{aligned}$$

où $\frac{1}{p} + \frac{1}{q} = 1$. Puisque $(1 + |x|)^{-n-1}$ appartient en fait à tous les espaces $L^p(\mathbb{R}^n)$, on a finalement :

$$\begin{aligned}
\left|\langle T_f,\varphi\rangle\right| &\le \left\|\left(1+|x|^2\right)^{-m} f(x)\right\|_{L^p(\mathbb{R}^n)} \\
&\quad \times \left\|(1+|x|)^{-n-1}(1+|x|)^{n+1}\left(1+|x|^2\right)^m \varphi(x)\right\|_{L^q(\mathbb{R}^n)} \\
&\le \left\|\left(1+|x|^2\right)^{-m} f(x)\right\|_{L^p(\mathbb{R}^n)} \left\|(1+|x|)^{-n-1}\right\|_{L^q(\mathbb{R}^n)} \\
&\quad \times \sup_{x\in\mathbb{R}^n}\left\{(1+|x|)^{n+1}\left(1+|x|^2\right)^m |\varphi(x)|\right\} \\
&\le C\sup_{x\in\mathbb{R}^n}\left\{(1+|x|)^{m+n+3}|\varphi(x)|\right\},\ C>0,
\end{aligned}$$

et f est donc une distribution tempérée.

(3) D'après la question (2), il est clair que $x \longmapsto \ln|x|$ est bien une distribution tempérée sur $\mathbb{R}$, puisque par exemple $\left(1+x^2\right)^{-2}\ln|x|$ est intégrable sur $\mathbb{R}$. On a vu dans un exercices au chapitre sur les distributions que la dérivée au sens des distributions de $\ln|x|$ est justement $vp\left(\frac{1}{x}\right)$, la valeur principale de $\frac{1}{x}$. On sait, d'après le cours, que $\mathcal{S}'(\mathbb{R})$ est stable par dérivation, on a donc

$$vp\left(\frac{1}{x}\right) \in \mathcal{S}'(\mathbb{R}).$$

Exercice 6.18

(1) *Justifier que la transformation de Fourier de la fonction $f(x) = e^{-|x|}$ existe, et la calculer. Constater que celle-ci est de classe C^∞ sur $\mathbb{R}$ mais n'est pas dans $\mathcal{S}(\mathbb{R})$.*

(2) *Déterminer la transformation de Fourier de $u = H(x)e^{-\lambda x}$ avec $\lambda > 0$.*

Solution.

(1) La fonction f est un élément de $L^1(\mathbb{R})$, donc sa transformation de Fourier est un élément de $L^\infty(\mathbb{R})$. Comme $L^1(\mathbb{R}) \hookrightarrow \mathcal{S}'(\mathbb{R})$, alors f s'identifie à la distribution tempérée T_f. La dérivée seconde au sens des distributions de T_f est, d'après la formule des sauts, égale à $f'' = f - 2\delta_0$. Donc la transformation de Fourier $\widehat{f}$ de f vérifie l'équation $\widehat{f''} = \widehat{f} - 2\widehat{\delta_0}$ ou bien $(i\xi)^2\widehat{f} = \widehat{f} - \frac{2}{\sqrt{2\pi}}$ et $-\xi^2\widehat{f} = \widehat{f} - \sqrt{\frac{2}{\pi}}$. Ainsi, $\left(1+\xi^2\right)\widehat{f}(\xi) = \sqrt{\frac{2}{\pi}}$ et $\widehat{f}(\xi) = \sqrt{\frac{2}{\pi}}\frac{1}{1+\xi^2}$.
La transformation de Fourier de f est bien de classe C^∞, mais à décroissance polynômiale à l'infini. Ce n'est donc pas un élément de $\mathcal{S}(\mathbb{R})$, la fonction f ne l'était pas non plus car elle n'était pas C^∞ en 0.

(2) $u \in \mathcal{S}'(\mathbb{R})$ car $u \in L^1(\mathbb{R})$:

$$\int_{-\infty}^{+\infty} \left|H(x)e^{-\lambda x}\right| dx = \int_{0}^{+\infty} e^{-\lambda x} dx = \frac{1}{\lambda} < +\infty.$$

Dérivons u une fois, par la formule de Leibniz des sauts, on a $u' = -\lambda u + \delta_0$. Comme u est une distribution tempérée, on peut donc écrire, en prenant la transformation de Fourier de l'équation, $\widehat{u'} = \widehat{-\lambda u + \delta_0}$. Alors,

$$(i\xi)\,\widehat{u}(\xi) = -\lambda\widehat{u}(\xi) + \widehat{\delta_0}(\xi) = -\lambda\widehat{u}(\xi) + \frac{1}{\sqrt{2\pi}} \text{ ou bien } \widehat{u}(\xi) = \frac{1}{\sqrt{2\pi}}\frac{1}{\lambda + i\xi}.$$

Exercice 6.19

(1) *Retrouver les formules donnant $\widehat{\tau_a T}$ et $\widehat{d_\lambda T}$ pour $T \in \mathcal{S}'(\mathbb{R}^n)$, $a \in \mathbb{R}^n$ et $\lambda \in \mathbb{R}^*$ où τ_a est l'opérateur de translation et d_λ celui de la dilatation. Calculer les transformation de Fourier de la fonction constante égale à 1.*

(2) *Pour $a \in \mathbb{R}^n$, montrer que la masse de Dirac δ_a est une distribution tempérée sur $\mathbb{R}^n$, calculer sa transformation de Fourier $\widehat{\delta_a}$, celles de ses dérivées et la transformation de Fourier de la fonction $x \mapsto e^{ia.x}$.*

(3) *En déduire la transformation de Fourier de $1_{[-a,a]}$ pour $a > 0$. Vérifier que cette transformation se prolonge en une fonction entière.*

(4) *Calculer la transformation de Fourier de $f(x) = (1 - |x|)\,1_{]-1,1[}(x)$.*

(5) *Calculer les transformation de Fourier de $e^{\pm ix}$, $\cos x$ et $\sin x$.*

(6) *Calculer la transformation de Fourier de $f(x) = \frac{2\sin x - 2x\cos x}{x^2}$.*

Solution.

(1) On a les mêmes formules que pour les éléments de $\mathcal{S}(\mathbb{R}^n)$ que l'on a aisément établi par changement de variables au premier exercice 6.1, $\widehat{\tau_a\varphi}(\xi) = e^{-ia.\xi}\widehat{\varphi}(\xi)$ et $\widehat{d_\lambda\varphi}(\xi) = |\lambda|^n\,\widehat{\varphi}(\lambda\xi)$ pour tout $\varphi \in \mathcal{S}(\mathbb{R}^n)$,

$$\begin{aligned}
\left\langle \widehat{\tau_a T}, \varphi \right\rangle &= \left\langle \tau_a T, \widehat{\varphi} \right\rangle = \left\langle T, \tau_{-a}\widehat{\varphi} \right\rangle = \left\langle T, \widehat{e^{-ia.x}\varphi} \right\rangle \\
&= \left\langle \widehat{T}, e^{-ia.\xi}\varphi \right\rangle = \left\langle e^{-ia.\xi}\widehat{T}, \varphi \right\rangle, \\
\left\langle \widehat{d_\lambda T}, \varphi \right\rangle &= \left\langle d_\lambda T, \widehat{\varphi} \right\rangle = \left\langle T, d_\lambda\widehat{\varphi} \right\rangle = \left\langle T, |\lambda|^n\,\widehat{\varphi(\lambda x)} \right\rangle \\
&= \left\langle |\lambda|^n\,\widehat{T}, d_{1/\lambda}\varphi \right\rangle = \left\langle |\lambda|^n\, d_{1/\lambda}\widehat{T}, \varphi \right\rangle.
\end{aligned}$$

Finalement, $\widehat{\tau_a T} = e^{-ia.\xi}\widehat{T}$ et $\widehat{d_\lambda T} = |\lambda|^n d_{1/\lambda}\widehat{T}$.
On a $1 \in L^\infty(\mathbb{R}^n) \subset \mathcal{S}'(\mathbb{R}^n)$, donc $\widehat{1} \in \mathcal{S}'(\mathbb{R}^n)$ et grâce à la formule d'inversion de Fourier :

$$\begin{aligned}\left\langle \widehat{1}, \varphi \right\rangle &= \left\langle 1, \widehat{\varphi} \right\rangle = \int_{\mathbb{R}^n} \widehat{\varphi}(\xi)\, d\xi = \int_{\mathbb{R}^n} e^{i0.\xi}\widehat{\varphi}(\xi)\, d\xi = (2\pi)^{n/2}\left(\mathcal{F}^{-1}\widehat{\varphi}\right)(0) \\ &= (2\pi)^{n/2}\varphi(0) = (2\pi)^{n/2}\langle \delta, \varphi\rangle, \\ \widehat{1} &= (2\pi)^{n/2}\delta.\end{aligned}$$

(2) La forme linéaire $\langle \delta_a, \varphi\rangle = \varphi(a)$, $\varphi \in \mathcal{S}(\mathbb{R}^n)$ est une distribution tempérée car $|\langle \delta_a, \varphi\rangle| = |\varphi(a)| \le \|\varphi\|_\infty$. Alors $\widehat{\delta_a} \in \mathcal{S}'(\mathbb{R}^n)$ est définie pour $\varphi \in \mathcal{S}(\mathbb{R}^n)$ par :

$$\left\langle \widehat{\delta_a}, \varphi \right\rangle = \left\langle \delta_a, \widehat{\varphi} \right\rangle = \widehat{\varphi}(a) = \frac{1}{(2\pi)^{n/2}} \int_{\mathbb{R}^n} \varphi(x) e^{-ia.x} dx = \left\langle \frac{e^{-ia.x}}{(2\pi)^{n/2}}, \varphi \right\rangle.$$

Donc $\widehat{\delta_a}$ s'identifie à la fonction $L^\infty(\mathbb{R}^n) : x \mapsto \frac{e^{-ia.x}}{(2\pi)^{n/2}}$.
Pour tout $\alpha \in \mathbb{N}^n$, on a :

$$\widehat{\partial^\alpha \delta_a} = i^{|\alpha|}\xi^\alpha \widehat{\delta_a} = i^{|\alpha|}\xi^\alpha \frac{e^{-ia.\xi}}{(2\pi)^{n/2}}.$$

$$\widehat{e^{ia.x}} = \widehat{(2\pi)^{n/2}\widehat{\delta_a}} = (2\pi)^{n/2}\widehat{\widehat{\delta_a}} = (2\pi)^{n/2}\overset{\vee}{\delta_a} = (2\pi)^{n/2}\delta_{-a}.$$

(3) Notons $f_a = 1_{[-a,a]}$, $a > 0$. $f_a \in L^\infty(\mathbb{R}) \subset \mathcal{S}'(\mathbb{R})$. D'après la formule des sauts, on a $f_a' = \delta_{-a} - \delta_a$ au sens des distributions. Ainsi, $\widehat{f_a'}$ s'identifie à la fonction $\widehat{\delta_{-a} - \delta_a}(\xi) = \widehat{\delta_{-a}}(\xi) - \widehat{\delta_a}(\xi) = \frac{e^{ia.\xi} - e^{-ia.\xi}}{\sqrt{2\pi}} = \frac{2i\sin(a\xi)}{\sqrt{2\pi}} = \sqrt{\frac{2}{\pi}}\, i\sin(a\xi)$.
Or, $\widehat{f_a'}(\xi) = i\xi \widehat{f_a}(\xi)$, donc $\widehat{f_a}(\xi) = \frac{\widehat{f_a'}(\xi)}{i\xi} = \frac{\sqrt{\frac{2}{\pi}}\, i\sin(a\xi)}{i\xi} = \sqrt{\frac{2}{\pi}}\frac{\sin(a\xi)}{\xi}$.
Cette fonction est bien entière d'après le théorème de Paley-Wiener, puisque $1_{[-a,a]} \in \mathcal{E}'(\mathbb{R})$.

(4) Il est clair que f définie une distribution tempérée puisque $|f(x)| \le 2$, pour tout $x \in \mathbb{R}$. Pour calculer $\widehat{f}$, on dérive deux fois pour se ramener à une combinaison de distributions de Dirac. En effet, au sens des distributions, on a $f' = (1 - 2H)f_1$ où H est la fonction de Heaviside, $f_1 = 1_{]-1,1[}$, et il n'y a pas de saut puisque f est continue sur $\mathbb{R}$. La fonction f' est constante par morceaux, d'où $f'' = \delta_{-1} - 2\delta + \delta_1$.

On déduit que $\widehat{f''} = \widehat{(\delta_{-1} - 2\delta + \delta_1)} = \widehat{\delta_{-1}} - 2\widehat{\delta} + \widehat{\delta_1} = \frac{e^{i.\xi} - 2 + e^{-i.\xi}}{\sqrt{2\pi}} = \sqrt{\frac{2}{\pi}}(\cos\xi - 1)$.
Donc $\widehat{f''}(\xi) = -\xi^2 \widehat{f}(\xi) = \sqrt{\frac{2}{\pi}}(\cos\xi - 1)$ et $\widehat{f}(\xi) = \sqrt{\frac{2}{\pi}}\frac{1-\cos\xi}{\xi^2} = 2\sqrt{\frac{2}{\pi}}\frac{\sin^2(\frac{\xi}{2})}{\xi^2}$.

(5) $e^{\pm ix}$, $\cos x$ et $\sin x$ sont des fonctions 2π-périodiques bornées sur $\mathbb{R}$, elles définissent alors des distributions tempérées sur $\mathbb{R}$. On a vu dans la question (2) que $\widehat{\delta_a} = \frac{e^{-ia.x}}{\sqrt{2\pi}}$. De plus, on a $\widehat{\widehat{\delta_a}} = \check{\delta}_a = \delta_{-a}$, donc :

$$\widehat{e^{\pm ix}} = \sqrt{2\pi}\widehat{\widehat{\delta_{\mp 1}}} = \sqrt{2\pi}\delta_{\pm 1}.$$

On obtient ensuite les transformations de Fourier de $\cos x$ et $\sin x$ par linéarité :

$$\begin{aligned}
\widehat{\cos x} &= \widehat{\frac{e^{ix} + e^{-ix}}{2}} = \frac{1}{2}\left(\widehat{e^{ix}} + \widehat{e^{-ix}}\right) = \sqrt{\frac{\pi}{2}}(\delta_1 + \delta_{-1}),\\
\widehat{\sin x} &= \widehat{\frac{e^{ix} - e^{-ix}}{2i}} = \frac{1}{2i}\left(\widehat{e^{ix}} - \widehat{e^{-ix}}\right) = -i\sqrt{\frac{\pi}{2}}(\delta_1 - \delta_{-1}).
\end{aligned}$$

(6) Montrons tout d'abord que $f \in L^1(\mathbb{R})$, ce qui justifiera que sa transformation de Fourier existe.
L'intégrabilité à l'infini vient du fait que $|f(x)| = \mathcal{O}\left(\frac{1}{x^2}\right)$. Au voisinage de 0, on a :

$$f(x) = \frac{2\left(x - \frac{x^3}{6} + o(x^3)\right) - 2x\left(1 - \frac{x^2}{2} + \frac{x^4}{24} + o(x^4)\right)}{x^3} = \frac{2}{3} + o(1),$$

alors f est prolongeable par continuité en 0.
On a $x^3 f(x) = 2\sin x - 2x\cos x$, ce qui, en passant à la transformation de Fourier, se traduit effectivement en une équation différentielle :

$$\widehat{x^3 f(x)} = 2\widehat{\sin x - 2x\cos x} = 2\widehat{\sin x} - 2\widehat{x\cos x},$$

comme

$$\begin{aligned}
\widehat{x^3 f(x)}(\xi) &= i^3 \frac{d^3\widehat{f}}{d\xi^3}(\xi),\\
\widehat{\sin x} &= -i\sqrt{\frac{\pi}{2}}(\delta_1 - \delta_{-1})\\
\widehat{x\cos x} &= i\frac{d}{d\xi}\widehat{\cos x}(\xi) = i\sqrt{\frac{\pi}{2}}(\delta_1' + \delta_{-1}'),
\end{aligned}$$

on a :

$$
\begin{aligned}
-i\widehat{f}^{(3)}(\xi) &= -2i\sqrt{\frac{\pi}{2}}(\delta_1-\delta_{-1})-2i\sqrt{\frac{\pi}{2}}(\delta_1'+\delta_{-1}'),\\
\widehat{f}^{(3)}(\xi) &= \sqrt{2\pi}(\delta_1-\delta_{-1})+\sqrt{2\pi}(\delta_1'+\delta_{-1}').
\end{aligned}
$$

Intégrons cette expression. Une primitive du premier terme s'obtient en l'interprétant comme une conséquence de la formule des sauts $1_{[-a,a]}' = \delta_{-a}-\delta_a$. Le second terme s'intègre sans difficulté. On a,

$$\widehat{f}^{(2)}(\xi) = -\sqrt{2\pi}1_{[-1,1]}(\xi)+\sqrt{2\pi}(\delta_1+\delta_{-1})+C_2,\ C_2\in\mathbb{C}.$$

Puisque $\left(\xi 1_{[-a,a]}(\xi)\right)' = 1_{[-a,a]}(\xi)-a(\delta_a+\delta_{-a})$, alors

$$\widehat{f}^{(1)}(\xi) = -\sqrt{2\pi}\xi 1_{[-1,1]}(\xi)+C_2\xi+C_1,\ C_1\in\mathbb{C}.$$

L'intégration de cette expression est directe, on obtient que

$$\widehat{f}(\xi) = -\frac{\sqrt{2\pi}}{2}\left(\xi^2-1\right)1_{[-1,1]}(\xi)+C_2\frac{\xi^2}{2}+C_1\xi+C_0,\ C_0\in\mathbb{C}.$$

On doit déterminer les constantes C_0, C_1 et C_2, pour cela, on se rappelle du lemme de Riemann-Lebesgue, comme $f\in L^1(\mathbb{R})$, on doit avoir $\widehat{f}$ continue et $\lim\limits_{|\xi|\to+\infty}\widehat{f}(\xi)=0$, donc C_0, C_1 et C_2 sont tous nuls. Ainsi,

$$\widehat{f}(\xi) = -\frac{\sqrt{2\pi}}{2}\left(\xi^2-1\right)1_{[-1,1]}(\xi).$$

Exercice 6.20 Montrer en utilisant la définition que $vp\left(\frac{1}{x}\right)$, valeur principale de $\frac{1}{x}$, est une distribution tempérée sur $\mathbb{R}$ et calculer sa transformation de Fourier.

Solution. On sait que $vp\left(\frac{1}{x}\right)$ est une distribution sur $\mathbb{R}$. Montrons que $vp\left(\frac{1}{x}\right)$ est continue pour la topologie de $\mathcal{S}(\mathbb{R})$. Soit $\varphi\in\mathcal{S}(\mathbb{R})$,

$$\left\langle vp\left(\frac{1}{x}\right),\varphi\right\rangle = \lim_{\varepsilon\to 0}\int\limits_{|x|>\varepsilon}\frac{\varphi(x)}{x}dx.$$

Alors, en posant pour tout $\varepsilon > 0$, $I_\varepsilon = \int_{|x|>\varepsilon} \frac{\varphi(x)}{x} dx$, on a :

$$I_\varepsilon = \int_{\varepsilon<|x|\leq 1} \frac{\varphi(x)}{x} dx + \int_{|x|>1} \frac{\varphi(x)}{x} dx.$$

Par la formule de Taylor à l'ordre 1, pour tout $x \in \mathbb{R}$, $\varphi(x) = \varphi(0) + x\psi(x)$ avec $|\psi(x)| \leq \|\varphi'\|_\infty$. Comme par imparité, $\int_{\varepsilon<|x|\leq 1} \frac{\varphi(0)}{x} dx = 0$, on a

$$I_\varepsilon = \int_{\varepsilon<|x|\leq 1} \psi(x) dx + \int_{|x|>1} \frac{\varphi(x)}{x} dx.$$

Comme ψ est continue sur $\mathbb{R}$, par le théorème de convergence dominée,

$$\lim_{\varepsilon \to 0} I_\varepsilon = \int_{|x|\leq 1} \psi(x) dx + \int_{|x|>1} \frac{\varphi(x)}{x} dx.$$

On en déduit que :

$$\begin{aligned} \left|\left\langle vp\left(\frac{1}{x}\right), \varphi\right\rangle\right| &\leq \int_{|x|\leq 1} |\psi(x)|\, dx + \int_{|x|>1} \left|\frac{\varphi(x)}{x}\right| dx \leq 2\left\|\varphi'\right\|_\infty \\ &\quad + \sup_{x\in\mathbb{R}} |x\varphi(x)| \left(\int_{|x|>1} \frac{dx}{x^2} \right) \\ &\leq 2\left\|\varphi'\right\|_\infty + 2\|x\varphi(x)\|_\infty . \end{aligned}$$

Ce qui montre que $vp\left(\frac{1}{x}\right)$ est tempérée sur $\mathbb{R}$.

D'autre part, on sait que si on note $T = vp\left(\frac{1}{x}\right)$, alors $xT = 1$. Donc $\widehat{xT} = \widehat{1}$, comme $\widehat{xT} = i\partial_\xi \widehat{T}$ et $\widehat{1} = \sqrt{2\pi}\delta$, on obtient l'équation $i\partial_\xi \widehat{T} = \sqrt{2\pi}\delta$ qui a pour solution $\widehat{T} = -i\sqrt{2\pi}H + C$ où C est une constante à déterminer.

Exercice 6.21

(1) Pour $\alpha \neq 0$, calculer la limite dans $\mathcal{S}'(\mathbb{R})$ de $u_\varepsilon(x) = \frac{1}{x+i\alpha\varepsilon}$ lorsque $\varepsilon \to 0$, $\varepsilon > 0$.

(2) En déduire la transformation de Fourier de la distribution de Heaviside.

Solution.

(1) u_ε est continue sur $\mathbb{R}$, elle est alors localement intégrable et donc une distribution sur $\mathbb{R}$. On a pour $\varphi \in \mathcal{S}(\mathbb{R})$ et $\eta > 0$,

$$\langle u_\varepsilon, \varphi\rangle = \int_{\mathbb{R}} \frac{\varphi(x)}{x + i\alpha\varepsilon}dx = \int_{-\eta}^{\eta} \frac{\varphi(x)}{x + i\alpha\varepsilon}dx + \int_{|x|>\eta} \frac{\varphi(x)}{x + i\alpha\varepsilon}dx.$$

La seconde partie admet bien une limite lorsque $\varepsilon \to 0$, en appliquant le théorème de convergence dominée sur l'ensemble $|x| > \eta$, $\lim_{\varepsilon\to 0} \frac{\varphi(x)}{x+i\alpha\varepsilon} = \frac{\varphi(x)}{x}$ et $\left|\frac{\varphi(x)}{x+i\alpha\varepsilon}\right| \leq \frac{|\varphi(x)|}{\eta-\alpha\varepsilon} \in L^1(\mathbb{R})$ car $\eta - \alpha\varepsilon > 0$ pour $\varepsilon > 0$ assez petit. On a :

$$\lim_{\varepsilon\to 0} \int_{|x|>\eta} \frac{\varphi(x)}{x + i\alpha\varepsilon}dx = \int_{|x|>\eta} \lim_{\varepsilon\to 0} \frac{\varphi(x)}{x + i\alpha\varepsilon}dx = \int_{|x|>\eta} \frac{\varphi(x)}{x}dx,$$

et on reconnaît que la limite lorsque η tend vers 0 de cette quantité est $\langle vp\left(\frac{1}{x}\right), \varphi\rangle$ où $vp\left(\frac{1}{x}\right)$ est la distribution valeur principale de $\frac{1}{x}$ sur $\mathbb{R}$.
Le premier terme peut se décomposer ainsi :

$$\int_{-\eta}^{\eta} \frac{\varphi(x)}{x + i\alpha\varepsilon}dx = \int_{-\eta}^{\eta} \frac{\varphi(x) - \varphi(0)}{x + i\alpha\varepsilon}dx + \varphi(0)\int_{-\eta}^{\eta} \frac{(x - i\alpha\varepsilon)}{x^2 + \alpha^2\varepsilon^2}dx,$$

où pour $x \in [-\eta, \eta]$, $\left|\frac{\varphi(x)-\varphi(0)}{x+i\alpha\varepsilon}\right| \leq \frac{C|x|}{|x|}(1 + \mathcal{O}(\varepsilon))$, où $C = \sup_{x\in[-\eta,\eta]} |\varphi'(x)|$, donc :

$$\left|\int_{-\eta}^{\eta} \frac{\varphi(x) - \varphi(0)}{x + i\alpha\varepsilon}dx\right| = \mathcal{O}(\eta + \varepsilon).$$

D'autre part, $\displaystyle\int_{-\eta}^{\eta} \frac{x}{x^2 + \alpha^2\varepsilon^2}dx = 0$ et

$$\begin{aligned}\int_{-\eta}^{\eta} \frac{-i\alpha\varepsilon}{x^2 + \alpha^2\varepsilon^2}dx &= -i\int_{-\eta}^{\eta} \frac{d\left(\frac{x}{\alpha\varepsilon}\right)}{1 + \left(\frac{x}{\alpha\varepsilon}\right)^2} = -i signe(\alpha)\left[\arctan\left(\frac{x}{\alpha\varepsilon}\right)\right]_{-\eta}^{\eta} \\ &= -2i signe(\alpha)\arctan\left(\frac{\eta}{\alpha\varepsilon}\right),\end{aligned}$$

le facteur $signe(\alpha)$ est dû à l'inversion de l'ordre des bornes de l'intégrale si $\alpha < 0$. Donc

$$\lim_{\varepsilon \to 0} \int_{-\eta}^{\eta} \frac{(x - i\alpha\varepsilon)}{x^2 + \alpha^2\varepsilon^2} dx = \lim_{\varepsilon \to 0} \left\{ -2isigne(\alpha) \arctan\left(\frac{\eta}{\alpha\varepsilon}\right) \right\} = -i\pi signe(\alpha).$$

Ainsi,

$$\begin{aligned} \lim_{\varepsilon \to 0} \langle u_\varepsilon, \varphi \rangle &= \lim_{\varepsilon \to 0} \int_{|x|>\eta} \frac{\varphi(x)}{x + i\alpha\varepsilon} dx + \varphi(0) \lim_{\varepsilon \to 0} \int_{-\eta}^{\eta} \frac{(x - i\alpha\varepsilon)}{x^2 + \alpha^2\varepsilon^2} dx \\ &= \left\langle vp\left(\frac{1}{x}\right), \varphi \right\rangle - i\pi signe(\alpha)\varphi(0) \\ &= \left\langle vp\left(\frac{1}{x}\right) - i\pi signe(\alpha)\delta_0, \varphi \right\rangle, \end{aligned}$$

ce qui donne $\lim\limits_{\varepsilon \to 0} u_\varepsilon = vp\left(\frac{1}{x}\right) - i\pi signe(\alpha)\delta_0$.

(2) Par le théorème de convergence dominée, la suite $f_\lambda(x) = H(x)e^{-\lambda x}$, $\lambda > 0$, converge dans $\mathcal{S}'(\mathbb{R})$ vers $H(x)$, lorsque $\lambda \to 0$.
En effet, $\lim\limits_{\lambda \to 0} f_\lambda(x) = H(x)$, $\forall x \in \mathbb{R}$ et $\forall \varphi \in \mathcal{S}(\mathbb{R})$, $|f_\lambda(x)\varphi(x)| \leq |\varphi(x)| \in L^1(\mathbb{R})$, donc

$$\lim_{\lambda \to 0} \int_{\mathbb{R}} f_\lambda(x)\varphi(x)dx = \int_{\mathbb{R}} \lim_{\lambda \to 0} f_\lambda(x)\varphi(x)dx = \int_{\mathbb{R}} H(x)\varphi(x)dx = \langle H, \varphi \rangle.$$

Comme la transformation de Fourier est continue de $\mathcal{S}'(\mathbb{R})$ dans $\mathcal{S}'(\mathbb{R})$, alors $\widehat{H}$ est la limite dans $\mathcal{S}'(\mathbb{R})$ des transformations de Fourier de f_λ avec

$$\widehat{f_\lambda}(\xi) = \frac{1}{\sqrt{2\pi}} \frac{1}{\lambda + i\xi} = \frac{1}{i\sqrt{2\pi}} \frac{1}{\xi - i\lambda}, \ \xi \in \mathbb{R}.$$

Ainsi, en posant $\alpha = -1$, on obtient l'expression de la transformation de Fourier de H :

$$\begin{aligned} \widehat{H}(\xi) &= \lim_{\lambda \to 0} \widehat{f_\lambda}(\xi) = \lim_{\lambda \to 0} \frac{1}{i\sqrt{2\pi}} \frac{1}{\xi - i\lambda} = \frac{1}{i\sqrt{2\pi}} \lim_{\lambda \to 0} u_\lambda(\xi) \\ &= \frac{1}{i\sqrt{2\pi}} \left(vp\left(\frac{1}{\xi}\right) + i\pi\delta_0 \right) = \sqrt{\frac{\pi}{2}}\delta_0 - \frac{i}{\sqrt{2\pi}} vp\left(\frac{1}{\xi}\right). \end{aligned}$$

Exercice 6.22 Pour $f \in L^1_{loc}(\mathbb{R})$, on note $\check{f}$ la fonction qui à $x \in \mathbb{R}$ associe $f(-x)$. On dit alors que f est impaire si $\check{f} = -f$ presque partout. Pour $T \in \mathcal{S}'(\mathbb{R})$ on considère la distribution tempérée $\check{T}$ définie par :

$$\left\langle \check{T}, \varphi \right\rangle = \left\langle T, \check{\varphi} \right\rangle, \ \forall \varphi \in \mathcal{S}(\mathbb{R}).$$

On dit alors que la distribution T est impaire si $\check{T} = -T$.

(1) Soit $f \in L^1(\mathbb{R})$. On note $T_f \in \mathcal{S}'(\mathbb{R})$ la distribution associée à f. Montrer que T_f est impaire si et seulement si f est impaire.

(2) Montrer que si T est impaire alors sa transformation de Fourier $\mathcal{F}T$ est impaire.

(3) Montrer que $(\mathcal{F}T)' = \mathcal{F}(-iyT)$.

(4) Si $T = vp\left(\frac{1}{x}\right)$ est la distribution valeur principale de $\frac{1}{x}$ définie sur $\mathcal{S}(\mathbb{R})$.

(i) En utilisant le fait que $xT = 1$, calculer $(\mathcal{F}T)'$.

(ii) Montrer que T est impaire et retrouver la valeur de $\mathcal{F}T$.

Solution.

(1) Pour $\varphi \in \mathcal{S}(\mathbb{R})$ on a, en faisant le changement de variable $y = -x$,

$$\begin{aligned} \left\langle \check{T}_f, \varphi \right\rangle &= \left\langle T_f, \check{\varphi} \right\rangle = \int_{\mathbb{R}} f(x)\varphi(-x)\,dx = \int_{\mathbb{R}} f(-y)\varphi(y)\,dy \\ &= \int_{\mathbb{R}} \check{f}(y)\varphi(y)\,dy = \left\langle T_{\check{f}}, \varphi \right\rangle. \end{aligned}$$

Donc $\check{T}_f = T_{\check{f}}$ sur $\mathcal{S}(\mathbb{R})$, et alors :

$$\check{T}_f = -T_f \Longleftrightarrow T_{\check{f}} = T_{-f}.$$

L'application qui à $f \in L^1(\mathbb{R})$ associe la distribution tempérée T_f est injective, on obtient finalement :

$$\check{T}_f = -T_f \Longleftrightarrow \check{f} = -f \text{ presque partout sur } \mathbb{R},$$

donc la distribution T_f est impaire si et seulement si la fonction f l'est.

(2) Soit $\varphi \in \mathcal{S}(\mathbb{R})$. On a pour tout $\xi \in \mathbb{R}$,

$$\begin{aligned}
\left(\mathcal{F}\check{\varphi}\right)(\xi) &= \widehat{\check{\varphi}}(\xi) = \frac{1}{\sqrt{2\pi}} \int_{\mathbb{R}} \check{\varphi}(x) e^{-ix\xi} dx = \frac{1}{\sqrt{2\pi}} \int_{\mathbb{R}} \varphi(-x) e^{-ix\xi} dx \\
&= \frac{1}{\sqrt{2\pi}} \int_{\mathbb{R}} \varphi(y) e^{iy\xi} dy = \frac{1}{\sqrt{2\pi}} \int_{\mathbb{R}} \varphi(y) e^{-iy(-\xi)} dy \\
&= (\mathcal{F}\varphi)(-\xi) = \overset{\vee}{\widehat{\mathcal{F}\varphi}}(\xi).
\end{aligned}$$

D'où si T est impaire, on a :

$$\begin{aligned}
\left\langle \overset{\vee}{\widehat{\mathcal{F}T}}, \varphi \right\rangle &= \left\langle \mathcal{F}T, \check{\varphi} \right\rangle = \left\langle T, \mathcal{F}\check{\varphi} \right\rangle = \left\langle T, \overset{\vee}{\widehat{\mathcal{F}\varphi}} \right\rangle \\
&= \left\langle \check{T}, \mathcal{F}\varphi \right\rangle = -\langle T, \mathcal{F}\varphi \rangle = -\langle \mathcal{F}T, \varphi \rangle.
\end{aligned}$$

Alors $\overset{\vee}{\widehat{\mathcal{F}T}} = -\mathcal{F}T$ sur $\mathcal{S}(\mathbb{R})$, et $\mathcal{F}T$ est également impaire.

(3) Soit $\varphi \in \mathcal{S}(\mathbb{R})$. On a pour tout $y \in \mathbb{R}$,

$$\begin{aligned}
\mathcal{F}(\varphi')(y) &= \frac{1}{\sqrt{2\pi}} \int_{\mathbb{R}} \varphi'(x) e^{-ixy} dx \\
&= \frac{1}{\sqrt{2\pi}} \left\{ \underbrace{\left[\varphi(x) e^{-ixy}\right]_{-\infty}^{+\infty}}_{=0} + iy \int_{\mathbb{R}} \varphi(x) e^{-ixy} dx \right\} \\
&= \frac{iy}{\sqrt{2\pi}} \int_{\mathbb{R}} \varphi(x) e^{-ixy} dx = iy(\mathcal{F}\varphi)(y).
\end{aligned}$$

On en déduit,

$$\begin{aligned}
\langle (\mathcal{F}T)', \varphi \rangle &= -\langle \mathcal{F}T, \varphi' \rangle = -\langle T, \mathcal{F}(\varphi') \rangle = -\langle T, iy\mathcal{F}\varphi \rangle = -\langle iyT, \mathcal{F}\varphi \rangle \\
&= \langle \mathcal{F}(-iyT), \varphi \rangle.
\end{aligned}$$

Donc $(\mathcal{F}T)' = \mathcal{F}(-iyT)$.

(4) (i) Si $T = vp\left(\frac{1}{x}\right)$, on sait que $xT = 1$, et alors $(\mathcal{F}T)' = \mathcal{F}(-iyT) = \mathcal{F}(-i)$,

$$\left\langle (\mathcal{F}T)', \varphi \right\rangle = -\langle \mathcal{F}(i), \varphi\rangle = -\langle i, \mathcal{F}\varphi\rangle = -i\int_{\mathbb{R}} \mathcal{F}\varphi(y)\,dy,$$

avec la formule d'inversion de Fourier on obtient,

$$\begin{aligned}\left\langle (\mathcal{F}T)', \varphi \right\rangle &= -i\int_{\mathbb{R}} \mathcal{F}\varphi(y)e^{iy0}dy = -i\sqrt{2\pi}\left(\mathcal{F}^{-1}\mathcal{F}\varphi\right)(0)\\ &= -i\sqrt{2\pi}\varphi(0),\ \forall \varphi \in \mathcal{S}(\mathbb{R}).\end{aligned}$$

Donc $(\mathcal{F}T)' = -i\sqrt{2\pi}\delta$.
(ii) Soit $\varphi \in \mathcal{S}(\mathbb{R})$. On a :

$$\begin{aligned}\left\langle \check{T}, \varphi \right\rangle &= \left\langle T, \check{\varphi} \right\rangle = \lim_{\varepsilon\to 0}\int_{|x|\geq\varepsilon} \frac{\check{\varphi}(x)}{x}dx = \lim_{\varepsilon\to 0}\int_{|x|\geq\varepsilon} \frac{\varphi(-x)}{x}dx\\ &= \lim_{\varepsilon\to 0}\int_{|x|\geq\varepsilon} \frac{\varphi(y)}{-y}dy = -\langle T, \varphi\rangle.\end{aligned}$$

Ainsi, T est une distribution impaire. D'après la question (2), $\mathcal{F}T$ est également impaire.
On a $T_H' = \delta$ et deux primitives d'une même distribution sur $\mathbb{R}$ ne diffèrent que d'une constante, donc il existe $c \in \mathbb{C}$ tel que $\mathcal{F}T = -i\sqrt{2\pi}(H + c)$. La distribution $\mathcal{F}T$ est impaire. Or c'est la distribution associée à la fonction $-i\sqrt{2\pi}(H + c)$. D'après la question (1) la fonction $H + c$ est donc impaire, ce qui donne $H(-x) + c = -(H(x) + c)$ ou bien $H(x) + H(-x) = -2c$.
Comme $H(x) + H(-x) = 1$ pour tout $x \in \mathbb{R}$, alors $c = -\frac{1}{2}$, et

$$\mathcal{F}\left[vp\left(\frac{1}{x}\right)\right] = -i\sqrt{2\pi}\left(H - \frac{1}{2}\right).$$

Exercice 6.23

(1) Montrer que l'application $\langle T, \varphi\rangle = \int_{\mathbb{R}} \varphi(x,x)\,dx$, $\varphi \in \mathcal{S}\left(\mathbb{R}^2\right)$, est une distribution tempérée sur $\mathbb{R}^2$.

(2) Soit $\varphi \in \mathcal{S}(\mathbb{R}^2)$. Montrer que l'on peut écrire :

$$\left\langle \widehat{T}, \varphi \right\rangle = \lim_{\varepsilon \to 0} \int_{\mathbb{R}} e^{-\varepsilon x^2} \widehat{\varphi}(x,x)\, dx = \frac{1}{\sqrt{\pi}} \lim_{\varepsilon \to 0} \int_{\mathbb{R}^2} e^{-t^2} \varphi\left(\xi, 2\sqrt{\varepsilon} t - \xi\right) d\xi dt.$$

(3) En déduire l'expression de $\widehat{T}$.

Solution.

(1) On a vu précédemment que l'application T définie une distribution sur $\mathbb{R}^2$ dont le support est la droite $y = x$.
Soit $\varphi \in \mathcal{S}(\mathbb{R}^2)$, alors $\Psi(x) = \varphi(x,x) \in \mathcal{S}(\mathbb{R}) \subset L^1(\mathbb{R})$. Par conséquent, T est bien définie sur $\mathcal{S}(\mathbb{R})$, elle est linéaire, il reste à montrer une inégalité de continuité dans $\mathcal{S}'(\mathbb{R})$. Pour cela, multiplions par $\frac{1+x^2}{1+x^2}$ dans l'intégrale :

$$\begin{aligned}
|\langle T, \varphi \rangle| &\leq \int_{\mathbb{R}} \frac{1}{1+x^2} \left(1+x^2\right) |\Psi(x)|\, dx \\
&\leq \sup_{x \in \mathbb{R}} \left| \left(1+x^2\right) \Psi(x) \right| \int_{\mathbb{R}} \frac{dx}{1+x^2} \\
&\leq \pi \left(\|\varphi\|_{L^\infty(\mathbb{R}^2)} + \|xy\varphi\|_{L^\infty(\mathbb{R}^2)} \right) \\
&\leq \pi N_1(\varphi),
\end{aligned}$$

avec $N_p(\varphi) = \sum_{\substack{\alpha, \beta \in \mathbb{N}^n \\ |\alpha|, |\beta| \leq p}} \sup_{x \in \mathbb{R}^n} \left| x^\alpha D^\beta \varphi(x) \right|$, $p \in \mathbb{N}$.

(2) Remarquons d'abord que l'on a $\lim_{\varepsilon \to 0} e^{-\varepsilon x^2} \widehat{\varphi}(x,x) = \widehat{\varphi}(x,x)$, pour tout $x \in \mathbb{R}$, et la majoration $\left| e^{-\varepsilon x^2} \widehat{\varphi}(x,x) \right| \leq \Phi(x)$ avec $\Phi(x) = \widehat{\varphi}(x,x) \in \mathcal{S}(\mathbb{R}) \subset L^1(\mathbb{R})$. Donc le théorème de convergence dominée parmet de permuter la limite et l'intégrale et implique :

$$\left\langle \widehat{T}, \varphi \right\rangle = \left\langle T, \widehat{\varphi} \right\rangle = \int_{\mathbb{R}} \widehat{\varphi}(x,x)\, dx = \int_{\mathbb{R}} \lim_{\varepsilon \to 0} e^{-\varepsilon x^2} \widehat{\varphi}(x,x)\, dx = \lim_{\varepsilon \to 0} \int_{\mathbb{R}} e^{-\varepsilon x^2} \widehat{\varphi}(x,x)\, dx.$$

Pour avoir la seconde égalité exprimons $\widehat{\varphi}(x,x)$ dans l'intégrale précédente,

$$I_\varepsilon = \int_{\mathbb{R}} e^{-\varepsilon x^2} \widehat{\varphi}(x,x)\, dx = \int_{\mathbb{R}} e^{-\varepsilon x^2} \left(\frac{1}{2\pi} \int_{\mathbb{R}^2} \varphi(\xi, \eta) e^{-i(x,x).(\xi,\eta)} d\xi d\eta \right) dx$$

$$= \frac{1}{2\pi}\int_{\mathbb{R}}\int_{\mathbb{R}^2} e^{-\varepsilon x^2}\varphi(\xi,\eta)e^{-ix(\xi+\eta)}d\xi d\eta dx.$$

En changeant la variable $z = \xi + \eta$, on arrive à :

$$I_\varepsilon = \frac{1}{2\pi}\int_{\mathbb{R}^2}\varphi(\xi,z-\xi)\left(\int_{\mathbb{R}} e^{-\varepsilon x^2}e^{-ixz}dx\right)d\xi dz,$$

La fonction $(x,\xi,z)\mapsto e^{-\varepsilon x^2}e^{-ixz}\varphi(\xi,z-\xi)\in L^1(\mathbb{R}^3)$, les intégrales sont intervertissables d'après le théorème de Fubini. A l'intérieur de la parenthèse, on reconnaît la transformée de Fourier d'une gaussienne. On a donc :

$$\int_{\mathbb{R}} e^{-\varepsilon x^2}e^{-ixz}dx = \sqrt{2\pi}\widehat{e^{-\varepsilon x^2}}(z) = \sqrt{2\pi}\frac{1}{\sqrt{2\varepsilon}}e^{-\frac{z^2}{4\varepsilon}} = \sqrt{\frac{\pi}{\varepsilon}}e^{-\frac{z^2}{4\varepsilon}}.$$

En utilisant le nouveau changement de variables $t = \frac{z}{2\sqrt{\varepsilon}}$ dans I_ε, on trouve la deuxième égalité :

$$\begin{aligned}\left\langle \widehat{T},\varphi\right\rangle &= \lim_{\varepsilon\to 0} I_\varepsilon = \lim_{\varepsilon\to 0}\frac{1}{2\pi}\int_{\mathbb{R}^2}\varphi(\xi,z-\xi)\sqrt{\frac{\pi}{\varepsilon}}e^{-\frac{z^2}{4\varepsilon}}d\xi dz \\ &= \frac{1}{\sqrt{\pi}}\lim_{\varepsilon\to 0}\int_{\mathbb{R}^2}\varphi\left(\xi,2\sqrt{\varepsilon}t-\xi\right)e^{-t^2}d\xi dt.\end{aligned}$$

(3) On applique encore une fois le théorème de convergence dominée pour obtenir :

$$\left\langle \widehat{T},\varphi\right\rangle = \frac{1}{\sqrt{\pi}}\int_{\mathbb{R}^2}\lim_{\varepsilon\to 0}\left(\varphi\left(\xi,2\sqrt{\varepsilon}t-\xi\right)e^{-t^2}\right)d\xi dt = \frac{1}{\sqrt{\pi}}\int_{\mathbb{R}^2}\varphi(\xi,-\xi)e^{-t^2}d\xi dt.$$

En effet, on a $\lim_{\varepsilon\to 0}\varphi\left(\xi,2\sqrt{\varepsilon}t-\xi\right)e^{-t^2} = \varphi(\xi,-\xi)e^{-t^2}$ pour tout $(\xi,t)\in\mathbb{R}^2$, et, comme $\varphi\in\mathcal{S}\left(\mathbb{R}^2\right)$, on a aussi :

$$\begin{aligned}\left|\varphi\left(\xi,2\sqrt{\varepsilon}t-\xi\right)e^{-t^2}\right| &= \frac{e^{-t^2}}{1+\xi^2+t^2}\left|\left(1+\xi^2+t^2\right)\varphi\left(\xi,2\sqrt{\varepsilon}t-\xi\right)\right| \\ &\leq s_{1,0}(\varphi)\frac{e^{-t^2}}{1+\xi^2},\end{aligned}$$

avec $s_{m,m'}(\varphi) = \sum_{\alpha\in\mathbb{N}^2,|\alpha|\le m'} (1+|x|)^m |D^\alpha\varphi(x)|$, $m, m' \in \mathbb{N}$. ce qui donne la majoration uniforme en ε par une fonction de $L^1\left(\mathbb{R}^2\right)$.

Ainsi, comme $\int_{\mathbb{R}} e^{-t^2}dt = \sqrt{\pi}$, on a :

$$\left\langle \widehat{T}, \varphi\right\rangle = \frac{1}{\sqrt{\pi}}\left(\int_{\mathbb{R}} \varphi(\xi,-\xi)\,d\xi\right)\left(\int_{\mathbb{R}} e^{-t^2}dt\right) = \int_{\mathbb{R}} \varphi(\xi,-\xi)\,d\xi.$$

Exercice 6.24

(1) Montrer que la fonction $f(x) = x$ définit une distribution tempérée. Calculer sa transformation de Fourier $\widehat{f}$.

(2) Soit $T \in \mathcal{S}'(\mathbb{R})$. En utilisant la transformation de Fourier, montrer que les solutions de l'équation $xT = 0$ sont de la forme $T = c\delta$ où δ est la distribution de Dirac en 0 et c une constante.

Solution.

(1) La fonction $f(x) = x$ est localement intégrable sur $\mathbb{R}$ car elle y est continue. Elle définit donc une distribution sur $\mathbb{R}$. On a vu que toute fonction polynôme sur $\mathbb{R}$ définit une distribution tempérée sur $\mathbb{R}$, donc la distribution définit par f est tempérée. Précisément, on a pour tout $\varphi \in \mathcal{S}(\mathbb{R})$:

$$\begin{aligned}\left|\left\langle T_f, \varphi\right\rangle\right| = \left|\int_{\mathbb{R}} x\varphi(x)\,dx\right| &\le \int_{\mathbb{R}} \frac{|x|}{(1+|x|)^3}(1+|x|)^3|\varphi(x)|\,dx \\ &\le s_{3,0}(\varphi)\int_{\mathbb{R}} \frac{|x|}{(1+|x|)^3}dx\end{aligned}$$

où $\int_{\mathbb{R}} \frac{|x|}{(1+|x|)^3}dx = \int_{\mathbb{R}} \frac{dx}{(1+|x|)^2} - \int_{\mathbb{R}} \frac{dx}{(1+|x|)^3}$ est convergente avec

$$s_{m,m'}(\varphi) = \sum_{\substack{\alpha\in\mathbb{N}^n \\ |\alpha|\le m'}} (1+|x|)^m |D^\alpha\varphi(x)|,\ m, m' \in \mathbb{N}.$$

Puisque $(\mathcal{F}T)' = \mathcal{F}(-ixT)$, alors la transformation de Fourier de T_f est :

$$\widehat{T_f} = T_{\widehat{f}} = \widehat{f} = \widehat{x} = i\widehat{(-ix)1} = i\left[\widehat{1}\right]' = i\left[\sqrt{2\pi}\delta\right]' = i\sqrt{2\pi}\delta'.$$

(2) Comme $xT = 0$, alors $\widehat{xT} = \widehat{0} = 0$.

D'autre part, on sait que pour tout $\psi \in \mathcal{S}(\mathbb{R}^n)$ et pour tout $T \in \mathcal{S}'(\mathbb{R}^n)$, on a $\widehat{\psi * T} = (2\pi)^{n/2}\,\widehat{\psi}\widehat{T}$ et $\widehat{\psi T} = (2\pi)^{-n/2}\left(\widehat{\psi} * \widehat{T}\right)$. Par conséquent, $\widehat{x} * \widehat{T} = 0$.

D'où en tenant compte du calcul précédent, on a $i\sqrt{2\pi}\delta' * \widehat{T} = 0$, ou encore $\delta * \left[\widehat{T}\right]' = 0$, donc $\left[\widehat{T}\right]' = 0$. On en déduit que $\widehat{T} = c$ où c est une constante. En prenant la transformation de Fourier inverse des deux membres on obtient $T = c\mathcal{F}^{-1}[1] = c\sqrt{2\pi}\delta = c'\delta$, c' est une constante arbitraire.

Exercice 6.25

(1) Soient $T \in \mathcal{E}'(\mathbb{R})$ (on écrira $T(x)$ pour signaler qu'elle opère sur des fonctions de la variable x) et $z \in \mathbb{C}$.
Montrer que $\widehat{T}(z) = (2\pi)^{-1/2}\left\langle T(x), e^{-ixz}\right\rangle$ est un nombre complexe bien défini.

(2) Montrer qu'il existe $A > 0$, $C > 0$, et $N \in \mathbb{N}$, tels que l'on ait, pour tout $z \in \mathbb{C}$:

$$\left|\widehat{T}(z)\right| \leq C(1+|z|)^N e^{A|\mathrm{Im} z|}.$$

(3) Notons $u_j = \left\langle T(x), x^j\right\rangle$, $j \in \mathbb{N}$. Montrer que, pour tout $\left\langle T(x), e^{-ixz}\right\rangle$, on peut écrire $\widehat{T}(z) = \sum_{j=0}^{\infty} u_j \frac{(-iz)^j}{j!}$. Montrer que la convergence de la série est uniforme sur tout compact de $\mathbb{C}$.

(4) Calculer les dérivées successives de l'application $\widehat{T} : z \in \mathbb{R} \mapsto \widehat{T}(z)$ en zéro, et en déduire que $\widehat{T} = 0$ implique $T = 0$.

(5) Soit $\lambda \in \mathbb{R}$. Trouver une distribution $S \in \mathcal{S}'(\mathbb{R})$ telle que $\left\langle S, x^j\right\rangle = \lambda^j$ pour tout $j \in \mathbb{N}$, et montrer qu'elle est unique.

(6) Montrer qu'il n'existe pas de distribution répondant aux mêmes spécifications lorsque $\lambda \in \mathbb{C}\setminus\mathbb{R}$.

(7) Si $T \in \mathcal{E}'(\mathbb{R}^n)$ est une distribution à support compact dans $\mathbb{R}^n$, telle que $\langle T, x^\alpha\rangle = 0$ pour tout $\alpha \in \mathbb{N}^n$. Montrer que $T = 0$.

Solution.

(1) Notons que la fonction $x \mapsto e^{-ixz} \notin \mathcal{S}(\mathbb{R})$ mais elle est de classe C^∞, donc $\left\langle T(x), e^{-ixz}\right\rangle$ est bien défini car $T \in \mathcal{E}'(\mathbb{R})$ et $e^{-ixz} \in \mathcal{E}(\mathbb{R})$, il s'agit simplement du crochet de dualité $\mathcal{E}'(\mathbb{R}) \times \mathcal{E}(\mathbb{R})$. La fonction $z \in \mathbb{R} \mapsto \left\langle T(x), e^{-ixz}\right\rangle$ est de classe C^∞ sur $\mathbb{R}$ et $\partial_z^\alpha \left\langle T(x), e^{-ixz}\right\rangle = \left\langle T(x), \partial_z^\alpha e^{-ixz}\right\rangle$ découle du théorème de

dérivation sous le crochet de dualité, il est aussi clair que cette fonction est naturellement prolongeable en une fonction entière sur $\mathbb{C}$.
Montrons que $(2\pi)^{-1/2}\langle T(x), e^{-ixz}\rangle$ est la transformation de Fourier de la distribution T. Pour tout $\varphi \in \mathcal{S}(\mathbb{R})$, on a :

$$\begin{aligned}
(2\pi)^{-1/2}\left\langle\left\langle T(x), e^{-ixz}\right\rangle, \varphi\right\rangle &= (2\pi)^{-1/2}\int_{\mathbb{R}}\left\langle T(x), e^{-ixz}\right\rangle\varphi(z)\,dz \\
&= \left\langle T(x), (2\pi)^{-1/2}\int_{\mathbb{R}} e^{-ixz}\varphi(z)\,dz\right\rangle \\
&= \langle T, \widehat{\varphi}\rangle = \langle \widehat{T}, \varphi\rangle.
\end{aligned}$$

(2) La distribution T est à support compact, elle est d'ordre fini, ainsi il existe $C > 0$ et $N \in \mathbb{N}$, tels que :

$$\left|\widehat{T}(z)\right| = \left|(2\pi)^{-1/2}\left\langle T(x), e^{-ixz}\right\rangle\right| \leq C \sup_{0\leq k\leq N}\left\|\partial_x^k e^{-ixz}\right\|_{L^\infty(\mathbb{R})}.$$

Or, $\partial_x^k e^{-ixz} = (-iz)^k e^{-ixz}$, d'où le sup à droite est majoré par $\left\|e^{-ixz}\right\|_{L^\infty(\mathbb{R})}$ si $|z| \leq 1$, ou par $|z|^N\left\|e^{-ixz}\right\|_{L^\infty(SuppT)}$ sinon. Enfin, sur le support de T, qui est supposé compact, donc inclus dans $[-A, A]$ pour un certain $A > 0$, on a $\left|e^{-ixz}\right| \leq e^{A|\mathrm{Im}z|}$, ce qui achève la question.

(3) Pour tout $z \in \mathbb{C}$, $x \mapsto e^{-ixz}$ est analytique sur $\mathbb{R}$, $e^{-ixz} = \sum_{j=0}^{\infty}\frac{(-ixz)^j}{j!}$, et la convergence est uniforme sur le support de T. Ainsi, on peut écrire :

$$\widehat{T}(z) = \left\langle T(x), \sum_{j=0}^{\infty}\frac{(-iz)^j}{j!}x^j\right\rangle = \sum_{j=0}^{\infty}\frac{(-iz)^j}{j!}\left\langle T(x), x^j\right\rangle,$$

où la permutation limite-crochet se fait grâce à la convergence uniforme.
De la même façon qu'à la question (2), on remarque que
$\left|\left\langle T(x), x^j\right\rangle\right| \leq \frac{j!}{(j-N)!}(1+A)^j$, pour j assez grand. En prenant $z \in B(0, R)$, on trouve que :

$$\left|\frac{(-iz)^j}{j!}\left\langle T(x), x^j\right\rangle\right| = \left|\frac{(-iz)^j}{j!}u_j\right| \leq \frac{(1+A)^j(1+R)^j}{(j-N)!}$$

qui est le terme général d'une série convergente. La convergence de la série entière en z est donc uniforme sur tout compact de $\mathbb{C}$, et $z \mapsto \widehat{T}(z)$ est une fonction entière.

(4) Comme $\widehat{T}$ est analytique, les dérivées successives se lisent sur le développement en série de Taylor de cette fonction. On a ainsi $\widehat{T}^{(j)}(0) = (-i)^j u_j$. Si $\widehat{T} \equiv 0$, alors $u_j = 0$ pour tout $j \in \mathbb{N}$, soit $\langle T(x), x^j \rangle = 0$ pour tout $j \in \mathbb{N}$. Comme les polynômes sont denses dans $C^N(SuppT)$, on a que $\langle T, \varphi \rangle = 0$ pour tout $\varphi \in \mathcal{D}(\mathbb{R})$ dont $T = 0$.

(5) $S = \delta_\lambda$ convient. L'unicité découle de la question peécédente. En effet, si T est une autre distribution tempérée sur $\mathbb{R}$ satisfaisant $\langle T, x^j \rangle = \lambda^j$ pour tout $j \in \mathbb{N}$, alors leurs transformations de Fourier sont analytiques, et possèdent le même développement en série de Taylor en 0. On a alors $\widehat{T - S} = 0$ donc $T - S = 0$.

(6) Une telle distribution serait forcément égale à $S = \delta_\lambda$ en tant qu'élément de $\mathcal{D}'(\mathbb{C})$. Le problème, est que δ_λ n'est pas une distribution sur $\mathbb{R}$ dans ce cas. Si le contraire était vrai, on aurait, pour $\varphi \in \mathcal{D}(\mathbb{C})$ un contrôle de $|\varphi(\lambda)|$ par une norme C^N de la restriction $\varphi_{|\mathbb{R}}$ de φ à $\mathbb{R}$. En choisissant φ avec $\varphi(\lambda) = 1$ et $Supp\varphi \subset B(\lambda, |\mathrm{Im}\lambda|) \cap (\mathbb{C} \backslash \mathbb{R})$, on a $\langle S, \varphi \rangle = \varphi(\lambda) = 1 \neq 0$ et $||\varphi||_{C^N(\mathbb{R})} = 0$, ce qui est impossible.

(7) On a vu que si $T \in \mathcal{E}'(\mathbb{R}^n)$, alors sa transformation de Fourier $\widehat{T}$ se prolonge en une fonction entière sur $\mathbb{C}^n$ par :

$$F(z) = \left\langle T(x), e^{-ixz} \right\rangle, \; z \in \mathbb{C}^n.$$

De plus, on a pour tout $\alpha \in \mathbb{N}^n$:

$$\partial_z^\alpha F(z) = \left\langle T(x), \partial_z^\alpha \left(e^{-ixz} \right) \right\rangle = (-i)^{|\alpha|} \left\langle T(x), x^\alpha e^{-ixz} \right\rangle$$

et alors $\partial_z^\alpha F(0) = (-i)^{|\alpha|} \langle T(x), x^\alpha \rangle$. D'autre part comme $F(z)$ est entière, alors

$$F(z) = \sum_{\alpha \in \mathbb{N}^n} \frac{\partial_z^\alpha F(0)}{\alpha!} z^\alpha = \sum_{\alpha \in \mathbb{N}^n} \frac{(-i)^{|\alpha|} \langle T(x), x^\alpha \rangle}{\alpha!} z^\alpha,$$

pour tout $z \in \mathbb{C}^n$.

D'où si $\langle T, x^\alpha \rangle = 0$ pour tout $\alpha \in \mathbb{N}^n$. alors $F(z) = 0$ et $\widehat{T}(z) = 0$ sur $\mathbb{C}^n$. Finalement, $T = \mathcal{F}^{-1} \widehat{T} = 0$ dans $\mathcal{S}'(\mathbb{R}^n)$.

7. Transformation de Laplace

On introduit maintenant la transformation de Laplace qui permet de justifier le calcul symbolique de manière plus simple que la transformation de Fourier. On traite d'abord la transformation de Laplace d'une fonction $f(x)$ localement sommable définie sur $\mathbb{R}_+$ (fonction causale, c'est-à-dire $f(t) = 0$ pour $t < 0$), ensuite on étudie cette transformation sur les distributions à support dans $\mathbb{R}_+$. La transformation de Laplace est un outil très efficace pour résoudre des équations différentielles ordinaires ou aux dérivées partielles ainsi que des équations fonctionnelles ou intégrales.

7.1 Transformation de Laplace des fonctions

7.1.1 Définitions et premières propriétés

Définition 7.1 Soit f une fonction de la variable réelle, la transformation de Laplace de f, lorsqu'elle existe, est la fonction F ou $\mathcal{L}(f)$ de la variable complexe z définie par l'intégrale :

$$F(z) = \int_0^{+\infty} f(t)e^{-zt}\,dt. \tag{7.1}$$

La fonction $f = \mathcal{L}^{-1}(F)$ est appelée l'origine de F. La fonction F ou $\mathcal{L}(f)$ est appelée l'image de f par la transformation de Laplace.

On remarque que les valeurs de f pour $x < 0$, n'interviennent pas dans la définition. On peut toujours rendre une fonction causale en la multipliant par la fonction d'Heaviside $H(x) = \begin{cases} 1 & \text{si} \quad x \geq 0 \\ 0 & \text{si} \quad x < 0 \end{cases}$.
Posons $z = a + ib$, l'existence de $F(z)$ impose que la fonction

$$t \mapsto \left|f(t)e^{-zt}\right| = |f(t)|\,e^{-(\mathrm{Re}z)t} \in L^1(\mathbb{R}_+).$$

Le nombre réel $a_0 = \inf\left\{a \in \mathbb{R} : f(t)e^{-at} \in L^1(\mathbb{R}_+)\right\}$ est appelé l'abscisse de sommabilité ou abscisse de convergence absolue de la fonction f.

En particulier, pour $a = 0$, l'expression $F(ib) = \int_0^{+\infty} f(t)e^{-ibt}dt = \sqrt{2\pi}\mathcal{F}(f)(b)$ donne un lien entre transformations de Laplace et de Fourier, dans ce sens la transformation de Laplace est considérée comme une extension de la transformation de Fourier.

Proposition 7.1 Si f est une fonction d'abscisse de sommabilité a_0, alors la transformation de Laplace F de f existe dans le demi-plan ouvert $\mathrm{Re}z > a_0$.

Démonstration. Si on pose $z = a + ib$, alors :

$$\begin{aligned} |\mathcal{L}(f)(z)| = \left|\int_0^{+\infty} f(t)e^{-zt}dt\right| &\leq \int_0^{+\infty} \left|f(t)e^{-zt}\right| dt = \int_0^{+\infty} |f(t)|\,e^{-at}dt \\ &\leq \int_0^{+\infty} |f(t)|\,e^{-a_0 t}dt < +\infty. \end{aligned}$$

□

$F(z)$ est bornée pour $\mathrm{Re}z > a_0$.

Exemple 7.1

1 La transformation de Laplace de la fonction d'Heaviside H est :

$$\mathcal{L}(H)(z) = \int_0^{+\infty} e^{-zt} dt = \lim_{X \to +\infty} \left[\frac{e^{-zt}}{-z} \right]_{t=0}^{X} = \lim_{X \to +\infty} \frac{1 - e^{-zX}}{z} = \frac{1}{z} \text{ si } \mathrm{Re} z > 0.$$

Donc l'abscisse de sommabilité de H est $a_0 = 0$.

2 En intégrant par parties, on a pour $f(t) = t$ et $\mathrm{Re} z > 0$:

$$\mathcal{L}(t)(z) = \int_0^{+\infty} te^{-zt} dt = \left[\frac{te^{-zt}}{-z} \right]_{t=0}^{+\infty} - \frac{1}{z} \int_0^{+\infty} e^{-zt} dt = \frac{1}{z} \left[\frac{e^{-zt}}{z} \right]_{t=0}^{+\infty} = \frac{1}{z^2}.$$

Puis par récurrence pour $n \in \mathbb{N}^*$,

$$\begin{aligned} \mathcal{L}(t^n)(z) &= \int_0^{+\infty} t^n e^{-zt} dt = \frac{n}{z} \int_0^{+\infty} t^{n-1} e^{-zt} dt = \frac{n}{z} \mathcal{L}(t^{n-1})(z) \\ &= \frac{n(n-1)}{z^2} \mathcal{L}(t^{n-2})(z) = \dots = \frac{n(n-1)\dots.1}{z^{n-1}} \mathcal{L}(t)(z) \\ &= \frac{n!}{z^{n+1}}, \ \mathrm{Re} z > 0. \end{aligned}$$

En général l'abscisse de sommabilité d'un polynôme est $a_0 = 0$ et le domaine de sommabilité est le demi-plan de partie réelle strictement positive.

3 Soit $a \in \mathbb{C}$,

$$\mathcal{L}(e^{at})(z) = \int_0^{+\infty} e^{at} e^{-zt} dt = \int_0^{+\infty} e^{(a-z)t} dt = \left[\frac{e^{(a-z)t}}{(a-z)} \right]_{t=0}^{+\infty} = \frac{1}{z-a}$$

si $\mathrm{Re}(a-z) < 0$ ou bien $\mathrm{Re} z > \mathrm{Re} a$.

4 On a $\frac{1}{\sqrt{t}} e^{-zt} \sim t^{-1/2}$ quand $t \to 0$ et $\left| \frac{1}{\sqrt{t}} e^{-zt} \right| \leq e^{-(\mathrm{Re} z)t}$ quand $t \to +\infty$ et $\mathrm{Re} z > 0$, de plus $\int_M^{+\infty} e^{-(\mathrm{Re} z)t}$ est finie pour $M > 0$. Par conséquent,

$\mathcal{L}\left(\frac{1}{\sqrt{t}}\right)(z)$ existe pour $\mathrm{Re}z > 0$ et on obtient :

$$\begin{aligned}\mathcal{L}\left(\frac{1}{\sqrt{t}}\right)(z) &= \int_0^{+\infty} \frac{1}{\sqrt{t}} e^{-zt} dt = \int_{-\infty}^{+\infty} \frac{H(t)}{\sqrt{t}} e^{-zt} dt \\ &\overset{(u=\sqrt{t})}{=} 2\int_{-\infty}^{+\infty} H(u^2) e^{-zu^2} du \\ &= 2\int_{\mathbb{R}} e^{-(\sqrt{z}u)^2} du = 2\sqrt{\frac{\pi}{z}},\ \mathrm{Re}z > 0.\end{aligned}$$

Pour le calcul de $z^{1/2}$ on choisira la détermination principale du logarithme de telle sorte qu'on obtienne le résultat usuel si z est réel.

Il est clair que l'égalité des images par transformation de Laplace implique l'égalité des originaux (presque partout) : si $\mathcal{L}(f)(z) = \mathcal{L}(g)(z)$ pour $\mathrm{Re}z > a_0$, alors $f(t) = g(t)$ presque partout, où a_0 est la plus grande des 2 abscisses de sommabilité des fonctions f et g. En particulier, si deux fonctions continues sur $\mathbb{R}_+$ ont la même transformation de Laplace, alors elles sont identiques.

Théorème 7.1 Soit f une fonction d'abscisse de sommabilité a_0.

(1) L'abscisse de sommabilité de la fonction $\mathbb{R}_+ \ni t \mapsto (-t)^m f(t)$ est a_0, $m \in \mathbb{N}^*$.

(2) $\mathcal{L}(f)(z)$ est holomorphe dans le demi-plan $\mathrm{Re}z > a_0$, et

$$\frac{d^m}{dz^m}\mathcal{L}(f)(z) = \int_0^{+\infty} (-t)^m f(t) e^{-zt} dt = \mathcal{L}((-t)^m f(t))(z).$$

Démonstration. Les deux fonctions $t \mapsto f(t)e^{-(\mathrm{Re}z)t}$ et $t \mapsto (-t)^m f(t)e^{-(\mathrm{Re}z)t}$, $m \in \mathbb{N}^*$, ont le même comportement à l'infini, donc la même abscisse de sommabilité. En dérivant formellement les deux membres de $\mathcal{L}(f)(z)$, on obtient successivement,

$$\frac{d}{dz}\mathcal{L}(f)(z) = \int_0^{+\infty} \frac{d}{dz}\left(f(t)e^{-zt}\right) dt = \int_0^{+\infty} (-t) f(t) e^{-zt} dt;$$

$$\vdots$$

$$\frac{d^m}{dz^m}\mathcal{L}(f)(z) = \int_0^{+\infty} (-t)^m f(t)e^{-zt}dt;$$

pour justifier ces formules de dérivation, on vérifie les conditions d'application du théorème de dérivation sous le signe intégral. Notons que pour tout $z \in \mathbb{C}$ tel que $\mathrm{Re}z > a_0$ et $m \in \mathbb{N}^*$, on a :

$$\left|(-t)^m f(t)e^{-zt}\right| \leq t^m |f(t)| e^{-a_0 t} \in L^1(\mathbb{R}_+).$$

On en déduit alors que la fonction $t \mapsto (-t)^m f(t)e^{-zt} \in L^1(\mathbb{R}_+)$ et qu'il est légitime de dériver sous le signe intégral dès que $\mathrm{Re}z > a_0$. □

On donne ci-dessous un certain nombre de propriétés élémentaires sur la transformation de Laplace.

Théorème 7.2 Soient f et g des fonctions d'abscisses de sommabilité respectives a_0 et b_0, $\lambda, \mu \in \mathbb{C}$, $a, \alpha \in \mathbb{R}$ et $k > 0$.

(1) La transformation de Laplace est une application linéaire.

$$\mathcal{L}(\lambda f + \mu g)(z) = \lambda\mathcal{L}(f)(z) + \mu\mathcal{L}(g)(z), \text{ pour } \mathrm{Re}z > \max(a_0, b_0).$$

(2) Translation : $\mathcal{L}(f(t-a))(z) = e^{az}\mathcal{L}(f)(z)$, pour $\mathrm{Re}z > a_0$.

(3) $\mathcal{L}\left(e^{\alpha t} f(t)\right)(z) = \mathcal{L}(f(t))(z-\alpha)$, pour $\mathrm{Re}(z-\alpha) > a_0$.

(4) Changement d'échelle : $\mathcal{L}(f(kt))(z) = \frac{1}{k}\mathcal{L}(f(t))(\frac{z}{k})$, pour $\mathrm{Re}z > ka_0$.

(5) Conjugaison complexe : Si $\mathcal{L}(f(t))(z) = F(z)$, alors

$$\mathcal{L}\left(\overline{f}(t)\right)(z) = \overline{F}(\overline{z}), \ \mathrm{Re}z > a_0.$$

Démonstration. **(1)** Si $\mathrm{Re}z > \max(a_0, b_0)$, $\mathcal{L}(f)(z)$ et $\mathcal{L}(g)(z)$ existent et on a :

$$\begin{aligned}\mathcal{L}(\lambda f + \mu g)(z) &= \int_0^{+\infty} (\lambda f + \mu g)(t)e^{-zt}dt = \lambda \int_0^{+\infty} f(t)e^{-zt}dt + \mu \int_0^{+\infty} g(t)e^{-zt}dt \\ &= \lambda\mathcal{L}(f)(z) + \mu\mathcal{L}(g)(z).\end{aligned}$$

(2) Posons $g(t) = \begin{cases} f(t-a) & \text{si} \quad t \geq a \\ 0 & \text{si} \quad t < a \end{cases}$. On obtient alors pour $\text{Re}z > a_0$,

$$\begin{aligned} \mathcal{L}(g(t))(z) &= \int_0^{+\infty} g(t)e^{-zt}dt = \int_a^{+\infty} f(t-a)e^{-zt}dt \overset{\text{on pose } s=t-a}{=} \int_0^{+\infty} f(s)e^{-z(t+a)}ds \\ &= e^{-az}\mathcal{L}(f)(z), \end{aligned}$$

(3) $\mathcal{L}\left(e^{\alpha t}f(t)\right)(z) = \int_0^{+\infty} e^{\alpha t}f(t)e^{-zt}dt = \int_0^{+\infty} f(t)e^{-(z-\alpha)t}dt = \mathcal{L}(f(t))(z-\alpha)$, pour $\text{Re}(z-\alpha) > a_0$.

(4) $\mathcal{L}(f(kt))(z) = \int_0^{+\infty} f(kt)e^{-zt}dt \overset{\text{on pose } s=kt}{=} \int_0^{+\infty} f(s)e^{-\frac{z}{k}s}\frac{ds}{k} = \frac{1}{k}\mathcal{L}(f(t))(\frac{z}{k})$, pour $\text{Re}z > ka_0$.

(5) $\mathcal{L}\left(\overline{f}(t)\right)(z) = \int_0^{+\infty} \overline{f}(t)e^{-zt}dt = \overline{\int_0^{+\infty} f(t)\overline{e^{-zt}}dt} = \overline{\int_0^{+\infty} f(t)e^{-\overline{z}t}dt} = \overline{F}(\overline{z})$, pour $\text{Re}z > a_0$.

□

Exemple 7.2 On sait que $\mathcal{L}(e^{at})(z) = \frac{1}{z-a}$ pour $\text{Re}z > \text{Re}a$, $a \in \mathbb{C}$. Soit $\omega \in \mathbb{R}$, alors :

$$\begin{aligned} \mathcal{L}(\cos(\omega t))(z) &= \mathcal{L}\left(\frac{e^{i\omega t} + e^{-i\omega t}}{2}\right)(z) = \frac{\mathcal{L}(e^{i\omega t})(z) + \mathcal{L}(e^{-i\omega t})(z)}{2} \\ &= \frac{1}{2}\left(\frac{1}{z-i\omega} + \frac{1}{z+i\omega}\right) = \frac{z}{z^2+\omega^2}, \text{ pour } \text{Re}z > 0; \end{aligned}$$

$$\begin{aligned} \mathcal{L}(\sin(\omega t))(z) &= \mathcal{L}\left(\frac{e^{i\omega t} - e^{-i\omega t}}{2i}\right)(z) = \frac{\mathcal{L}(e^{i\omega t})(z) - \mathcal{L}(e^{-i\omega t})(z)}{2i} \\ &= \frac{1}{2i}\left(\frac{1}{z-i\omega} - \frac{1}{z+i\omega}\right) = \frac{\omega}{z^2+\omega^2}, \text{ pour } \text{Re}z > 0. \end{aligned}$$

$$\mathcal{L}(te^{at})(z) = -\frac{d}{dz}\mathcal{L}(e^{at})(z) = -\frac{d}{dz}\left(\frac{1}{z-a}\right) = \frac{1}{(z-a)^2}.$$

Le résultat suivant établie le lien entre la transformation de Laplace d'une fonction et de ses dérivées.

Proposition 7.2 Soit f une fonction continue sur $\mathbb{R}_+$ de telle sorte que $\lim_{t\to 0^+} f(t) = f(0^+)$ existe. On suppose en outre que sa dérivée $f'(t)$ existe et est continue par morceaux. S'il existe des constantes réelles $M > 0$ et a_0 telle que $|f(t)| \le Me^{a_0 t}$ pour tout $t \ge t_0$, alors :

$$\mathcal{L}(f'(t))(z) = z\mathcal{L}(f(t))(z) - f(0^+),\ \mathrm{Re} z > a_0.$$

Démonstration. On a pour tout $z \in \mathbb{C}$ tel que $\mathrm{Re} z > a_0$,

$$\mathcal{L}(f'(t))(z) = \int_0^{+\infty} f'(t)e^{-zt}dt,$$

en faisant une intégration par parties, on obtient :

$$\int_\varepsilon^X f'(t)e^{-zt}dt = f(X)e^{-Xz} - f(\varepsilon)e^{-\varepsilon z} + z\int_\varepsilon^X f(t)e^{-zt}dt.$$

Comme $|f(t)| \le Me^{a_0 t}$ pour tout $t \ge t_0$, alors :

$$|f(X)e^{-Xz}| \le Me^{a_0 X}\left|e^{-Xz}\right| = Me^{(a_0 - \mathrm{Re} z)X},$$

or $\lim_{X\to+\infty} e^{(a_0-\mathrm{Re} z)X} = 0$ et $\lim_{X\to+\infty} f(X)e^{-Xz} = 0$ si $\mathrm{Re} z > a_0$. Dès lors,

$$\lim_{\varepsilon\to 0}\int_\varepsilon^{+\infty} f'(t)e^{-zt}dt = \lim_{\varepsilon\to 0}\left(-f(\varepsilon)e^{-\varepsilon z} + z\int_\varepsilon^X f(t)e^{-zt}dt\right),$$

cette limite existe si et seulement si $f(0^+) = \lim_{t\to 0^+} f(t)$ existe. D'où,

$$\mathcal{L}(f'(t))(z) = z\int_0^{+\infty} f(t)e^{-zt}dt - f(0^+) = z\mathcal{L}(f(t))(z) - f(0^+),\ \mathrm{Re} z > a_0.$$

En général, si $f(t)$ est discontinue de première espèce aux points $t_1, \dots, t_m$, alors :

$$\mathcal{L}(f'(t))(z) = z\mathcal{L}(f(t))(z) - f(0^+) - \sum_{j=1}^{m} e^{-t_j z}\left(f\left(t_j^+\right) - f\left(t_j^-\right)\right),$$

où $f\left(t_j^+\right)$ et $f\left(t_j^-\right)$ sont respectivement les limites à droite et à gauche de f au point t_j, $j \in \{1,...,m\}$.
De manière générale, ces expressions se généralisent par récurrence pour les dérivées d'ordres supérieures,

$$\mathcal{L}\left(f^{(2)}(t)\right)(z) = z^2\mathcal{L}(f(t))(z) - zf(0^+) - f'(0^+),$$

$$\begin{aligned}\mathcal{L}\left(f^{(m)}(t)\right)(z) &= z^m\mathcal{L}(f(t))(z) - z^{m-1}f(0^+) - z^{m-2}f'(0^+) - \cdots \\ &\cdots - zf^{(m-2)}(0^+) - f^{(m-1)}(0^+).\end{aligned}$$

□

Proposition 7.3 Si $\mathcal{L}(f(t))(z) = F(z)$, alors :

$$\mathcal{L}\left(\int_0^t f(s)ds\right)(z) = \frac{F(z)}{z}, \text{ Re}z > \max(0, a_0).$$

Démonstration. Posons $g(t) = \int_0^t f(s)ds$. Alors $g'(t) = f(t)$ et $g(0) = 0$. D'après la proposition précédente, on a :

$$\mathcal{L}(g'(t))(z) = \mathcal{L}(f(t))(z) = z\mathcal{L}(g(t))(z) - g(0^+) = z\mathcal{L}(g(t))(z),$$

c'est à dire $\mathcal{L}(g(t))(z) = \mathcal{L}\left(\int_0^t f(s)ds\right)(z) = \frac{F(z)}{z}$. □

Le domaine d'intégration du produit de convolution de deux fonctions causales f et g est restrient à l'intervalle $[0,t]$:$f * g(t) = \int_0^t f(s)g(t-s)ds$. On remarquera que la fonction $f*g$ est elle même causale, puisque $f(s) = 0$ pour tout $s < 0$.

Théorème 7.3 Soient f et g deux fonctions causales et convoluables en tout point $t \geq 0$, d'abscisses de sommabilité respectives a_0 et b_0, telles que $\mathcal{L}(f(t))(z)$, $\mathcal{L}(g(t))(z)$ et $\mathcal{L}((f*g)(t))(z)$ existent. Alors,

$$\mathcal{L}((f*g)(t))(z) = \mathcal{L}(f(t))(z)\mathcal{L}(g(t))(z) \text{ pour } \mathrm{Re} z > \max(a_0, b_0).$$

Démonstration. En utilisant la définition du produit de convolution, on obtient :

$$\mathcal{L}((f*g)(t))(z) = \int_0^{+\infty} (f*g)(t)e^{-zt}dt = \int_0^{+\infty}\left(\int_0^t f(s)g(t-s)ds\right)e^{-zt}dt.$$

Notons que $0 \leq s \leq t$, $0 \leq t < +\infty$ ou $0 \leq s < +\infty$ et $s \leq t < +\infty$. Pour pouvoir utiliser le théorème de Fubini, il faut s'assurer que l'intégrale double $\int_0^{+\infty}\int_0^{+\infty} f(s)g(t-s)e^{-zt}dsdt$ converge.
En effet, en posant $r = t - s$ et en tenant compte du fait que le jacobien de ce changement de variables est égal à 1, cette intégrale se ramène à

$$\int_0^{+\infty} f(s)e^{-zs}ds \int_0^{+\infty} g(r)e^{-zr}dr.$$

Cette intégrale existe car par hypothèse $\mathcal{L}(f(t))(z)$ et $\mathcal{L}(g(t))(z)$ existent. Ce qui donne directement le résultat. □

7.1.2 Formule d'inversion

La transformation de Laplace est un opérateur injectif donc bijectif sur son image, sa bijection inverse existe. Elle est unique et on l'appelle original de F; on a alors $\mathcal{L}^{-1}(F(z))(t) = H(t)f(t)$ où f est une fonction d'abscisse de sommabilité a_0. On se pose maintenant le problème de déterminer l'original f lorsque la transformation de Laplace F est connue. On a alors, pour tout $x \in \mathbb{R}$ tel que $x > a_0$, et $\omega \in \mathbb{R}$:$F(x+i\omega) = \int_{-\infty}^{+\infty} H(t)f(t)e^{-xt}e^{-i\omega t}dt$. D'où,

$F(x+i\omega) = \sqrt{2\pi}\mathcal{F}\left(H(t)f(t)e^{-xt}\right)$. En appliquant la transformation de Fourier inverse, il vient qu'en tout point t où $H(t)f(t)$ est continue :

$$H(t)f(t)e^{-xt} = \frac{1}{\sqrt{2\pi}}\mathcal{F}^{-1}\left(F(x+i\omega)\right)(t) = \frac{1}{2\pi}\int_{-\infty}^{+\infty} F(x+i\omega)e^{i\omega t}d\omega.$$

On obtient donc :

$$\begin{aligned} H(t)f(t) &= \frac{1}{2\pi}\int_{-\infty}^{+\infty} F(x+i\omega)e^{(x+i\omega)t}d\omega \overset{z=x+i\omega}{=} \frac{1}{2i\pi}\int_{D_x} F(z)e^{zt}dz \\ &= \frac{1}{2i\pi}\int_{D_x} \mathcal{L}(f(t))(z)e^{zt}dz, \end{aligned}$$

appelée formule de Bromwich-Wagner où $D_x = \{x+i\omega : \omega \in \mathbb{R}\}$ est la droite parallèle à l'axe imaginaire d'abscisse $x > a_0$ appelée le contour de Bromwich.

☞ La transformation de Laplace inverse est linéaire et vérifie les propriétés suivantes où $F(z) = \mathcal{L}(f(t))(z)$ et $f(t) = \mathcal{L}^{-1}(F(z))(t)$, $a \in \mathbb{C}$, $k > 0$ et $m \in \mathbb{N}$:

- $\mathcal{L}^{-1}(F(z-a))(t) = e^{at}f(t)$;
- $\mathcal{L}^{-1}(e^{-az}F(z))(t) = \begin{cases} f(t-a) & \text{si } t \geq a \\ 0 & \text{si} t < a \end{cases}$;
- $\mathcal{L}^{-1}(F(kz))(t) = \frac{1}{k}f\left(\frac{t}{k}\right)$;
- $\mathcal{L}^{-1}\left(\frac{d^mF}{dz^m}(z)\right)(t) = (-t)^m f(t)$;
- $\mathcal{L}^{-1}\left(\int_z^{+\infty} F(u)du\right)(t) = \frac{f(t)}{t}$;
- $\mathcal{L}^{-1}\left(\frac{F(z)}{z}\right)(t) = \int_0^t f(t)dt$;
- $\mathcal{L}^{-1}(F(z)G(z))(t) = \int_0^t f(s)g(t-s)ds = (f*g)(t)$ avec $g(t) = \mathcal{L}^{-1}(G(z))(t)$.

Exemple 7.3

1 Pour calculer la transformation inverse de Laplace de la fonction

$$F(z) = \frac{1}{(z+1)^2}$$

on utilise la formule de Bromwich-Wagner,

$$H(t)f(t) = \mathcal{L}^{-1}\left(\frac{1}{(z+1)^2}\right)(t) = \sum_j \operatorname{Res}\left(F(z)e^{zt}, z_j\right),$$

z_j sont les pôles de $F(z)$. $F(z)$ a un pôle d'ordc 2 cn $z = -1$, il suffit alors de prendre $\mathrm{Re}z > -1$, donc

$$\begin{aligned} H(t)f(t) &= \mathrm{Res}\left(\frac{e^{zt}}{(z+1)^2}, -1\right) = \lim_{z\to -1}\frac{d}{dz}\left((z+1)^2 F(z)e^{zt}\right) \\ &= \lim_{z\to -1}\frac{d}{dz}\left(e^{zt}\right) = t\lim_{z\to -1} e^{zt} = te^{-t}. \end{aligned}$$

En pratique, on détermine la transformation inverse de $F(z)$ directement de la table des fonctions usuelles. Les formules de transformations de Laplace classiques données ci-dessous sont très utiles dans les applications, la décomposition en éléments simples d'une fraction rationnelle fait naturellement apparaître ces termes :

$F(z) = \mathcal{L}(f(t))(z)$	$\mathcal{L}^{-1}(F(z))(t) = f(t)$
$\mathcal{L}(H(t))(z) = \frac{1}{z}$	$\mathcal{L}^{-1}\left(\frac{1}{z}\right)(t) = H(t)$
$\mathcal{L}\left(\frac{t^m}{m!}\right)(z) = \frac{1}{z^{m+1}}$	$\mathcal{L}^{-1}\left(\frac{1}{z^{m+1}}\right)(t) = H(t)\frac{t^m}{m!}$
$\mathcal{L}\left(e^{-at}\right)(z) = \frac{1}{z+a}$	$\mathcal{L}^{-1}\left(\frac{1}{z+a}\right)(t) = H(t)e^{-at}$
$\mathcal{L}\left(\frac{t^m}{m!}e^{-at}\right)(z) = \frac{1}{(z+a)^{m+1}}$	$\mathcal{L}^{-1}\left(\frac{1}{(z+a)^{m+1}}\right)(t) = H(t)\frac{t^m}{m!}e^{-at}$
$\mathcal{L}(\cos(\omega t))(z) = \frac{z}{z^2+\omega^2}$	$\mathcal{L}^{-1}\left(\frac{z}{z^2+\omega^2}\right)(t) = H(t)\cos(\omega t)$
$\mathcal{L}(\sin(\omega t))(z) = \frac{\omega}{z^2+\omega^2}$	$\mathcal{L}^{-1}\left(\frac{\omega}{z^2+\omega^2}\right)(t) = H(t)\sin(\omega t)$
$\mathcal{L}(\cosh(\omega t))(z) = \frac{z}{z^2-\omega^2}$	$\mathcal{L}^{-1}\left(\frac{z}{z^2-\omega^2}\right)(t) = H(t)\cosh(\omega t)$
$\mathcal{L}(\sinh(\omega t))(z) = \frac{\omega}{z^2-\omega^2}$	$\mathcal{L}^{-1}\left(\frac{\omega}{z^2+\omega^2}\right)(t) = H(t)\sinh(\omega t)$

2 Si $b > 0$, on a :

$$\mathcal{L}\left(b^{at}\right)(z) = \mathcal{L}\left(e^{\ln b^{at}}\right)(z) = \mathcal{L}\left(e^{(a\ln b)t}\right)(z) = \frac{1}{z - a\ln b} \text{ si } \mathrm{Re}z > \mathrm{Re}(a\ln b).$$

3 $F(z) = \frac{3z+7}{z^2-2z+3} = \frac{4}{z-3} - \frac{1}{z+1}$, donc

$$\begin{aligned} f(t) &= \mathcal{L}^{-1}\left(\frac{3z+7}{z^2-2z+3}\right)(t) = \mathcal{L}^{-1}\left(\frac{4}{z-3} - \frac{1}{z+1}\right)(t) \\ &= \mathcal{L}^{-1}\left(\frac{4}{z-3}\right)(t) - \mathcal{L}^{-1}\left(\frac{1}{z+1}\right)(t) = 4H(t)e^{3t} - H(t)e^{-t}. \end{aligned}$$

4 $F(z) = \frac{e^{-2z}}{z+1}$, donc $f(t) = \mathcal{L}^{-1}\left(\frac{e^{-2z}}{z+1}\right)(t) = H(t-2)e^{-(t-2)}$.

5 $F(z) = \frac{3z+1}{(z-1)(z^2+1)} = \frac{2}{z-1} + \frac{-2z+1}{z^2+1}$, alors

$$f(t) = \mathcal{L}^{-1}\left(\frac{2}{z-1}\right)(t) - \mathcal{L}^{-1}\left(\frac{-2z+1}{z^2+1}\right)(t) = H(t)\left(2e^t - 2\cos t + \sin t\right).$$

6 Soit à résoudre l'équation différentielle $y''(t) + y(t) = \cos t$ avec $y(0) = 1$ et $y'(0) = 0$.
Notons $Y(z) = \mathcal{L}(y(t))(z)$ et prenons la transformation de Laplace des deux membres de l'équation différentielles donnée :

$$\begin{aligned} \mathcal{L}(y''(t) + y(t))(z) &= \mathcal{L}(\cos t)(z); \\ \mathcal{L}(y''(t))(z) + \mathcal{L}(y(t))(z) &= z^2 Y(z) - zy(0) - y'(0) + Y(z) = \frac{z}{z^2+1}, \\ &\quad \text{pour } \operatorname{Re} z > 0. \end{aligned}$$

Donc $Y(z)\left(1+z^2\right) = z + \frac{z}{z^2+1}$ ou bien $Y(z) = \frac{z}{1+z^2} + \frac{z}{(1+z^2)^2}$. Finalement, $y(t) = H(t)\left(\cos t + \frac{t}{2}\sin t\right)$.

7.1.3 Comportements asymptotiques

Nous nous proposons d'étudier le comportement asymptotique de la transformation de Laplace $F(z) = \int_0^{+\infty} f(t)e^{-zt}dt$, d'une fonction $f : [0, +\infty[\longrightarrow \mathbb{C}$ continue par morceaux, quand $z \to +\infty$ et quand $z \to 0^+$. Les théorèmes de la valeur initiale et de la valeur finale sont utiles parce qu'ils permettent de calculer F à partir de $f(t)$ en 0 ou $+\infty$.

Proposition 7.4 (comportement à l'infini). Soit $f : [0, +\infty[\longrightarrow \mathbb{C}$ une fonction ayant une abscisse de sommabilité a_0, alors pour $\operatorname{Re} z > a_0$, on a $\lim\limits_{|z| \to +\infty} F(z) = 0$.

Démonstration. Posons $z = x + i\omega$ avec $x > a_0$. Alors,

$$F(z) = \int_0^{+\infty} f(t)e^{-zt}dt = \int_0^{+\infty} \left(f(t)e^{-xt}\right)e^{-i\omega t}dt.$$

Cela résulte du lemme de Riemann-Lebesgue, $\lim_{\omega \to +\infty} \int_0^{+\infty} \left(f(t)e^{-xt}\right) e^{-i\omega t} dt = 0$,

puisque $f(t)e^{-xt} \in L^1(\mathbb{R}_+)$. □

Théorème 7.4 (Théorème de la valeur initiale) Soit $f : [0, +\infty[\longrightarrow \mathbb{C}$ une fonction ayant une transformation de Laplace $F(z)$ et telle que $f(0^+)$ existe. On suppose aussi que sa dérivée $f'(t)$ existe ainsi que sa transformation de Laplace. Alors, $\lim_{|z| \to +\infty} zF(z) = f(0^+)$.

Démonstration. On a $\mathcal{L}(f'(t))(z) = zF(z) - f(0^+)$, pour $\mathrm{Re} z > a_0$ où a_0 est l'abscisse de sommabilité de f. D'après la proposition précédente, toute transformation de Laplace tend vers 0 quand $|z| \to +\infty$.
Par conséquent,
$\lim_{|z| \to +\infty} \mathcal{L}(f'(t))(z) = \lim_{|z| \to +\infty} zF(z) - f(0^+) = 0$ ou bien $\lim_{|z| \to +\infty} zF(z) = f(0^+)$. □

Exemple 7.4 Soit $f(t) = H(t)$, on a $\mathcal{L}(f(t))(z) = \mathcal{L}(H(t))(z) = \frac{1}{z}$, alors $\lim_{|z| \to +\infty} z\mathcal{L}(f(t))(z) = 1$ et comme $f(0^+) = f(+\infty) = 1$, on obtient $\lim_{|z| \to +\infty} z\mathcal{L}(f(t))(z) = f(0^+) = 1$.

Théorème 7.5 (Théorème de la valeur finale) Soit $f : [0, +\infty[\longrightarrow \mathbb{C}$ une fonction ayant une transformation de Laplace $F(z)$ et telle que $\lim_{t \to +\infty} f(t) = f(+\infty)$ existe et est finie, si en outre f' et $\mathcal{L}(f'(t))(z)$ existent, alors $\lim_{z \to 0} zF(z) = \lim_{t \to +\infty} f(t) = f(+\infty)$.

Démonstration. Puisque $\left|e^{-zt} f'(t)\right| \leq |f'(t)|$ pour $\mathrm{Re} z > 0$ et $t \geq 0$, on a alors d'après le théorème de convergence dominée,

$$\lim_{z \to 0} \left(\int_0^{+\infty} f'(t) e^{-zt} dt \right) = \int_0^{+\infty} \lim_{z \to 0} \left(f'(t)e^{-zt}\right) dt = \int_0^{+\infty} f'(t) dt = f(+\infty) - f(0^+).$$

Par ailleurs, le théorème sur la transformation de Laplace de la dérivée donne $\mathcal{L}(f'(t))(z) = zF(z) - f(0^+)$. En reportant dans ce qui précède, on obtient :

$$\lim_{z \to 0} \mathcal{L}(f'(t))(z) = \lim_{z \to 0} (zF(z) - f(0^+)) = f(+\infty) - f(0^+)$$

ou bien $\lim_{z\to 0} zF(z) = f(+\infty)$. □

Exemple 7.5

1 Soit $f(t) = 3e^{-2t}$, alors $\mathcal{L}(f(t))(z) \doteq \frac{3}{z+2}$ pour $\mathrm{Re}\, z > -2$. Donc $\lim_{z\to 0} z\mathcal{L}(f(t))(z) = \lim_{z\to 0} \frac{3z}{z+2} = 0 = \lim_{t\to+\infty} f(t)$, ce qui correspond au résultat du théorème de la valeur finale.

2 $f(t) = \cos t$, $F(z) = \mathcal{L}(f(t))(z) = \frac{z}{z^1+1}$, $f(0^+) = 1$, et on a bien $\lim_{|z|\to+\infty} zF(z) = 1$. Le théorème de la valeur finale ne peut pas être utilisé car $f(+\infty)$ n'existe pas. Un calcul direct montre que $\lim_{z\to 0} zF(z) = 0$.

Ces deux théorèmes, de la valeur initiale et de la valeur finale, son très importants en pratique, ils permettent de vérifier, dans une certaine mesure, l'exactitude d'une transformation de Laplace $F(z)$ après calcul, si on connait par ailleurs les valeurs limites de l'original $f(t)$ de $F(z)$.

7.2 Transformation de Laplace des distributions

Considérons la fonction constante $F(z) = 1$, puisqu'elle ne tend pas vers 0 à l'infini, elle ne peut être la transformation de Laplace d'une fonction au sens des fonctions. Nous allons voir qu'il est possible, en passant aux distributions, de définir une transformation de Laplace qui pourra croître à l'infini.

$\mathcal{D}'_+(\mathbb{R})$ est l'ensemble de toute les distributions sur $\mathbb{R}$ dont le support est contenu dans $[0, +\infty[$. On est tenté de définir la transformation de Laplace d'une distribution $T \in \mathcal{D}'_+(\mathbb{R})$ (distribution causale) par $\mathcal{L}T(z) = \langle T_t, e^{-zt}\rangle$ qui permet de retrouver le cas régulier, où $\langle T_t, .\rangle$ est la valeur de la fonctionnelle T correspondant à la fonction e^{-zt} si le second membre a un sens. Cette condition doit être prescrite, puisque e^{-zt} est indéfiniment dérivable, mais non à support borné. Toutefois, l'expression $\langle T_t, e^{-zt}\rangle$ n'a de sens que si T est à support borné ce qui est très restrictif.

L. Schwartz [10] a démontré le théorème suivant : Pour toute distribution $T \in \mathcal{D}'_+$, il existe un nombre réel a_0 de signe quelconque (qui peut être $+\infty$ ou $-\infty$), tel que $\mathcal{L}T(z)$ existe pour $\mathrm{Re}\, z > a_0$, et c'est alors une fonction holomorphe de z. Sur la base de cette définition, on ne peut pas donner un sens à la transformation de Laplace de la fonction constante considérée comme distribution. La transformation de Laplace d'une distribution est introduite comme suit :

Définition 7.2 Soit T une distribution sur l'axe réel de la variable t, de support contenu dans la demi-droite $t \geq 0$, donc $T \in \mathcal{D}'_+(\mathbb{R})$. Supposons qu'il existe un réel a_0, tel que pour $a > a_0$, on ait $e^{-at}T \in \mathcal{S}'(\mathbb{R})$ (la distribution $e^{-at}T$ est tempérée sur $\mathbb{R}$), alors la transformation de Laplace de T, est la fonction de $\mathbb{C}$ dans $\mathbb{C}$ définie par :

$$z \mapsto \mathcal{L}T(z) = \mathcal{T}(z) = \left\langle T_t, e^{-zt} \right\rangle, \ \mathrm{Re} z = a > a_0.$$

La borne inférieure des a_0 s'appelle abscisse de sommabilité de la distribution T.

!

(1) On note que si T est une distribution quelconque, la fonction $\mathcal{L}T(z)$ n'est pas définie puisque la fonction e^{-zt} est de classe C^∞ mais n'est pas à support borné, donc $e^{-zt} \notin \mathcal{D}(\mathbb{R})$. Par contre si $T \in \mathcal{S}'(\mathbb{R})$, $\mathcal{L}T(z)$ est définie (sur $\mathrm{Re} z > 0$) pour tout z tel que e^{-zt} soit à décroissance rapide en tant que fonction de t.

(2) On voit donc que la transformation de Laplace d'une distribution n'est pas une distribution mais une fonction.

Exemple 7.6

1 $\mathcal{L}\delta(z) = \left\langle \delta, e^{-zt} \right\rangle = 1$, et pour tout $m \in \mathbb{N}$:

$$\begin{aligned} \mathcal{L}\delta^{(m)}(z) &= \left\langle \delta^{(m)}, e^{-zt} \right\rangle = (-1)^m \left\langle \delta, \left(e^{-zt}\right)^{(m)} \right\rangle = (-1)^m \left\langle \delta, (-z)^m e^{-zt} \right\rangle \\ &= (-1)^m (-z)^m \left\langle \delta, e^{-zt} \right\rangle = z^m. \end{aligned}$$

2 Lorsque T est associée à une fonction localement sommable f de $\mathbb{R}_+$ dans $\mathbb{C}$, on aura :

$$\mathcal{L}T(z) = \left\langle T_{f(t)}, e^{-zt} \right\rangle = \left\langle f(t), e^{-zt} \right\rangle = \int_0^{+\infty} f(t) e^{-zt} dt = \mathcal{L}f(z).$$

On retrouve ainsi la définition de la transformation de Laplace au sens des fonctions.

$$\mathcal{L}T_H(z) = \mathcal{L}H(z) = \frac{1}{z}, \text{ pour Re} z > 0.$$

En règle générale, les propriétés des transformations de Laplace des distributions sont les mêmes que celles des fonctions sauf pour la transformation d'une dérivée comme on le verra ultérieurement.

Si $T \in \mathcal{D}'_+(\mathbb{R})$ admet une transformation de Laplace pour $\text{Re}z > a_0$ et si $S \in \mathcal{D}'_+(\mathbb{R})$ admet une transformation de Laplace pour $\text{Re}z > b_0$, alors on a pour $\text{Re}z > \max(a_0, b_0)$ et $\alpha, \beta \in \mathbb{C}$, $\mathcal{L}(\alpha T + \beta S)(z) = \alpha\mathcal{L}T(z) + \beta\mathcal{L}S(z)$. En outre, $\mathcal{L}\left(e^{at}T\right)(z) = \mathcal{L}T(z-a)$, $a \in \mathbb{C}$. La transformation de Laplace est injective sur l'espace des distributions de $\mathcal{D}'_+(\mathbb{R})$ qui admettent une transformation de Laplace.

Proposition 7.5 Soient $T, S \in \mathcal{D}'_+(\mathbb{R})$ possédant des transformations de Laplace $\mathcal{L}T(z)$ et $\mathcal{L}S(z)$.

(1) La fonction $\mathcal{L}T(z)$ est holomorphe dans le demi-plan $\{z \in \mathbb{C} : \text{Re}z > a_0\}$ et on a :

$$\frac{d^m}{dz^m}\mathcal{L}T(z) = \mathcal{L}(-t)^m T(z) = \left\langle (-t)^m T, e^{-zt} \right\rangle, \; m \in \mathbb{N}.$$

(2) $\mathcal{L}T^{(m)}(z) = z^m \mathcal{L}T(z)$, $m \in \mathbb{N}$.

(3) $\mathcal{L}(T * S)(z) = \mathcal{L}T(z)\mathcal{L}S(z)$.

Démonstration.

(1) En effet, soient $z \in \mathbb{C}$ et h est assez petit tels que $\text{Re}z > a_0$ et $\text{Re}(z+h) > a_0$. Posons $F(z) = \mathcal{L}T(z)$, alors :

$$\lim_{h\to 0} \frac{F(z+h) - F(z)}{h} = \lim_{h\to 0} \frac{1}{h}\left(\left\langle T, e^{-(z+h)t}\right\rangle - \left\langle T_t, e^{-zt}\right\rangle\right) = \lim_{h\to 0}\left\langle T, \frac{e^{-(z+h)t} - e^{-zt}}{h}\right\rangle.$$

Lorsque $h \to 0$, $\frac{e^{-(z+h)t} - e^{-zt}}{h}$ tend vers $-te^{-zt}$, au sens de la topologie de $\mathcal{S}(\mathbb{R})$. Comme T est continue pour la topologie de $\mathcal{S}(\mathbb{R})$, on a :

$$F'(z) = \left\langle T, (-t)e^{-zt} \right\rangle.$$

En réitérant ce procédé, on trouve le résultat.

(2) On a, $T^{(m)} \in \mathcal{D}'_+(\mathbb{R})$ et

$$\begin{aligned}\mathcal{L}T^{(m)}(z) &= \left\langle T^{(m)}, e^{-zt}\right\rangle = (-1)^m \left\langle T, \frac{d^m}{dz^m} e^{-zt}\right\rangle \\ &= (-1)^m \left\langle T, (-z)^m e^{-zt}\right\rangle = z^m \left\langle T, e^{-zt}\right\rangle = z^m \mathcal{L}T(z).\end{aligned}$$

(3) Puisque $T, S \in \mathcal{D}'_+(\mathbb{R})$, alors $T * S$ existe et appartient à l'espace $\mathcal{D}'_+(\mathbb{R})$. Si $\mathcal{L}T(z)$ et $\mathcal{L}S(z)$ sont respectivement définies pour $\mathrm{Re} z > a_0$ et $\mathrm{Re} z > b_0$, alors on a pour $\mathrm{Re} z > \max(a_0, b_0)$:

$$\begin{aligned}\mathcal{L}(T * S)(z) &= \left\langle T_t \otimes S_s, e^{-z(t+s)}\right\rangle = \left\langle T, \left\langle S_s, e^{-z(t+s)}\right\rangle\right\rangle \\ &= \left\langle T, \left\langle S_s, e^{-zt} e^{-zs}\right\rangle\right\rangle = \left\langle T, e^{-zt} \left\langle S_s, e^{-zs}\right\rangle\right\rangle \\ &= \left\langle T_t, e^{-zt}\right\rangle \left\langle S_s, e^{-zs}\right\rangle = \mathcal{L}T(z) \mathcal{L}S(z).\end{aligned}$$

□

> Soit f une fonction localement sommable, à laquelle on associe la distribution régulière. On a,
> $(Hf)' = H'f + Hf' = Hf' + \delta f = Hf' + f(0)\delta$,
> $\mathcal{L}(Hf') = \mathcal{L}\left((Hf)' - f(0)\delta\right) = \mathcal{L}\left((Hf)'\right) - f(0)\mathcal{L}\delta = z\mathcal{L}(Hf) - f(0)$,
> on retrouve donc le résultat obtenu au sens des fonctions.

7.3 Applications de la transformation de Laplace

La transformation de Laplace permet de résoudre un grand nombre d'équations différentielles, d'équations aux dérivées partielles et des équations intégrales, ce procédé porte le nom de calcul symbolique.

7.3.1 Solutions causales d'équations différentielles

Soit donnée une équation différentielle linéaire d'ordre $m \in \mathbb{N}^*$, à coefficients constants :

$$a_m y^{(m)}(t) + a_{m-1} y^{(m-1)}(t) + \ldots + a_1 y'(t) + a_0 y(t) = f(t).$$

On se propose de trouver la solution de cette équation $y = y(t)$ pour $t \geq 0$ et vérifiant les m conditions initiales :

$$y(0) = y_0,\ y'(0) = y_1, \ldots, y^{(m-1)}(0) = y_{m-1}.$$

La théorie des équations différentielles assure l'existence et l'unicité de la solution y, qui est de plus indéfiniment dérivable : il s'agit de trouver des moyens de la calculer, ce que ne donnent pas de manière simple les arguments théoriques. La transformation de Laplace fournit un moyen mécanique de le faire. On note par $Y(z)$ et $F(z)$ les transformations de Laplace de $y(t)$ et $f(t)$ respectivement. Appliquons la transformation de Laplace aux deux membres de l'équation et utilisons les propriétés de linéarité, on trouve :

$$\begin{aligned}&a_m\mathcal{L}\left(y^{(m)}(t)\right)(z)+a_{m-1}\mathcal{L}\left(y^{(m-1)}(t)\right)(z)+\ldots+a_1\mathcal{L}(y'(t))(z)+a_0\mathcal{L}(y(t))(z)\\&=\mathcal{L}(f(t))(z),\end{aligned}$$

sachant que $\mathcal{L}\left(y^{(k)}(t)\right)(z)=z^kY(z)-\sum_{j=1}^{k}z^{j-1}y^{(k-j)}(0^+)$. Alors :

$$\begin{aligned}&a_m\left(z^mY(z)-z^{m-1}Y(0)-z^{m-2}Y^{(1)}(0)-\ldots-Y^{(m-1)}(0)\right)\\&+a_{m-1}\left(z^{m-1}Y(z)-z^{m-2}Y(0)-z^{m-3}Y^{(1)}(0)-\ldots-Y^{(m-2)}(0)\right)\\&+\ldots+a_1(zY(z)-Y(0))+a_0Y(z)=F(z).\end{aligned}$$

D'où,

$$Y(z)=\frac{F(z)}{a_mz^m+a_{m-1}z^{m-1}+\ldots+a_1z+a_0}+\frac{G(z)}{a_mz^m+a_{m-1}z^{m-1}+\ldots+a_1z+a_0}$$

avec

$$\begin{aligned}G(z)&=a_m\left(z^{m-1}Y(0)z^{m-2}Y^{(1)}(0)+\ldots+Y^{(m-1)}(0)\right)\\&\quad+a_{m-1}\left(z^{m-2}Y(0)+z^{m-3}Y^{(1)}(0)+\ldots+Y^{(m-2)}(0)\right)\\&\quad+\ldots+a_1Y(0).\end{aligned}$$

$G(z)$ est un polynôme, alors si $F(z)$ est une fraction rationnelle, $Y(z)$ sera aussi une fraction rationnelle qu'on décompose en éléments simples pour obtenir $y(t)$ par la transformation de Laplace inverse.

Exemple 7.7 Considérons l'équation différentielle $x''(t)+x(t)=t$ avec les conditions $x(0)=1$ et $x'(0)=-2$. Soit $X(z)$ la transformation de Laplace de la fonction x. On a :

$$\mathcal{L}(x''(t))(z)+\mathcal{L}(x(t))(z)=\mathcal{L}(t)(z),$$

$$z^2X(z) - zx(0) - x'(0) + X(z) = \frac{1}{z^2} \text{ et } \left(z^2+1\right)X(z) = z - 2 + \frac{1}{z^2}.$$

En utilisant des techniques algébriques, on trouve :

$$\begin{aligned}
X(z) &= \frac{1}{z^2(z^2+1)} + \frac{z}{(z^2+1)} - \frac{2}{(z^2+1)} \\
&= \frac{1}{z^2} - \frac{1}{(z^2+1)} - \frac{2}{(z^2+1)} + \frac{z}{(z^2+1)} \\
&= \frac{1}{z^2} - \frac{3}{(z^2+1)} + \frac{z}{(z^2+1)}.
\end{aligned}$$

Nous appliquons la transformation inverse de Laplace aux deux membres de l'équation, on a :

$$\begin{aligned}
x(t) &= \mathcal{L}^{-1}(X(z))(t) = \mathcal{L}^{-1}\left(\frac{1}{z^2}\right)(t) - 3\mathcal{L}^{-1}\left(\frac{1}{z^2+1}\right)(t) + \mathcal{L}^{-1}\left(\frac{z}{z^2+1}\right)(t) \\
&= t - 3\sin t + \cos t.
\end{aligned}$$

La transformation de Laplace peut également être utilisée pour résoudre certaines équations différentielles ordinaires dans lesquelles les coefficients sont variables.

Exemple 7.8 Déterminons la solution $x(t)$ de l'équation différentielle

$$tx''(t) + (1-2t)x'(t) - 2x(t) = 0,$$

satisfaisant aux conditions initiales $x(0) = 1$ et $x'(0) = 2$.
Soit $X(z) = \mathcal{L}(x(t))(z)$, on a alors :

$$\mathcal{L}(tx''(t))(z) + \mathcal{L}((1-2t)x'(t))(z) - 2\mathcal{L}(x(t))(z) = 0.$$

En utilisant l'holomorphie de $\mathcal{L}(x(t))(z)$,

$$\begin{aligned}
\mathcal{L}(tx''(t))(z) &= -\frac{d}{dz}\mathcal{L}(x''(t))(z) = -\frac{d}{dz}\left(z^2X(z) - zx(0) - x'(0)\right), \\
\mathcal{L}(tx''(t))(z) &= -z^2X'(z) - 2zX(z) + x(0) = -z^2X'(z) - 2zX(z) + 1.
\end{aligned}$$

De même on a,

$$\mathcal{L}((1-2t)x'(t))(z) = \mathcal{L}(x'(t))(z) - 2\mathcal{L}(tx'(t))(z)$$

$$\begin{aligned}
&= zX(z) - x(0) + 2\frac{d}{dz}\mathcal{L}(x'(t))(z) \\
&= zX(z) - x(0) + 2\frac{d}{dz}(zX(z) - x(0)) \\
&= zX(z) - x(0) + 2X(z) + 2zX'(z) \\
&= 2zX'(z) + (z+2)X(z) - 1.
\end{aligned}$$

Alors,

$$\begin{aligned}
&\mathcal{L}(tx''(t))(z) + \mathcal{L}((1-2t)x'(t))(z) - 2\mathcal{L}(x(t))(z) \\
= \ & -z^2X'(z) - 2zX(z) + 1 + 2zX'(z) + (z+2)X(z) - 1 - 2X'z) = 0.
\end{aligned}$$

Donc l'équation précédente devient $(z-2)X'(z) + X(z) = 0$ ou bien $\frac{dX(z)}{X(z)} + \frac{dz}{z-2} = 0$. D'où, $\ln|X(z)| + \ln|z-2| = C_1 \in \mathbb{R}$ et $X(z) = \frac{C_2}{z-2}$, $C_2 \in \mathbb{R}$. Finalement,

$$\begin{aligned}
x(t) &= \mathcal{L}^{-1}(X(z))(t) = \mathcal{L}^{-1}\left(\frac{C_2}{z-2}\right)(t) = C_2\mathcal{L}^{-1}\left(\frac{1}{z-2}\right)(t) = C_2 e^{2t}, \\
x(0) &= C_2 = 1 \text{ donc } x(t) = e^{2t}.
\end{aligned}$$

Exemple 7.9 Considérons l'équation différentielle $x''(t) + \omega^2 x(t) = 0$, $\omega \in \mathbb{R}^*$.
En utilisant la transformation de Laplace au sens des fonctions, on obtient en posant $F(z) = \mathcal{L}(x(t))(z)$:
$\mathcal{L}(x''(t))(z) + \omega^2\mathcal{L}(x(t))(z) = 0$ ou bien $z^2F(z) - zx(0) - x'(0) + \omega^2F(z) = 0$.

1) Si $x(0) = x'(0) = 0$, $z^2F(z) + \omega^2F(z) = 0$ ou $\left(z^2 + \omega^2\right)F(z) = 0$, alors $F(z) = 0$ et $x(t) = 0$ est la solution de l'équation différentielle.
2) Si $x(0) = x_0 \neq 0$ et $x'(0) = 0$, on a

$$z^2F(z) - zx_0 + \omega^2F(z) = 0 \text{ et } F(z) = \frac{zx_0}{z^2 + \omega^2}.$$

D'où, $x(t) = \mathcal{L}^{-1}(F(z))(t) = \mathcal{L}^{-1}\left(\frac{zx_0}{z^2+\omega^2}\right)(t) = x_0 \cos \omega t$.
Considérons maintenant cette équation différentielle au sens des distributions, $X''(t) + \omega^2 X(t) = 0$ où X est une distribution sur $\mathbb{R}$. Par la transformation de Laplace au sens des distributions, on a :

$$\left(z^2 + \omega^2\right)\mathcal{X}(z) = 0,$$

où $\mathcal{X}(z)$ est la transformation de Laplace de la distribution $X(t)$, qui admet pour seule solution $\mathcal{X}(z) = 0$, et donc $X(t) = 0$, quelle que soit les conditions initiales.
La raison de la différence entre transformation de Laplace au sens des fonctions et au sens des distributions, vient du fait que le calcul à l'aide des transformations de Laplace des distributions implique pour celles-ci l'appartenance $\mathcal{D}'_+$, c'est à dire une propriété de causalité, qui impose que les distributions soient nulle dans $]-\infty, 0[$. La bonne façon de procéder consiste à associer la distribution $X(t) = x(t)H(t)$ à la fonction $x(t)$, de sorte que :

$$\begin{cases} X'(t) = x'(t)H(t) + x_0\delta_0, \ x(0) = x_0 \\ X''(t) = x''(t)H(t) + x_1\delta_0 + x_0\delta_0', \ x'(0) = x_1. \end{cases}$$

En utilisant l'équation différentielle $x''(t) + \omega^2 x(t) = 0$, on peut écrire :

$$x''(t)H(t) = -\omega^2 x(t)H(t) = -\omega^2 X(t),$$

et donc, au sens des distributions $X''(t) = -\omega^2 X(t) + x_1\delta_0 + x_0\delta_0'$ ou bien :

$$X''(t) + \omega^2 X(t) = x_1\delta_0 + x_0\delta_0'.$$

Ainsi, on retrouve aisément les solutions attendues par transformation de Laplace.

La transformation de Laplace peut être utilisée pour résoudre deux ou plusieurs équations différentielles ordinaires simultanées.

Exemple 7.10 Soit le systèmes différentiel :

$$\begin{cases} x'(t) = 2x(t) - 3y(t) \\ y'(t) = y(t) - 2x(t) \end{cases}.$$

avec les conditions initiales $x(0) = 8$ et $y(0) = 3$.
En appliquant la transformation de Laplace aux 2 équations simultanément on a, si $X(z) = \mathcal{L}(x(t))(z)$ et $Y(z) = \mathcal{L}(y(t))(z)$:

$$\begin{cases} zX(z) - 8 = 2X(z) - 3Y(z) \\ zY(z) - 3 = -2X(z) + Y(z) \end{cases} \text{ou} \begin{cases} (z-2)X(z) + 3Y(z) = 8 \\ 2X(z) + (z-1)Y(z) = 3 \end{cases}.$$

Ce dernier système peut être écrit sous forme matricielle :

$$\begin{pmatrix} (z-2) & 3 \\ 2 & (z-1) \end{pmatrix}\begin{pmatrix} X(z) \\ Y(z) \end{pmatrix} = \begin{pmatrix} 8 \\ 3 \end{pmatrix},$$

et par la méthode de Cramer, on obtient :

$$\begin{aligned} X(z) &= \frac{\begin{vmatrix} 8 & 3 \\ 3 & (z-1) \end{vmatrix}}{\begin{vmatrix} z-2 & 3 \\ 2 & z-1 \end{vmatrix}} = \frac{8z-17}{z^2-3z-4} = \frac{8z-17}{(z+1)(z-4)} = \frac{5}{z+1} + \frac{3}{z-4}, \\ Y(z) &= \frac{\begin{vmatrix} z-2 & 8 \\ 2 & 3 \end{vmatrix}}{\begin{vmatrix} z-2 & 3 \\ 2 & z-1 \end{vmatrix}} = \frac{3z-22}{z^2-3z-4} = \frac{3z-22}{(z+1)(z-4)} = \frac{5}{z+1} - \frac{2}{z-4}. \end{aligned}$$

Par conséquent,

$$\begin{aligned} x(t) &= \mathcal{L}^{-1}(X(z))(t) = \mathcal{L}^{-1}\left(\frac{5}{z+1} + \frac{3}{z-4}\right)(t) \\ &= 5\mathcal{L}^{-1}\left(\frac{1}{z+1}\right)(t) + 3\mathcal{L}^{-1}\left(\frac{1}{z-4}\right)(t) = 5e^{-t} + 3e^{4t}, \\ y(t) &= \mathcal{L}^{-1}(Y(z))(t) = \mathcal{L}^{-1}\left(\frac{5}{z+1} - \frac{2}{z-4}\right)(t) \\ &= 5\mathcal{L}^{-1}\left(\frac{1}{z+1}\right)(t) - 2\mathcal{L}^{-1}\left(\frac{1}{z-4}\right)(t) = 5e^{-t} - 2e^{4t}. \end{aligned}$$

La méthode de la transformation de Laplace peut être aussi utilisée pour résoudre certaines équations aux dérivées partielles. En utilisant la transformation de Laplace, une équation aux dérivées partielles se transforme en une équation différentielle ordinaire. On choisit de transformer le problème par rapport à l'une des variables, selon les conditions initiales et les données aux limites.

Exemple 7.11 Soit à résoudre le problème de la chaleur pour une tige de longueur finie $l = \pi$, de chaleur initiale $\sin x$ et dont les températures aux extrémités de la tige $x = 0$ et $x = \pi$ sont fixées à $0°$.

$$\frac{\partial u}{\partial t} = \frac{\partial^2 u}{\partial x^2}$$

satisfaisant aux conditions $u(x,0) = \sin x$, $u(0,t) = u(\pi,t) = 0$, $0 < x < \pi$, $t > 0$.

Soit $X(x,z) = \mathcal{L}(u(x,t))(z)$ la transformation de Laplace de $u(x,t)$ par rapport à t où x est considéré comme un paramètre réel. On a :

$$\mathcal{L}\left(\frac{\partial u}{\partial t}(x,t)\right)(z) = \mathcal{L}\left(\frac{\partial^2 u}{\partial x^2}(x,t)\right)(z).$$

Or,

$$\begin{aligned}
\mathcal{L}\left(\frac{\partial u}{\partial t}(x,t)\right)(z) &= \int_0^{+\infty} \frac{\partial u}{\partial t}(x,t)e^{-zt}dt = \lim_{s\to+\infty} \int_0^{s} \frac{\partial u}{\partial t}(x,t)e^{-zt}dt \\
&= \lim_{s\to+\infty} \left\{ \left[u(x,t)e^{-zt}\right]_0^s + z\int_0^s u(x,t)e^{-zt}dt \right\} \\
&= z\int_0^{+\infty} u(x,t)e^{-zt}dt - u(x,0) = zX(x,z) - u(x,0).
\end{aligned}$$

et

$$\begin{aligned}
\mathcal{L}\left(\frac{\partial^2 u}{\partial x^2}(x,t)\right)(z) &= \mathcal{L}\left(\frac{\partial v}{\partial x}(x,t)\right)(z) \text{ avec } v = \frac{\partial u}{\partial x}(x,t) \\
&= \int_0^{+\infty} \frac{\partial v}{\partial x}(x,t)e^{-zt}dt = \frac{d}{dx}\int_0^{+\infty} v(x,t)e^{-zt}dt \\
&= \frac{d}{dx}\int_0^{+\infty} \frac{\partial u}{\partial x}(x,t)e^{-zt}dt = \frac{d^2}{dx^2}\int_0^{+\infty} u(x,t)e^{-zt}dt \\
&= \frac{\partial^2 X}{\partial x^2}(x,z).
\end{aligned}$$

Donc $\frac{\partial^2 X}{\partial x^2}(x,z) = zX(x,z) - u(x,0)$ ou bien $\frac{d^2 X}{dx^2}(x,z) - zX(x,z) = -\sin x$ où z est considéré comme un paramètre complexe. On cherche une solution particulière de cette équation différentielle sous la forme $C\sin x$,

C est une constante à déterminer. On trouve $C = \frac{1}{z+1}$ et $X_p(x,z) = \frac{\sin x}{z+1}$ est une solution particulière. La solution de l'équation homogène associée $\frac{d^2X}{dx^2}(x,z) - zX(x,z) = 0$ est $X_0(x,z) = C_1 e^{\sqrt{z}x} + C_2 e^{-\sqrt{z}x}$, C_1 et C_2 sont des constantes arbitraires. La solution de l'équation non homogène est $X(x,z) = X_0(x,z) + X_p(x,z) = C_1 e^{\sqrt{z}x} + C_2 e^{-\sqrt{z}x} + \frac{\sin x}{z+1}$. Pour déterminer les constantes C_1 et C_2, on utilise les conditions aux limites $u(0,t) = u(\pi,t) = 0$, $0 < x < 1$, $t > 0$. On a alors,

$$\begin{aligned}
X(0,z) &= C_1 + C_2,\ X(\pi,z) = C_1 e^{\sqrt{z}\pi} + C_2 e^{-\sqrt{z}\pi},\\
X(0,z) &= \mathcal{L}(u(0,t))(z) = \int_0^{+\infty} u(0,t)e^{-zt}dt = \int_0^{+\infty} 0e^{-zt}dt = 0,\\
X(\pi,z) &= \mathcal{L}(u(\pi,t))(z) = \int_0^{+\infty} u(\pi,t)e^{-zt}dt = \int_0^{+\infty} 0e^{-zt}dt = 0.
\end{aligned}$$

Donc $C_1 + C_2 = 0$ et $C_1 e^{\sqrt{z}\pi} + C_2 e^{-\sqrt{z}\pi} = 0$, ce qui donne $C_1 = C_2 = 0$ et $X(x,z) = \frac{\sin x}{z+1}$. La solution du problème de la chaleur donné est alors

$$u(x,t) = \mathcal{L}^{-1}(X(x,z))(t) = \mathcal{L}^{-1}\left(\frac{\sin x}{z+1}\right)(t) = e^{-t}\sin x.$$

7.3.2 Solutions d'équations de convolution

La transformation de Laplace est aussi utile pour calculer des inverses de convolution et ainsi pour résoudre des équations de convolution dans l'algèbre de convolution $\mathcal{D}'_+(\mathbb{R})$ des distributions sur $\mathbb{R}$ supportées dans $\mathbb{R}_+$. En effet, supposons que l'on sache résoudre l'équation

$$T * E = E * T = \delta$$

où S est une distribution donnée dans $\mathcal{D}'_+(\mathbb{R})$. La solution de cette équation E est l'inverse de convolution de l'équation étudée. Cette solution particullière suffit à résoudre dans $\mathcal{D}'_+(\mathbb{R})$ l'équation générale $T * X = S$ pour une distribution $S \in \mathcal{D}'_+(\mathbb{R})$, sous la forme $X = E * S$. En utilisant les propriétés de commutativité et d'associativité, on a effectivement

$$E * S = E * (T * X) = (E * T) * X = \delta * X = X.$$

La solution de l'équation $T * E = \delta$ est aissée par la transformation de Laplace en s'appuyant sur le théorème suivant.

Théorème 7.6 Une fonction holomorphe $F(z)$ est la transformation de Laplace d'une distribution T définie sur $\mathbb{R}$ et à supports dans $[0,+\infty[$, si et seulement s'il existe un demi-plan $\{z \in \mathbb{C} : \mathrm{Re} z > x_0,\ x_0 \in \mathbb{R}\}$ dans lequel $|F(z)|$ soit majorée par un polynôme P en $|z|$, $|F(z)| \leq P(|z|)$.

Soit l'équation de convolution $a(t) * x(t) = b(t)$ où l'inconnue est la distribution $x(t)$ et $a, b \in \mathcal{D}'_+$. On cherche à résoudre cette équation dans l'algèbre de convolution $\mathcal{D}'_+(\mathbb{R})$. Soit $A(z)$ la transformation de Laplace de $a(t)$ et $B(z)$ celle de $b(t)$. Si le module du complexe $\frac{1}{A(z)}$ est majoré par un polynôme en la variable z, alors $A(z)$ est la transformation de Laplace de a^{-1}. Ainsi, si $\frac{B(z)}{A(z)}$ est majoré en module par un polynôme en la variable z, alors $\frac{B(z)}{A(z)}$ est la transformation de Laplace de la solution $x(t)$ de l'équation de convolution donnée. Dans le cas où $\frac{B(z)}{A(z)}$ n'est pas une transformation de Laplace, alors il se peut que la solution $x(t)$ de l'équation existe mais n'admet pas de transformation de Laplace.

Exemple 7.12 Soit l'équation de convolution $D\delta(t) * x(t) = b(t)$ où D est un opérateur différentiel à coefficients constants. Alors $\mathcal{L}(D\delta(t))(z)$ est un polynôme $P(z)$ de la variable complexe z, et la transformation de Laplace de l'inverse de convolution $(D\delta(t))^{-1}$ de $D\delta(t)$ est donné par $\frac{1}{P(z)}$. En utilisant une décomposition en éléments simples de la fraction rationnelles $\frac{1}{P(z)}$, on obtient :

$$\frac{1}{P(z)} = \sum_j \frac{a_j}{(z - z_j)^{m_j}},\ a_j \in \mathbb{C},\ m_j \in \mathbb{N},$$

où m_j est la multiplicité de la racine z_j. Alors,

$$(D\delta(t))^{-1} = H(t) \sum_j a_j e^{-\lambda_j t} \frac{t^{m_j - 1}}{(m_j - 1)!}.$$

Finalement la solution de l'équation de convolution $a(t) * x(t) = b(t)$ est donnée par $x(t) = (a(t))^{-1} * b(t)$ où $(a(t))^{-1} = \mathcal{L}^{-1}\left(\frac{1}{A(z)}\right)(t)$ est un inverse de convolution de $a(t)$ dans $\mathcal{D}'_+$.

7.3.3 Solutions d'équations intégrales

La transformation de Laplace permet d'étudier un grand nombre d'équations intégrales telles que les équations intégrales de Volterra et les équations intégrales d'Abel où le produit de convolution joue un rôle fondamental.

Equation intégrale de Volterra Une équation intégrale de Volterra de seconde espèce est une équation de la forme :

$$f(x) = g(x) + \int_0^x k(x,t)f(t)dt, \tag{7.2}$$

où g et k sont des fonctions connues et f est une fonction inconnue représentant la solution de l'équation intégrale. La fonction k est appelée le noyau de cette équation, dépendant seulement de la différence $x - t$ des variables x et t, autrement dit $k(x,t) = k(x-t)$ avec k à support inclus dans $\mathbb{R}_+$.
Soient $F(z) = \mathcal{L}(f(x))(z)$, $G(z) = \mathcal{L}(g(x))(z)$ et $K(z) = \mathcal{L}(k(x,t))(z)$ les transformations de Laplace respectives de f, g et k. En appliquant aux deux membres de l'équation intégrale la transformation de Laplace, on obtient :

$$\mathcal{L}(f(x))(z) = \mathcal{L}(g(x))(z) + \mathcal{L}\left(\int_0^x k(x,t)f(t)dt\right)(z).$$

En utilisant la définition de produit de convolution et le fait que

$$H(t)H(x-t) = 1_{[0,x]},$$

on peut écrire :

$$\mathcal{L}\left(\int_0^x k(x,t)f(t)dt\right)(z) = \mathcal{L}(k * f)(z) = \mathcal{L}(k)(z)\mathcal{L}(f)(z) = K(z)F(z).$$

D'où,

$$F(z) = G(z) + K(z)F(z) \text{ et } F(z) = \frac{G(z)}{1-K(z)} \text{ si } K(z) \neq 1.$$

Alors $f(x) = \mathcal{L}^{-1}(F(z))(x) = \mathcal{L}^{-1}\left(\frac{G(z)}{1-K(z)}\right)(x)$ est solution de l'équation intégrale de Volterra.

Exemple 7.13 Déterminons la solution f de l'équation intégrale de Volterra :

$$f(x) = x^2 + \int_0^x \sin(x-t)f(t)dt, \ x \geq 0.$$

L'équation s'écrit $f(x) = x^2 + \sin x * f(x)$, $x \geq 0$, et en utilisant la transformation de Laplace on a :

$$\begin{aligned}
\mathcal{L}(f(x))(z) &= \mathcal{L}\left(x^2\right)(z) + \mathcal{L}(\sin x * f(x))(z) = \frac{2}{z^3} + \mathcal{L}(\sin x)(z)\mathcal{L}(f(x))(z), \\
\mathcal{L}(f(x))(z) &= \frac{2}{z^3} + \frac{1}{z^2+1}\mathcal{L}(f(x))(z), \\
\mathcal{L}(f(x))(z) &= \frac{2}{z^5} + \frac{2}{z^3}, \ \mathrm{Re} z > 0.
\end{aligned}$$

Par conséquent,

$$f(x) = \mathcal{L}^{-1}\left(\frac{2}{z^5} + \frac{2}{z^3}\right)(x) = 2\mathcal{L}^{-1}\left(\frac{1}{z^5}\right)(x) + 2\mathcal{L}^{-1}\left(\frac{1}{z^3}\right)(x) = \frac{x^4}{12} + x^2.$$

Ce procédé permet aussi de résoudre des équations intégrales (non-linéaires) de Volterra du type :

$$f(x) = g(x) + \int_0^x f(x-t)f(t)dt. \tag{7.3}$$

En effet, si $F(z)$ est la transformation de Laplace de $f(x)$ et $G(z)$ celle de $g(x)$, alors :

$$\begin{aligned}
\mathcal{L}(f(x))(z) &= \mathcal{L}(g(x))(z) + \mathcal{L}\left(\int_0^x f(x-t)f(t)dt\right)(z) \\
&= \mathcal{L}(g(x))(z) + \mathcal{L}(f * f(x))(z) \\
F(z) &= G(z) + (F(z))^2 \text{ et } F(z) = \frac{1+\sqrt{1-4G(z)}}{2}.
\end{aligned}$$

Si l'original $f(x) = \mathcal{L}^{-1}(F(z))(x)$ de $F(z)$ existe, il détermine la solution de l'équation intégrale considérée.

Une équation intégrale de Volterra de première espèce est une équation de la forme :

$$g(x) = \int_0^x k(x,t)f(t)dt, \; g(0) = 0, \tag{7.4}$$

où g, k sont des fonctions connues et f est une fonction inconnue. Supposons que les fonctions g, g', k et $\frac{\partial k}{\partial x}$ soient continues pour $x \in [0, \delta]$ et $t \in [0, x]$. En dérivant les 2 membres de l'équation, on obtient :

$$g'(x) = k(x,x)f(x) + \int_0^x \frac{\partial k}{\partial x}(x,t)f(t)dt. \tag{7.5}$$

Il est clair que toute solution $f(x)$ continue sur $[0, \delta]$ de l'équation intégrale de Volterra (7.4) est aussi solution de l'équation (7.5) et inversement. Supposons que $k(x,x) \neq 0$, pour tout $x \in [0, \delta]$. On en déduit de l'équation (7.5),

$$f(x) = \frac{g'(x)}{k(x,x)} - \int_0^x \frac{\frac{\partial k}{\partial x}(x,t)}{k(x,x)} f(t)dt. \tag{7.6}$$

(7.6) est une équation de Volterra de seconde espèce qu'on peut résoudre par les méthodes décrites précédemment. Dans le cas où $k(x,x) = 0$, on dérive l'équation (7.5) par rapport à x autant de fois que c'est nécessaire pour aboutir à une équation de Volterra de seconde espèce.

Exemple 7.14 Résolvons l'équation intégrale $\sin x = \int_0^x e^{x-t} f(t)dt$.

C'est une équation de Volterra de première espèce avec $g(x) = \sin x$ et $k(x,t) = e^{x-t}$. On a $g(0) = 0$ et $g, g', k, \frac{\partial k}{\partial x}$ sont continues. En dérivant cette équation intégrale par rapport à x, on obtient

$$\cos x = e^0 f(x) + \int_0^x e^{x-t} f(t)dt.$$

D'où,

$$f(x) = \cos x - \int_0^x e^{x-t} f(t)dt = \cos x - (e^x * f)(x).$$

Soit $F(z) = \mathcal{L}(f(x))(z)$ la transformation de Laplace de $f(x)$. On a,

$$\begin{aligned}\mathcal{L}(f(x))(z) &= \mathcal{L}(\cos x - (e^x * f)(x))(z) = \mathcal{L}(\cos x)(z) - \mathcal{L}((e^x * f)(x))(z) \\ &= \mathcal{L}(\cos x)(z) - \mathcal{L}(e^x)(z)\mathcal{L}(f(x))(z).\end{aligned}$$

Alors,

$$F(z) = \frac{z}{z^2+1} - \frac{1}{z-1}F(z) \text{ et } F(z) = \frac{z}{z^2+1} - \frac{1}{z^2+1}.$$

Par conséquent,

$$\begin{aligned}f(x) &= \mathcal{L}^{-1}(F(z))(x) = \mathcal{L}^{-1}\left(\tfrac{z}{z^2+1} - \tfrac{1}{z^2+1}\right)(x) \\ &= \mathcal{L}^{-1}\left(\tfrac{z}{z^2+1}\right)(x) - \mathcal{L}^{-1}\left(\tfrac{1}{z^2+1}\right)(x) = \cos x - \sin x.\end{aligned}$$

Equation intégrale d'Abel Une équation intégrale d'Abel est une équation de la forme :

$$\int_0^x \frac{g(t)}{\sqrt{x-t}} dt = f(x)$$

où f et g sont des fonctions continues qui admettent des transformations de Laplace. Le problème consiste à exprimer la fonction g à partir de f qui est supposée connue. L'intégrale peut s'écrire comme un produit de convolution :

$$\frac{H(x)}{\sqrt{x}} * H(x)g(x) = \int_{\mathbb{R}} \frac{H(x-t)}{\sqrt{x-t}} H(t)g(t)dt = \int_0^x \frac{g(t)}{\sqrt{x-t}} dt.$$

Remarquons d'abord que la fonction $\frac{1}{\sqrt{t}}$ admet une transformation de Laplace $\mathcal{L}\left(\frac{1}{\sqrt{t}}\right)(z)$ pour $\mathrm{Re} z > 0$. En effet,

$$t^{-1/2}e^{-xt} \underset{t\to 0}{\sim} t^{-1/2} \text{ et } t^{-1/2}e^{-xt} \underset{t\to +\infty}{\sim} e^{-xt},$$

donc $\int_0^{+\infty} t^{-1/2}e^{-zt}dt$ converge pour $x = \mathrm{Re} z > 0$. De plus,

$$\mathcal{L}\left(\frac{1}{\sqrt{t}}\right)(z) = \int_0^{+\infty} \frac{1}{\sqrt{t}} e^{-zt} dt \overset{u=\sqrt{t}}{=} 2\int_0^{+\infty} e^{-zu^2} du = \int_{-\infty}^{+\infty} e^{-zu^2} du \overset{s=\sqrt{z}u}{=} \int_{-\infty}^{+\infty} e^{-s^2} \frac{ds}{\sqrt{z}} = \sqrt{\frac{\pi}{z}}$$

pour $\text{Re} z > 0$. Pour le calcul de $\sqrt{z}$, on choisira la détermination principale du logarithme de telle sorte qu'on obtienne le résultat usuel lorsque z est réel.
Notons maintenant $F(z) = \mathcal{L}(f(x))(z)$ et $G(z) = \mathcal{L}(g(x))(z)$ les transformations de Laplace des fonctions $f(x)$ et $g(x)$. En appliquant la transformation de Laplace aux 2 membres de l'équation et en utilisant le théorème de convolution, on obtient :

$$\begin{aligned}\mathcal{L}(f(x))(z) &= \mathcal{L}\left(\int_0^x \frac{g(t)}{\sqrt{x-t}}dt\right)(z) = \mathcal{L}\left(\frac{H(x)}{\sqrt{x}} * H(x)g(x)\right)(z) \\ &= \mathcal{L}\left(\frac{H(x)}{\sqrt{x}}\right)(z)\mathcal{L}(H(x)g(x))(z).\end{aligned}$$

Donc

$$F(z) = \sqrt{\frac{\pi}{z}}G(z) \text{ ou } G(z) = \sqrt{\frac{z}{\pi}}F(z).$$

On remarquera que la fonction $\sqrt{z}$ ne tend pas vers 0 lorsque $z \to +\infty$, elle ne peut donc pas être la transformation de Laplace d'une fonction. Cependant, en divisant par z l'équation précédente, on a :

$$\frac{G(z)}{z} = \frac{1}{\sqrt{\pi}}\frac{1}{\sqrt{z}}F(z) = \frac{1}{\pi}\sqrt{\frac{\pi}{z}}F(z).$$

En utilisant à nouveau le théorème de convolution et le théorème sur l'intégration, on obtient :

$$\int_0^x g(x')dx' = \frac{1}{\pi}\frac{H(x)}{\sqrt{x}} * H(x)f(x) = \frac{1}{\pi}\int_0^x \frac{f(t)}{\sqrt{x-t}}dt.$$

La fonction $g(x)$ est obtenue en dérivant par rapport à x :

$$g(x) = \frac{1}{\pi}\frac{d}{dx}\left(\int_0^x \frac{f(t)}{\sqrt{x-t}}dt\right).$$

On peut aller un peu plus loin si f est dérivable.
Comme la fonction $t \mapsto (x-t)^{-1/2}$ est singulière pour $t = x$, il convient d'abord

d'intégrer par parties. Posons $I(x)=\int_0^x \frac{f(t)}{\sqrt{x-t}}dt$, on trouve :

$$I(x)=2\sqrt{x}f(0)+2\int_0^x \sqrt{x-t}f'(t)dt,$$

puis en dérivant cette expression :

$$I'(x)=\frac{f(0)}{\sqrt{x}}+2\lim_{t\to x}\sqrt{x-t}f'(t)+\int_0^x \frac{f'(t)}{\sqrt{x-t}}dt=\frac{f(0)}{\sqrt{x}}+\int_0^x \frac{f'(t)}{\sqrt{x-t}}dt$$

et alors :

$$g(x)=\frac{1}{\pi}I'(x)=\frac{f(0)}{\pi\sqrt{x}}+\frac{1}{\pi}\int_0^x \frac{f'(t)}{\sqrt{x-t}}dt.$$

Exemple 7.15 La solution g de l'équation intégrale d'Abel

$$\int_0^x \frac{g(t)}{\sqrt{x-t}}dt=1+x+x^2$$

est donnée par :

$$\begin{aligned}
g(x) &= \frac{f(0)}{\pi\sqrt{x}}+\frac{1}{\pi}\int_0^x \frac{f'(t)}{\sqrt{x-t}}dt \text{ avec } f(x)=1+x+x^2,\\
g(x) &= \frac{1}{\pi\sqrt{x}}+\frac{1}{\pi}\int_0^x \frac{1+2t}{\sqrt{x-t}}dt=\frac{1}{\pi\sqrt{x}}+\frac{1}{\pi}\left\{2\sqrt{x}+2\int_0^x \frac{t-x+x}{\sqrt{x-t}}dt\right\}\\
&= \frac{1}{\pi\sqrt{x}}+\frac{2\sqrt{x}}{\pi}+\frac{4x^{3/2}}{\pi}-\frac{2}{\pi}\int_0^x \sqrt{t-x}dt\\
&= \frac{1}{\pi\sqrt{x}}+\frac{2\sqrt{x}}{\pi}+\frac{4x^{3/2}}{\pi}-\frac{4x^{3/2}}{3\pi}=\frac{1}{\pi\sqrt{x}}+\frac{2\sqrt{x}}{\pi}+\frac{8x^{3/2}}{3\pi}\\
&= \frac{x^{-1/2}}{3\pi}\left(3+6x+8x^2\right).
\end{aligned}$$

Remarquons qu'on peut résoudre directement cet exercice en s'appuyant sur la fonction Gamma d'Euler et la transformation de Laplace. On rappelle la définition de la fonction Gamma :

$$\Gamma(z) = \int_0^{+\infty} x^{z-1} e^{-x} dx,$$

on sait qu'elle existe dans le demi-plan $\text{Re} z > 0$, $\Gamma(1) = 1$, $\Gamma\left(\frac{1}{2}\right) = \sqrt{\pi}$, une intégration par parties montre que $\Gamma(z+1) = z\Gamma(z)$ et en particulier $\Gamma(n+1) = n!$, $\forall n \in \mathbb{N}$, donc la fonction Gamma généralise la fonction factorielle définie pour $z \in \mathbb{N}$. Ainsi, $\Gamma\left(\frac{3}{2}\right) = \Gamma\left(\frac{1}{2}+1\right) = \frac{1}{2}\Gamma\left(\frac{1}{2}\right) = \frac{\sqrt{\pi}}{2}$ et $\Gamma\left(\frac{5}{2}\right) = \Gamma\left(1+\frac{3}{2}\right) = \frac{3}{2}\Gamma\left(\frac{3}{2}\right) = \frac{3\sqrt{\pi}}{4}$.
De plus, x^α, $\alpha \in \mathbb{R}$, $\alpha > 1$, est définie et continue sur $[0, +\infty[$, et on a :

$$\mathcal{L}(t^\alpha)(z) = \int_0^{+\infty} t^\alpha e^{-zt} dt \overset{zt=u}{=} \int_0^{+\infty} \left(\frac{u}{z}\right)^\alpha e^{-u} dt = \frac{1}{z^{\alpha+1}} \int_0^{+\infty} u^\alpha e^{-u} du = \frac{\Gamma(\alpha+1)}{z^{\alpha+1}},$$

$$\mathcal{L}^{-1}(z^{-\alpha})(t) = \frac{t^{\alpha-1}}{\Gamma(\alpha)}.$$

$$\begin{aligned}
\mathcal{L}\left(\int_0^x \frac{g(t)}{\sqrt{x-t}} dt\right)(z) &= \mathcal{L}\left(1+x+x^2\right)(z), \\
\mathcal{L}\left(g(x) * \left(x^{-1/2}\right)\right)(z) &= \mathcal{L}(1)(z) + \mathcal{L}(x)(z) + \mathcal{L}\left(x^2\right)(z), \\
\mathcal{L}(g(x))(z)\mathcal{L}\left(\left(x^{-1/2}\right)\right)(z) &= \frac{1}{z} + \frac{1}{z^2} + \frac{2}{z^3}, \\
\mathcal{L}(g(x)) \frac{\Gamma\left(\frac{1}{2}\right)}{z^{1/2}} &= \frac{1}{z} + \frac{1}{z^2} + \frac{2}{z^3}, \\
\mathcal{L}(g(x)) &= \frac{1}{\Gamma\left(\frac{1}{2}\right)} \left(\frac{1}{z^{1/2}} + \frac{1}{z^{3/2}} + \frac{2}{z^{5/2}}\right).
\end{aligned}$$

Donc

$$g(x) = \mathcal{L}^{-1}\left(\frac{1}{\sqrt{\pi}}\left(\frac{1}{z^{1/2}} + \frac{1}{z^{3/2}} + \frac{2}{z^{5/2}}\right)\right)$$

$$\begin{aligned}
&= \frac{1}{\sqrt{\pi}}\left(\mathcal{L}^{-1}\left(z^{-\frac{1}{2}}\right)+\mathcal{L}^{-1}\left(z^{-\frac{3}{2}}\right)+2\mathcal{L}^{-1}\left(z^{-\frac{5}{2}}\right)\right)\\
&= \frac{1}{\sqrt{\pi}}\left(\frac{x^{-1/2}}{\Gamma\left(\frac{1}{2}\right)}+\frac{x^{1/2}}{\Gamma\left(\frac{3}{2}\right)}+\frac{2x^{3/2}}{\Gamma\left(\frac{5}{2}\right)}\right)=\frac{1}{\sqrt{\pi}}\left(\frac{x^{-1/2}}{\sqrt{\pi}}+\frac{2x^{1/2}}{\sqrt{\pi}}+\frac{8x^{3/2}}{3\sqrt{\pi}}\right)\\
&= \frac{1}{\pi}\left(x^{-1/2}+2x^{1/2}+\frac{8}{3}x^{3/2}\right).
\end{aligned}$$

7.4 Exercices avec solutions

Exercice 7.1 *Soit f une fonction définie sur $\mathbb{R}$ et telle que $f(x)=0$ sur $]-\infty,0[$, f est continue par morceaux sur $[0,+\infty[$ et il existe des constantes $M>0$ et σ_0 telles que $|f(x)|\leq Me^{\sigma_0 x}$, pour tout $x\geq x_0>0$. Montrer que la transformation de Laplace de f existe pour tout $\sigma>\sigma_0$.*

Solution. On a :

$$\int_0^{+\infty} f(x)e^{-px}dx = \int_0^{x_0} f(x)e^{-px}dx + \int_{x_0}^{+\infty} f(x)e^{-px}dx.$$

Comme f est continue par morceaux sur $[0,+\infty[$, alors $\int_0^{x_0} f(x)e^{-px}dx$ existe.

$$|f(x)e^{-px}| = \left|f(x)e^{-(\sigma+i\omega)x}\right| = |f(x)|e^{-\sigma x} \leq Me^{\sigma_0 x}e^{-\sigma x} = Me^{-(\sigma-\sigma_0)x},$$

or $\int_{x_0}^{+\infty} e^{-(\sigma-\sigma_0)x}dx$ converge dès que $\sigma-\sigma_0>0$ ou bien $\sigma>\sigma_0$, ce qui implique aussi dans ce cas la convergence absolue de l'intégrale $\int_{x_0}^{+\infty} f(x)e^{-px}dx$ par le critère de comparaison. Par conséquent, $\int_0^{+\infty} f(x)e^{-px}dx$ existe dans le demi-plan complexe $\{p\in\mathbb{C} : \mathrm{Re}\,p>\sigma_0\}$.

Exercice 7.2 *Trouver le domaine $D(f)$ d'absolue convergence de la transformation de Laplace des fonctions causales suivantes :*

(1) $f(t)=e^{t^2}$; (3) $f(t)=1$; (6) $f(t)=\frac{1}{1+t^2}$;
(4) $f(t)=tH(t)$;
(2) $f(t)=e^{-t^2}$; (5) $f(t)=e^{at}$; (7) $f(t)=\frac{1}{\sqrt{t}}$.

Solution.

(1) Si $f(t)=e^{t^2}$, alors $D(f)=\emptyset$ car la fonction $t\mapsto e^{-pt}e^{t^2}$ n'est jamais intégrable sur $[0,+\infty[$.

(2) Si $f(t)=e^{-t^2}$, $D(f)=\mathbb{C}$, puisque $\left|e^{-pt}e^{-t^2}\right| = e^{-[(\mathrm{Re}p)+t]t} \leq e^{-t^2/2}$ lorsque $t\to+\infty$, comme $e^{-t^2/2}$ est intégrable alors la fonction $t\mapsto e^{-pt}e^{t^2}$ l'est aussi pour tout $p\in\mathbb{C}$, par le critère de comparaison.

(3) Si $f(t)=1$,

$$\mathcal{L}(1)(p)=\int_0^{+\infty} e^{-pt}dt=\left[\frac{e^{-pt}}{-p}\right]_0^{+\infty}=\frac{1}{p} \text{ si } \mathrm{Re}p>0,$$

ainsi $D(f)=\{p\in\mathbb{C}:\mathrm{Re}p>0\}$.

(4) Si $f(t)=tH(t)$,

$$\begin{aligned}\mathcal{L}(f(t))(p) &= \int_0^{+\infty} te^{-pt}dt=\int_0^{+\infty} t\left[\frac{e^{-pt}}{-p}\right]' dt\\ &= \left[\frac{te^{-pt}}{-p}\right]_0^{+\infty}+\frac{1}{p}\int_0^{+\infty} e^{-pt}dt=\frac{1}{p^2} \text{ si } \mathrm{Re}p>0,\end{aligned}$$

alors $D(f)=\{p\in\mathbb{C}:\mathrm{Re}p>0\}$.

(5) Si $f(t)=e^{at}$, alors

$$\mathcal{L}\left(e^{at}\right)(p)=\int_0^{+\infty} e^{at}e^{-pt}dt=\int_0^{+\infty} e^{(a-p)t}dt=\left[\frac{e^{(a-p)t}}{a-p}\right]_0^{+\infty}=\frac{1}{p-a} \text{ si } \mathrm{Re}p>a,$$

et $D(f)=\{p\in\mathbb{C}:\mathrm{Re}p>a\}$.

(6) Si $f(t) = \frac{1}{1+t^2}$, $\displaystyle\int_0^{+\infty} \left|\frac{e^{-pt}}{1+t^2}\right| dt = \int_0^{+\infty} \frac{e^{-(\text{Re}p)t}}{1+t^2} dt \le \int_0^{+\infty} e^{-(\text{Re}p)t} dt$ qui converge dès que $\text{Re}p > 0$. Si $\text{Re}p = 0$, l'intégrale converge absolument vers $\frac{\pi}{2}$. Donc $D(f) = \{p \in \mathbb{C} : \text{Re}p \ge 0\}$

(7) Si $f(t) = \frac{1}{\sqrt{t}}$, on a $\frac{1}{\sqrt{t}}e^{-pt} \sim t^{-1/2}$ quand $t \to 0$ et $\left|\frac{1}{\sqrt{t}}e^{-pt}\right| \le e^{-(\text{Re}p)t}$ quand $t \to +\infty$ et $\text{Re}p > 0$, de plus $\displaystyle\int_M^{+\infty} e^{-(\text{Re}p)t} dt$ est finie pour $M > 0$. Par conséquent, $D(f) = \{p \in \mathbb{C} : \text{Re}p > 0\}$.

Exercice 7.3 *Calculer les transformations de Laplace des fonctions suivantes, avec $n \in \mathbb{N}$ et $a \in \mathbb{R}$:*

(1) $f(t) = \mathbb{1}_{[0,1]}$; **(5)** $f(t) = \sin(at)H(t)$; **(9)** $f(t) = \sinh(at)H(t)$;
(2) $f(t) = t^n H(t)$; **(6)** $f(t) = t\cos(at)H(t)$;
(3) $f(t) = e^{-iat}H(t)$; **(7)** $f(t) = t\sin(at)H(t)$; **(10)** $f(t) = \sin\left(t - \frac{3\pi}{4}\right)$ *si* $t > \frac{3\pi}{4}$ *et 0 sinon.*
(4) $f(t) = \cos(at)H(t)$; **(8)** $f(t) = \cosh(at)H(t)$;

Solution.

(1) $$\mathcal{L}(f(t))(p) = \int_0^{+\infty} f(t)e^{-pt}dt = \int_0^1 e^{-pt}dt = \left[\frac{e^{-pt}}{-p}\right]_0^1 = \begin{cases} \frac{1-e^{-p}}{p} & \text{si} \quad p \in \mathbb{C}^* \\ 1 & \text{si} \quad p = 0 \end{cases}.$$

(2) On rappelle que si $D(f)$ est non vide, la fonction $\mathcal{L}(f(t))(p)$ est holomorphe dans le demi-plan $\text{Re}z > a_0$ où a_0 est l'abscisse de sommabilité de f et $\frac{d^m}{dp^m}\mathcal{L}(f)(p) = \mathcal{L}((-t)^n f(t))(p)$, $n \in \mathbb{N}^*$. Alors :

$$\mathcal{L}(t^n H(t))(p) = (-1)^n \frac{d^n}{dp^n}\mathcal{L}(H(t))(p) = (-1)^n \frac{d^n}{dp^n}\left(\frac{1}{p}\right) = \frac{n!}{p^{n+1}}, \ \text{Re}p > 0.$$

(3) $$\mathcal{L}\left(e^{-iat}H(t)\right)(p) = \int_0^{+\infty} e^{-iat}e^{-pt}dt = \int_0^{+\infty} e^{-(ia+p)t}dt = \left[\frac{e^{-(ia+p)t}}{-(ia+p)}\right]_0^{+\infty} = \frac{1}{ia+p}$$

si $\text{Re}p > 0$.

(4)

$$\mathcal{L}(\cos(at)H(t))(p) = \int_0^{+\infty} \cos(at)e^{-pt}dt = \int_0^{+\infty}\left(\frac{e^{iat}+e^{-iat}}{2}\right)e^{-pt}dt$$

$$= \frac{1}{2}\left(\int_0^{+\infty} e^{iat}e^{-pt}dt + \int_0^{+\infty} e^{-iat}e^{-pt}dt\right)$$

$$= \frac{1}{2}\left(\frac{1}{-ia+p} + \frac{1}{ia+p}\right) = \frac{p}{p^2+a^2}, \text{ Re}p > 0.$$

(5)

$$\begin{aligned}\mathcal{L}(\sin(at)H(t))(p) &= \int_0^{+\infty} \sin(at)e^{-pt}dt = \int_0^{+\infty}\left(\frac{e^{iat}-e^{-iat}}{2i}\right)e^{-pt}dt \\ &= \frac{1}{2i}\left(\int_0^{+\infty} e^{iat}e^{-pt}dt - \int_0^{+\infty} e^{-iat}e^{-pt}dt\right) \\ &= \frac{1}{2i}\left(\frac{1}{-ia+p} - \frac{1}{ia+p}\right) = \frac{a}{p^2+a^2}, \text{ Re}p > 0.\end{aligned}$$

(6)

$$\begin{aligned}\mathcal{L}(t\cos(at)H(t))(p) &= -\frac{d}{dp}\mathcal{L}(\cos(at)H(t))(p) = -\frac{d}{dp}\left(\frac{p}{p^2+a^2}\right) \\ &= \frac{p^2+a^2-2p^2}{(p^2+a^2)^2} = \frac{a^2-p^2}{(p^2+a^2)^2}, \text{ Re}p > 0.\end{aligned}$$

(7)

$$\begin{aligned}\mathcal{L}(t\sin(at)H(t))(p) &= -\frac{d}{dp}\mathcal{L}(\sin(at)H(t))(p) = -\frac{d}{dp}\left(\frac{a}{p^2+a^2}\right) \\ &= \frac{-2ap}{(p^2+a^2)^2}, \text{ Re}p > 0.\end{aligned}$$

(8)

$$\begin{aligned}\mathcal{L}(\cosh(at)H(t))(p) &= \mathcal{L}\left(\left(\frac{e^{at}+e^{-at}}{2}\right)H(t)\right)(p) \\ &= \frac{1}{2}\mathcal{L}\left(e^{at}H(t)\right)(p) + \frac{1}{2}\mathcal{L}\left(e^{-at}H(t)\right)(p) \\ &= \frac{1}{2}\left(\frac{1}{-a+p} + \frac{1}{a+p}\right) = \frac{p}{p^2-a^2}, \text{ Re}p > 0.\end{aligned}$$

(9)

$$\begin{aligned}\mathcal{L}(\sinh(at)H(t))(p) &= \mathcal{L}\left(\left(\frac{e^{at}-e^{-at}}{2}\right)H(t)\right)(p)\\ &= \frac{1}{2}\mathcal{L}\left(e^{at}H(t)\right)(p)-\frac{1}{2}\mathcal{L}\left(e^{-at}H(t)\right)(p)\\ &= \frac{1}{2}\left(\frac{1}{-a+p}-\frac{1}{a+p}\right)=\frac{a}{p^2-a^2},\ \mathrm{Re}p>0.\end{aligned}$$

(10) $f(t)=\sin\left(t-\frac{3\pi}{4}\right)$ si $t>\frac{3\pi}{4}$, et 0 sinon est la fonction

$$f(t)=\sin\left(t-\frac{3\pi}{4}\right)H\left(t-\frac{3\pi}{4}\right).$$

Donc,

$$\mathcal{L}\left(\sin\left(t-\frac{3\pi}{4}\right)H\left(t-\frac{3\pi}{4}\right)\right)(p)=e^{-\frac{3p\pi}{4}}\mathcal{L}(\sin tH(t))(p)=\frac{-2pe^{-\frac{3p\pi}{4}}}{(p^2+1)^2},\ \mathrm{Re}p>0.$$

Exercice 7.4

(1) *Soit f une fonction T-périodique ($T>0$), continue par morceaux sur tout segment. Montrer que $F(p)=\mathcal{L}(f(t))(p)$ est définie pour tout $p\in\mathbb{C}$, avec $\mathrm{Re}p>0$, et que :*

$$F(p)=\frac{1}{1-e^{-pT}}\int_0^T e^{-pt}f(t)dt.$$

En déduire que $\lim\limits_{p\to 0}pF(p)=\frac{1}{T}\int_0^T f(t)dt.$

(2) *Calculer les transformations de Laplace des fonctions suivantes :*

(i) *la fonction f, 2π-périodique définie par $f(t)=\sin t$ si $0<t<\pi$, et $f(t)=0$ si $\pi<t<2\pi$;*

(ii) *la fonction $f(t)=|\sin t|$;*

(iii) *la fonction f, $2a$-périodique définie par* $f(t)=\begin{cases}1 \text{ si } 0<t<a\\ -1 \text{ si } a<t<2a\end{cases}$;

(iv) *la fonction $E(t)$ partie entière de t;*

(v) *la fonction $f(t)=t^{a-1}$, $a>0$.*

Solution.

(1) f est bornée sur $\mathbb{R}$, donc pour tout $p \in \mathbb{C}$, tel que $\text{Re}p > 0$, la fonction $e^{-pt}f(t)$ est intégrable.

$$\begin{aligned} F(p) &= \mathcal{L}(f(t))(p) = \int_0^{+\infty} f(t)e^{-pt}dt = \sum_{k=0}^{+\infty} \int_{kT}^{(k+1)T} f(t)e^{-pt}dt \\ &\overset{t=kT+u}{=} \sum_{k=0}^{+\infty} \int_0^T f(kT+u)e^{-p(kT+u)}du = \sum_{k=0}^{+\infty} e^{-pkT} \int_0^T f(u)e^{-pu}du \\ &= \left(\sum_{k=0}^{+\infty} \left(e^{-pT}\right)^k\right) \int_0^T f(u)e^{-pu}du = \frac{1}{1-e^{-pT}} \int_0^T e^{-pt}f(t)dt, \end{aligned}$$

puisque $\sum_{k=0}^{+\infty} \left(e^{-pT}\right)^k$ est une série géométrique convergente de raison e^{-pT}, où $\left|e^{-pT}\right| = e^{-(\text{Re}p)T} < 1$ si $\text{Re}p > 0$.
De plus,

$$pF(p) = \frac{p}{1-e^{-pT}} \int_0^T e^{-pt}f(t)dt = \frac{pT}{1-e^{-pT}} \left(\frac{1}{T}\int_0^T e^{-pt}f(t)dt\right).$$

Or, $\lim_{p\to 0} \frac{pT}{1-e^{-pT}} = 1$, $\lim_{p\to 0} e^{-pt}f(t) = f(t)$ et pour $\text{Re}p > 0$,

$$\left|e^{-pt}f(t)\right| \leq |f(t)| \in L^1([0,T]),$$

ainsi par le théorème de convergence dominée,

$$\lim_{p\to 0} pF(p) = \lim_{p\to 0} \frac{pT}{1-e^{-pT}} \lim_{p\to 0} \left(\frac{1}{T}\int_0^T e^{-pt}f(t)dt\right) = \frac{1}{T}\int_0^T f(t)dt.$$

(2) On trouve alors d'après le calcul de la question (1),

(i)

$$F(p) = \frac{1}{1-e^{-2\pi p}} \int_0^{2\pi} e^{-pt}f(t)dt = \frac{1}{1-e^{-2\pi p}} \int_0^{\pi} e^{-pt}\sin t\,dt$$

$$= \frac{1}{1-e^{-2\pi p}} \int_0^{\pi} e^{-pt} \left(\frac{e^{it} - e^{-it}}{2i} \right) dt$$

$$= \frac{1}{2i\left(1-e^{-2\pi p}\right)} \left\{ \int_0^{\pi} e^{-(p-i)t} dt - \int_0^{\pi} e^{-(p+i)t} dt \right\}$$

$$= \frac{1}{2i\left(1-e^{-2\pi p}\right)} \left\{ \left[\frac{e^{-(p-i)t}}{-(p-i)} \right]_0^{\pi} - \left[\frac{e^{-(p+i)t}}{-(p+i)} \right]_0^{\pi} \right\}$$

$$= \frac{1}{2i\left(1-e^{-2\pi p}\right)} \left\{ \frac{1-e^{-(p-i)\pi}}{(p-i)} - \frac{1-e^{-(p+i)\pi}}{(p+i)} \right\}$$

$$= \frac{1}{2i\left(1-e^{-2\pi p}\right)} \left\{ \frac{1+e^{-p\pi}}{(p-i)} - \frac{1+e^{-p\pi}}{(p+i)} \right\}$$

$$= \frac{(1+e^{-p\pi})}{2i\left(1-e^{-2\pi p}\right)} \frac{2i}{(p^2+1)} = \frac{1}{(1-e^{-\pi p})(p^2+1)}.$$

(ii) On a en utilisant directement le calcul précédent :

$$F(p) = \frac{1}{1-e^{-2\pi p}} \int_0^{2\pi} e^{-pt} |\sin t| dt$$

$$= \frac{1}{1-e^{-2\pi p}} \left(\int_0^{\pi} e^{-pt} \sin t dt - \int_{\pi}^{2\pi} e^{-pt} \sin t dt \right)$$

$$= \frac{1}{1-e^{-2\pi p}} \left(\int_0^{\pi} e^{-pt} \sin t dt - \int_{\pi}^{2\pi} e^{-pt} \sin t dt \right)$$

$$= \frac{1}{2i\left(1-e^{-2\pi p}\right)} \left\{ \left[\frac{e^{-(p-i)t}}{-(p-i)} \right]_0^{\pi} - \left[\frac{e^{-(p+i)t}}{-(p+i)} \right]_0^{\pi} - \left[\frac{e^{-(p-i)t}}{-(p-i)} \right]_{\pi}^{2\pi} + \left[\frac{e^{-(p+i)t}}{-(p+i)} \right]_{\pi}^{2\pi} \right\}$$

$$= \frac{1}{2i\left(1-e^{-2\pi p}\right)} \left\{ \frac{1+e^{-p\pi}}{(p-i)} - \frac{1+e^{-p\pi}}{(p+i)} + \frac{e^{-2\pi p}+e^{-p\pi}}{(p-i)} - \frac{e^{-2\pi p}+e^{-p\pi}}{(p+i)} \right\}$$

$$= \frac{1}{2i\left(1-e^{-2\pi p}\right)} \left\{ \frac{2i(1+e^{-p\pi})}{p^2+1} + \frac{2ie^{-p\pi}(1+e^{-p\pi})}{p^2+1} \right\} = \frac{(1+e^{-p\pi})}{(1-e^{-\pi p})} \frac{1}{p^2+1}$$

$$= \frac{\coth\left(\frac{p\pi}{2}\right)}{p^2+1}.$$

(iii)

$$\begin{aligned}
F(p) &= \frac{1}{1-e^{-ap}}\int_0^{2a} e^{-pt}f(t)dt = \frac{1}{1-e^{-ap}}\left(\int_0^{a} e^{-pt}dt - \int_a^{2a} e^{-pt}dt\right)\\
&\overset{t\to t-a}{=} \frac{1}{1-e^{-ap}}\left(\int_0^{a} e^{-pt}dt - \int_0^{a} e^{-p(t+a)}dt\right)\\
&= \frac{1-e^{-ap}}{1-e^{-ap}}\int_0^{a} e^{-pt}dt = \left[\frac{e^{-pt}}{-p}\right]_0^a = \frac{1-e^{-ap}}{p}.
\end{aligned}$$

(iv) On sait que la fonction $f(t) = t - E(t)$ est périodique de période $T = 1$ sur $\mathbb{R}$. En utilisant la linéarité de la transformation de Laplace, on a :

$$\begin{aligned}
\mathcal{L}(f(t))(p) &= \mathcal{L}(t)(p) - \mathcal{L}(E(t))(p)\\
&= \frac{1}{1-e^{-p}}\int_0^1 e^{-pt}(t-E(t))dt = \frac{1}{1-e^{-p}}\int_0^1 te^{-pt}dt\\
&= \frac{1}{1-e^{-p}}\int_0^1 t\left(\frac{e^{-pt}}{-p}\right)' dt = \frac{1}{1-e^{-p}}\left\{\left[\frac{te^{-pt}}{-p}\right]_0^1 + \frac{1}{p}\int_0^1 e^{-pt}dt\right\}\\
&= \frac{1}{1-e^{-p}}\left\{-\frac{e^{-p}}{p} + \left[\frac{e^{-pt}}{-p^2}\right]_0^1\right\} = \frac{1}{1-e^{-p}}\left\{-\frac{e^{-p}}{p} + \frac{1-e^{-p}}{p^2}\right\}\\
&= \frac{1-e^{-p}-pe^{-p}}{p^2(1-e^{-p})}.
\end{aligned}$$

Puisque $\mathcal{L}(t)(p) = \frac{1}{p^2}$, on obtient :

$$\begin{aligned}
\mathcal{L}(E(t))(p) &= \frac{1}{p^2} - \frac{1-e^{-p}-pe^{-p}}{p^2(1-e^{-p})} = \frac{1}{p^2}\left(1 - \frac{1-e^{-p}-pe^{-p}}{(1-e^{-p})}\right)\\
&= \frac{1}{p^2}\frac{pe^{-p}}{(1-e^{-p})} = \frac{e^{-p}}{p(1-e^{-p})}.
\end{aligned}$$

(v) Le changement de variable $pt = u$, $p > 0$, donne :

$$\mathcal{L}\left(t^{a-1}\right)(p) = \int_0^{+\infty} t^{a-1}e^{-pt}dt = \frac{1}{p^a}\int_0^{+\infty} u^{a-1}e^{-u}dt = \frac{1}{p^a}\Gamma(a).$$

Exercice 7.5

(1) *Soient a et b deux réels strictement positifs et* $f(t) = \frac{e^{-at}-e^{-bt}}{t}$. *Trouver la transformation de Laplace de* $f(t)$. *En déduire la valeur de l'intégrale*

$$\int_0^{+\infty} \frac{e^{-at}-e^{-bt}}{t} dt.$$

(2) *Calculer l'intégrale* $\int_0^{+\infty} te^{-2t}\cos t dt$ *à l'aide de la transformation de Laplace.*

Solution.

(1) Si $F(p) = \mathcal{L}(f(t))(p)$, alors

$$\begin{aligned} F'(p) &= \mathcal{L}((-t)f(t))(p) = -\mathcal{L}\left(e^{-at}-e^{-bt}\right)(p) = \mathcal{L}\left(e^{-bt}\right)(p) - \mathcal{L}\left(e^{-at}\right)(p) \\ &= \tfrac{1}{p+b} - \tfrac{1}{p+a}, \text{ pour } \mathrm{Re}\,p > \max(-a,-b). \end{aligned}$$

D'où,

$$F(p) = \int \left(\frac{1}{p+b} - \frac{1}{p+a}\right) dp = \ln\frac{p+b}{p+a}.$$

Comme $F(p) = \mathcal{L}(f(t))(p) = \int_0^{+\infty} e^{-pt}\frac{\left(e^{-at}-e^{-bt}\right)}{t} dt$, on trouve pour $p = 0$:

$$F(0) = \int_0^{+\infty} \frac{\left(e^{-at}-e^{-bt}\right)}{t} dt = \ln\left(\frac{b}{a}\right).$$

(2) On a $\mathcal{L}(t\cos t)(p) = \int_0^{+\infty} t\cos t e^{-pt} dt$.

Or,

$$\mathcal{L}(t\cos t)(p) = -\frac{d}{dp}(\mathcal{L}(\cos t)(p) = -\frac{d}{dp}\left(\frac{p}{p^2+1}\right) = \frac{p^2-1}{(p^2+1)^2}.$$

Il suffit donc de prendre $p = 2$ pour avoir le résultat demandé :

$$\int_0^{+\infty} te^{-2t} \cos t dt = \mathcal{L}(t\cos t)(2) = \frac{2^2-1}{(2^2+1)^2} = \frac{3}{25}.$$

Exercice 7.6

(1) *Si* $F(p) = \mathcal{L}(f(t))(p)$, *montrer que* $\mathcal{L}\left(\frac{f(t)}{t}\right)(p) = \int_p^{+\infty} F(u)du$, $p \in \mathbb{R}$, *pourvu que* $\lim_{t\to 0} \frac{f(t)}{t}$ *existe.*

(2) *Déterminer la transformation de Laplace de la fonction* $f(t) = \frac{\sin t}{t}$.

(3) *Déterminer les transformations de Laplace de* $f(t) = \sin\sqrt{t}$ *et de* $g(t) = \frac{\cos\sqrt{t}}{\sqrt{t}}$.

Solution.

(1) Posons $g(t) = \frac{f(t)}{t}$, alors $f(t) = tg(t)$. Prenons la transformation de Laplace des deux membres de cette égalité, on a :

$$F(p) = \mathcal{L}(f(t))(p) = \mathcal{L}(tg(t))(p) = -\frac{d}{dp}\mathcal{L}(g(t))(p),$$

c'est à dire $-G'(p) = F(p)$ où $G(p) = \mathcal{L}(g(t))(p)$. Intégrons cette équation pour $p \in \mathbb{R}$, on trouve directement

$$G(p) = -\int_{+\infty}^{p} F(u)du = \int_p^{+\infty} F(u)du \text{ ou bien } \mathcal{L}\left(\frac{f(t)}{t}\right)(p) = \int_p^{+\infty} F(u)du.$$

On a choisi la constante d'intégration de sorte que $\lim_{|z|\to+\infty} G(p) = 0$.

(2) Comme $\mathcal{L}(\sin t)(p) = \frac{1}{p^2+1}$ et $\lim_{t\to 0} \frac{\sin t}{t} = 1$, on a :

$$\mathcal{L}\left(\frac{\sin t}{t}\right)(p) = \int_p^{+\infty} \frac{du}{1+u^2} = [\arctan u]_p^{+\infty} = \frac{\pi}{2} - \arctan p = \arctan\frac{1}{p},$$

puisque $\arctan p + \arctan \frac{1}{p} = \frac{\pi}{2}$, pour tout $p \in \mathbb{R}$.

(3)

(i) Au voisinage de 0, on a $\sin\sqrt{t} = t^{\frac{1}{2}} - \frac{t^{\frac{3}{2}}}{3!} + \frac{t^{\frac{5}{2}}}{5!} - \frac{t^{\frac{7}{2}}}{7!} + \frac{t^{\frac{9}{2}}}{9!} - ...$

Or, $\mathcal{L}(t^{\alpha})(p) = \int_0^{+\infty} t^{\alpha} e^{-pt} dt = \frac{\Gamma(\alpha+1)}{p^{\alpha+1}}$, où $\Gamma(\alpha) = \int_0^{+\infty} t^{\alpha-1} e^{-t} dt$, $\mathrm{Re}\alpha > 0$, est la fonction gamma d'Euler, donc :

$$\begin{aligned}
\mathcal{L}\left(\sin\sqrt{t}\right)(p) &= \mathcal{L}\left(t^{\frac{1}{2}}\right)(p) - \frac{\mathcal{L}\left(t^{\frac{3}{2}}\right)(p)}{3!} + \frac{\mathcal{L}\left(t^{\frac{5}{2}}\right)(p)}{5!} - \frac{\mathcal{L}\left(t^{\frac{7}{2}}\right)(p)}{7!} + \frac{\mathcal{L}\left(t^{\frac{9}{2}}\right)(p)}{9!} \\
&\quad - ... \\
&= \frac{\Gamma\left(\frac{1}{2}+1\right)}{p^{\frac{3}{2}}} - \frac{\Gamma\left(\frac{3}{2}+1\right)}{3!p^{\frac{5}{2}}} + \frac{\Gamma\left(\frac{5}{2}+1\right)}{5!p^{\frac{7}{2}}} - \frac{\Gamma\left(\frac{7}{2}+1\right)}{7!p^{\frac{9}{2}}} + \frac{\Gamma\left(\frac{9}{2}+1\right)}{9!p^{\frac{11}{2}}} \\
&\quad - ...
\end{aligned}$$

On sait qu'une intégration par parties donne $\Gamma(\alpha+1) = \alpha\Gamma(\alpha)$, d'où :

$$\begin{aligned}
\Gamma\left(\frac{1}{2}+1\right) &= \frac{1}{2}\Gamma\left(\frac{1}{2}\right), \Gamma\left(\frac{3}{2}+1\right) = \frac{3}{2}\Gamma\left(\frac{3}{2}\right) = \frac{3}{2}.\frac{1}{2}\Gamma\left(\frac{1}{2}\right), \\
\Gamma\left(\frac{5}{2}+1\right) &= \frac{5}{2}.\frac{3}{2}.\frac{1}{2}\Gamma\left(\frac{1}{2}\right), \Gamma\left(\frac{7}{2}+1\right) = \frac{7}{2}.\frac{5}{2}.\frac{3}{2}.\frac{1}{2}\Gamma\left(\frac{1}{2}\right), \\
\Gamma\left(\frac{9}{2}+1\right) &= \frac{9}{2}.\frac{7}{2}.\frac{5}{2}.\frac{3}{2}.\frac{1}{2}\Gamma\left(\frac{1}{2}\right), ...
\end{aligned}$$

En remplaçant ces expressions dans l'équation ci-dessus, on obtient :

$$\mathcal{L}\left(\sin\sqrt{t}\right)(p) = \frac{\Gamma\left(\frac{1}{2}\right)}{2p^{\frac{3}{2}}}\left(1 - \left(\frac{1}{2^2 p}\right) + \frac{1}{2!}\left(\frac{1}{2^2 p}\right)^2 - \frac{1}{3!}\left(\frac{1}{2^2 p}\right)^3 + ...\right).$$

D'où,

$$\mathcal{L}\left(\sin\sqrt{t}\right)(p) = \frac{\Gamma\left(\frac{1}{2}\right)}{2p^{\frac{3}{2}}} \sum_{k=0}^{+\infty} \frac{\left(-\frac{1}{2^2 p}\right)^k}{k!} = \frac{\Gamma\left(\frac{1}{2}\right)}{2p^{\frac{3}{2}}} e^{-\frac{1}{2^2 p}}.$$

De plus,

$$\begin{aligned}
\Gamma\left(\frac{1}{2}\right) &= \int_0^{+\infty} t^{-\frac{1}{2}} e^{-t} dt \overset{u=t^{\frac{1}{2}}}{=} 2\int_0^{+\infty} e^{-u^2} du = 2\frac{\sqrt{\pi}}{2} = \sqrt{\pi}, \\
\mathcal{L}\left(\sin\sqrt{t}\right)(p) &= \frac{\sqrt{\pi} e^{-\frac{1}{4p}}}{2p^{\frac{3}{2}}}.
\end{aligned}$$

(ii) On a,

$$\begin{aligned}
\mathcal{L}\left(\frac{\cos\sqrt{t}}{\sqrt{t}}\right)(p) &= \mathcal{L}\left(\left(2\sin\sqrt{t}\right)'\right)(p) = 2\mathcal{L}\left(\left(\sin\sqrt{t}\right)'\right)(p) \\
&= 2\left(\mathcal{L}\left(\sin\sqrt{t}\right)(p) - \sin\sqrt{0}\right) \\
&= 2\mathcal{L}\left(\sin\sqrt{t}\right)(p) = \frac{\sqrt{\pi}e^{-\frac{1}{4p}}}{p^{\frac{3}{2}}}.
\end{aligned}$$

Exercice 7.7 *Pour $n \in \mathbb{N}^*$ et $\lambda \in \mathbb{R}$, on pose*

$$f_{n,\lambda}(t) = \frac{t^{n-1}}{(n-1)!}e^{\lambda t} \text{ si } t > 0 \text{ et } 0 \text{ si } t < 0.$$

(1) *Vérifier que pour tout $n, m \in \mathbb{N}^*$ et $\lambda \in \mathbb{R}$, $f_{n,\lambda} * f_{m,\lambda} = f_{n+m,\lambda}$.*

(2) *Calculer la transformation de Laplace de $f_{n,\lambda}(t)$ et vérifier que*

$$\mathcal{L}\left(f_{n,\lambda} * f_{m,\lambda}\right) = \mathcal{L}\left(f_{n,\lambda}\right).\mathcal{L}\left(f_{m,\lambda}\right).$$

Solution.

(1)

$$\begin{aligned}
\left(f_{n,\lambda} * f_{m,\lambda}\right)(x) &= \int_{\mathbb{R}} f_{n,\lambda}(t) f_{m,\lambda}(x-t)\,dt = \int_0^x \frac{t^{n-1}}{(n-1)!}e^{\lambda t}\frac{(x-t)^{m-1}}{(m-1)!}e^{\lambda(x-t)}dt \\
&= \frac{e^{\lambda x}}{(n-1)!(m-1)!}\int_0^x t^{n-1}(x-t)^{m-1}\,dt.
\end{aligned}$$

Si $x = 0$, $\left(f_{n,\lambda} * f_{m,\lambda}\right)(0) = 0$. Si $x \neq 0$, on pose $y = \frac{t}{x}$,

$$\left(f_{n,\lambda} * f_{m,\lambda}\right)(x) = \frac{x^{n+m-1}e^{\lambda x}}{(n-1)!(m-1)!}\int_0^1 y^{n-1}(1-y)^{m-1}\,dy = \frac{x^{n+m-1}e^{\lambda x}}{(n-1)!(m-1)!}B(n,m),$$

où $B(n,m)$ est la fonction bêta d'Euler au point (n,m). Comme la fontion bêta est liée à la fonction gamma d'Euler par la relation $B(n,m) = \frac{\Gamma(n)\Gamma(m)}{\Gamma(n+m)}$, et que $\Gamma(p) = (p-1)!$, pour tout $p \in \mathbb{N}$, on trouve alors :

$$\left(f_{n,\lambda} * f_{m,\lambda}\right)(x) = \frac{x^{n+m-1}e^{\lambda x}}{(n-1)!(m-1)!}\frac{(n-1)!(m-1)!}{(n+m-1)!} = \frac{x^{n+m-1}e^{\lambda x}}{(n+m-1)!} = f_{n+m,\lambda}(x).$$

(2) En utilisant l'identité $(-1)^k \frac{d^k}{dp^k}\mathcal{L}(f)(p) = \mathcal{L}\left(t^k f(t)\right)(p)$, on a :

$$\begin{aligned}
\mathcal{L}\left(f_{n,\lambda}(t)\right)(p) &= \mathcal{L}\left(\frac{t^{n-1}}{(n-1)!}e^{\lambda t}\right)(p) = \frac{1}{(n-1)!}\mathcal{L}\left(t^{n-1}e^{\lambda t}\right)(p) \\
&= \frac{(-1)^{n-1}}{(n-1)!}\frac{d^{n-1}}{dp^{n-1}}\mathcal{L}\left(e^{\lambda t}\right)(p) = \frac{(-1)^{n-1}}{(n-1)!}\frac{d^{n-1}}{dp^{n-1}}\left(\frac{1}{p-\lambda}\right) \\
&= \frac{(-1)^{n-1}}{(n-1)!}(-1)^{n-1}\frac{(n-1)!}{(p-\lambda)^n} = \frac{1}{(p-\lambda)^n},\ \mathrm{Re}p > \lambda.
\end{aligned}$$

Par conséquent,

$$\begin{aligned}
\mathcal{L}\left(f_{n,\lambda} * f_{m,\lambda}(t)\right)(p) &= \mathcal{L}\left(f_{n+m,\lambda}(t)\right)(p) = \frac{1}{(p-\lambda)^{n+m}} = \frac{1}{(p-\lambda)^n}\frac{1}{(p-\lambda)^m} \\
&= \mathcal{L}\left(f_{n,\lambda}\right).\mathcal{L}\left(f_{m,\lambda}\right),\ \mathrm{Re}p > \lambda.
\end{aligned}$$

Exercice 7.8 *Pour chacune des fonctions $F(p)$ suivantes, trouver une fonction causale $f(t)$ telle que $F(p) = \mathcal{L}(f(t))(p)$:*

$$\frac{1}{(p+2)(p-1)};\ \frac{p}{(p+1)(p^2+1)};\ \frac{p^2+5}{p(p^2+4)};\ \ln\frac{p^2+\alpha^2}{p^2},\ \alpha \in \mathbb{C}.$$

Solution. On décompose en éléments simples les fractions rationnelles données.

(1) $F(p) = \frac{1}{(p+2)(p-1)} = \frac{1}{3}\frac{1}{(p-1)} - \frac{1}{3}\frac{1}{(p+2)}$ a pour original la fonction causale :

$$\begin{aligned}
f(t) &= \mathcal{L}^{-1}(F(p))(t) = \frac{1}{3}\mathcal{L}^{-1}\left(\frac{1}{p-1}\right)(t) - \frac{1}{3}\mathcal{L}^{-1}\left(\frac{1}{p+2}\right)(t) = \frac{1}{3}e^t - \frac{1}{3}e^{-2t} \\
&= \frac{e^{-\frac{t}{2}}}{3}\left(e^{\frac{3t}{2}} - e^{-\frac{3t}{2}}\right) = \frac{2e^{-\frac{t}{2}}}{3}\sinh\left(\frac{3t}{2}\right)H(t).
\end{aligned}$$

(2) $F(p) = \frac{p}{(p+1)(p^2+1)} = \frac{1}{2}\left(\frac{p}{p^2+1} + \frac{1}{p^2+1} - \frac{1}{p+1}\right)$,

$$\begin{aligned}
f(t) &= \mathcal{L}^{-1}(F(p))(t) = \frac{1}{2}\left(\mathcal{L}^{-1}\left(\frac{p}{p^2+1}\right)(t) + \mathcal{L}^{-1}\left(\frac{p}{p^2+1}\right)(t)\right. \\
&\quad \left. -\mathcal{L}^{-1}\left(\frac{1}{p+1}\right)(t)\right) \\
&= \frac{1}{2}\left(\cos t + \sin t - e^{-t}\right)H(t).
\end{aligned}$$

(3) $F(p)=\frac{p^2+5}{p(p^2+4)}=\frac{5}{4}\frac{1}{p}-\frac{1}{4}\frac{p}{p^2+4}$ et alors :

$$f(t)=\frac{5}{4}\mathcal{L}^{-1}\left(\frac{1}{p}\right)(t)-\frac{1}{4}\mathcal{L}^{-1}\left(\frac{p}{p^2+4}\right)(t)=\left(\frac{5}{4}-\frac{1}{4}\cos(2t)\right)H(t).$$

(4) La fonction $F(p)=\ln\frac{p^2+\alpha^2}{p^2}$ n'est pas rationnelle, mais sa dérivée l'est.

$$\begin{aligned}F'(p) &= \frac{\left(\frac{p^2+\alpha^2}{p^2}\right)'}{\frac{p^2+\alpha^2}{p^2}}=\frac{2p^3-2p\left(p^2+\alpha^2\right)}{p^4}\times\frac{p^2}{p^2+\alpha^2}\\ &= \frac{-2\alpha^2}{p\left(p^2+\alpha^2\right)}=-2\left(\frac{1}{p}-\frac{p}{p^2+\alpha^2}\right).\end{aligned}$$

$F'(p)$ a pour fonction causale $g(t)=-2+2\cos(\alpha t)$. A l'aide de la formule $\mathcal{L}^{-1}\left(\frac{d^mF}{dz^m}(p)\right)(t)=(-t)^m f(t)$, avec $m=1$, on a :

$$f(t)=\frac{\mathcal{L}^{-1}\left(F'(p)\right)(t)}{-t}=\frac{g(t)}{-t}=\frac{2-2\cos(\alpha t)}{t}H(t).$$

Exercice 7.9

(1) *Trouver une fonction causale $f(t)$ ayant pour transformation de Laplace $F(p)=\frac{1}{(p+1)(p+2)(p+3)}$. Calculer la transformation de Laplace de la fonction $g(t)=\frac{f(t)}{t}$.*

(2) *Déterminer la transformation de Laplace inverse des fonctions $F(p)=\frac{p}{(p^2+1)^2}$ et $G(p)=\frac{1}{(p^2+1)^2}$, en utilisant deux méthodes différentes.*

(3) *Déterminer la transformation de Laplace inverse de $F(p)=\frac{p^2}{(p^2+1)^2}$ et $G(p)=\frac{p^3}{(p^2+1)^2}$.*

(4) *En utilisant la formule de Bromwich-Wagner calculer $\mathcal{L}^{-1}\left(\frac{1}{(p+1)(p-2)^2}\right)(t)$.*

Solution.

(1) Après décomposition en éléments simples, on a :

$$F(p) = \frac{1}{(p+1)(p+2)(p+3)}=\frac{1}{2}\frac{1}{p+1}-\frac{1}{p+2}+\frac{1}{2}\frac{1}{p+3},$$

$$\begin{aligned}
f(t) &= \mathcal{L}^{-1}(F(p))(t) = \frac{1}{2}\mathcal{L}^{-1}\left(\frac{1}{p+1}\right)(t) - \mathcal{L}^{-1}\left(\frac{1}{p+2}\right)(t) + \frac{1}{2}\mathcal{L}^{-1}\left(\frac{1}{p+3}\right)(t) \\
&= \left(\frac{e^{-t}}{2} - e^{-2t} + \frac{e^{-3t}}{2}\right) H(t).
\end{aligned}$$

On a vu dans un exercice précédent que

$$\mathcal{L}\left(\frac{f(t)}{t}\right)(p) = \int_p^{+\infty} F(u)du,$$

pourvu que $\lim_{t\to 0} \frac{f(t)}{t}$ existe, donc $g(t)$ a pour transformation de Laplace :

$$\begin{aligned}
\lim_{t\to 0} \frac{f(t)}{t} &= \lim_{t\to 0} \frac{\frac{1}{2} - \frac{t}{2} + \frac{t^2}{4} - 1 + 2t - 2t^2 + \frac{1}{2} - \frac{3t}{2} + \frac{9t^2}{4} + o(t^2)}{t} = 0, \\
\mathcal{L}(g(t))(p) &= \mathcal{L}\left(\frac{f(t)}{t}\right)(p) = \int_p \left(\frac{1}{2}\frac{1}{u+1} - \frac{1}{u+2} + \frac{1}{2}\frac{1}{u+3}\right) du \\
&= -\frac{1}{2}\ln(p+1) + \ln(p+2) - \frac{1}{2}\ln(p+3).
\end{aligned}$$

(2) (i) 1ère méthode. Notons que $\left(\frac{1}{p^2+1}\right)' = \frac{-2p}{(p^2+1)^2}$, d'où :

$$\begin{aligned}
\mathcal{L}^{-1}\left(\frac{p}{(p^2+1)^2}\right)(t) &= -\frac{1}{2}\mathcal{L}^{-1}\left(\left(\frac{1}{p^2+1}\right)'\right)(t) = \frac{t}{2}\mathcal{L}^{-1}\left(\frac{1}{p^2+1}\right)(t) \\
&= \frac{t \sin t}{2} H(t).
\end{aligned}$$

2ème méthode.

$$\begin{aligned}
\mathcal{L}^{-1}\left(\frac{p}{(p^2+1)^2}\right)(t) &= \mathcal{L}^{-1}\left(\frac{p}{(p^2+1)} \times \frac{1}{(p^2+1)}\right)(t) \\
&= \mathcal{L}^{-1}\left(\frac{p}{(p^2+1)}\right)(t) * \mathcal{L}^{-1}\left(\frac{1}{(p^2+1)}\right)(t) \\
&= H(t)\cos t * H(t)\sin t \\
&= \int_0^t \cos x \sin(t-x)\, dx
\end{aligned}$$

$$
\begin{aligned}
&= \int_0^t \cos x(\sin t\cos x - \cos t\sin x)\,dx \\
&= \frac{\sin t}{2}\int_0^t (1+\cos 2x)\,dx - \frac{\cos t}{2}\int_0^x \sin 2x\,dx \\
&= \frac{t\sin t}{2}H(t).
\end{aligned}
$$

(ii) 1ère méthode. On note $F(p) = \frac{p}{(p^2+1)^2}$, alors en utilisant la formule $\mathcal{L}^{-1}\left(\frac{F(p)}{p}\right)(t) = \int_0^t f(t)dt$ où $f(t) = \mathcal{L}^{-1}(F(p))(t)$, et la question précédente, on a :

$$
\begin{aligned}
\mathcal{L}^{-1}\left(\frac{1}{(p^2+1)^2}\right)(t) &= \mathcal{L}^{-1}\left(\frac{F(p)}{p}\right)(t) = \int_0^t f(t)dt = \int_0^t \frac{t\sin t}{2}dt = \frac{1}{2}\int_0^t t\sin t\,dt \\
&= \frac{1}{2}\int_0^t t(-\cos t)'\,dt = \frac{1}{2}\left\{-t\cos t + \int_0^t \cos t\,dt\right\} \\
&= \frac{\sin t - t\cos t}{2}.
\end{aligned}
$$

2ème méthode. On utilise la formule de Bromwich-Wagner :

$$
\begin{aligned}
f(t) &= \mathcal{L}^{-1}(F(p))(t) = \frac{1}{2\pi i}\int_{\sigma-i\infty}^{\sigma+i\infty} F(p)e^{pt}dp = \sum_j \text{Res}\left(F(p)e^{pt}, p_j\right), \\
&\quad p_j \text{ sont les pôles de } F(p) \\
&= \frac{1}{2\pi i}\oint_C F(p)e^{pt}dp,\ C \text{ est le contour de Bromwich.}
\end{aligned}
$$

La fonction $F(p)e^{pt}$ possède deux singularités, $p = \pm i$, ce sont deux pôles d'ordre 2. Calculons les résidus de $F(p)e^{pt}$ en ces pôles. On a :

$$
Rés\left(F(p)e^{pt}, -i\right) = \lim_{p\to -i}\frac{d}{dp}\left((p+i)^2F(p)e^{pt}\right) = \lim_{p\to -i}\frac{d}{dp}\left(\frac{p}{(p-i)^2}e^{pt}\right)
$$

$$\begin{aligned} &= (i-t)\frac{e^{-it}}{4}, \\ Rés\left(F(p)e^{pt}, i\right) &= \lim_{p\to -i}\frac{d}{dp}\left((p-i)^2 F(p)e^{pt}\right) = \lim_{p\to -i}\frac{d}{dp}\left(\frac{p}{(p+i)^2}e^{pt}\right) \\ &= -(i+t)\frac{e^{it}}{4}. \end{aligned}$$

D'après le théorème des résidus, on a :

$$\begin{aligned} f(t) &= Rés\left(F(p)e^{pt}, -i\right) + Rés\left(F(p)e^{pt}, i\right) = (i-t)\frac{e^{-it}}{4} - (i+t)\frac{e^{it}}{4} \\ &= -i\frac{e^{it}-e^{-it}}{4} - t\frac{e^{it}+e^{-it}}{4} = \frac{\sin t}{2} - \frac{t\cos t}{2}. \end{aligned}$$

(3) (i)

$$\begin{aligned} \mathcal{L}^{-1}\left(\frac{p^2}{(p^2+1)^2}\right)(t) &= \mathcal{L}^{-1}\left(\frac{p}{(p^2+1)} \times \frac{p}{(p^2+1)}\right)(t) \\ &= \mathcal{L}^{-1}\left(\frac{p}{(p^2+1)}\right)(t) * \mathcal{L}^{-1}\left(\frac{p}{(p^2+1)}\right)(t) \\ &= \cos t * \cos t = \int_0^t \cos x \cos(t-x)\,dx = \frac{\sin t + t\cos t}{2}. \end{aligned}$$

(ii) Notons que $G(p) = \frac{p^3}{(p^2+1)^2} = p\frac{p^2+1-1}{(p^2+1)^2} = \frac{p}{p^2+1} - \frac{p}{(p^2+1)^2}$, et en tenant compte des résultats précédents, on a :

$$\mathcal{L}^{-1}\left(\frac{p^3}{(p^2+1)^2}\right)(t) = \mathcal{L}^{-1}\left(\frac{p}{p^2+1}\right)(t) - \mathcal{L}^{-1}\left(\frac{p}{(p^2+1)^2}\right)(t) = \cos t - \frac{t\sin t}{2}.$$

(4) On a $f(t) = \mathcal{L}^{-1}(F(p))(t) = \frac{1}{2\pi i}\oint_C F(p)e^{pt}dp = \sum_j \text{Res}\left(F(p)e^{pt}, p_j\right)$, où C est le contour de Bromwich et p_j sont les pôles de $F(p)$. Les singularités de $\frac{1}{(p+1)(p-2)^2}$ sont $p-1$ un pôle simple et $p=2$ un pôle double. Calculons les résidus de la fonction $\frac{e^{pt}}{(p+1)(p-2)^2}$ en ces points singuliers.

$$Rés\left(\frac{e^{pt}}{(p+1)(p-2)^2}, -1\right) = \lim_{p\to -1}(p+1)\frac{e^{pt}}{(p+1)(p-2)^2} = \lim_{p\to -1}\frac{e^{pt}}{(p-2)^2} = \frac{e^{-t}}{9},$$

$$\text{Rés}\left(\frac{e^{pt}}{(p+1)(p-2)^2},2\right) = \lim_{p\to 2}\frac{d}{dp}\left((p-2)^2\frac{e^{pt}}{(p+1)(p-2)^2}\right)$$
$$= \lim_{p\to 2}\frac{d}{dp}\left(\frac{e^{pt}}{(p-2)^2}\right) = \left(t-\frac{1}{3}\right)\frac{e^{2t}}{3}.$$

Par le théorème des résidus, on trouve :

$$f(t) = \text{Rés}\left(\frac{e^{pt}}{(p+1)(p-2)^2},-1\right) + \text{Rés}\left(\frac{e^{pt}}{(p+1)(p-2)^2},2\right) = \frac{e^{-t}}{9} + \left(t-\frac{1}{3}\right)\frac{e^{2t}}{3}.$$

Exercice 7.10

(1) *Calculer la transformation de Laplace des distributions :* H, δ, $\delta^{(k)}$, δ_a, $\delta_a^{(k)}$, $k \in \mathbb{N}^*$, $a \in \mathbb{R}$ *et* $H(t)\ln t$.

(2) *En se rappelant la définition de la fonction gamma d'Euler, montrer que* $\mathcal{L}\left(\frac{t^\alpha H}{\Gamma(\alpha+1)}\right)(z) = \frac{1}{z^{\alpha+1}}$, *si* $\alpha > -1$ *et* $\text{Re} z > 0$. *En déduire* $\mathcal{L}\left(t^\alpha e^{at} H(t)\right)(z)$, $a \in \mathbb{C}$.

(3) *Déterminer* $\mathcal{L}\left(f^{(k)}H\right)(z)$, $k \in \mathbb{N}$, *où* f *est indéfiniment dérivable sur* $[0,+\infty[$.

(4) *Résoudre dans* $\mathcal{D}'_+$, *pour* $a \in \mathbb{C}$, *l'équation* $T' + aT = \delta$.

Solution.

(1) On sait que si T_f est une distribution associée à une fonction localement sommable f de $\mathbb{R}_+$ dans $\mathbb{C}$, alors $\mathcal{L}T_f(z) = \mathcal{L}f(z)$. Donc :

$$\mathcal{L}(T_H)(z) = \mathcal{L}(H)(z) = \int_0^{+\infty} H(t)e^{-zt}dt = \int_0^{+\infty} e^{-zt}dt = \left[\frac{e^{-zt}}{z}\right]_0^{+\infty} = \frac{1}{z}, \text{ si } \text{Re} z > 0.$$

$\mathcal{L}(\delta)(z) = \langle \delta_{t=0}, e^{-zt}\rangle = e^{-z0} = 1$, et pour tout $k \in \mathbb{N}^*$:

$$\mathcal{L}\left(\delta^{(k)}\right)(z) = \left\langle \delta^{(k)}, e^{-zt}\right\rangle = (-1)^k\left\langle \delta, \left(e^{-zt}\right)^{(k)}\right\rangle = (-1)^k\left\langle \delta, (-z)^k e^{-zt}\right\rangle$$
$$= (-1)^k(-z)^k\mathcal{L}\delta(z) = z^k;$$
$$\mathcal{L}(\delta_a)(z) = \langle \delta_{t=a}, e^{-zt}\rangle = e^{-za},$$
$$\mathcal{L}\left(\delta_a^{(k)}\right)(z) = \left\langle \delta_a^{(k)}, e^{-zt}\right\rangle = (-1)^k\left\langle \delta_a, \left(e^{-zt}\right)^{(k)}\right\rangle = (-1)^k\left\langle \delta_a, (-z)^k e^{-zt}\right\rangle$$

$$= (-1)^k (-z)^k \mathcal{L}\delta_a(z) = z^k e^{-za}.$$

$H(t)\ln t$ est une distribution tempérée sur $\mathbb{R}$,

$$\mathcal{L}(H(t)\ln t)(z) = \langle H(t)\ln t, e^{-zt}\rangle = \int_0^{+\infty} \ln t e^{-zt} dt.$$

Pour tout $z > 0$, on pose $u = zt$, alors :

$$\begin{aligned}\mathcal{L}(H(t)\ln t)(z) &= \frac{1}{z}\int_0^{+\infty} \ln\left(\frac{u}{z}\right) e^{-u} du = \frac{1}{z}\left(\int_0^{+\infty} \ln(u) e^{-u} du - \ln z \int_0^{+\infty} e^{-u} du\right) \\ &= \frac{-\ln z - C}{z},\end{aligned}$$

avec $C = -\int_0^{+\infty} \ln(u) e^{-u} du < \infty$. En effet, $\int_0^{+\infty} \ln(u) e^{-u} du$ est doublement généralisée en 0 et en $+\infty$. On a $\lim_{u\to+\infty} u^2(e^{-u}\ln u) = 0$ et donc $e^{-u}\ln u < \frac{1}{u^2}$ pour $u > A > 1$. Par conséquent,

$$e^{-u}\ln u \underset{u\to 0^+}{\sim} \ln u \text{ et } \int_0^1 \ln u du = [u\ln u - u]_0^1 = -1,$$

$\int_1^A \ln(u) e^{-u} du < \infty$ puisque la fonction $\ln(u)e^{-u}$ est continue

$$\int_A^{+\infty} \ln u e^{-u} du < \int_A^{+\infty} \frac{du}{u^2} = \frac{1}{A} < +\infty.$$

Ainsi, $\mathcal{L}(H(t)\ln t)(z) = \frac{-\ln z - C}{z}$ pour tout $z > 0$. Or, on sait que $\mathcal{L}(H(t)\ln t)(z)$ est holomorphe dans le domaine complexe $\mathrm{Re} z > 0$, il en est alors de même pour $\frac{-\ln z - C}{z}$, où on considère la détermination principale de $\ln z$. Puisque ces deux fonctions holomorphes coïncident sur le demi-axe réel positif, elles coincident alors partout sur $\mathrm{Re} z > 0$. En conclusion,

$$\mathcal{L}(H(t)\ln t)(z) = \frac{-\ln z - C}{z}, \text{ pour } \mathrm{Re} z > 0.$$

Notons que C est la constante d'Euler, $C = \lim_{k\to+\infty}\left(1+\frac{1}{2}+\ldots+\frac{1}{k}-\ln k\right)$.

(2) On a pour $\mathrm{Re} z > 0$:

$$\mathcal{L}(t^\alpha H)(z) = \int_0^{+\infty} t^\alpha H(t) e^{-zt}dt = \int_0^{+\infty} t^\alpha e^{-zt}dt \overset{u=zt}{=} \frac{1}{z^{\alpha+1}}\int_0^{+\infty} u^\alpha e^{-u}du = \frac{\Gamma(\alpha+1)}{z^{\alpha+1}}.$$

Comme $\mathcal{L}\left(e^{at}T\right)(z) = \mathcal{L}(T)(z-a)$, T est une distribution à support dans $\mathbb{R}_+$ et $a \in \mathbb{C}$, alors :

$$\mathcal{L}\left(t^\alpha e^{at}H(t)\right)(z) = \mathcal{L}(t^\alpha H(t))(z-a) = \frac{\Gamma(\alpha+1)}{(z-a)^{\alpha+1}}.$$

(3) On rappelle la formule des sauts au sens des distributions, obtenue aisément par une récurrence sur l'entier $k \in \mathbb{N}$,

$$(fH)^{(k)} = f^{(k)}H + f^{(k-1)}(0)\delta + f^{(k-2)}(0)\delta^{(1)} + \ldots + f^{(1)}(0)\delta^{(k-2)} + f(0)\delta^{(k-1)},$$

et donc par linéarité de la transformation de Laplace, on trouve :

$$\begin{aligned}
\mathcal{L}\left((fH)^{(k)}\right)(z) &= z^k\mathcal{L}(fH)(z)\\
&= \mathcal{L}\left(f^{(k)}H\right)(z) + f^{(k-1)}(0)\mathcal{L}(\delta)(z) + f^{(k-2)}(0)\mathcal{L}\left(\delta^{(1)}\right)(z) + \ldots\\
&\quad \ldots + f^{(1)}(0)\mathcal{L}\left(\delta^{(k-2)}\right)(z) + f(0)\mathcal{L}\left(\delta^{(k-1)}\right)(z)\\
&= \mathcal{L}\left(f^{(k)}H\right)(z)\ldots + f^{(k-1)}(0) + f^{(k-2)}(0)z + \ldots\\
&\quad \ldots + f^{(1)}(0)z^{k-2} + f(0)z^{k-1}.
\end{aligned}$$

Alors :

$$\begin{aligned}
\mathcal{L}\left(f^{(k)}H\right)(z) &= z^k\mathcal{L}(fH)(z) - f^{(k-1)}(0) - f^{(k-2)}(0)z - \ldots - f^{(1)}(0)z^{k-2}f(0)z^{k-1}\\
&= z^k\mathcal{L}(fH)(z) - \sum_{j=0}^{k-1} f^{(k-1-j)}(0)z^j.
\end{aligned}$$

(4) On multiplie T par e^{at} et on dérive, on a :

$$\left(e^{at}T\right)' = ae^{at}T + e^{at}T' = e^{at}\left(T' + aT\right) = e^{at}\delta = e^{a0}\delta = \delta.$$

En passant à la primitive, on obtient $e^{at}T = H(t) + c$, où la constante c est forcément nulle pour avoir une solution à support dans $\mathbb{R}_+$, et donc $T = e^{-at}H(t)$.

Une autre méthode consiste à appliquer la transformation de Laplace à l'équation $T' + aT = \delta$. Alors :

$$\begin{aligned}\mathcal{L}(T')(z) + a\mathcal{L}(T)(z) &= \mathcal{L}\delta(z) = 1,\\ z\mathcal{L}(T)(z) + a\mathcal{L}(T)(z) &= 1 \text{ et } \mathcal{L}(T)(z) = \frac{1}{z+a}.\end{aligned}$$

Mais on sait que $\mathcal{L}H(z) = \frac{1}{z}$, par suite $\mathcal{L}\left(e^{-at}H\right)(z) = \frac{1}{z+a}$. Avec ce qui précède, on note que T et $e^{-at}H$ ont la même image de Laplace. D'après l'injectivité de la transformation de Laplace, on obtient $T = e^{-at}H(t)$.

Exercice 7.11 *Soient $k \in \mathbb{N}^*$ et $Pf\left(\frac{H(t)}{t^k}\right)$ la distribution sur $\mathbb{R}$, définie par :*

$$\left\langle Pf\left(\frac{H(t)}{t^k}\right), \varphi\right\rangle = \lim_{\varepsilon\to 0^+}\left\{\int_\varepsilon^{+\infty}\frac{\varphi(t)}{t^k}dt + \sum_{j=1}^{k-1}\frac{\varphi^{(j-1)}(0)}{(j-1)!(j-k)\varepsilon^{k-j}} + \frac{\varphi^{(k-1)}(0)}{(k-1)!}\ln\varepsilon\right\}$$

pour tout $\varphi \in \mathcal{D}(\mathbb{R})$.

(1) *Calculer au sens des distributions $\frac{d}{dt}(H(t)\ln t)$ et $\frac{d}{dt}Pf\left(\frac{H(t)}{t^k}\right)$.*

(2) *A l'aide de la transformation de Laplace de la distribution $H(t)\ln t$ et les résultats de la question (1), calculer $\mathcal{L}\left(Pf\left(\frac{H(t)}{t^k}\right)\right)(z)$, pour $Rez > 0$.*

Solution.

(1) Pour tout $\varphi \in \mathcal{D}(\mathbb{R})$, on a par le théorème de dérivation des distributions :

$$\begin{aligned}\left\langle \frac{d}{dt}(H(t)\ln t), \varphi\right\rangle &= -\left\langle (H(t)\ln t), \frac{d\varphi}{dt}\right\rangle = -\int_0^{+\infty}\varphi'(t)\ln t\,dt\\ &= -\lim_{\varepsilon\to 0^+}\int_\varepsilon^{+\infty}\varphi'(t)\ln t\,dt\\ &= -\lim_{\varepsilon\to 0^+}\left\{[\varphi(t)\ln t]_\varepsilon^{+\infty} - \int_\varepsilon^{+\infty}\frac{\varphi(t)}{t}dt\right\}\\ &= -\lim_{\varepsilon\to 0^+}\left\{-\varphi(\varepsilon)\ln\varepsilon - \int_\varepsilon^{+\infty}\frac{\varphi(t)}{t}dt\right\}\end{aligned}$$

$$= \lim_{\varepsilon\to 0^+}\left\{\varphi(\varepsilon)\ln\varepsilon + \int_{\varepsilon}^{+\infty}\frac{\varphi(t)}{t}dt\right\}.$$

D'autre part on sait que $\left\langle Pf\left(\frac{H(t)}{t}\right),\varphi\right\rangle = \lim_{\varepsilon\to 0^+}\left\{\int_{\varepsilon}^{+\infty}\frac{\varphi(t)}{t}dt + \varphi(0)\ln\varepsilon\right\}$,

et puisque $\varphi(\varepsilon)\ln\varepsilon = \varphi(0)\ln\varepsilon + (\varepsilon\ln\varepsilon)\psi(\varepsilon)$ où $\psi(\varepsilon)$ est continue pour $\varepsilon\to 0^+$ et $\lim_{\varepsilon\to 0^+}\varepsilon\ln\varepsilon = 0$, on en déduit alors :

$$\begin{aligned}\left\langle\frac{d}{dt}(H(t)\ln t),\varphi\right\rangle &= \lim_{\varepsilon\to 0^+}\left\{\varphi(0)\ln\varepsilon + \int_{\varepsilon}^{+\infty}\frac{\varphi(t)}{t}dt\right\} = \left\langle Pf\left(\frac{H(t)}{t}\right),\varphi\right\rangle,\\ \frac{d}{dt}(H(t)\ln t) &= Pf\left(\frac{H(t)}{t}\right).\end{aligned}$$

(2) Pour $\varphi\in\mathcal{D}(\mathbb{R})$, on a :

$$\begin{aligned}\left\langle\frac{d}{dt}Pf\left(\frac{H(t)}{t^k}\right),\varphi\right\rangle &= -\left\langle Pf\left(\frac{H(t)}{t^k}\right),\varphi'\right\rangle = -\lim_{\varepsilon\to 0^+}I_\varepsilon,\\ I_\varepsilon &= \int_{\varepsilon}^{+\infty}\frac{\varphi'(t)}{t^k}dt + \sum_{j=1}^{k-1}\frac{\varphi^{(j)}(0)}{(j-1)!(j-k)\varepsilon^{k-j}} + \frac{\varphi^{(k)}(0)}{(k-1)!}\ln\varepsilon.\end{aligned}$$

Or,

$$\begin{aligned}\int_{\varepsilon}^{+\infty}\frac{\varphi'(t)}{t^k}dt &= k\int_{\varepsilon}^{+\infty}\frac{\varphi(t)}{t^{k+1}}dt - \frac{\varphi(\varepsilon)}{\varepsilon^k},\\ \varphi(\varepsilon) &= \sum_{j=0}^{k-1}\frac{\varphi^{(j)}(0)}{j!}\varepsilon^j + \varepsilon^k\psi(\varepsilon) \text{ avec } \lim_{\varepsilon\to 0^+}\psi(\varepsilon) = \frac{\varphi^{(k)}(0)}{k!}.\end{aligned}$$

D'où,

$$I_\varepsilon = k\int_{\varepsilon}^{+\infty}\frac{\varphi(t)}{t^{k+1}}dt - \sum_{j=0}^{k-1}\frac{\varphi^{(j)}(0)}{j!\varepsilon^{k-j}} - \psi(\varepsilon) + \sum_{j=1}^{k-1}\frac{\varphi^{(j)}(0)}{(j-1)!(j-k)\varepsilon^{k-j}} + \frac{\varphi^{(k)}(0)}{(k-1)!}\ln\varepsilon,$$

$$\sum_{j=1}^{k-1}\frac{\varphi^{(j)}(0)}{(j-1)!(j-k)\varepsilon^{k-j}} - \sum_{j=0}^{k-1}\frac{\varphi^{(j)}(0)}{j!\varepsilon^{k-j}} = \sum_{j=1}^{k-1}\frac{\varphi^{(j)}(0)}{\varepsilon^{k-j}}\left(\frac{1}{(j-1)!(j-k)} - \frac{1}{j!}\right) - \frac{\varphi(0)}{k!}$$

$$= \sum_{j=1}^{k-1} \frac{\varphi^{(j)}(0)}{\varepsilon^{k-j}} \frac{k}{j!\,(j-k)} - \frac{\varphi(0)}{k!},$$

et

$$\begin{aligned} I_\varepsilon &= k\left\{\int_\varepsilon^{+\infty} \frac{\varphi(t)}{t^{k+1}}dt + \sum_{j=1}^{k-1} \frac{\varphi^{(j)}(0)}{\varepsilon^{k-j} j!\,(j-k)\,\varepsilon^{k-j}} - \frac{\varphi(0)}{kk!} + \frac{\varphi^{(k)}(0)}{k!}\ln\varepsilon - \frac{\psi(\varepsilon)}{k}\right\} \\ &= k\left\{\int_\varepsilon^{+\infty} \frac{\varphi(t)}{t^{k+1}}dt + \sum_{j=0}^{k-1} \frac{\varphi^{(j)}(0)}{\varepsilon^{k-j} j!\,(j-k)\,\varepsilon^{k-j}} + \frac{\varphi^{(k)}(0)}{k!}\ln\varepsilon\right\} - \psi(\varepsilon). \end{aligned}$$

Notons que $\displaystyle\sum_{j=0}^{k-1} \frac{\varphi^{(j)}(0)}{\varepsilon^{k-j} j!\,(j-k)\,\varepsilon^{k-j}} = \sum_{l=1}^{k} \frac{\varphi^{(l-1)}(0)}{(l-1)!\,(l-k-1)\,\varepsilon^{k+1-l}\varepsilon^{k+1-l}}$. En utilisant la définition de $Pf\left(\frac{H(t)}{t^{k+1}}\right)$, et le fait que $\lim\limits_{\varepsilon\to 0^+} \psi(\varepsilon) = \frac{\varphi^{(k)}(0)}{k!}$, on obtient :

$$\begin{aligned} \left\langle \frac{d}{dt} Pf\left(\frac{H(t)}{t^k}\right), \varphi\right\rangle &= -\lim_{\varepsilon\to 0^+} I_\varepsilon = -k \lim_{\varepsilon\to 0^+}\left\{\int_\varepsilon^{+\infty} \frac{\varphi(t)}{t^{k+1}}dt\right. \\ &\quad \left. + \sum_{l=1}^{k} \frac{\varphi^{(l-1)}(0)}{(l-1)!\,(l-k-1)\,\varepsilon^{k+1-l}\varepsilon^{k+1-l}} + \frac{\varphi^{(k)}(0)}{k!}\ln\varepsilon\right\} \\ &\quad + \frac{\varphi^{(k)}(0)}{k!} = -k\left\langle Pf\left(\frac{H(t)}{t^{k+1}}\right), \varphi\right\rangle + \frac{(-1)^k}{k!}\left\langle \delta^{(k)}, \varphi\right\rangle. \end{aligned}$$

Ainsi,

$$\frac{d}{dt} Pf\left(\frac{H(t)}{t^k}\right) = -kPf\left(\frac{H(t)}{t^{k+1}}\right) + \frac{(-1)^k}{k!}\delta^{(k)}.$$

Comme $\frac{d}{dt}(H(t)\ln t) = Pf\left(\frac{H(t)}{t}\right)$, on trouve par récurrence sur k :

$$Pf\left(\frac{H(t)}{t^{k+1}}\right) = \frac{(-1)^k}{k!}\left[\frac{d^{k+1}}{dt^{k+1}}(H(t)\ln t) + \left(\sum_{l=1}^{k}\frac{1}{l}\right)\delta^{(k)}\right].$$

En appliquant la transformation de Laplace à cette égalité, on trouve :

$$\mathcal{L}\left(Pf\left(\frac{H(t)}{t^{k+1}}\right)\right)(z) = \frac{(-1)^k}{k!}\left[z^{k+1}\mathcal{L}(H(t)\ln t)(z) + \left(\sum_{l=1}^{k}\frac{1}{l}\right)\mathcal{L}\left(\delta^{(k)}\right)(z)\right]$$

$$= \frac{(-1)^k}{k!}\left[z^{k+1}\frac{(-\ln z - C)}{z} + \left(\sum_{l=1}^{k}\frac{1}{l}\right)z^k\right]$$

$$= \frac{(-1)^{k+1}}{k!}z^k\left[\ln z + C - \sum_{l=1}^{k}\frac{1}{l}\right], \ \mathrm{Re} z > 0.$$

Exercice 7.12 *En utilisant le calcul de* $\mathcal{L}\left(t^k e^{at}H(t)\right)(z)$, $k \in \mathbb{N}$, $\mathrm{Re} z > 0$ *et* $a \in \mathbb{C}$, *établi dans un exercice précédent, calculer la transformation de Laplace inverse des fonctions* $F(z) = \frac{z}{z+1}$, $\mathrm{Re} z > -1$ *et* $G(z) = \frac{z^2+i}{z^2-3z+2}$.

Solution. On sait que $\mathcal{L}\left(t^k e^{at}H(t)\right)(z) = \frac{k!}{(z-a)^{k+1}}$, si $\mathrm{Re} z > \mathrm{Re} a$.

(i) Donc $\mathcal{L}\left(e^{-t}H(t)\right)(z) = \frac{1}{z+1}$, si $\mathrm{Re} z > -1$, et

$$\mathcal{L}\left(\frac{d}{dt}\left(e^{-t}H(t)\right)\right)(z) = z\mathcal{L}\left(e^{-t}H(t)\right)(z) = \frac{z}{z+1}.$$

Par unicité de la transformation de Laplace, on a au sens des distributions :

$$\begin{aligned}\mathcal{L}^{-1}\left(\frac{z}{z+1}\right)(t) &= \frac{d}{dt}\left(e^{-t}H(t)\right) = -e^{-t}H(t) + e^{-t}\frac{dH}{dt}(t)\\ &= -e^{-t}H(t) + e^{-t}\delta = \delta - e^{-t}H(t).\end{aligned}$$

(ii) En décomposant en éléments simples, on a :

$$\begin{aligned}\frac{z^2+i}{z^2-3z+2} &= \frac{z^2+i}{(z-1)(z-2)} = \left(z^2+i\right)\left(\frac{1}{z-2} - \frac{1}{z-1}\right)\\ &= \frac{z^2}{z-2} - \frac{z^2}{z-1} + \frac{i}{z-2} - \frac{i}{z-1},\end{aligned}$$

et

$$\begin{aligned}\mathcal{L}^{-1}\left(\frac{z^2+i}{z^2-3z+2}\right)(t) &= \mathcal{L}^{-1}\left(\frac{z^2}{z-2}\right)(t) + i\mathcal{L}^{-1}\left(\frac{1}{z-2}\right)(t) - \mathcal{L}^{-1}\left(\frac{z^2}{z-1}\right)(t)\\ &\quad -i\mathcal{L}^{-1}\left(\frac{1}{z-1}\right)(t).\end{aligned}$$

A l'aide de la formule $\mathcal{L}\left(\frac{d^kT}{dt^k}\right)(z) = z^k\mathcal{L}(T)(z)$, $k \in \mathbb{N}$ et $T \in \mathcal{D}'(\mathbb{R})$, et de l'unicité de la transformation de Laplace, on obtient :

$$\mathcal{L}\left(\frac{d^2}{dt^2}\left(e^{2t}H(t)\right)\right)(z) = \frac{z^2}{z-2} \text{ et } \mathcal{L}^{-1}\left(\frac{z^2}{z-2}\right)(t) = \frac{d^2}{dt^2}\left(e^{2t}H(t)\right),$$

$$\begin{aligned}
\mathcal{L}\left(\frac{d^2}{dt^2}\left(e^t H(t)\right)\right)(z) &= \frac{z^2}{z-1} \text{ et } \mathcal{L}^{-1}\left(\frac{z^2}{z-1}\right)(t) = \frac{d^2}{dt^2}\left(e^t H(t)\right),\\
\mathcal{L}^{-1}\left(\frac{1}{z-2}\right)(t) &= e^{2t}H(t) \text{ et } \mathcal{L}^{-1}\left(\frac{1}{z-1}\right)(t) = e^t H(t),\\
\mathcal{L}^{-1}\left(\frac{z^2+i}{z^2-3z+2}\right)(t) &= \frac{d^2}{dt^2}\left(e^{2t}H(t)\right) + ie^{2t}H(t) - \frac{d^2}{dt^2}\left(e^t H(t)\right) - ie^t H(t).
\end{aligned}$$

$$\frac{d^2}{dt^2}\left(e^{2t}H(t)\right) = 4e^{2t}H(t) + 2\delta + \delta', \quad \frac{d^2}{dt^2}\left(e^t H(t)\right) = e^t H(t) + \delta + \delta'.$$

Finalement,

$$\begin{aligned}
\mathcal{L}^{-1}\left(\tfrac{z^2+i}{z^2-3z+2}\right)(t) &= 4e^{2t}H(t) + 2\delta + \delta' + ie^{2t}H(t) - e^t H(t) - \delta - \delta' - ie^t H(t)\\
&= (4+i)e^{2t}H(t) - (1+i)e^t H(t) + \delta.
\end{aligned}$$

Exercice 7.13 *On pose* $T = \sum_{k=0}^{+\infty} e^k \delta_k$.

(1) *Vérifier que* T *est une distribution.*

(2) *Montrer que* T *admet une transformation de Laplace qu'on calculera.*

(3) *Déduire la transformation de Laplace de* $T * T$ *et calculer* $T * T$.

(4) *A l'aide de la transformation de Laplace, résoudre dans* $\mathcal{D}'_+(\mathbb{R})$ *l'équation différentielle* $y'' - 2y' + 2y = \sum_{k=0}^{+\infty} e^k \delta_k$.

Solution.

(1) Soit $\varphi \in \mathcal{D}(\mathbb{R})$. Puisque le support de φ est compact, il existe $N \in \mathbb{N}^*$, tel que $Supp\varphi \subset [-N, N]$. On a $\langle T, \varphi\rangle = \sum_{k=0}^{+\infty} \left\langle e^k \delta_k, \varphi\right\rangle = \sum_{k=0}^{N} e^k \varphi(k) \in \mathbb{C}$, T est linéaire sur $\mathcal{D}(\mathbb{R})$ et

$$|\langle T, \varphi\rangle| \leq \sum_{k=0}^{N} e^k |\varphi(k)| \leq \sum_{k=0}^{N} e^k \sup_{x\in\mathbb{R}} |\varphi(x)|,$$

ce qui montre que T est bien continue de $\mathcal{D}(\mathbb{R})$ dans $\mathbb{C}$. Donc T est une distribution sur $\mathbb{R}$ d'ordre 0.

(2) Pour que T admette une transformation de Laplace il suffit que $e^{-t}T$ soit une distribution tempérée. Soit donc $\varphi \in \mathcal{S}(\mathbb{R})$, on a :

$$\begin{aligned}|\langle e^{-t}T, \varphi\rangle| &= \left|\left\langle e^{-t}\sum_{k=0}^{+\infty} e^k \delta_k, \varphi\right\rangle\right| = \left|\sum_{k=0}^{+\infty} e^{-k}e^k \varphi(k)\right| \\ &\leq \sum_{k=0}^{+\infty} |\varphi(k)| \leq \sum_{k=0}^{N} |\varphi(k)| + \sum_{k=N+1}^{+\infty} \frac{1}{k^2} < +\infty,\end{aligned}$$

car pour $\varphi \in \mathcal{S}(\mathbb{R})$, et $N \in \mathbb{N}^*$ assez grand, on a $\sup\limits_{k \geq N+1} \left(1+k^2\right)|\varphi(k)| \leq 1$. Ainsi $\mathcal{L}(T)(z)$ existe pour $\mathrm{Re} z > 1$, et on a, puisque la série définissant la distribution T est en fait une somme finie :

$$\mathcal{L}(T)(z) = \sum_{k=0}^{+\infty} \mathcal{L}\left(e^k \delta_k\right)(z) = \sum_{k=0}^{+\infty} e^k \mathcal{L}(\delta_k)(z) = \sum_{k=0}^{+\infty} e^k e^{-kz} = \sum_{k=0}^{+\infty} e^{-k(z-1)}.$$

(3)

$$\mathcal{L}(T * T)(z) = (\mathcal{L}(T)(z))^2 = \left(\sum_{k=0}^{+\infty} e^{-k(z-1)}\right)^2.$$

Sachant que $\left(\sum\limits_{k=0}^{+\infty} a_k\right)^2 = \sum\limits_{k=0}^{+\infty} b_k$, avec $b_k = \sum\limits_{i+j=k} a_i a_j$, on obtient :

$$\left(\sum_{k=0}^{+\infty} e^{-k(z-1)}\right)^2 = \sum_{k=0}^{+\infty} b_k,$$

$b_k = \sum\limits_{i+j=k} e^{-i(z-1)}e^{-j(z-1)} = \sum\limits_{i+j=k} e^{-(i+j)(z-1)} = e^{-k(z-1)} \sum\limits_{i+j=k} 1 = (k+1)e^{-k(z-1)}$. Alors,

$$\mathcal{L}(T * T)(z) = \sum_{k=0}^{+\infty} (k+1)e^{-k(z-1)}.$$

Par la transformation inverse de Laplace, on a finalement,

$$T * T = \mathcal{L}^{-1}\left(\sum_{k=0}^{+\infty} (k+1)e^{-k(z-1)}\right) = \sum_{k=0}^{+\infty} (k+1)\mathcal{L}^{-1}\left(e^{-k(z-1)}\right) = \sum_{k=0}^{+\infty} (k+1)e^k \delta_k.$$

(4) Appliquons la transformation de Laplace aux deux membres de l'équation différentielle $y'' - 2y' + 2y = T$, on a :

$$\mathcal{L}(y'')(z) - 2\mathcal{L}(y')(z) + 2\mathcal{L}(y)(z) = \mathcal{L}(T)(z),$$

et avec les formules de dérivation

$$\mathcal{L}(y'')(z) = z^2\mathcal{L}(y)(z) - zy(0) - y'(0) \text{ et } \mathcal{L}(y')(z) = z\mathcal{L}(y)(z) - y(0),$$

on trouve :

$$z^2\mathcal{L}(y)(z) - zy(0) - y'(0) - 2z\mathcal{L}(y)(z) + 2y(0) + 2\mathcal{L}(y)(z) = \mathcal{L}(T)(z),$$

$$\left(z^2 - 2z + 2\right)\mathcal{L}(y)(z) - (z-2)y(0) - y'(0) = \mathcal{L}(T)(z),$$

$$\mathcal{L}(y)(z) = \frac{1}{(z-1)^2+1}\mathcal{L}(T)(z) + \frac{z-1}{(z-1)^2+1}y(0) + \frac{1}{(z-1)^2+1}(y'(0) - y(0)).$$

En remarquant que

$$\frac{1}{(z-1)^2+1} = \mathcal{L}(H(t)\sin t)(z-1) \text{ et } \frac{z-1}{(z-1)^2+1} = \mathcal{L}(H(t)\cos t)(z-1),$$

on a :

$$\begin{aligned}\mathcal{L}(y)(z) &= \mathcal{L}(H(t)\sin t)(z-1)\mathcal{L}(T)(z) + y(0)\mathcal{L}(H(t)\cos t)(z-1)\\ &\quad + (y'(0) - y(0))\mathcal{L}(H(t)\sin t)(z-1).\end{aligned}$$

Comme $\mathcal{L}(f(t))(z-1) = \mathcal{L}\left(e^t f(t)\right)(z)$, on obtient :

$$\begin{aligned}\mathcal{L}(y)(z) &= \mathcal{L}\left(H(t)e^t\sin t\right)(z)\mathcal{L}(T)(z) + y(0)\mathcal{L}\left(H(t)e^t\cos t\right)(z)\\ &\quad + (y'(0) - y(0))\mathcal{L}\left(H(t)e^t\sin t\right)(z)\\ &= \mathcal{L}\left(T * H(t)e^t\sin t + y(0)H(t)e^t\cos t + (y'(0) - y(0))H(t)e^t\sin t\right)(z),\end{aligned}$$

ou bien, puisque la transformation de Laplace est injective,

$$y(t) = T * H(t)e^t\sin t + y(0)H(t)e^t\cos t + (y'(0) - y(0))H(t)e^t\sin t.$$

D'autre part, pour $\varphi \in \mathcal{D}(\mathbb{R})$,

$$\begin{aligned}\left\langle e^k\delta_k * H(t)e^t\sin t, \varphi\right\rangle &= \left\langle H(t)e^t\sin t, \left\langle e^k\delta_k, \varphi(t+k)\right\rangle\right\rangle\\ &= \left\langle H(t)e^t\sin t, e^k\varphi(t+k)\right\rangle\end{aligned}$$

$$\begin{aligned}
&= \int_0^{+\infty} e^t \sin t e^k \varphi(t+k)dt \\
&\overset{t+k=x}{=} \int_k^{+\infty} e^x \sin(x-k)\varphi(x)dx \\
&= \int_{-\infty}^{+\infty} H(x-k)e^x \sin(x-k)\varphi(x)dx \\
&= \left\langle e^x H(x-k)\sin(x-k), \varphi \right\rangle.
\end{aligned}$$

On a alors :

$$e^k \delta_k * H(t)e^t \sin t = e^t H(t-k)\sin(t-k),$$

$$T * H(t)e^t \sin t = \sum_{k=0}^{+\infty} e^k \delta_k * H(t)e^t \sin t = \sum_{k=0}^{+\infty} e^t H(t-k)\sin(t-k),$$

$$y(t) = e^t \left[\sum_{k=0}^{E[t]} H(t-k)\sin(t-k) + y(0)H(t)\cos t + (y'(0)-y(0))H(t)\sin t \right],$$

où $E[t]$ est la partie entière du nombre réel t.

Exercice 7.14 *Trouver une distribution T sur $\mathbb{R}$, admettant une transformation de Laplace et vérifiant l'équation de convolution :*

$$(xe^x H(x)) * T = H(x)\sin x.$$

Solution. Si Re$p > 1$, appliquons la transformation de Laplace à cette équation, on a :

$$\begin{aligned}
\mathcal{L}((xe^x H(x)) * T)(z) &= \mathcal{L}(H(x)\sin x)(z), \\
\mathcal{L}(xe^x H(x))(z)\mathcal{L}(T)(z) &= \mathcal{L}(H(x)\sin x)(z).
\end{aligned}$$

Or, on a vu précédemment que $\mathcal{L}((xe^x H(x)))(z) = \frac{1}{(z-1)^2}$ si Re$z > 1$. On sait aussi que $\mathcal{L}(H(x)\sin x)(z) = \frac{1}{z^2+1}$, si Re$z > 0$. D'où,

$$\mathcal{L}(T)(z) = \frac{\mathcal{L}(H(x)\sin x)(z)}{\mathcal{L}(xe^x H(x))(z)} = \frac{\frac{1}{z^2+1}}{\frac{1}{(z-1)^2}} = \frac{(z-1)^2}{z^2+1}, \text{ si Re} z > 1.$$

$$\mathcal{L}(T)(z) = \frac{z^2 - 2z + 1}{z^2 + 1} = 1 - \frac{2z}{z^2 + 1}.$$

Puisque $\mathcal{L}\left(\frac{d}{dx}(H(x)\sin x)\right)(z) = z\mathcal{L}(H(x)\sin x)(z) = \frac{z}{(z-1)^2}$ si $\mathrm{Re}\, z > 1$, et comme la transformation de Laplace est injective, on obtient finalement :

$$\begin{aligned} \mathcal{L}(T)(z) &= \mathcal{L}\left(\delta - 2\frac{d}{dx}(H(x)\sin x)\right)(z), \\ T &= \delta - 2\frac{d}{dx}(H(x)\sin x) = \delta - 2H(x)\cos x. \end{aligned}$$

Exercice 7.15 *Pour tout $k \in \mathbb{N}^*$, on définit la fonction $f_k : \mathbb{R} \longrightarrow \mathbb{R}$ par $f_k(t) = k$ si $0 < t < \frac{1}{k}$ et $f_k(t) = 0$ sinon. On note T_k la distribution associée à la fonction f_k, $k \in \mathbb{N}^*$.*

(1) *Montrer que $T_k \in \mathcal{E}'(\mathbb{R})$ (espace des distributions à support compact sur $\mathbb{R}$) et que son support est contenu dans $\left[0, \frac{1}{k}\right]$.*

(2) *Soit φ une fonction de classe C^∞, en remarquant que $\int_0^{\frac{1}{k}} \varphi(0)\,dt = \frac{\varphi(0)}{k}$, montrer qu'il existe $M > 0$ tel que $|\langle T_k, \varphi\rangle - \varphi(0)| \leq \frac{M}{2k}$.*

(3) *En déduire que $T_k \longrightarrow \delta$ dans $\mathcal{E}'(\mathbb{R})$.*

(4) *Calculer la transformation de Laplace $\mathcal{L}(T_k)(z)$. Retrouver le résultat de la question (3) en calculant la limite de $\mathcal{L}(T_k)(z)$ lorsque $k \longrightarrow +\infty$.*

Solution.

(1) Les fonctions f_k, $k \in \mathbb{N}^*$, sont localement intégrables car sur tout intervalle $[a, b]$ fermé borné de $\mathbb{R}$, on a :

$$\int_a^b f_k(t)\,dt = k\lambda\left([a,b] \cap \left[0, \frac{1}{k}\right]\right) \leq k\lambda\left(\left[0, \frac{1}{k}\right]\right) \leq 1,$$

où λ est la mesure de Lebesgue sur $\mathbb{R}$. Donc les fonctions f_k définissent des distributions $T_k = T_{f_k}$, $k \in \mathbb{N}^*$, sur $\mathbb{R}$.

D'autre part, soit $\varphi \in \mathcal{D}(\mathbb{R})$ dont le support est contenu dans le complémentaire de $\left[0, \frac{1}{k}\right]$, alors on a :

$$\langle T_k, \varphi \rangle = \int_{\mathbb{R}} f_k(t)\varphi(t)dt = \int_0^{\frac{1}{k}} k\varphi(t)dt = 0,$$

puisque φ est nulle sur $\left[0, \frac{1}{k}\right]$. On en déduit que le support de T_k est contenu dans $\left[0, \frac{1}{k}\right]$, et donc $T_k \in \mathcal{E}'(\mathbb{R})$, pour tout k^*.

(2) Soit $\varphi \in \mathcal{E}(\mathbb{R})$, espace des fonctions de classe C^∞ sur $\mathbb{R}$, on a :

$$\begin{aligned}|\langle T_k, \varphi \rangle - \varphi\langle 0 \rangle| &= \left| \int_0^{\frac{1}{k}} k\varphi(t)dt - \varphi(0) \right| = \left| \int_0^{\frac{1}{k}} k\varphi(t)dt - \int_0^{\frac{1}{k}} k\varphi(0)dt \right| \\ &= \left| k\int_0^{\frac{1}{k}} [\varphi(t) - \varphi(0)]dt \right| \leq k\int_0^{\frac{1}{k}} |\varphi(t) - \varphi(0)|dt.\end{aligned}$$

Comme φ est C^∞, il existe une constante $M > 0$, telle que $|\varphi'(\xi)| \leq M$ quel que soit $\xi \in [0, t]$. D'après le théorème des accroissements finis, on a

$$|\varphi(t) - \varphi(0)| \leq tM, \; t > 0.$$

Reprenant les calculs précédents, on obtient :

$$|\langle T_k, \varphi \rangle - \varphi(0)| \leq k\int_0^{\frac{1}{k}} |\varphi(t) - \varphi(0)|dt \leq k\int_0^{\frac{1}{k}} Mtdt = \frac{M}{2k}.$$

(3) D'après l'inégalité établie dans la question (2), on a :
$\lim_{k \to +\infty} |\langle T_k, \varphi \rangle - \varphi(0)| = 0$ ou bien $\lim_{k \to +\infty} \langle T_k, \varphi \rangle = \varphi(0) = \langle \delta, \varphi \rangle$, $\forall \varphi \in \mathcal{E}(\mathbb{R})$, cela signifie que la suite de distributions $(T_k)_{k \in \mathbb{N}^*}$ converge vers la distribution de Dirac δ dans $\mathcal{E}'(\mathbb{R})$.

(4) On a :

$$\mathcal{L}(T_k)(z) = \mathcal{L}(f_k)(z) = \int_0^{+\infty} e^{-zt} f_k(t)dt = \int_0^{\frac{1}{k}} ke^{-zt}dt = \left[-\frac{k}{z}e^{-zt} \right]_0^{\frac{1}{k}} = \frac{k}{z}\left(1 - e^{-\frac{z}{k}}\right).$$

Un développement limité à l'ordre 2 de $e^{-\frac{z}{k}}$ donne,

$$e^{-\frac{z}{k}} \sim 1 - \frac{z}{k} + \frac{z^2}{2k^2} \text{ et } \frac{k}{z}\left(1 - e^{-\frac{z}{k}}\right) \sim 1 - \frac{z}{2k}.$$

On en déduit alors que $\lim_{k \to +\infty} \mathcal{L}(T_k)(z) = 1 = \mathcal{L}(\delta)(z)$. Ce qui confirme bien que $\lim_{k \to +\infty} T_k = \delta$ dans $\mathcal{E}'(\mathbb{R})$.

Exercice 7.16 *Soit f la fonction de la variable réelle t définie par $f(t) = 0$ si $t < 0$ et $f(t) = 2^{k-1}$ si $k < t < k+1$, pour $k = 0, 1, 2, ...$*

(1) *Calculer $\mathcal{L}(f)(z)$.*

(2) *Trouver $X \in \mathcal{D}'_+(\mathbb{R})$ solution de l'équation $X * f = \sum_{k=0}^{+\infty} 2^{k-1}\delta_k$.*

Solution.

(1) On a :

$$\begin{aligned}
\mathcal{L}(f)(z) &= \int_0^{+\infty} e^{-zt} f(t)\,dt = \sum_{k=0}^{+\infty} \int_k^{k+1} e^{-zt} f(t)\,dt = \sum_{k=0}^{+\infty} \int_k^{k+1} e^{-zt} 2^{k-1}\,dt \\
&= \sum_{k=0}^{+\infty} 2^{k-1} \left[-\frac{e^{-zt}}{z} \right]_k^{k+1} = \frac{1}{z} \sum_{k=0}^{+\infty} 2^{k-1} \left(e^{-kz} - e^{-(k+1)z} \right) \\
&= \frac{1 - e^{-z}}{z} \sum_{k=0}^{+\infty} 2^{k-1} e^{-kz}.
\end{aligned}$$

(2) Appliquons la transformation de Laplace aux deux membres de l'équation. Sachant que $\mathcal{L}(X * f)(z) = \mathcal{L}(X)(z)\mathcal{L}(f)(z)$, et que $\mathcal{L}(\delta_k)(z) = e^{-kz}$, on obtient :

$$\begin{aligned}
\mathcal{L}(X)(z)\mathcal{L}(f)(z) &= \mathcal{L}\left(\sum_{k=0}^{+\infty} 2^{k-1}\delta_k \right)(z) = \tfrac{z}{1-e^{-z}} \mathcal{L}(f)(z), \\
\mathcal{L}(X)(z) &= \tfrac{z}{1-e^{-z}}.
\end{aligned}$$

Mais comme $\frac{z}{1-e^{-z}} = z\sum_{k=0}^{+\infty} e^{-kz}$, et puisque $\mathcal{L}(\delta')(z) = z$, on en déduit que :

$$\begin{aligned}\mathcal{L}(X)(z) &= z\sum_{k=0}^{+\infty} e^{-kz} = \mathcal{L}(\delta')(z)\sum_{k=0}^{+\infty}\mathcal{L}(\delta_k)(z)\\ &= \mathcal{L}\left(\delta' * \sum_{k=0}^{+\infty}\delta_k\right)(z) = \mathcal{L}\left(\sum_{k=0}^{+\infty}\delta'_k\right)(z).\end{aligned}$$

Puisque la transformation de Laplace est injective, on trouve la solution

$$X = \sum_{k=0}^{+\infty}\delta'_k.$$

Exercice 7.17 *On considère l'équation différentielle de Bessel :*

$$x^2y'' + xy' + \left(x^2 - n^2\right)y = 0,\ n \in \mathbb{N},$$

où y désigne la fonction inconnue.

(1) *En effectuant le changement de fonction $y = x^n u$, déterminer l'équation (E) que doit satisfaire la fonction $u(x)$.*

(2) *On appelle fonction de Bessel de première espèce d'ordre n la fonction J_n définie par $J_n(x) = \left(\frac{x}{2}\right)^n \frac{u(x)}{n!}$, où u est solution de l'équation (E). Déterminer les transformations de Laplace des fonctions de Bessel $J_0(x)$, $J_0(ax)$, $a \in \mathbb{R}^*$, $J_1(x)$ et $J_n(x)$.* ***Indication :*** *on pourra utiliser sans démonstration que :*

$$\begin{aligned}J_0(x) &= 1 - \left(\frac{x}{2}\right)^2 + \frac{1}{(2!)^2}\left(\frac{x}{2}\right)^4 + \dots + \frac{(-1)^n}{(n!)^2}\left(\frac{x}{2}\right)^{2n} + \dots = \sum_{n=0}^{+\infty}\frac{(-1)^n}{(n!)^2}\left(\frac{x}{2}\right)^{2n},\\ J_1(x) &= \frac{x}{2}\left(1 - \frac{x^2}{2.4} + \frac{x^4}{2.4.6} + \dots + \frac{(-1)^n}{2.4\dots(2n+2)}x^{2n} + \dots\right),\\ J_n(x) &= \frac{1}{n!}\left(\frac{x}{2}\right)^n\left(1 - \frac{x^2}{2.(2n+2)} + \frac{x^4}{2.4.(2n+2).(2n+4)} + \dots\right),\\ J_n(x) &= \frac{1}{2\pi}\int_{-\pi}^{\pi} e^{i(n\theta - x\sin\theta)}d\theta \text{ et } \forall x \in \mathbb{R}^*,\ J_{n+1}(x) = -x^n\frac{d}{dx}\left(\frac{J_n(x)}{x^n}\right).\end{aligned}$$

Solution.

(1) Si $y(x) = x^n u(x)$, on a

$$y'(x) = nx^{n-1}u(x) + x^n u'(x) \text{ et } y''(x) = n(n-1)x^{n-2}u(x) + 2nx^{n-1}u'(x) + x^n u''(x),$$

et en remplaçant dans l'équation différentielle, on trouve :

$$\begin{array}{l} x^2\left(n(n-1)x^{n-2}u(x) + 2nx^{n-1}u'(x) + x^n u''(x)\right) + x\left(nx^{n-1}u(x) + x^n u'(x)\right) \\ + \left(x^2 - n^2\right)x^n u(x) = 0, \\ x^{n+2}u''(x) + x^{n+1}(2n+1)u'(x) + x^n\left(n(n-1) + n + \left(x^2 - n^2\right)\right)u(x) = 0, \\ xu''(x) + (2n+1)u'(x) + xu(x) = 0 \quad (E). \end{array}$$

(2) La fonction $J_0(x) = u(x)$ vérifie l'équation différentielle (E) pour $n = 0$,

$$xJ_0''(x) + J_0'(x) + xJ_0(x) = 0\,,$$

en appliquant la transformation de Laplace, on a :

$$\mathcal{L}(xJ_0''(x))(z) + \mathcal{L}(J_0'(x))(z) + \mathcal{L}(xJ_0(x))(z) = 0.$$

Soit $F(z) = \mathcal{L}(J_0(x))(z)$, alors en utilisant les formules

$$\begin{array}{ll} \frac{d^m}{dz^m}\mathcal{L}(f)(z) & = \mathcal{L}((-t)^m f)(z),\ m \in \mathbb{N}, \\ \mathcal{L}(f')(z) & = z\mathcal{L}(f)(z) - f(0^+), \\ \mathcal{L}(f'')(z) & = z^2\mathcal{L}(f)(z) - zf(0^+) - f'(0^+), \end{array}$$

f est une fonction causale, on a :

$$\begin{array}{rcl} \mathcal{L}(xJ_0''(x))(z) & = & -\dfrac{d}{dz}\mathcal{L}(J_0''(x))(z) = -\dfrac{d}{dz}\left(z^2\mathcal{L}(J_0(x))(z) - zJ_0(0^+) - J_0'(0^+)\right) \\ & = & -\dfrac{d}{dz}\left(z^2F(z) - zJ_0(0^+)\right) = -2zF(z) - z^2\dfrac{dF}{dz}(z) + J_0(0^+), \\ \mathcal{L}(J_0'(x))(z) & = & zF(z) - J_0(0^+) \text{ et } \mathcal{L}(xJ_0(x))(z) = -\dfrac{dF}{dz}(z), \end{array}$$

donc $F(z)$ vérifie l'équation différentielle :

$$-2zF(z) - z^2\frac{dF}{dz}(z) + J_0(0^+) + zF(z) - J_0(0^+) - \frac{dF}{dz}(z) = 0,$$

$$\left(1 + z^2\right)\frac{dF}{dz}(z) + zF(z) = 0.$$

En résolvant cette équation différentielle linéaire homogène du premier ordre on trouve directement,

$$F(z) = \mathcal{L}(J_0(x))(z) = \frac{C}{\sqrt{1+z^2}}, \ C \in \mathbb{C}.$$

Or, $\lim\limits_{|z|\to+\infty} zF(z) = J_0(0^+) = 1$, ce qui montre que $C = 1$ et $\mathcal{L}(J_0(x))(z) = \frac{1}{\sqrt{1+z^2}}$.
De même, on a pour $a \neq 0$:

$$\mathcal{L}(J_0(ax))(z) = \int_0^{+\infty} J_0(ax)e^{-xz}dx \overset{u=ax}{=} \frac{1}{|a|}F\left(\frac{z}{|a|}\right) = \frac{1}{|a|}\frac{1}{\sqrt{1+\left(\frac{z}{|a|}\right)^2}} = \frac{1}{\sqrt{a^2+z^2}}.$$

Puisque $J_1(x) = -J_0'(x)$,

$$\mathcal{L}(J_1(x))(z) = -\mathcal{L}(J_0'(x))(z) = -(zF(z) - J_0(0^+)) = -\frac{z}{\sqrt{1+z^2}} + 1 = \frac{\sqrt{1+z^2}-z}{\sqrt{1+z^2}}.$$

Par récurrence sur $n \in \mathbb{N}$, on trouve :

$$\mathcal{L}(J_n(x))(z) = \frac{\left(\sqrt{1+z^2}-z\right)^n}{\sqrt{1+z^2}}, \ \mathrm{Re} z > 0.$$

Exercice 7.18

(1) *Utiliser la transformation de Laplace pour résoudre l'équation différentielle* $xy''(x) + y'(x) + 4xy(x) = 0$ *avec les conditions initiales* $y(0) = 3$ *et* $y'(0) = 0$.

(2) *Décomposer en éléments simples la fraction* $\frac{2z+1}{(z-2)(z^2+1)}$. *Résoudre l'équation différentielle* $y''(x) - \frac{5}{2}y'(x) + y(x) = -\frac{5}{2}\sin x$, *avec* $y(0) = 0$ *et* $y'(0) = 2$.

(3) *Résoudre les systèmes :*

$$(SI)\begin{cases} y'' + (z'-y') = -\frac{3}{4}y \\ z'' - (z'-y') = -\frac{3}{4}z \end{cases}$$

avec les conditions initiales $y(0) = z(0) = 0$, $y'(0) = 1$ *et* $z'(0) = -1$.

$$(SII)\begin{cases} y_1'(x) + 2y_2'(x) + 3y_3'(x) = 0 \\ y_1'(x) - y_2'(x) = 3x - 3 \\ y_2'(x) + 2y_3(x) = 1 - x^2 \end{cases},$$

avec les conditions $y_1(0) = y_2(0) = y_3(0) = 0$.

(4) *Soit* $\omega \in \mathbb{R}$, *on pose* $f(x) = x\sin(\omega x)$. *Montrer que*

$$f''(x) = 2\omega\cos(\omega x) - \omega^2 f(x).$$

En déduire la transformation de Laplace de f.

De quelle fonction $\dfrac{z}{(z^2+3)^2}$ *est-elle la transformation de Laplace ?*

Solution.

(1) Appliquons la transformation de Laplace à l'équation

$$xy''(x) + y'(x) + 4xy(x) = 0,$$

on trouve

$$\mathcal{L}(xy''(x))(z) + \mathcal{L}(y'(x))(z) + 4\mathcal{L}(xy(x))(z) = 0.$$

Posons $X(z) = \mathcal{L}(y(x))(z)$.

$$\begin{aligned}
\mathcal{L}(xy''(x))(z) &= -\frac{d}{dz}\mathcal{L}(y''(x))(z) = -\frac{d}{dz}\left[z^2X(z) - zy(0) - y'(0)\right] \\
&= -\frac{d}{dz}\left[z^2X(z) - 3z\right] = -2zX(z) - z^2\frac{dX}{dz}(z) + 3; \\
\mathcal{L}(y'(x))(z) &= zX(z) - y(0) = zX(z) - 3; \\
\mathcal{L}(xy(x))(z) &= -\frac{d}{dz}\mathcal{L}(y(x))(z) = -\frac{dX}{dz}(z).
\end{aligned}$$

Alors,

$$-2zX(z) - z^2\frac{dX}{dz}(z) + 3 + zX(z) - 3 - 4\frac{dX}{dz}(z) = 0 \text{ ou} \left(z^2+4\right)\frac{dX}{dz}(z) + zX(z) = 0.$$

La solution de l'équation différentielle $\frac{dX}{X} = -\frac{z}{z^2+4}dz$ est $X(z) = \frac{C}{\sqrt{z^2+4}}$. Or, on sait que $\mathcal{L}(J_0(x))(z) = \frac{1}{\sqrt{z^2+1}}$ où $J_0(x)$ est la fonction de Bessel d'ordre 0. Donc :

$$y(x) = \frac{C}{2}\mathcal{L}^{-1}\left(\frac{1}{\sqrt{1+\left(\frac{z}{2}\right)^2}}\right)(x) = \frac{C}{2}J_0(2x).$$

Les conditions initiales permettent de calculer la valeur de la constante C, on trouve $C = 6$. La solution est donc $y(x) = 3J_0(2x)$.

(2) On trouve $\frac{2z+1}{(z-2)(z^2+1)} = \frac{1}{z-2} - \frac{z}{z^2+1}$.
On pose $X(z) = \mathcal{L}(y(x))(z)$. La transformation de Laplace de l'équation différentielle est

$$z^2 X(z) - 2 - \frac{5}{2} z X(z) + X(z) = -\frac{5}{2}\frac{1}{1+z^2}$$

ou bien

$$X(z) = \frac{2z+1}{(z-2)(z^2+1)} = \frac{1}{z-2} - \frac{z}{z^2+1}.$$

Par suite $y(x) = \mathcal{L}^{-1}(X(z))(x) = \mathcal{L}^{-1}\left(\frac{1}{z-2}\right)(x) - \mathcal{L}^{-1}\left(\frac{z}{z^2+1}\right)(x) = e^{2x} - \cos x$.

(3) (i) On note $Y(p) = \mathcal{L}(y(x))(p)$ et $Z(p) = \mathcal{L}(z(x))(p)$. La transformation de Laplace du système (SI) :

$$\begin{cases} p^2 Y(p) - 1 + p(Z(p) - Y(p)) = -\frac{3}{4} Y(p) \\ p^2 Z(p) + 1 - p(Z(p) - Y(p)) = -\frac{3}{4} Z(p) \end{cases}$$

ou

$$\begin{cases} p^2(Y(p) + Z(p)) = -\frac{3}{4}(Y(p) + Z(p)) \\ p^2(Y(p) - Z(p)) - 2 + 2p(Z(p) - Y(p)) = -\frac{3}{4}(Y(p) - Z(p)) \end{cases},$$

$$\begin{cases} Y(p) + Z(p) = 0 \\ 2p^2 Y(p) - 2 - 4pY(p) = -\frac{3}{2} Y(p) \end{cases},$$

$$Y(p) = \frac{1}{\left(p - \frac{1}{2}\right)\left(p - \frac{3}{2}\right)} = \frac{1}{p - \frac{3}{2}} - \frac{1}{p - \frac{1}{2}} = -Z(p).$$

On a donc :

$$\begin{aligned} y(x) &= \mathcal{L}^{-1}(Y(p))(x) = \mathcal{L}^{-1}\left(\frac{1}{p - \frac{3}{2}}\right)(x) - \mathcal{L}^{-1}\left(\frac{1}{p - \frac{1}{2}}\right)(x) = e^{\frac{3x}{2}} - e^{\frac{x}{2}}, \\ z(x) &= \mathcal{L}^{-1}(Z(p))(x) = -\mathcal{L}^{-1}(Y(p))(x) = e^{\frac{x}{2}} - e^{\frac{3x}{2}}. \end{aligned}$$

(ii) On note $Y_j = Y_j(p) = \mathcal{L}(y_j(x))(p)$, $j \in \{1, 2, 3\}$. La transformation de Laplace du système (SII) donne le système suivant :

$$\begin{cases} pY_1 + 2pY_2 + 3pY_3 = 0 \\ pY_1 - pY_2 = \frac{3}{p^2} - \frac{3}{p} \\ pY_2 + 2Y_3 = \frac{1}{p} - \frac{2}{p^3} \end{cases} \quad \text{ou} \quad \begin{cases} pY_1 = -2pY_2 - 3pY_3 \\ -pY_2 - pY_3 = \frac{1}{p^2} - \frac{1}{p} \\ pY_2 + 2Y_3 = \frac{1}{p} - \frac{2}{p^3} \end{cases}$$

$$\begin{cases} pY_1 = -2pY_2 - 3pY_3 \\ -pY_2 - pY_3 = \frac{1}{p^2} - \frac{1}{p} \\ (2-p)Y_3 = \frac{1}{p^2} - \frac{2}{p^3} \end{cases} \quad \text{donc} \quad \begin{cases} Y_1 = -\frac{2}{p^2} + \frac{3}{p^3} \\ Y_2 = \frac{1}{p^2} \\ Y_3 = -\frac{1}{p^3} \end{cases}$$

Alors

$$\begin{aligned}
y_1(x) &= \mathcal{L}^{-1}(Y_1)(x) = \mathcal{L}^{-1}\left(-\frac{2}{p^2}+\frac{3}{p^3}\right)(x) = -2x+\frac{3}{2}x^2,\\
y_2(x) &= \mathcal{L}^{-1}(Y_2)(x) = \mathcal{L}^{-1}\left(\frac{1}{p^2}\right)(x) = x,\\
y_3(x) &= \mathcal{L}^{-1}(Y_3)(x) = \mathcal{L}^{-1}\left(-\frac{1}{p^3}\right)(x) = -\frac{x^2}{2}.
\end{aligned}$$

(4) On a :

$$\begin{aligned}
f'(x) &= \sin(\omega x)+\omega x\cos(\omega x),\\
f''(x) &= 2\omega\cos(\omega x)-\omega^2 x\sin(\omega x) = 2\omega\cos(\omega x)-\omega^2 f(x).
\end{aligned}$$

En prenant la transformation de Laplace de f'', on trouve :

$$\begin{aligned}
z^2\mathcal{L}(f(x))(z)-zf(0)-f'(0) &= 2\omega\mathcal{L}(\cos(\omega x))(z)-\omega^2\mathcal{L}(f(x))(z)\\
&= \frac{2\omega z}{z^2+\omega^2}-\omega^2\mathcal{L}(f(x))(z).
\end{aligned}$$

D'où,

$$\begin{aligned}
\mathcal{L}(f(x))(z) &= \frac{2\omega z}{(z^2+\omega^2)^2},\\
\frac{z}{(z^2+\omega^2)^2} &= \frac{1}{2\sqrt{3}}\frac{2\sqrt{3}z}{\left(z^2+\left(\sqrt{3}\right)^2\right)^2} = \mathcal{L}\left(\frac{x}{2\sqrt{3}}\sin\left(\sqrt{3}x\right)\right)(z).
\end{aligned}$$

Exercice 7.19

(1) *Montrer que* $\displaystyle\int_0^t (t-x)^p x^q dx = \frac{p!q!}{(p+q+1)!}t^{p+q+1}$, $\forall p,q\in\mathbb{N}$.

(2) *En utilisant le développement en série entière de la fonction de Bessel* $J_0(x)$, *calculer directement* $S = H(x)J_0(x) * H(x)J_0(x)$. *On admettra la formule* $\displaystyle\sum_{p+q=k}\frac{(2p)!(2q)!}{2^{2p}2^{2q}(p!)^{2q}(q!)^2} = 1$, *pour tout* $k\in\mathbb{N}$.

(3) *Vérifier en utilisant la transformation de Laplace et le calcul symbolique que* $S(x) = H(x)\sin x$.

(4) *Montrer que la distribution S vérifie l'équation $S''+S=\delta$ et donner un opérateur différentiel D tel que $DS=\delta$.*

(5) *Vérifier que $D(HJ_0)=\delta'+HDJ_0$.*

(6) *Utiliser l'équation (E) de l'exercice 7.17, pour montrer que*

$$D(HJ_0)=\delta'+H(x)\frac{J_1(x)}{x}.$$

En déduire que $H(x)J_0(x)*H(x)\frac{J_1(x)}{x}=H(x)J_1(x)$.

Solution.

(1) Soit $I_{p,q}=\int_0^t (t-x)^p x^q dx$, où $p,q\in\mathbb{N}$. Faisons une intégration par parties :

$$\begin{aligned}
I_{p,q} &= \int_0^t (t-x)^p\left(\frac{x^{q+1}}{q+1}\right)' dx=\left[(t-x)^p\frac{x^{q+1}}{q+1}\right]_{x=0}^t+\frac{p}{q+1}\int_0^t (t-x)^{p-1}x^{q+1}dx\\
&= \frac{p}{q+1}I_{p-1,q+1}.
\end{aligned}$$

On en déduit alors,

$$\begin{aligned}
I_{p,q} &= \frac{p}{q+1}I_{p-1,q+1}=\frac{p}{q+1}\frac{p-1}{q+2}I_{p-2,q+2}=\frac{p}{q+1}\frac{p-1}{q+2}\frac{p-2}{q+3}...I_{0,p+q}\\
&= \frac{p!}{(q+1)(q+2)...(q+p)}\int_0^t x^{p+q}dx=\frac{p!}{(q+1)(q+2)...(q+p)}\frac{t^{p+q+1}}{(p+q+1)}\\
&= \frac{p!}{q!(q+1)(q+2)...(q+p)}\frac{q!}{(p+q+1)}t^{p+q+1}=\frac{p!q!}{(p+q+1)!}t^{p+q+1}.
\end{aligned}$$

(2) On a :

$$\begin{aligned}
S(t) &= (H(x)J_0(x)*H(x)J_0(x))(t)\\
&= \left(\sum_{k=0}^{+\infty}\frac{(-1)^k}{(k!)^2}\left(\frac{x}{2}\right)^{2k}H(x)\right)*\left(\sum_{i=0}^{+\infty}\frac{(-1)^i}{(i!)^2}\left(\frac{x}{2}\right)^{2i}H(x)\right)(t)\\
&= \sum_{k,i=0}^{+\infty}\frac{(-1)^{k+i}}{(k!)^2(i!)^2}\frac{1}{2^{2k}2^{2i}}\left(x^{2k}H(x)*x^{2i}H(x)\right)
\end{aligned}$$

$$\begin{aligned}
&= \sum_{k,i=0} \frac{(-1)^{k+i}}{(k!)^2(i!)^2} \frac{1}{2^{2k}2^{2i}} \int_0^t (t-x)^{2k} x^{2i} dx \\
&= \sum_{k,i=0}^{+\infty} \frac{(-1)^{k+i}}{(k!)^2(i!)^2} \frac{1}{2^{2k}2^{2i}} I_{2k,2i} \\
&= \sum_{k,i=0}^{+\infty} \frac{(-1)^{k+i}}{(k!)^2(i!)^2} \frac{1}{2^{2k}2^{2i}} \frac{(2k)!(2i)!}{(2k+2i+1)!} t^{2k+2i+1} \\
&= \sum_{l=0}^{+\infty} \sum_{k+i=l} \frac{(-1)^l}{(k!)^2(i!)^2} \frac{1}{2^{2k}2^{2i}} \frac{(2k)!(2i)!}{(2l+1)!} t^{2l+1}.
\end{aligned}$$

Comme $\sum_{k+i=l} \frac{(2k)!(2i)!}{(k!)^2(i!)^2} \frac{1}{2^{2k}2^{2i}} = 1$, pour tout $l \in \mathbb{N}$, il en résulte,

$$S(t) = (H(x)J_0(x) * H(x)J_0(x))(t) = \sum_{l=0}^{+\infty} (-1)^l \frac{t^{2l+1}}{(2l+1)!} = H(t)\sin t.$$

(3) Appliquons la transformation de Laplace et le calcul de l'exercice précédent, on trouve :

$$\mathcal{L}(S(t))(z) = \mathcal{L}(HJ_0)(z)\mathcal{L}(HJ_0)(z) = \frac{1}{\sqrt{1+z^2}} \times \frac{1}{\sqrt{1+z^2}} = \frac{1}{1+z^2}.$$

Or, $\mathcal{L}(H(t)\sin t)(z) = \frac{1}{1+z^2}$, donc par injectivité de la transformation de Laplace on a bien $S(t) = H(t)\sin t$.

(4) En tenant compte du fait que $\delta \sin t = 0$ et $\delta \cos t = \delta$, dans la dérivation de S, on obtient :

$$\begin{aligned}
S'(t) &= H'(t)\sin t + H(t)\cos t = H(t)\cos t, \\
S''(t) &= H'(t)\cos t - H(t)\sin t = \delta\cos t - H(t)\sin t = \delta - H(t)\sin t.
\end{aligned}$$

On a alors la relation $S''(t) + S(t) = \delta$, et l'opérateur demandé $D = \frac{d^2}{dt^2} + 1$, avec $DS = \delta$.

(5) On utilise ici $J_0(0) = 1$ et $J_0'(0) = 0$, on a :

$$\begin{aligned}
D(HJ_0) &= (HJ_0)'' + HJ_0 = (H'J_0 + HJ_0')' + HJ_0 = (J_0\delta + HJ_0')' + HJ_0 \\
&= (J_0(0)\delta + HJ_0')' + HJ_0 = (\delta + HJ_0')' + HJ_0 \\
&= \delta' + J_0'(0) + HJ_0'' + HJ_0 = \delta' + H(J_0'' + J_0) \\
&= \delta' + HDJ_0.
\end{aligned}$$

(6) Puisque J_0 est solution de (E) (pour $n = 0$), on a $x^2J_0'' + xJ_0' + x^2J_0 = 0$. Comme $J_1 = -J_0'$, on a $J_0''(x) + J_0(x) = \frac{J_1(x)}{x}$. Autrement dit $DJ_0 = \frac{J_1(x)}{x}$. Il en résulte d'après la question (5), $D(HJ_0) = \delta' + H(x)\frac{J_1(x)}{x}$. Le produit de convolution s'en déduit :

$$\begin{aligned} H(x)J_0(x) * H(x)\frac{J_1(x)}{x} &= HJ_0 * (D(HJ_0) - \delta') = HJ_0 * D(HJ_0) - (HJ_0) * \delta' \\ &= D((HJ_0) * (HJ_0)) - (HJ_0)' = DS - HJ_0' - \delta = HJ_1 \end{aligned}$$

puisque $DS - \delta = 0$ et $J_1 = -J_0'$.

Exercice 7.20

(1) *Utiliser la transformation de Laplace pour résoudre l'équation différentielle :*

$$xy''(x) + (1-2x)y'(x) - 2y(x) = 0,$$

avec $y(0) = 1$ *et* $y'(0) = 2$.

(2) *Résoudre l'équation différentielle* $\frac{d^3y}{dx^3} + y(x) = 0$, *avec les conditions initiales* $y(0) = 1$, $y'(0) = 3$, $y''(0) = 8$, *en utilisant la méthode de Laplace.*

Solution.

(1) Appliquons la transformation de Laplace à l'équation donnée,

$$\begin{aligned} \mathcal{L}(xy''(x))(z) + \mathcal{L}((1-2x)y'(x))(z) - 2\mathcal{L}(y(x))(z) &= 0, \\ \mathcal{L}(y''(x))(z) + \mathcal{L}(y'(x))(z) + 2\mathcal{L}(-xy'(x))(z) - 2\mathcal{L}(y(x))(z) &= 0, \end{aligned}$$

ce qui donne en utilisant les formules de dérivation liées à la transformation de Laplace :

$$-\frac{d}{dz}\left(z^2\mathcal{L}(y)(z) - zy(0) - y'(0)\right) + z\mathcal{L}(y)(z) - y(0) + 2\frac{d}{dz}(z\mathcal{L}(y)(z) - y(0))$$
$$-2\mathcal{L}(y)(z) = 0.$$

Tenant compte des conditions initiales , on obtient en posant $X(z) = \mathcal{L}(y)(z)$:

$$-\frac{d}{dz}\left(z^2X(z) - z - 3\right) + zX(z) - 1 + 2\frac{d}{dz}(zX(z) - 1) - 2X(z) = 0\,;$$
$$\left(2z - z^2\right)\frac{dX}{dz}(z) - zX(z) = 0 \text{ ou } \frac{dX(z)}{X(z)} = \frac{dz}{2-z}\,.$$

L'intégration de cette équation donne alors $X(z) = \frac{C}{z-2} = \mathcal{L}\left(CH(x)e^{2x}\right)(z)$ et $y(x) = CH(x)e^{2x}$. Comme $y(0) = 1 = C$, on a $y(x) = e^{2x}$.

(2) On note $F(z) = \mathcal{L}(y(x))(z)$. On a $\mathcal{L}\left(y^{(3)}(x)\right)(z) + \mathcal{L}(y(x))(z) = 0$. Comme $\mathcal{L}\left(y^{(3)}(x)\right)(z) = z^3F(z) - z^2y(0) - zy'(0) - y''(0) = z^3F(z) - z^2 - 3z - 8$, on a alors :

$$\left(z^3+1\right)F(z) = z^2+3z+8 \text{ et } F(z) = \frac{z^2+3z+8}{z^3+1}.$$

Décomposons $F(z)$ en éléments simples. On a :

$$\begin{aligned} F(z) &= \frac{z^2+3z+8}{(z+1)(z^2-z+1)} = \frac{2}{z+1} + \frac{6-z}{z^2-z+1} \\ &= \frac{2}{z+1} - \frac{z-\frac{1}{2}}{\left(z-\frac{1}{2}\right)^2 + \left(\sqrt{\frac{3}{4}}\right)^2} + \frac{11}{\sqrt{3}} \frac{\sqrt{\frac{3}{4}}}{\left(z-\frac{1}{2}\right)^2 + \left(\sqrt{\frac{3}{4}}\right)^2}. \end{aligned}$$

Par conséquent,

$$\begin{aligned} y(x) &= \mathcal{L}^{-1}(F(z))(x) \\ &= \mathcal{L}^{-1}\left(\frac{2}{z+1}\right)(x) - \mathcal{L}^{-1}\left(\frac{z-\frac{1}{2}}{\left(z-\frac{1}{2}\right)^2 + \left(\sqrt{\frac{3}{4}}\right)^2}\right)(x) \\ &\quad + \mathcal{L}^{-1}\left(\frac{11}{\sqrt{3}} \frac{\sqrt{\frac{3}{4}}}{\left(z-\frac{1}{2}\right)^2 + \left(\sqrt{\frac{3}{4}}\right)^2}\right)(x) \\ y(x) &= 2e^{-x} + e^{\frac{x}{2}}\left(-\cos\left(\frac{\sqrt{3}}{2}x\right) + \frac{11}{\sqrt{3}}\sin\left(\frac{\sqrt{3}}{2}x\right)\right). \end{aligned}$$

Exercice 7.21

(1) *Résoudre en utilisant la transformation de Laplace, l'équation différentielle* $y''(x) + y(x) = xH(x)$ *sous les conditions initiales* $y(0) = 1$ *et* $y'(0) = -2$.

(2) *Montrer que la fonction* $H(x)\sin x$ *définit une distribution de* $\mathcal{D}'_+(\mathbb{R})$. *Justifier alors l'existence du produit de convolution* $H(x)\sin x * H(x)\sin x$ *et le calculer.*

(3) *On considère l'équation différentielle*

$$(E) \; : y''(x) + y(x) = H(x)\sin x.$$

Ecrire (E) sous forme d'une équation de convolution dans $\mathcal{D}'_+(\mathbb{R})$.
Montrer alors que (E) admet une solution unique dans $\mathcal{D}'_+$ et la calculer en utilisant le calcul symbolique.

Solution.

(1) Appliquons la transformation de Laplace à l'équation donnée, on a :

$$\mathcal{L}(y''(x))(z) + \mathcal{L}(y(x))(z) = \mathcal{L}(xH(x))(z).$$

Comme

$$\mathcal{L}(y''(x))(z) = z^2\mathcal{L}(y(x))(z) - zy(0^+) - y'(0^+)$$

et

$$\mathcal{L}(xH(x))(z) = -\frac{d}{dz}\mathcal{L}(H(x))(z) = -\frac{d}{dz}\left(\frac{1}{z}\right) = \frac{1}{z^2}, \text{ si } \operatorname{Re} z > 0,$$

l'équation devient :

$$z^2\mathcal{L}(y)(z) - z + 2 + \mathcal{L}(y)(z) = \frac{1}{z^2} \text{ ou } \left(z^2+1\right)\mathcal{L}(y)(z) = \frac{1}{z^2} + z - 2.$$

$$\begin{aligned}\mathcal{L}(y)(z) &= \frac{1}{z^2+1}\frac{1}{z^2} + \frac{z}{z^2+1} - \frac{2}{z^2+1} = \frac{1}{z^2} - \frac{1}{z^2+1} + \frac{z}{z^2+1} - \frac{2}{z^2+1}\\ &= \frac{1}{z^2} - \frac{3}{z^2+1} + \frac{z}{z^2+1} = \mathcal{L}(H(x)\cos x - 3H(x)\sin x + xH(x))(z).\end{aligned}$$

Par injectivité de la transformation de Laplace, $y(x) = \cos x - 3\sin x + x$.

(2) La fonction $H(x)\sin x$ définit une distribution de $\mathcal{D}'_+(\mathbb{R})$ car elle est localement intégrable dans $\mathbb{R}$ et à support dans $[0, +\infty[$. Le produit de convolution $H(x)\sin x * H(x)\sin x$ existe car il est bien défini dans $\mathcal{D}'_+(\mathbb{R})$ et la distribution $H(x)\sin x$ est dans $\mathcal{D}'_+(\mathbb{R})$. On a :

$$\begin{aligned}[H(x)\sin x * H(x)\sin x](t) &= \int_0^t \sin(t-x)\sin x\,dx\\ &= -\frac{1}{2}\int_0^t [\cos t - \cos(2x-t)]\,dx\\ &= -\frac{1}{2}\left\{t\cos t - \left[\frac{\sin(2x-t)}{2}\right]_{x=0}^{t}\right\}H(t)\\ &= \left(\frac{\sin t}{2} - \frac{t\cos t}{2}\right)H(t).\end{aligned}$$

(3) L'équation (E) s'écrit dans $\mathcal{D}'_+(\mathbb{R})$,

$$y'' * \delta + y * \delta = H(x)\sin x \text{ ou bien } y * \delta'' + y * \delta = H(x)\sin x,$$

donc $(\delta'' + \delta) * y = H(x)\sin x$.
Multiplions les deux membres de l'équation $(\delta'' + \delta) * y = H(x)\sin x$ par l'inverse de $(\delta'' + \delta)$, $(\delta'' + \delta)^{-1}$ existe dans $\mathcal{D}'_+(\mathbb{R})$. Alors,

$$y(x) = (\delta'' + \delta)^{-1} * H(x)\sin x.$$

Utilisons le calcul symbolique de la transformation de Laplace pour déterminer $(\delta'' + \delta)^{-1}$.
On a $(\delta'' + \delta)^{-1} * (\delta'' + \delta) = \delta$ et $\mathcal{L}\left((\delta'' + \delta)^{-1}\right)(z)\mathcal{L}(\delta'' + \delta)(z) = \mathcal{L}(\delta)(z) = 1$, alors $\mathcal{L}\left((\delta'' + \delta)^{-1}\right)(z)\left(z^2 + 1\right) = 1$ et

$$\mathcal{L}\left((\delta'' + \delta)^{-1}\right)(z) = \frac{1}{z^2 + 1} = \frac{1}{2i}\left(\frac{1}{z - i} - \frac{1}{z + i}\right).$$

Comme $\mathcal{L}\left(H(x)e^{\lambda x}\right)(z) = \frac{1}{z - \lambda}$, on en déduit :

$$\begin{aligned}
\mathcal{L}\left((\delta'' + \delta)^{-1}\right)(z) &= \frac{1}{2i}\left[\mathcal{L}\left(H(x)e^{ix}\right)(z) - \mathcal{L}\left(H(x)e^{-ix}\right)(z)\right] \\
&= \mathcal{L}\left(H(x)\frac{e^{ix} - e^{-ix}}{2i}\right)(z) = \mathcal{L}(H(x)\sin x)(z), \\
(\delta'' + \delta)^{-1} &= H(x)\sin x.
\end{aligned}$$

Par conséquent, $y(x) = [H(t)\sin t * H(t)\sin t](x) = \left(\frac{\sin t}{2} - \frac{t\cos t}{2}\right)H(t)$.

Exercice 7.22

(1) *Résoudre dans $\mathcal{D}'_+(\mathbb{R})$, l'équation différentielle*

$$y''(x) + 2y'(x) + y(x) = H(x).$$

(2) *Résoudre, dans $\mathcal{D}'_+(\mathbb{R})$, en utilisant la transformation de Laplace l'équation intégrale* $\displaystyle\int_0^x f(t)\cos(x - t)dt = f'(x)$.

Solution.

(1) Dans $\mathcal{D}'_+(\mathbb{R})$, l'équation $y''(x) + 2y'(x) + y(x) = H(x)$ est équivalente à l'équation de convolution

$$y'' * \delta + 2y' * \delta + y * \delta = H(x) \text{ ou bien } (\delta'' + 2\delta' + \delta) * y = H(x).$$

En utilisant le calcul symbolique, cela revient à chercher la distribution correspondant à $\frac{1}{(z+1)^2}$ qui est l'inverse symbolique de la distribution $\delta'' + 2\delta' + \delta$.

$$\begin{aligned}\mathcal{L}\left((\delta'' + 2\delta' + \delta)^{-1}\right)(z) &= \frac{1}{z^2 + 2z + 1} = \frac{1}{(z+1)^2} = \mathcal{L}(H(x)xe^{-x})(z),\\ (\delta'' + 2\delta' + \delta)^{-1} &= H(x)xe^{-x}.\end{aligned}$$

D'où,

$$y(x) = (\delta'' + 2\delta' + \delta)^{-1} * H(x) = H(x)xe^{-x} * H(x).$$

On a :

$$y(t) = [H(x)xe^{-x} * H(x)](t) = \int_0^t xe^{-x}dx = -te^{-t} - e^{-t} + 1.$$

(2) L'équation intégrale $\int_0^x f(t)\cos(x-t)dt = f'(x)$ est équivalente dans $\mathcal{D}'_+$, à l'équation de convolution :$[H(t)f(t) * H(t)\cos t](x) = H(x)f'(x)$.
En prenant la transformation de Laplace, on a :

$$\mathcal{L}(H(t)f(t))(z).\mathcal{L}(H(x)\cos x)(z) = \mathcal{L}(H(x)f'(x))(z).$$

Tenant compte des résultats

$$\mathcal{L}(H(x)f'(x))(z) = z\mathcal{L}(Hf)(z) - f(0) \text{ et } \mathcal{L}(H(x)\cos x)(z) = \frac{z}{z^2+1},$$

on obtient :

$$\mathcal{L}(Hf)(z) = f(0)\frac{(z^2+1)}{z^3} = f(0)\left(\frac{1}{z} + \frac{1}{z^3}\right) = f(0)\left(\mathcal{L}(H)(z) + \mathcal{L}\left(H(x)\frac{x^2}{2}\right)(z)\right).$$

D'où,

$$H(x)f(x) = f(0)H(x)\left(1 + \frac{x^2}{2}\right).$$

Exercice 7.23 *Utiliser la transformation de Laplace pour résoudre les équations intégrales suivantes :*

(1) $f(x) = x^2 + \int_0^x f(t)\sin(x-t)dt;$

(2) $f(x) = \sin x + 2\int_0^x f(t)\cos(x-t)dt;$

(3) $f''(x) + \int_0^x f'(t)e^{2(x-t)}dt = e^{2x}$, *avec* $f(0) = 0$ *et* $f'(0) = 1;$

(4) $x = \int_0^x \cos(x-t)f(t)dt.$

Solution.

(1) L'équation intégrale donnée est équivalente dans l'algèbre de convolution $\mathcal{D}'_+(\mathbb{R})$, à l'équation :

$$H(x)f(x) = x^2H(x) + [H(t)f(t) * H(t)\sin t](x)$$

Appliquons la transformation de Laplace, on a :

$$\begin{aligned}
\mathcal{L}(Hf)(z) &= \mathcal{L}\left(x^2H\right)(z) + \mathcal{L}(Hf * H\sin t)(z)\\
&= \frac{d^2}{dz^2}\mathcal{L}(H)(z) + \mathcal{L}(Hf)(z)\mathcal{L}(H\sin t)(z),\\
\mathcal{L}(Hf)(z) &= \frac{d^2}{dz^2}\left(\frac{1}{z}\right) + \frac{1}{1+z^2}\mathcal{L}(Hf)(z) = \frac{2}{z^3} + \frac{1}{1+z^2}\mathcal{L}(Hf)(z),\\
\mathcal{L}(Hf)(z) &= \frac{2}{z^3} + \frac{2}{z^5} = \mathcal{L}\left(x^2H\right)(z) + \frac{1}{12}\mathcal{L}\left(x^4H\right)(z).
\end{aligned}$$

Par conséquent, $f(x) = x^2H(x) + \frac{1}{12}x^4H(x)$.

(2) L'équation (2) s'écrit sous la forme

$$H(x)f(x) = H(x)\sin x + 2H(x)\cos x * H(x)f(x).$$

En appliquant sur les deux membres de cette équation la transformation de Laplace, on obtient :

$$\begin{aligned}\mathcal{L}(Hf)(z) &= \mathcal{L}(H\sin x)(z) + 2\mathcal{L}(H\cos x)(z)\mathcal{L}(Hf)(z) \\ &= \frac{1}{1+z^2} + \frac{2z}{1+z^2}\mathcal{L}(Hf)(z).\end{aligned}$$

Ainsi, $\mathcal{L}(Hf)(z) = \frac{1}{(z-1)^2}$, et par conséquent $f(x) = xe^x$.

(3) Soit $F(z) = \mathcal{L}(f)(z)$ la transformation de Laplace de la fonction causale $f(x)$. On a :

$$\mathcal{L}(f'')(z) + \mathcal{L}\left(f'(x) * e^{2x}\right)(z) = \mathcal{L}\left(e^{2x}\right)(z).$$

Or,

$$\begin{aligned}\mathcal{L}(f'')(z) &= z^2F(z) - zf(0) - f'(0) = z^2F(z) - 1, \\ \mathcal{L}\left(f'(x) * e^{2x}\right)(z) &= \mathcal{L}(f'(x))(z)\mathcal{L}\left(e^{2x}\right)(z) = (zF(z) - f(0))\frac{1}{z-2}, \\ z^2F(z) - 1 + \frac{z}{z-2}F(z &= \frac{1}{z-2} \text{ et } F(z) = \frac{1}{z(z-1)} = \frac{1}{z-1)} - \frac{1}{z}.\end{aligned}$$

Par conséquent, $f(x) = \mathcal{L}^{-1}\left(\frac{1}{z-1}\right)(x) - \mathcal{L}^{-1}\left(\frac{1}{z}\right)(x) = e^x - 1$.

(4) En dérivant l'équation $x = \int_0^x \cos(x-t)f(t)dt$ par rapport à x, on obtient :

$$\begin{aligned}1 &= f(x)\cos 0 - \int_0^x \sin(x-t)f(t)dt, \\ f(x) &= 1 + \int_0^x \sin(x-t)f(t)dt = 1 + f(x) * \sin x.\end{aligned}$$

Soit $F(z) = \mathcal{L}(f)(z)$, on a :

$$F(z) = \mathcal{L}(1)(z) + F(z)\mathcal{L}(\sin x)(z) = \frac{1}{z} + \frac{1}{z^2+1}F(z).$$

Donc $F(z) = \frac{1}{z} + \frac{1}{z^3}$, et alors :

$$f(x) = \mathcal{L}^{-1}\left(\frac{1}{z}\right)(x) + \mathcal{L}^{-1}\left(\frac{1}{z^3}\right)(x) = 1 + \frac{x^2}{2}.$$

Exercice 7.24 *Soit $F(z) = \mathcal{L}(f)(z)$ la transformation de Laplace de la fonction causale $f(x)$. On considère l'équation intégrale :*

$$xf'(x) + 2\int_0^x \sin(x-t)f(t)dt = \sin x,\ x > 0$$

avec la condition initiale $f(0) = 1$.

(1) *Montrer que $F(z)$ vérifie une équation différentielle linéaire de premier ordre et à coefficients variables.*

(2) *Déterminer $F(z)$.*

(3) *En déduire la solution $f(x)$ de l'équation intégrale ci-dessus.*

Solution.

(1) On a : $xf'(x) + 2f(x) * \sin x = \sin x$, comme

$$\mathcal{L}(f(x) * \sin x)(z) = \mathcal{L}(f(x))(z)\mathcal{L}(\sin x)(z),$$

on a :

$$\mathcal{L}(xf'(x))(z) + 2\mathcal{L}(f(x))(z)\mathcal{L}(\sin x)(z) = \mathcal{L}(\sin x)(z).$$

Or,

$$\begin{aligned}\mathcal{L}(xf'(x))(z) &= -\tfrac{d}{dz}\mathcal{L}(f'(x))(z) = -\tfrac{d}{dz}(zF(z) - f(0)) \\ &= -\tfrac{d}{dz}(zF(z) - 1) = -F(z) - z\tfrac{dF}{dz}(z).\end{aligned}$$

Ainsi,

$$\begin{aligned}-F(z) - z\frac{dF}{dz}(z) + 2\frac{F(z)}{1+z^2} &= \frac{1}{1+z^2}, \\ -z\left(1+z^2\right)\frac{dF}{dz}(z) + \left(1-z^2\right)F(z) &= 1.\end{aligned}$$

(2) La solution de l'équation différentielle $-z\left(1+z^2\right)\frac{dF}{dz}(z) + \left(1-z^2\right)F(z) = 1$ est égale à la somme de la solution générale de l'équation homogène

$$-z\left(1+z^2\right)\frac{dF}{dz}(z) + \left(1-z^2\right)F(z) = 0,$$

et d'une solution particulière de l'équation en question. La solution générale de l'équation homogène s'obtient en intégrant $\frac{dF}{F} = \frac{1-z^2}{z(1+z^2)} = \frac{1}{z} - \frac{2z}{(1+z^2)}$, et donc

$$F(z) = C\frac{z}{(1+z^2)}.$$

Pour déterminer une solution particulière de l'équation non-homogène, on utilise la méthode de la variation de la constante. On a :

$$\frac{dF}{dz}(z) = C'\frac{z}{(1+z^2)} + C\frac{1-z^2}{(1+z^2)^2},$$

et l'équation devient : $-z\left(1+z^2\right)\left(C'\frac{z}{(1+z^2)} + C\frac{1-z^2}{(1+z^2)^2}\right) + \left(1-z^2\right)C\frac{z}{(1+z^2)} = 1$, c'est à dire, $C' = -\frac{1}{z^2}$ et $C = \frac{1}{z} + K$, où K est une constante à déterminer. On a donc :

$$F(z) = \frac{1}{1+z^2} + \frac{Kz}{1+z^2}.$$

Or, $1 = f(0) = \lim\limits_{|z|\to+\infty} zF(z) = K$, par conséquent $F(z) = \frac{1}{1+z^2} + \frac{z}{1+z^2}$.

(3)

$$f(x) = \mathcal{L}^{-1}(F(z))(x) = \mathcal{L}^{-1}\left(\frac{1}{1+z^2}\right)(x) + \mathcal{L}^{-1}\left(\frac{z}{1+z^2}\right)(x) = \sin x + \cos x,\ x > 0,$$

ou encore $f(x) = (\sin x + \cos x)H(x)$, $x \in \mathbb{R}$.

Exercice 7.25

(1) *Equation de la chaleur.*

Déterminer la solution $u(x,t)$ de l'équation de la chaleur

$$\frac{\partial u}{\partial t}(x,t) = a^2\frac{\partial^2 u}{\partial x^2}(x,t),$$

qui satisfait aux conditions suivantes : pour $x = 0$,

$$\begin{cases} u(0,t) = \begin{cases} 0 & si \quad t \le 0 \\ f(t) & si \quad t > 0 \end{cases} \\ et \\ \frac{\partial u}{\partial x}(0,t) = \begin{cases} 0 & si \quad t \le 0 \\ g(t) & si \quad t > 0 \end{cases} \end{cases},$$

où f et g sont deux fonctions données, définies pour $t > 0$. On pourra admettre la légitimité des calculs. On représentera $u(x,t)$ par une intégrale de la forme :

$$u(x,t) = \int_{-\infty}^{+\infty} (A(\omega)\cos\omega x + B(\omega)\sin\omega x)e^{-a^2\omega^2 t}\,d\omega,$$

où $A(\omega)$ est une fonction paire et $B(\omega)$ est une fonction impaire et l'on se ramène à un problème de transformation de Laplace en posant $z = a^2\omega^2$.

(2) *Equation des ondes.*
Déterminer la solution $u(x,t)$ de l'équation aux dérivées partielles (des ondes ou des cordes vibrantes)

$$\frac{\partial^2 u}{\partial t^2}(x,t) = a^2 \frac{\partial^2 u}{\partial x^2}(x,t),$$

satisfaisant aux conditions

$$u(x,0) = \frac{\partial u}{\partial t}(x,0) = 0,\ u(0,t) = \sin t,\ x,t > 0.$$

On suppose qu'il existe une constante $M > 0$, telle que $|u(x,t)| \leq M$ pour tout $x,t \geq 0$.

Solution.

(1) On a si $u(x,t) = \int_{-\infty}^{+\infty} (A(\omega)\cos\omega x + B(\omega)\sin\omega x)e^{-a^2\omega^2 t}d\omega$,

$$\begin{aligned}
\frac{\partial u}{\partial x}(x,t) &= \int_{-\infty}^{+\infty} (-\omega A(\omega)\sin\omega x + \omega B(\omega)\cos\omega x)e^{-a^2\omega^2 t}d\omega, \\
u(0,t) &= \int_{-\infty}^{+\infty} A(\omega)e^{-a^2\omega^2 t}d\omega = f(t),\ t > 0, \\
\frac{\partial u}{\partial x}(0,t) &= \int_{-\infty}^{+\infty} \omega B(\omega)e^{-a^2\omega^2 t}d\omega = g(t),\ t > 0.
\end{aligned}$$

Par hypothèse, $A(\omega)$ est une fonction paire et $B(\omega)$ est une fonction impaire, donc $A(\omega)e^{-a^2\omega^2 t}$ et $\omega B(\omega)e^{-a^2\omega^2 t}$ sont des fonctions paires. Alors,

$$f(t) = 2\int_0^{+\infty} A(\omega)e^{-a^2\omega^2 t}d\omega,$$

$$g(t) = 2\int_{-\infty}^{+\infty} \omega B(\omega) e^{-a^2\omega^2 t} d\omega.$$

En posant $z = a^2\omega^2 > 0$, on obtient :

$$f(t) = \int_{0}^{+\infty} \frac{A\left(\frac{\sqrt{z}}{a}\right)}{a\sqrt{z}} e^{-zt} dz = \mathcal{L}\left(\frac{A\left(\frac{\sqrt{z}}{a}\right)}{a\sqrt{z}}\right)(t),$$

$$g(t) = \int_{-\infty}^{+\infty} \frac{B\left(\frac{\sqrt{z}}{a}\right)}{a^2} e^{-zt} dz = \mathcal{L}\left(\frac{B\left(\frac{\sqrt{z}}{a}\right)}{a^2}\right)(t).$$

D'où,

$$F(z) = \frac{A\left(\frac{\sqrt{z}}{a}\right)}{a\sqrt{z}} = \mathcal{L}^{-1}(f(t))(z) \text{ et } G(z) = \frac{B\left(\frac{\sqrt{z}}{a}\right)}{a^2} = \mathcal{L}^{-1}(g(t))(z),$$

c'est à dire

$$A(\omega) = a^2\omega F(a^2\omega^2) \text{ et } B(\omega) = a^2 G(a^2\omega^2).$$

Par conséquent,

$$u(x,t) = a^2 \int_{-\infty}^{+\infty} \left(F(a^2\omega^2)\omega\cos\omega x + G(a^2\omega^2)\omega\sin\omega x\right) e^{-a^2\omega^2 t} d\omega.$$

(2) Posons $U(x,z) = \mathcal{L}(u(x,t))(z)$, la transformation de Laplace de $u(x,t)$ par rapport à la variable t. On a alors :

$$\mathcal{L}\left(\frac{\partial^2 u}{\partial t^2}(x,t)\right)(z) = \mathcal{L}\left(a^2\frac{\partial^2 u}{\partial x^2}(x,t)\right)(z).$$

Or, puisque $u(x,0) = \frac{\partial u}{\partial t}(x,0) = 0$, on a :

$$\mathcal{L}\left(\frac{\partial^2 u}{\partial t^2}(x,t)\right)(z) = z^2\mathcal{L}(u(x,t))(z) - zu(x,0) - \frac{\partial u}{\partial t}(x,0) = z^2 U(x,z).$$

D'autre part,

$$\mathcal{L}\left(\frac{\partial^2 u}{\partial x^2}(x,t)\right)(z) = \mathcal{L}\left(\frac{\partial v}{\partial x}(x,t)\right)(z),\ v = \frac{\partial u}{\partial x}$$

$$
\begin{aligned}
&= \int_0^{+\infty} \frac{\partial v}{\partial x}(x,t)e^{-zt}dt = \frac{d}{dx}\int_0^{+\infty} v(x,t)e^{-zt}dt \\
&= \frac{d}{dx}\int_0^{+\infty} \frac{\partial u}{\partial x}(x,t)e^{-zt}dt = \frac{d^2}{dx^2}\int_0^{+\infty} u(x,t)e^{-zt}dt \\
&= \frac{d^2U}{dx^2}(x,z).
\end{aligned}
$$

Donc l'équation des ondes s'écrit :

$$a^2\frac{d^2U}{dx^2}(x,z) - z^2U(x,z) = 0,$$

qui est une équation différentielle ordinaire par rapport à la variable d'espace x, d'ordre 2, linéaire et homogène d'équation caractéristique $a^2r^2 - z^2 = 0$ et de solution générale

$$U(x,z) = C_1(z)e^{\frac{z}{a}x} + C_2(z)e^{-\frac{z}{a}x},$$

où C_1 et C_2 sont des constantes par rapport à x mais dépendant de z. Puisque $u(x,t)$ est bornée, $|u(x,t)| \leq M$, on en déduit que $U(x,z)$ est aussi bornée en x et alors $C_1 = 0$, donc

$$U(x,z) = C_2e^{-\frac{z}{a}x}.$$

Pour trouver C_2, notons que $C_2 = U(0,z) = \mathcal{L}(u(0,t))(z) = \mathcal{L}(\sin t)(z) = \frac{1}{1+z^2}$. Par conséquent,

$$U(x,z) = \frac{e^{-\frac{z}{a}x}}{1+z^2},$$

et la solution de l'équation proposée est :

$$u(x,t) = \mathcal{L}^{-1}(U(x,z))(x) = \mathcal{L}^{-1}\left(\frac{e^{-\frac{z}{a}x}}{1+z^2}\right)(x) = \begin{cases} \sin\left(t - \frac{x}{a}\right) & \text{si} \quad t > \frac{x}{a} \\ 0 & \text{si} \quad t \leq \frac{x}{a} \end{cases}.$$

8. Espaces de Sobolev

Un inconvénient des distributions réside dans le fait que la convergence ne peut pas être décrite par une norme, d'où l'introduction des espaces de Sobolev qui sont des sous-espaces de $\mathcal{D}'$. Ces espaces sont essentiels pour l'étude des équations aux dérivées partielles (EDP), ils possèdent une structure hilbertienne d'utilisation commode (produit scalaire et norme associée). Ils permettent d'analyser la régularité d'une solution, et offrent ainsi la possibilité de passer des solutions faibles (distributions) aux solutions classiques qui sont des fonctions de classe C^m, $m \in \mathbb{N}$. Ils permettent entre autre de tenir compte des phénomènes de bord rencontrés souvent dans la théorie des EDP, et ce par l'introduction des espaces dits de traces des espaces de Sobolev.

Les espaces de Sobolev constituent un compromis entre les espaces C^m et les espaces de Lebesgue L^p, $1 \leq p \leq +\infty$, au sens suivant :

- ces espaces sont naturellement des espaces de Banach ou même de Hilbert,

- ces espaces se comparent très facilement aux espaces C^m.

8.1 Définitions et premières propriétés

Définition 8.1 Soient Ω un ouvert de $\mathbb{R}^n$, $m \in \mathbb{N}$ et $1 \leq p \leq +\infty$, l'espace de Sobolev, noté $W^{m,p}(\Omega)$, est constitué des fonctions de $L^p(\Omega)$ dont les derivées partielles jusqu'à l'ordre m, au sens des distributions, s'identifient à des fonctions de $L^p(\Omega)$.

$$W^{m,p}(\Omega) = \{u \in L^p(\Omega) : D^\alpha u \in L^p(\Omega),\ \forall \alpha \in \mathbb{N}^n,\ |\alpha| \leq m\}.$$

Pour $p = 2$, on note $W^{m,2}(\Omega)$ par $H^m(\Omega)$.

$$H^m(\Omega) = \left\{u \in L^2(\Omega) : D^\alpha u \in L^2(\Omega),\ \forall \alpha \in \mathbb{N}^n,\ |\alpha| \leq m\right\}.$$

Evidemment, $W^{0,p}(\Omega) = L^p(\Omega)$ et donc $H^0(\Omega) = L^2(\Omega)$.

Exemple 8.1 Cherchons sous quelle condition la fonction

$$u(x,y) = \begin{cases} \frac{xy}{(x^2+y^2)^\beta} & \text{si} \quad (x,y) \in \Omega \setminus \{(0,0)\} \\ 0 & \text{si} \quad (x,y) = (0,0) \end{cases}$$

est un élément de l'espace de Sobolev $H^1(\Omega)$, où $\beta > 0$ et $\Omega = B(0,1)$ est la boule unité ouverte de $\mathbb{R}^2$. u est une fonction continue sur Ω sauf en $(0,0)$. En passant en coordonnées polaires $x = r\cos\theta$, $y = r\sin\theta$, on a :

$$\begin{aligned}
\int_\Omega |u(x,y)|^2\, dxdy &= \int_{r=0}^{1}\int_{\theta=0}^{2\pi} |u(r\cos\theta, r\sin\theta)|^2\, r dr d\theta \\
&= \int_{r=0}^{1}\int_{\theta=0}^{2\pi} r^{5-4\beta}\cos^2\theta\sin^2\theta\, dr d\theta \\
&= \left[\frac{r^{6-4\beta}}{6-4\beta}\right]_0^1 \int_{\theta=0}^{2\pi} \cos^2\theta\sin^2\theta\, dr d\theta.
\end{aligned}$$

Cette intégrale existe si $6 - 4\beta > 0$ ou bien $\beta < \frac{3}{2}$.

La dérivée, en x par exemple, au sens habituel,

$$\frac{\partial u}{\partial x}(x,y) = \frac{y}{(x^2+y^2)^\beta} - \frac{2\beta x^2 y}{(x^2+y^2)^{\beta+1}},$$

est continue sauf en $(0,0)$.

$$\begin{aligned}\int_\Omega \left|\frac{\partial u}{\partial x}(x,y)\right|^2 dxdy &= \int_{r=0}^{1} r^{3-4\beta} dr \int_{\theta=0}^{2\pi} \sin^2\theta d\theta \\ &\quad -2\beta \int_{r=0}^{1} r^{3-4\beta} dr \int_{\theta=0}^{2\pi} \cos^4\theta \sin^2\theta d\theta \\ &= \left[\frac{r^{4-4\beta}}{4-4\beta}\right]_0^1 \left(\int_{\theta=0}^{2\pi} \sin^2\theta d\theta - 2\beta \int_{\theta=0}^{2\pi} \cos^4\theta \sin^2\theta d\theta\right)\end{aligned}$$

ces intégrales existent si $4-4\beta > 0$ ou alors $\beta < 1$. Puisque la fonction est symétrique en x et y, on en déduit que u et ses dérivées $\frac{\partial u}{\partial x}$ et $\frac{\partial u}{\partial y}$ sont alors dans $L^2(\Omega)$, et alors $u \in H^1(\Omega)$ si $\beta < 1$.

Les espaces de Sobolev héritent de la structure normée et de la complétude des espaces $L^p(\Omega)$.

Proposition 8.1 L'espace vectoriel $W^{m,p}(\Omega)$ muni de la norme définie par :

$$\|u\|_{W^{m,p}(\Omega)} = \begin{cases} \left(\sum_{\substack{\alpha\in\mathbb{N}^n \\ |\alpha|\le m}} \|D^\alpha u\|^p_{L^p(\Omega)}\right)^{1/p} & \text{si} \quad 1 \le p < +\infty, \\ \max_{\substack{\alpha\in\mathbb{N}^n \\ |\alpha|\le m}} \|D^\alpha u\|_{L^\infty(\Omega)} & \text{si} \quad p = +\infty, \end{cases}$$

est un espace de Banach où $\|D^\alpha u\|_{L^p(\Omega)} = \left(\int_\Omega |D^\alpha u(x)|^p dx\right)^{1/p}$ désigne la norme dans $L^p(\Omega)$ si $1 \le p < +\infty$ et $\|D^\alpha u\|_\infty = \sup_{x\in\Omega} |D^\alpha u(x)|$.

Pour $p \in]1,+\infty[$, cet espace est uniformément convexe, c'est donc un espace réflexif.
L'espace $H^m(\Omega)$, muni du produit scalaire :

$$\langle u,v\rangle = \sum_{\substack{\alpha\in\mathbb{N}^n\\|\alpha|\leq m}} \langle D^\alpha u, D^\alpha v\rangle_{L^2(\Omega)}$$

est un espace de Hilbert, où $\langle D^\alpha u, D^\alpha v\rangle_{L^2(\Omega)} = \int_\Omega D^\alpha u(x)\overline{D^\alpha v}dx$ désigne le produit scalaire dans $L^2(\Omega)$.

Démonstration.

On montre facilement que l'application $\|.\|_{W^{m,p}(\Omega)}$ est une norme sur $W^{m,p}(\Omega)$. L'espace vectoriel normé $W^{m,p}(\Omega)$ est complet pour la topologie induite par la norme $\|.\|_{W^{m,p}(\Omega)}$, c'est une conséquence facile du fait que $L^p(\Omega)$ muni de la norme $\|.\|_{L^p(\Omega)}$ est complet, du fait qu'une suite de fonctions convergeant dans $L^p(\Omega)$ converge dans $\mathcal{D}'(\Omega)$ vers la même limite, et enfin de la continuité de la dérivation dans $\mathcal{D}'(\Omega)$. En effet, soit $(u_j)_{j\in\mathbb{N}}$ une suite de Cauchy dans $W^{m,p}(\Omega)$. Alors les suites $(D^\alpha u_j)_{j\in\mathbb{N}}$ sont de Cauchy et alors convergentes dans $L^p(\Omega)$ pour tout $\alpha \in \mathbb{N}^n$, $|\alpha| \leq m$. Par suite, pour tout $\alpha \in \mathbb{N}^n$, $|\alpha| \leq m$, il existe $v_\alpha \in L^p(\Omega)$ tel que $\lim\limits_{j\to+\infty} D^\alpha u_j = v_\alpha$ ou bien $\lim\limits_{j\to+\infty} \left\|D^\alpha u_j - v_\alpha\right\|_{L^p(\Omega)} = 0$, ce qui entraine que $\lim\limits_{j\to+\infty} D^\alpha u_j = v_\alpha$ pour la topologie de $\mathcal{D}'(\Omega)$. Comme dans $\mathcal{D}'(\Omega)$ la dérivée de la limite d'une suite qui converge est la limite de la suite des dérivées, on en déduit pour tout $\alpha \in \mathbb{N}^n$, $|\alpha| \leq m$, $v_\alpha = D^\alpha u$ où $u = v_0$. D'où, $u \in W^{m,p}(\Omega)$ et

$$\begin{aligned}
\lim_{j\to+\infty} \left\|u_j - u\right\|^p_{W^{m,p}(\Omega)} &= \lim_{j\to+\infty} \sum_{\substack{\alpha\in\mathbb{N}^n\\|\alpha|\leq m}} \left\|D^\alpha u_j - D^\alpha u\right\|^p_{L^p(\Omega)} \\
&= \sum_{\substack{\alpha\in\mathbb{N}^n\\|\alpha|\leq m}} \lim_{j\to+\infty} \left\|D^\alpha u_j - v_\alpha\right\|^p_{L^p(\Omega)} = 0.
\end{aligned}$$

□

On peut montrer que la norme :

$$\|u\|_{m,p} = \begin{cases} \sum_{\substack{\alpha\in\mathbb{N}^n \\ |\alpha|\leq m}} \|D^\alpha u\|_{L^p(\Omega)} & \text{si} \quad 1 \leq p < +\infty, \\ \sum_{\substack{\alpha\in\mathbb{N}^n \\ |\alpha|\leq m}} \|D^\alpha u\|_{L^\infty(\Omega)} & \text{si} \quad p = +\infty, \end{cases}$$

est une norme équivalente à la précédente. L'espace $W^{m,p}(\Omega)$ a donc les mêmes propriétés quelle que soit la norme utilisée. Ces normes sont notées indifféremment $\|.\|_{m,p}$ ou $\|.\|_{W^{m,p}(\Omega)}$.

Il est clair que l'ensemble $S = \left\{\varphi \in C^m(\Omega) : \|u\|_{W^{m,p}(\Omega)} < +\infty\right\}$ est inclu dans $W^{m,p}(\Omega)$. On note aussi par $H^{m,p}$ le complété de l'ensemble S pour la topologie définie par la norme $\|.\|_{W^{m,p}(\Omega)}$ de $W^{m,p}(\Omega)$ et par $W_0^{m,p}(\Omega)$ l'adhérence de $\mathcal{D}(\Omega)$ dans l'espace $W^{m,p}(\Omega)$, Ω est un ouvert de $\mathbb{R}^n$, borné ou non. Puisque $\mathcal{D}(\Omega)$ est dense dans $L^p(\Omega)$ pour $1 \leq p < \infty$, on a $W_0^{0,p}(\Omega) = L^p(\Omega)$.
D'autre part, comme $W^{m,p}(\Omega)$ est complet, l'injection canonique i de $H^{m,p}$ dans $\overline{S}$, l'adhérence de S dans $W^{m,p}(\Omega)$, est un isomorphisme isométrique. Il est alors naturel d'identifier $H^{m,p}$ avec $\overline{S}$, ainsi $H^{m,p} \subset W^{m,p}(\Omega)$.
On montre maintenant que $C^\infty(\Omega) \cap W^{m,p}(\Omega)$ est dense dans $W^{m,p}(\Omega)$, pour cela on établi d'abord le théorème général de partition de l'unité suivant.

Théorème 8.1 Soient A un sous-ensemble quelconque de $\mathbb{R}^n$ et $\mathcal{O}$ une famille d'ouverts de $\mathbb{R}^n$ qui recouvrent A, c'est-à-dire tels que $A \subset \bigcup_{U\in\mathcal{O}} U$. Il existe alors une famille Ψ de fonctions $\psi \in \mathcal{D}(\mathbb{R}^n)$ (ou $\psi \in \mathcal{E}(\mathbb{R}^n)$) ayant les propriétés suivantes :

(1) $0 \leq \psi(x) \leq 1$, $\forall x \in \mathbb{R}^n$, $\forall \psi \in \Psi$.

(2) Si $K \subset\subset A$, c'est à dire K est un compact de $\mathbb{R}^n$ (sous-ensemble fermé borné de $\mathbb{R}^n$), un nombre fini seulement de fonctions $\psi \in \Psi$ ne sont pas identiquement nulles sur K.

(3) Pour toute fonction $\psi \in \Psi$, il existe $U \in \mathcal{O}$, tel que $Supp\psi \subset U$.

(4) Pour tout $x \in A$, $\sum_{\psi\in\Psi} \psi(x) = 1$.

Une telle collection Ψ est appelée une C^∞-partition de l'unité de A subordonnée au recouvrement ouvert $\mathcal{O}$.

Démonstration. Supposons d'abord que A est compact dans $\mathbb{R}^n$ tel que $A \subset \bigcup_{j=1}^{N} U_j$ où $U_1,\ldots,U_N \in \mathcal{O}$. Soient $K_1,\ldots,K_N$ des compacts de $\mathbb{R}^n$ tels que $K_1 \subset U_1,\ldots, K_N \subset U_N$ et $A \subset \bigcup_{j=1}^{N} K_j$. En appliquant le lemme de partition de l'unité on trouve pour tout $j \in \{1,\ldots N\}$, une fonction $\phi_j \in \mathcal{D}(U_j)$ telle que $\phi_j(x) > 0$ pour $x \in K_j$. On peut aussi construire une fonction Φ de classe C^∞ et positive sur $\mathbb{R}^n$ telle que $\Phi(x) = \sum_{j=1}^{N} \phi_j(x) > 0$ pour tout $x \in A$. Alors,

$$\Psi = \left\{\psi_j(x) = \frac{\phi_j(x)}{\Phi(x)},\ j \in \{1,\ldots N\}\right\}$$

possède les propriétés souhaitées.

Si A est ouvert dans $\mathbb{R}^n$. Alors $A = \bigcup_{j=1}^{N} A_j$, avec $\forall j \in \{1,\ldots N\}$,

$$A_j = \left\{x \in A : |x| \leq j \text{ et } dist(x, \partial A) \geq \frac{1}{j}\right\}$$

est un compact de $\mathbb{R}^n$ où ∂A désigne le bord de A. Pour tout $j \in \{1,\ldots N\}$, la collection $\mathcal{O}_j = \left\{U \cap \overset{\circ}{\widehat{A_{j+1} \cap A^c_{j-2}}} : U \in \mathcal{O}\right\}$ est un recouvrement de A_j et donc il existe une C^∞-partition de l'unité Ψ_j subordonnée au recouvrement $\mathcal{O}_j$. La somme $\sigma(x) = \sum_{j=1}^{+\infty} \sum_{\phi \in \Psi_j} \phi(x)$ ne contient qu'un nombre fini de termes non nuls en chaque point, et est strictement positive en tout $x \in A$.

Par conséquent, la collection

$$\Psi = \left\{\psi : \psi(x) = \frac{\phi(x)}{\sigma(x)} \text{ pour } \phi \text{ dans un certain } \Psi_j \text{ si } x \in A \text{ et } \psi(x) = 0 \text{ si } x \notin A\right\}$$

satisfait les conditions requises.

Si A est quelconque, alors A est inclu dans l'ouvert $B = \bigcup_{U \in \mathcal{O}} U$, ainsi toute partition de l'unité pour B en est une pour A également. □

Lemme 8.1 Soit une suite régularisante $\rho_\varepsilon(x) = \varepsilon^{-n}\rho\left(\frac{x}{\varepsilon}\right)$, $\varepsilon > 0$, où $\rho \in \mathcal{D}(\mathbb{R}^n)$ est une fonction réelle positive telle que $\rho(x) = 0$ si $|x| \geq 1$ et $\int_{\mathbb{R}^n} \rho(x)dx = 1$. Soient $p \in [1,+\infty[$ et $u \in W^{m,p}(\Omega)$. Alors $u * \rho_\varepsilon \in L^p(\Omega)$, $\left\|u * \rho_\varepsilon\right\|_{L^p(\Omega)} \leq \|u\|_{L^p(\Omega)}$ et $\lim_{\varepsilon \to 0^+} \left\|u * \rho_\varepsilon - u\right\|_{L^p(\Omega)} = 0$.

Démonstration. Soit $q = \frac{p}{p-1}$ le conjugué de p, on a par l'inégalité de Hölder :

$$\begin{aligned}
\left|u * \rho_\varepsilon(x)\right| &= \left|\int_{\mathbb{R}^n} u(y)\rho_\varepsilon(x-y)dy\right| = \left|\int_{\mathbb{R}^n} u(y)(\rho_\varepsilon(x-y))^{\frac{1}{p}+\frac{1}{q}}dy\right| \\
&= \left|\int_{\mathbb{R}^n} u(y)(\rho_\varepsilon(x-y))^{\frac{1}{p}}(\rho_\varepsilon(x-y))^{\frac{1}{q}}dy\right| \\
&\leq \left(\int_{\mathbb{R}^n} \rho_\varepsilon(x-y)dy\right)^{1/q}\left(\int_{\mathbb{R}^n} \rho_\varepsilon(x-y)\left|u(y)\right|^p dy\right)^{1/p} \\
&= \left(\int_{\mathbb{R}^n} \rho_\varepsilon(x-y)\left|u(y)\right|^p dy\right)^{1/p}.
\end{aligned}$$

En élevant à la puissance p, en intégrant par rapport à x et en utilisant le théorème de Fubirii, on obtient :

$$\begin{aligned}
\int_{\Omega} \left|u * \rho_\varepsilon(x)\right|^p dx &\leq \int_{\mathbb{R}^n}\int_{\mathbb{R}^n} \rho_\varepsilon(x-y)\left|u(y)\right|^p dydx \\
&= \int_{\mathbb{R}^n} \left|u(y)\right|^p dy \int_{\mathbb{R}^n} \rho_\varepsilon(x-y)dx = \|u\|_{L^p(\Omega)}^p.
\end{aligned}$$

$\lim_{\epsilon \to > 0} \|u * \rho_\epsilon - u\| = 0$ est montrée dans la proposition 3.2. □

Lemme 8.2 Soit $\rho_\varepsilon(x)$ la suite régularisante considérée au lemme 8.1. Soient $p \in [1,+\infty[$ et $u \in W^{m,p}(\Omega)$. Si $\Omega' \subset\subset \Omega$, alors $\lim_{\varepsilon \to 0^+} u * \rho_\varepsilon = u$ dans l'espace de Sobolev $W^{m,p}(\Omega')$.

Démonstration. On a $D^\alpha u * \rho_\varepsilon = u * D^\alpha \rho_\varepsilon$ au sens des distributions sur Ω'. Comme $D^\alpha u \in L^p(\Omega)$ pour $0 \leq |\alpha| \leq m$, on a grâce au lemme 8.1 :

$$\lim_{\varepsilon \to 0^+} \left\| D^\alpha u * \rho_\varepsilon - D^\alpha u \right\|_{L^p(\Omega')} = \lim_{\varepsilon \to 0^+} \left\| u * D^\alpha \rho_\varepsilon - D^\alpha u \right\|_{L^p(\Omega')} = 0.$$

Donc $\lim\limits_{\varepsilon \to 0^+} \left\| u * \rho_\varepsilon - u \right\|_{L^p(\Omega')} = 0.$ □

Théorème 8.2 $H^{m,p} = W^{m,p}(\Omega)$, $p \in [1, +\infty[$.

Démonstration. On a montré que $H^{m,p} \subset W^{m,p}(\Omega)$, il reste alors à établir l'inclusion réciproque $W^{m,p}(\Omega) \subset H^{m,p}$, c'est à dire $C^\infty(\Omega) \cap W^{m,p}(\Omega)$ est dense dans $W^{m,p}(\Omega)$. Soient $u \in W^{m,p}(\mathbb{R}^n)$, $\varepsilon > 0$, on montre alors qu'il existe $\phi \in C^\infty(\Omega)$ telle que $\left\| u - \phi \right\|_{m,p} < \varepsilon$. Posons pour $j \in \mathbb{N}^*$:

$$\Omega_j = \left\{ x \in \Omega : |x| < j \text{ et } dist(x, \partial\Omega) > \frac{1}{j} \right\} \text{ avec } \Omega_{-1} = \Omega_0 = \emptyset.$$

Alors, $\mathcal{O} = \left\{ U_j = \Omega_{j+1} \cap \left(\overline{\Omega_{j-1}} \right)^c : j \in \mathbb{N}^* \right\}$ est un recouvrement ouvert de Ω. Soit Ψ une C^∞-partition de l'unité de Ω subordonnée au recouvrement ouvert Ω.
Soit $\psi_j = \sum\limits_{\psi \in \Psi, Supp\psi \subset U_j} \psi$, $j \in \mathbb{N}^*$. La fonction ψ_j est bien définie car la somme du second membre est localement finie. De plus,

$$\psi_j \in \mathcal{D}(U_j) \text{ et } \sum_{j=1}^{+\infty} \psi_j(x) = 1 \text{ sur } \Omega.$$

Si $0 < \varepsilon < \frac{1}{(j+1)(j+2)}$, alors $Supp\left((\psi_j u) * \rho_\varepsilon \right) \subset \Omega_{j+2} \cap \left(\Omega_{j-2} \right)^c = V_j \subset\subset \Omega$. Puisque $\psi_j u \in W^{m,p}(\Omega)$, on peut choisir ε_j, $0 < \varepsilon_j < \frac{1}{(j+1)(j+2)}$ tel que :

$$\left\| (\psi_j u) * \rho_{\varepsilon_j} - \psi_j u \right\|_{W^{m,p}(\Omega)} = \left\| (\psi_j u) * \rho_{\varepsilon_j} - \psi_j u \right\|_{W^{m,p}(V_j)} < \frac{\varepsilon}{2^j}.$$

Soit $\phi = \sum\limits_{j=1}^{+\infty} (\psi_j u) * \rho_{\varepsilon_j}$. Cette somme est également localement finie, donc sur tout $\Omega' \subset\subset \Omega$, la somme $\sum\limits_{j=1}^{+\infty} (\psi_j u) * \rho_{\varepsilon_j}$ ne contient qu'un nombre fini de termes non nuls. Ainsi, $\phi \in C^\infty(\Omega)$ et on a pour tout $x \in \Omega_j$,

$$u(x) = \sum_{k=1}^{j+2} \psi_k(x)u(x) \text{ et } \phi(x) = \sum_{k=1}^{j+2} (\psi_k u) * \rho_{\varepsilon_k}.$$

Alors,

$$\|u - \phi\|_{W^{m,p}(\Omega_j)} \leq \sum_{k=1}^{j+2} \|(\psi_k u) * \rho_{\varepsilon_k} - \psi_k u\|_{W^{m,p}(\Omega)} < \sum_{k=1}^{+\infty} \frac{\varepsilon}{2^k} = \varepsilon.$$

□

Corollaire 8.1 Soit Ω un ouvert quelconque de $\mathbb{R}^n$. Alors le sous-espace $C^\infty(\Omega) \cap W^{m,p}(\Omega)$ est dense dans $W^{m,p}(\Omega)$.

Corollaire 8.2 Soient $u \in W^{1,p}(\Omega)$ et $v \in W^{1,q}(\Omega)$ où p et q sont conjugués $\frac{1}{p} + \frac{1}{q} = 1$, alors le produit uv appartient à $W^{1,1}(\Omega)$ et pour tout $j \in \{1, ..., n\}$, $\frac{\partial}{\partial x_j}(uv) = v\frac{\partial u}{\partial x_j} + u\frac{\partial v}{\partial x_j}$.

Démonstration. Par le théorème 8.2, il existe dans $C^\infty(\Omega) \cap W^{1,p}(\Omega)$ une suite $(u_k)_{k\in\mathbb{N}}$ qui converge vers u dans $W^{1,p}(\Omega)$. Alors, au sens du produit d'une fonction de classe C^∞ par une distribution, on a $\frac{\partial}{\partial x_j}(u_k v) = v\frac{\partial u_k}{\partial x_j} + u_k\frac{\partial v}{\partial x_j}$. Passons à la limite au sens des distributions dans le membre gauche de cette égalité, sachant que

$$uv, u_k v \in L^1(\Omega),\ k \in \mathbb{N}, \text{ et } \|u_k v - uv\|_{L^1(\Omega)} \leq \|u_k - u\|_{L^p(\Omega)} \|v\|_{L^q(\Omega)} \to 0,$$

on en déduit que $(u_k v)_k \to uv$ dans $L^1(\Omega)$, et à fortiori au sens des distributions sur l'ouvert Ω. Donc, pour tout $j \in \{1, ..., n\}$, $\frac{\partial}{\partial x_j}(u_k v)_k \to \frac{\partial}{\partial x_j}(uv)$ au sens des distributions. De même, puisque $(u_k)_k \to u$ et $\left(\frac{\partial u_k}{\partial x_j}\right)_k \to \frac{\partial u}{\partial x_j}$, $j \in \{1, ..., n\}$, dans $L^p(\Omega)$, alors le second membre $v\frac{\partial u_k}{\partial x_j} + u_k\frac{\partial v}{\partial x_j}$ converge aussi au sens de $\mathcal{D}'(\Omega)$. Le passage à la limite donne ainsi l'égalité désirée et, en outre, $\frac{\partial}{\partial x_j}(uv) \in L^1(\Omega)$, d'où $uv \in W^{1,1}(\Omega)$. □

Exemple 8.2 Soit $I =]-a,a[$, $a > 0$. Décrivons les espaces de Sobolev $H^1(I)$ et $H_0^1(I)$.
Pour $f \in H^1(I)$, on a $f' \in L^2(I) \subset L^1(\Omega)$. Donc la fonction g définie de I dans $\mathbb{C}$ par $g(x) = \int_{-a}^{x} f'(t)\,dt$ est continue, de plus $g' - f' = 0$ et la distribution $g - f$ est constante. Comme g se prolonge en une fonction continue sur $[-a,a]$, la fonction f aussi.
La fonction $x \longmapsto |f(x)|$ est continue sur $[-a,a]$, donc attent son minimum en $b \in [-a,a]$. Or, $\int_{-a}^{a} |f(b)|^2\,dt = 2a|f(b)|^2 \leq \int_{-a}^{a} |f(t)|^2\,dt$, alors $\sqrt{2a}|f(b)| \leq \|f\|_{L^2(I)}$. Enfin puisque $f(x) = f(b) + \int_{b}^{x} f'(t)\,dt$, on obtient $|f(x)| \leq \frac{1}{\sqrt{2a}}\|f\|_{L^2(I)} + \sqrt{2a}\|f'\|_{L^2(I)} \leq \max\left(\frac{1}{\sqrt{2a}}, \sqrt{2a}\right)\|f\|_{H^1(I)}$.
En particulier, la forme linéaire δ_x est continue sur $H^1(I)$.
Montrons que $H_0^1(I) = \left\{f \in H^1(I) : f(-a) = f(a) = 0\right\}$. En effet, on vient de constater que les formes linéaires δ_{-a} et δ_a sont continues sur $H^1(I)$, et sont nulles sur $\mathcal{D}(I)$. Donc si $f \in H_0^1(I) = \overline{\mathcal{D}(I)}^{H^1(I)}$, on a

$$f(-a) = f(a) = 0.$$

Inversement, soit $f \in H^1(I)$ vérifiant $f(-a) = f(a) = 0$. Soit aussi g la fonction qui vaut f sur $[-a,a]$, et 0 ailleurs. On a

$$g' = f'1_{[-a,a]} = \begin{cases} f' \text{ sur } [-a,a] \\ 0, \text{ ailleurs} \end{cases},$$

donc $g' \in L^2(\mathbb{R})$, et $g \in H^1(\mathbb{R})$. Pour $0 < \lambda < 1$, la suite $g_\lambda(x) = g\left(\frac{x}{\lambda}\right)$ tend vers f dans $H^1(I)$ quand $\lambda \to 1$, et les fonctions g_λ sont à support dans $[-\lambda a, \lambda a]$. Si $(\chi_\varepsilon)_\varepsilon$ est une approximation de l'identité, $g_\lambda * \chi_\varepsilon$ appartient à $\mathcal{D}(I)$ pour $\varepsilon > 0$ assez petit, et converge vers g_λ dans $H^1(I)$. Donc $g_\lambda \in H_0^1(I)$ et par conséquent $f \in H_0^1(I)$.

Trouver une caractérisation intrinsèque des fonctions de $W_0^{m,p}(\Omega) = \overline{\mathcal{D}(\Omega)}^{W^{m,p}(\Omega)}$ n'est pas évident en général et dépend fortement de la structure de l'ouvert Ω. Dans le cas $\Omega = \mathbb{R}^n$, la technique de troncature et de régularisation permet de montrer le résultat suivant.

Théorème 8.3 L'espace $\mathcal{D}(\mathbb{R}^n)$ est dense dans $W^{m,p}(\mathbb{R}^n)$, donc $W^{m,p}(\mathbb{R}^n) = W_0^{m,p}(\mathbb{R}^n)$, $p \in [1,+\infty[$.

Démonstration. Soit $u \in W^{m,p}(\mathbb{R}^n)$. Soit $\varphi \in \mathcal{D}(\mathbb{R}^n)$, $Supp\varphi \subset B(0,2)$, la boule ouverte de centre 0 et de rayon 2, $\varphi = 1$ sur $B(0,1)$, la boule ouverte de centre 0 et de rayon 1, telle que $0 \leq \varphi(x) \leq 1$ sur $\mathbb{R}^n$. Soit la suite de fonctions $\varphi_j(x) = \varphi\left(\frac{x}{j}\right)$, $j \in \mathbb{N}^*$. Alors la suite $u_j(x) = \varphi_j(x)u(x)$, converge vers u dans $W^{m,p}(\mathbb{R}^n)$.
En effet, puisque $|u|^p \in L^1(\mathbb{R}^n)$:

$$\left\|u_j - u\right\|_{L^p(\mathbb{R}^n)}^p = \left\|\left(\varphi_j - 1\right)u\right\|_{L^p(\mathbb{R}^n)}^p \leq \int_{|x|\geq j} |u(x)|^p \, dx \underset{j\to+\infty}{\longrightarrow} 0.$$

D'autre part, la formule de Leibniz de dérivation d'un produit d'une fonction C^∞ par une distribution entraîne que, si $|\alpha| = m$, alors $D^\alpha\left(\varphi_j u\right)$ est la somme de $\varphi_j D^\alpha u$ et d'expressions de la forme $\left(\frac{1}{j}\right)^k D^{\alpha_1}\varphi\left(\frac{x}{j}\right)D^{\alpha_2}u$, où $|\alpha_1| + |\alpha_2| = m$ et $|\alpha_1| = k \geq 1$.

$$\left\|\left(\frac{1}{j}\right)^k D^{\alpha_1}\varphi\left(\frac{x}{j}\right)D^{\alpha_2}u\right\|_{L^p(\mathbb{R}^n)} \leq \left(\frac{1}{j}\right)^k \|D^{\alpha_1}\varphi\|_{L^\infty(\mathbb{R}^n)} \left(\int_{|x|\geq j} |D^{\alpha_2}u(x)|^p \, dx\right)^{1/p}$$

qui tend vers 0 lorsque $j \to +\infty$. On en déduit alors,

$$\left\|D^\alpha\left(\varphi_j u\right) - D^\alpha u\right\|_{L^p(\mathbb{R}^n)} \leq \left\|D^\alpha\left(\varphi_j u\right) - \varphi_j D^\alpha u\right\|_{L^p(\mathbb{R}^n)} + \left\|\varphi_j D^\alpha u - D^\alpha u\right\|_{L^p(\mathbb{R}^n)}$$

qui est la somme de deux quantités qui tendent vers 0 lorsque $j \to +\infty$.
On utilise ensuite une régularisation par la suite fonctions régularisantes, $\rho_j(x) = j^n\rho(jx)$, $j \in \mathbb{N}^*$, on lui associe la suite $u_j = \rho_j * \left(\varphi_j u\right)$. Alors, $\left(u_j\right)_{j\in\mathbb{N}^*}$ est une suite de fonctions de $\mathcal{D}(\mathbb{R}^n)$ qui converge vers u dans $W^{m,p}(\mathbb{R}^n)$ car

pour tout $\alpha \in \mathbb{N}^n$, $|\alpha| \leq m$, $\rho_j * D^\alpha(\varphi_j u) - D^\alpha u \underset{j\to+\infty}{\longrightarrow} 0$ dans $L^p(\Omega)$ et alors :

$$\left\|u_j - u\right\|_{W^{m,p}(\mathbb{R}^n)} = \sum_{\substack{\alpha\in\mathbb{N}^n\\|\alpha|\leq m}} \left\|D^\alpha u_j - D^\alpha u\right\|_{L^p(\Omega)} = \sum_{\substack{\alpha\in\mathbb{N}^n\\|\alpha|\leq m}} \left\|\rho_j * D^\alpha(\varphi_j u) - D^\alpha u\right\|_{L^p(\Omega)}$$

tend vers 0 lorsque j tend vers l'infini. □

On pourra montrer à titre d'exercice la densité de $C^1\left(\overline{\Omega}\right)$ dans $W^{m,p}(\mathbb{R}^n)$, $p \in [1,+\infty[$, dans le cas où Ω est un ouvert régulier de $\mathbb{R}^n$.
D'une manière générale, on verra que, sous des conditions de régularité de Ω, il suffira que le prolongement de u par 0 hors de Ω appartienne à $W^{m,p}(\mathbb{R}^n)$ pour que $u \in W^{m,p}(\Omega)$ et inversement.

Lorsque $\Omega = \mathbb{R}^n$, on peut, en utilisant la transformation de Fourier $\xi \mapsto \widehat{u}(\xi)$ des fonctions u de $L^2(\mathbb{R}^n)$, donner la définition équivalente :

$$\begin{aligned} H^m(\mathbb{R}^n) &= \left\{u \in L^2(\mathbb{R}^n) : D^\alpha u \in L^2(\mathbb{R}^n),\ \forall \alpha \in \mathbb{N}^n,\ |\alpha| \leq m\right\} \\ &= \left\{u \in L^2(\mathbb{R}^n) : \xi \mapsto \left(1+|\xi|^2\right)^{m/2} \widehat{u}(\xi) \in L^2(\mathbb{R}^n)\right\}. \end{aligned}$$

En effet, faisons la preuve dans le cas $m = 1$, pour l'espace

$$H = \left\{u \in L^2(\mathbb{R}^n) : \xi \mapsto \left(1+|\xi|^2\right)^{1/2} \widehat{u}(\xi) \in L^2(\mathbb{R}^n)\right\},$$

le raisonnement se généralise facilement à $m \in \mathbb{N}^*$ quelconque.
On montre que $H = H^1(\mathbb{R}^n)$. Tout d'abord rappelons que pour tout $\varphi \in \mathcal{D}(\mathbb{R}^n)$ et $j \in \{1,\dots,n\}$, $\widehat{\frac{\partial\varphi}{\partial x_j}} = i\xi_j\widehat{\varphi}$ et $\mathcal{F}^{-1}\left(i\xi_j\varphi\right) = \frac{\partial}{\partial x_j}\mathcal{F}^{-1}(\varphi)$ où toutes ces fonctions sont dans $L^2(\mathbb{R}^n)$.
Montrons que $H \subset H^1(\mathbb{R}^n)$. Pour tout $u \in H$ et $\varphi \in \mathcal{D}(\mathbb{R}^n)$, on a :

$$\begin{aligned} \left\langle i\xi_j\widehat{u}, \widehat{\varphi}\right\rangle_{L^2(\mathbb{R}^n)} &= -\int_{\mathbb{R}^n} \widehat{u}\overline{i\xi_j\widehat{\varphi}}\,d\xi = -\int_{\mathbb{R}^n} \widehat{u}\overline{\widehat{\frac{\partial\varphi}{\partial x_j}}}\,d\xi \\ &= -\int_{\mathbb{R}^n} u\frac{\partial\varphi}{\partial x_j}\,dx = \left\langle \frac{\partial u}{\partial x_j}, \varphi\right\rangle_{\mathcal{D},\mathcal{D}'}, \end{aligned}$$

donc par l'inégalité de Cauchy-Schwartz,

$$\left|\left\langle \frac{\partial u}{\partial x_j}, \varphi \right\rangle_{\mathcal{D},\mathcal{D}'}\right| = \left|\left\langle i\xi_j \widehat{u}, \widehat{\varphi}\right\rangle_{L^2(\mathbb{R}^n)}\right| \leq \left\|\xi_j \widehat{u}\right\|_{L^2(\mathbb{R}^n)} \|\varphi\|_{L^2(\mathbb{R}^n)},$$

ce qui suffit pour identifier $\frac{\partial u}{\partial x_j}$ avec une fonction de $L^2(\mathbb{R}^n)$, avec de plus $\left\|\frac{\partial u}{\partial x_j}\right\|_{L^2(\mathbb{R}^n)} \leq \left\|\xi_j \widehat{u}\right\|_{L^2(\mathbb{R}^n)}$. Alors :

$$u \in H^1(\mathbb{R}^n) \text{ et } \|u\|_{H^1(\mathbb{R}^n)} \leq \left\|\left(1+|\xi|^2\right)^{1/2} \widehat{u}\right\|_{L^2(\mathbb{R}^n)}.$$

Montrons maintenant l'inclusion inverse $H^1(\mathbb{R}^n) \subset H$. Pour tout $u \in H^1(\mathbb{R}^n)$ et $\varphi \in \mathcal{D}(\mathbb{R}^n)$, la fonction $\xi \mapsto \xi_j \varphi(\xi)$ appartient aussi à $\mathcal{D}(\mathbb{R}^n)$ et on a :

$$\begin{aligned} \left\langle i\xi_j \widehat{u}, \varphi\right\rangle_{\mathcal{D},\mathcal{D}'} &= \left\langle i\widehat{u}, \xi_j \varphi\right\rangle_{\mathcal{D},\mathcal{D}'} = -\left\langle \widehat{u}, \overline{i\xi_j \varphi}\right\rangle_{L^2(\mathbb{R}^n)} \\ &= -\left\langle u, \overline{\frac{\partial}{\partial x_j}\left(\mathcal{F}^{-1}\varphi\right)}\right\rangle_{L^2(\mathbb{R}^n)}. \end{aligned}$$

Or $u \in H^1(\mathbb{R}^n)$ et $\mathcal{F}^{-1}\varphi \in H^1(\mathbb{R}^n)$, en utilisant le résultat de densité de $\mathcal{D}(\mathbb{R}^n)$ dans $H^1(\mathbb{R}^n)$ on vérifie facilement que l'intégation par parties suivante est valide : $\left\langle u, \frac{\partial}{\partial x_j}\left(\mathcal{F}^{-1}\varphi\right)\right\rangle_{L^2(\mathbb{R}^n)} = \left\langle \frac{\partial u}{\partial x_j}, \mathcal{F}^{-1}\varphi\right\rangle_{L^2(\mathbb{R}^n)}$, $j \in \{1, ..., n\}$. Ainsi, par l'inégalité de Cauchy-Schwarz, on a :

$$\begin{aligned} \left|\left\langle i\xi_j \widehat{u}, \varphi\right\rangle_{\mathcal{D},\mathcal{D}'}\right| &= \left|\left\langle u, \overline{\frac{\partial}{\partial x_j}\left(\mathcal{F}^{-1}\varphi\right)}\right\rangle_{L^2(\mathbb{R}^n)}\right| = \left|\left\langle \frac{\partial u}{\partial x_j}, \overline{\left(\mathcal{F}^{-1}\varphi\right)}\right\rangle_{L^2(\mathbb{R}^n)}\right| \\ &\leq \left\|\frac{\partial u}{\partial x_j}\right\|_{L^2(\mathbb{R}^n)} \|\varphi\|_{L^2(\mathbb{R}^n)}, \end{aligned}$$

et donc, comme précédemment, $\xi_j \widehat{u}$ s'identifie avec une fonction $L^2(\mathbb{R}^n)$ telle que $\left\|\xi_j \widehat{u}\right\|_{L^2(\mathbb{R}^n)} \leq \left\|\frac{\partial u}{\partial x_j}\right\|_{L^2(\mathbb{R}^n)}$, $j \in \{1, ..., n\}$. On obtient ainsi que $u \in H$ avec $\|u\|_{H^1(\mathbb{R}^n)} \geq \left\|\left(1+|\xi|^2\right)^{1/2} \widehat{u}\right\|_{L^2(\mathbb{R}^n)}$.

Pour $\xi \in \mathbb{R}^n$, la fonction $\langle \xi \rangle = \left(1+|\xi|^2\right)^{1/2}$ est de classe C^∞ sur $\mathbb{R}^n$, et il existe une constante $C > 0$ telle que :$\frac{1}{C}|\xi| \leq \langle \xi \rangle \leq C|\xi|$, autrement dit, $\langle \xi \rangle$ a le même comportement à l'infini que $|\xi|$.
D'autre part, par la formule du binôme, on peut montrer qu'il existe une constante $C_m > 0$ telle que, pour tout $\alpha \in \mathbb{N}^n$, $|\alpha| \leq m$,

$$\xi^{2\alpha} = \prod_{j=1}^{n} \left|\xi_j\right|^{2\alpha_j} \leq \left(1+|\xi|^2\right)^m \leq C_m \sum_{\substack{\alpha \in \mathbb{N}^n \\ |\alpha| \leq m}} \prod_{j=1}^{n} \left|\xi_j\right|^{2\alpha_j}$$

où $\xi = (\xi_1, \ldots, \xi_n)$. Ainsi, il existe deux constantes $C_1 > 0$ et $C_2 > 0$ telles que :

$$C_1\left(1+|\xi|^2\right)^m \leq \sum_{\substack{\alpha \in \mathbb{N}^n \\ |\alpha| \leq m}} |\xi|^{2\alpha} \leq C_2\left(1+|\xi|^2\right)^m.$$

Lemme 8.3 Soient $m \in \mathbb{N}^*$ et $f \in \mathcal{S}'(\mathbb{R}^n)$, une distribution tempérée, les deux assertions suivantes sont équivalentes :

(i) $f \in H^m(\mathbb{R}^n)$,

(ii) pour tout $\alpha \in \mathbb{N}^n$ tel que $|\alpha| \leq m$, on a $\xi^\alpha \mathcal{F}f(\xi) \in L^2(\mathbb{R}^n)$.

Démonstration. On sait que pour toute distribution tempérée $f \in \mathcal{S}'(\mathbb{R}^n)$ et pour tout $j \in \{1, \ldots, n\}$, $\mathcal{F}\left[\frac{\partial f}{\partial x_j}\right](\xi) = i\xi_j \mathcal{F}f(\xi)$, $\xi = (\xi_1, \ldots, \xi_n)$, il suffit alors de traiter le cas $m = 0$. Autrement dit, il suffit de vérifier que, pour $f \in \mathcal{S}'(\mathbb{R}^n)$, il y a équivalence entre les deux conditions :
(i) $f \in L^2(\mathbb{R}^n)$ et (ii) $\mathcal{F}[f(\xi)] \in L^2(\mathbb{R}^n)$.

(i) implique (ii) est une conséquence du théorème de Plancherel.

Montrons que (ii) entraîne (i). D'après le théorème d'inversion de Fourier,

$$\mathcal{F}[\mathcal{F}[f(\xi)]](x) = f(-x) = f \circ (-Id_{\mathbb{R}^n})(x),\ \mathcal{F}[\mathcal{F}[f]] \in L^2(\mathbb{R}^n)$$

puisque $\mathcal{F}[f] \in L^2(\mathbb{R}^n)$. Ainsi, $f \circ (-Id_{\mathbb{R}^n}) \in L^2(\mathbb{R}^n)$ et alors $f \in L^2(\mathbb{R}^n)$. □

D'après le théorème de Plancherel et l'identité $\mathcal{F}\left[\frac{\partial f}{\partial x_j}\right](\xi) = i\xi_j \mathcal{F} f$ (ξ), $j \in \{1, ..., n\}$,

$$\begin{aligned} \langle f, g \rangle_{H^m(\mathbb{R}^n)} &= \sum_{\substack{\alpha \in \mathbb{N}^n \\ |\alpha| \leq m}} \langle D^\alpha f, D^\alpha g \rangle_{L^2(\Omega)} \\ &= \sum_{\substack{\alpha \in \mathbb{N}^n \\ |\alpha| \leq m}} \langle \mathcal{F}[D^\alpha f], \mathcal{F}[D^\alpha g] \rangle_{L^2(\Omega)} \\ &= \sum_{\substack{\alpha \in \mathbb{N}^n \\ |\alpha| \leq m}} \langle \xi^\alpha \mathcal{F}[f], \xi^\alpha \mathcal{F}[g] \rangle_{L^2(\Omega)}, \end{aligned}$$

de sorte que

$$\begin{aligned} \langle f, f \rangle_{H^m(\mathbb{R}^n)} &= \|f\|^2_{H^m(\mathbb{R}^n)} = \int_{\mathbb{R}^n} \left(\sum_{\substack{\alpha \in \mathbb{N}^n \\ |\alpha| \leq m}} \xi^{2\alpha} \right) |\mathcal{F}[f](\xi)|^2 \, d\xi \\ &\sim \int_{\mathbb{R}^n} \left(1 + |\xi|^2\right)^m |\mathcal{F}[f](\xi)|^2 \, d\xi. \end{aligned}$$

La définition précédente, contrairement au cas d'un ouvert Ω quelconque, ne fait pas intervenir le fait que m est un entier. En effet on définit les espaces de Sobolev $H^s(\mathbb{R}^n)$, pour tout s réel comme suit.

$$H^s(\mathbb{R}^n) = \left\{ f \in \mathcal{S}'(\mathbb{R}^n) : \left(1 + |\xi|^2\right)^{s/2} \mathcal{F}[f](\xi) \in L^2(\mathbb{R}^n) \right\},$$

et on pose : $\langle f, g \rangle_{H^s(\mathbb{R}^n)} = \int_{\mathbb{R}^n} \left(1 + |\xi|^2\right)^s \mathcal{F}[f](\xi) \overline{\mathcal{F}[g](\xi)} d\xi$. L'espace vectoriel $H^s(\mathbb{R}^n)$ est un espace de Hilbert pour la forme sesquilinéaire $\langle ., . \rangle_{H^s(\mathbb{R}^n)}$. On note $\|f\|_{H^s(\mathbb{R}^n)} = \sqrt{\langle f, f \rangle_{H^s(\mathbb{R}^n)}}$, $f \in H^s(\mathbb{R}^n)$, la norme hilbertienne de $H^s(\mathbb{R}^n)$.

Exemple 8.3

1 On a $L^1(\mathbb{R}^n) \subset H^s(\mathbb{R}^n)$ si $s < -\frac{n}{2}$. En effet, on sait que si $u \in L^1(\mathbb{R}^n)$,

alors $\widehat{u} \in L^\infty(\mathbb{R}^n)$ et $\left(1+|\xi|^2\right)^{s/2} \widehat{u} \in L^2(\mathbb{R}^n)$ si $\left(1+|\xi|^2\right)^{s/2} \in L^2(\mathbb{R}^n)$ donc si $s < -\frac{n}{2}$.

2 Pour tout $a \in \mathbb{R}^n$, soit δ_a la distribution de Dirac concentrée en a. Alors, $\delta_a \in H^s(\mathbb{R}^n)$ si et seulement si $s < -\frac{n}{2}$.

En effet, on remarque que $\widehat{\delta_a} = (2\pi)^{-n/2} e^{-ia\xi}$, ainsi :

$$\int_{\mathbb{R}^n} \left| \left(1+|\xi|^2\right)^{s/2} (2\pi)^{-n/2} e^{-ia\xi} \right|^2 d\xi = (2\pi)^{-n} \int_{\mathbb{R}^n} \left(1+|\xi|^2\right)^s d\xi.$$

Cette intégrale est convergente pour $-2s > n$ ou bien $s < -\frac{n}{2}$ et divergente si $s \geq -\frac{n}{2}$.

3 Les fonctions constantes ne sont dans aucun $H^s(\mathbb{R}^n)$, puisque si $C \in \mathbb{R}$ alors pour tout $\varphi \in \mathcal{S}(\mathbb{R}^n)$,

$$\begin{aligned} \left\langle \widehat{C}, \varphi \right\rangle &= \left\langle C, \widehat{\varphi} \right\rangle = C \int_{\mathbb{R}^n} \widehat{\varphi}(\xi)\, d\xi = C \int_{\mathbb{R}^n} e^{-i0\xi} \widehat{\varphi}(\xi)\, d\xi = C\,(2\pi)^{n/2} \widehat{\widehat{\varphi}}(0) \\ &= C\,(2\pi)^{n/2} \overset{\vee}{\varphi}(0) = C\,(2\pi)^{n/2} \varphi(0) = \left\langle C\,(2\pi)^{n/2} \delta_0, \varphi \right\rangle. \end{aligned}$$

Donc $\widehat{C} = C\,(2\pi)^{n/2} \delta_0$ n'est pas une fonction $L^1_{loc}(\mathbb{R}^n)$.

4 La distribution de Heaviside H n'est dans aucun espace $H^s(\mathbb{R})$.

Rappelons que $H' = \delta$, par suite $\widehat{H'} = \widehat{\delta}$ ou bien $\xi \widehat{H} = -\frac{i}{\sqrt{2\pi}}$ ou alors $\widehat{H} = \frac{-i}{\sqrt{2\pi}\xi}$. On en déduit alors que $\widehat{H}$ est de carré intégrable en dehors d'un voisinage de l'origine.

5 Soit $T \in \mathcal{E}'(\mathbb{R}^n)$ une distribution à support compact. Si p, est l'ordre de T, alors $T \in H^s(\mathbb{R}^n)$ pour tout $s < -p - \frac{n}{2}$.

Pour $T \in \mathcal{E}'(\mathbb{R}^n)$, on sait que $\mathcal{F}[T] \in C^\infty(\mathbb{R}^n) \subset L^1_{loc}(\mathbb{R}^n)$. De plus,

$$\begin{aligned} \left| \left(1+|\xi|^2\right)^{s/2} \mathcal{F}[T](\xi) \right| &= \left| \left(1+|\xi|^2\right)^{s/2} \left\langle T_x, e^{-ix.\xi} \right\rangle \right| \\ &\leq C \left(1+|\xi|^2\right)^{s/2} \sum_{\substack{\alpha \in \mathbb{N}^n \\ |\alpha| \leq p}} \sup_{x \in \mathbb{R}^n} \left| D_x^\alpha \left(e^{-ix.\xi}\right) \right| \\ &\leq C' \left(1+|\xi|^2\right)^{s+p/2}. \end{aligned}$$

Or, $\int_{\mathbb{R}^n} \left(1+|\xi|^2\right)^{s+p} d\xi$ existe si $-2(s+p) > n$. Alors, $T \in H^s(\mathbb{R}^n)$ dès que $s < -p - \frac{n}{2}$.

Voici quelques propriétés très simples des espaces de Sobolev $H^s(\mathbb{R}^n)$, $s \in \mathbb{R}$.

Proposition 8.2 Soit $s, t \in \mathbb{R}$.

(1) Si $s < t$, alors $H^t(\mathbb{R}^n) \subset H^s(\mathbb{R}^n)$ avec injection continue,

$$\|f\|_{H^s(\mathbb{R}^n)} \leq \|f\|_{H^t(\mathbb{R}^n)}, \; f \in H^t(\mathbb{R}^n).$$

(2) Pour tout $s > 0$, on a $H^s(\mathbb{R}^n) \subset L^2(\mathbb{R}^n) \subset H^{-s}(\mathbb{R}^n)$ et ces deux inclusions sont continues.

(3) Pour tout multi-indice $\alpha \in \mathbb{N}^n$, l'opérateur de dérivation D^α est continu de $H^s(\mathbb{R}^n)$ dans $H^{s-|\alpha|}(\mathbb{R}^n)$.

(4) $\mathcal{S}(\mathbb{R}^n)$ est un sous-espace vectoriel dense de $H^s(\mathbb{R}^n)$, $\forall s \in \mathbb{R}$.

Démonstration. **(1)** est trivial.

(2) Le point (1) entraîne que $H^s(\mathbb{R}^n) \subset H^0(\mathbb{R}^n) = L^2(\mathbb{R}^n) \subset H^{-s}(\mathbb{R}^n)$ si $s > 0$. De plus,

$$\begin{aligned} \|f\|^2_{L^2(\mathbb{R}^n)} &= \|\mathcal{F}[f]\|^2_{L^2(\mathbb{R}^n)} = \left\| \left(1+|\xi|^2\right)^{-s/2} \left(1+|\xi|^2\right)^{s/2} \mathcal{F}[f](\xi) \right\|^2_{L^2(\mathbb{R}^n)} \\ &\leq \left\| \left(1+|\xi|^2\right)^{s/2} \mathcal{F}[f](\xi) \right\|^2_{L^2(\mathbb{R}^n)} = \|f\|^2_{H^s(\mathbb{R}^n)}, \end{aligned}$$

ce qui montre que l'injection $i : H^s(\mathbb{R}^n) \longrightarrow L^2(\mathbb{R}^n)$ est linéaire continue.

D'autre part la continuité de l'injection de $L^2(\mathbb{R}^n)$ dans $H^{-s}(\mathbb{R}^n)$, $s > 0$, découle de l'inégalité suivante valable pour tout $f \in L^2(\mathbb{R}^n)$:

$$\|f\|^2_{H^{-s}(\mathbb{R}^n)} = \left\| \left(1+|\xi|^2\right)^{-s/2} \mathcal{F}[f](\xi) \right\|^2_{L^2(\mathbb{R}^n)} \leq \|\mathcal{F}[f](\xi)\|^2_{L^2(\mathbb{R}^n)} = \|f\|^2_{L^2(\mathbb{R}^n)}.$$

(3) Soit $u \in H^s(\mathbb{R}^n)$. On a $\widehat{D^\alpha u} = i^{|\alpha|} \xi^\alpha \widehat{u}$ dans $\mathcal{S}'(\mathbb{R}^n)$, on en déduit en utilisant $|\xi^\alpha| \leq \left(1+|\xi|^2\right)^{\frac{|\alpha|}{2}}$, que

$$\begin{aligned}
\|D^\alpha u\|^2_{H^{s-|\alpha|}(\mathbb{R}^n)} &= \int_{\mathbb{R}^n} \left(1+|\xi|^2\right)^{s-|\alpha|} \left|\widehat{D^\alpha u}(\xi)\right|^2 d\xi = \int_{\mathbb{R}^n} \left(1+|\xi|^2\right)^{s-|\alpha|} |\xi^\alpha \widehat{u}|^2 d\xi \\
&\leq \int_{\mathbb{R}^n} \left(1+|\xi|^2\right)^{s-|\alpha|} \left(1+|\xi|^2\right)^{|\alpha|} |\widehat{u}|^2 d\xi = \|u\|^2_{H^s(\mathbb{R}^n)} < +\infty.
\end{aligned}$$

Ainsi, $\|D^\alpha u\|_{H^{s-|\alpha|}(\mathbb{R}^n)} < +\infty$ et alors $D^\alpha u \in H^{s-|\alpha|}(\mathbb{R}^n)$, de plus l'opérateur linéaire D^α est continu de $H^s(\mathbb{R}^n)$ dans $H^{s-|\alpha|}(\mathbb{R}^n)$ puisque

$$\|D^\alpha u\|_{H^{s-|\alpha|}(\mathbb{R}^n)} \leq \|u\|_{H^s(\mathbb{R}^n)}.$$

(4) L'inclusion $\mathcal{S}(\mathbb{R}^n) \subset H^s(\mathbb{R}^n)$, $\forall s \in \mathbb{R}$, est également triviale. En effet, l'application $\mathcal{S}(\mathbb{R}^n) \ni f \longmapsto \left(1+|\xi|^2\right)^{s/2} \mathcal{F}[f](\xi) \in \mathcal{S}(\mathbb{R}^n)$ est une bijection pour tout $s \in \mathbb{R}$. Puisque $\mathcal{S}(\mathbb{R}^n) \subset L^2(\mathbb{R}^n)$, alors $\left(1+|\xi|^2\right)^{s/2} \mathcal{F}[f](\xi) \in L^2(\mathbb{R}^n)$, autrement dit $f \in H^s(\mathbb{R}^n)$ et donc $\mathcal{S}(\mathbb{R}^n) \subset H^s(\mathbb{R}^n)$, $\forall s \in \mathbb{R}$.
Vérifions que $\mathcal{S}(\mathbb{R}^n)$ est dense dans $H^s(\mathbb{R}^n)$. On pourra montrer par exemple que l'orthogonal de $\mathcal{S}(\mathbb{R}^n)$ est réduit à $\{0\}$, pour le produit scalaire de $H^s(\mathbb{R}^n)$. Comme on pourra procéder autrement, soit $f \in H^s(\mathbb{R}^n)$, $s \in \mathbb{R}$, alors

$$\Phi = \left(1+|\xi|^2\right)^{s/2} \mathcal{F}[f](\xi) \in L^2(\mathbb{R}^n).$$

Par densité de $\mathcal{D}(\mathbb{R}^n)$ dans $L^2(\mathbb{R}^n)$, il existe une suite de fonctions $\left(\Phi_j\right)_{j\in\mathbb{N}}$ dans $\mathcal{D}(\mathbb{R}^n) \subset \mathcal{S}(\mathbb{R}^n)$ qui converge vers Φ pour la topologie de $L^2(\mathbb{R}^n)$.
Posons pour tout $j \in \mathbb{N}$, $\phi_j = \left(1+|\xi|^2\right)^{-s/2} \Phi_j \in \mathcal{D}(\mathbb{R}^n) \subset \mathcal{S}(\mathbb{R}^n)$ et $f_j = \mathcal{F}^{-1}\left[\phi_j\right]$.
Evidemment $f_j \in \mathcal{S}(\mathbb{R}^n)$ pour tout $j \in \mathbb{N}$, puisque $\phi_j \in \mathcal{S}(\mathbb{R}^n)$ et que la transformation de Fourier $\mathcal{F}$ est un isomorphisme de $\mathcal{S}(\mathbb{R}^n)$ dans lui même. D'autre part,

$$\begin{aligned}
\left\|f_j - f\right\|_{H^s(\mathbb{R}^n)} &= \left\|\left(1+|\xi|^2\right)^{s/2} \mathcal{F}\left[f_j\right](\xi) - \left(1+|\xi|^2\right)^{s/2} \mathcal{F}[f](\xi)\right\|_{L^2(\mathbb{R}^n)} \\
&= \left\|\Phi_j - \Phi\right\|_{L^2(\mathbb{R}^n)} \underset{j\to+\infty}{\longrightarrow} 0.
\end{aligned}$$

□

Les injections suivantes $\mathcal{D}(\mathbb{R}^n) \hookrightarrow \mathcal{S}(\mathbb{R}^n) \hookrightarrow H^s(\mathbb{R}^n)$ sont continues.

Corollaire 8.3 Pour tout $s \in \mathbb{R}$, $\mathcal{D}(\mathbb{R}^n)$ est dense dans $H^s(\mathbb{R}^n)$.

Démonstration. Il suffit de raisonner par troncature et de montrer que $\mathcal{D}(\mathbb{R}^n)$ est dense dans $\mathcal{S}(\mathbb{R}^n)$ pour la norme $\|.\|_{H^s(\mathbb{R}^n)}$ de $H^s(\mathbb{R}^n)$. Soit $\rho \in \mathcal{D}(\mathbb{R}^n)$ une fonction plateau valant 1 si $|x| \leq 1$ et 0 pour $|x| \geq 2$. Posons $\rho_j(x) = \rho\left(\frac{x}{j}\right)$ pour tout $j \in \mathbb{N}^*$. Soit $u \in \mathcal{S}(\mathbb{R}^n)$. Soit s_0 un entier naturel tel que $s \leq s_0$. Posons pour tout $j \in \mathbb{N}^*$, $u_j = \rho_j u$. Alors, $u_j \in \mathcal{D}(\mathbb{R}^n)$ et

$$\left\|u_j - u\right\|^2_{H^s(\mathbb{R}^n)} \leq \left\|u_j - u\right\|^2_{H^{s_0}(\mathbb{R}^n)} \leq \sum_{\alpha \in \mathbb{N}^n, |\alpha| \leq s_0} \left\|D^\alpha\left(\rho_j - 1\right)u\right\|^2_{L^2(\mathbb{R}^n)}.$$

Il suffit alors d'appliquer la formule de Leibniz et le théorème de convergence dominée de Lebesgue pour montrer que ce majorant tend vers 0 lorsque j tend vers $+\infty$. □

Ce résultat est très utile dans la pratique. En effet, si on veut travailler dans $H^s(\mathbb{R}^n)$ pour établir par exemple une continuité, des inégalités, etc., on peut le faire dans $\mathcal{D}(\mathbb{R}^n)$ puis utiliser cette densité.

Proposition 8.3 Soit $\phi \in \mathcal{S}(\mathbb{R}^n)$. La multiplication par ϕ est une opération continue dans $H^s(\mathbb{R}^n)$, avec pour tout $u \in H^s(\mathbb{R}^n)$:

$$\|\phi u\|_{H^s(\mathbb{R}^n)} \leq (2\pi)^{-n/2} 2^{\frac{|s|}{2}} \left(\int_{\mathbb{R}^n} \left(1 + |\xi|^2\right)^{\frac{|s|}{2}} \left|\widehat{\phi}(\xi)\right| d\xi\right) \|u\|_{H^s(\mathbb{R}^n)}. \quad (8.1)$$

On montre d'abord l'inégalité suivante décrite dans le lemme de Peetre.

Lemme 8.4 (Lemme de Peetre) Pour tout $\xi, \eta \in \mathbb{R}^n$, et pour tout $s \in \mathbb{R}$, on a :

$$\left(1 + |\xi|^2\right)^s \leq 2^{|s|}\left(1 + |\xi - \eta|^2\right)^{|s|}\left(1 + |\eta|^2\right)^s. \quad (8.2)$$

Démonstration. En effet, on a $|\xi| \leq |\xi - \eta| + |\eta|$, d'où $|\xi|^2 \leq 2\left(|\xi - \eta|^2 + |\eta|^2\right)$ et

$$\left(1 + |\xi|^2\right) \leq 2\left(1 + |\xi - \eta|^2 + |\eta|^2\right) \leq 2\left(1 + |\xi - \eta|^2\right)\left(1 + |\eta|^2\right).$$

Si $s \geq 0$, par croissance on obtient bien (8.2) Traitons le cas $s < 0$. On écrit alors $|\eta| \leq |\xi - \eta| + |\xi|$, et comme dans le premier cas on obtient :

$$\left(1 + |\eta|^2\right) \leq 2\left(1 + |\xi - \eta|^2\right)\left(1 + |\xi|^2\right),$$

et puisque $s < 0$, donc $-s > 0$,

$$\left(1 + |\eta|^2\right)^{-s} \leq 2^{-s}\left(1 + |\xi - \eta|^2\right)^{-s}\left(1 + |\xi|^2\right)^{-s},$$

ou bien

$$\left(1 + |\xi|^2\right)^{s} \leq 2^{-s}\left(1 + |\xi - \eta|^2\right)^{-s}\left(1 + |\eta|^2\right)^{s},$$

d'où encore (8.2) dans ce cas. □

Démonstration. **(Preuve de la proposition 8.3)** Par densité de $\mathcal{S}(\mathbb{R}^n)$ dans $H^s(\mathbb{R}^n)$, pour tout $s \in \mathbb{R}$, on commence par montrer l'inégalité de continuité précédente pour $\phi \in \mathcal{S}(\mathbb{R}^n)$ et $u \in \mathcal{S}(\mathbb{R}^n)$. On sait que $\phi u \in \mathcal{S}(\mathbb{R}^n)$ et que le produit de convolution est bien défini dans $\mathcal{S}(\mathbb{R}^n)$ avec pour tout $\xi \in \mathbb{R}^n$:

$$\widehat{\phi u}(\xi) = (2\pi)^{-n/2}\left(\widehat{\phi} * \widehat{u}\right)(\xi) = (2\pi)^{-n/2}\int_{\mathbb{R}^n} \widehat{\phi}(\xi - \eta)\widehat{u}(\eta)d\eta.$$

En utilisant l'inégalité du lemme de Peetre, on obtient :

$$\begin{aligned}
\|\phi u\|^2_{H^s(\mathbb{R}^n)} &= \int_{\mathbb{R}^n} \left(1 + |\xi|^2\right)^s \left|\widehat{\phi u}(\xi)\right|^2 d\xi \\
&\leq (2\pi)^{-n}\int_{\mathbb{R}^n} \left(1 + |\xi|^2\right)^s \left(\int_{\mathbb{R}^n} \left|\widehat{\phi}(\xi - \eta)\right| |\widehat{u}(\eta)|\, d\eta\right)^2 d\xi \\
&= (2\pi)^{-n}\int_{\mathbb{R}^n} \left(\int_{\mathbb{R}^n} \left(1 + |\xi|^2\right)^{s/2} \left|\widehat{\phi}(\xi - \eta)\right| |\widehat{u}(\eta)|\, d\eta\right)^2 d\xi \\
&\leq (2\pi)^{-n} 2^{|s|}\int_{\mathbb{R}^n} \left(\int_{\mathbb{R}^n} \left(1 + |\xi - \eta|^2\right)^{\frac{|s|}{4}} \left|\widehat{\phi}(\xi - \eta)\right|^{1/2} \left(1 + |\xi - \eta|^2\right)^{\frac{|s|}{4}}\right. \\
&\qquad \left.\left|\widehat{\phi}(\xi - \eta)\right|^{1/2} \left(1 + |\eta|^2\right)^{s/2} |\widehat{u}(\eta)|\, d\eta\right)^2 d\xi.
\end{aligned}$$

On applique l'inégalité de Cauchy-Schwarz à l'intégrale en η pour obtenir :

$$\begin{aligned}\|\phi u\|^2_{H^s(\mathbb{R}^n)} \leq\ & (2\pi)^{-n}2^{|s|}\int_{\mathbb{R}^n}\left(\int_{\mathbb{R}^n}\left(1+|\xi-\eta|^2\right)^{\frac{|s|}{2}}\left|\widehat{\phi}(\xi-\eta)\right|d\eta\right)\\ &\times\left(\int_{\mathbb{R}^n}\left(1+|\xi-\eta|^2\right)^{\frac{|s|}{2}}\left|\widehat{\phi}(\xi-\eta)\right|\left(1+|\eta|^2\right)^s|\widehat{u}(\eta)|^2d\eta\right)d\xi.\end{aligned}$$

Par changement de variable dans la première intégrale $\xi-\eta\to\eta$, on a aussi,

$$\begin{aligned}\|\phi u\|^2_{H^s(\mathbb{R}^n)} \leq\ & (2\pi)^{-n}2^{|s|}\left(\int_{\mathbb{R}^n}\left(1+|\eta|^2\right)^{\frac{|s|}{2}}\left|\widehat{\phi}(\eta)\right|d\eta\right)\\ &\times\int_{\mathbb{R}^n}\int_{\mathbb{R}^n}\left(1+|\xi-\eta|^2\right)^{\frac{|s|}{2}}\left|\widehat{\phi}(\xi-\eta)\right|\left(1+|\eta|^2\right)^s|\widehat{u}(\eta)|^2d\eta d\xi.\end{aligned}$$

En utilisant le théorème de Fubini dans l'intégrale double on obtient :

$$\|\phi u\|^2_{H^s(\mathbb{R}^n)}\leq(2\pi)^{-n}2^{|s|}\left(\int_{\mathbb{R}^n}\left(1+|\eta|^2\right)^{\frac{|s|}{2}}\left|\widehat{\phi}(\eta)\right|d\eta\right)^2\|u\|^2_{H^s(\mathbb{R}^n)},$$

ce qui prouve la continuité pour ϕ et u dans $\mathcal{S}(\mathbb{R}^n)$.
Supposons maintenant que $u\in H^s(\mathbb{R}^n)$, $s\in\mathbb{R}$. Par densité de $\mathcal{S}(\mathbb{R}^n)$ dans $H^s(\mathbb{R}^n)$, soit $(u_j)_{j\in\mathbb{N}}$ une suite d'éléments de $\mathcal{S}(\mathbb{R}^n)$ qui converge vers u dans $H^s(\mathbb{R}^n)$ et donc dans $\mathcal{S}'(\mathbb{R}^n)$. En écrivant (8.1) pour u_j-u_k on voit que la suite $(\phi u_j)_{j\in\mathbb{N}}$ est de Cauchy dans $H^s(\mathbb{R}^n)$ qui est complet, donc il existe $v\in H^s(\mathbb{R}^n)$ telle que $\lim\limits_{j\to+\infty}\phi u_j=v$ dans $H^s(\mathbb{R}^n)$. Or, $\lim\limits_{j\to+\infty}\phi u_j=\phi u$ dans $\mathcal{S}'(\mathbb{R}^n)$, donc par unicité de la limite, $\phi u=v\in H^s(\mathbb{R}^n)$. On écrit alors (8.1) pour u_j et on passe à la limite, on obtient alors (8.1) pour $u\in H^s(\mathbb{R}^n)$. □

On s'intéresse maintenant de plus près aux espaces de Sobolev d'ordre négatif. Une façon souvent commode de traiter l'espace $H^{-s}(\mathbb{R}^n)$ avec $s>0$, consiste à le considérer l'espace des formes linéaires continues sur $H^s(\mathbb{R}^n)$.

Proposition 8.4 Soient $s\in\mathbb{R}$ et $u\in H^{-s}(\mathbb{R}^n)$. La forme linéaire L_u définie sur $\mathcal{S}(\mathbb{R}^n)$ par $L_u(\phi)=\langle u,\phi\rangle$, pour la dualité $(\mathcal{S}(\mathbb{R}^n),\mathcal{S}'(\mathbb{R}^n))$, se prolonge de manière unique en une forme linéaire continue sur $H^s(\mathbb{R}^n)$. De plus l'application $L : u \longmapsto L_u$ est un isomorphisme bicontinu de $H^{-s}(\mathbb{R}^n)$ dans le dual topologique $H^s(\mathbb{R}^n)'$ de l'espace $H^s(\mathbb{R}^n)$.

Démonstration. Pour $\phi \in \mathcal{S}(\mathbb{R}^n)$, on a :

$$\begin{aligned}
|L_u(\phi)| &= |\langle u, \phi\rangle| = \left|\int_{\mathbb{R}^n} \left(1+|\xi|^2\right)^{-s/2} \mathcal{F}[u](\xi)\left(1+|\xi|^2\right)^{s/2} \mathcal{F}[\phi](\xi)\right| \quad (8.3)\\
&= \left|\left\langle \left(1+|\xi|^2\right)^{-s/2} \mathcal{F}[u], \left(1+|\xi|^2\right)^{s/2} \mathcal{F}[\phi]\right\rangle_{L^2(\mathbb{R}^n)}\right|\\
&\leq \left\|\left(1+|\xi|^2\right)^{-s/2} \mathcal{F}[u]\right\|_{L^2(\mathbb{R}^n)} \left\|\left(1+|\xi|^2\right)^{s/2} \mathcal{F}[\phi]\right\|_{L^2(\mathbb{R}^n)}\\
&= \|u\|_{H^{-s}(\mathbb{R}^n)} \|\phi\|_{H^s(\mathbb{R}^n)},
\end{aligned}$$

ce qui exprime la continuité de la forme linéaire L_u sur $\mathcal{S}(\mathbb{R}^n)$. Compte tenu de la densité de $\mathcal{S}(\mathbb{R}^n)$ dans $H^s(\mathbb{R}^n)$, L_u se prolonge alors de manière unique en une forme linéaire continue sur $H^s(\mathbb{R}^n)$. Donc $L_u \in H^s(\mathbb{R}^n)'$.
On montre maintenant que L est bijective de de $H^{-s}(\mathbb{R}^n)$ dans $H^s(\mathbb{R}^n)'$. Elle est injective, puisque : $\forall \phi \in \mathcal{S}(\mathbb{R}^n)$,

$$\begin{aligned}
L_u(\phi) = 0 &\Leftrightarrow \int_{\mathbb{R}^n} \left(1+|\xi|^2\right)^{-s/2} \mathcal{F}[u](\xi)\left(1+|\xi|^2\right)^{s/2} \mathcal{F}[\phi](\xi) = 0\\
&\Leftrightarrow \forall \psi \in \mathcal{S}(\mathbb{R}^n), \int_{\mathbb{R}^n} \mathcal{F}[u](\xi)\mathcal{F}[\psi](\xi) = 0\\
&\Leftrightarrow u = 0.
\end{aligned}$$

Soit $\Phi \in H^s(\mathbb{R}^n)'$, pour la surjectivité on cherche $u \in H^{-s}(\mathbb{R}^n)$ telle que $L_u = \Phi$. Soit Ψ la forme linéaire sur $L^2(\mathbb{R}^n)$ définie par

$$\Psi(f) = \Phi\left(\mathcal{F}^{-1}\left[\left(1+|\xi|^2\right)^{-s/2} f\right]\right).$$

On a pour tout $f \in L^2(\mathbb{R}^n)$,

$$|\Psi(f)| \leq C\left\|\mathcal{F}^{-1}\left[\left(1+|\xi|^2\right)^{-s/2} f\right]\right\|_{H^s(\mathbb{R}^n)} \leq C\|f\|_{L^2(\mathbb{R}^n)},\ C > 0,$$

donc Ψ est continue sur $L^2(\mathbb{R}^n)$. Par le théorème de Riesz, il existe $g \in L^2(\mathbb{R}^n)$ telle que $\Psi(f) = \langle f, g\rangle_{L^2(\mathbb{R}^n)}$, et on pose $u = \mathcal{F}\left[\left(1+|\xi|^2\right)^{s/2} g\right]$. On a par la formule de réciprocité :

$$\begin{aligned}\left(1+|\xi|^2\right)^{-s/2}\mathcal{F}[u](\xi) &= \left(1+|\xi|^2\right)^{-s/2}\mathcal{F}\left[\mathcal{F}\left[\left(1+|\xi|^2\right)^{s/2} g\right]\right](\xi)\\ &= \left(1+|\xi|^2\right)^{-s/2}\left(1+|\xi|^2\right)^{s/2} g(-\xi) = g(-\xi) \in L^2(\mathbb{R}^n),\end{aligned}$$

donc $u \in H^{-s}(\mathbb{R}^n)$. De plus pour tout $\phi \in \mathcal{S}(\mathbb{R}^n)$,

$$\begin{aligned}L_u(\phi) &= \langle u, \phi\rangle = \int_{\mathbb{R}^n} g(-\xi)\left(1+|\xi|^2\right)^{s/2}\mathcal{F}[\phi](\xi)\\ &= \Psi\left(\left(1+|\xi|^2\right)^{s/2}\mathcal{F}[\phi](-\xi)\right) = \Psi(\phi).\end{aligned}$$

Donc L_u est surjective. Enfin la continuité de $L : u \to L_u$ provient de (8.3) :

$$\|L_u\| = \sup_{\phi\in H^s(\mathbb{R}^n), \|\phi\|_{H^s(\mathbb{R}^n)}} \left|L_u(\phi)\right| \leq \|u\|_{H^{-s}(\mathbb{R}^n)}.$$

La continuité de L^{-1} est automatique d'après le théorème de Banach puisque l'on travaille dans des espace de Banach. □

En conclusion, pour tout $s \in \mathbb{R}$, le dual de $H^s(\mathbb{R}^n)$ coïncide algébriquement et topologiquement avec $H^{-s}(\mathbb{R}^n)$.

Exemple 8.4 Si $f \in L^2(\Omega)$, Ω un ouvert de $\mathbb{R}^n$, alors $\frac{\partial f}{\partial x_j} \in H^{-1}(\Omega)$.
En effet, pour $\varphi \in \mathcal{D}(\Omega)$, on a :

$$\begin{aligned}\left|\left\langle \frac{\partial f}{\partial x_j}, \varphi\right\rangle\right| &= \left|\left\langle f, \frac{\partial \varphi}{\partial x_j}\right\rangle\right| = \left|\int_\Omega f(x)\frac{\partial \varphi}{\partial x_j}(x)\,dx\right| \leq \int_\Omega |f(x)|\left|\frac{\partial \varphi}{\partial x_j}(x)\right| dx\\ &\leq \|f\|_{L^2(\Omega)}\left\|\frac{\partial \varphi}{\partial x_j}\right\|_{L^2(\Omega)} \leq \|f\|_{L^2(\Omega)}\|\varphi\|_{H^1(\Omega)}.\end{aligned}$$

Donc $\frac{\partial f}{\partial x_j} \in H^{-1}(\Omega)$, et $\left\|\frac{\partial f}{\partial x_j}\right\|_{H^{-1}(\Omega)} \leq \|f\|_{L^2(\Omega)}$.

On peut en fait démontrer à titre d'exercice le résultat suivant :

Proposition 8.5 Soit $m \in \mathbb{N}$. Une distribution $u \in \mathcal{D}'(\Omega)$ appartient à $H^{-m}(\Omega)$ si et seulement si il existe des fonctions $f_\alpha \in L^2(\Omega)$ telles que $u = \sum_{\alpha \in \mathbb{N}^n, |\alpha| \leq m} D^\alpha f_\alpha$.

Si nous considérons un sous-domaine approprié assez régulier Ω de $\mathbb{R}^n$ alors les espaces de Sobolev $H^s(\Omega)$ d'ordre $s \geq 0$ peuvent aussi être définis par :

$$H^s(\Omega) = \left\{u_{|\Omega} : \Omega \to \mathbb{C} : u \in H^s(\mathbb{R}^n)\right\}$$

avec la norme $\|u\|_{H^s(\Omega)} = \inf\left\{\|U\|_{H^s(\mathbb{R}^n)} : U_{|\Omega} = u\right\}$.

Voici une autre illustration du fait que les éléments des $H^s(\mathbb{R}^n)$ sont de plus en plus singuliers quand s diminue.

8.2 Injections de Sobolev

Il est souhaitable de pouvoir comparer les espaces de Sobolev aux espaces de fonctions de classe C^m, $m \in \mathbb{N}$, qui sont des objets plus familiers. Les résultats de régularité suivants relient effectivement les espaces de Sobolev aux fonctions différentiables.

8.2.1 Injections continues

On montre ici qu'en dimension n, on a effectivement l'inclusion

$$H^m(\Omega) \subset L^\infty(\Omega)$$

où Ω est un ouvert de $\mathbb{R}^n$, pourvu qu'on prenne m assez grand.
Commençons par le cas $\Omega = \mathbb{R}^n$. On note, pour $k \in \mathbb{N}$,

$$\mathcal{B}_k(\mathbb{R}^n) = \left\{u \in C^k(\mathbb{R}^n) : \lim_{|x| \to +\infty} |D^\alpha u(x)| = 0,\ \forall \alpha \in \mathbb{N}^n,\ |\alpha| \leq k\right\}.$$

Proposition 8.6 Soient $s \in \mathbb{R}$ et $k \in \mathbb{N}$ vérifiant $s > \frac{n}{2} + k$. On a alors, $H^s(\mathbb{R}^n) \subset \mathcal{B}_k(\mathbb{R}^n)$ avec injection continue. Ce théorème signifie donc, en particulier, que dès que $s > \frac{n}{2}$, les fonctions de $H^s(\mathbb{R}^n)$ sont continues sur $\mathbb{R}^n$.

Démonstration. On montre d'abord le résultat pour $k = 0$. Soit $u \in H^s(\mathbb{R}^n)$, en utilisant l'inégalité de Cauchy-Schwartz, on a :

$$\int_{\mathbb{R}^n} |\widehat{u}(\xi)|\,d\xi = \int_{\mathbb{R}^n} \left(1+|\xi|^2\right)^{\frac{s}{2}} \left(1+|\xi|^2\right)^{-\frac{s}{2}} |\widehat{u}(\xi)|\,d\xi \leq \left(\int_{\mathbb{R}^n} \frac{d\xi}{\left(1+|\xi|^2\right)^s}\right)^{\frac{1}{2}} \|u\|_{H^s(\mathbb{R}^n)}. \tag{8.4}$$

Comme $2s > n$, cette dernière intégrale est convergente et donc $\widehat{u} \in L^1(\mathbb{R}^n)$. Or, dans $\mathcal{S}'(\mathbb{R}^n)$, on a aussi $u = \mathcal{F}^{-1}[\widehat{u}]$, et donc, d'après les résultats classiques sur la transformation de Fourier et le lemme de Riemann-Lebesgue, u est continue, nulle à l'infini, ou alors $u \in \mathcal{B}_0(\mathbb{R}^n)$.

De plus, puisque $\widehat{u} \in L^1(\mathbb{R}^n)$, $u(x)$ est donnée par $u(x) = (2\pi)^{-n/2} \displaystyle\int_{\mathbb{R}^n} \widehat{u}(\xi) e^{ix.\xi}\,d\xi$ et donc u vérifie l'inégalité :

$$\begin{aligned} \|u\|_{\mathcal{B}_0(\mathbb{R}^n)} &= \sup_{x\in\mathbb{R}^n} |u(x)| \leq (2\pi)^{-n/2} \int_{\mathbb{R}^n} |\widehat{u}(\xi)|\,d\xi \leq C(2\pi)^{-n/2} \|u\|_{H^s(\mathbb{R}^n)}, \\ C &= \left(\int_{\mathbb{R}^n} \frac{d\xi}{\left(1+|\xi|^2\right)^s} d\xi\right)^{1/2}, \end{aligned}$$

ce qui entraîne que l'injection $H^s(\mathbb{R}^n) \hookrightarrow \mathcal{B}_0(\mathbb{R}^n)$ pour $s > \frac{n}{2}$ est continue.

Le cas général s'en déduit aisément en utilisant le même procédé. En effet, soit $u \in H^s(\mathbb{R}^n)$, alors $\left(1+|\xi|^2\right)^{s/2} \widehat{u}(\xi) \in L^2(\mathbb{R}^n)$. Or, comme $s > \frac{n}{2} + k$ pour tout multi-indice $\alpha \in \mathbb{N}^n$ tel que $|\alpha| \leq k$, la fonction $\xi \mapsto \frac{i^{|\alpha|}\xi^\alpha}{\left(1+|\xi|^2\right)^{s/2}} \in L^2(\mathbb{R}^n)$ puisque $\left|\frac{i^{|\alpha|}\xi^\alpha}{\left(1+|\xi|^2\right)^{s/2}}\right| \leq \frac{1}{\left(1+|\xi|^2\right)^{s/2-|\alpha|}}$ est de carré sommable dès que $s - |\alpha| > \frac{n}{2}$ ou bien $s - k > \frac{n}{2}$. Alors,

$$\widehat{\frac{\partial^\alpha u}{\partial x^\alpha}}(\xi) = i^{|\alpha|}\xi^\alpha \widehat{u} = \frac{i^{|\alpha|}\xi^\alpha}{\left(1+|\xi|^2\right)^{s/2}} \left(1+|\xi|^2\right)^{s/2} \widehat{u}(\xi) \in L^1(\mathbb{R}^n).$$

Par la transformation inverse de Fourier, la distribution tempérée $D^\alpha u$ est en fait une fonction continue de limite nulle lorsque $|x| \to +\infty$, donc $u \in \mathcal{B}_k(\mathbb{R}^n)$, et on a :

$$\frac{\partial^\alpha u}{\partial x^\alpha}(x) = \mathcal{F}^{-1}\left[\widehat{\frac{\partial^\alpha u}{\partial x^\alpha}}(\xi)\right](x) = (2\pi)^{-n/2}\int_{\mathbb{R}^n}\widehat{\frac{\partial^\alpha u}{\partial x^\alpha}}(\xi)\,e^{ix.\xi}\,d\xi,\ \forall x \in \mathbb{R}^n.$$

On en déduit que, pour tout $\alpha \in \mathbb{N}^n$ tel que $|\alpha| \leq k$, on a :

$$\begin{aligned}
\sup_{x\in\mathbb{R}^n}|D^\alpha u(x)| &\leq (2\pi)^{-n/2}\int_{\mathbb{R}^n}\left|\widehat{\frac{\partial^\alpha u}{\partial x^\alpha}}(\xi)\right|d\xi \\
&\leq C_{n,k,s}\left\|\left(1+|\xi|^2\right)^{s/2}\widehat{u}\right\|_{L^2(\mathbb{R}^n)} = C_{n,k,s}\|u\|_{H^s(\mathbb{R}^n)}, \\
C_{n,k,s} &= \left(\int_{\mathbb{R}^n}\frac{\left(1+|\xi|^2\right)^{2k}}{\left(1+|\xi|^2\right)^{s/2}}d\xi\right)^{1/2} < +\infty \text{ car } 2s-2k > n.
\end{aligned}$$

Une conséquence immédiate du théorème de plongement de Sobolev est : □

Corollaire 8.4 Les fonctions qui appartiennent à l'espace de Sobolev $H^s(\mathbb{R}^n)$ pour tout $s \in \mathbb{R}$ sont indéfiniment différentiables, c'est à dire :

$$\bigcap_{s\in\mathbb{R}} H^s(\mathbb{R}^n) \subset C^\infty(\mathbb{R}^n).$$

Proposition 8.7 Soit $s > \frac{n}{2}$. Si $u, v \in H^s(\mathbb{R}^n)$ alors $uv \in H^s(\mathbb{R}^n)$ et il existe une constante $C_s > 0$, telle que, pour tout $u, v \in H^s(\mathbb{R}^n)$,

$$\|uv\|_{H^s(\mathbb{R}^n)} \leq C_s\|u\|_{H^s(\mathbb{R}^n)}\|v\|_{H^s(\mathbb{R}^n)}.$$

Démonstration. La proposition précédente dit que u et v sont des fonctions continues, donc le produit uv est bien défini sur $\mathbb{R}^n$.
On a d'abord $u, v \in L^2(\mathbb{R}^n) \cap L^\infty(\mathbb{R}^n)$ puisque $s \geq 0$ d'une part, et puisque u et v sont des fonctions continues qui tendent vers 0 à l'infini. Donc $f = uv$ est une fonction de $L^1(\mathbb{R}^n) \cap L^\infty(\mathbb{R}^n)$, et on a $\widehat{f} = (2\pi)^{-n/2}(\widehat{u} * \widehat{v})$. Donc :

$$\|f\|^2_{H^s(\mathbb{R}^n)} = \int_{\mathbb{R}^n}\left(1+|\xi|^2\right)^s\left|\widehat{f}(\xi)\right|^2 d\xi$$

$$= (2\pi)^{-n} \int_{\mathbb{R}^n} \left(1+|\xi|^2\right)^s |(\widehat{u} * \widehat{v})(\xi)|^2 \, d\xi$$

$$\leq (2\pi)^{-n} \int_{\mathbb{R}^n} \left(\int_{\mathbb{R}^n} \left(1+|\xi|^2\right)^{s/2} |\widehat{u}(\xi-\eta)| \, |\widehat{v}(\eta)| \, d\eta \right)^2 d\xi.$$

Or, puisque $s > 0$, en utilisant l'inégalité

$$(a+b)^s \leq 2^s (a^s + b^s), \text{ pour tout } a, b \geq 0,$$

on a $\left(1+|\xi|^2\right)^{s/2} \leq 2^s \left[\left(1+|\xi-\eta|^2\right)^{s/2} + \left(1+|\eta|^2\right)^{s/2} \right]$. Alors,

$$\begin{aligned}
\|f\|^2_{H^s(\mathbb{R}^n)} &\leq (2\pi)^{-n} 2^{2s} \int_{\mathbb{R}^n} \left(\int_{\mathbb{R}^n} \left[\left(1+|\xi-\eta|^2\right)^{s/2} |\widehat{u}(\xi-\eta)| \, |\widehat{v}(\eta)| \right.\right. \\
&\quad \left.\left. + \left(1+|\eta|^2\right)^{s/2} |\widehat{u}(\xi-\eta)| \, |\widehat{v}(\eta)| \right] d\eta \right)^2 d\xi \\
&\leq (2\pi)^{-n} 2^{2s+1} \int_{\mathbb{R}^n} \left[\left(\int_{\mathbb{R}^n} \left(1+|\xi-\eta|^2\right)^{s/2} |\widehat{u}(\xi-\eta)| \, |\widehat{v}(\eta)| \, d\eta \right)^2 \right. \\
&\quad \left. + \left(\int_{\mathbb{R}^n} \left(1+|\eta|^2\right)^{s/2} |\widehat{u}(\xi-\eta)| \, |\widehat{v}(\eta)| \, d\eta \right)^2 \right] d\xi \\
&\leq (2\pi)^{-n} 2^{2s+1} \left(\left\| \left[\left(1+|\eta|^2\right)^{s/2} |\widehat{u}| \right] * |\widehat{v}| \right\|^2_{L^2(\mathbb{R}^n)} \right. \\
&\quad \left. + \left\| |\widehat{u}| * \left[\left(1+|\eta|^2\right)^{s/2} |\widehat{v}| \right] \right\|^2_{L^2(\mathbb{R}^n)} \right).
\end{aligned}$$

L'inégalité de Young implique, pour le premier terme par exemple,

$$\begin{aligned}
\left\| \left[\left(1+|\eta|^2\right)^{s/2} |\widehat{u}| \right] * |\widehat{v}| \right\|^2_{L^2(\mathbb{R}^n)} &\leq \left\| \left[\left(1+|\eta|^2\right)^{s/2} |\widehat{u}| \right] \right\|^2_{L^2(\mathbb{R}^n)} \| |\widehat{v}| \|^2_{L^1(\mathbb{R}^n)} \\
&\leq C_s \|u\|^2_{H^s(\mathbb{R}^n)} \|v\|^2_{H^s(\mathbb{R}^n)}.
\end{aligned}$$

Le second terme se traite de le même manière, et l'on obtient bien l'inégalité $\|uv\|_{H^s(\mathbb{R}^n)} \leq C_s \|u\|_{H^s(\mathbb{R}^n)} \|v\|_{H^s(\mathbb{R}^n)}$. □

Quand $s \leq \frac{n}{2}$, $H^s(\mathbb{R}^n)$ ne s'injecte plus dans $C^0(\mathbb{R}^n)$ mais néanmoins dans un espace $L^q(\mathbb{R}^n)$ avec q plus grand que 2.

Théorème 8.4 (Théorème de Sobolev) Soit $s \in \mathbb{R}$. Alors,

(1) si $s < \frac{n}{2}$, on a $H^s(\mathbb{R}^n) \subset L^{2^*}(\mathbb{R}^n)$, avec $2^* = \frac{2n}{n-2s}$,

(2) si $s = \frac{n}{2}$, on a $H^s(\mathbb{R}^n) \subset L^q(\mathbb{R}^n)$, $\forall q \in [2, +\infty[$,

(3) si $s > \frac{n}{2}$, on a $H^s(\mathbb{R}^n) \subset L^\infty(\mathbb{R}^n)$,

avec dans chacun des cas une injection continue.

Tous les résultats précédents énoncés dans le cas de $\mathbb{R}^n$ s'étendent pour un ouvert Ω plus général pourvu qu'on suppose un minimum de régularité sur Ω. En particulier, les inclusions de Sobolev sont vérifiées pour tout $s \in \mathbb{N}$.

Définition 8.2 On dit qu'un ouvert Ω de $\mathbb{R}^n$ est à bord $\partial\Omega$ lipschitzien si, pour tout $x_0 \in \partial\Omega$, il existe un cylindre $K = K' \times]-a, a[$ dans un repère orthonormé local d'origine $x_0 = 0$, avec K' une boule ouverte de $\mathbb{R}^{n-1}$ de rayon t, et une fonction $\phi : K' \longrightarrow]-a, a[$ lipschitzienne telle que

$$\phi(0) = 0,\ \Omega \cap K = \left\{(x', y) \in K : y > \phi(x')\right\} \text{ et } \partial\Omega \cap K = \left\{(x', \phi(x')) : x' \in K'\right\}.$$

On définit un ouvert de classe C^k en remplaçant le mot "lipschitzien" par C^k dans la définition précédente. Cela équivaut à dire que pour tout $x_0 \in \partial\Omega$ il existe un voisinage V de x_0 dans $\mathbb{R}^n$ et une application $\phi : Q \longrightarrow V$ bijective telle que

$$\phi \in C^k\left(\overline{Q}\right),\ \phi^{-1} \in C^k\left(\overline{V}\right),\ \phi(Q_+) = V \cap \Omega \text{ et } \phi(Q_0) = V \cap \partial\Omega$$

où $x = (x', x_n) \in \mathbb{R}^n$, $x' = (x_1, \ldots, x_{n-1}) \in \mathbb{R}^{n-1}$,

$$Q = \{(x', x_n) \in \mathbb{R}^n : |x'| < 1 \text{ et } |x_n| < 1\},\ |x'| = \left(\sum_{j=1}^{n-1} x_j^2\right)^{1/2},$$

$$Q_+ = \{(x', x_n) \in Q : x_n > 0\} \text{ et } Q_0 = \{(x', x_n) \in \mathbb{R}^n : |x'| < 1 \text{ et } x_n = 1\}.$$

Corollaire 8.5 Soient Ω un ouvert lipschitzien de $\mathbb{R}^n$ avec $\partial\Omega$ borné et $s \in \mathbb{R}$.

(1) si $s < \frac{n}{2}$, on a $H^s(\Omega) \subset L^{2^*}(\Omega)$, avec $2^* = \frac{2n}{n-2s}$,

(2) si $s = \frac{n}{2}$, on a $H^s(\Omega) \subset L^q(\Omega)$, $\forall q \in [2, +\infty[$,
(3) si $s > \frac{n}{2}$, on a $H^s(\Omega) \subset L^\infty(\Omega)$,
avec dans chacun des cas une injection continue.

Avant de montrer le théorème de Sobolev on a besoin d'atablir le lemme classique suivant :

Lemme 8.5 Pour tout $p \in [1, +\infty[$ et pour tout $u \in L^p(\mathbb{R}^n)$, on a :

$$\|u\|^p_{L^p(\mathbb{R}^n)} = p \int_0^{+\infty} Leb\{|u| > \lambda\}\, \lambda^{p-1} d\lambda, \tag{8.5}$$

où *Leb* désigne la mesure de Lebesgue sur $\mathbb{R}^n$.

Démonstration. Ce lemme est une simple conséquence du théorème de Fubini :

$$\begin{aligned}
\int_0^{+\infty} Leb\{|u| > \lambda\}\, \lambda^{p-1} d\lambda &= \int_0^{+\infty}\int_{\mathbb{R}^n} 1_{\{|u(x)|>\lambda\}}(x)\, \lambda^{p-1} d\lambda dx \\
&= \int_{\mathbb{R}^n}\int_0^{+\infty} 1_{\{|u(x)|>\lambda\}}(x)\, \lambda^{p-1} d\lambda dx = \int_{\mathbb{R}^n}\int_0^{|u(x)|} \lambda^{p-1} d\lambda dx \\
&= \frac{1}{p}\int_{\mathbb{R}^n} |u(x)|^p\, dx = \frac{\|u\|^p_{L^p(\mathbb{R}^n)}}{p}.
\end{aligned}$$

□

Démonstration. (Preuve du théorème de Sobolev) On montre d'abord les troisième et première injections de Sobolev, la seconde injection découlera facilement de la troisième.

(3) Soient $s > \frac{n}{2}$ et $u \in H^s(\mathbb{R}^n)$. On sait, d'après la proposition 8.6, que $\widehat{u} \in L^1(\mathbb{R}^n)$ et que u est continue, nulle à l'infini, ou alors $u \in \mathcal{B}_0(\mathbb{R}^n)$. (8.4) donne aussi :

$$\int_{\mathbb{R}^n} |\widehat{u}(\xi)|\, d\xi \leq \left(\int_{\mathbb{R}^n} \frac{d\xi}{\left(1 + |\xi|^2\right)^s}\right)^{1/2} \|u\|_{H^s(\mathbb{R}^n)},$$

$$|u(x)| = \left| (2\pi)^{-n/2} \int_{\mathbb{R}^n} e^{ix.\xi} \widehat{u}(\xi)\, d\xi \right| \leq (2\pi)^{-n/2} \left(\int_{\mathbb{R}^n} \frac{d\xi}{\left(1+|\xi|^2\right)^s} \right)^{1/2} \|u\|_{H^s(\mathbb{R}^n)}.$$

D'où, $u \in L^\infty(\mathbb{R}^n)$, et $\|u\|_{L^\infty(\mathbb{R}^n)} \leq (2\pi)^{-n/2} \left(\int_{\mathbb{R}^n} \frac{d\xi}{\left(1+|\xi|^2\right)^s} \right)^{1/2} \|u\|_{H^s(\mathbb{R}^n)}$. Ce qui montre la continuité de l'injection de $H^s(\mathbb{R}^n) \subset L^\infty(\mathbb{R}^n)$.

(1) Soient $s < \frac{n}{2}$ et $u \in H^s(\mathbb{R}^n)$. On s'appuye sur le lemme précédent, néanmoins pour contrôler $Leb\{|u| > \lambda\}$, l'idée est de décomposer u en basses et hautes fréquences. Pour un $A > 0$ à choisir, nous écrivons $u = u_{1,A} + u_{2,A}$ avec $u_{1,A} = \mathcal{F}^{-1}\left[\widehat{u} 1_{B(0,A)}\right]$ et $u_{2,A} = \mathcal{F}^{-1}\left[\widehat{u} 1_{B(0,A)^c}\right]$ où $B(0,A) = \{|x| < A\}$ et $B(0,A)^c = \mathbb{R}^n \backslash B(0,A)$. On a :

$$\{|u| > \lambda\} \subset \left\{ |u_{1,A}| > \frac{\lambda}{2} \right\} \cup \left\{ |u_{2,A}| > \frac{\lambda}{2} \right\},$$

d'où,

$$Leb\{|u| > \lambda\} \leq Leb\left\{ |u_{1,A}| > \frac{\lambda}{2} \right\} + Leb\left\{ |u_{2,A}| > \frac{\lambda}{2} \right\}. \tag{8.6}$$

Pour $u_{1,A}$, comme $\widehat{u} \in L^2(\mathbb{R}^n)$, $\widehat{u_{1,A}} \in L^1(\mathbb{R}^n)$ et nous pouvons utiliser la formule d'inversion de Fourier. En particulier,

$$\begin{aligned}
\left\| u_{1,A} \right\|_{L^\infty(\mathbb{R}^n)} &\leq (2\pi)^{-n/2} \int_{\mathbb{R}^n} \left| \widehat{u}(\xi) 1_{B(0,A)}(\xi) \right| d\xi \\
&= (2\pi)^{-n/2} \int_{B(0,A)} |\widehat{u}(\xi)|\, d\xi \\
&= (2\pi)^{-n/2} \|\widehat{u}\|_{L^1(B(0,A))} \\
&= (2\pi)^{-n/2} \left\| (|\xi|^s \widehat{u}) |\xi|^{-s} \right\|_{L^1(B(0,A))} \\
&\leq (2\pi)^{-n/2} \left\| |\xi|^s \widehat{u} \right\|_{L^2(\mathbb{R}^n)} \left\| |\xi|^{-s} \right\|_{L^1(B(0,A))} \\
&\leq C_s A^{\frac{n}{2}-s} \left\| |\xi|^s \widehat{u} \right\|_{L^2(\mathbb{R}^n)}.
\end{aligned}$$

Choisissons A de sorte que $C_s A^{\frac{n}{2}-s} \left\| |\xi|^s \widehat{u} \right\|_{L^2(\mathbb{R}^n)} = \frac{\lambda}{2}$. Ce choix implique que $\left\| u_{1,A} \right\|_{L^\infty(\mathbb{R}^n)} \leq \frac{\lambda}{2}$, et donc

$$Leb\left\{ |u_{1,A}| > \frac{\lambda}{2} \right\} = 0. \tag{8.7}$$

Pour la partie hors la boule $B(0,A)$, utilisons l'inégalité de Tchebitcheff :

$$\begin{aligned}
Leb\left\{|u_{2,A}| > \frac{\lambda}{2}\right\} &= Leb\left\{|u_{2,A}|^2 > \frac{\lambda^2}{4}\right\} \\
&\leq \frac{4}{\lambda^2}\|u_{2,A}\|^2_{L^2(\mathbb{R}^n)} \\
&\leq \frac{4}{(2\pi)^{-n/2}\lambda^2}\int_{\mathbb{R}^n} 1_{B(0,A)^c}(\xi)|\widehat{u}(\xi)|^2\,d\xi\,d\lambda.
\end{aligned}$$

Finalement, en combinant cette inégalité avec (8.5), (8.6) et (8.7), on trouve :

$$\begin{aligned}
\|u\|^p_{L^p(\mathbb{R}^n)} &= p\int_0^{+\infty} Leb\{|u| > \lambda\}\,\lambda^{p-1}d\lambda \\
&\leq p\int_0^{+\infty}\left(Leb\left\{|u_{1,A}| > \frac{\lambda}{2}\right\} + Leb\left\{|u_{2,A}| > \frac{\lambda}{2}\right\}\right)\lambda^{p-1}d\lambda \\
&= p\int_0^{+\infty} Leb\left\{|u_{1,A}| > \frac{\lambda}{2}\right\}\lambda^{p-1}d\lambda + p\int_0^{+\infty} Leb\left\{|u_{2,A}| > \frac{\lambda}{2}\right\}\lambda^{p-1}d\lambda \\
&= p\int_0^{+\infty} Leb\left\{|u_{2,A}| > \frac{\lambda}{2}\right\}\lambda^{p-1}d\lambda \\
&\leq \frac{4p}{(2\pi)^{-n/2}}\int_0^{+\infty}\lambda^{p-3}\left(\int_{\mathbb{R}^n} 1_{B(0,A)^c}(\xi)|\widehat{u}(\xi)|^2\,d\xi\right)d\lambda.
\end{aligned}$$

Posons $p = \frac{2n}{n-2s}$. Avec cette valeur de p, et pour notre choix de A

$$C_s A^{\frac{n}{2}-s}\left\||\xi|^s\widehat{u}\right\|_{L^2(\mathbb{R}^n)} = \frac{\lambda}{2},$$

il existe $C > 0$, tel que :

$$|\xi| \geq A \Longrightarrow \lambda \leq C|\xi|^{\frac{n}{p}}\left\||\xi|^s\widehat{u}\right\|_{L^2(\mathbb{R}^n)}.$$

D'où,

$$\|u\|^p_{L^p(\mathbb{R}^n)} \leq C\int_0^{+\infty}\lambda^{p-3}\left(\int_{\mathbb{R}^n} 1_{\left\{\lambda\leq C|\xi|^{\frac{n}{p}}\||\xi|^s\widehat{u}\|_{L^2(\mathbb{R}^n)}\right\}}(\xi)|\widehat{u}(\xi)|^2\,d\xi\right)d\lambda.$$

En utilisant le théorème de Fubini, on obtient :

$$\begin{aligned}
\|u\|^p_{L^p(\mathbb{R}^n)} &\leq C \int_{\mathbb{R}^n} \left(\int_0^{C|\xi|^{\frac{n}{p}} \||\xi|^s \widehat{u}\|_{L^2(\mathbb{R}^n)}} \lambda^{p-3} d\lambda \right) |\widehat{u}(\xi)|^2 d\xi \\
&\leq C' \left\||\xi|^s \widehat{u}\right\|^{p-2}_{L^2(\mathbb{R}^n)} \int_{\mathbb{R}^n} |\xi|^{\frac{n(p-2)}{p}} |\widehat{u}(\xi)|^2 d\xi, \; C' > 0.
\end{aligned}$$

Or $\frac{n(p-2)}{p} = 2s$, on trouve finalement :

$$\begin{aligned}
\|u\|^p_{L^p(\mathbb{R}^n)} &\leq C' \left\||\xi|^s \widehat{u}\right\|^{p-2}_{L^2(\mathbb{R}^n)} \int_{\mathbb{R}^n} |\xi|^{2s} |\widehat{u}(\xi)|^2 d\xi \\
&\leq C'' \left\||\xi|^s \widehat{u}\right\|^{p-2}_{L^2(\mathbb{R}^n)} \left\||\xi|^s \widehat{u}\right\|^{2}_{L^2(\mathbb{R}^n)} = C'' \|u\|^p_{H^s(\mathbb{R}^n)},
\end{aligned}$$

donc, on a une inégalité de continuité de l'injection de $H^s(\Omega)$ dans $L^{2^*}(\Omega)$, avec $2^* = \frac{2n}{n-2s} = p$.

(2) Si $s = \frac{n}{2}$. Ce cas découle du cas $s < \frac{n}{2}$. Pour $j \in \mathbb{N}^*$, on pose $s_j = \frac{n}{2} - \frac{1}{j}$. En vertu du premier cas, on a :

$$H^{s_j}(\mathbb{R}^n) \hookrightarrow L^{p_j}(\mathbb{R}^n), \text{ avec } p_j = \frac{2n}{n - 2s_j}, \; j \in \mathbb{N}^*$$

(le symbole $\hookrightarrow$ est le symbole de l'injection continue).
On a $\lim\limits_{j \to +\infty} p_j = \lim\limits_{j \to +\infty} nj = +\infty$. Soit $q \in [2, +\infty[$. Comme $\lim\limits_{j \to +\infty} p_j = +\infty$, il existe $j \in \mathbb{N}^*$ tel que $p_j > q$. Par l'inégalité de Hölder, on a :

$$\|u\|_{L^q(\mathbb{R}^n)} \leq \|u\|^{\theta_j}_{L^2(\mathbb{R}^n)} \|u\|^{1-\theta_j}_{L^{p_j}(\mathbb{R}^n)} \text{ avec } q = 2\theta_j + p_j\left(1 - \theta_j\right),$$

pour tout $u \in L^2(\mathbb{R}^n) \cap L^{p_j}(\mathbb{R}^n)$. En particulier, pour tout $u \in H^s(\mathbb{R}^n)$

$$\|u\|_{L^q(\mathbb{R}^n)} \leq C \|u\|^{\theta_j}_{L^2(\mathbb{R}^n)} \|u\|^{1-\theta_j}_{H^{s_j}(\mathbb{R}^n)} \leq C' \|u\|^{\theta_j}_{H^s(\mathbb{R}^n)} \|u\|^{1-\theta_j}_{H^s(\mathbb{R}^n)} = C' \|u\|_{H^s(\mathbb{R}^n)}, \; C' > 0,$$

ce qui conclut la preuve des injections de Sobolev.

□

Attention, les espaces $H^s(\mathbb{R}^n)$ ne se comportent pas tout à fait comme les espaces $C^m(\mathbb{R}^n)$. Evidemment, pour tout $f \in C^m(\mathbb{R}^n)$, la restriction de f à l'hyperplan H d'équation

$$x_n = 0,\ x = (x_1, ..., x_n) \in \mathbb{R}^n,$$

$f^*(x_1, ..., x_{n-1}) = f(x_1, ..., x_{n-1}, 0)$ est une fonction de classe C^m sur H qui admet bien des dérivées partielles continues jusqu'à l'ordre m.
L'énoncé analogue dans le cadre des espaces de Sobolev est faux. Si $f \in H^s(\mathbb{R}^n)$ avec $s > 0$ et $n \geq 2$, la restriction de f à l'hyperplan d'équation $x_n = 0$ n'est pas en général un élément de $H^s(\mathbb{R}^{n-1})$.
Cette restriction n'est d'ailleurs même pas à priori bien définie, puisque $H^s(\mathbb{R}^n)$ est un sous-espace vectoriel de $L^2(\mathbb{R}^n)$, de sorte qu'une fonction de $H^s(\mathbb{R}^n)$ est une classe d'équivalence de fonctions mesurables qui coïncident sur le complémentaire d'un ensemble de mesure nulle - ou, ce qui revient au même, une fonction mesurable définie seulement p.p. sur $\mathbb{R}^n$. Comme tout hyperplan de $\mathbb{R}^n$ est de mesure nulle, on ne peut donc pas parler de la restriction à un hyperplan d'une fonction de $H^s(\mathbb{R}^n)$.

On a toutefois un résultat dans cette direction, connu sous le nom de "théorème de trace".

Théorème 8.5 (Théorème de trace) Soient $n \geq 2$ et $s > \frac{1}{2}$. Alors l'application linéaire :

$$\begin{array}{rccl} \gamma : & \mathcal{S}(\mathbb{R}^n) & \longrightarrow & \mathcal{S}(\mathbb{R}^{n-1}) \\ & f & \longmapsto & \gamma(f)(x_1, ..., x_n) = f(x_1, ..., x_{n-1}, 0) \end{array}$$

se prolonge en une application linéaire continue

$$\gamma : H^s(\mathbb{R}^n) \longrightarrow H^{s-\frac{1}{2}}\left(\mathbb{R}^{n-1}\right),$$

de plus, ce prolongement défini une application surjective. L'application linéaire γ est appelée habituellement "trace sur l'hyperplan d'équation $x_n = 0$".

Comme nous l'avons indiqué ci-dessus, il serait impropre d'appeler $\gamma(f)$

la restriction de f à l'hyperplan d'équation $x_n = 0$. Plus exactement, γ est l'unique application linéaire de $H^s(\mathbb{R}^n)$ dans $H^{s-\frac{1}{2}}\left(\mathbb{R}^{n-1}\right)$ coïncidant avec la restriction a l'hyperplan d'équation $x_n = 0$ sur la classe de Schwartz $\mathcal{S}(\mathbb{R}^n)$ qui est un sous-espace dense de $H^s(\mathbb{R}^n)$.

Démonstration. Pour tout $x \in \mathbb{R}^n$, notons $x' = (x_1, ..., x_{n-1}) \in \mathbb{R}^{n-1}$. Alors, pour tout $f \in \mathcal{S}(\mathbb{R}^n)$, on a :

$$\|\gamma(f)\|_{H^{s-\frac{1}{2}}(\mathbb{R}^{n-1})} = \left\|\left(1+|\xi'|^2\right)^{s/2-1/4} \widehat{\gamma(f)}(\xi')\right\|_{L^2(\mathbb{R}^{n-1})},$$

où $\xi' = (\xi_1, ..., \xi_{n-1}) \in \mathbb{R}^{n-1}$. Or, par le théorème d'inversion de Fourier :

$$\begin{aligned}
\widehat{\gamma(f)}(\xi') &= (2\pi)^{-(n-1)/2} \int_{\mathbb{R}^n} e^{-ix.\xi} \gamma(f)(x_1, ..., x_n)\, dx_1 ... dx_{n-1} dx_n \\
&= (2\pi)^{-n/2} \int_{\mathbb{R}^{n-1}} \int_{\mathbb{R}} e^{-ix'.\xi'} f(x', 0)\, dx' dx_n \\
&= (2\pi)^{-1/2} \int_{\mathbb{R}} \widehat{f}(\xi)\, d\xi_n, \quad \xi \in \mathbb{R}^n.
\end{aligned}$$

Appliquons alors l'inégalité de Cauchy-Schwartz :

$$\begin{aligned}
\left|\int_{\mathbb{R}} \widehat{f}(\xi)\, d\xi_n\right|^2 &\leq J(\xi') \int_{\mathbb{R}} \left(1+|\xi|^2\right)^s \left|\widehat{f}(\xi)\right|^2 d\xi_n, \\
\text{avec } J(\xi') &= \int_{\mathbb{R}} \frac{d\xi_n}{\left(1+|\xi|^2\right)^s} = \int_{\mathbb{R}} \frac{d\xi_n}{\left(1+|\xi'|^2\right)^s \left(1+\frac{\xi_n^2}{1+|\xi'|^2}\right)^s}.
\end{aligned}$$

Comme $s > \frac{1}{2}$, alors $J(\xi')$ converge pour tout $\xi' \in \mathbb{R}^{n-1}$, en faisant le changement de variables $\eta = \frac{\xi_n}{\sqrt{1+|\xi'|^2}}$, on trouve que $J(\xi') = C_s \left(1+|\xi'|^2\right)^{1/2-s}$ avec

$$C_s = \int_{\mathbb{R}} \frac{d\eta}{\left(1+|\eta|^2\right)^s}.$$

On en déduit de ce qui précède que :

$$\left(1+|\xi'|^2\right)^{s-1/2} \left|\widehat{\gamma(f)}(\xi')\right|^2 \leq C_s \int_{\mathbb{R}} \left(1+|\xi|^2\right)^s \left|\widehat{f}(\xi)\right|^2 d\xi_n,$$

en intégrant chaque membre de cette inégalité sur $\mathbb{R}^{n-1}$, on trouve :

$$\begin{aligned}\|\gamma(f)\|^2_{H^{s-\frac{1}{2}}(\mathbb{R}^{n-1})} &= \frac{1}{(2\pi)^{n-1}} \int\limits_{\mathbb{R}^{n-1}} \left(1+|\xi'|^2\right)^{s-1/2} \left|\widehat{\gamma(f)}(\xi')\right|^2 d\xi' \\ &\leq 2\pi C_s \frac{1}{(2\pi)^n} \int\limits_{\mathbb{R}^{n-1}} \left(1+|\xi|^2\right)^s \left|\widehat{f}(\xi)\right|^2 d\xi = 2\pi C_s \|f\|^2_{H^s(\mathbb{R}^n)}.\end{aligned}$$

On conclut par densité de $\mathcal{S}(\mathbb{R}^n)$ dans $H^s(\mathbb{R}^n)$. □

8.2.2 Injections compactes

Nous énonçons ici des résultas de compacité séquentielle de l'espace $H^s(\mathbb{R}^n)$. L'espace $H^s(\mathbb{R}^n)$ étant un espace de Hilbert séparable, on a, en utilisant des résultats connus d'analyse, pour tout $s \in \mathbb{N}$, toute suite bornée de $H^s(\mathbb{R}^n)$ admet une sous-suite qui converge faiblement (au sens du produit scalaire) dans $H^s(\mathbb{R}^n)$.

Théorème 8.6 (Théorème de Rellich) Toute suite bornée dans $H^1(\mathbb{R}^n)$ admet une sous-suite qui converge fortement (au sens de la norme) dans $L^2(K)$ pour tout compact K de $\mathbb{R}^n$.

Démonstration. Soit $(u_j)_{j\in\mathbb{N}}$ une suite bornée dans $H^1(\mathbb{R}^n)$. On veut montrer l'existence d'une sous-suite $(u_{\varphi(j)})_{j\in\mathbb{N}}$ de $(u_j)_{j\in\mathbb{N}}$ et d'un $u \in L^2_{loc}(\mathbb{R}^n)$ tel que $\lim\limits_{j\to+\infty} u_{\varphi(j)} = u$ dans $L^2(K)$ pour tout compact K de $\mathbb{R}^n$.
Soit K un compact fixé dans $\mathbb{R}^n$. On va extraire une sous-suite de $(u_j)_{j\in\mathbb{N}}$ qui converge fortement dans $L^2(K)$. On montrera dans un second temps qu'on peut trouver une sous-suite convergente indépendante du compact K choisi. Soient $N > 0$ et

$$\begin{array}{rccl} T_N : & Ł^2(\mathbb{R}^n) & \longrightarrow & L^2(\mathbb{R}^n) \\ & u & \mapsto & T_N u = \mathcal{F}^{-1}\left[1_{|\xi|\leq N}\widehat{u}(\xi)\right]. \end{array}$$

Montrons qu'il existe $C > 0$ tel que $\|u - T_N u\|_{L^2(\mathbb{R}^n)} \leq \frac{C}{N}\|u\|_{H^1(\mathbb{R}^n)}$ pour tout $u \in H^1(\mathbb{R}^n)$. Pour cela, on utilise l'identité de Plancherel :

$$\|u - T_N u\|^2_{L^2(\mathbb{R}^n)} = \left\|\mathcal{F}^{-1}\left[1_{|\xi|>N}\widehat{u}(\xi)\right]\right\|^2_{L^2(\mathbb{R}^n)} = \int\limits_{|\xi|>N} |\widehat{u}(\xi)|^2 d\xi$$

$$\leq \frac{1}{(1+N^2)} \int_{|\xi|>N} \left(1+|\xi|^2\right) |\widehat{u}(\xi)|^2 \, d\xi \leq \frac{C}{N^2} \|u\|^2_{H^1(\mathbb{R}^n)}.$$

On écrit maintenant pour tous $j,k \in \mathbb{N}$:

$$\begin{aligned}
\left\|u_j - u_k\right\|_{L^2(K)} &= \left\|\left(u_j - T_N u_j\right) + \left(T_N u_j - T_N u_k\right) + \left(T_N u_k - u_k\right)\right\|_{L^2(K)} \\
&\leq \left\|\left(u_j - T_N u_j\right)\right\|_{L^2(K)} + \left\|\left(T_N u_j - T_N u_k\right)\right\|_{L^2(K)} + \|(T_N u_k - u_k)\|_{L^2(K)} \\
&\leq \left\|\left(u_j - T_N u_j\right)\right\|_{L^2(\mathbb{R}^n)} + \left\|\left(T_N u_j - T_N u_k\right)\right\|_{L^2(K)} + \|(T_N u_k - u_k)\|_{L^2(\mathbb{R}^n)} \\
&\leq \left\|\left(T_N u_j - T_N u_k\right)\right\|_{L^2(K)} + \frac{2\sqrt{C}}{N} \sup_j \left\|u_j\right\|_{H^1(\mathbb{R}^n)}.
\end{aligned}$$

Soient $\varepsilon > 0$, et N tels que $\frac{2\sqrt{C}}{N} \sup_j \left\|u_j\right\|_{H^1(\mathbb{R}^n)} \leq \frac{\varepsilon}{2}$. N étant fixé, il reste à montrer que $\left(T_N u_j\right)_{j\in\mathbb{N}}$ admet une sous-suite $\left(T_N u_{\varphi(j)}\right)_{j\in\mathbb{N}}$ convergente dans $L^2(K)$. On aura alors en posant $j = \varphi(p)$ et $k = \varphi(q)$, pour $p,q \in \mathbb{N}$, assez grands,

$$\left\|u_{\varphi(p)} - u_{\varphi(q)}\right\|_{L^2(K)} \leq \frac{\varepsilon}{2} + \frac{\varepsilon}{2} = \varepsilon,$$

ce qui montrera que la suite $\left(u_{\varphi(j)}\right)_{j\in\mathbb{N}}$ est de Cauchy et donc convergente dans $L^2(K)$.

Pour la convergence d'une sous-suite de $\left(T_N u_j\right)_{j\in\mathbb{N}}$, on utilise le théorème d'Ascoli. La transformation de Fourier de $T_N u_j$ est dans $L^1(\mathbb{R}^n)$, on peut écrire :

$$\begin{aligned}
T_N u_j(x) &= \mathcal{F}^{-1}\left[1_{|\xi|\leq N} \widehat{u_j}(\xi)\right](x) = (2\pi)^{-n/2} \int_{\mathbb{R}^n} e^{ix.\xi} 1_{|\xi|\leq N} \widehat{u_j}(\xi) \, d\xi \\
&= (2\pi)^{-n/2} \int_{|\xi|\leq N} e^{ix.\xi} \widehat{u_j}(\xi) \, d\xi.
\end{aligned}$$

On a en particulier par l'inégalité de Cauchy-Schwartz :

$$\left\|T_N u_j\right\|_{L^\infty(\mathbb{R}^n)} \leq C \left\|\widehat{u_j}\right\|_{L^2(\mathbb{R}^n)} \left\|1_{|\xi|\leq N}\right\|_{L^2(\mathbb{R}^n)} \leq C' \sup_j \left\|u_j\right\|_{L^2(\mathbb{R}^n)} N^{n/2}, \; C, C' > 0.$$

Par ailleurs, en dérivant sous l'intégrale, pour tout $l = 1,...,n$:

$$\frac{\partial T_N u_j}{\partial x_l}(x) = (2\pi)^{-n/2} \int_{|\xi|\leq N} i\xi_l e^{ix.\xi} \widehat{u_j}(\xi) d\xi,$$

ce qui implique

$$\left\|\nabla T_N u_j\right\|_{L^\infty(\mathbb{R}^n)} \leq C'' \sup_j \left\|u_j\right\|_{L^2(\mathbb{R}^n)} N^{1+n/2}.$$

Les hypothèses du théorème d'Ascoli sont satisfaites, elles impliquent l'existence d'une sous-suite de $\left(T_N u_j\right)_{j\in\mathbb{N}}$ qui converge uniformément sur K, donc converge en particulier dans $L^2(K)$.
Dans le raisonnement qui précède, la sous-suite qui converge dans $L^2(K)$ dépend à priori du compact K choisi. Reste à expliquer comment construire une sous-suite indépendante du compact. Cela résulte d'un procédé diagonal. On écrit d'abord $\mathbb{R}^n$ comme union croissante de compacts $\left(K_j\right)_{j\in\mathbb{N}^*}$. Par exemple, $K_j = \overline{B(0,j)}$. Par ce qui précède, il existe une sous-suite $\left(u_{\varphi_1(j)}\right)_{j\in\mathbb{N}}$ de $\left(u_j\right)_{j\in\mathbb{N}}$ qui converge dans $L^2(K_1)$. Ensuite, il existe une sous-suite $\left(u_{\varphi_1\circ\varphi_2(j)}\right)_{j\in\mathbb{N}}$ de $\left(u_{\varphi_1(j)}\right)_{j\in\mathbb{N}}$ qui converge dans $L^2(K_2)$. On construit ainsi une suite d'extractrices $\varphi_1,...,\varphi_j,...$ En posant, $\varphi(j) = \varphi_1 \circ ... \circ \varphi_j(j)$, on obtient une sous-suite $\left(u_{\varphi(j)}\right)_{j\in\mathbb{N}}$ de $\left(u_j\right)_{j\in\mathbb{N}}$ qui converge dans $L^2\left(K_j\right)$ pour tout j, donc dans $L^2(K)$ pour tout compact K de $\mathbb{R}^n$. □

En combinant les résultats de compacité faible et forte, on a le :

Corollaire 8.6 Soit $\left(u_j\right)_{j\in\mathbb{N}}$ suite bornée dans $H^1(\mathbb{R}^n)$. Il existe $u \in H^1(\mathbb{R}^n)$ et une sous-suite $\left(u_{\varphi(j)}\right)_{j\in\mathbb{N}}$, extraite de $(u_j)_{j\in\mathbb{N}}$, tels que : $\lim_{j\to+\infty} u_{\varphi(j)} = u$ dans $H^1(\mathbb{R}^n)$ et $\lim_{j\to+\infty} u_{\varphi(j)} = u$ dans $L^2(K)$ pour tout compact K de $\mathbb{R}^n$.

Démonstration. Par deux extractions successives, on a facilement l'existence de $u \in H^1(\mathbb{R}^n)$ et $\widetilde{u} \in L^2_{loc}(\mathbb{R}^n)$ tels que :
$\lim_{j\to+\infty} u_{\varphi(j)} = u$ dans $H^1(\mathbb{R}^n)$ et $\lim_{j\to+\infty} u_{\varphi(j)} = \widetilde{u}$ dans $L^2(K)$ pour tout compact K de $\mathbb{R}^n$. Pour conclure, il suffit de montrer que $\widetilde{u} = u$, ce qui se fait en regardant la convergence au sens des distributions. En effet, la convergence faible et la

convergence $L^2_{loc}(\mathbb{R}^n)$ impliquent toutes les deux la convergence au sens des distributions. La limite au sens des distributions étant unique, on en déduit bien $\widetilde{u} = u$. □

8.2.3 Cas des ouverts bornés de $\mathbb{R}^n$

Nous considérons dans ce paragraphe le cas des ouverts bornés de $\mathbb{R}^n$ et on s'intéresse aux propriétés de l'espace $H^s(\Omega)$ (parties denses, injections de Sobolev, compacité des injections). Ces propriétés peuvent se déduire de celles obtenues pour $H^s(\mathbb{R}^n)$, grâce à l'existence d'un opérateur de prolongement de $H^s(\Omega)$ dans $H^s(\mathbb{R}^n)$. Un tel opérateur existe pour des ouverts suffisamment réguliers.

Théorème 8.7 (Extension des fonctions de Sobolev) Soient $m \in \mathbb{N}^*$, et Ω un ouvert de $\mathbb{R}^n$ de classe C^m, de frontière bornée (ou bien $\Omega = \mathbb{R}^n_+$). Il existe une application linéaire continue de prolongement :

$$P : H^m(\Omega) \longrightarrow H^m(\mathbb{R}^n)$$

telle que $Pu_{|\Omega} = u$ presque partout dans Ω, c'est à dire il existe $C > 0$ telle que $\|Pu\|_{H^m(\mathbb{R}^n)} \leq C\|u\|_{H^m(\Omega)}$, pour tout $u \in H^m(\Omega)$.

On reprend les notations introduites dans la défintion d'un ouvert régulier. Pour tout $x \in \mathbb{R}^n$, $x = (x', x_n) \in \mathbb{R}^n : x' = (x_1, ..., x_{n-1}) \in \mathbb{R}^{n-1}$, puis

$$\begin{aligned}
\mathbb{R}^n_+ &= \left\{x = (x', x_n) \in \mathbb{R}^n : x_n > 0\right\};\ \mathbb{R}^n_- = \left\{x = (x', x_n) \in \mathbb{R}^n : x_n < 0\right\} \\
Q &= \left\{\left\{(x', x_n) \in \mathbb{R}^n : |x'| < 1 \text{ et } |x_n| < 1\right\}\right\}; \\
Q_+ &= \left\{(x', x_n) \in Q : x_n > 0\right\} \text{ et } Q_0 = \left\{(x', x_n) \in \mathbb{R}^n : |x'| < 1 \text{ et } x_n = 1\right\}.
\end{aligned}$$

Le prolongement par 0 en dehors de Ω ne convient pas. En effet, si $n = m = 1$, $\Omega =]0,1[$ et $u(x) = 1 - x$, alors si on note $\widetilde{u}$ l'extension par 0 à $\mathbb{R}$ de u en dehors de Ω, on peut vérifier que la dérivée au sens des distributions $\widetilde{u}'$ de $\widetilde{u}$ est $\widetilde{u}' = -1_{]0,1[} + \delta_0 \notin L^2(\mathbb{R})$, ceci parce que cette dérivée contient une masse de Dirac, liée au saut de $\widetilde{u}$ en 0. La difficulté est donc de trouver un opérateur d'extension qui ne crée pas de sauts.

Pour simplifier, on donne la démonstration dans le cas $m = 1$ et $\Omega = \mathbb{R}^n_+$.

Avant de démontrer ce théorème, rappelons d'abord le théorème de partition de l'unité :

Soient K un compact de $\mathbb{R}^n$ et $U_1, ..., U_p$ des ouverts de $\mathbb{R}^n$ tels que $K \subset \bigcup_{j=1}^{p} U_j$.

Alors il existe des fonctions $\theta_0, \theta_1, ..., \theta_p$ de classe $C^\infty(\mathbb{R}^n)$ telles que :

(i) pour $j \in \{0, ..., p\}$, on a $0 \leq \theta_j \leq 1$ et $\sum_{j=0}^{p} \theta_j = 1$ sur $\mathbb{R}^n$;
(ii) pour $j \in \{1, ..., p\}$, le support de θ_j est compact inclu dans U_j;
(iii) le support de θ_0 est inclu dans $\mathbb{R}^n \backslash K$.
On énonce aussi les lemmes utiles suivants.

Lemme 8.6 Soit $u \in H^1(Q_+)$. On définit la fonction suivante, prolongée de u par réflexion :

$$u^*(x', x_n) = \begin{cases} u(x', x_n) & \text{si} \quad x_n > 0 \\ u(x', -x_n) & \text{si} \quad x_n < 0 \end{cases}.$$

Alors,

$$u^* \in H^1(Q) \text{ et } \|u^*\|_{H^1(Q)} \leq \sqrt{2}\|u\|_{H^1(Q_+)}.$$

Démonstration. Il est clair que $u^* \in H^1(Q)$ avec $\|u^*\|_{H^1(Q)} \leq \sqrt{2}\|u\|_{H^1(Q_+)}$. On montre aussi les propriétés suivantes, qui permettent de déduire directement le résultat souhaité :

$$\frac{\partial u^*}{\partial x_j} = \left(\frac{\partial u}{\partial x_j}\right)^*, \; j \in \{1, ..., n-1\}, \tag{8.8}$$

$$\frac{\partial u^*}{\partial x_n}(x', x_n) = \begin{cases} \frac{\partial u}{\partial x_n}(x', x_n) & \text{si} \quad x_n > 0 \\ -\frac{\partial u}{\partial x_n}(x', -x_n) & \text{si} \quad x_n < 0 \end{cases} \tag{8.9}$$

pour cela on aura besoin de la suite $\eta_k(t) = \eta(kt)$, $k \in \mathbb{N}$ et $t \in \mathbb{R}$, de fonctions de $C^\infty(\mathbb{R})$ définie par une troncature $\eta \in C^\infty(\mathbb{R})$ telle que $\eta(t) = 0$ si $t < \frac{1}{2}$ et $\eta(t) = 1$ si $t > 1$.
En effet, soit $\varphi \in \mathcal{D}(Q)$, en posant $\psi(x', x_n) = \varphi(x', x_n) + \varphi(x', -x_n)$, on a pour $j \in \{1, ..., n-1\}$:

$$\left\langle \frac{\partial u^*}{\partial x_j}, \varphi \right\rangle = -\left\langle u^*, \frac{\partial \varphi}{\partial x_j} \right\rangle = -\int_Q u^*(x) \frac{\partial \varphi}{\partial x_j}(x) dx = -\int_{Q_+} u(x) \frac{\partial \psi}{\partial x_j}(x) dx.$$

La fonction ψ n'appartient à priori pas à $\mathcal{D}(Q_+)$, en revanche on a :

$$\eta_k(x_n)\psi(x',x_n) \in \mathcal{D}(Q_+),$$

ce qui permet d'écrire :

$$\begin{aligned}
\int_{Q_+} \frac{\partial u}{\partial x_j}(x',x_n)\eta_k(x_n)\psi(x',x_n)dx'dx_n &= \left\langle \frac{\partial u}{\partial x_j}, \eta_k\psi \right\rangle = -\left\langle u, \frac{\partial(\eta_k\psi)}{\partial x_j} \right\rangle \\
&= -\int_{Q_+} u(x',x_n)\eta_k(x_n)\frac{\partial \psi}{\partial x_j}(x',x_n)dx'dx_n,
\end{aligned}$$

car η_k ne dépend pas de la variable x_n. Par convergence dominée, on peut passer à la limite dans les deux intégrales de cette série d'identités, lorsque $k \to +\infty$:

$$\begin{aligned}
\left\langle \frac{\partial u^*}{\partial x_j}, \varphi \right\rangle &= -\int_{Q_+} u\frac{\partial \psi}{\partial x_j}dx = \int_{Q_+} \frac{\partial u}{\partial x_j}\psi dx \\
&= \int_{Q_+} \frac{\partial u}{\partial x_j}\varphi dx + \int_{Q_+} \frac{\partial u}{\partial x_j}(x',x_n)\varphi(x',-x_n)dx'dx_n \\
&= \int_{Q_+} \frac{\partial u}{\partial x_j}\varphi dx + \int_{Q_+} \frac{\partial u}{\partial x_j}(x',-x_n)\varphi(x',x_n)dx'dx_n \\
&= \int_{Q} \left(\frac{\partial u}{\partial x_j}\right)^* \varphi dx = \left\langle \left(\frac{\partial u}{\partial x_j}\right)^*, \varphi \right\rangle.
\end{aligned}$$

ce qui donne (8.8).

D'autre part, On notera $v(x',x_n)$ la fonction définie par le membre de droite de (8.9). Soit $\varphi \in \mathcal{D}(Q)$, on pose $\chi(x',x_n) = \varphi(x',x_n) - \varphi(x',-x_n)$, on a alors :

$$\begin{aligned}
\left\langle \frac{\partial u^*}{\partial x_n}, \varphi \right\rangle &= -\left\langle u^*, \frac{\partial \varphi}{\partial x_n} \right\rangle = -\int_{Q} u^*(x',x_n)\frac{\partial \varphi}{\partial x_n}(x',x_n)dx'dx_n \\
&= -\int_{Q_+} u(x',x_n)\frac{\partial \chi}{\partial x_n}(x',x_n)dx'dx_n.
\end{aligned}$$

On doit maintenant faire attention au fait que

$$\frac{\partial}{\partial x_n}(\eta_k(x_n)\chi(x',x_n)) = \eta_k(x_n)\frac{\partial \chi}{\partial x_n}(x',x_n) + k\eta'(kx_n)\chi(x',x_n),$$

de sorte que :

$$\int_{Q_+} \frac{\partial u}{\partial x_n} \eta_k \chi dx = -\int_{Q_+} u \eta_k \frac{\partial \chi}{\partial x_n} dx - \int_{Q_+} u k \eta'(kx_n) \chi dx, \tag{8.10}$$

puisque $\eta_k \chi \in \mathcal{D}(Q_+)$. La dernière intégrale tend vers 0 lorsque $k \to +\infty$. Pour le montrer, on remarque tout d'abord que la fonction $\chi(x', x_n)$ s'annule pour $x_n = 0$, donc cette fonction étant régulière, il existe une constante $M > 0$ telle que $|\chi(x', x_n)| \leq M |x_n|$. Par conséquent, on a la majoration :

$$\left| \int_{Q_+} u(x', x_n) k \eta'(kx_n) \chi(x', x_n) dx' dx_n \right| \leq M \left\| \eta' \right\|_\infty \int_{Q_+} \left| u(x', x_n) \right| kx_n 1_{0 \leq kx_n \leq 1} dx' dx_n$$

$$\leq C \int_{Q_+} \left| u(x', x_n) \right| 1_{0 \leq kx_n \leq 1} dx' dx_n, \; C > 0, \; \left(\|.\|_\infty \text{ désigne ici la norme } \|.\|_{L^\infty(Q)} \right),$$

ce qui permet de conclure par convergence dominée. Par conséquent, en passant à la limite dans (8.10) (toujours par convergence dominée), on obtient comme ci-dessus :

$$\begin{aligned}
-\int_{Q_+} u(x', x_n) \frac{\partial \chi}{\partial x_n}(x', x_n) dx' dx_n &= \int_{Q_+} \frac{\partial u}{\partial x_n}(x', x_n) \chi(x', x_n) dx' dx_n \\
&= \int_{Q_+} \frac{\partial u}{\partial x_n}(x', x_n) \varphi(x', x_n) dx' dx_n \\
&\quad - \int_{Q_+} \frac{\partial u}{\partial x_n}(x', x_n) \varphi(x', -x_n) dx' dx_n \\
&= \int_{Q_+} \frac{\partial u}{\partial x_n}(x', x_n) \varphi(x', x_n) dx' dx_n \\
&\quad - \int_{Q_+} \frac{\partial u}{\partial x_n}(x', -x_n) \varphi(x', x_n) dx' dx_n \\
&= \langle v, \varphi \rangle.
\end{aligned}$$

Ainsi, on a bien $\dfrac{\partial u^*}{\partial x_n} = v$. □

Lemme 8.7 (Formule de changement de variables) Soient Ω et Ω' deux ouverts de $\mathbb{R}^n$ et $F : \Omega' \longrightarrow \Omega$ une application bijective, $x = F(y)$, telle que :

$$F \in C^1(\Omega'),\ F^{-1} \in C^1(\Omega),\ Jac(F) \in L^\infty(\Omega'),\ \text{et } Jac\left(F^{-1}\right) \in L^\infty(\Omega),$$

où $Jac(F) = \left(\frac{\partial F_k}{\partial y_j}\right)_{1\le j,k\le n}$ désigne la matrice Jacobienne de l'application $F = (F_1, ..., F_n)$. Soit $u \in W^{1,p}(\Omega)$, $1 \le p < +\infty$, alors $u \circ F \in W^{1,p}(\Omega')$ et on a :

$$\frac{\partial}{\partial y_j}(u \circ F)(y) = \sum_{k=1}^{n} \frac{\partial u}{\partial x_k}(F(y))\frac{\partial F_k}{\partial y_j}(y),\ j \in \{1, ..., n\}.$$

Démonstration. Soit $u \in W^{1,p}(\Omega)$. On choisit une suite $(u_l)_{l\in\mathbb{N}}$ dans $\mathcal{D}(\mathbb{R}^n)$ telle que $\lim\limits_{l\to+\infty} u_l = u$ dans $L^p(\Omega)$ et $\lim\limits_{l\to+\infty} \nabla u_l = \nabla u$ dans $(L^p(\omega))^n$ pour tout $\omega \subset\subset \Omega$.
Ainsi, $\lim\limits_{l\to+\infty} u_l \circ F = u \circ F$ dans $L^p(\Omega')$ et $\lim\limits_{l\to+\infty} \frac{\partial u_l}{\partial x_k}(F(y))\frac{\partial F_k}{\partial y_j}(y) = \frac{\partial u}{\partial x_k}(F(y))\frac{\partial F_k}{\partial y_j}(y)$ dans $L^p(\omega)$ pour tout $\omega \subset\subset \Omega$, et $j,k \in \{1, ..., n\}$.
Soit $\psi \in C_0^1(\Omega')$, on a :

$$\int_{\Omega'} u_l(F(y))\frac{\partial \psi}{\partial y_j}(y)\,dy = -\int_{\Omega'} \sum_{k=1}^{n} \frac{\partial u_l}{\partial x_k}(F(y))\frac{\partial F_k}{\partial y_j}(y)\psi(y)\,dy.$$

En passant à la limite sur l, on obtient le résultat demandé. □

Démonstration. **(preuve du théorème d'extension des fonctions de Sobolev)** Remarquons tout d'abord que la démonstration du lemme 8.6 reste valable aussi si l'on remplace Q_+ par $\mathbb{R}^n_+$, ce qui permet directement de démontrer ce théorème dans le cas $\Omega = \mathbb{R}^n_+$.
Considérons maintenant le cas d'un ouvert Ω de frontière bornée. Comme $\partial\Omega$ est compacte et de classe C^1, il existe des ouverts $U_1, ..., U_p$ de $\mathbb{R}^n$ tels que $\partial\Omega \subset \bigcup\limits_{j=1}^{p} U_j$ et il existe des applications $\phi_j : Q \longrightarrow U_j$, $j \in \{1, ..., p\}$, bijectives telles que :

$$\phi_j \in C^1\left(\overline{Q}\right),\ \phi_j^{-1} \in C^1\left(\overline{U_j}\right),\ \phi_j(Q_+) = U_j \cap \Omega \text{ et } \phi_j(Q_0) = U_j \cap \partial\Omega.$$

On peut alors appliquer le lemme de partition de l'unité à $K = \partial\Omega$, ce qui donne des fonctions $\theta_0, \theta_1, ..., \theta_p$ de classe $C^\infty(\mathbb{R}^n)$ vérifiant les conditions (i), (ii) et (iii) rappelées ci-dessus.
Soit maintenant $u \in H^1(\Omega)$. On déduit du point (i) du lemme de partition de l'unité que $u = \sum_{j=0}^{p} u_j$ où $u_j = \theta_j u$. On va prolonger séparément chacune des fonctions u_j à $\mathbb{R}^n$.
Prolongement de u_0. Pour la fonction u_0, le prolongement se fait par 0 en posant :

$$\widetilde{u_0}(x) = \begin{cases} u_0(x) & \text{si} \quad x \in \Omega \\ 0 & \text{si} \quad x \in \mathbb{R}^n \backslash \Omega \end{cases}.$$

On a $\theta_0 \in C^\infty(\mathbb{R}^n) \cap W^{1,\infty}(\mathbb{R}^n)$.
En effet, $0 \leq \theta_0 \leq 1$ et $\nabla\theta_0 = -\sum_{j=1}^{p} \nabla\theta_j$ où chacune de ces fonction est régulière, à support compact, de plus $Supp\theta_0 \subset \mathbb{R}^n \backslash \partial\Omega$. Soit $\varphi \in \mathcal{D}(\mathbb{R}^n)$. Pour $k \in \{1, ..., n\}$, on a :

$$\begin{aligned}
\int_{\mathbb{R}^n} \widetilde{u_0}(x) \frac{\partial\varphi}{\partial x_k}(x)\,dx &= \int_{\Omega} \theta_0(x) u(x) \frac{\partial\varphi}{\partial x_k}(x)\,dx \\
&= \int_{\Omega} u(x) \left(\frac{\partial(\theta_0\varphi)}{\partial x_k}(x) - \varphi(x) \frac{\partial\theta_0}{\partial x_k}(x) \right) dx \\
&= -\int_{\Omega} \left(\frac{\partial u}{\partial x_k}(x)\theta_0(x)\varphi(x) + u(x)\varphi(x) \frac{\partial\theta_0}{\partial x_k}(x) \right) dx \\
&= -\int_{\mathbb{R}^n} \left(\widetilde{\frac{\partial u}{\partial x_k}}(x)\theta_0(x)\varphi(x) + \widetilde{u}(x)\varphi(x) \frac{\partial\theta_0}{\partial x_k}(x) \right) dx.
\end{aligned}$$

On a utilisé ici le fait que $\theta_0\varphi_{|\Omega} \in \mathcal{D}(\Omega)$ et $\theta_0 \equiv 0$ sur $\partial\Omega$. Par identification, on trouve alors :

$$\frac{\partial\widetilde{u_0}}{\partial x_k}(x) = \widetilde{\frac{\partial u}{\partial x_k}}(x)\theta_0(x) + \widetilde{u}(x) \frac{\partial\theta_0}{\partial x_k}(x) \in L^2(\mathbb{R}^n),\ k \in \{1, ..., n\},$$

et donc $\widetilde{u_0} \in H^1(\mathbb{R}^n)$ avec $\left\|\widetilde{u_0}\right\|_{H^1(\mathbb{R}^n)} \leq C\|u\|_{H^1(\Omega)}$, $C > 0$.

Prolongement des fonctions u_j, $j \in \{1,...,p\}$. On transporte d'abord u depuis $U_j \cap \Omega$ vers Q_+ grâce à la fonction ϕ_j. Posons :

$$v_j(y) = u\left(\phi_j(y)\right), \text{ pour } y \in Q_+ \text{ et } j \in \{1,...,p\}.$$

Par changement de variable régulier, on préserve d'après le lemme 8.7 l'appartenance à H^1, donc $v_j \in H^1(Q_+)$, $j \in \{1,...,p\}$. On utilise ensuite le lemme 8.6 pour définir sur Q le prolongement de v_j par réflexion, noté $v_j^* \in H^1(Q)$, $j \in \{1,...,p\}$. On revient ensuite sur U_j en posant $\omega_j(x) = v_j^*\left(\phi_j^{-1}(x)\right)$, $x \in U_j$, $j \in \{1,...,p\}$.
On a alors $\omega_j \in H^1(U_j)$, $\omega_j = u$ sur $U_j \cap \Omega$ et $\left\|\omega_j\right\|_{H^1(U_j)} \leq C\|u\|_{H^1(U_j \cap \Omega)}$, $j \in \{1,...,p\}$, $C > 0$. Enfin, on pose pour $j \in \{1,...,p\}$:

$$\widetilde{u_j}(x) = \begin{cases} \theta_j(x)\omega_j(x) & \text{si } x \in U_j \\ 0 & \text{si } x \in \mathbb{R}^n \backslash U_j \end{cases}.$$

On a bien $\widetilde{u_j} \in H^1(\mathbb{R}^n)$ et $\left\|\widetilde{u_j}\right\|_{H^1(\mathbb{R}^n)} \leq C\|u\|_{H^1(U_j \cap \Omega)}$, $j \in \{1,...,p\}$.(on procède comme ci-dessus pour $\widetilde{u_0}$)
Finalement, en posant $Pu = \sum_{j=0}^{p} \widetilde{u_j}$, on a bien toutes les propriétés souhaitées.

□

On note $\mathcal{D}\left(\overline{\Omega}\right)$ l'ensemble des restrictions à $\overline{\Omega}$ des fonctions de $\mathcal{D}(\mathbb{R}^n)$ où Ω désigne un ouvert de $\mathbb{R}^n$.
$R_\Omega u = u_{|\Omega} : H^m(\mathbb{R}^n) \longrightarrow H^m(\Omega)$ est l'opérateur de restriction à Ω. $R = R_\Omega$ est linéaire continu de $H^m(\mathbb{R}^n)$ dans $H^m(\Omega)$ car pour tout $\alpha \in \mathbb{N}^n$, on a $\|D^\alpha u\|_{L^2(\Omega)} \leq \|D^\alpha u\|_{L^2(\mathbb{R}^n)}$, donc $\|R\|_{H^m(\mathbb{R}^n) \to H^m(\Omega)} \leq 1$. On a aussi $RPu = u$ sur $H^m(\Omega)$.

Corollaire 8.7 On suppose que l'ouvert Ω de $\mathbb{R}^n$ est de classe C^1. Soit $u \in H^1(\Omega)$, alors il existe une suite $(u_j)_{j \in \mathbb{N}}$ de fonctions de $\mathcal{D}(\mathbb{R}^n)$ telle que $\lim_{j \to +\infty} u_{j|\Omega} = u$ dans $H^1(\Omega)$. Autrement dit, l'espace $\mathcal{D}\left(\overline{\Omega}\right)$ est dense dans $H^1(\Omega)$.

Démonstration. Soient $u \in H^1(\Omega)$ et $\varepsilon > 0$. Supposons tout d'abord que le bord $\partial\Omega$ de l'ouvert Ω est borné. Soit $P : H^1(\Omega) \longrightarrow H^1(\mathbb{R}^n)$ l'opérateur de prolongement. Ensuite, d'après le théorème de densité de $\mathcal{D}(\mathbb{R}^n)$ dans $H^1(\mathbb{R}^n)$, il existe $\varphi \in \mathcal{D}(\mathbb{R}^n)$ tel que $\|Pu - \varphi\|_{H^1(\mathbb{R}^n)} < \varepsilon$. On pose $\psi = R\varphi = \varphi_{|\Omega}$. Par définition $\psi \in \mathcal{D}\left(\overline{\Omega}\right)$ et en outre :

$$\left\|u - \psi\right\|_{H^1(\Omega)} = \|RPu - R\varphi\|_{H^1(\Omega)} = \|R(Pu - \varphi)\|_{H^1(\Omega)} \leq \|Pu - \varphi\|_{H^1(\mathbb{R}^n)} < \varepsilon.$$

Ce qui prouve la densité de $\mathcal{D}\left(\overline{\Omega}\right)$ dans $H^1(\Omega)$.
Lorsque $\partial\Omega$ n'est pas borné, on raisonne par troncatures en considérant les intersections de Ω avec des grandes boules. Soit $\left(\chi_j\right)_{j\in\mathbb{N}^*}$ une suite troncante, $\chi_j(x) = \chi\left(\frac{x}{j}\right)$, $j \in \mathbb{N}^*$, où $\chi \in \mathcal{D}(\mathbb{R}^n)$, $0 \leq \chi \leq 1$ et $\chi(x) = \begin{cases} 1 & \text{si} \quad |x| \leq 1 \\ 0 & \text{si} \quad |x| \geq 2 \end{cases}$.
On considère aussi la suite $u_j = \chi_j u$, $j \in \mathbb{N}^*$. Soit $\varepsilon > 0$, on fixe $j_0 \in \mathbb{N}^*$ tel que $\left\|u_{j_0} - u\right\|_{H^1(\Omega)} < \varepsilon$. On peut construire un prolongement $v = Pu_{j_0} \in H^1(\mathbb{R}^n)$ de $u_{j_0} = \chi_{j_0} u$. Il existe enfin $\omega \in \mathcal{D}(\mathbb{R}^n)$ tel que $\|\omega - v\|_{H^1(\mathbb{R}^n)} < \varepsilon$. On pose $\phi = R\omega = \omega_{|\Omega} \in \mathcal{D}\left(\overline{\Omega}\right)$. On a enfin,

$$\begin{aligned}
\left\|u_{j_0} - \phi\right\|_{H^1(\Omega)} &\leq \|v - \omega\|_{H^1(\mathbb{R}^n)} < \varepsilon, \\
\left\|u - \phi\right\|_{H^1(\Omega)} &\leq \left\|u - u_{j_0}\right\|_{H^1(\Omega)} + \left\|u_{j_0} - \phi\right\|_{H^1(\Omega)} \\
&< \varepsilon + \left\|\left(1 - \chi_{j_0}\right) u\right\|_{H^1(\Omega)} < 2\varepsilon \text{ pour } j_0 \text{ assez grand.}
\end{aligned}$$

□

Le théorème 8.6 de Rellich donne dans le cas d'un ouvert borné :

Théorème 8.8 Soit Ω un ouvert borné de $\mathbb{R}^n$ de classe C^1. Alors, l'injection de $H^1(\Omega)$ dans $L^2(\Omega)$ est compacte, ce qui signifie que de toute suite bornée de $H^1(\Omega)$, on peut extraire une sous-suite qui converge dans $L^2(\Omega)$.

Démonstration. Soit $\left(u_j\right)_{j\in\mathbb{N}}$ une suite bornée de $H^1(\Omega)$ et soit $v_j = Pu_j$, $j \in \mathbb{N}$, où P est l'opérateur de prolongement de $H^1(\Omega)$ dans $H^1(\mathbb{R}^n)$. Quitte à multiplier par une fonction $\chi \in \mathcal{D}(\mathbb{R}^n)$, égale à 1 sur Ω, on peut supposer qu'il existe $R > 0$ tel que $Supp\left(v_j\right) \subset B(0, R)$. Par suite, $\left(v_j\right)_{j\in\mathbb{N}}$ est une suite bornée dans $H^1(\mathbb{R}^n)$, car il existe une constante $C > 0$ telle que pour tout

$j \in \mathbb{N}$, $\left\|v_j\right\|_{H^1(\mathbb{R}^n)} \leq C \left\|u_j\right\|_{H^1(\Omega)}$. On peut donc appliquer le théorème 8.6 de Rellich sur $\mathbb{R}^n$. Il existe alors une extraction $\varphi : \mathbb{N} \longrightarrow \mathbb{N}$, telle que $v_{\varphi(j)} \to v$ dans $L^2(\mathbb{R}^n)$ quand $j \to +\infty$. Donc :

$$\left\|u_{\varphi(j)} - R_\Omega v\right\|_{L^2(\Omega)} \leq \left\|v_{\varphi(j)} - v\right\|_{L^2(\mathbb{R}^n)} \underset{j\to+\infty}{\longrightarrow} 0.$$

□

Enonçons maintenant le théorème général de compacité.

Théorème 8.9 (Rellich) Soient Ω un ouvert borné lipschitzien de $\mathbb{R}^n$ et $m \in \mathbb{N}$. On note 2^* le nombre réel $\frac{2n}{n-2}$.

(1) L'injection de $H^{m+1}(\Omega)$ dans $H^m(\Omega)$ est compacte.

(2) Si $n \geq 3$, alors pour tout $q \in \mathbb{R}$ tel que $1 \leq q < 2^*$, l'injection de $H_0^1(\Omega)$ dans $L^q(\Omega)$ est compacte.

(3) Si $n = 2$ alors pour tout $q < +\infty$, l'injection de $H_0^1(\Omega)$ dans $L^q(\Omega)$ est compacte.

(4) Si $n = 1$, alors l'injection de $H_0^1(\Omega)$ dans $L^\infty(\Omega)$ est compacte.

Si Ω n'est pas borné, les injections présentées ci-dessus ne sont plus compactes. En effet, si $u \in H^1(\mathbb{R}^n)$ avec support de u compact dans $\mathbb{R}^n$ et $u_n(x) = u(x+n)$, on montre que la suite $(u_n)_{n\in\mathbb{N}}$ ainsi définie converge faiblement vers 0 dans $H^1(\mathbb{R}^n)$ mais elle ne converge pas fortement vers 0 dans $L^2(\mathbb{R}^n)$. Ainsi, l'injection de $H^1(\mathbb{R}^n)$ dans $L^2(\mathbb{R}^n)$ n'est pas compacte (c'est ce qu'on appelle la perte de compacité à l'infini).

8.3 Traces des espaces $H^m(\mathbb{R}_+^n)$ et $H^m(\Omega)$

On montre maintenant que l'on peut définir une notion de trace pour les fonctions de $H^m(\mathbb{R}_+^n)$ sur la frontière $\Gamma = \{x = (x', x_n) \in \mathbb{R}^n : x_n = 0\}$, qu'on identifiera à $\mathbb{R}^{n-1}$, du demi-espace $\mathbb{R}_+^n = \left\{x = (x', x_n) \in \mathbb{R}^{n-1} \times \mathbb{R} : x_n > 0\right\}$ et pour $H^m(\Omega)$, $m \in \mathbb{N}^*$ où Ω est un ouvert assez régulier.

8.3.1 Cas du demi-espace

Pour $u \in \mathcal{D}\left(\overline{\mathbb{R}^n_+}\right)$ muni de la topologie de $H^m(\mathbb{R}^n_+)$, on peut définir une application :

$$\gamma_0 : u \longrightarrow \gamma_0 u \text{ telle que } x' \mapsto \gamma_0 u(x') = u(x', 0),\ x = (x_1, ..., x_n) = (x', x_n) \in \mathbb{R}^n,$$

γ_0 ainsi définie est linéaire de $\mathcal{D}\left(\overline{\mathbb{R}^n_+}\right)$ dans $\mathcal{D}\left(\mathbb{R}^{n-1}\right)$.
On montre d'abord le lemme préparatif suivant :

> **Lemme 8.8** Soit $v \in H^1(\mathbb{R}_+)$ ($\mathbb{R}_+ =]0, +\infty[$). Alors v est la classe d'une fonction continue sur $\overline{\mathbb{R}_+}$, et l'on a : $|v(0)|^2 \leq 2\|v\|_{L^2(\mathbb{R}_+)}\|v'\|_{L^2(\mathbb{R}_+)}$.

Démonstration. En dimension 1 d'espace ($n = 1$), tout élément de H^1 (qui est donc une classe de fonctions) peut être assimilé à une fonction continue, au sens où il existe un représentant de la classe qui est continu. Ceci tient au fait qu'en dimension 1, toute "fonction" de H^1 peut s'écrire comme l'intégrale de sa dérivée.
Remarquons qu'en dimension strictement supérieure à 1, ceci est faux. En particulier, $H^1(\Omega) \not\subseteq C\left(\overline{\Omega}\right)$ comme le montre l'exemple suivant :
soit $\Omega = \left\{(x,y) \in \mathbb{R}^2 : |x| < \frac{1}{2} \text{ et } |y| < \frac{1}{2}\right\}$ et u la fonction définie sur Ω par $u(x,y) = \left(\ln|(x,y)|\right)^\gamma$ avec $\gamma \in \left]0, \frac{1}{2}\right[$. Alors $u \in H^1(\Omega)$ mais $u \notin L^\infty(\Omega)$, et donc en particulier, $u \notin C\left(\overline{\Omega}\right)$.
D'après le corollaire 8.7, $\mathcal{D}\left(\overline{\mathbb{R}_+}\right)$ est dense dans $H^1(\mathbb{R}_+)$, il suffit d'établir l'inégalité précédente pour $v \in \mathcal{D}\left(\overline{\mathbb{R}^n_+}\right)$. On a :

$$\frac{d}{dt}|v(t)|^2 = \frac{d}{dt}\left(v(t)\overline{v(t)}\right) = \overline{v(t)}\frac{dv}{dt}(t) + v(t)\overline{\frac{dv}{dt}}(t) = 2\mathrm{Re}\,(v(t)v'(t)),$$

d'où en intégrant de 0 à $+\infty$, on obtient :

$$|v(0)|^2 = -2\mathrm{Re}\int_0^{+\infty} v(t)v'(t)\,dt \leq 2\int_0^{+\infty} |v(t)|\,|v'(t)|\,dt \leq 2\|v\|_{L^2(\mathbb{R}_+)}\left\|v'\right\|_{L^2(\mathbb{R}_+)},$$

la dernière majoration est trouvée par utilisation de l'inégalité de Cauchy-Schwartz. □

Ce lemme admet une généralisation en dimension $n \geq 2$. Pour tout $v \in \mathcal{D}\left(\overline{\mathbb{R}^n_+}\right)$, on a l'inégalité : $\|v(x',0)\|_{L^2(\mathbb{R}^{n-1})} \leq \|v\|_{H^1(\mathbb{R}^n_+)}$. En effet, on a pour $v \in \mathcal{D}\left(\overline{\mathbb{R}^n_+}\right)$, et $x' \in \mathbb{R}^{n-1}$,

$$\begin{aligned}
\left|v(x',0)\right|^2 &= -\int_0^{+\infty} \frac{\partial}{\partial x_n}\left(\left|v(x',x_n)\right|^2\right) dx_n \\
&= -2\mathrm{Re}\int_0^{+\infty} v(x',x_n)\frac{\partial v}{\partial x_n}(x',x_n)dx_n \\
&\leq 2\int_0^{+\infty} \left|v(x',x_n)\right| \left|\frac{\partial v}{\partial x_n}(x',x_n)\right| dx_n \\
&\leq \int_0^{+\infty} \left(\left|v(x',x_n)\right|^2 + \left|\frac{\partial v}{\partial x_n}(x',x_n)\right|^2\right) dx_n.
\end{aligned}$$

En intégrant par rapport à x', on obtient :

$$\begin{aligned}
\left\|v(x',0)\right\|^2_{L^2(\mathbb{R}^{n-1})} &= \int_{\mathbb{R}^{n-1}} \left|v(x',0)\right|^2 dx' \\
&\leq \int_{\mathbb{R}^n_+} \left(|v(x)|^2 + \left|\frac{\partial v}{\partial x_n}(x)\right|^2\right) dx \leq \|v\|_{H^1(\mathbb{R}^n_+)}.
\end{aligned}$$

8.3.2 Trace de l'espace $H^1(\mathbb{R}^n_+)$

Théorème 8.10

(i) γ_0 est continue de $\mathcal{D}\left(\overline{\mathbb{R}^n_+}\right)$ dans $\mathcal{D}\left(\mathbb{R}^{n-1}\right)$ muni de la topologie induite par $H^{1/2}\left(\mathbb{R}^{n-1}\right)$.

(ii) γ_0 se prolonge donc en une application linéaire continue de $H^1(\mathbb{R}^n_+)$ dans $H^{1/2}\left(\mathbb{R}^{n-1}\right)$ notée encore γ_0 qui est surjective.

(iii) Le noyau de γ_0, $\ker\gamma_0 = H^1_0(\mathbb{R}^n_+)$.

Démonstration. Soit γ l'opérateur de trace définit par le théorème 8.5 pour $s = 1$, et soit $P : H^1(\mathbb{R}^n_+) \longrightarrow H^1(\mathbb{R}^n)$ l'opérateur linéaire continue de prolongement, $Pu_{|\mathbb{R}^n_+} = u$ presque partout dans $\mathbb{R}^n_+$, ainsi il existe $C > 0$ telle que $\|Pu\|_{H^1(\mathbb{R}^n)} \leq C\|u\|_{H^1(\mathbb{R}^n_+)}$, pour tout $u \in H^1(\mathbb{R}^n_+)$. Alors $\gamma_0 = \gamma \circ P$ a les propriétés (i) et (ii) requises.
Il reste à démontrer (iii). Si $u \in \mathcal{D}(\mathbb{R}^n_+)$, alors $\gamma_0 u(x') = u(x', 0) = 0$ puisque $(x', 0) \notin Supp u \subset \mathbb{R}^n_+$. Ainsi γ_0 s'annule sur $\mathcal{D}(\mathbb{R}^n_+)$ qui est dense dans $H^1_0(\mathbb{R}^n_+)$, et alors γ_0 s'annule aussi sur $H^1_0(\mathbb{R}^n_+)$.
Montrons la réciproque, c'est à dire on vérifie que si $u \in H^1(\mathbb{R}^n_+)$ et $\gamma_0 u = 0$ alors $u \in H^1_0(\mathbb{R}^n_+)$. On procède comme dans la preuve du théorème d'extension des fonctions Sobolev.
Par densité dans $H^1(\mathbb{R}^n_+)$ de l'espace des fonctions de $H^1(\mathbb{R}^n_+)$ à support compact, on peut supposer $u \in H^1(\mathbb{R}^n_+)$, $\gamma_0 u = 0$, et $Supp u$ compact dans $\mathbb{R}^n_+$. On montre que u est limite dans $H^1(\mathbb{R}^n_+)$ d'une suite de fonction $u_j \in H^1_0(\mathbb{R}^n_+)$, ce qui impliquera $u \in H^1_0(\mathbb{R}^n_+)$ car $H^1_0(\mathbb{R}^n_+)$ est fermé dans $H^1(\mathbb{R}^n_+)$ par définition.
Pour cela on utilise la fonction χ_j, $j \in \mathbb{N}^*$, définie sur $\mathbb{R}_+$ par :

$$\chi_j(t) = \begin{cases} 1 & \text{si} \quad t \geq \frac{2}{j} \\ jt - 1 & \text{si} \quad t \in \left[\frac{1}{j}, \frac{2}{j}\right] \\ 0 & \text{ailleurs} \end{cases} \quad \text{et on pose } u_j(x', x_n) = \chi_j(x_n) u(x', x_n).$$

Pour conclure on vérifie que $u_j \in \left\{v \in H^1_0(\mathbb{R}^n_+) : \gamma_0 v = 0\right\}$ et on a $Supp u_j \subset \mathbb{R}^n_+$. Par régularisation à l'aide des fonctions $\rho_k(x) = k^n \rho(kx)$, $\rho \in \mathcal{D}(\mathbb{R}^n)$, $\rho \geq 0$ et $\int\limits_{\mathbb{R}^n} \rho(x)\, dx = 1$, avec $k > j$, $j \in \mathbb{N}^*$ fixé, on peut approcher u_j par des fonctions de $\mathcal{D}(\mathbb{R}^n_+)$, ce qui prouve que l'on a $u_j \in H^1_0(\mathbb{R}^n_+)$ pour tout j. En outre,

$$\begin{aligned} \left\| u_j - u \right\|^2_{L^2(\mathbb{R}^n_+)} &= \int\limits_{\mathbb{R}^{n-1}} \int\limits_0^{\frac{2}{j}} \left| \left(\chi_j(x_n) - 1\right) u(x', x_n) \right|^2 dx' dx_n \\ &\leq 2 \int\limits_0^{\frac{2}{j}} \int\limits_{\mathbb{R}^{n-1}} \left| u(x', x_n) \right|^2 dx' dx_n \underset{j \to +\infty}{\longrightarrow} 0, \end{aligned}$$

de même $\frac{\partial}{\partial x_l}\left(\chi_j(x_n) u(x', x_n)\right) = \chi_j(x_n) \frac{\partial u}{\partial x_l}(x', x_n) \underset{j \to +\infty}{\longrightarrow} \frac{\partial u}{\partial x_l}(x', x_n)$ dans $L^2(\mathbb{R}^n_+)$ pour $l \in \{1, ..., n-1\}$, et $\frac{\partial}{\partial x_n}\left(\chi_j(x_n) u(x', x_n)\right) = \chi'_j(x_n) u(x', x_n) + \chi_j(x_n) \frac{\partial u}{\partial x_n}(x', x_n)$.

En fait, $\chi_j(x_n)\frac{\partial u}{\partial x_n}(x',x_n) \underset{j\to+\infty}{\longrightarrow} \frac{\partial u}{\partial x_n}(x',x_n)$ dans $L^2(\mathbb{R}^n_+)$.

$$\left\|\chi'_j u\right\|^2_{L^2(\mathbb{R}^n_+)} = \int_{\mathbb{R}^{n-1}} \left(\int_{\frac{1}{j}}^{\frac{2}{j}} j^2 \left|u(x',x_n)\right|^2 dx_n \right) dx'.$$

Mais pour tout $x' \in \mathbb{R}^{n-1}$, $x_n \to u(x',x_n)$ est dans $H^1(]0,+\infty[)$, ainsi d'après le lemme 8.8, elle est, pour presque tout x', représentée par une fonction continue par rapport à x_n avec $u(x',0) = 0$.
On peut alors écrire :

$$\left|u(x',x_n)\right|^2 = \left|\int_0^{x_n} \frac{\partial u}{\partial x_n}(x',y)\,dy\right|^2 \le x_n \int_0^{x_n} \left|\frac{\partial u}{\partial x_n}(x',y)\right|^2 dy, \text{ p.p en } x',$$

donc $|u(x',x_n)|^2 \le x_n \int_0^{\frac{2}{j}} \left|\frac{\partial u}{\partial x_n}(x',y)\right|^2 dy$, pour $x_n \le \frac{2}{j}$. Ainsi,

$$\begin{aligned}\left\|\chi'_j u\right\|^2_{L^2(\mathbb{R}^n_+)} &\le \int_{\mathbb{R}^{n-1}} j^2 \int_{\frac{1}{j}}^{\frac{2}{j}} x_n dx_n \int_0^{\frac{2}{j}} \left|\frac{\partial u}{\partial x_n}(x',y)\right|^2 dy dx' \\ &\le \frac{3}{2} \int_{\mathbb{R}^{n-1}} \left(\int_0^{\frac{2}{j}} \left|\frac{\partial u}{\partial x_n}(x',y)\right|^2 dy \right) dx' \underset{j\to+\infty}{\longrightarrow} 0,\end{aligned}$$

c'est à dire $\chi'_j u \underset{j\to+\infty}{\longrightarrow} 0$ dans $L^2(\mathbb{R}^n_+)$. D'où, $u_j \underset{j\to+\infty}{\longrightarrow} u$ dans $H^1(\mathbb{R}^n_+)$. □

8.3.3 Trace des espaces $H^m(\mathbb{R}^n_+)$

Définition 8.3 On appelle trace d'ordre k, $k \in \mathbb{N}^*$, de u sur le bord $\partial(\mathbb{R}^n_+) = \mathbb{R}^{n-1}$, l'application linéaire γ_k définie par :

$$\begin{cases} \gamma_k : u \to \gamma_k u, \; k = 1,2,\ldots,n \\ (\gamma_k u)(x') = \frac{\partial^k u}{\partial x_n^k}(x',0) = \frac{\partial^k u}{\partial x_n^k}(x',x_n)_{|x_n=0}, \; x' \in \mathbb{R}^{n-1}. \end{cases}$$

En utilisant la densité de $\mathcal{D}\left(\overline{\mathbb{R}^n_+}\right)$ dans $H^m(\mathbb{R}^n_+)$, $m \geq 1$, et les méthodes développées au théorème 8.10, on démontre le :

Théorème 8.11 Soit $m \in \mathbb{N}^*$. L'application $\overrightarrow{\gamma_m}$ définie sur $\mathcal{D}\left(\overline{\mathbb{R}^n_+}\right)$ par $\overrightarrow{\gamma_m} u = (\gamma_0 u, \gamma_1 u, ..., \gamma_{m-1} u)$ se ponge par densité en une application linéaire continue surjective de $H^m(\mathbb{R}^n_+)$ dans $\prod_{k=0}^{m-1} H^{m-k-1/2}\left(\mathbb{R}^{n-1}\right)$. Il existe un relèvement continu de $\prod_{k=0}^{m-1} H^{m-k-1/2}\left(\mathbb{R}^{n-1}\right)$ dans $H^m(\mathbb{R}^n_+)$ et l'on a $\ker \overrightarrow{\gamma_m} = H^m_0(\mathbb{R}^n_+)$.

Pour plus de détails le lecteur interéssé peut consulter le livre de R. Adams [1].

8.3.4 Trace des espaces $H^m(\Omega)$

La technique précédente appliquée à un ouvert de bord suffisamment régulier, va nous permettre de définir l'application trace.
Soient Ω un ouvert assez régulier de $\mathbb{R}^n$ et v la normale extérieure à $\Gamma = \partial\Omega$ bord de Ω. Pour $u \in \mathcal{D}\left(\overline{\Omega}\right)$, on note $\gamma_k u = \frac{\partial^k u}{\partial v^k}_{|\Gamma}$, $k = 0, 1, ...n$, avec $\gamma_0 u = u_{|\Gamma}$, et où $\frac{\partial}{\partial v}$ est la dérivée de u suivant la normale extérieure v à Γ.
Pour $m = 1$, le cas $\Omega = \mathbb{R}^n_+$ vient d'être démontré, traitons le cas Ω de classe C^1 et de frontière bornée. Précisément, on montre le théorème de trace pour l'espace de Sobolev $H^1(\Omega)$.

Théorème 8.12 Soit $\Omega \subset \mathbb{R}^n$ un ouvert de classe C^1 et de frontière bornée. Alors l'application $\gamma_0 : u \longmapsto \gamma_0 u = u_{|\partial\Omega}$ de $\mathcal{D}\left(\overline{\Omega}\right)$ dans $C(\partial\Omega)$ se prolonge par continuité en une application linéaire continue de $H^1(\Omega)$ dans $L^2(\partial\Omega)$.

Démonstration. Par prolongement par continuité, ce résultat se déduit de la densité de $\mathcal{D}\left(\overline{\Omega}\right)$ dans $H^1(\Omega)$ et de l'inégalité, similaire à celle démontrée au lemme 8.8,

$$\left\|\gamma_0 u\right\|_{L^2(\partial\Omega)} \leq \|u\|_{H^1(\Omega)}, \; u \in \mathcal{D}\left(\overline{\Omega}\right).$$

Pour montrer cette inégalité, on utilise une partition de l'unité $(U_k, \theta_k)_{0\leq k\leq N}$ pour $\partial\Omega$, subordonnée à des fonctions ϕ_k telles que définies comme au début de la preuve du théorème 8.7 d'extension des fonctions de Sobolev.
Pour $u \in \mathcal{D}\left(\overline{\Omega}\right)$, on pose $u_k = (\theta_k u) \circ \phi_k$, $k \in \{1,...,n\}$. D'après le lemme 8.8 , et en utilisant la régularité des fonctions θ_k et ϕ_k, on obtient :

$$\left\|u_k(x',0)\right\|_{L^2(\mathbb{R}^{n-1})} \leq \|u_k\|_{H^1(\mathbb{R}^n_+)} \leq C_k \|u\|_{H^1(\Omega)},\ C_k > 0.$$

Pour conclure, il suffit de remarquer que les normes suivantes :

$$\|u\|_{L^2(\partial\Omega)} = \left(\int_{\partial\Omega} |u(x')|\, dx'\right)^{1/2} \quad \text{et} \quad \left(\sum_{k=1}^{N} \left\|(\theta_k u) \circ \phi_k\right\|^2_{L^2(\mathbb{R}^{n-1})}\right)^{1/2}$$

sont équivalentes en vertu des propriétés de la partition de l'unité et des régularités des fonctions bijectives ϕ_k, $k \in \{1,...,n\}$.

□

On a le théorème général suivant pour $m \geq 1$.

Théorème 8.13 ([1, 2, 3]) Soient Ω un ouvert assez régulier de $\mathbb{R}^n$ et $m \in \mathbb{N}^*$. Alors l'application $\overrightarrow{\gamma_m} : u \to \overrightarrow{\gamma_m} u = (\gamma_0 u, ..., \gamma_{m-1} u)$ définie sur $\mathcal{D}\left(\overline{\Omega}\right)$ à valeurs dans $(\mathcal{D}(\partial\Omega))^m$ se prolonge par densité en une application linéaire continue surjective de $H^m(\Omega)$ dans $\prod_{k=0}^{m-1} H^{m-k-1/2}(\partial\Omega)$.
Il existe un relèvement continu de $\prod_{k=0}^{m-1} H^{m-k-1/2}(\partial\Omega)$ dans $H^m(\Omega)$ et l'on a $\ker \overrightarrow{\gamma_m} = H_0^m(\Omega)$.

On a pour $m = 1$, $H_0^1(\Omega) = \left\{u \in H^1(\Omega) : u_{|\partial\Omega} = 0\right\}$, et pour $m > 1$, $H_0^m(\Omega) = \left\{u \in H^m(\Omega) : \frac{\partial^k u}{\partial n^k}_{|\partial\Omega} = 0,\ k = 0, 1, ..., m-1, \text{ avec } \frac{\partial^0 u}{\partial n^0}_{|\partial\Omega} = u_{|\partial\Omega}\right\}$.

8.4 Inégalités fonctionnelles

Donnons à présent une inégalité, valable pour toutes les fonctions de $H_0^1(\Omega)$ qui s'avère fort utile, en particulier dans la résolution de certaines équations aux dérivées partielles.

Théorème 8.14 (Inégalité de Poincaré) Soit Ω un ouvert borné de $\mathbb{R}^n$ de classe C^1. Il existe alors une constante $C > 0$ ne dépendant que de Ω telle que pour tout $u \in H_0^1(\Omega)$:

$$\|u\|_{L^2(\Omega)} \leq C \|\nabla u\|_{L^2(\Omega)},$$

où $\|\nabla u\|_{L^2(\Omega)}^2 = \sum_{j=1}^{n} \int_{\Omega} \left| \frac{\partial u}{\partial x_j}(x) \right|^2 dx.$

Démonstration. Par densité de $\mathcal{D}(\Omega)$ dans $H_0^1(\Omega)$, il suffit de montrer l'inégalité pour tout $u \in \mathcal{D}(\Omega)$. Soit $R > 0$, tel que $\Omega \subset \Omega_R = \{x = (x', x_n) : -R < x_n < R\}$. Comme $u \in \mathcal{D}(\Omega)$, alors : $u(x) = \int_{-R}^{x_n} \frac{\partial u}{\partial x_n}(x', t)\, dt$. En appliquant l'inégalité de Cauchy-Schwartz, il vient :

$$|u(x)|^2 \leq (x_n + R) \int_{-R}^{x_n} \left| \frac{\partial u}{\partial x_n}(x', t) \right|^2 dt,$$

et alors :

$$\begin{aligned}
\int_{\Omega} |u(x)|^2 dx &\leq \int_{x' \in \mathbb{R}^{n-1}} \int_{x_n \in [-R,R]} (x_n + R) \int_{-R}^{R} \left| \frac{\partial u}{\partial x_n}(x', t) \right|^2 dt\, dx_n\, dx' \\
&\leq \left(\int_{x_n \in [-R,R]} (x_n + R)\, dx_n \right) \left(\int_{x' \in \mathbb{R}^{n-1}} \int_{-R}^{R} \left| \frac{\partial u}{\partial x_n}(x', t) \right|^2 dt\, dx' \right) \\
&\leq \; \leq 2R^2 \|\nabla u\|_{L^2(\Omega)}^2,
\end{aligned}$$

ce qui prouve le résultat avec $C = \sqrt{2}R$.

L'inégalité de Poincaré est donc vérifiée par toute fonction u de $\mathcal{D}(\Omega)$ et donc, comme une fonction de $H_0^1(\Omega)$ est limite d'une suite de fonctions de $\mathcal{D}(\Omega)$, on en déduit le résultat pour toute fonction de $H_0^1(\Omega)$ par passage à la limite. On pose $\phi = R\omega = \omega_{|\Omega} \in \mathcal{D}\left(\overline{\Omega}\right)$. On a enfin,

$$\begin{aligned}
\left\|u_{j_0} - \phi\right\|_{H^1(\Omega)} &\leq \|v - \omega\|_{H^1(\mathbb{R}^n)} < \varepsilon, \\
\|u - \phi\|_{H^1(\Omega)} &\leq \left\|u - u_{j_0}\right\|_{H^1(\Omega)} + \left\|u_{j_0} - \phi\right\|_{H^1(\Omega)} \\
&< \varepsilon + \left\|\left(1 - \chi_{j_0}\right) u\right\|_{H^1(\Omega)} < 2\varepsilon \text{ pour } j_0 \text{ assez grand.}
\end{aligned}$$

□

Corollaire 8.8

(1) Soient $m \in \mathbb{N}^*$ et $u \in H_0^m(\Omega)$ où Ω est un ouvert borné de $\mathbb{R}^n$ de frontière Lipschitzienne (ou $\mathbb{R}_+^n$). Alors, il existe alors une constante $C_\Omega > 0$ telle que :

$$\|u\|_{L^2(\Omega)} \leq C_\Omega \sum_{\alpha \in \mathbb{N}^n, |\alpha| = m} \|D^\alpha u\|_{L^2(\Omega)}.$$

(2) L'application

$$H_0^1(\Omega) \times H_0^1(\Omega) \ni (u, v) \mapsto \langle u, v\rangle_{H_0^1(\Omega)} = \int_\Omega \nabla u(x).\nabla v(x)\, dx$$

est un produit scalaire sur $H_0^1(\Omega)$.

La norme associée $|u|_{H_0^1(\Omega)} = \left(\int_\Omega |\nabla u(x)|^2 dx\right)^{1/2}$ est équivalente à la norme usuelle de $H_0^1(\Omega)$.

Démonstration. **(1)** Le résultat se déduit par récurrence sur m.

(2) Il est clair que $\langle u, v\rangle_{H_0^1(\Omega)} = \int_\Omega \nabla u(x).\nabla v(x)\, dx$ est un produit scalaire sur $H_0^1(\Omega)$. $H_0^1(\Omega)$ est muni de la norme usuelle de $H^1(\Omega)$,

$$\|u\|_{H_0^1(\Omega)}^2 = \|u\|_{L^2(\Omega)}^2 + \|\nabla u\|_{L^2(\Omega)}^2$$

et de la norme $|u|_{H_0^1(\Omega)} = \|\nabla u\|_{L^2(\Omega)}$ induite par le produit scalaire $\langle .,. \rangle_{H_0^1(\Omega)}$. Alors on a immédiatement d'après l'inégalité de Poincaré,

$$\begin{aligned} |u|_{H_0^1(\Omega)} &= \|\nabla u\|^2_{L^2(\Omega)} = \sum_{j=1}^{n} \int_{\Omega} \left| \frac{\partial u}{\partial x_j}(x) \right|^2 dx \leq \|u\|^2_{H_0^1(\Omega)} \\ &\leq C^2 \|\nabla u\|^2_{L^2(\Omega)} + \|\nabla u\|^2_{L^2(\Omega)} = \left(1 + C^2\right) \|\nabla u\|^2_{L^2(\Omega)} \\ &= \left(1 + C^2\right) |u|_{H_0^1(\Omega)}, \ \forall u \in H_0^1(\Omega). \end{aligned}$$

□

(1) L'inégalité de Poincaré est en général fausse lorsque l'ouvert Ω n'est pas borné. On pourra considérer pour cela la suite de fonctions $\varphi_j(x) = \varphi\left(\frac{x}{j}\right)$, $j \in \mathbb{N}^*$, où $\varphi \in \mathcal{D}(\mathbb{R}^n)$.

(2) Ce résultat est aussi faux pour un ouvert non-connexe, en prenant une fonction constante par morceaux sur chaque composante et de moyenne nulle.

(3) Sur $H^1(\Omega)$ l'inégalité de Poincaré est fausse, il faudra la remplacer par une inégalité plus générale, appelée inégalité de Poincaré-Wirtinger qui nécessite des hypothèses un peu plus fortes sur l'ouvert Ω et qui fait intervenir la moyenne de la fonction.

Proposition 8.8 (Inégalité de Poincaré-Wirtinger) Soit Ω un ouvert connexe borné et lipschitzien (ou de classe C^1). Alors il existe une constante $C > 0$ qui ne dépend que de Ω telle que pour tout $u \in H^1(\Omega)$:

$$\|u - \overline{u}\|_{L^2(\Omega)} \leq C \|\nabla u\|_{L^2(\Omega)},$$

où $\overline{u} = \frac{1}{|\Omega|} \int_{\Omega} u(x) dx$ et $|\Omega|$ est le volume de Ω.

Démonstration. On raisonne par l'absurde. Si l'inégalité est fausse, il existe une suite $(u_j)_{j \in \mathbb{N}^*}$ dans $H^1(\Omega)$ telle que $\left\| u_j - \overline{u_j} \right\|_{L^2(\Omega)} > j \left\| \nabla u_j \right\|_{L^2(\Omega)}$. On pose

$v_j = \frac{u_j - \overline{u_j}}{\|u_j - \overline{u_j}\|_{L^2(\Omega)}}$, $j \in \mathbb{N}^*$. Alors, pour tout $j \in \mathbb{N}^*$, on a :

$$\overline{v_j} = 0, \ \left\|v_j\right\|_{L^2(\Omega)} = 1 \text{ et } \left\|\nabla v_j\right\|_{L^2(\Omega)} < \frac{1}{j}.$$

En particulier, $\left\|v_j\right\|_{H^1(\Omega)} < \sqrt{1 + \frac{1}{j^2}}$, donc la suite $\left(v_j\right)_{j \in \mathbb{N}^*}$ est bornée dans $H^1(\Omega)$, et par le théorème de Rellich, il existe $v \in H^1(\Omega)$ et une sous-suite $\left(v_{\varphi(j)}\right)_{j \in \mathbb{N}^*}$ extraîte de $\left(v_j\right)_{j \in \mathbb{N}^*}$ tels que $\lim\limits_{j \to +\infty} v_{\varphi(j)} = v$ dans $L^2(\Omega)$. On a, puisque $\left\|\nabla v_j\right\|_{L^2(\Omega)} < \frac{1}{j}$, $\forall\, j \in \mathbb{N}^*$,

$$\|\nabla v\|_{L^2(\Omega)} = \lim_{j \to +\infty} \left\|\nabla v_{\varphi(j)}\right\|_{L^2(\Omega)} = 0,$$

comme Ω est connexe, on en déduit que v est une constante $C \in \mathbb{R}$. Mais par ailleurs, puisque $\overline{v_{\varphi(j)}} = 0$, $\forall\, j \in \mathbb{N}^*$, alors $\overline{v} = C = \lim\limits_{j \to +\infty} \overline{v_{\varphi(j)}} = 0$.
Ce qui implique que $v = 0$ et on aboutit à une contradiction car
$\|v\|_{L^2(\Omega)} = \lim\limits_{j \to +\infty} \left\|v_{\varphi(j)}\right\|_{L^2(\Omega)} = 1$. □

8.5 Exercices avec solutions

Exercice 8.1 *Montrer que la fonction $u(x) = \frac{x+|x|}{2}$ est dans l'espace de Sobolev $H^1(]-1,1[)$, en revanche elle n'est pas dans $H^2(]-1,1[)$.*

Solution.

$u \in L^2(]-1,1[)$ car $\int_{-1}^{1} |u(x)|^2\,dx = \int_{0}^{1} x^2 dx = \left[\frac{x^3}{3}\right]_0^1 = \frac{1}{3}$. La dérivée de u est la fonction $u'(x) = \begin{cases} 0 & \text{si } \ x \in]-1,0[\\ 1 & \text{si } \ x \in]0,1[\end{cases}$, alors $u' \in L^2(]-1,1[)$ et $u \in H^1(]-1,1[)$.
La dérivée seconde au sens des distribution de u est égale à δ, la mesure de Dirac à l'origine. En effet, pour tout $\varphi \in \mathcal{D}(]-1,1[)$, on a en intégrant par parties :

$$\langle u'', \varphi \rangle = \langle u, \varphi'' \rangle = \int_{-1}^{1} u(x)\varphi''(x)dx = \int_{-1}^{0} 0\varphi''(x)dx + \int_{0}^{1} x\varphi''(x)dx$$

$$= \int_0^1 x\varphi''(x)dx = \left\{ \left[x\varphi'(x)\right]_0^1 - \int_0^1 \varphi'(x)dx \right\} = -\int_0^1 \varphi'(x)dx$$
$$= \varphi(0) - \varphi(1) = \varphi(0) = \langle \delta_0, \varphi \rangle.$$

Donc $u'' = \delta$ qui n'est pas une fonction de $L^2(]-1,1[)$, donc u ne peut appartenir à $H^2(]-1,1[)$.

Exercice 8.2

(1) *Soient I un intervalle ouvert, borné ou non, de $\mathbb{R}$ et $f \in L^1_{loc}(I)$ tels que $\int_I f(x)\varphi'(x)dx = 0$, pour tout $\varphi \in C^1_0(I)$, espace de fonctions de classe C^1 et à support compact dans I. Montrer qu'il existe une constante C telle que $f = C$ presque partout sur I.*

(2) *Soit $g \in L^1_{loc}(I)$, pour y_0 fixé dans I, on pose pour tout $x \in I$,*

$$v(x) = \int_{y_0}^{x} g(t)dt.$$

Montrer que v est continue sur I et $\int_I v(x)\varphi'(x)dx = -\int_I g(x)\varphi(x)$, pour tout $\varphi \in C^1_0(I)$.

(3) *Soit $u \in H^1(I)$, montrer qu'il existe une fonction $\tilde{u}$ continue sur $\bar{I}$, telle que $u = \tilde{u}$ presque partout sur I et $\tilde{u}(x) - \tilde{u}(y) = \int_y^x u'(t)dt$, $\forall x, y \in \bar{I}$.*

Solution.

(1) Fixons une fonction $\psi \in k(I)$, continue sur I et à support compact dans I, telle que $\int_I \psi(t)dt = 1$. Vérifions que pour tout fonction $w \in k(I)$, il existe $\varphi \in C^1_0(I)$, telle que $\varphi' = w - \left(\int_I w(t)dt\right)\psi$.

En effet, la fonction $h = w - \left(\int_I w(t)dt\right)\psi$ est continue à support compact inclu dans I, et comme $\int_I h(t)dt = 0$, h admet une primitive à support compact. On en déduit alors d'après l'hypothèse que :

$$\int_I f\left[w - \left(\int_I w(t)dt\right)\psi\right] = 0, \forall \psi \in k(I),$$

ou bien

$$\int_I \left[f - \left(\int_I f\psi\right)\right] w = 0, \forall \psi \in k(I),$$

par suite $\left[f - \left(\int_I f\psi\right)\right] = 0$ presque partout, c'est dire $f = \int_I f\psi = C$ presque partout sur I.

(2) On a si $I =]a,b[$ et $\varphi \in C_0^1(I)$,

$$\begin{aligned}
\int_I v(x)\varphi'(x)dx &= \int_I \left[\int_{y_0}^{x} g(t)dt\right]\varphi'(x)dx \\
&= -\int_a^{y_0} dx \int_x^{y_0} g(t)\varphi'(x)dt + \int_{y_0}^{b} dx \int_{y_0}^{x} g(t)\varphi'(x)dt.
\end{aligned}$$

Par le théorème de Fubini, on a aussi :

$$\begin{aligned}
\int_I v(x)\varphi'(x)dx &= -\int_a^{y_0} g(t)dt \int_a^{t} \varphi'(x)dx + \int_{y_0}^{b} g(t)dt \int_t^{b} \varphi'(x)dx \\
&= -\int_a^{y_0} g(t)\left[\varphi(t) - \varphi(a)\right]dt + \int_{y_0}^{b} g(t)\left[\varphi(b) - \varphi(t)\right]dt \\
&= -\int_a^{y_0} g(t)\varphi(t)dt - \int_{y_0}^{b} g(t)\varphi(t)dt = -\int_I g(t)\varphi(t)dt.
\end{aligned}$$

(3) On fixe $y_0 \in I$ et on pose $\overline{u}(x) = \int_{y_0}^{x} u'(t)dt$. D'après la question (2), on trouve :

$$\int_I \overline{u}(x)\varphi'(x)dx = -\int_I u'(x)\varphi(x)dx, \ \forall \varphi \in C_0^1(I).$$

Donc $\int_I (u-\overline{u})(x)\varphi'(x)dx = 0$, $\forall \varphi \in C_0^1(I)$. Il en résulte de la question (1) que $u - \overline{u} = C$, et alors la fonction $\widetilde{u}(x) = \overline{u}(x) + C$ a les propriétés demandées.

Exercice 8.3

(1) *Soient* $I =]-1,1[$, $u(x) = |x|$ *et* $g(x) = \begin{cases} 1 & si \quad 0 < x < 1 \\ -1 & si \quad -1 < x < 0 \end{cases}$.
Montrer que $u \in L^p(I)$, $1 \le p \le +\infty$, *et que* g *est la dérivée faible de* u, *et* $u \in W^{1,p}(I)$.

(2) *Soient* $I =]0,2[$ *et* $u(x) = \begin{cases} x & si \quad 0 < x \le 1 \\ 1 & si \quad 1 < x < 2 \end{cases}$.

Montrer que la fonction $g(x) = \begin{cases} 1 & si \quad 0 < x < 1 \\ 0 & si \quad 1 < x < 2 \end{cases}$ *est la dérivée faible de* u *et que* $u \in W^{1,p}(I)$.

(3) *Soient* $I =]0,2[$ *et* $u(x) = \begin{cases} x & si \quad 0 < x \le 1 \\ 2 & si \quad 1 < x < 2 \end{cases}$. *Vérifier que* u *n'admet pas de dérivée faible dans* $L^p(I)$ *et donc* $u \notin W^{1,p}(I)$.

(4) *Montrer que les fonctions de* $W^{1,p}(I)$, $I =]a,b[$, *peuvent être regardées comme des primitives de fonctions de* $L^p(I)$. *Plus précisément, si* $u \in W^{1,p}(I)$, *avec* $1 \le p \le +\infty$, *alors il existe une fonction* $\widetilde{u} \in C(\overline{I})$ *telle que* $u = \widetilde{u}$ *p.p sur* I *et* $\widetilde{u}(x) = \widetilde{u}(y) + \int_{y}^{x} u'(t)dt$, $\forall x,y \in \overline{I}$.

(5) *En déduire que si* $p > 1$ *et* $u \in W^{1,p}(I)$, *alors :*

$$|u(x) - u(y)| \le \|u'\|_{L^p(I)} |x-y|^{1-\frac{1}{p}}, \ \forall x,y \in \overline{I}.$$

Solution.

(1)

$$\|u\|^p_{L^p(I)} = \int_I |u(x)|^p\,dx = \int_{-1}^{1} |x|^p\,dx = 2\int_0^1 x^p dx = \frac{2}{p+1} < +\infty,$$

donc $u \in L^p(I)$, $1 \le p < +\infty$. Comme u est bornée alors $u \in L^\infty(I)$.
Pour tout $\varphi \in \mathcal{D}(I)$, on a :

$$\begin{aligned}
\int_I u(x)\varphi'(x)dx &= \int_{-1}^{1} u(x)\varphi'(x)dx = -\int_{-1}^{0} x\varphi'(x)dx + \int_0^1 x\varphi'(x)dx \\
&= -[x\varphi(x)]_{-1}^0 + \int_{-1}^{0} \varphi(x)dx + [x\varphi(x)]_0^1 - \int_0^1 \varphi(x)dx \\
&= \int_{-1}^{0} \varphi(x)dx - \int_0^1 \varphi(x)dx = -\int_{-1}^{1} g(x)\varphi(x)dx,
\end{aligned}$$

puisque $\varphi(-1) = \varphi(1) = 0$. Donc $u' = g$ au sens des distributions, de plus il est clair que $g \in L^p(I)$ et alors $u \in W^{1,p}(I)$.

(2) $u \in L^p(I)$, $1 \le p \le +\infty$, car :

$$\begin{aligned}
\int_I |u(x)|^p\,dx &= \int_0^2 |u(x)|^p\,dx = \int_0^1 x^p dx + \int_1^2 dx = \frac{1}{p+1} + 1 < +\infty,\ p \in [1, +\infty[, \\
\|u\|_{L^\infty(I)} &= \sup_{x\in I} |u(x)| = 1 < +\infty.
\end{aligned}$$

Montrons que la fonction g est la dérivée faible de u. $\forall \varphi \in \mathcal{D}(I)$, on a :

$$\begin{aligned}
\int_I u(x)\varphi'(x)dx &= \int_0^2 u(x)\varphi'(x)dx = \int_0^1 x\varphi'(x)dx + \int_1^2 \varphi'(x)dx \\
&= [x\varphi(x)]_0^1 - \int_0^1 \varphi(x)dx + [\varphi(x)]_1^2 = \varphi(1) - \int_0^1 \varphi(x)dx - \varphi(1)
\end{aligned}$$

$$= -\int_0^1 \varphi(x)dx = -\int_0^2 g(x)\varphi(x)dx,$$

puisque $\varphi(2) = 0$. Comme $g \in L^p(I)$, on en déduit que $u \in W^{1,p}(I)$.

(3) Des calculs similaires à ceux des exemples précédents montrent $u \in L^p(I)$, $1 \leq p < +\infty$ et pour tout $\varphi \in \mathcal{D}(I)$, on a :

$$\begin{aligned}
\int_I u(x)\varphi'(x)dx &= \int_0^2 u(x)\varphi'(x)dx = \int_0^1 x\varphi'(x)dx + 2\int_1^2 \varphi'(x)dx \\
&= [x\varphi(x)]_0^1 - \int_0^1 \varphi(x)dx + 2[\varphi(x)]_1^2 \\
&= \varphi(1) - \int_0^1 \varphi(x)dx - 2\varphi(1) = -\varphi(1) - \int_0^1 \varphi(x)dx \\
&= -\varphi(1) - \int_0^1 g(x)\varphi(x)dx = -\langle g + \delta_1, \varphi\rangle,
\end{aligned}$$

avec $g(x) = \begin{cases} 1 & \text{si} \quad 0 < x < 1 \\ 0 & \text{si} \quad 1 < x < 2 \end{cases}$, δ_1 est la distribution de Dirac concentrée au point 1 et $\varphi(2) = 0$. Alors la dérivée faible de u est égale à $g + \delta_1$. Comme δ_1 n'est dans aucun espace $L^p(I)$, il est clair que $u \notin W^{1,p}(I)$.

(4) Soit $y_0 \in I$ fixé et soit $\overline{u}(x) = \int_{y_0}^x u'(t)dt$. Grâce à la question (2) de l'exercice précédent, on a $\int_I \overline{u}(x)\varphi'(x)dx = -\int_I u'(x)\varphi(x), \forall \varphi \in C_0^1(I)$, et donc

$$\int_I (\overline{u}(x) - u(x))\,\varphi'(x)dx = 0 \ \forall \varphi \in C_0^1(I),$$

ce qui donne $u - \overline{u} = C$ =constante p.p sur I. Il suffit alors de considérer $\widetilde{u} = \overline{u} + C$ et de vérifier qu'elle satisfait les propriétés énoncées.

(5) Considérons $x, y \in I$ tel que $y < x$. Grâce à la représentation de la question (4) et à l'inégalité de Hölder, on obtient :

$$\begin{aligned} |u(x)-u(y)| &= \left|\int_y^x u'(t)dt\right| \leq \|u'\|_{L^1(]y,x[)} \leq \|u'\|_{L^p(]y,x[)} \|1\|_{L^q(]y,x[)}, \ \frac{1}{p}+\frac{1}{q}=1 \\ &\leq \|u'\|_{L^p(I)} \|1\|_{L^q(]y,x[)} = \|u'\|_{L^p(I)} |x-y|^{\frac{1}{q}} = \|u'\|_{L^p(I)} |x-y|^{1-\frac{1}{p}}. \end{aligned}$$

Exercice 8.4 *Soient $I =]-1,1[$ et $u(x) = |x|^q$. Déterminer les valeurs de q pour lesquelles $u \in H^1(I)$.*

Solution.

Pour $q \geq 0$, $u \in C(\overline{I}) \subset L^2(I)$. Pour $q \geq 2$, $u \in C^1(\overline{I}) \subset H^1(I)$, avec la dérivée (classique) donnée par $u'(x) = \left(\left(|x|^2\right)^{\frac{q}{2}}\right)' = qx|x|^{q-2}$, $x \in \overline{I}$.

Pour tout $0 < q < 2$, u est différentiable par morceaux et sa dérivée faible est donnée par :$u'(x) = qx|x|^{q-2}, x \in \overline{I}\setminus\{0\}$. Alors, il est facile de vérifier que $|u'(x)| = q|x|^{q-1}$ et que :

$$\begin{aligned} \|u'\|^2_{L^2(I)} &= \int_I |u'(x)|^2 dx = q^2 \int_I |x|^{2(q-1)} dx = 2q^2 \int_0^1 x^{2q-2} dx \\ &= \begin{cases} \frac{2q^2}{2q-1}\left[x^{2q-1}\right]_0^1 & \text{si} \quad q \neq \frac{1}{2} \\ \frac{1}{2}\left[\ln x\right]_0^1 & \text{si} \quad q = \frac{1}{2} \end{cases}. \end{aligned}$$

Alors, il s'ensuit que $u' \in L^2(I)$ si et seulement si $2q-1>0$ ou bien $\frac{1}{2} < q < 2$. Combinant les trois cas distingués, nous déduisons que $u \in H^1(I)$ si et seulement si $q > \frac{1}{2}$.

Exercice 8.5 *Soit I un intervalle de $\mathbb{R}$ et soit $p \in]1,+\infty[$. Montrer que les normes $\|.\|_{1,W^{1,p}(I)}$ et $\|.\|_{2,W^{1,p}(I)}$ définies sur $W^{1,p}(I)$ par :*

$$\begin{aligned} \|u\|_{1,W^{1,p}(I)} &= \|u\|_{L^p(I)} + \|u'\|_{L^p(I)}, \\ \|u\|_{2,W^{1,p}(I)} &= \left(\|u\|^p_{L^p(I)} + \|u'\|^p_{L^p(I)}\right)^{1/p}, \end{aligned}$$

sont équivalentes.

Solution.

Rappelons que $W^{1,p}(I) = \{u \in L^p(I) : u' \in L^p(I)\}$. $\|.\|_{1,W^{1,p}(I)}$ est une norme sur $W^{1,p}(I)$ provient directement de la définition et des propriétés de la norme $\|.\|_{L^p(I)}$ de l'espace $L^p(I)$. $\|u\|_{2,W^{1,p}(I)} \geq 0$ et $\|u\|_{2,W^{1,p}(I)} = 0$ si et seulement si $u = 0$. Pour l'inégalité triangulaire on utilise l'inégalité de Minkowski, si $a_1, a_2, b_1, b_2 \in \mathbb{R}_+$,

$$\left[(a_1+b_1)^p + (a_2+b_2)^p\right]^{1/p} \leq \left(a_1^p + a_2^p\right)^{1/p} + \left(b_1^p + b_2^p\right)^{1/p}.$$

Il en découle alors pour tout $u, v \in W^{1,p}(I)$:

$$\begin{aligned}
\|u+v\|_{2,W^{1,p}(I)} &= \left(\|u+v\|_{L^p(I)}^p + \left\|u'+v'\right\|_{L^p(I)}^p\right)^{1/p} \\
&\leq \left(\left(\|u\|_{L^p(I)} + \|v\|_{L^p(I)}\right)^p + \left(\left\|u'\right\|_{L^p(I)} + \left\|v'\right\|_{L^p(I)}\right)^p\right)^{1/p} \\
&\leq \left(\|u\|_{L^p(I)}^p + \left\|u'\right\|_{L^p(I)}^p\right)^{1/p} + \left(\|v\|_{L^p(I)}^p + \left\|v'\right\|_{L^p(I)}^p\right)^{1/p} \\
&= \|u\|_{2,W^{1,p}(I)} + \|v\|_{2,W^{1,p}(I)}.
\end{aligned}$$

Montrons ensuite que les deux normes sont équivalentes sur l'espace de Sobolev $W^{1,p}(I)$.

Il est facile de voir que pour $a, b \in \mathbb{R}_+$, $a \leq (a^p + b^p)^{1/p}$, $b \leq (a^p + b^p)^{1/p}$ et alors $a + b \leq 2(a^p + b^p)^{1/p}$. De manière analogue, on a $a^p \leq (a+b)^p$, $b^p \leq (a+b)^p$ et donc $a^p + b^p \leq 2(a+b)^p$ ou bien $(a^p + b^p)^{1/p} \leq 2^{1/p}(a+b)$. En combinant les inégalités précédentes, on a aussi $\frac{1}{2}(a+b) \leq (a^p + b^p)^{1/p} \leq 2^{1/p}(a+b)$. L'équivalence des normes $\|.\|_{1,W^{1,p}(I)}$ et $\|.\|_{2,W^{1,p}(I)}$ provient alors en posant $a = \|u\|_{L^p(I)}$ et $b = \|u'\|_{L^p(I)}$:

$$\begin{aligned}
\frac{1}{2}\|u\|_{1,W^{1,p}(I)} &= \frac{1}{2}\left(\|u\|_{L^p(I)} + \left\|u'\right\|_{L^p(I)}\right) \leq \left(\|u\|_{L^p(I)}^p + \left\|u'\right\|_{L^p(I)}^p\right)^{1/p} \\
&= \|u\|_{2,W^{1,p}(I)} \leq 2^{1/p}\left(\|u\|_{L^p(I)} + \left\|u'\right\|_{L^p(I)}\right) = 2^{1/p}\|u\|_{1,W^{1,p}(I)}.
\end{aligned}$$

Exercice 8.6 *Montrer qu'il existe une constante $C > 0$, dépendant uniquement de $|I| \leq +\infty$, telle que :*

$$\|u\|_{L^\infty(I)} \leq C\|u\|_{W^{1,p}(I)}, \ \forall u \in W^{1,p}(I), \ \forall p \in [1, +\infty].$$

Solution.

On montre ce résultat dans le cas $I = \mathbb{R}$. Le cas général s'en déduit en utilisant le théorème de prolongement des éléments de $W^{1,p}(I)$ en fonctions de $W^{1,p}(\mathbb{R})$.

Soit $v \in \mathcal{D}(\mathbb{R})$, et pour $p \in [1, +\infty[$, notons comme dans l'exercice 8.4,

$$G(t) = |t|^{p-1}\, t.$$

La fonction $\omega = G(v) = |v|^{p-1} v \in \mathcal{D}(\mathbb{R})$ et $\omega' = G'(v)v' = p\,|v|^{p-1} v'$, car

$$\begin{aligned} G'(t) &= \left(|t|^{p-1} t\right)' = \left(\left(t^2\right)^{\frac{p-1}{2}} t\right)' = \frac{p-1}{2}\left(t^2\right)^{\frac{p-3}{2}}\left(2t^2\right) + |t|^{p-1} \\ &= (p-1)\left(t^2\right)^{\frac{p-1}{2}} + |t|^{p-1} = p\,|t|^{p-1}\, t. \end{aligned}$$

Donc, pour $x \in \mathbb{R}$, on a :

$$\omega(x) = \int_{-\infty}^{x} \omega'(t)\,dt \text{ et } |v(x)|^{p-1} v(x) = \int_{-\infty}^{x} p\,|v(t)|^{p-1} v'(t)\,dt.$$

En utilisant l'inégalité de Hölder, on obtient :

$$\begin{aligned} |v(x)|^p &= \left||v(x)|^{p-1} v(x)\right| = \left|\int_{-\infty}^{x} p\,|v(t)|^{p-1} v'(t)\,dt\right| \leq \int_{-\infty}^{x} p\,|v(t)|^{p-1}\left|v'(t)\right| dt \\ &\leq \int_{\mathbb{R}} p\,|v(t)|^{p-1}\left|v'(t)\right| dt \leq p\left\||v|^{p-1}\right\|_{L^q(\mathbb{R})}\left\|v'\right\|_{L^p(\mathbb{R})}, \text{ où } \frac{1}{p}+\frac{1}{q}=1 \\ &= p\,\|v\|^{p-1}_{L^p(\mathbb{R})}\left\|v'\right\|_{L^p(\mathbb{R})}, \end{aligned}$$

et donc, en prenant le sup, on trouve :

$$\|v\|^p_{L^\infty(\mathbb{R})} \leq p\,\|v\|^{p-1}_{L^p(\mathbb{R})}\left\|v'\right\|_{L^p(\mathbb{R})} \leq p\,\|v\|^{p-1}_{W^{1,p}(\mathbb{R})}\|v\|_{W^{1,p}(\mathbb{R})} = p\,\|v\|^p_{W^{1,p}(\mathbb{R})}.$$

Ainsi,

$$\|v\|_{L^\infty(\mathbb{R})} \leq p^{\frac{1}{p}}\|v\|_{W^{1,p}(\mathbb{R})}, \ \forall v \in \mathcal{D}(\mathbb{R}).$$

Pour compléter la preuve, on raisonne par densité de $\mathcal{D}(\mathbb{R})$ dans $W^{1,p}(\mathbb{R})$. Donc pour tout $u \in W^{1,p}(\mathbb{R})$, il existe une suite $(u_k)_{k\in\mathbb{N}}$ dans $\mathcal{D}(\mathbb{R})$ convergeant vers u dans $W^{1,p}(\mathbb{R})$. Grâce à l'inégalité précédente, on a :

$$\|u_k\|_{L^\infty(\mathbb{R})} \leq p^{\frac{1}{p}}\|u_k\|_{W^{1,p}(\mathbb{R})}, \ \forall k \in \mathbb{N}$$

et

$$\|u_k - u_l\|_{L^\infty(\mathbb{R})} \leq p^{\frac{1}{p}} \|u_k - u_l\|_{W^{1,p}(\mathbb{R})}, \ \forall k \in \mathbb{N}.$$

La suite $(u_k)_{k\in\mathbb{N}}$ convergeant dans $W^{1,p}(\mathbb{R})$ est une suite de Cauchy dans cet espace. La dernière estimation montre que $(u_k)_{k\in\mathbb{N}}$ est aussi une suite de Cauchy dans $L^\infty(\mathbb{R})$, et elle converge donc vers u dans $L^\infty(\mathbb{R})$. Passant à la limite, on obtient :

$$\lim_{k\to+\infty} \|u_k\|_{L^\infty(\mathbb{R})} \leq p^{\frac{1}{p}} \lim_{k\to+\infty} \|u_k\|_{W^{1,p}(\mathbb{R})} \text{ et } \|u\|_{L^\infty(\mathbb{R})} \leq p^{\frac{1}{p}} \|u\|_{W^{1,p}(\mathbb{R})}.$$

On remarque que ce raisonnement permet, entre autres, de montrer que si $u \in W^{1,p}(\mathbb{R})$ avec $p \in [1,+\infty[$ et q le conjugué de p, alors il existe une constante $C > 0$ telle que :

$$\|u\|_{L^\infty(\mathbb{R})} \leq C \|u\|_{L^p(\mathbb{R})}^{\frac{1}{q}} \left\|u'\right\|_{L^p(\mathbb{R})}^{\frac{1}{p}}.$$

Exercice 8.7

(1) *Montrer que si $u \in W^{1,p}(I)$ et I est un intervalle borné de $\mathbb{R}$, alors $u \in L^q(I)$ pour tout $q \in [1,+\infty]$.*

(2) *Montrer que si $u \in W^{1,p}(I)$ et I est un intervalle non borné de $\mathbb{R}$, alors $u \in L^q(I)$ pour tout $q \in [p,+\infty]$.*

(3) *Si I est un intervalle non borné et si $u \in W^{1,p}(I)$ avec $1 \leq p < +\infty$. Montrer que $\lim_{|x|\to+\infty, x\in I} u(x) = 0$.*

Solution.

(1) On sait que pour tout $p \in [1,+\infty]$, $W^{1,p}(I) \hookrightarrow L^\infty(I)$.
Si I est borné, alors $L^\infty(I) \hookrightarrow L^q(I)$ pour tout $q \in [1,+\infty]$. Donc pour tout $p,q \in [1,+\infty]$, $W^{1,p}(I) \hookrightarrow L^\infty(I) \hookrightarrow L^q(I)$.

(2) Si I n'est pas borné alors $L^\infty(I)$ ne s'injecte pas nécessairement dans tout les $L^q(I)$. Cependant, prenant en compte $W^{1,p}(I) \hookrightarrow L^\infty(I)$, et le fait que $u \in L^p(I)$, il vient que pour tout $q \in [p,+\infty]$:

$$\|u\|_{L^q(I)}^q = \int_I |u(x)|^q \, dx = \int_I |u(x)|^{q-p} |u(x)|^p \, dx \leq \|u\|_{L^\infty(I)}^{q-p} \|u\|_{L^p(I)}^p < +\infty.$$

En d'autres termes, $W^{1,p}(I) \hookrightarrow L^q(I)$, pour tout $q \in [p,+\infty]$.

(3) Soit $u \in W^{1,p}(I)$ avec $p \in [1,+\infty[$. On sait qu'il existe une suite $(u_k)_{k\in\mathbb{N}}$ dans $\mathcal{D}(\mathbb{R})$ telle que $\left(u_{k_{|I}}\right)_{k\in\mathbb{N}}$ converge vers u dans $W^{1,p}(I)$ (l'existence de cette suite est garantie par le résultat de densité de $\mathcal{D}(\mathbb{R})$ dans les espaces de Sobolev $W^{m,p}(\mathbb{R})$, $m \in \mathbb{N}^*$.). En utilisant l'injection de $W^{1,p}(I)$ dans $L^\infty(I)$, on déduit que :

$$\|u_k - u\|_{L^\infty(I)} \leq C\,\|u_k - u\|_{W^{1,p}(I)} \longrightarrow 0, \text{ lorsque } k \to +\infty;$$

$C > 0$. Par conséquent, pour $\varepsilon > 0$ fixé choisissons k suffisamment grand de sorte que $\|u_k - u\|_{L^\infty(I)} < \varepsilon$.
Pour $|x|$ suffisamment grand, $u_k(x) = 0$, puisque u_k est à support compact. D'où le résultat.

Exercice 8.8 *Soient $u, v \in W^{1,p}(I)$ avec $p \in [1,+\infty]$, I est un intervalle ouvert borné ou non de $\mathbb{R}$. Montrer que $uv \in W^{1,p}(I)$ et $(uv)' = u'v + uv'$. De plus, on a la formule d'intégration par parties :*

$$\int_y^x u'(t)v(t)dt = u(x)v(x) - u(y)v(y) - \int_y^x u(t)v'(t)dt,\ \forall x, y \in I.$$

Solution.
Notons grâce au théorème d'injection de Sobolev, $W^{1,p}(I) \hookrightarrow L^\infty(I)$, si $u, v \in W^{1,p}(I)$, $p \in [1,+\infty]$, alors elles sont aussi dans $L^\infty(I)$, et donc :

$$\|uv\|^p_{L^p(I)} = \int_I |u(x)|^p\,|v(x)|^p\,dx \leq \int_I \|u\|^p_{L^\infty(I)}\,|v(x)|^p\,dx = \|u\|^p_{L^\infty(I)}\,\|v\|^p_{L^p(I)} < +\infty,$$

autrement dit $uv \in L^p(I)$.
Si $p \in [1,+\infty[$, soient $(u_k)_{k\in\mathbb{N}}$ et $(v_k)_{k\in\mathbb{N}}$ des suites de $\mathcal{D}(\mathbb{R})$ telles que $\left(u_{k_{|I}}\right)_{k\in\mathbb{N}}$ et $\left(v_{k_{|I}}\right)_{k\in\mathbb{N}}$ convergent dans $W^{1,p}(I)$ respectivement vers u et v. D'où,

$$\begin{aligned}
\|u_k - u\|_{L^\infty(I)} &\leq C\,\|u_k - u\|_{W^{1,p}(I)} \longrightarrow 0, \text{ lorsque } k \to +\infty,\\
\|v_k - v\|_{L^\infty(I)} &\leq C\,\|v_k - v\|_{W^{1,p}(I)} \longrightarrow 0, \text{ lorsque } k \to +\infty.
\end{aligned}$$

Ainsi,

$$\|u_k v_k - uv\|_{L^p(I)} = \|(u_k - u)(v_k - v) - uv + u(v_k - v) + v(u_k - u)\|_{L^p(I)}$$

$$\leq \left(\|u_k - u\|_{L^p(I)} + \|u\|_{L^p(I)}\right)\|v_k - v\|_{L^\infty(I)}$$
$$+\|u_k - u\|_{L^p(I)}\|v\|_{L^\infty(I)} \underset{k\to+\infty}{\longrightarrow} 0.$$

On obtient aussi de la même manière :

$$\begin{aligned}
\left\|u_k'v_k - u'v\right\|_{L^p(I)} &\leq \left(\left\|u_k' - u'\right\|_{L^p(I)} + \left\|u'\right\|_{L^p(I)}\right)\|v_k - v\|_{L^p(I)} \\
&\quad + \left\|u_k' - u'\right\|_{L^p(I)}\|v\|_{L^\infty(I)} \underset{k\to+\infty}{\longrightarrow} 0; \\
\left\|u_kv_k' - uv'\right\|_{L^p(I)} &\leq \left(\|u_k - u\|_{L^\infty(I)} + \|u\|_{L^\infty(I)}\right)\left\|v_k' - v'\right\|_{L^p(I)} \\
&\quad + \|u_k - u\|_{L^\infty(I)}\left\|v'\right\|_{L^p(I)} \underset{k\to+\infty}{\longrightarrow} 0.
\end{aligned}$$

D'autre part, pour tout $\varphi \in \mathcal{D}(\mathbb{R})$,

$$\begin{aligned}
\int_I (u_kv_k)'(x)\varphi(x)dx &= \int_I \left(u_k'(x)v_k(x) + u_k(x)v_k'(x)\right)\varphi(x)dx \\
&= -\int_I u_k(x)v_k(x)\varphi'(x)dx.
\end{aligned}$$

Prenant compte des inégalités précédentes et passant à la limite dans la dernière identité, on a :

$$\int_I (u'(x)v(x) + u(x)v'(x))\,\varphi(x)dx = -\int_I u(x)v(x)\varphi'(x)dx,\ \forall\varphi \in \mathcal{D}(\mathbb{R}). \quad (8.11)$$

Il en résulte alors que $uv \in W^{1,p}(I)$ avec $(uv)' = u'v + uv'$ et donc :

$$(uv)(x) - (uv)(y) = \int_y^x (uv)'(t)dt = \int_y^x (u'(t)v(t) + u(t)v'(t))dt,\ \forall x, y \in \overline{I},$$

ce qui donne la formule d'intégration par parties demandée.
Si $p = +\infty$. Soient $u, v \in W^{1,\infty}(I)$. Alors $uv \in L^\infty(I)$ et $(uv)' = u'v + uv' \in L^\infty(I)$. Il reste à vérifier que $u'v + uv'$ est la dérivée faible de uv, c'est à dire la relation (8.11).
Soit $J \subset I$ un ouvert borné fixé tel que $\varphi \in \mathcal{D}(\mathbb{R})$ et $Supp\varphi \subset J$. Remarquant que pour tout $p \in [1, +\infty[$,

$$\|u\|_{W^{1,p}(J)} \leq |J|^{\frac{1}{p}}\,\|u\|_{W^{1,\infty}(J)} \leq |J|^{\frac{1}{p}}\,\|u\|_{W^{1,\infty}(I)} < +\infty,$$

donc $u \in W^{1,p}(J)$. De la même manière, $v \in W^{1,p}(J)$ et d'après ce qui précède, il vient que :

$$\int_J (u'(x)v(x)+u(x)v'(x))\varphi(x)dx = -\int_J u(x)v(x)\varphi'(x)dx,$$

et alors $\int_I (u'(x)v(x)+u(x)v'(x))\varphi(x)dx = -\int_I u(x)v(x)\varphi'(x)dx.$

Exercice 8.9 *Soit $v \in H^1(]0,1[)$.*

(1) *Justifier que $v \in C([0,1])$.*

(2) *Montrer que $|v(x)| \leq |v(y)| + \|v'\|_{L^2(]0,1[)}$, $x, y \in [0,1]$.*

(3) *En déduire que $|v(x)| \leq \|v\|_{L^1(]0,1[)} + \|v'\|_{L^2(]0,1[)}$, $x \in [0,1]$, et que $\|v\|_{C([0,1])} \leq \|v\|_{L^2(]0,1[)} + \|v'\|_{L^2(]0,1[)}$.*

Solution.

(1) On pose $I =]0,1[$. D'après le théorème d'injection de Sobolev, on a

$$H^1(I) \hookrightarrow C\left(\overline{I}\right).$$

Donc toute fonction $v \in H^1(]0,1[)$, appartient à $C\left(\overline{I}\right)$, elle est continue sur $\overline{I} = [0,1]$.

(2) Par la formule d'intégration par parties dans $H^1(I)$, on a

$$v(x) = v(y) + \int_y^x v'(t)dt, \text{ pour } x, y \in \overline{I},$$

et en utilisant l'inégalité de Hölder, il vient que :

$$\begin{aligned} |v(x)| &= \left| v(y) + \int_y^x v'(t)dt \right| \leq |v(y)| + \int_y^x |v'(t)|\, dt \\ &\leq |v(y)| + |I|^{1/2} \left\|v'\right\|_{L^2(I)} = |v(y)| + \left\|v'\right\|_{L^2(I)}. \end{aligned}$$

(3) En intégrant l'inégalité obtenue dans la question (2) entre 0 et 1 par rapport à la variable y, on obtient :

$$\int_0^1 |v(x)|\,dy = |v(x)| \leq \int_0^1 |v(y)|\,dy + \int_0^1 \|v'\|_{L^2(I)}\,dy = \|v\|_{L^1(I)} + \|v'\|_{L^2(I)}.$$

Autrement dit, $|v(x)| \leq \|v\|_{L^1(I)} + \|v'\|_{L^2(I)},\ x \in \overline{I}$.
Par conséquent, en prenant le sup de $|v(x)|$ sur $\overline{I}$, on a :

$$\begin{aligned}\sup_{x\in\overline{I}}|v(x)| &= \|v\|_{C(\overline{I})} \leq \|v\|_{L^1(I)} + \|v'\|_{L^2(I)} \leq |I|^{1/2}\|v\|_{L^2(I)} + \|v'\|_{L^2(I)}\\ &= \|v\|_{L^2(I)} + \|v'\|_{L^2(I)}.\end{aligned}$$

Exercice 8.10

(1) *Soit* $\varphi \in \mathcal{D}(\mathbb{R})$*. Montrer que* $|\varphi(x)|^2 = \int_{-\infty}^{x} 2\varphi'(t)\varphi(t)\,dt,\ \forall x \in \mathbb{R}$*. En déduire que :* $\|\varphi\|_{L^\infty(\mathbb{R})} \leq \|\varphi\|_{H^1(\mathbb{R})}$.

(2) *Soit* $u \in H^1(\mathbb{R})$*. En utilisant des arguments de densité, montrer qu'il existe une suite* $(u_k)_{k\in\mathbb{N}}$ *convergeant vers* u *dans un sens à préciser.*

(3) *En utilisant l'inégalité précédente, montrer que la suite* $(u_k)_{k\in\mathbb{N}}$ *est une suite de Cauchy et qu'elle converge vers une limite* u^* *dans* $L^\infty(\mathbb{R})$*. Montrer que* $u = u^*$.

(4) *Déduire que* $\|u\|_{L^\infty(\mathbb{R})} \leq \|u\|_{H^1(\mathbb{R})}$.

(5) *Soit* I *un intervalle borné de* $\mathbb{R}$ *et soit* $u \in H^1(I)$.

Montrer que $|u|^2 \in H^1(I)$ *et que* $|u(x)|^2 - |u(y)|^2 = \int_y^x 2u'(t)u(t)dt,\ x,y \in I$.

En déduire que $|u(x)|^2 \leq |u(y)|^2 + \|u\|^2_{H^1(I)}$*. En intégrant cette inégalité par rapport à* y*, montrer que* $\|u\|_{L^\infty(I)} \leq \left(1 + \frac{1}{|I|}\right)^{\frac{1}{2}} \|u\|_{H^1(I)}$.

(6) *Soit* I *un intervalle de* $\mathbb{R}$*, borné ou non borné. Montrer que pour tout* $u \in H^1(I)$, $|u(x) - u(y)| \leq \|u'\|_{L^2(I)}|x-y|^{\frac{1}{2}},\ x,y \in I$.

(7) *Montrer que la fonction* $u(x) = x|x|$ *est dans* $H^1(]-1,1[)$ *et* $v(x) = \sqrt{x}$ *n'est pas dans* $H^1(]0,1[)$.

Solution.

(1) Soit $\varphi \in \mathcal{D}(\mathbb{R})$. Il existe $a > 0$ tel que $Supp\varphi \subset [-a, a]$.
La fonction $|\varphi(x)|^2 = \varphi^2(x)$ étant dérivable, il vient que :

$$\begin{aligned} |\varphi(x)|^2 &= \int_{-a}^{x} \left(|\varphi(t)|^2\right)' dt + |\varphi(-a)|^2 = \int_{-a}^{x} \left(|\varphi(t)|^2\right)' dt \\ &= \int_{-a}^{x} \left[(\varphi(t))^2\right]' dt = \int_{-a}^{x} 2\varphi'(t)\varphi(t)\, dt, \; \forall x \in \mathbb{R}. \end{aligned}$$

En utilisant l'inégalité de Cauchy-Schwartz, on trouve :

$$\begin{aligned} |\varphi(x)|^2 &\leq 2\left|\int_{-\infty}^{+\infty} \varphi'(t)\varphi(t)\, dt\right| \leq 2\,\|\varphi\|_{L^2(\mathbb{R})} \left\|\varphi'\right\|_{L^2(\mathbb{R})} \\ &\leq \|\varphi\|^2_{L^2(\mathbb{R})} + \left\|\varphi'\right\|^2_{L^2(\mathbb{R})} = \|\varphi\|^2_{H^1(\mathbb{R})}, \; \forall x \in \mathbb{R}. \end{aligned}$$

Donc $|\varphi(x)| \leq \|\varphi\|_{H^1(\mathbb{R})}$, $\forall x \in \mathbb{R}$, ou bien $\|\varphi\|_{L^\infty(\mathbb{R})} \leq \|\varphi\|_{H^1(\mathbb{R})}$.

(2) On sait que $\overline{\mathcal{D}(\mathbb{R})}^{H^1(\mathbb{R})} = H^1(\mathbb{R})$. Donc pour $u \in H^1(\mathbb{R})$, il existe une suite $(u_k)_{k\in\mathbb{N}} \subset \mathcal{D}(\mathbb{R})$ telle que $\lim_{k\to+\infty} \|u_k - u\|_{H^1(\mathbb{R})} = 0$.

(3) D'après (1), pour tout $k, l \in \mathbb{N}$, on a :

$$\|u_k - u_l\|_{L^\infty(\mathbb{R})} \leq \|u_k - u_l\|_{H^1(\mathbb{R})}.$$

La suite $(u_k)_{k\in\mathbb{N}}$ convergeant dans $H^1(\mathbb{R})$ est une suite de Cauchy dans $H^1(\mathbb{R})$ et en vertu de l'inégalité précédente, c'est aussi une suite de Cauchy dans $L^\infty(\mathbb{R})$ qui est un espace de Banach, et elle converge alors vers u^* dans $L^\infty(\mathbb{R})$, par unicité de la limite $u = u^*$.

(4) D'après (1), on a $\|u_k\|_{L^\infty(\mathbb{R})} \leq \|u_k\|_{H^1(\mathbb{R})}$, pour tout $k \in \mathbb{N}$. Donc, par continuité de la norme, on obtient :

$$\begin{aligned} \lim_{k\to+\infty} \|u_k\|_{L^\infty(\mathbb{R})} &= \left\|\lim_{k\to+\infty} u_k\right\|_{L^\infty(\mathbb{R})} = \|u\|_{L^\infty(\mathbb{R})} \leq \lim_{k\to+\infty} \|u_k\|_{H^1(\mathbb{R})} \\ &= \left\|\lim_{k\to+\infty} u_k\right\|_{H^1(\mathbb{R})} = \|u\|_{H^1(\mathbb{R})}. \end{aligned}$$

(5) On utilise ici le fait que $u \in H^1(I)$, u est borné dans I.

$$\begin{aligned}\left\|u^2\right\|_{H^1(I)}^2 &= \left\|u^2\right\|_{L^2(I)}^2 + \left\|\left(u^2\right)'\right\|_{H^1(I)}^2 = \left\|u^2\right\|_{L^2(I)}^2 + 4\left\|uu'\right\|_{H^1(I)}^2 \\ &\leq \|u\|_{L^\infty(I)}^2 \left(\|u\|_{L^2(I)}^2 + 4\left\|u'\right\|_{L^2(I)}^2\right) < +\infty,\end{aligned}$$

d'où $u^2 \in H^1(I)$. Ainsi,

$$(u(x))^2 - (u(y))^2 = \int_y^x \left(u^2(t)\right)' dt = \int_y^x 2u(t)u'(t)dt, \ \forall x, y \in I.$$

En reprenant le raisonnement produit dans la question (1), on a :

$$(u(x))^2 - (u(y))^2 \leq \int_I \left|2u(t)u'(t)\right| dt \leq \|u\|_{H^1(I)}^2, \ \forall x, y \in I,$$

donc $(u(x))^2 \leq (u(y))^2 + \|u\|_{H^1(I)}^2$, $\forall x, y \in I$. Puis intégrons cette dernière inégalité par rapport à y, il vient que :

$$|I|(u(x))^2 \leq \|u\|_{L^2(I)}^2 + |I|\,\|u\|_{H^1(I)}^2 \leq \|u\|_{H^1(I)}^2 + |I|\,\|u\|_{H^1(I)}^2 = (1 + |I|)\|u\|_{H^1(I)}^2, \forall x \in I,$$

et alors :

$$|u(x)| \leq \left(1 + \frac{1}{|I|}\right)^{\frac{1}{2}} \|u\|_{H^1(I)}, \forall x \in I.$$

Par conséquent, $\|u\|_{L^\infty(I)} \leq \left(1 + \frac{1}{|I|}\right)^{\frac{1}{2}} \|u\|_{H^1(I)}$.

(6) On a $u(x) - u(y) = \int_y^x u'(t)dt$. En supposant pour simplifier que $y < x$, et en utilisant l'inégalité de Cauchy-Schwartz, on trouve :

$$\begin{aligned}\left|u(x) - u(y)\right| &\leq \int_y^x \left|u'(t)\right| dt \leq \left\|u'\right\|_{L^2(]y,x[)} \|1\|_{L^2(]y,x[)} \leq \left\|u'\right\|_{L^2(I)} \|1\|_{L^2(]y,x[)} \\ &= \left\|u'\right\|_{L^2(I)} |x - y|^{\frac{1}{2}}, \ \forall x, y \in I.\end{aligned}$$

(7) (i) Soit $u(x) = x|x|$.

$$\|u\|_{L^2(I)}^2 = \int_{-1}^{1} x^2 |x|^2 \, dx = 2\int_{0}^{1} x^4 dx = \left[2\frac{x^5}{5}\right]_0^1 = \frac{2}{5},$$

donc $u \in L^2(I)$.
Montrons que la fonction g définie sur $I =]-1, 1[$, par $g(x) = 2|x|$ est la dérivée faible de u. En effet, pour tout $\varphi \in \mathcal{D}(\mathbb{R})$, on a :

$$\begin{aligned}
\int_I u(x)\varphi'(x)dx &= \int_{-1}^{1} x|x|\varphi'(x)dx = -\int_{-1}^{0} x^2\varphi'(x)dx + \int_{0}^{1} x^2\varphi'(x)dx \\
&= \left\{ \left[x^2\varphi(x)\right]_{-1}^{0} + \int_{-1}^{0} 2x\varphi(x)dx + \left[x^2\varphi(x)\right]_0^1 - \int_{0}^{1} 2x\varphi(x)dx \right\} \\
&= -\left(\int_{-1}^{0} (-2x)\,\varphi(x)dx + \int_{0}^{1} (2x)\,\varphi(x)dx \right) \\
&= -\int_{-1}^{1} 2|x|\,\varphi(x)dx = -\int_{-1}^{1} g(x)\varphi(x)dx.
\end{aligned}$$

Il est clair que $g \in L^2(I)$, par conséquent $u \in H^1(I)$.
(ii) Soient $I =]0, 1[$ et $u(x) = \sqrt{x}$, alors

$$\|u\|_{L^2(I)}^2 = \int_{0}^{1} \left|\sqrt{x}\right|^2 dx = \int_{0}^{1} x dx = \frac{1}{2} < +\infty, \text{ et } u \in L^2(I).$$

De plus, la fonction u est dérivable sur I et $u'(x) = \frac{1}{2\sqrt{x}}$. Mais

$$\left\|u'\right\|_{L^2(I)}^2 = \int_{0}^{1} \frac{dx}{4x} = +\infty,$$

donc $u' \notin L^2(I)$ et $u \notin H^1(I)$.

Exercice 8.11 *Soient $p \in]1,+\infty[$ et $u \in W^{1,p}(]0,1[)$ telle que $u(0) = 0$.*

(1) *Soit $a \in]1,+\infty[$. Montrer que :*

$$|u(x)|^{a-1}\, u(x) = \int_0^x a|u(t)|^{a-1}\, u'(t)dt, \ \forall x \in [0,1].$$

(2) *Soient $q \in]1,+\infty[$ et $a = 1 + \frac{q}{p'}$ où p' est le conjugué de p, $\frac{1}{p} + \frac{1}{p'} = 1$. En utilisant la question (1), montrer que :*

$$|u(x)|^a \leq a\,\|u\|_{L^q(]0,1[)}^{a-1}\, \|u'\|_{L^p(]0,1[)}, \ \forall x \in [0,1].$$

En déduire que :

$$\|u\|_{L^\infty(]0,1[)} \leq C\,\|u\|_{L^q(]0,1[)}^{1-b}\, \|u'\|_{L^p(]0,1[)}^{b},$$

où $C > 0$, et $b \in]0,1[$ est une constante à déterminer.

(3) *Soit $r \in]q,+\infty[$. Montrer que :*

$$\|u\|_{L^r(]0,1[)}^r \leq \|u\|_{L^q(]0,1[)}^q\, \|u\|_{L^\infty(]0,1[)}^{r-q}.$$

(4) *En utilisant les estimations obtenues dans les questions (2) et (3), déduire que :*

$$\|u\|_{L^r(]0,1[)} \leq \widetilde{C}\,\|u\|_{L^q(]0,1[)}^{1-c}\, \|u'\|_{L^p(]0,1[)}^{c},$$

où $\widetilde{C}$ et $c \in]0,1[$ sont des constantes à préciser.

Solution.

(1) La fonction $G(t) = t\,|t|^{a-1}$ est de classe C^1 et satisfait $G(0) = 0$. On a déjà vu dans les exercices précédents que si $u \in W^{1,p}(]0,1[)$, alors

$$G(u) = u\,|u|^{a-1} \in W^{1,p}(]0,1[) \text{ et } (G(u))' = G'(u)u' = a\,|u|^{a-1}\, u'.$$

Ainsi, $G(u)(x) = G(u)(0) + \int_0^x G'(u(t))u'(t)dt$, $\forall x \in [0,1]$, c'est à dire :

$$|u(x)|^{a-1} u(x) = |u(0)|^{a-1} u(0) + \int_0^x a|u(t)|^{a-1} u'(t)\,dt, \ \forall x \in [0,1].$$

; ;

(2) Soit $q \in]1,+\infty[$ et on prend $a = 1 + \frac{q}{p'}$, en utilisant la question (1) et l'inégalité de Hölder avec $u(0) = 0$, et p' le conjusué de p, on obtient :

$$\begin{aligned}
\left||u(x)|^{a-1} u(x)\right| &= |u(x)|^a = \left|\int_0^x a|u(t)|^{a-1} u'(t)\,dt\right| \\
&\leq \int_0^x a|u(t)|^{a-1} \left|u'(t)\right| dt \leq \int_0^1 a|u(t)|^{a-1} \left|u'(t)\right| dt \\
&\leq a\left\||u(t)|^{a-1}\right\|_{L^{p'}(]0,1[)} \left\|u'\right\|_{L^p(]0,1[)} \\
&= a\left(\int_0^1 \left||u(t)|^{a-1}\right|^{p'} dt\right)^{\frac{1}{p'}} \left\|u'\right\|_{L^p(]0,1[)} \\
&= a\left(\int_0^1 |u(t)|^{(a-1)p'} dt\right)^{\frac{1}{p'}} \left\|u'\right\|_{L^p(]0,1[)} \\
&= a\left(\int_0^1 |u(t)|^q dt\right)^{\frac{q}{qp'}} \left\|u'\right\|_{L^p(]0,1[)} \\
&= a\left[\left(\int_0^1 |u(t)|^q dt\right)^{\frac{1}{q}}\right]^{a-1} \left\|u'\right\|_{L^p(]0,1[)} \\
&= a\|u\|_{L^q(]0,1[)}^{a-1} \left\|u'\right\|_{L^p(]0,1[)}, \ \forall x \in [0,1].
\end{aligned}$$

Par conséquent,

$$|u(x)| \leq a^{\frac{1}{a}} \|u\|_{L^q(]0,1[)}^{1-\frac{1}{a}} \left\|u'\right\|_{L^p(]0,1[)}^{\frac{1}{a}}, \ \forall x \in [0,1],$$

et donc

$$\sup_{x\in[0,1]} |u(x)| = \|u\|_{L^\infty(]0,1[)} \leq C \|u\|^{1-b}_{L^q(]0,1[)} \|u'\|^{b}_{L^p(]0,1[)},$$

avec $C = a^{\frac{1}{a}}$ et $b = \frac{1}{a}$.

(3) Soit $r \in]q, +\infty[$. Alors :

$$\begin{aligned}
\|u\|^r_{L^r(]0,1[)} &= \int_0^1 |u(t)|^r\, dt = \int_0^1 |u(t)|^{r-q} |u(t)|^q\, dt \leq \int_0^1 |u(t)|^q \|u\|^{r-q}_{L^\infty(]0,1[)}\, dt \\
&= \|u\|^q_{L^q(]0,1[)} \|u\|^{r-q}_{L^\infty(]0,1[)}.
\end{aligned}$$

(4) En utilisant les estimations établies dans les questions précédentes, on trouve :

$$\begin{aligned}
\|u\|_{L^r(]0,1[)} &\leq \|u\|^{\frac{q}{r}}_{L^q(]0,1[)} \|u\|^{1-\frac{q}{r}}_{L^\infty(]0,1[)} \leq \|u\|^{\frac{q}{r}}_{L^q(]0,1[)} \left(C \|u\|^{1-b}_{L^q(]0,1[)} \|u'\|^{b}_{L^p(]0,1[)} \right)^{1-\frac{q}{r}} \\
&= \widetilde{C} \|u\|^{\frac{q}{r}+(1-b)\left(1-\frac{q}{r}\right)}_{L^q(]0,1[)} \|u'\|^{b\left(1-\frac{q}{r}\right)}_{L^p(]0,1[)} = \widetilde{C} \|u\|^{1-c}_{L^q(]0,1[)} \|u'\|^{c}_{L^p(]0,1[)},
\end{aligned}$$

avec $\widetilde{C} = C^{1-\frac{q}{r}}$ et $c = b\left(1 - \frac{q}{r}\right) \in]0,1[$.

Exercice 8.12

(1) *Montrer que la distribution de Dirac δ appartient à $H^s(\mathbb{R}^n)$ pour tout $s < -\frac{n}{2}$.*

(2) *Montrer que la distribution de Heaviside H n'est dans aucun espace $H^s(\mathbb{R}^n)$.*

Solution.

(1) est trivial en raison du fait que $\widehat{\delta} = (2\pi)^{-n/2}$, et $\left(1 + |\xi|^2\right)^{s/2} \widehat{\delta} \in L^2(\mathbb{R}^n)$ si $\left(1 + |\xi|^2\right)^{s/2} \in L^2(\mathbb{R}^n)$ donc si $s < -\frac{n}{2}$.

(2) Rappelons que $H' = \delta$, par suite, en prenant la transformée de Fourier de cette égalité on a $\widehat{H'} = i\xi\widehat{H} = \widehat{\delta} = (2\pi)^{-n/2}$, donc $\xi\widehat{H} = -i(2\pi)^{-n/2}$. On en déduit alors que $\widehat{H}$ est de carré intégrable en dehors d'un voisinage de l'origine.

Maintenant, si H appartenait à un certain espace de Sobolev $H^s(\mathbb{R})$, $\widehat{H}$ serait dans $L^2_{loc}(\mathbb{R})$ et donc en particulier dans $L^2(\{|\xi| \leq 1\})$. Cela entrainerait alors $\widehat{H} \in L^2(\mathbb{R})$ et donc $H \in L^2(\mathbb{R})$, ce qui est absurde.

Exercice 8.13 *Soient $\lambda > 0$, et $u \in \mathcal{S}'(\mathbb{R})$ telle que $\frac{d^4u}{dx^4} + \lambda u \in L^2(\mathbb{R})$.*

(1) *Montrer que $u \in H^4(\mathbb{R})$.*

(2) *Montrer, par un contre-exemple, que ce résultat est faux lorsque $\lambda \leq 0$.*

Solution.

(1) En appliquant la transformation de Fourier, l'équation vérifiée par u s'écrit :

$$\begin{aligned}\mathcal{F}\left(\frac{d^4u}{dx^4} + \lambda u\right)(\xi) &= \mathcal{F}\left(\frac{d^4u}{dx^4}\right)(\xi) + \lambda\mathcal{F}(u)(\xi) = (i\xi)^4\mathcal{F}(u)(\xi) + \lambda\mathcal{F}(u)(\xi)\\ &= \left(\xi^4 + \lambda\right)\mathcal{F}(u)(\xi) \in L^2(\mathbb{R}).\end{aligned}$$

Or, puisque $\left(1 + \xi^4\right) \leq \left(1 + \xi^2\right)^2 \leq 2\left(1 + \xi^4\right)$, on a :

$$\begin{aligned}\left(1 + \xi^2\right)^2 &\leq 2\left(1 + \xi^4\right) \leq 2\left(\lambda + \xi^4\right) \text{ si } \lambda \geq 1,\\ \frac{\lambda}{2}\left(1 + \xi^2\right)^2 &\leq \lambda\left(1 + \xi^4\right) = \lambda + \lambda\xi^4 \leq \left(\lambda + \xi^4\right) \text{ si } \lambda \leq 1.\end{aligned}$$

Ainsi dans les deux cas $\lambda \leq 1$ ou $\lambda \geq 1$, puisque $\left(\xi^4 + \lambda\right)\mathcal{F}(u)(\xi) \in L^2(\mathbb{R})$, alors $\left(1 + \xi^2\right)^2\mathcal{F}(u)(\xi) \in L^2(\mathbb{R})$, c'est à dire $u \in H^4(\mathbb{R})$.

(2) La condition $\lambda > 0$ est nécessaire, en effet, si on suppose que $\lambda \leq 0$, la fonction $u(x) = \cos\left((-\lambda)^{1/4}x\right)$ fournit un bon contre-exemple, où on a $\frac{d^4u}{dx^4} + \lambda u = 0 \in L^2(\mathbb{R})$, mais il est clair que $u \notin L^2(\mathbb{R})$.

Exercice 8.14 *Soient $s_0 < s_1$ dans $\mathbb{R}$ et $s = \alpha s_0 + (1 - \alpha)s_1$, avec $\alpha \in]0,1[$.*

(1) *Etablir l'inégalité de convexité suivante :*

$$\|u\|_{H^s(\mathbb{R}^n)} \leq \|u\|^{\alpha}_{H^{s_0}(\mathbb{R}^n)}\|u\|^{1-\alpha}_{H^{s_1}(\mathbb{R}^n)}, \ \forall u \in H^{s_1}(\mathbb{R}^n).$$

(2) *En utilisant l'inégalité $a^{\alpha}b^{1-\alpha} \leq \alpha a + (1 - \alpha)b$, déduire l'estimation :*

$$\|u\|_{H^s(\mathbb{R}^n)} \leq \alpha\|u\|_{H^{s_0}(\mathbb{R}^n)} + (1 - \alpha)\|u\|_{H^{s_1}(\mathbb{R}^n)}, \ \forall u \in H^{s_1}(\mathbb{R}^n).$$

Solution.

(1) Pour tout $u \in H^{s_1}(\mathbb{R}^n)$, on a :

$$\left(1+|\xi|^2\right)^s |\widehat{u}(\xi)| = \left(1+|\xi|^2\right)^{\alpha s_0} |\widehat{u}(\xi)|^{2\alpha} \left(1+|\xi|^2\right)^{(1-\alpha)s_1} |\widehat{u}(\xi)|^{2(1-\alpha)}.$$

Puis, en utilisant l'inégalité de Hölder avec $p = \frac{1}{\alpha}$ et $q = \frac{1}{1-\alpha}$, on en déduit aisément le résultat voulu :

$$\begin{aligned}
\|u\|^2_{H^s(\mathbb{R}^n)} &= \left\| \left(1+|\xi|^2\right)^{s/2} |\widehat{u}(\xi)| \right\|^2_{L^2(\mathbb{R}^n)} = \int_{\mathbb{R}^n} \left(1+|\xi|^2\right)^s |\widehat{u}(\xi)|^2 \, d\xi \\
&= \int_{\mathbb{R}^n} \left[\left(1+|\xi|^2\right)^{\alpha s_0} |\widehat{u}(\xi)|^{2\alpha}\right] \left[\left(1+|\xi|^2\right)^{(1-\alpha)s_1} |\widehat{u}(\xi)|^{2(1-\alpha)}\right] d\xi \\
&\leq \left(\int_{\mathbb{R}^n} \left(1+|\xi|^2\right)^{s_0} |\widehat{u}(\xi)|^2 \, d\xi \right)^{\alpha} \left(\int_{\mathbb{R}^n} \left(1+|\xi|^2\right)^{s_1} |\widehat{u}(\xi)|^2 \, d\xi \right)^{1-\alpha} \\
&= \|u\|^{\alpha}_{H^{s_0}(\mathbb{R}^n)} \|u\|^{1-\alpha}_{H^{s_1}(\mathbb{R}^n)}.
\end{aligned}$$

(2) On applique le résultat de la question précédente et l'inégalité connue

$$a^{\alpha} b^{1-\alpha} \leq \alpha a + (1-\alpha) b \text{ pour } a, b > 0.$$

On obtient pour $a = \|u\|_{H^{s_0}(\mathbb{R}^n)}$, $b = \|u\|_{H^{s_1}(\mathbb{R}^n)}$ et $u \in H^{s_1}(\mathbb{R}^n)$:

$$\|u\|_{H^s(\mathbb{R}^n)} \leq \|u\|^{\alpha}_{H^{s_0}(\mathbb{R}^n)} \|u\|^{1-\alpha}_{H^{s_1}(\mathbb{R}^n)} \leq \alpha \|u\|_{H^{s_0}(\mathbb{R}^n)} + (1-\alpha) \|u\|_{H^{s_1}(\mathbb{R}^n)}.$$

Exercice 8.15 *Soit $s > 0$ et soit $(u_k)_{k\in\mathbb{N}}$ une suite de fonctions bornées dans $H^s(\mathbb{R}^n)$ et de Cauchy dans $L^2(\mathbb{R}^n)$.*

(1) *Montrer que sa limite u (dans $L^2(\mathbb{R}^n)$) appartient à $H^s(\mathbb{R}^n)$.*

(2) *En déduire que si $s > \frac{n}{2}$, la convergence est uniforme.*

Solution.

(1) Comme $(u_k)_{k\in\mathbb{N}}$ est une suite de Cauchy dans $L^2(\mathbb{R}^n)$, elle converge alors vers $u \in L^2(\mathbb{R}^n)$. Puisque $(u_k)_{k\in\mathbb{N}}$ est bornée dans $H^s(\mathbb{R}^n)$, elle contient une sous-suite convergente vers un élément v dans $H^s(\mathbb{R}^n)$, cette convergence a aussi lieu dans $L^2(\mathbb{R}^n)$ sachant que $H^s(\mathbb{R}^n)$ s'injecte continûment dans $L^2(\mathbb{R}^n)$. Par unicité de la limite $u = v \in H^s(\mathbb{R}^n)$.

Pour tout $k \in \mathbb{N}$, u_k est une distribution tempérée et agit sur l'espace de Schwartz "par intégration" :

$$\langle u_k, \varphi \rangle = \int_{\mathbb{R}^n} u_k(x)\varphi(x)dx.$$

De plus, u_k appartient à $H^s(\mathbb{R}^n)$, $s > 0$, dual de $H^{-s}(\mathbb{R}^n)$.
La dualité $(\mathcal{S}'(\mathbb{R}^n), \mathcal{S}(\mathbb{R}^n))$ donne alors pour tout $\varphi \in \mathcal{S}(\mathbb{R}^n)$,

$$|\langle u_k, \varphi \rangle| \leq C \|u_k\|_{H^s(\mathbb{R}^n)} \|\varphi\|_{H^{-s}(\mathbb{R}^n)} = CM \|\varphi\|_{H^{-s}(\mathbb{R}^n)}, \ \forall k \in \mathbb{N},$$

$C > 0$ et $M = \sup\limits_{k \in \mathbb{N}} \|u_k\|_{H^s(\mathbb{R}^n)} < +\infty$ puisque la suite $(u_k)_{k \in \mathbb{N}}$ est supposée bornée dans $H^s(\mathbb{R}^n)$. Il en découle, en faisant tendre k vers l'infini, que :

$$|\langle u, \varphi \rangle| \leq CM \|\varphi\|_{H^{-s}(\mathbb{R}^n)}.$$

Ce qui exprime que u est une forme linéaire continue sur $H^{-s}(\mathbb{R}^n)$ et donc que $u \in H^s(\mathbb{R}^n)$.

(2) On choisit un réel $s_1 \in \left]\frac{n}{2}, s\right[$ et on applique l'inégalité de convexité de l'exercice précédent à la suite $(u_k)_{k \in \mathbb{N}}$ pour $0 < \alpha < 1$. On obtient alors en vertu de l'injection $H^{s_1}(\mathbb{R}^n) \subset L^\infty(\mathbb{R}^n)$,

$$\begin{aligned} \|u_k - u\|_{L^\infty(\mathbb{R}^n)} &\leq C' \|u_k - u\|_{H^{s_1}(\mathbb{R}^n)} \leq C' \|u_k - u\|^{\alpha}_{L^2(\mathbb{R}^n)} \|u_k - u\|^{1-\alpha}_{H^s(\mathbb{R}^n)} \\ &\leq C'(2CM)^{1-\alpha} \|u_k - u\|^{\alpha}_{L^2(\mathbb{R}^n)} \underset{k \to +\infty}{\longrightarrow} 0. \end{aligned}$$

Ce qui est le résultat désiré.

Exercice 8.16 *Soit Ω un ouvert borné de $\mathbb{R}^n$.*

(1) Montrer qu'une fonction continue sur $\overline{\Omega}$ et de classe C^1 par morceaux est dérivable au sens faible dans $L^2(\Omega)$.

(2) Montrer que les fonctions continues, de classe C^1 par morceaux et à support borné dans $\overline{\Omega}$, appartiennent à $H^1(\Omega)$.

Solution.

(1) Soit f une fonction continue sur $\overline{\Omega}$, C^1 par morceaux. Par définition, il existe une famille d'ouverts deux à deux disjoints $\{\Omega_1, ...\Omega_N\}$ telle que $\bigcup\limits_{j=1}^{N} \overline{\Omega_j} = \overline{\Omega}$, de sorte que, pour tout indice $j \in \{1, ..., N\}$, la restriction de f

à Ω_j, $f_j = f_{|\Omega_j}$ soit de classe C^1 sur Ω_j. On note $\Gamma_{i,j} = \overline{\Omega_i} \cap \overline{\Omega_j}$ la frontière commune entre deux sous-ouverts de Ω et n_j la normale extérieure à l'ouvert Ω_j. Soit $\varphi \in \mathcal{D}(\Omega)$. En appliquant la formule de Green à chacun des ouverts Ω_j, on obtient :

$$\begin{aligned}
\int_\Omega f(x)\frac{\partial \varphi}{\partial x_k}(x)dx &= \sum_{j=1}^{N}\int_{\Omega_j} f_j(x)\frac{\partial \varphi}{\partial x_k}(x)dx \\
&= \sum_{j=1}^{N}\left(\int_{\partial\Omega_j} f_j(x)\varphi(x)n_{j,k}ds - \int_{\Omega_j}\frac{\partial f_j}{\partial x_k}(x)\varphi(x)dx\right) \\
&= -\left(\sum_{j=1}^{N}\int_{\Omega_j}\frac{\partial f_j}{\partial x_k}(x)\varphi(x)dx\right) + \sum_{i,j=1,i\neq j}^{N}\int_{\Gamma_{i,j}} f_j(x)\varphi(x)n_{j,k}ds.
\end{aligned}$$

Or pour tout couple (i,j) et tout point $x \in \Gamma_{i,j}$, $n_{i,k}(x) = -n_{j,k}(x)$, et comme f est continue, $f_i(x) = f_j(x)$. On en déduit alors :

$$\sum_{i,j=1,i<j}^{N}\int_{\Gamma_{i,j}} \varphi(x)\left(f_j(x)n_{j,k} + f_i(x)n_{i,k}\right)ds = 0;$$

$$\int_\Omega f(x)\frac{\partial \varphi}{\partial x_k}(x)dx = -\sum_{j=1}^{N}\int_{\Omega_j}\frac{\partial f_j}{\partial x_k}(x)\varphi(x)dx = -\int_\Omega \psi_k(x)\varphi(x)dx,$$

où $\psi_k : \Omega \longrightarrow \mathbb{R}$ est définie pour tout $x \in \Omega_j$ par $\psi_k(x) = \frac{\partial f_j}{\partial x_k}(x)$. Enfin, la fonction ψ_k étant continue par morceaux sur un ouvert borné, elle appartient à $L^2(\Omega)$.

Ainsi, f admet une dérivée faible au sens des distributions et $\frac{\partial f}{\partial x_k} = \psi_k$, pour tout $k \in \{1,\dots,n\}$.

(2) On sait d'après la question (1), que pour toute fonction $\varphi \in \mathcal{D}(\Omega)$,

$$\int_\Omega f(x)\frac{\partial \varphi}{\partial x_k}(x)dx = -\int_\Omega \psi_k(x)\varphi(x)dx,$$

où $\psi_k(x) = \frac{\partial f_j}{\partial x_k}(x)$ pour tout $x \in \Omega_j$, $j \in \{1,\dots,N\}$ et $k \in \{1,\dots,n\}$. Le support de f étant borné, ψ_k est continue à support borné et donc appartient à $L^2(\Omega)$.

Ainsi $f \in L^2(\Omega)$ admet une dérivée faible dans $L^2(\Omega)$, elle appartient alors à $H^1(\Omega)$.

Exercice 8.17 *Soit B la boule unité ouverte de $\mathbb{R}^n$.*

(1) *Si $n = 2$, montrer que la fonction $u(x) = \left|\ln\left|\frac{x}{2}\right|\right|^\alpha$ appartient à $H^1(B)$ pour $0 < \alpha < \frac{1}{2}$ mais n'est pas bornée au voisinage de l'origine.*

(2) *Si $n \geq 3$, montrer que la fonction $u(x) = |x|^{-\beta}$ appartient à $H^1(B)$ pour $0 < \beta < \frac{n-2}{2}$, mais n'est pas bornée au voisinage de l'origine.*

(3) *Conclure.*

Solution.

(1) Soit $u(x) = \left|\ln\left|\frac{x}{2}\right|\right|^\alpha$ définie sur la boule unité de $\mathbb{R}^2$, avec $0 < \alpha < \frac{1}{2}$, on vérifie d'abord que $u \in L^2(B)$. En effet, on utilise les coordonnées polaires $x = r\cos\theta$ et $y = r\sin\theta$, $0 \leq r \leq 1$ et $0 \leq \theta \leq 2\pi$,

$$\int_B |u(x)|^2\,dx = \int_0^1\int_0^{2\pi}\left|\ln\left|\frac{r\cos\theta}{2}\right|\right|^{2\alpha} r\,dr\,d\theta \leq 2\pi\int_0^1\left|\ln\frac{r}{2}\right|^{2\alpha} r\,dr < +\infty,$$

puisque $\lim\limits_{r\to 0^+}\left|\ln\frac{r}{2}\right|^{2\alpha} r = 0$ et la fonction $\left|\ln\frac{r}{2}\right|^{2\alpha} r$ est prolongeable par continuité sur $[0,1]$.

Montrons ensuite que u admet une dérivée faible L^2, u n'est évidemment pas bornée au voisinage de 0. Rappelons que $|x| = \sqrt{x_1^2 + x_2^2}$, $x = (x_1, x_2)$, est dérivable pour tout $x \neq 0$ et que $\nabla|x| = \left(\frac{x_1}{|x|}, \frac{x_2}{|x|}\right) = \frac{x}{|x|}$. Ainsi, la fonction u, en tant que fonction composée de fonctions dérivables, est dérivable au sens classique sur $B\setminus\{0\}$ et $\nabla u = v$ où

$$v(x) = -\frac{\alpha x}{|x|^2}\left|\ln\left|\frac{x}{2}\right|\right|^{\alpha-1}.$$

De plus, v appartient à $L^2(B)$, car, en passant en coordonnées polaires, on a :

$$\begin{aligned}\int_B |v(x)|^2\,dx &= \int_B\left(\frac{\alpha}{|x|}\left|\ln\left|\frac{x}{2}\right|\right|^{\alpha-1}\right)^2 dx \leq 2\pi\alpha^2\int_0^1\frac{\left|\ln\frac{r}{2}\right|^{2(\alpha-1)}}{r}dr\\ &= 2\pi\alpha^2\int_0^1\left|\ln\frac{r}{2}\right|^{2(\alpha-1)}\left(\ln\frac{r}{2}\right)' dr\end{aligned}$$

$$= \quad 2\pi\alpha^2 \left[\frac{\left|\ln \frac{r}{2}\right|^{2\alpha-1}}{1-2\alpha} \right]_0^1 = \frac{2\pi\alpha^2}{2\alpha-1} (\ln r)^{2\alpha-1} < +\infty.$$

Pour être tout à fait rigoureux, il reste à prouver que la dérivée au sens classique coïncide avec la définition de la dérivée faible. Soit $\varphi \in \mathcal{D}(B)$, pour tout réel ε tel que $0 < \varepsilon < 1$,

$$\begin{aligned}
\int_B u(x)\nabla\varphi(x)dx &= \int_{|x|<\varepsilon} u(x)\nabla\varphi(x)dx + \int_{\varepsilon<|x|<1} u(x)\nabla\varphi(x)dx \\
&= -\int_{\varepsilon<|x|<1} v(x)\varphi(x)dx + \int_{|x|=\varepsilon} u(x)\varphi(x)dx + \int_{|x|<\varepsilon} u(x)\nabla\varphi(x)dx \\
&= -\int_{\varepsilon<|x|<1} v(x)\varphi(x)dx + \left|\ln\left(\frac{\varepsilon}{2}\right)\right|^\alpha \int_{|x|=\varepsilon} \varphi(x)dx + \int_{|x|<\varepsilon} u(x)\nabla\varphi(x)dx.
\end{aligned}$$

Les deux derniers termes de l'expression tendent vers zéro lorsque $\varepsilon \to 0^+$. En effet,

$$\left|\ln\left(\frac{\varepsilon}{2}\right)\right|^\alpha \int_{|x|=\varepsilon} \varphi(x)dx \quad \sim \quad \left|\ln\left(\frac{\varepsilon}{2}\right)\right|^\alpha \varphi(0)(2\pi\varepsilon) \underset{\varepsilon\to 0^+}{\longrightarrow} 0;$$

$$\left| \int_{|x|<\varepsilon} u(x)\nabla\varphi(x)dx \right| \quad \leq \quad \|u\|_{L^2(B)} \left(\int_{|x|<\varepsilon} |\nabla\varphi|^2(x)dx \right)^{1/2} \underset{\varepsilon\to 0^+}{\longrightarrow} 0.$$

Ainsi,

$$\int_B u(x)\nabla\varphi(x)dx = -\int_B v(x)\varphi(x)dx.$$

(2) Si $n \geq 3$, soit $0 < \beta < \frac{n-2}{2}$. On pose $u(x) = |x|^{-\beta}$ et on vérifie que u est un élément de $L^2(B)$. Soit $S_n = \{|x| = 1\}$ la sphère unité de $\mathbb{R}^n$.

$$\int_B |u(x)|^2 dx = \int_B |x|^{-2\beta} dx = |S_N| \int_0^1 r^{n-2\beta-1} dr < +\infty.$$

Pour $x \neq 0$, u est dérivable au sens classique et $\nabla u(x) = \omega(x) = -\beta x |x|^{-(\beta+2)}$.

On montre maintenant que la fonction ω est un élément de $L^2(B)$. En effet,

$$\int_B |\omega(x)|^2\,dx = \beta^2 \int_B |x|^{-2\beta-2}\,dx = \beta^2 |S_N| \int_0^1 r^{-2\beta-2} r^{n-1}\,dr = \beta^2 |S_N| \int_0^1 r^{n-2\beta-3}\,dr.$$

La dernière intégrale est finie car $n - 2\beta - 3 > -1$.
Enfin, en procédant comme dans le cas $n = 2$, on vérifie que les dérivées faible et classique coïncident.
(3) En dimension $n \geq 2$, les fontions de $H^1(\Omega)$ ne sont en général ni continues ni bornées.

Exercice 8.18

(1) *Rappeler (i) le théorème de Ascoli-Arzelà et (ii) le théorème de Fréchet-Kolmogorov dans les espaces* $L^p(\mathbb{R})$, $p \in [1, +\infty[$.

(2) *Soit* I *un intervalle borné de* $\mathbb{R}$, *montrer que :*
(i) l'injection $W^{1,p}(I) \hookrightarrow C(\overline{I})$ *est compacte, pour tout* $p \in]1, +\infty]$;
(ii) l'injection $W^{1,1}(I) \hookrightarrow L^q(I)$ *est compacte, pour tout* $q \in [1, +\infty[$.

Solution.

(1) (i) Théorème de Ascoli-Arzelà : Soit (E,d) un espace métrique compact et soit B une boule bornée dans $C(E)$, l'espace des fonctions numériques continues sur E. Supposons que B est uniformément équicontinue, c'est à dire :

$$\forall \varepsilon > 0,\ \exists \delta > 0, \text{ tel que } d(x,y) < \delta \Longrightarrow \left|f(x) - f(y)\right| < \varepsilon,\ \forall f \in B.$$

Alors la fermeture $\overline{B}$ de B dans $C(E)$ est compacte.
(ii) Théorème de Fréchet-Kolmogorov : Soit F un sous-ensemble borné dans $L^p(\mathbb{R})$ avec $p \in [1, +\infty[$. Supposons que :

$$\lim_{|h| \to 0} \|f(.+h) - f(.)\|_{L^p(\mathbb{R})} = 0, \text{ uniformément en } f \in F,$$

c'est à dire :

$$\forall \varepsilon > 0,\ \exists \delta > 0, \text{ tel que } \|f(.+h) - f(.)\|_{L^p(\mathbb{R})} < \varepsilon,\ \forall f \in F \text{ et } \forall h \in \mathbb{R} \text{ avec } |h| < \delta.$$

Alors la fermeture $\overline{F_{|\Omega}}$ de $F_{|\Omega}$ dans $L^p(\Omega)$ est compacte pour toute partie mesurable $\Omega \subset \mathbb{R}$ tel que $|\Omega| < +\infty$ (ici $F_{|\Omega}$ désigne l'ensemble des restrictions à Ω des fonctions dans F).

(2) (i) Soit B la boule unité de $W^{1,p}(I)$ avec $p \in]1,+\infty]$. A l'aide de l'inégalitéé de Hölder, on a pour $f \in B$, où q est le conjugué de p :

$$\begin{aligned} |f(x)-f(y)| &= \left|\int_y^x f'(t)\,dt\right| \leq \|f'\|_{L^1(]y,x[)} \leq \|f'\|_{L^p(]y,x[)} \|1\|_{L^q(]y,x[)} \\ &\leq \|f'\|_{L^p(I)} |x-y|^{\frac{1}{q}}, \ \forall x,y \in \overline{I}. \end{aligned}$$

Cette propriété exprime en fait que la boule B est uniformément équicontinue dans l'espace $W^{1,p}(I)$. D'après le théorème de Ascoli-Arzelà, $\overline{B}$ est compacte dans $C\left(\overline{I}\right)$, c'est à dire que l'injection continue de $W^{1,p}(I)$ dans $C\left(\overline{I}\right)$ est aussi compacte.

(ii) Soit B la boule unité dans $W^{1,1}(I)$. Soit P l'opérateur de prolongement ou d'extension des fonctions Sobolev, et soit $F = P(B)$ (c'est à dire $B = F_{|I}$). On a :

$$\|f\|_{W^{1,1}(\mathbb{R})} \leq C \left\|f_{|I}\right\|_{W^{1,1}(I)} = C, \ \forall f \in F, \ C > 0.$$

On a vu précédemment que :

$$\|f\|_{L^\infty(\mathbb{R})} \leq \|f\|_{W^{1,1}(\mathbb{R})} \leq C_1, \ \forall f \in F.$$

De plus, on a pour presque tout x, h,

$$f(x+h) - f(x) = \int_x^{x+h} f'(t)dt = h\int_0^1 f'(x+hs)ds,$$

et alors $|f(x+h) - f(x)| \leq |h| \displaystyle\int_0^1 \left|f'(x+hs)\right| ds$. En intégrant, on obtient :

$$\begin{aligned} \|f(.+h) - f(.)\|_{L^1(\mathbb{R})} &= \int_{\mathbb{R}} |f(x+h) - f(x)|\,dx \leq |h| \int_{\mathbb{R}} \int_0^1 \left|f'(x+hs)\right| ds dx \\ &= |h| \int_0^1 \int_{\mathbb{R}} \left|f'(x+hs)\right| dx ds = |h| \int_0^1 \int_{\mathbb{R}} \left|f'(y)\right| dy ds \\ &= |h| \left\|f'\right\|_{L^1(\mathbb{R})} \leq C|h|, \ \forall f \in F. \end{aligned}$$

Ainsi, $\forall f \in F$:

$$\begin{aligned}
\|f(.+h)-f(.)\|_{L^q(\mathbb{R})}^q &= \int_{\mathbb{R}} |f(x+h)-f(x)|^q \, dx \\
&= \int_{\mathbb{R}} |f(x+h)-f(x)|^{q-1} \, |f(x+h)-f(x)| \, dx \\
&\leq \|f(.+h)-f(.)\|_{L^\infty(\mathbb{R})}^{q-1} \|f(.+h)-f(.)\|_{L^1(\mathbb{R})} \\
&\leq \left(\|f(.+h)\|_{L^\infty(\mathbb{R})} + \|f\|_{L^\infty(\mathbb{R})}\right)^{q-1} \|f(.+h)-f(.)\|_{L^1(\mathbb{R})} \\
&\leq \left(2\|f\|_{L^\infty(\mathbb{R})}\right)^{q-1} \|f(.+h)-f(.)\|_{L^1(\mathbb{R})} \leq (2C_1)^{q-1} \, C \, |h|.
\end{aligned}$$

Par conséquent,

$$\|f(.+h)-f(.)\|_{L^q(\mathbb{R})} \leq C_2 \, |h|^{\frac{1}{q}}, \; \forall f \in F,$$

où $C_2 > 0$ est une constante indépendante de f.
Donc la compacité de l'injection $W^{1,1}(I) \hookrightarrow L^q(I)$ résulte directement du théorème de Fréchet-Kolmogorov.

Exercice 8.19 *Soit $(u_k)_{k\in\mathbb{N}}$ une suite bornée dans $H^1(]0,1[)$ satisfaisant la relation suivante :*

$$\langle u_k', \varphi' \rangle + \langle \cos(u_k), \varphi \rangle = 0, \; \forall \varphi \in H^1(]0,1[).$$

Montrer qu'il existe une sous-suite, indexée par k, et $u \in H^1(]0,1[)$ telles que

$$\begin{aligned}
u_k &\underset{k\to+\infty}{\longrightarrow} u \text{ faiblement dans } H^1(]0,1[), \\
u_k &\underset{k\to+\infty}{\longrightarrow} u \text{ fortement dans } L^\infty(]0,1[).
\end{aligned}$$

En déduire la relation satisfaite par u.

Solution.

$(u_k)_{k\in\mathbb{N}}$ est une suite bornée dans $H^1(]0,1[)$. $(u_k)_{k\in\mathbb{N}}$ est uniformément bornée dans $H^1(]0,1[)$, donc il existe une sous-suite (que l'on indexera par k pour simplifier et alléger les notations) extraite de la suite $(u_k)_{k\in\mathbb{N}}$ convergente faiblement dans $H^1(]0,1[)$, (au sens du produit scalaire de $H^1(]0,1[)$), vers une

limite $u \in H^1(]0,1[)$. $u_k \underset{k\to+\infty}{\rightarrow} u$ faiblement dans $H^1(]0,1[)$ si et seulement si $\lim\limits_{k\to+\infty} \langle u_k, \psi\rangle = \langle u, \psi\rangle$, $\forall \psi \in H^1(]0,1[)$.
De plus, rappelons que l'injection de Sobolev de $H^1(]0,1[)$ dans $C(]0,1[)$ est compacte. Ce résultat, combiné à la continuité de la fonction cosinus, implique que la suite $(\cos(u_k))_k$ converge uniformément vers $\cos u$, lorsque $k \to +\infty$. Par passage à la limite dans la relation $\langle u'_k, \varphi'\rangle + \langle \cos(u_k), \varphi\rangle = 0$, $\forall \varphi \in H^1(]0,1[)$, on obtient alors :

$$\langle u, \varphi'\rangle + \langle \cos(u), \varphi\rangle = 0, \ \forall \varphi \in H^1(]0,1[).$$

Exercice 8.20 *Le but de cet exercice est de montrer que le théorème de trace n'est pas vrai si l'ouvert Ω n'est pas régulier. Soit l'ouvert $\Omega \subset \mathbb{R}^2$ défini par $0 < x < 1$ et $0 < y < x^r$ avec $r > 2$. Soit la fonction $u(x,y) = x^\alpha$. Montrer que $u \in H^1(\Omega)$ si et seulement si $2\alpha + r > 1$, tandis que $u \in L^2(\partial\Omega)$ si et seulement si $2\alpha > -1$. Conclure.*

Solution.
On a :

$$\int_\Omega |u(x,y)|^2\, dxdy = \int_\Omega x^{2\alpha}\, dxdy = \int_{x=0}^{1}\left(\int_{y=0}^{x^r} x^{2\alpha}\, dy\right) dx = \int_{x=0}^{1} x^{2\alpha+r}\, dx,$$

ainsi $u \in L^2(\Omega)$ si et seulement si $2\alpha + r + 1 > 0$. De plus, $\frac{\partial u}{\partial y}(x,y) = 0$ et $\frac{\partial u}{\partial x}(x,y) = \alpha x^{\alpha-1}$, alors $\nabla u(x,y) = \left(\alpha x^{\alpha-1}, 0\right) \in L^2(\Omega)$ et ensuite $u \in H^1(\Omega)$ si et seulement si $\frac{\partial u}{\partial x}(x,y) = \alpha x^{\alpha-1} \in L^2(\Omega)$ donc si et seulement si $2(\alpha-1)+r > -1$, c'est à dire que $2\alpha + r > 1$.
Soient $\Gamma_1 = \partial\Omega \cap \{(x,y) \in \mathbb{R}^2 : y = 0\}$ et Γ_2 la partie du bord de Ω paramétrée par la fonction $]0,1[\ \ni x \mapsto (x,y) = (x, x^r) \in \partial\Omega$. On a d'autre part,

$$\int_{\partial\Omega} |u(x,y)|^2\, ds = \int_{\Gamma_1} |u(x,y)|^2\, dx + \int_{\Gamma_2} |u(x,y)|^2\, dx = 1 + \int_0^1 x^{2\alpha}\left(1 + r^2 x^{2r-2}\right)^{1/2} dx.$$

Comme $r > 2$, la fonction $\left(1 + r^2 x^{2r-2}\right)^{1/2}$ est bornée sur $]0,1[$ et $u \in L^2(\partial\Omega)$ si et seulement si $2\alpha < -1$. Si r est strictement supérieur à 2, il existe α tel que $1-r<2\alpha<-1$. Dans ce cas, $u\in H^1(\Omega)$ et $u_{|\partial\Omega}\notin L^2(\partial\Omega)$. Le théorme de trace est en défaut dans ce cas. En effet, on introduit la suite croissante de fonctions $u_k\in H^1(\Omega)\cap C\left(\overline{\Omega}\right)$ définie par $u_k(x,y)=\min(u(x,y),k)$. La suite $(u_k)_{k\in\mathbb{N}}$ converge vers u dans $H^1(\Omega)$ et $\left(u_{k|\partial\Omega}\right)_{k\in\mathbb{N}}$ converge presque partout vers $u_{|\partial\Omega}$. On a alors :

$$\lim_{k\to+\infty}\|u_k\|_{H^1(\Omega)}=\|u\|_{H^1(\Omega)}\text{ et }\lim_{k\to+\infty}\|u_k\|_{L^2(\partial\Omega)}=\left(\int_{\partial\Omega}\left|u_{|\partial\Omega}(x,y)\right|^2ds\right)^{\frac{1}{2}}=+\infty.$$

Quel que soit $A>0$, pour k assez grand, on a donc $\|u_k\|_{L^2(\partial\Omega)}>A\|u_k\|_{H^1(\Omega)}$, ce qui achève la démonstration.

Exercice 8.21 *On rappelle que si $u\in L^1(\mathbb{R}^n)$, alors sa transformation et sa transformation inverse de Fourier $\mathcal{F}u$ et $\mathcal{F}^{-1}u\in C^0(\mathbb{R}^n)$ (espace des fonctions continues, bornées et de limite nulle à l'infini). Soit $k\in\mathbb{N}$, montrer que si $s>\frac{n}{2}+k$, alors $H^s(\mathbb{R}^n)\subset C^k(\mathbb{R}^n)$.*

Solution.

Soit $u\in H^s(\mathbb{R}^n)$. On montre que $D^\alpha u\in C^0(\mathbb{R}^n)$ pour tout $\alpha\in\mathbb{N}^n$, $|\alpha|\le k$. Ceci découle automatiquement si on montre que les distributions $D^\alpha u$ sont la transformation de Fourier des fonctions $u_\alpha\in L^1(\mathbb{R}^n)$. Comme $u\in\mathcal{S}'(\mathbb{R}^n)$, alors $D^\alpha u=\mathcal{F}^{-1}\mathcal{F}(D^\alpha u)$, il suffit ainsi de vérifier que $\mathcal{F}(D^\alpha u)\in L^1(\mathbb{R}^n)$.

$$|\mathcal{F}(D^\alpha u)(\xi)|=|\xi^\alpha\mathcal{F}u(\xi)|=|\xi^\alpha|\left(1+|\xi|^2\right)^{-s/2}\left(1+|\xi|^2\right)^{s/2}|\mathcal{F}u(\xi)|.$$

En utilisant l'inégalité de Hölder, on a :

$$\int_{\mathbb{R}^n}|\mathcal{F}(D^\alpha u)(\xi)|d\xi=\int_{\mathbb{R}^n}|\xi^\alpha|\left(1+|\xi|^2\right)^{-s/2}\left(1+|\xi|^2\right)^{s/2}|\mathcal{F}u(\xi)|d\xi$$

$$\le\left(\int_{\mathbb{R}^n}|\xi^\alpha|^2\left(1+|\xi|^2\right)^{-s}d\xi\right)^{1/2}\left(\int_{\mathbb{R}^n}\left(1+|\xi|^2\right)^{s}|\mathcal{F}u(\xi)|^2d\xi\right)^{1/2}.$$

Or, si $\alpha=(\alpha_1,\dots,\alpha_n)\in\mathbb{N}^n$ et $\xi=(\xi_1,\dots,\xi_n)\in\mathbb{R}^n$,

$$|\xi^\alpha|^2=\xi_1^{2\alpha_1}\dots\xi_n^{2\alpha_n}\le\left(1+|\xi|^2\right)^{|\alpha|}\le\left(1+|\xi|^2\right)^k$$

dès que $|\alpha| \leq k$, et $|\xi^\alpha|^2 \left(1+|\xi|^2\right)^{-s} \leq \frac{1}{\left(1+|\xi|^2\right)^{s-k}} \in L^1(\mathbb{R}^n)$ si $2(s-k) > n$, ou bien $s > \frac{n}{2} + k$.

Exercice 8.22 *Soit $k \in \mathbb{N}$. Montrer que l'espace $\mathcal{E}'^{(k)}(\mathbb{R}^n)$, des distributions à support compact dans $\mathbb{R}^n$ et d'ordre $\leq k$, est contenu dans $H^s(\mathbb{R}^n)$ pour $s < -\frac{n}{2} - k$.*
En déduire que $\mathcal{E}'(\mathbb{R}^n) \subset \bigcup_{s\in\mathbb{R}} H^s(\mathbb{R}^n)$.

Solution.
On rappelle que si T est une distribution à support compact sur $\mathbb{R}^n$, alors sa transformation de Fourier est une fonction de classe C^∞ définie par

$$\mathcal{F}T(\xi) = \left\langle T, e^{-ix.\xi}\right\rangle.$$

Puisque T est en plus d'ordre fini, il existe alors $k \in \mathbb{N}$, K compact de $\mathbb{R}^n$ et $C > 0$, tels que

$$|\langle T, \varphi\rangle| \leq C \sum_{\substack{\alpha\in\mathbb{N}^n \\ |\alpha|\leq k}} \sup_{x\in K} |D^\alpha \varphi(x)|, \ \forall \varphi \in \mathcal{E}(\mathbb{R}^n).$$

Par conséquent,

$$\begin{aligned} |\mathcal{F}T(\xi)| &= \left|\left\langle T, e^{-ix.\xi}\right\rangle\right| \leq C \sum_{\substack{\alpha\in\mathbb{N}^n \\ |\alpha|\leq k}} \sup_{x\in K} \left|D_x^\alpha \left(e^{-ix.\xi}\right)\right| \\ &= C \sum_{\substack{\alpha\in\mathbb{N}^n \\ |\alpha|\leq k}} \sup_{x\in K} \left|\xi^\alpha e^{-ix.\xi}\right| \leq C \sum_{\substack{\alpha\in\mathbb{N}^n \\ |\alpha|\leq k}} |\xi^\alpha|. \end{aligned}$$

Or, si $\xi = (\xi_1, ..., \xi_n) \in \mathbb{R}^n$, $\alpha = (\alpha_1, ..., \alpha_n) \in \mathbb{N}^n$, et $|\alpha| = \alpha_1 + ... + \alpha_n \leq k$, on a $|\xi^\alpha|^2 \leq \left(1+|\xi|^2\right)^{|\alpha|} \leq \left(1+|\xi|^2\right)^k$. Donc :

$$\begin{aligned} |\mathcal{F}T(\xi)|^2 &\leq C^2 \left(\sum_{\substack{\alpha\in\mathbb{N}^n \\ |\alpha|\leq k}} |\xi^\alpha|\right)^2 \leq C' \sum_{\substack{\alpha\in\mathbb{N}^n \\ |\alpha|\leq k}} |\xi^\alpha|^2 \leq C''\left(1+|\xi|^2\right)^k, \\ C'' &= C' \times (cardianl\{\alpha \in \mathbb{N}^n : |\alpha| \leq k\}). \end{aligned}$$

Par conséquent,

$$\left(1+|\xi|^2\right)^s |\mathcal{F}T(\xi)|^2 \leq C''\left(1+|\xi|^2\right)^{s+k}.$$

Pour que $T \in H^s(\mathbb{R}^n)$ il faut que

$$\left(1+|\xi|^2\right)^{s/2} |\mathcal{F}T(\xi)| \in L^2(\mathbb{R}^n) \text{ ou bien } \left(1+|\xi|^2\right)^s |\mathcal{F}T(\xi)|^2 \in L^1(\mathbb{R}^n),$$

pour cela il suffit que la fonction $\left(1+|\xi|^2\right)^{s+k} \in L^1(\mathbb{R}^n)$, ce qui est le cas si $-2(s+k) > n$, ou bien $s < -\frac{n}{2} - k$.

Exercice 8.23

(1) *Soit $k \in \mathbb{R}\setminus\{0\}$. Montrer que l'opérateur différentiel $-\Delta + k^2$ est un isomorphisme de $H^{s+2}(\mathbb{R}^n)$ dans $H^s(\mathbb{R}^n)$, pour tout $s \in \mathbb{R}$, où $\Delta = \sum_{j=1}^{n} \frac{\partial^2}{\partial x_j^2}$ est l'opérateur de Laplace sur $\mathbb{R}^n$.*

(2) *Montrer que l'opérateur $P = I - \Delta$ est un isomorphisme de $H_0^1(\Omega)$ dans $H^{-1}(\Omega)$ où Ω est un ouvert de $\mathbb{R}^n$ et I est l'opérateur identité.*

Solution.

(1) On montre que $-\Delta + k^2$ est linéaire bijectif et bicontinu de $H^{s+2}(\mathbb{R}^n)$ dans $H^s(\mathbb{R}^n)$.

(i) Soit $u \in H^{s+2}(\mathbb{R}^n)$, alors $-\Delta u \in H^s(\mathbb{R}^n)$ et $-\Delta u + k^2 u \in H^s(\mathbb{R}^n) \subset \mathcal{S}'(\mathbb{R}^n)$. $x = (x_1, ..., x_n)$, $\xi = (\xi_1, ..., \xi_n)$,

$$\begin{aligned} \mathcal{F}(\Delta u)(\xi) &= \mathcal{F}\left(\sum_{j=1}^{n} \frac{\partial^2 u}{\partial x_j^2}\right)(\xi) = \sum_{j=1}^{n} \mathcal{F}\left(\frac{\partial^2 u}{\partial x_j^2}\right)(\xi) = \sum_{j=1}^{n} \left(i\xi_j\right)^2 \mathcal{F}u(\xi) \\ &= -\left(\sum_{j=1}^{n} \xi_j^2\right) \mathcal{F}u(\xi) = -\xi^2 \mathcal{F}u(\xi) \end{aligned}$$

$$\mathcal{F}\left(-\Delta u + k^2 u\right)(\xi) = \mathcal{F}(-\Delta u)(\xi) + \mathcal{F}\left(k^2 u\right)(\xi) = \left(\xi^2 + k^2\right)\mathcal{F}u(\xi) \in \mathcal{S}'(\mathbb{R}^n).$$

Donc

$$\left(1+|\xi|^2\right)^{s/2} \left|\mathcal{F}\left(-\Delta u + k^2 u\right)(\xi)\right| = \left(1+|\xi|^2\right)^{s/2} \left(\xi^2 + k^2\right)|\mathcal{F}u(\xi)|,$$

et

$$\left(1+|\xi|^2\right)^{s/2}\left(\xi^2+k^2\right) \leq \max\left(1,k^2\right)\left(1+|\xi|^2\right)^{\frac{s}{2}+1}.$$

Puisque $u \in H^{s+2}(\mathbb{R}^n)$, alors

$$\left(1+|\xi|^2\right)^{\frac{s}{2}+1}|\mathcal{F}u(\xi)| = \left(1+|\xi|^2\right)^{\frac{s+2}{2}}|\mathcal{F}u(\xi)| \in L^2(\mathbb{R}^n),$$

ainsi $\left(1+|\xi|^2\right)^{s/2}\left|\mathcal{F}\left(-\Delta u+k^2u\right)(\xi)\right| \in L^2(\mathbb{R}^n)$, c'est à dire

$$\left(-\Delta u+k^2u\right) \in H^s(\mathbb{R}^n),$$

et on a :

$$\begin{aligned}
\left\|-\Delta u+k^2u\right\|^2_{H^s(\mathbb{R}^n)} &= \int_{\mathbb{R}^n}\left(1+|\xi|^2\right)^s\left|\mathcal{F}\left(-\Delta u+k^2u\right)(\xi)\right|^2 d\xi \\
&= \int_{\mathbb{R}^n}\left(1+|\xi|^2\right)^s\left(\xi^2+k^2\right)^2|\mathcal{F}u(\xi)|^2 d\xi \\
&\leq \max\left(1,k^2\right)\int_{\mathbb{R}^n}\left(1+|\xi|^2\right)^{s+2}|\mathcal{F}u(\xi)|^2 d\xi \\
&= \max\left(1,k^2\right)\|u\|^2_{H^{s+2}(\mathbb{R}^n)}.
\end{aligned}$$

Donc $-\Delta+k^2$ est linéaire, continu de $H^{s+2}(\mathbb{R}^n)$ dans $H^s(\mathbb{R}^n)$.

(ii) Montrons la bijectivité de l'opérateur linéaire $-\Delta+k^2$ de $H^{s+2}(\mathbb{R}^n)$ dans $H^s(\mathbb{R}^n)$.

Si $u \in H^{s+2}(\mathbb{R}^n)$ et $-\Delta u+k^2u=0$, alors en prenant la transformation de Fourier de cette identité, on trouve $\left(\xi^2+k^2\right)\mathcal{F}u(\xi)=0$ dans $\mathcal{S}'(\mathbb{R}^n)$. Puisque $\xi^2+k^2 \neq 0$, on a nécessairement $\mathcal{F}u(\xi)=0$ dans $\mathcal{S}'(\mathbb{R}^n)$ et donc $u=0$, car $\mathcal{F}$ est un isomorphisme de $\mathcal{S}'(\mathbb{R}^n)$ dans $\mathcal{S}'(\mathbb{R}^n)$. Par conséquent, l'opérateur $-\Delta+k^2$ est injectif de $H^{s+2}(\mathbb{R}^n)$ dans $H^s(\mathbb{R}^n)$.

$-\Delta+k^2$ est aussi surjectif de $H^{s+2}(\mathbb{R}^n)$ dans $H^s(\mathbb{R}^n)$. En effet, si $f \in H^s(\mathbb{R}^n)$, posons $v(\xi)=\left(\xi^2+k^2\right)^{-1}\mathcal{F}f(\xi) \in \mathcal{S}'(\mathbb{R}^n)$. Donc $\left(\xi^2+k^2\right)v(\xi)=\mathcal{F}f(\xi)$. Par la transformation de Fourier inverse, on a :

$$\begin{aligned}
f &= \mathcal{F}^{-1}\left[\left(\xi^2+k^2\right)v(\xi)\right] = \mathcal{F}^{-1}\left[\mathcal{F}\left\{\left(-\Delta+k^2\right)\mathcal{F}^{-1}v(\xi)\right\}\right] \\
&= \left(-\Delta+k^2\right)\mathcal{F}^{-1}v.
\end{aligned}$$

Alors $u = \mathcal{F}^{-1}v \in H^{s+2}(\mathbb{R}^n)$ et $\left(-\Delta + k^2\right)u = f$. En effet,

$$\begin{aligned}
\left(1+|\xi|^2\right)^{\frac{s}{2}+1}|\mathcal{F}u(\xi)| &= \frac{\left(1+|\xi|^2\right)^{\frac{s}{2}+1}}{(\xi^2+k^2)}\left(\xi^2+k^2\right)|v(\xi)| \\
&= \frac{\left(1+|\xi|^2\right)^{\frac{s}{2}+1}}{(\xi^2+k^2)}|\mathcal{F}f(\xi)| \\
&\leq C\left(1+|\xi|^2\right)^{\frac{s}{2}}|\mathcal{F}f(\xi)| \in L^2(\mathbb{R}^n),
\end{aligned}$$

car $\frac{(1+|\xi|^2)}{(\xi^2+k^2)} \leq \max\left(1, \frac{1}{k^2}\right)$.

$-\Delta + k^2$ est alors un opérateur linéaire, bijectif et continu entre les espaces de Banach $H^{s+2}(\mathbb{R}^n)$ et $H^s(\mathbb{R}^n)$, la continuité de l'inverse découle du théorème de Banach. Par conséquent, $-\Delta + k^2$ est un isomorphisme topologique de $H^{s+2}(\mathbb{R}^n)$ dans $H^s(\mathbb{R}^n)$.

(2) Tout d'abord si $u \in H_0^1(\Omega)$ alors

$$\Delta u(x) = \sum_{j=1}^{n} \frac{\partial^2 u}{\partial x_j^2} \in H^{-1}(\Omega) \text{ et } Pu = u - \Delta u \in H^{-1}(\Omega),$$

d'après le théorème de dérivation des éléments de H^s. Donc P envoie $H_0^1(\Omega)$ dans $H^{-1}(\Omega)$. Rappelons aussi que le produit scalaire de $H_0^1(\Omega)$ est donné par :

$$\begin{aligned}
\langle u, v\rangle_{H_0^1(\Omega)} &= \langle u, v\rangle_{L^2(\Omega)} + \sum_{j=1}^{n}\left\langle \frac{\partial u}{\partial x_j}, \frac{\partial v}{\partial x_j}\right\rangle_{L^2(\Omega)} \\
&= \sum_{j=1}^{n}\int_{\Omega} \frac{\partial u}{\partial x_j}(x)\frac{\partial \overline{v}}{\partial x_j}(x)dx + \int_{\Omega} u(x)\overline{v}(x)dx.
\end{aligned}$$

Si $T \in H^{-1}(\Omega) = \left(H_0^1(\Omega)\right)'$, d'après le théorème de représentation de Riesz des formes linéaires continues sur un espace de Hilbert, ici $H_0^1(\Omega)$, alors il existe un unique $u \in H_0^1(\Omega)$, tel que $T(v) = \langle u, \overline{v}\rangle_{H_0^1(\Omega)}$, $\forall v \in H_0^1(\Omega)$. En particulier si $v \in \mathcal{D}(\Omega)$, on a dans la dualité $(\mathcal{D}(\Omega), \mathcal{D}'(\Omega))$:

$$T(v) = \langle T, v\rangle_{\mathcal{D}(\Omega),\mathcal{D}'(\Omega)} = \langle u, \overline{v}\rangle_{H_0^1(\Omega)} = \langle u, v\rangle_{\mathcal{D}(\Omega),\mathcal{D}'(\Omega)} + \sum_{j=1}^{n}\left\langle \frac{\partial u}{\partial x_j}, \frac{\partial v}{\partial x_j}\right\rangle_{\mathcal{D}(\Omega),\mathcal{D}'(\Omega)},$$

c'est à dire :

$$\langle T, v\rangle_{\mathcal{D}(\Omega),\mathcal{D}'(\Omega)} = \langle -\Delta u + u, v\rangle_{\mathcal{D}(\Omega),\mathcal{D}'(\Omega)}, \ \forall v \in \mathcal{D}(\Omega),$$

ce qui montre qu'au sens des distributions sur Ω, on a $-\Delta u + u = T \in H^{-1}(\Omega)$, et comme $u \in H_0^1(\Omega)$ cela exprime que $P = -\Delta + I$ est surjectif de $H_0^1(\Omega)$ dans $H^{-1}(\Omega)$.
De plus, d'après la représentation de Riesz, on a :

$$\|u\|^2_{H_0^1(\Omega)} = T(\overline{u}) \leq \|T\|_{H^{-1}(\Omega)}\|u\|_{H_0^1(\Omega)},$$

d'où

$$\|u\|_{H_0^1(\Omega)} \leq \|T\|_{H^{-1}(\Omega)} = \|-\Delta u + u\|_{H^{-1}(\Omega)}.$$

Ainsi, si $-\Delta u + u = 0$, $\|u\|_{H_0^1(\Omega)} = 0$ et $u = 0$, on en déduit que $P = -\Delta + I$ est un opérateur injectif. De plus, P est linéaire continu car :

$$\|-\Delta u + u\|_{H^{-1}(\Omega)} = \sup_{\substack{\|v\|_{H_0^1(\Omega)}\leq 1\\ v\neq 0}} \frac{|T(v)|}{\|v\|_{H_0^1(\Omega)}} = \sup_{\substack{\|v\|_{H_0^1(\Omega)}\leq 1\\ v\neq 0}} \frac{\left|\langle u, v\rangle_{\mathcal{D}(\Omega),\mathcal{D}'(\Omega)}\right|}{\|v\|_{H_0^1(\Omega)}} \leq \|u\|_{H_0^1(\Omega)}.$$

Donc $P = -\Delta + I$ est inversible de $H_0^1(\Omega)$ dans $H^{-1}(\Omega)$. Enfin, la continuité de $P^{-1} = (-\Delta + I)^{-1}$ provient de l'application du théorème de Banach.

Exercice 8.24 *Le but de cet exercice est de montrer qu'il ne peut pas y avoir de notion de trace pour des fonctions de $L^2(\Omega)$, Ω ouvert borné de $\mathbb{R}^n$, c'est-à-dire qu'il n'existe pas de constante $C > 0$ telle que, pour toute fonction $u \in L^2(\Omega)$, on a $\left\|u_{|\partial\Omega}\right\|_{L^2(\partial\Omega)} \leq C\|u\|_{L^2(\Omega)}$.*
Pour simplifier, on choisit comme ouvert Ω la boule unité. Construire une suite de fonctions régulières dans $\overline{\Omega}$ égales à 1 sur $\partial\Omega$ et dont la norme dans $L^2(\Omega)$ tend vers zéro. Conclure.

Solution. Soit ψ une fonction régulière de $[0,+\infty[$ à valeurs dans $\mathbb{R}_+$ telle que $\psi(0) = 1$, $\psi(s) = 0$ pour $s > 1$ et $0 \leq \psi(s) \leq 1$ pour tout s. On définit la suite u_k de fonctions de la boule Ω à valeurs dans $\mathbb{R}$ par $u_k(x) = \psi(k(1-|x|))$, $k \in \mathbb{N}$.
Pour tout $k \in \mathbb{N}$, quel que soit $x \in \partial\Omega$, $|u_k(x)| = 1$. D'autre part, la suite $|u_k(x)|$ est majorée par 1 pour tout $x \in \Omega$. Enfin, $u_k(x) = 0$ pour tout x appartenant à la boule de rayon $1 - \frac{1}{k}$. Ainsi, d'après le théorème de convergence

dominée de Lebesgue, $\|u_k\|_{L^2(\Omega)} \underset{k\to+\infty}{\longrightarrow} 0$ et quel que soit $C > 0$, pour k assez grand, $\|u_k\|_{L^2(\partial\Omega)} = \|u_0\|_{L^2(\partial\Omega)} > C\|u_k\|_{L^2(\Omega)}$. L'opérateur trace définit de $C\left(\overline{\Omega}\right) \cap L^2(\Omega)$ dans $L^2(\partial\Omega)$ n'est pas continue. A fortiori, il ne peut être prolongé en une application continue de $L^2(\Omega)$ dans $L^2(\partial\Omega)$.

Exercice 8.25 *Soit I un intervalle borné de $\mathbb{R}$. Pour $p \in [1,+\infty[$, on note $W_0^{1,p}(I) = \overline{\mathcal{D}(I)}^{W^{1,p}(I)}$, et $H_0^1(I) = W_0^{1,2}(I)$.*

(1) *Si $G \in C^1(\mathbb{R})$ est telle que $G(0) = 0$, et $u \in W^{1,p}(I)$, vérifier que : $G(u) \in W^{1,p}(I)$ et $(G(u))' = G'(u)u'$.*

(2) *Montrer que $u \in W_0^{1,p}(I)$ si et seulement si $u \in W^{1,p}(I)$ et $u = 0$ sur ∂I.*

(3) *Soit $]a,b[$ un intervalle borné de $\mathbb{R}$.*

(i) *Rappeler l'inégalité de Poincaré.*

(ii) *Montrer que pour $v \in H_0^1(]a,b[)$ on a $v(x) = \int_a^x v'(t)dt$. En déduire que la constante de Poincaré peut-être donnée par $C = \frac{b-a}{\sqrt{2}}$.*

(4) *Soit $H_0^2(]0,1[)$ l'espace défini par :*

$$H_0^2(]0,1[) = \left\{u \in H^2(]0,1[) : u(0) = u(1) = 0 \text{ et } u'(0) = u'(1) = 0\right\}.$$

(i) *Montrer que si $u \in H_0^2(]0,1[)$, alors $u \in H_0^1(]0,1[)$ et $u' \in H_0^1(]0,1[)$. Conclure.*

(ii) *Etablir que $\|u\|_{L^2(]0,1[)} \leq C^2\|u''\|_{L^2(]0,1[)}$, $\forall u \in H_0^2(]0,1[)$, où C désigne la constante de Poincaré.*
En déduire que la semi-norme $|u|_{H_0^2(]0,1[)} = \|u''\|_{L^2(]0,1[)}$ est équivalente à la norme usuelle de $H^2(]0,1[)$.

Solution.

(1) On sait que si u est dans $W^{1,p}(I)$, alors $u \in L^\infty(I)$, posons $M = \|u\|_{L^\infty(I)}$. Comme $G(t) = G(0) + \int_0^t G'(s)ds = \int_0^t G'(s)ds$, alors $|G(t)| \leq \int_0^t |G'(s)|\, ds \leq C|t|$, $\forall t \in [-M,M]$, où $C = \sup_{s\in[-M,M]} |G'(s)|$. Vu que $u(x) \in [-M,M]$, $\forall x \in I$, alors

$|G(u(x))| \leq C\,|u(x)|$, presque pour tout $x \in I$, et donc $G(u) \in L^p(I)$ car $u \subset L^p(I)$. De la même manière, On a :

$$\left|G'(u(x))\,u'(x)\right| = \left|G'(u(x))\right|\left|u'(x)\right| \leq C\left|u'(x)\right|, \text{ presque pour tout } x \in I,$$

ce qui signifie que $G'(u)u' \in L^p(I)$. Il reste à vérifier que $G'(u)u'$ est la dérivée faible de $G(u)$, ou bien $\int_I (G(u))'(x)\varphi(x)dx = \int_I G'(u(x))\,u'(x)\varphi(x)dx$ ou encore $-\int_I (G(u))(x)\varphi'(x)dx = \int_I G'(u(x))\,u'(x)\varphi(x)dx$, pour tout $\varphi \in \mathcal{D}(I)$.

Par le théorème de densité, on sait qu'il existe une suite $(u_k)_{k\in\mathbb{N}} \subset \mathcal{D}(\mathbb{R})$, telle que $u_{k|I} \underset{k\to+\infty}{\longrightarrow} u$ dans $W^{1,p}(I)$, et comme $W^{1,p}(I) \hookrightarrow L^\infty(I)$, cette convergence a aussi lieu dans $L^\infty(I)$. La continuité uniforme de G et G' dans des intervalles compacts de $\mathbb{R}$ implique alors que $\left(G\left(u_{k|I}\right)\right) \underset{k\to+\infty}{\longrightarrow} G(u)$ dans $L^\infty(I)$ et $\left(G'\left(u_{k|I}\right)\right) \underset{k\to+\infty}{\longrightarrow} G'(u)$ dans $L^\infty(I)$. Par conséquent,

$$\left(G'\left(u_{k|I}\right)\right)\left(u_{k|I}\right)' \underset{k\to+\infty}{\longrightarrow} G'(u)u' \text{ dans } L^p(I).$$

D'autre part, on sait que pour tout $k \in \mathbb{N}$ et pour tout $\varphi \in \mathcal{D}(I)$, on a :

$$\int_I (G(u_k))'(x)\varphi(x)dx = \int_I G'(u_k(x))\,u_k'(x)\varphi(x)dx = -\int_I (G(u_k))(x)\varphi'(x)dx.$$

Le résultat vient en passant à la limite dans l'identité précédente.

Remarquons que ce résultat demeure vrai pour $p = +\infty$, en utilisant les mêmes arguments.

(2) Si $u \in W_0^{1,p}(I)$, alors il existe, par définition de l'espace $W_0^{1,p}(I)$, une suite $(u_k)_{k\in\mathbb{N}} \subset \mathcal{D}(I)$, telle que $(u_k)_{k\in\mathbb{N}}$ converge vers u pour la topologie de $W^{1,p}(I)$. Par conséquent, $u \in W^{1,p}(I)$, et comme $W^{1,p}(I) \hookrightarrow C\left(\overline{I}\right)$ alors la convergence est uniforme, et puisque $u_k = 0$ sur ∂I pour tout $k \in \mathbb{N}$, il vient que $u = 0$ sur ∂I.

Réciproquement, soit $u \in W^{1,p}(I)$ tel que $u = 0$ sur ∂I. Soit $G \in C^\infty(I)$ telle que $G(t) = \begin{cases} 0 & \text{si } |t| \leq 1 \\ t & \text{si } |t| \geq 2 \end{cases}$ et $|G(t)| \leq |t|$, $\forall t \in \mathbb{R}$. Soit $u_k = \frac{1}{k}G(ku)$, $k \in \mathbb{N}^*$. D'après la question (1), $u_k \in W^{1,p}(I)$ et $Supp(u_k) \subset \left\{x \in I : |u(x)| \geq \frac{1}{k}\right\}$, $\forall k \in \mathbb{N}^*$. Sachant que $u = 0$ sur ∂I et que $u(x) \longrightarrow 0$ quand $|x| \to +\infty$, $x \in I$, on déduit de l'inclusion précédente que $Supp(u_k)$ est borné, et donc compact. Ainsi, $u_k \in W^{1,p}(I) \cap C_0(I) \subset W_0^{1,p}(I)$, où $C_0(I)$ est l'espace des fonctions continues sur I à support compact. De plus,

$$|u_k(x) - u(x)| = \begin{cases} |u(x)| & \text{si} \quad |u(x)| \leq \frac{1}{k} \\ 0 & \text{si} \quad |u(x)| \geq \frac{2}{k} \end{cases},$$

alors

$$\lim_{k \to +\infty} |u_k(x) - u(x)| = 0, \ \forall x \in I,$$

et

$$|u_k(x) - u(x)| \leq |u_k(x)| + |u(x)| \leq \frac{1}{k}|ku(x)| + |u(x)| = 2|u(x)|, \ \forall k \in \mathbb{N}^*, \ \forall x \in I.$$

En utilisant le théorème de convergence dominée de Lebesgue, on en déduit que $\lim\limits_{k \to +\infty} \|u_k - u\|_{L^p(I)} = 0$. De même, puisque :

$$\left|u_k'(x) - u'(x)\right| = \left|(G'(ku(x)) - 1)\, u'(x)\right| = \begin{cases} |u(x)| & \text{si} \quad |u(x)| < \frac{1}{k} \\ 0 & \text{si} \quad |u(x)| > \frac{2}{k} \end{cases},$$

on a $\lim\limits_{k \to +\infty} \left|u_k'(x) - u'(x)\right| = 0$, presque pour tout $x \in I$. De plus,

$$\left|u_k'(x) - u'(x)\right| \leq \left(\left\|G'\right\|_{C([0,2])} + 1\right) \left|u_k'(x)\right| \leq \frac{1}{k}|ku(x)| + |u(x)| = 2|u(x)|, \ \forall k \in \mathbb{N}^*,$$

presque pour tout $x \in I$. En réutilisant le théorème de convergence dominée, on a aussi

$$\lim_{k \to +\infty} \left\|u_k' - u'\right\|_{L^p(I)} = 0.$$

Ainsi, la suite $(u_k)_{k \in \mathbb{N}}$ converge vers u dans $W^{1,p}(I)$ et donc $u \in W_0^{1,p}(I)$.

(3) **(i)** L'inégalité de Poincaré affirme qu'il existe une constante $C > 0$ dépendant uniquement de la mesure de l'intervalle I (dans ce cas $|I| = b - a$, $I =]a, b[$) telle que :

$$\|v\|_{L^2(I)} \leq C \left\|v'\right\|_{L^2(I)}, \ \forall v \in H_0^1(I).$$

(ii) Soit $v \in H^1(I)$. En utilisant la formule d'intégration par parties dans $H^1(I)$, on obtient :

$$v(x) - v(a) = \int_a^x v'(t)dt, \ \forall x \in \overline{I}.$$

Si en particulier, $v \in H_0^1(I)$, alors $v(a) = v(b) = 0$ et $v(x) = \int_a^x v'(t)dt$, $\forall x \in \overline{I}$.

Donc, en utilisant l'inégalité de Hölder, on a :

$$\begin{aligned} |v(x)| &= \left| \int_a^x v'(t)dt \right| \leq \int_a^x |v'(t)|\, dt \leq \|1\|_{L^2(]a,x[)} \|v'\|_{L^2(]a,x[)} \\ &= \sqrt{x-a}\, \|v'\|_{L^2(]a,x[)} \leq \sqrt{x-a}\, \|v'\|_{L^2(I)}, \ \forall x \in \overline{I}. \end{aligned}$$

Prenant le carré et intégrant sur I, on obtient :

$$\begin{aligned} \|v\|^2_{L^2(I)} &= \int_I |v(x)|^2 dx \leq \|v'\|^2_{L^2(I)} \int_a^b (x-a)dx = \left[\frac{(x-a)^2}{2} \right]_a^b \|v'\|^2_{L^2(I)} \\ &= \frac{(b-a)^2}{2} \|v'\|^2_{L^2(I)}, \end{aligned}$$

ce qui donne $\|v\|_{L^2(I)} \leq \frac{b-a}{\sqrt{2}} \|v'\|_{L^2(I)}$.

(4) **(i)** Il est clair que si $u \in H^2(]0,1[)$ alors $u \in H^1(]0,1[)$ et $u' \in H^1(]0,1[)$. De plus, si les conditions $u(0) = u(1) = 0$ et $u'(0) = u'(1) = 0$ sont satisfaites, alors $u_{|\partial(]0,1[)} = u_{|\{0,1\}} = 0$ et $u'_{|\partial(]0,1[)} = u'_{|\{0,1\}} = 0$, ce qui se traduit par $u \in H_0^1(]0,1[)$ et $u' \in H_0^1(]0,1[)$. Par conséquent,

$$H_0^2(]0,1[) = \left\{ u \in H^2(]0,1[) : u_{|\partial(]0,1[)} = u'_{|\partial(]0,1[)} = 0 \right\} = \overline{\mathcal{D}(]0,1[)}^{H^2(]0,1[)}.$$

(ii) Appliquons l'inégalité de Poincaré à u et u', si $u \in H_0^2(]0,1[)$. Il existe alors une constante $C > 0$, indépendante de u, telle que :
$\|u\|_{L^2(]0,1[)} \leq C \|u'\|_{L^2(]0,1[)} \leq C \left(C \|u''\|_{L^2(]0,1[)} \right) = C^2 \|u''\|_{L^2(]0,1[)}$, $\forall u \in H_0^2(]0,1[)$.
Par conséquent, $\forall u \in H_0^2(]0,1[)$:

$$\begin{aligned} \|u\|^2_{H_0^2(]0,1[)} &= \|u\|^2_{H^2(]0,1[)} = \|u\|^2_{L^2(]0,1[)} + \|u'\|^2_{L^2(]0,1[)} + \|u''\|^2_{L^2(]0,1[)} \\ &\leq \left(C^2 \|u''\|_{L^2(]0,1[)} \right)^2 + \left(C^2 \|u''\|_{L^2(]0,1[)} \right) + \|u''\|^2_{L^2(]0,1[)} \\ &= \left(C^4 + C^2 + 1 \right) \|u''\|^2_{L^2(]0,1[)}, \end{aligned}$$

et donc

$$\|u\|_{H_0^2(]0,1[)} \leq \sqrt{1 + C^2 + C^4}\, \|u''\|_{L^2(]0,1[)} \leq \sqrt{1 + C^2 + C^4}\, \|u\|_{H_0^2(]0,1[)},$$

$$\frac{1}{\sqrt{1+C^2+C^4}}\|u\|_{H_0^2(]0,1[)} \leq \left\|u''\right\|_{L^2(]0,1[)} \leq \|u\|_{H_0^2(]0,1[)}.$$

Ce qui montre que $|u|_{H_0^2(]0,1[)} = \|u''\|_{L^2(]0,1[)}$ est équivalente à la norme usuelle $\|u\|_{H^2(]0,1[)}$ de $H^2(]0,1[)$.

Bibliographie

[1] R. Adams : Sobolev Spaces, Academic Press, 1975, New York.

[2] H. Brezis : *Analyse fonctionnelle. Théorie et applications,* Masson, 1983, Paris.

[3] J.M. Bony : *Cours d'analyse : Théorie des distributions et analyse de Fourier.* Editions de l'Ecole polytechnique, Ellipses, 2001, Paris.

[4] F. Hirsch, G. Lacombe : *Eléments d'Analyse Fonctionnelle.* Dunod, 1999, Paris.

[5] A. Lesfari : *Distributions, analyse de Fourier et transformation de Laplace - Cours et exercices.* Editions Ellipses, 2012, Paris.

[6] B. Messirdi : *Cours de théorie des distributions et EDP : M19, SEM306, Master,* Université d'Oran 1, 1985-2017.

[7] R.S. Pathak : *A Cours in Distribution Theory and Applications.* Alpha Science, 2001, UK.

[8] W. Rudin : *Functional Analysis.* McGraw-Hill, 1976, New York.

[9] H.H. Schaefer : *Topological Vector Spaces.* Springer-Verlag, 1971, New York Heidelberg Berlin.

[10] L. Schwartz : *Transformations de Laplace (Les Cours de Sorbonne),* 1960, Paris.

[11] L. Schwartz : *Théorie des distributions*. Hermann, 1966, Paris.

[12] L. Schwartz : *Méthodes Mathématiques pour les Sciences Physiques*. Hermann, 1983, Paris.

[13] C. Zuily : *Distributions et équations aux dérivées partielles*. Hermann, seconde édition, 1986, Paris.

[14] C. Zuily : *Eléments de Distributions et d'Equations aux Dérivées Partielles*. Dunod, 2002, Paris.

Index

Made in United States
Orlando, FL
04 November 2026

90200887R00299